从0到1 “超细致”“不跳步”

写给新手的保姆级3D建模教程

Blender 三维设计全图解

Blender go 主编

张海龙 景泓达 编著

人民邮电出版社

北京

图书在版编目（CIP）数据

从 0 到 1 ： Blender 三维设计全图解 / Blender go 主编 ； 张海龙， 景泓达编著． -- 北京 ： 人民邮电出版社， 2025. -- ISBN 978-7-115-65095-5

Ⅰ． TP391.414-64

中国国家版本馆 CIP 数据核字第 20246QS497 号

◆ 主　　编　Blender go
　编　　著　张海龙　景泓达
　责任编辑　赵　轩
　责任印制　胡　南

◆ 人民邮电出版社出版发行　　北京市丰台区成寿寺路11号
　邮编　100164　　电子邮件　315@ptpress.com.cn
　网址　https://www.ptpress.com.cn
　涿州市般润文化传播有限公司印刷

◆ 开本：720×960　1/16
　印张：23　　　　　　　　2025 年 5 月第 1 版
　字数：448 千字　　　　　2025 年 5 月河北第 1 次印刷

定价：128.00元

读者服务热线：(010)84084456-6009　印装质量热线：(010)81055316

反盗版热线：(010)81055315

前 言

欢迎踏上 Blender 的数字冒险之旅！在这本书中，我们将与你一同探索 Blender 的奇妙世界，通过生动有趣的案例，轻松感受数字创作的乐趣。无须陷入烦琐的理论，我们将一起像玩游戏一样，跟随案例一步步闯关，体会学习 Blender 的成就感。请随我们一同踏上这趟学习之旅，体验数字创作的乐趣。

写作初衷

创作此书的初衷源于对数字艺术的热爱和对学习过程的理解。本书旨在帮助读者轻松理解和掌握 Blender 的各项功能，享受数字创作的美好，摆脱学习新软件的烦恼，让学习 Blender 变得有趣。通过本书，读者将在 Blender 的海洋中畅快遨游，每一步都是一次新的冒险，每一关都是一项有趣的挑战。我们相信，学习应该是一种轻松愉悦的过程。

为何选择本书

这不仅是一本教程，更是一次为初学者精心策划的奇妙冒险。我们的目标不仅是让你学习到 Blender 的功能和技术，更重要的是让你在学习的同时，感受到数字创作的魅力，激发你的创新思维。

书中的实战案例并不是单纯的技术堆砌，而是为了启发你的创造力，帮助你更好地理解和应用 Blender。我们希望每个读者，无论是零基础读者还是有一些经验的入门者，都能从这些案例中找到灵感，逐渐形成自己独特的创作思维和风格。

Blender 是一款功能强大的 3D 建模和动画软件，是展示你创意的最佳工具之一。而本书则是你在 Blender 世界中的导航图，是你掌握这个工具的得力助手。我们特别注重实际操作，通过具体的实战案例将抽象的概念具体化，期望帮助你轻松理解并掌握 Blender 的各项功能。

学习建议

不要着急，每一步都是成长的一部分。跟随案例，享受学习的过程，你会发现学习Blender并不是一件困难的事情。记住，每一次闯关都是为了更好地掌握数字创作的技能。

在这段冒险中，愿本书为你导航，带你领略数字创作的乐趣。祝你在 Blender 的旅程中玩得开心，创作得意！

目 录

第 1 章

初识 Blender

本章目标

帮助读者了解本书的内容，认识 Blender 的强大功能，顺利安装 Blender，并初步熟悉其界面和基本操作。

1.1　了解本书内容

这是一本精心制作的 Blender 入门图书，笔者认为学习软件时不一定要掌握很多功能后再进行艺术创作。笔者会通过由浅入深的案例带着大家逐步熟悉并入门 Blender，在制作案例的过程中，大家可以学习 Blender 的各个功能和操作技巧，边学习边创作，不会从“入门到放弃”。接下来，我们看一下实际的案例效果。萌三兄弟案例：基于简单的基本几何体去熟悉 Blender 的基本操作，搭建一个可爱的小场景，如图 1-1 所示（注意，为了使图案更加美观，图中文字使用了“BlenderGo”的样式）。积木组合案例：通过对基本体进行简单的编辑操作，学习 Blender 动画的一些制作方法和技巧，创建积木组合的动画效果，并通过 Blender 的剪辑模块对动画进行合成处理，如图 1-2 所示。

图　1-1

图　1-2

金币基站案例：进一步熟悉硬表面建模的工作方式，学习创建更多的材质效果，并进行组合搭配，如图 1-3 所示。荧光树桩案例：使用 Blender 的雕刻功能创建一个简单的场景，你将感受到雕刻的魅力，如图 1-4 所示。

图 1-3

图 1-4

子弹冲击案例：通过学习 Blender 的刚体模块，制作一个子弹冲击的动画效果，并学习通过 Blender 内置的合成节点对图像进行调节，使画面呈现出电影级的质感，如图 1-5 所示。猴头构建案例：学习 Blender 几何节点的一些知识，转换另一种建模思维，创建一个很酷炫的动画效果，如图 1-6 所示。

图 1-5

图 1-6

通过以上案例，大家会对 Blender 有一个清晰的认知，更好地上手并入门 Blender，同时大家也可以在笔者的基础上进行举一反三。

1.2　Blender 功能有多强

在开始教程之前，让我们首先介绍一下 Blender。这是因为只有当我们深刻理解它并建立信心时，我们学习的动力和目标感才会更强。众所周知，三维建模软件有很多，但Blender有一个非常重要的特点，那就是它是一款开源软件。这意味着，无论你身处何地，都可以自由使用Blender进行艺术创作，不必担心版权问题。

Blender的另一个优势是它开放源代码。这意味着全球的开发者都可以为Blender贡献代码，从而加快软件的更新和改进速度。这也导致了Blender插件的不断涌现。

虽然Blender的安装文件很小，但它拥有强大的功能。它支持整个三维创作流程，并且易于学习。Blender内置了两种主流渲染引擎：Eevee和Cycles，因此在工作过程中通常不需要使用外部渲染器。此外，Blender还具备强大的雕刻功能，允许在雕刻和建模之间轻松切换，从而使我们的艺术创作更加流畅。

除了三维建模，Blender还可以用于绘画、制作精美的二维动画和编写故事脚本。

此外，我们都知道，艺术创作不仅仅限于建模和动画制作，后期处理和修饰同样至关重要。Blender具有丰富的合成节点，可以自由组合和修饰图像或视频。此外，Blender在摄像机跟踪和物理特效模拟等方面也表现出色。

希望这个介绍能够帮助你更好地理解Blender的强大功能和潜力。

1.3 Blender 的安装

本节内容着重介绍了Blender软件的安装过程。本节提供了详细的指导，帮助读者安装Blender，以便尽早开始探索其强大的功能和创意潜力。

可以在Blender官方网站下载Blender的安装文件，然后执行下面的安装操作。

打开Blender的安装文件，弹出"Welcome to the blender Setup Wizard"对话框，如图1-7所示。单击"Next"按钮，弹出"End-User License Agreement"对话框，如图1-8所示。

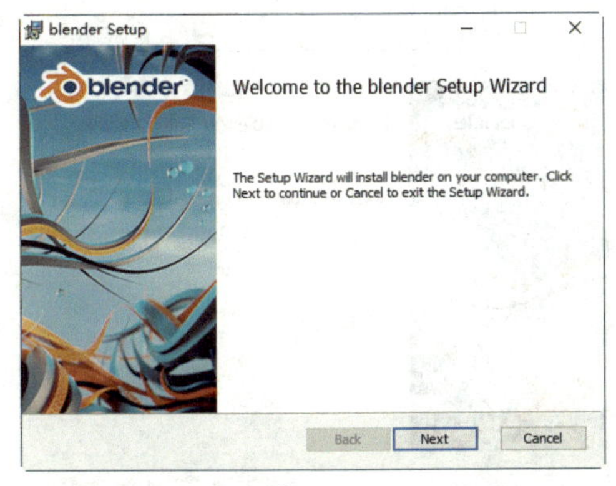

图 1-7

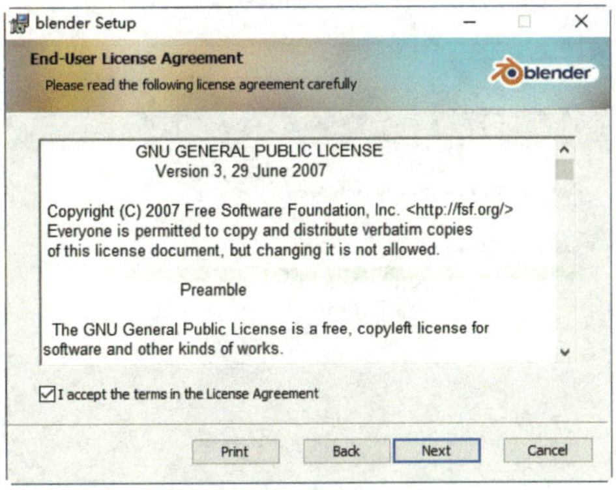

blender Setup
End-User License Agreement
Please read the following license agreement carefully
blender
GNU GENERAL PUBLIC LICENSE
Version 3, 29 June 2007
Copyright (C) 2007 Free Software Foundation, Inc. <http://fsf.org/>
Everyone is permitted to copy and distribute verbatim copies of this license document, but changing it is not allowed.
Preamble
The GNU General Public License is a free, copyleft license for software and other kinds of works.
I accept the terms in the License Agreement
Print
Back
Next
Cancel

图 1-8

勾选“I accept the terms in the License Agreement”复选框，单击“Next”按钮，弹出“Custom Setup”对话框，如图 1-9 所示。单击“Browse”按钮，弹出“Change destination folder”对话框，如图 1-10 所示。更改 Blender 的安装路径后单击“OK”按钮，返回“Custom Setup”对话框。

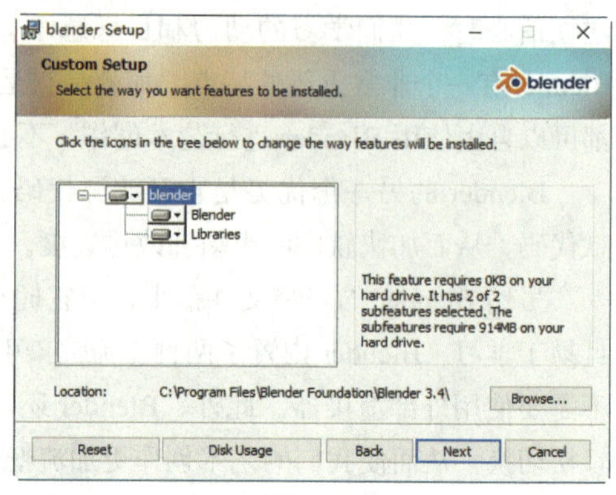

图　1-9

在“Custom Setup”对话框中单击“Next”按钮，弹出“Ready to install blender”对话框，如图 1-11 所示。单击“Install”按钮，弹出“Installing blender”对话框，如图 1-12 所示。

稍微等待一会儿，弹出“Completed the blender Setup Wizard”对话框，如图 1-13 所示，单击“Finish”按钮完成安装。

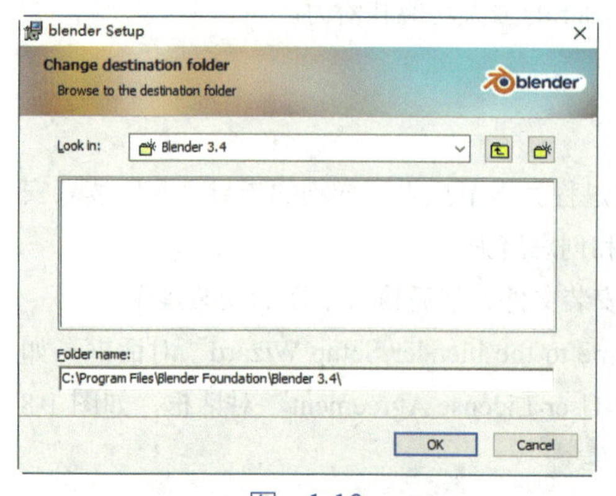

图　1-10

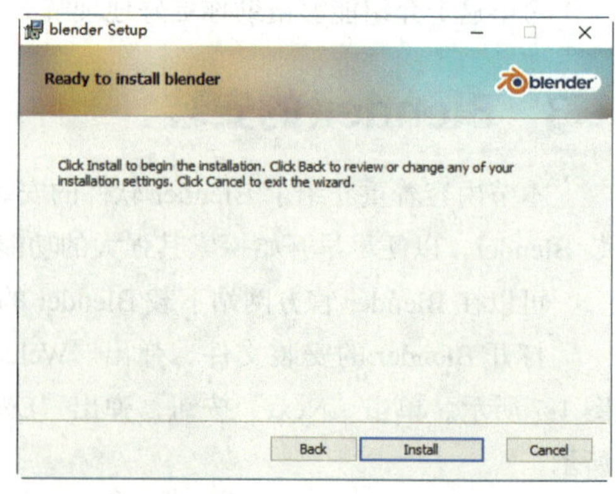

图　1-11

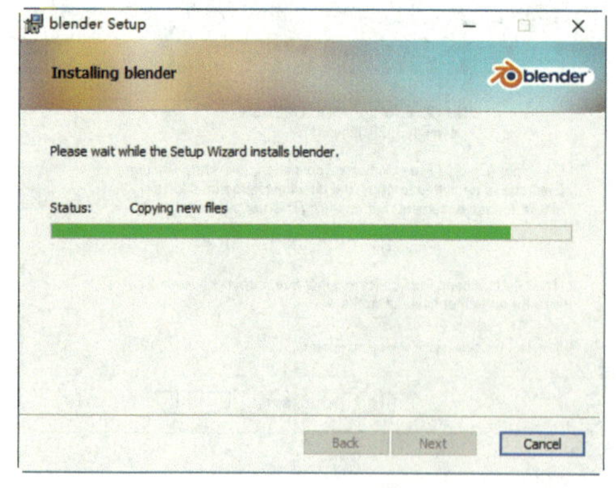

图　1-12

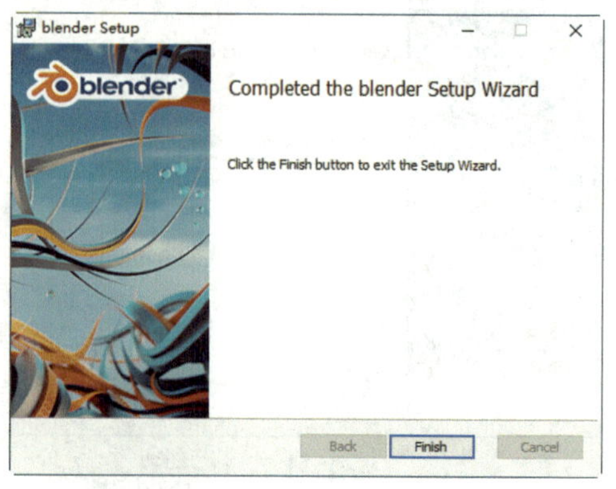

图　1-13

1.4　Blender 基本功能介绍

安装 Blender 之后，首次打开 Blender，呈现出来的工作界面如图 1-14 所示。

图　1-14

> **提示：** 不同版本 Blender 的启动画面可能会有所差异。在空白区域任意单击一下，Blender 的启动画面就会消失了。

基本设置

可以看到 Blender 默认的工作语言是英文，首先可以对工作语言进行切换，选择“Edit”—“Preferences”，如图 1-15 所示。弹出“Blender Preferences”对话框，选择“Interface”—“Translation”—“Language”，选择“Simplified Chinese（简体中文）”，如图 1-16 所示。

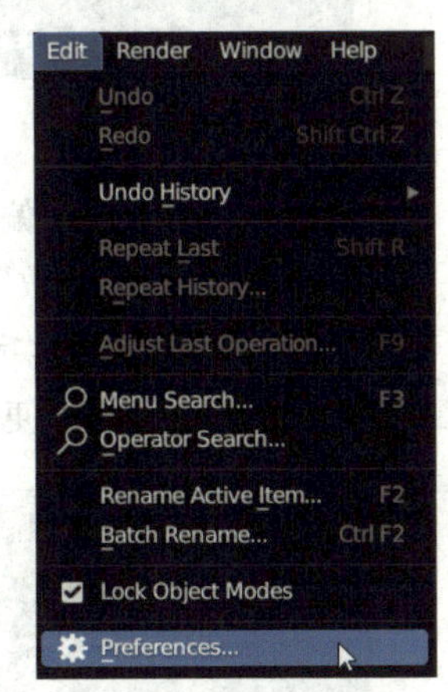

图　1-15

语言切换成简体中文后，工作界面如图 1-17 所示。

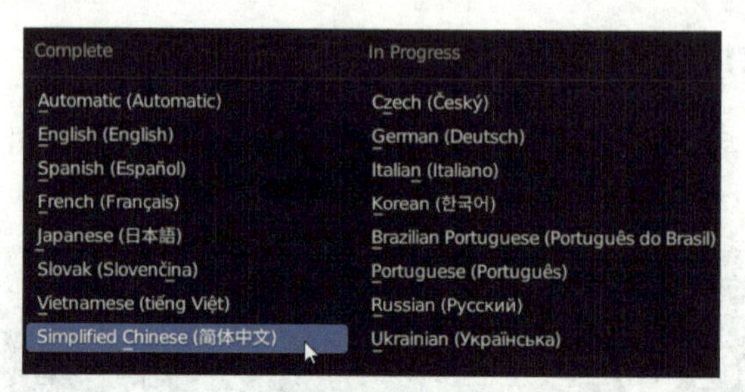

图　1-16

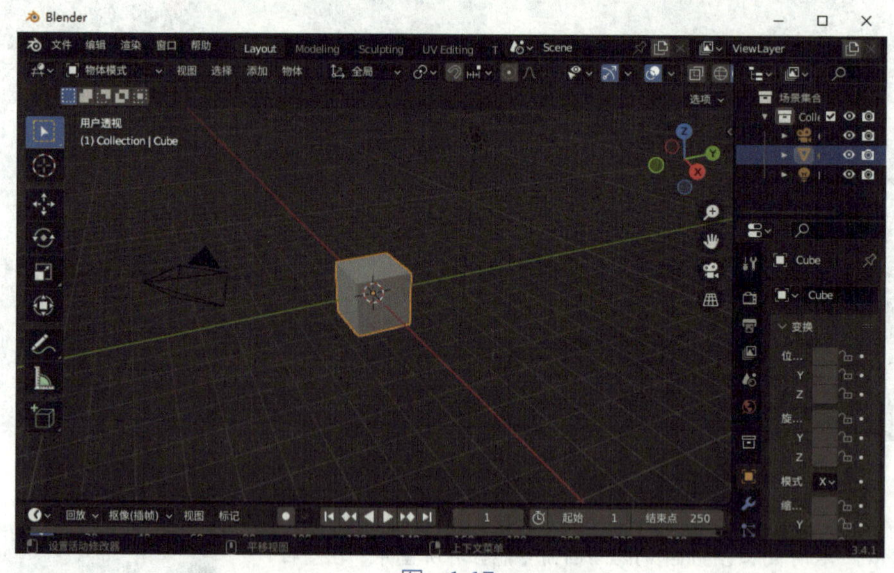

图　1-17

选择“编辑”—“偏好设置”，弹出“Blender 偏好设置”对话框，选择“界面”—“显示”—“分辨率缩放”，如图 1-18 所示。可以将“分辨率缩放”的值调整得大一些，Blender 界面的图标和文字都会相应放大，参考数值为 1.3 ~ 1.5，这里调整为 1.5，如图 1-19 所示。注意，为了便于阅读，本书中的数值将省略小数尾部的“0”。

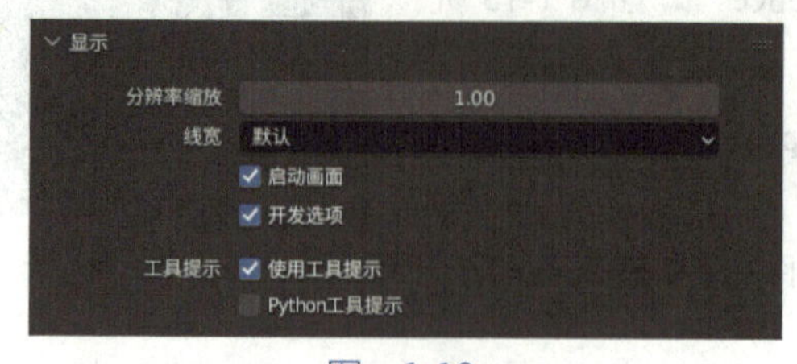

图　1-18

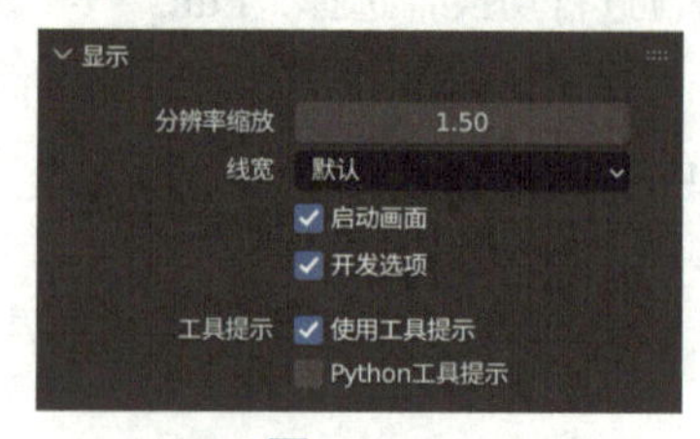

图　1-19

Blender 默认的主题是暗黑色的主题，选择“主题”—“预设”，如图 1-20 所示，可以根据需要或者喜好进行主题预设。在“Blender 偏好设置”对话框中选择“系统”—“内存＆限额”，如图 1-21 所示，“撤销次数”可以适当改大一些。

图　1-20

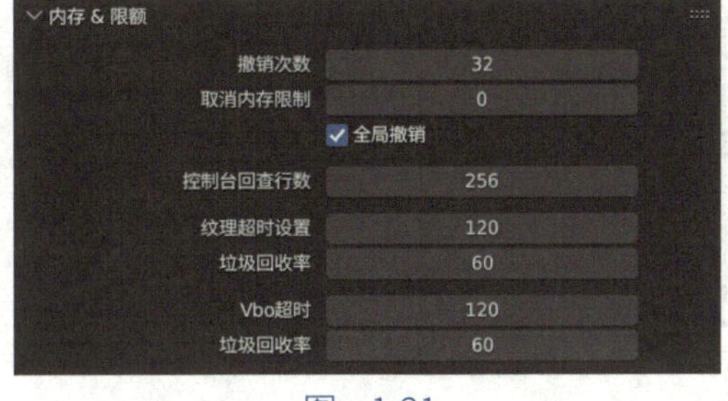

图　1-21

提示： 在 Blender 中按空格键默认会播放动画，所以如果有按空格键的习惯，可以在“Blender 偏好设置”对话框中选择“键位映射”—“偏好设置”，如图 1-22 所示，“空格键动作”可以设置为“工具”或“搜索”。

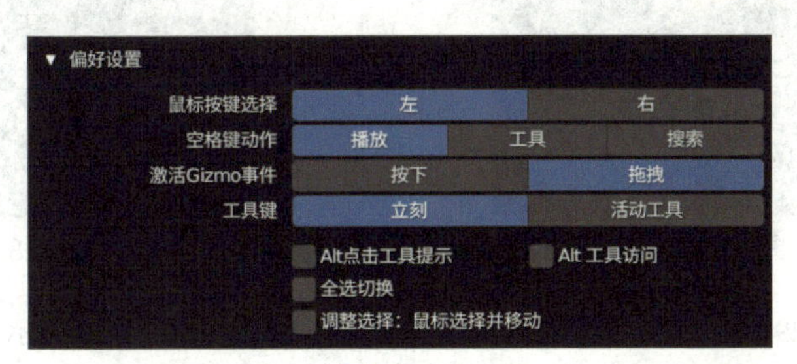

图　1-22

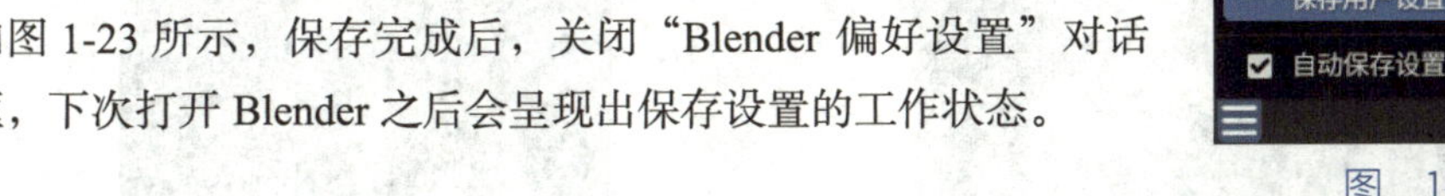

以上为 Blender 的基本设置。设置完成后，在“Blender 偏好设置”对话框中选择“保存＆加载”—“保存用户设置”，如图 1-23 所示，保存完成后，关闭“Blender 偏好设置”对话框，下次打开 Blender 之后会呈现出保存设置的工作状态。

图　1-23

工作区简介

Blender 默认为单窗口工作，工作区的下方为动画区，在不需要创建动画的情况下，可以将动画区向下拖曳，以增大工作区的空间，如图 1-24 所示。

图　1-24

打开 Blender，默认在工作区可以看到灯光、摄像机、物体，其中灯光如图 1-25 所示，对应着大纲视图中的“Light”，如图 1-26 所示。

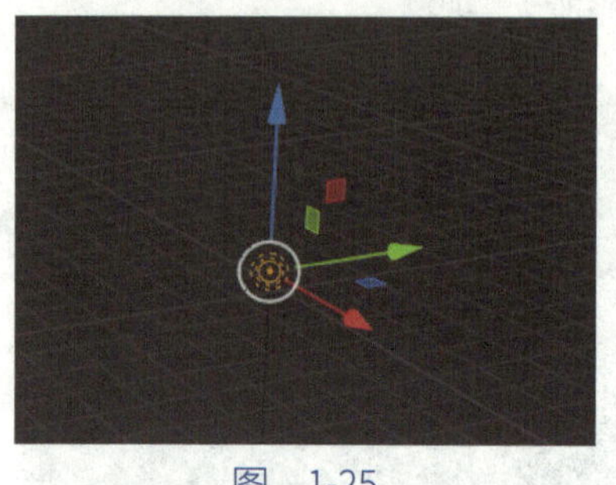

图　1-25

图　1-26

摄像机如图 1-27 所示，对应着大纲视图中的“Camera”，如图 1-28 所示。

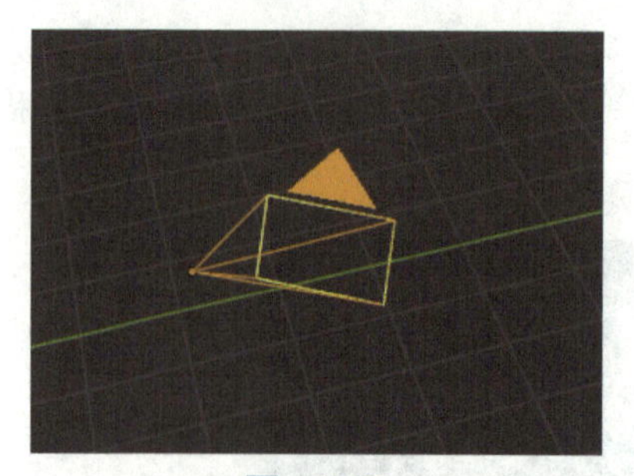

图　1-27

图　1-28

物体如图 1-29 所示，对应着大纲视图中的“Cube”，如图 1-30 所示。

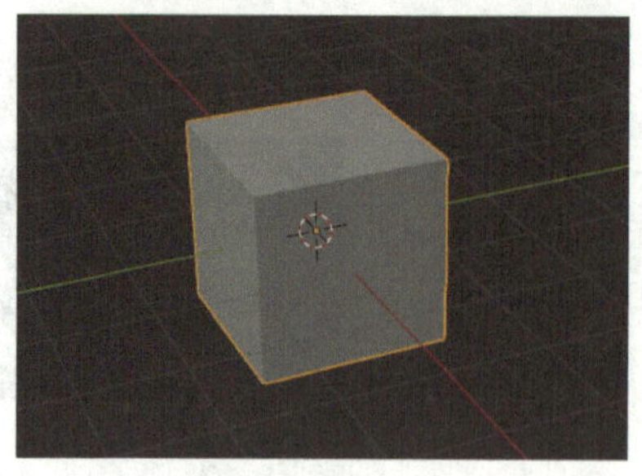

图　1-29

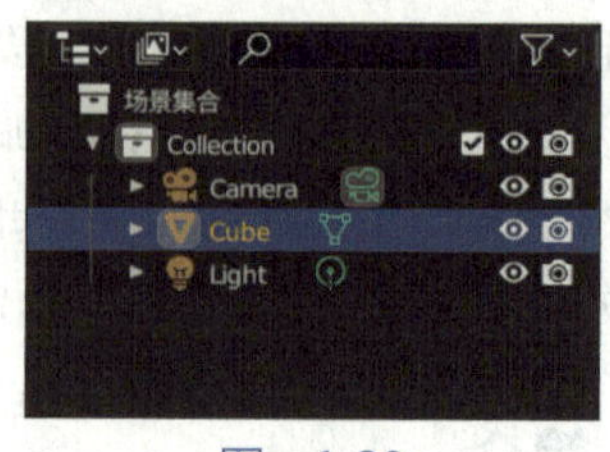

图　1-30

视图基本操作

按住鼠标滚轮可以对视图进行旋转，如图 1-31 所示。

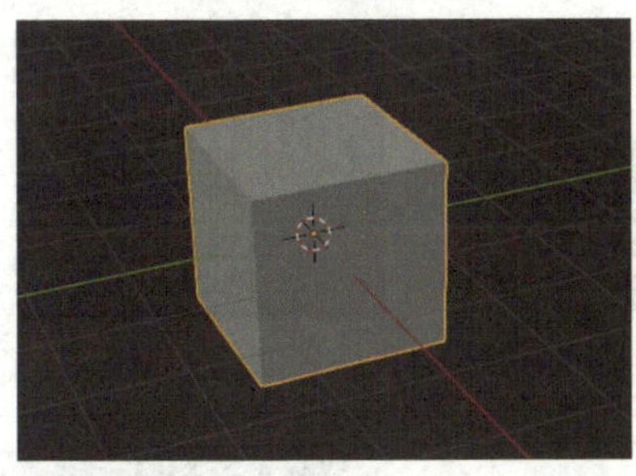
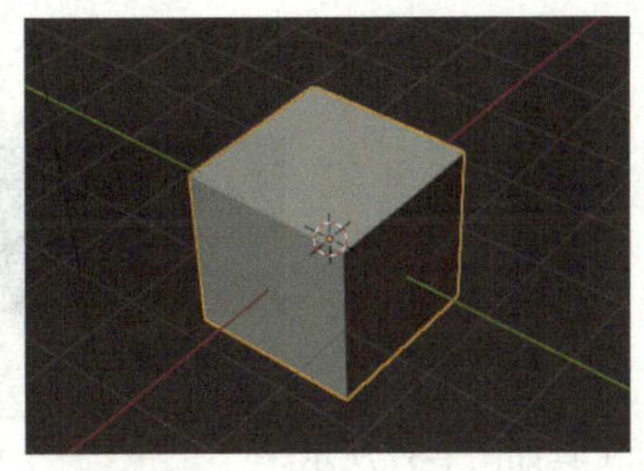

图 1-31

滑动鼠标滚轮可以对视图进行缩放，如图 1-32 所示。

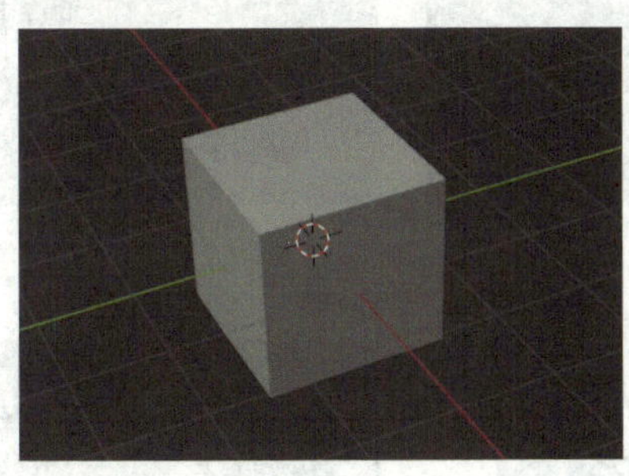
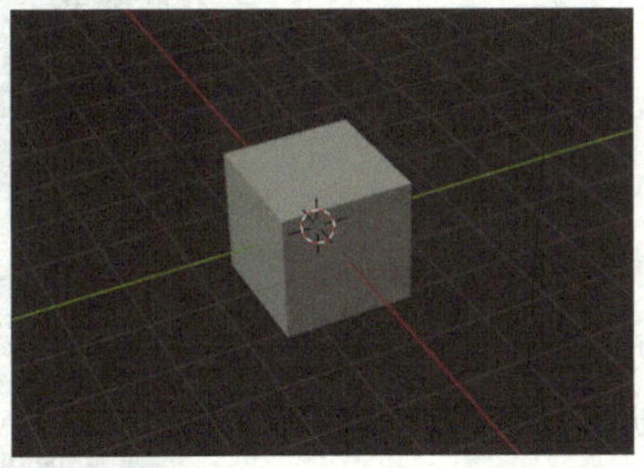

图 1-32

按快捷键 Shift+ 鼠标滚轮可以对视图进行平移，如图 1-33 所示。

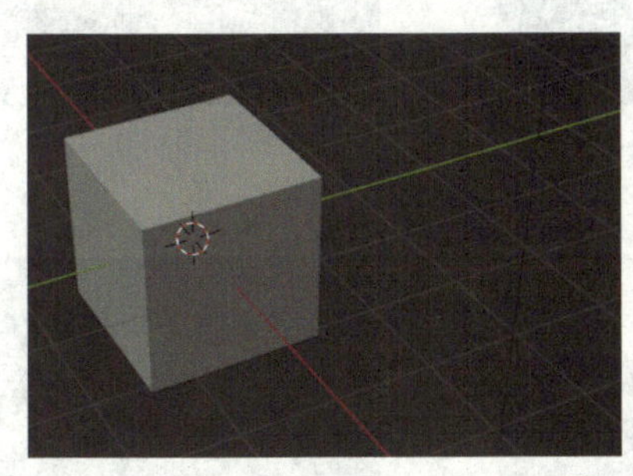
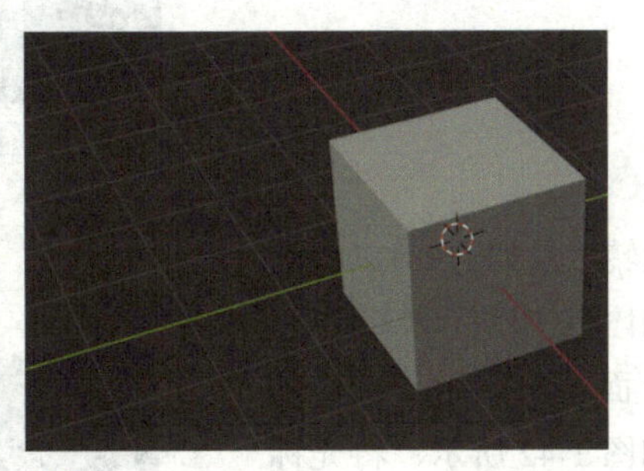

图 1-33

物体基本操作

对物体的操作主要集中在左侧的工具栏，如图 1-34 所示。下面对工具栏中的部分常用工具进行介绍。将光标悬停在框选工具上面，可以看到相关的提示，如图 1-35 所示。在框选工具上面按住鼠标左键可以在各个选择工具之间进行切换，如图 1-36 所示。

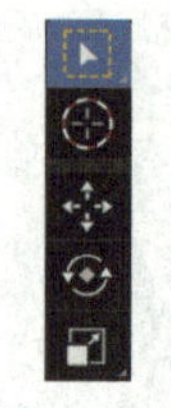
图　1-34

图　1-35

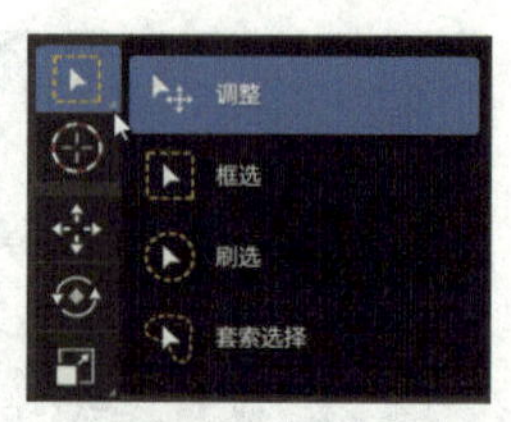

图　1-36

游标工具如图 1-37 所示。游标的默认位置在世界的中间，如图 1-38 所示。

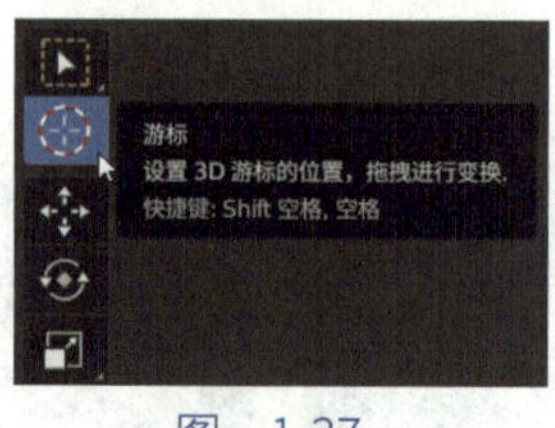

图　1-37

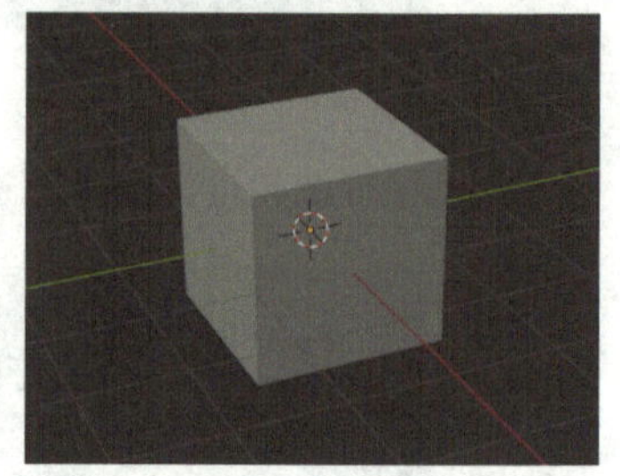
图　1-38

移动工具如图 1-39 所示。使用移动工具可以移动物体的位置，如图 1-40 所示。

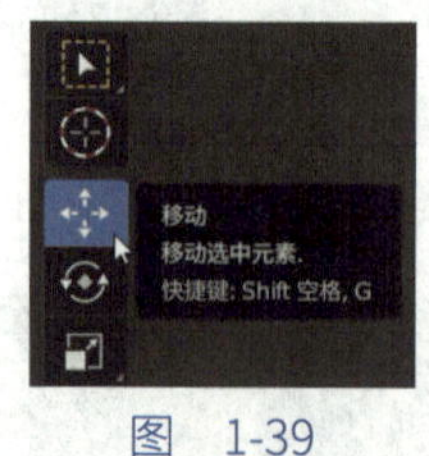

图　1-39

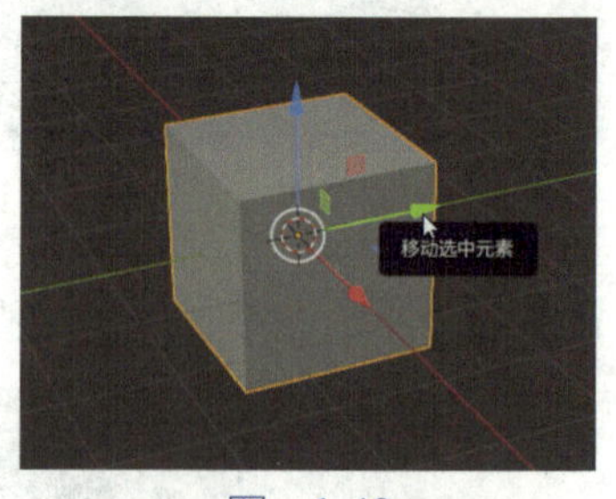

图　1-40

旋转工具如图 1-41 所示。选中物体，使用旋转工具后，物体上面会出现用于旋转的轴，如图 1-42 所示，将光标放置到轴上面进行拖曳，可以实现依据轴进行旋转，将光标放置到物体上面，但不放置到轴上面，可以实现自由旋转。

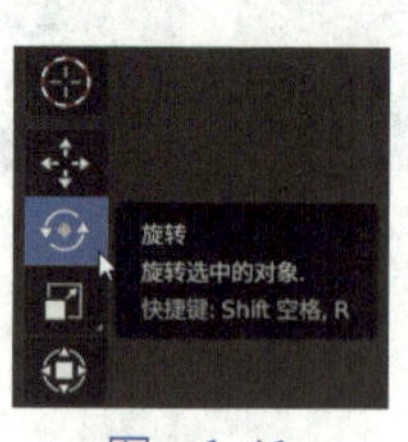

图　1-41

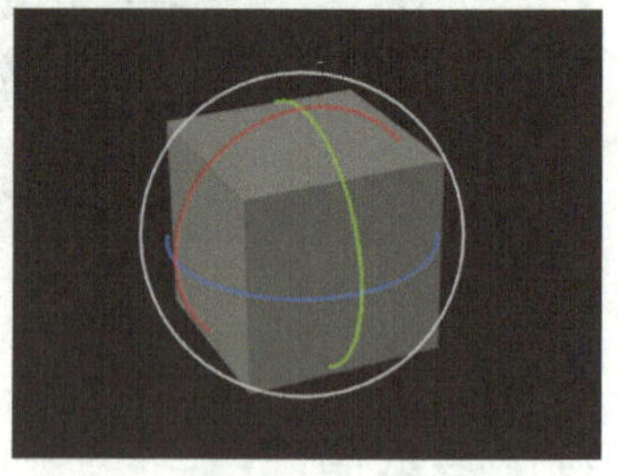
图　1-42

缩放工具如图 1-43 所示。选中物体，使用缩放工具后，物体上面会出现用于缩放的轴，如图 1-44 所示，将光标放置到轴上面进行拖曳，可以实现依据轴进行缩放，将光标放置到物体上面，但不放置到轴上面，可以实现等比例缩放。

图 1-43

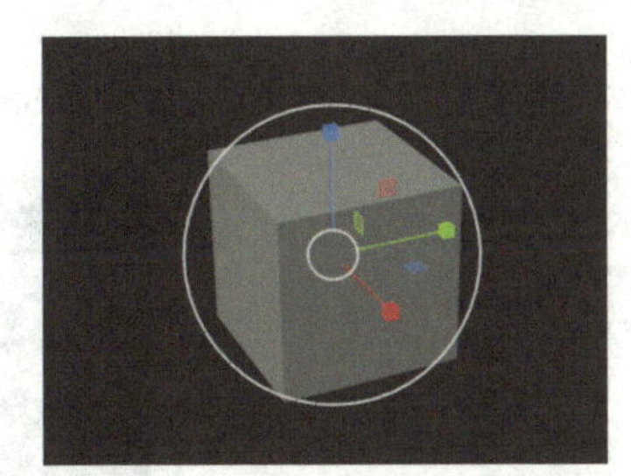

图 1-44

变换工具如图 1-45 所示。变换工具是移动工具、旋转工具、缩放工具的整合，选中物体，使用变换工具后，如图 1-46 所示。

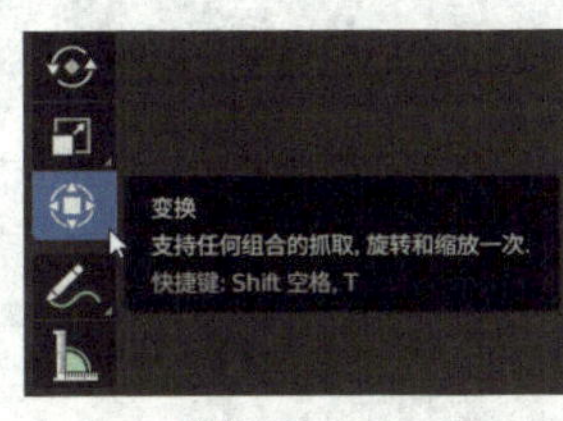

图 1-45

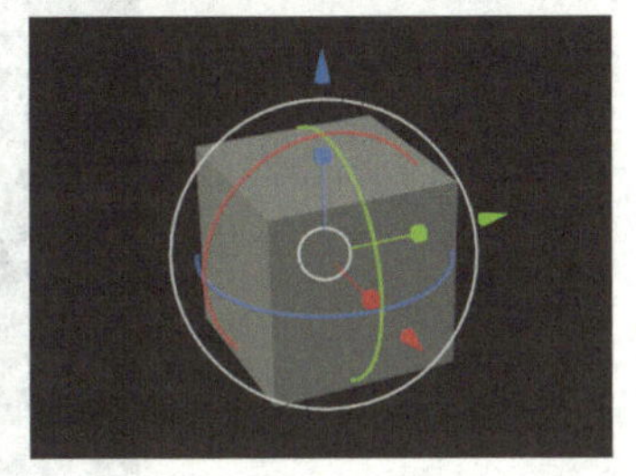

图 1-46

提示： 移动工具、旋转工具、缩放工具的使用频率比较高。将光标悬停在工具上面会出现相应的快捷键提示，很多时候可以使用快捷键去调用工具，例如按快捷键 S 可以调用缩放工具，按快捷键 S+X 可以使物体沿 x 轴向进行缩放，按快捷键 S+Y 可以使物体沿 y 轴向进行缩放。

选择“添加”，在下拉菜单中可以进行物体的添加，如图 1-47 所示。例如选择“添加”—“网格”—“经纬球”，如图 1-48 所示。效果如图 1-49 所示。

图 1-47

图 1-48

图 1-49

提示： 添加物体的快捷键是 Shift+A，按下后出现如图 1-50 所示的界面。

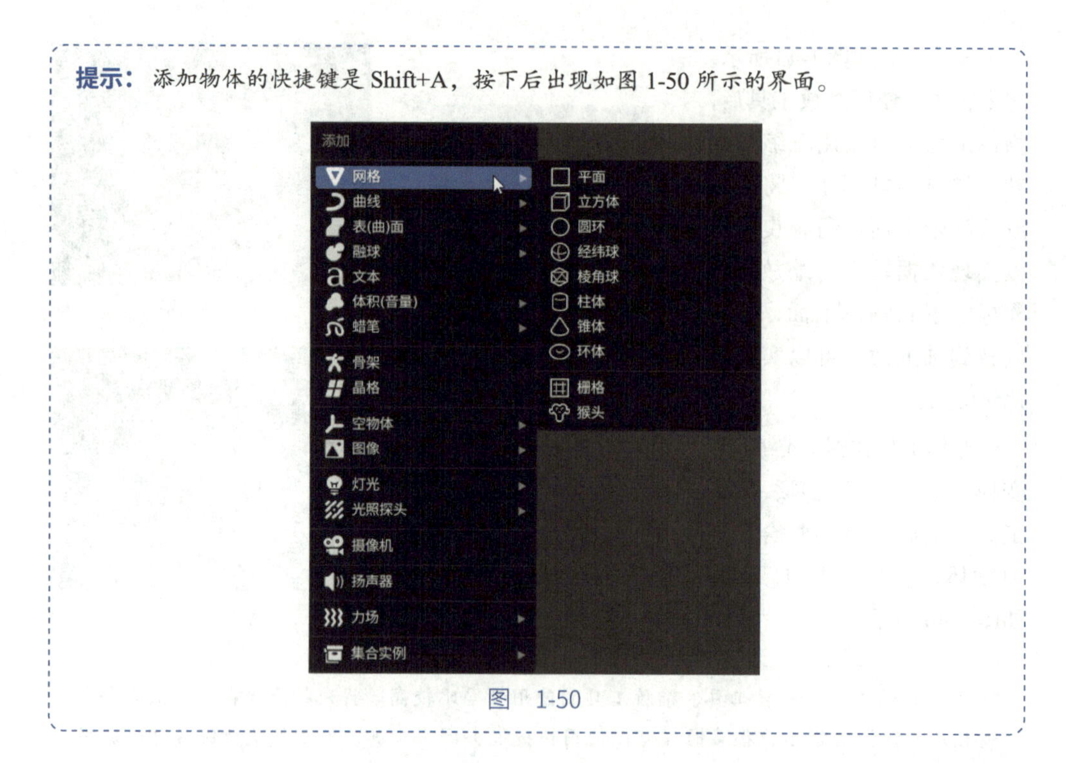

图 1-50

游标的位置在哪里，物体添加的位置就会在哪里。在左侧工具栏选择游标工具，将游标的位置定义到刚才创建的球体的边缘位置，如图 1-51 所示。选择“添加”—“网格”—“锥体”，添加一个锥体，位置如图 1-52 所示。

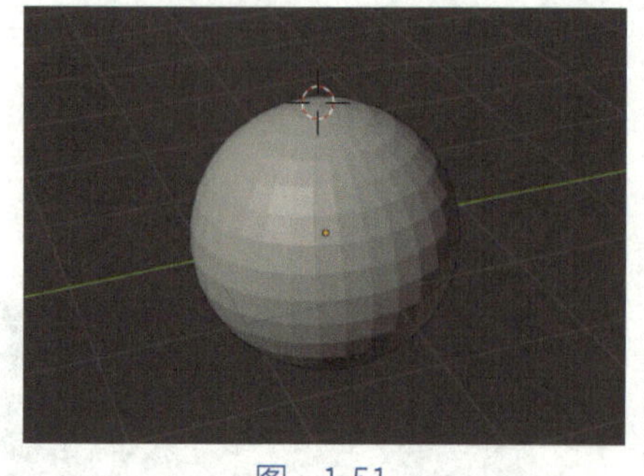

图 1-51

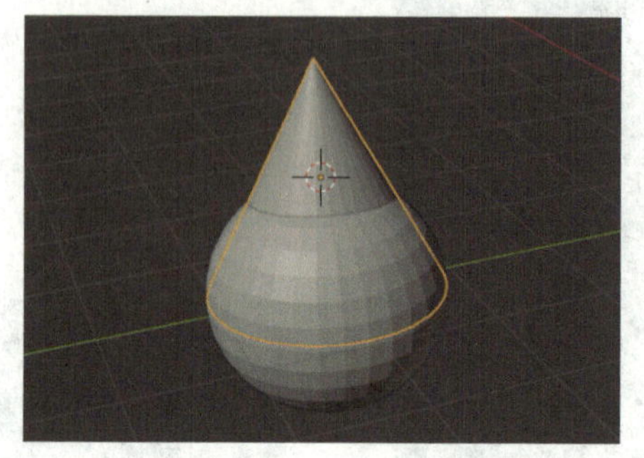

图 1-52

提示： 按快捷键 Shift+C，可以将游标归位。

如何删除物体：例如选中灯光，如图 1-53 所示。按快捷键 X，选择“删除”项，如图 1-54 所示，即可将所选的灯光删除。

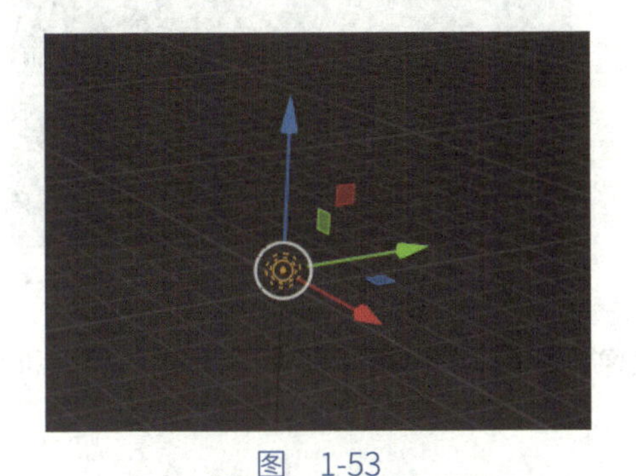
图 1-53

图 1-54

提示： 选中物体后按鼠标右键可以对物体进行操作，例如删除，如图 1-55 所示。

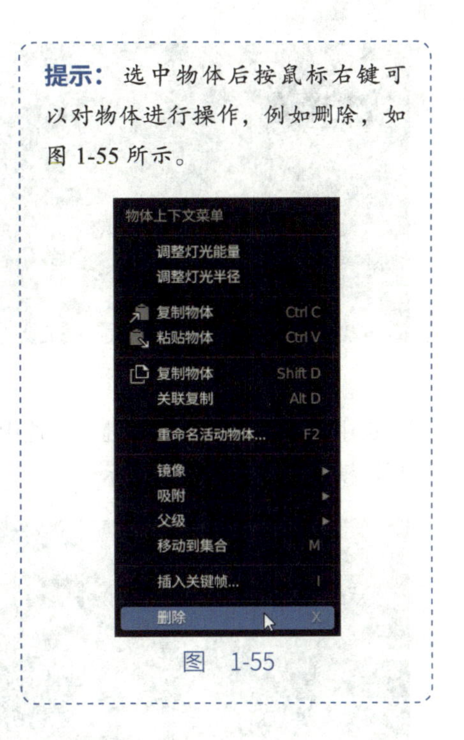

图 1-55

视图切换

Blender 默认是单视图的工作软件，不像其他三维软件一样有多个视图可以同时进行观察操作。按快捷键 Shift+A，选择“网格”—“猴头”，如图 1-56 所示。添加一个猴头，如图 1-57 所示。

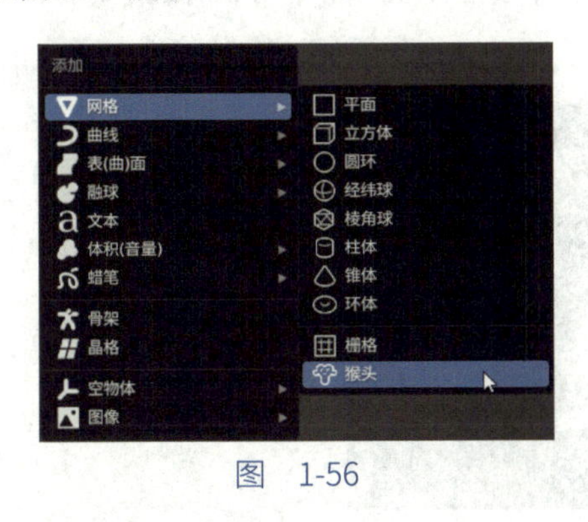

图 1-56

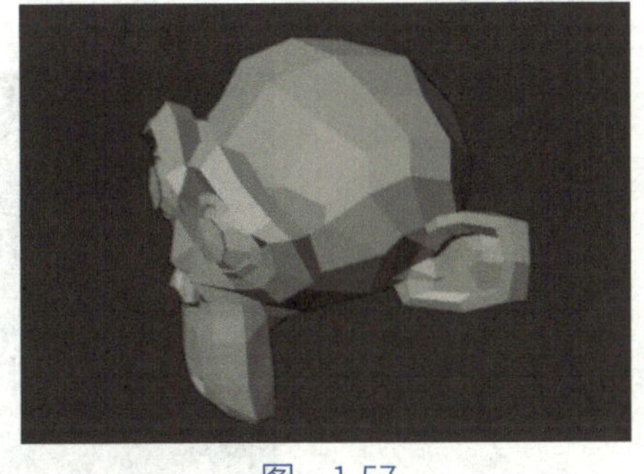
图 1-57

选中刚添加的猴头模型，按快捷键～，弹出圆盘菜单，选中“顶视图”，如图 1-58 所示。切换视图后的模型显示如图 1-59 所示。

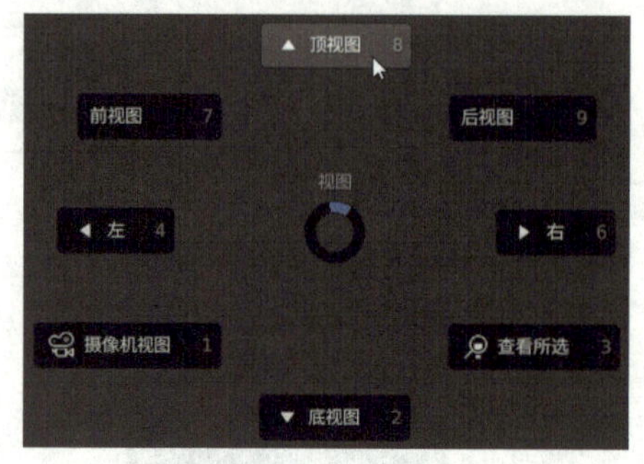

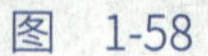
图　1-58

图　1-59

选中猴头模型，按快捷键～，选中“摄像机视图”，如图 1-60 所示。进入摄像机窗口后，模型显示如图 1-61 所示。

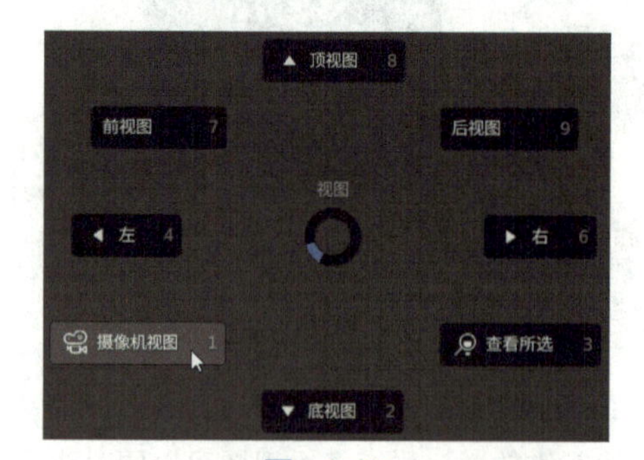

图　1-60

图　1-61

提示： 选中物体，按快捷键～，选择“查看所选”，如图 1-62 所示，可以将选中的物体最大化显示。

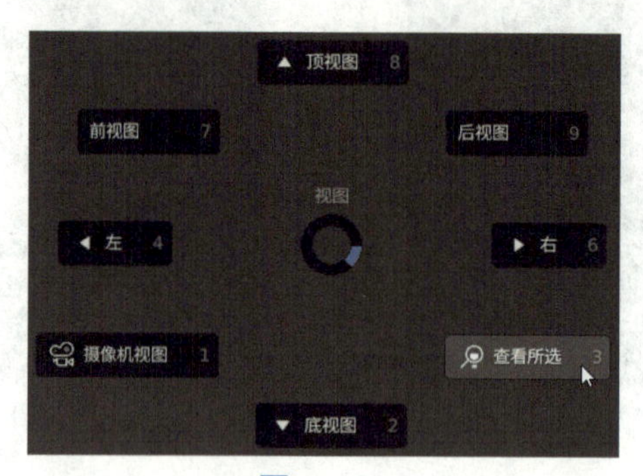

图　1-62

工作区编辑器的切换

Blender 可以根据需要在不同的工作区之间进行切换，如图 1-63 所示，不同的工作区会展示不同的窗口组合，默认为“Layout”。

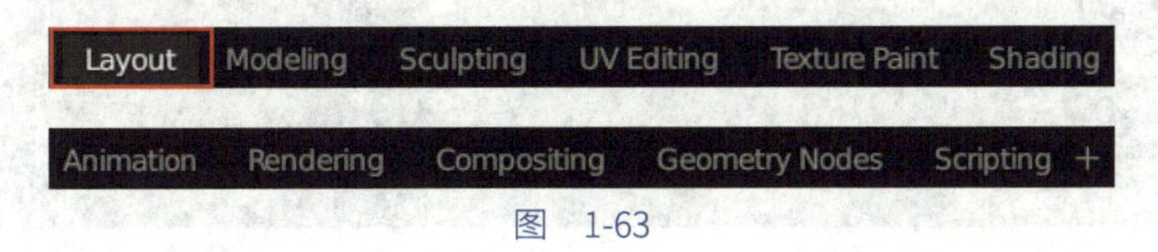

图 1-63

不同的工作区展示出来的不同的窗口组合，其实是不同的编辑器。在 Layout 中同样可以进行不同编辑器的切换，如图 1-64 所示，可以选择相应的编辑器类型。

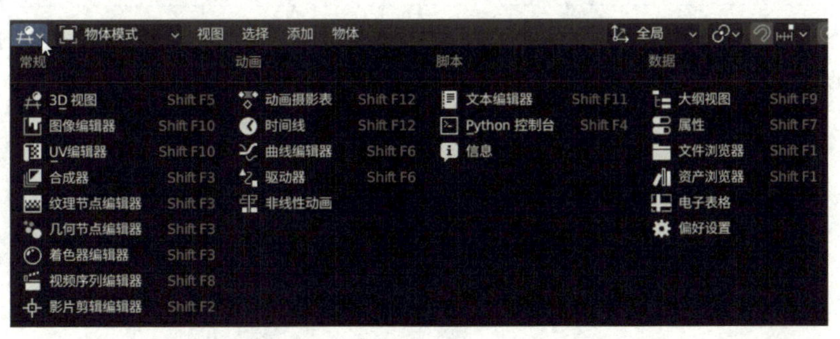

图 1-64

在 Layout 中的动画区域同样可以进行编辑器的切换，如图 1-65 所示。

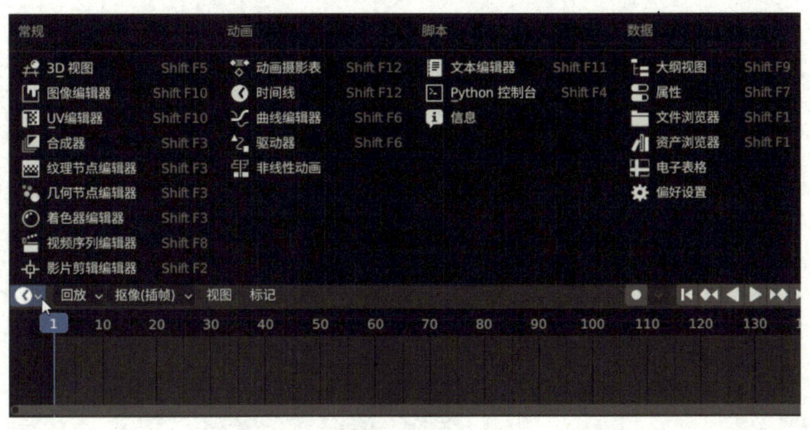

图 1-65

在 Layout 中的大纲视图区域同样可以进行编辑器的切换，如图 1-66 所示。

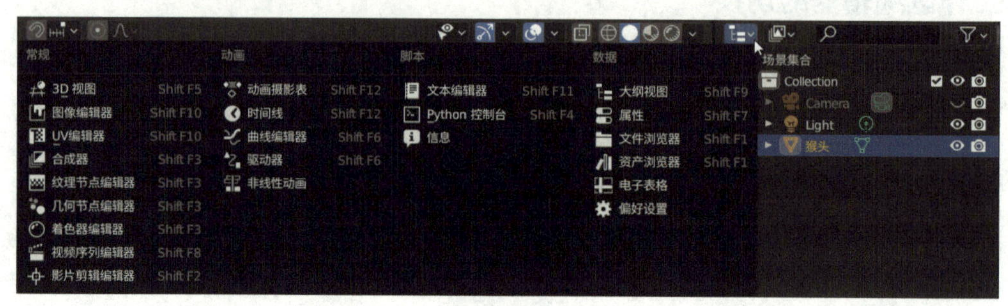

图　1-66

其他的知识点会在后面的案例中详细介绍。

提示： 由于篇幅所限，本书中截图仅展示关键步骤，读者按照文字描述操作，即可实现书中的展示效果。

第 2 章

萌三兄弟案例

本章目标

制作萌三兄弟小场景，如图 2-1 所示。

了解构建卡通形象的工作流程，掌握 Blender 基本几何体的建模、渲染方法。

图 2-1

本章重点

1. 构建卡通形象的工作流程

（1）**分析**需要构建的形象，用简单的基本几何体对其进行**概括**。

（2）在 Blender 中创建基本几何体，对简单的几何体进行**形变**。

（3）将几何体**组合**起来，建成一个卡通形象。

2. 给模型添加修改器

在 Blender 中，修改器（Modifier）可动态应用于网格，实现灵活的非破坏性工作流程。

> **提示：** 非破坏性工作流程指的是允许制作者在必要的时候流畅地来回修改迭代模型设置，而无须多次备份来修改模型。

3. Cycles 渲染设置

Cycles 是用于产品级渲染、基于物理的路径跟踪器，可以通过简单设置渲染出逼真的效果。

➡ 学习准备

1. 案例拆解

先观察案例，分为模型和场景。

（1）模型。萌三兄弟模型是三个并排的、不同颜色的卡通形象。

卡通模型分为小黄人、小绿人和小紫人，共三部分。

小黄人的基本型是一个立方体，其边缘比较圆滑。构建小黄人的方法是构建几何体，从轮廓到细节依次建构它的身体、腿、嘴巴、眼球、眼皮、瞳孔和装饰物。

构建小绿人和小紫人也是运用同样的方法。

（2）场景。场景分为背景、视角和出图比例、阴影以及支撑物，共四部分。

背景是通过一个平面模型，用挤出功能完成的；**视角和出图比例**是通过使用摄像机功能来固定视角和确定尺寸；**阴影**是通过运用灯光来调整的；**支撑物**是通过创建基本体来丰富画面。将卡通模型和场景背景调整到合适的位置。最后添加**材质和颜色**，完成案例。

2. 软件设置

在正式建立模型前，先介绍笔者常用的两个软件设置，某种程度上可以使建模过程更加顺畅。

（1）**快速移动操作设置**：在工作区右上角的“视图 Gizmo”面板中勾选“移动”选项，如图 2-2 所示，此时模型呈现 x、y、z（软件中为 X、Y 和 Z）轴向。

使用选择工具拖动对应轴向可以对模型进行快速移动的操作，如图 2-3 所示。

（2）**边缘线显示设置**：在工作区右上角的“视图着色方式”面板中勾选“Cavity”选项栏，如图 2-4 所示，可以显示模型边缘线。这个操作不会对模型产生任何影响，但可以在视觉呈现上显示更多细节。

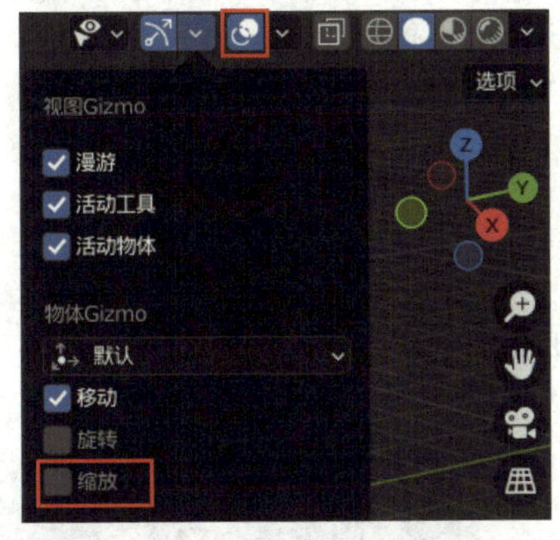

图　2-2

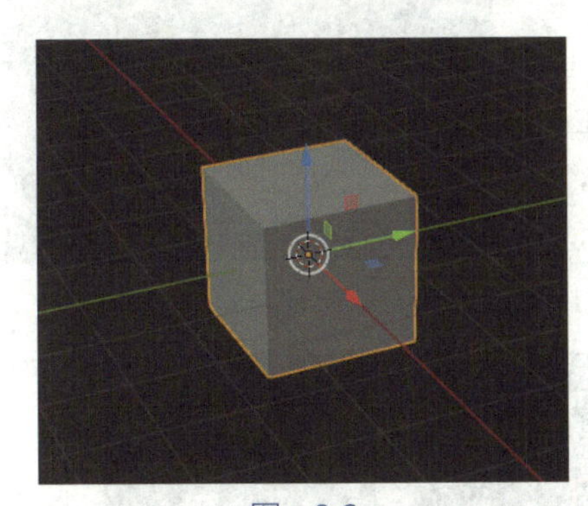

图　2-3

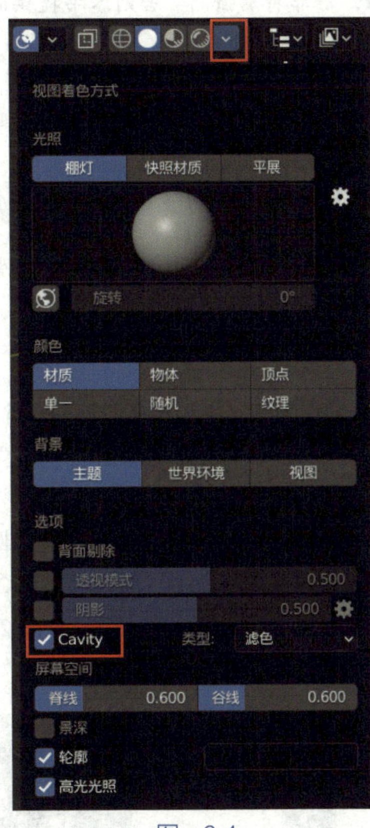

图　2-4

此外，“Cavity”选项栏中的“脊线”和“谷线”的默认参数为 1，这里建议全部改为 0.6，这样在呈现出线条的同时不至于喧宾夺主，对比效果如图 2-5 和图 2-6 所示。

图　2-5

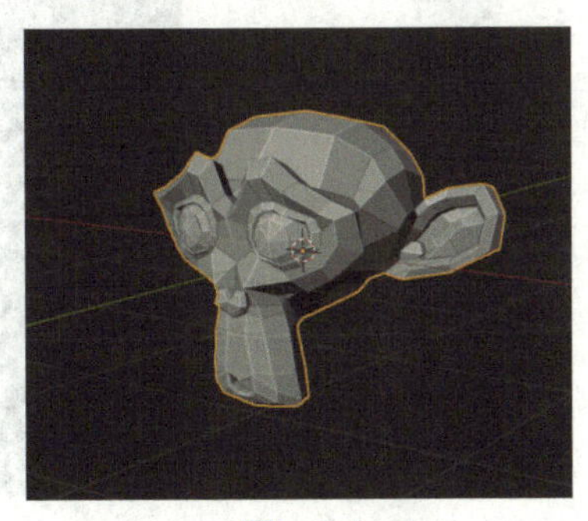

图　2-6

提示： 除非特别强调，否则本书提供的数值都为参考数值。读者可以根据自己的喜好调整。

做好准备工作后，接下来进入实战吧！

2.1 Blender 底层建模原理

接下来将按照小黄人、小绿人、小紫人的顺序进行建模。

创建小黄人

1 制作身体。身体的基本型是一个立方体，按快捷键 Shift+A，选择“网格”—“立方体”，创建一个立方体，如图 2-7 所示。

2 添加倒角。为了使立方体边缘圆滑，在工作区右侧进入“修改器”面板，如图 2-8 所示，选择“添加修改器”—“倒角”，如图 2-9 所示，给该模型添加倒角。

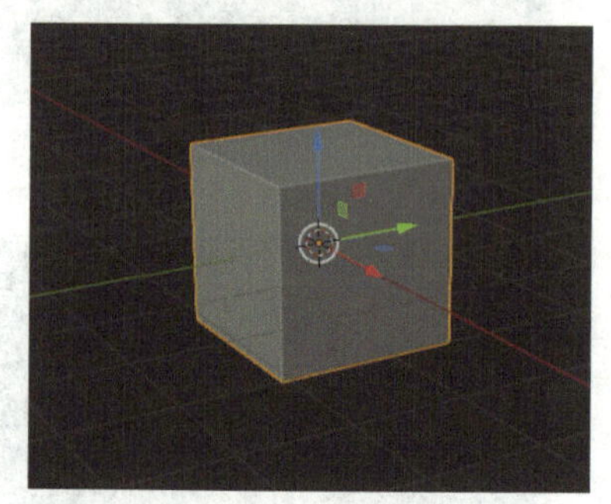

图 2-7

图 2-8

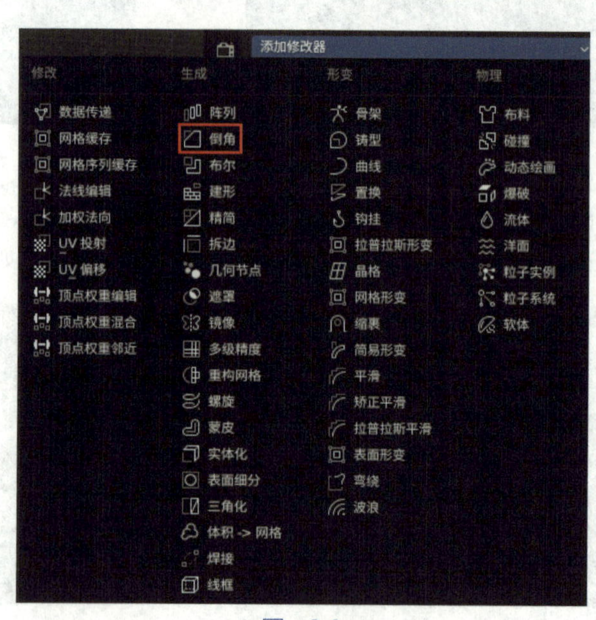

图 2-9

此时每个边缘的倒角都比较尖锐，如图 2-10 所示。可以通过调整“倒角”修改器中的“段数”和“(数)量”分别调整倒角的圆滑度和数量，参考数值分别为 6 和 0.6，结果如图 2-11 所示。

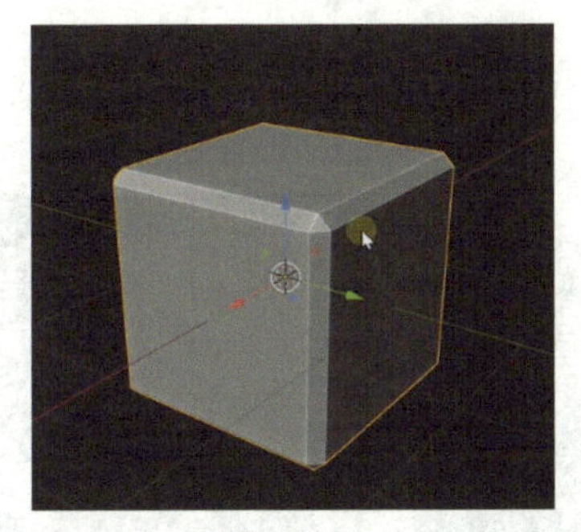

图 2-10

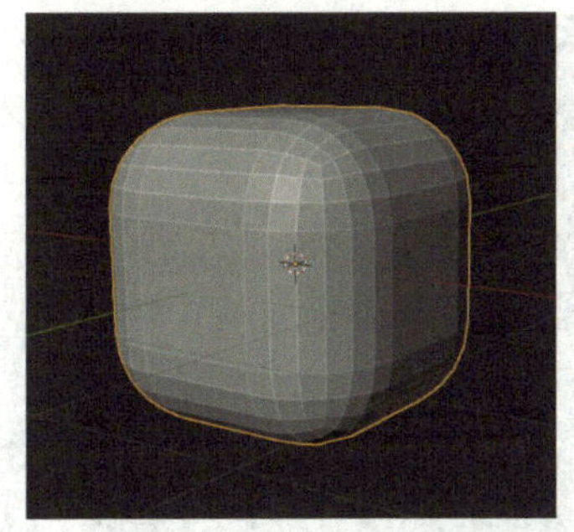

图 2-11

提示： 在拖动鼠标调整倒角修改器段数和数量时，可以通过按住 Shift 键进行精细调整。此方法也适用于所有数值类的精细化微调。

3 制作腿。腿的基本型是柱体，按快捷键 Shift+A，选择“网格”—“柱体”，创建一个柱体（圆柱体）。按快捷键 S，将其等比例缩小并移动到可视位置。按快捷键 ~ 进入前视图，按快捷键 G 把柱体放置到身体下方一侧的位置，如图 2-12 所示。

按快捷键 S+Z，对圆柱体进行一个 z 轴向的缩放，将其拉长。为了使圆柱体边缘圆滑，选择“添加修改器”—“倒角”，调整其段数和数量，参考数值分别为 6 和 0.92，结果如图 2-13 所示。

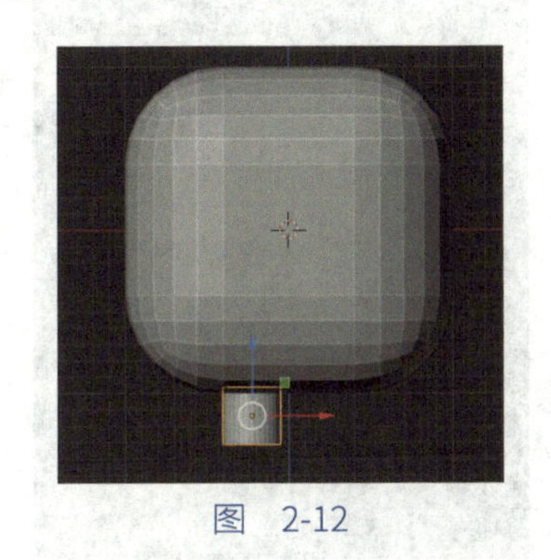

图 2-12

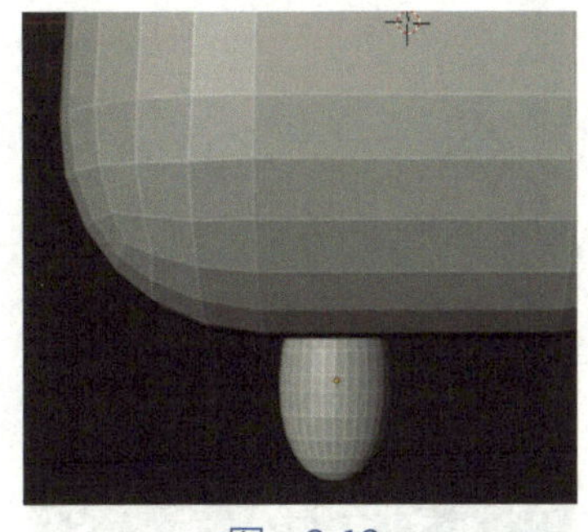

图 2-13

可以看到，此时效果并不理想，圆柱体存在异常拉伸情况。为此，按快捷键 Ctrl+A，选择“缩放”（图 2-14），将缩放应用到圆柱上，修正拉伸，呈现正确的倒角效果，如图

2-15 所示。

腿做完后，使用鼠标选中它，按快捷键 Shift+D 复制模型，并按快捷键 X，在 *x* 轴向上移动，把腿复制到另一侧，两条腿就做好了，如图 2-16 所示。

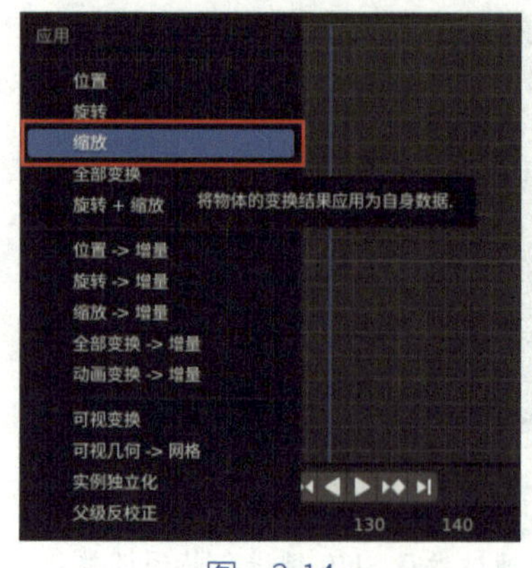

图　2-14

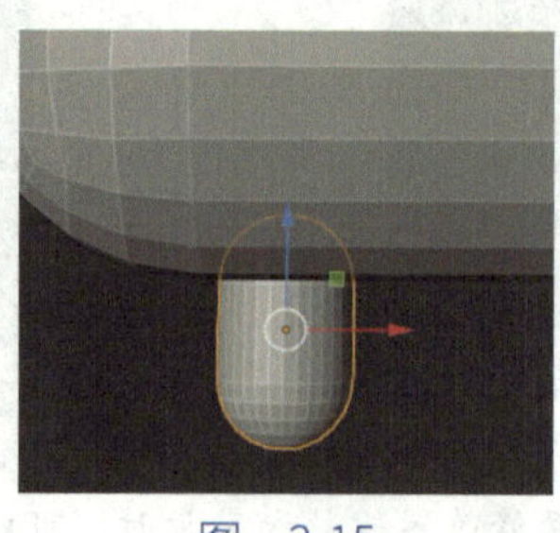

图　2-15

图　2-16

提示： 模型进行拉伸后都要按快捷键 Ctrl+A 对模型进行缩放应用，以免呈现错误的效果。

4 制作嘴巴。嘴巴的基本型是一个环体，为了将环体放到想要的位置，可以使用游标工具。按快捷键 Shift+ 鼠标右键，将游标点到模型的面上，再按快捷键 Shift+A，选择“网格”—“环体”，创建一个环体，如图 2-17 所示。

打开工作区左下角展开项，对环体进行基础数值设置，如图 2-18 所示。

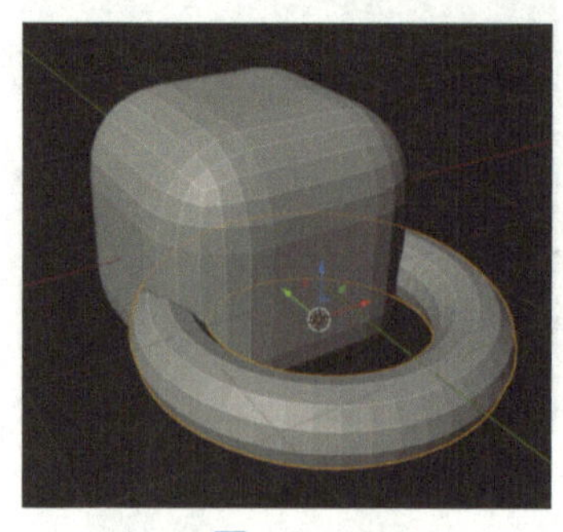

图　2-17

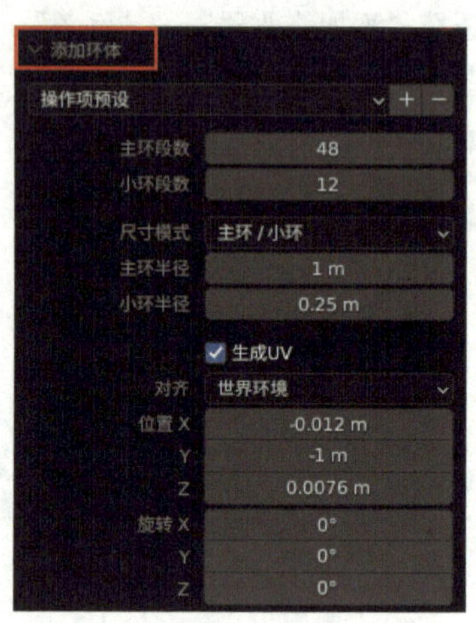

图　2-18

将“小环半径”拉大，参考数值为 0.67，呈现“甜甜圈”的效果，单击空白处确定。按快捷键 R+X+90（即按顺序按下 R、X 后，输入数值 90），将环体旋转 90 度，使其贴合立方体，接着调整大小和位置，嘴巴就做好了，如图 2-19 所示。

5 制作眼球。眼睛分为眼球、眼皮和瞳孔。眼球的基本型是一个球体，按快捷键 Shift+A，选择“网格”—“经纬球”，创建一个球体。按快捷键 S 将其缩小并移动到合适位置，眼球就做好了，如图 2-20 所示。

图 2-19

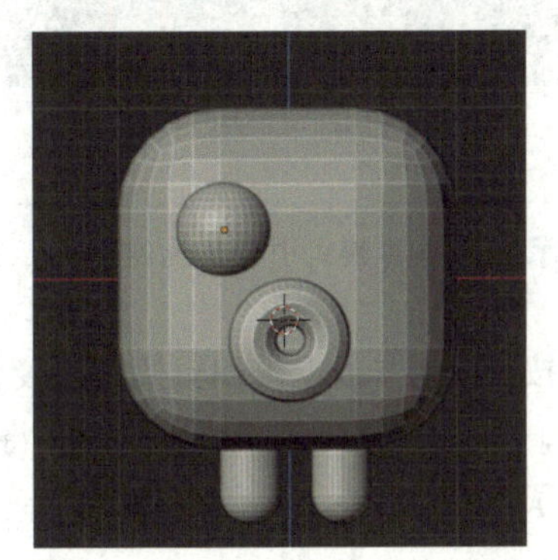

图 2-20

提示： 调整模型位置时可以按快捷键 ~ 进入前视图观察调整。

6 制作眼皮。眼皮的基本型是一个半球，但在软件中无法直接添加半球，因此要对球体进行形变，形成半球。按快捷键 Shift+D 复制刚刚创建的球体，按快捷键 / 进入隔离模式。选择界面左上角的“设置物体的交互模式”—“编辑模式”，进入编辑模式（快捷键 Tab），如图 2-21 所示。按快捷键 1 进入“点”选择模式，选中圆球最底端的点，如图 2-22 所示。

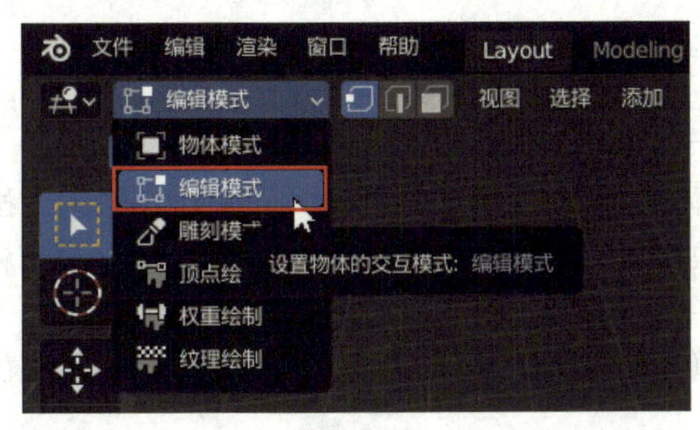

图 2-21

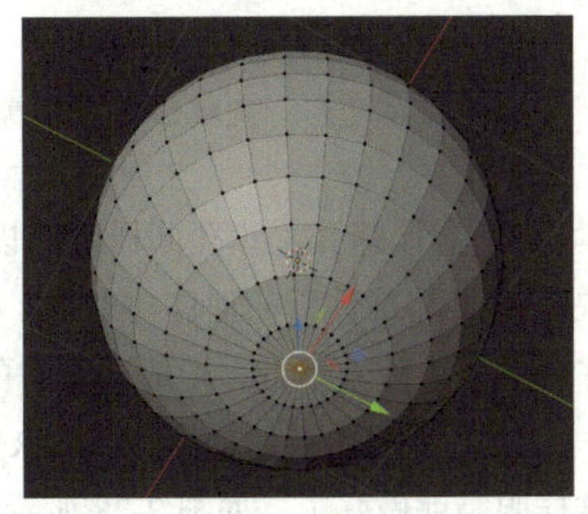

图 2-22

选择衰减编辑工具，激活柔性编辑的操作形式，如图 2-23 所示。按快捷键 G+Z 沿 *z* 轴移动，同时通过滑动鼠标滚轮控制衰减区域的范围，形成眼皮，如图 2-24 所示。

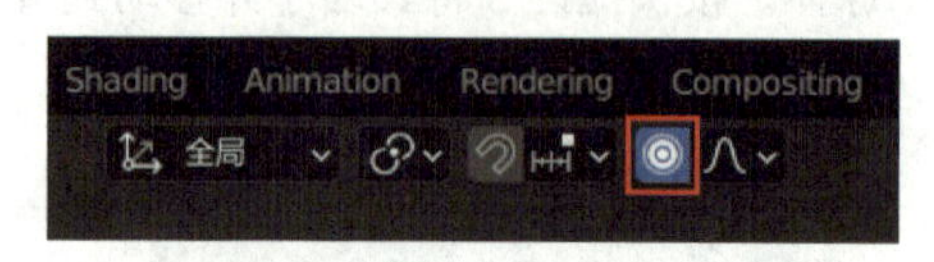

图　2-23

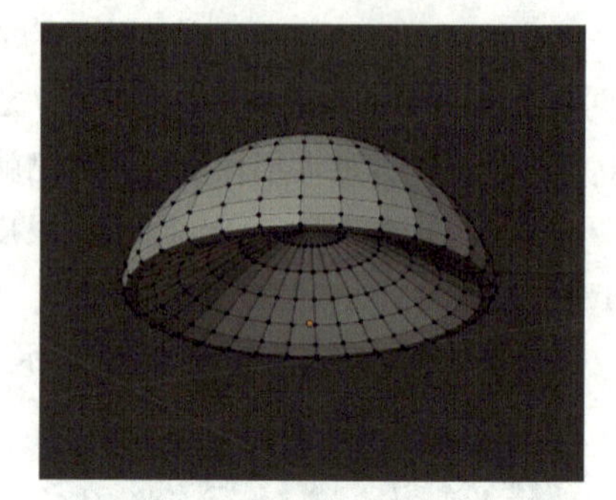
图　2-24

提示： 在编辑模式中按快捷键 1、2、3 分别对应模型的点、边、面选择模式。

按快捷键 Tab 退出编辑模式，接着按快捷键 / 退出隔离模式，此时眼球与眼皮过于贴合，如图 2-25 所示。按快捷键 S 将眼皮放大，呈现效果如图 2-26 所示，此时眼皮就做好了。

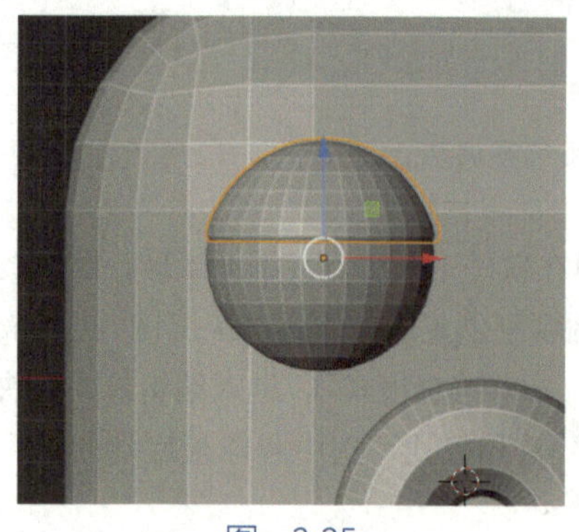
图　2-25

图　2-26

提示： 当不使用"衰减编辑"工具时记得随时关闭，以免对模型操作产生连带反应。

7　制作瞳孔。瞳孔同样也是以球体为基本型制作，按快捷键 Shift+D 复制眼球，按快捷键 Y 将球体沿 *y* 轴移动出来，按快捷键 S 将其缩小。按快捷键 S+Y 将其沿 *y* 轴压扁并移动到眼球右下方，形成向右看的效果，如图 2-27 所示。

为了使瞳孔更加贴合眼球，R+R（即连续按两次 R 键）将其自由旋转到合适位置。这样眼睛就做好了，如图 2-28 所示。

图 2-27

图 2-28

注意： 对模型执行旋转操作时，按快捷键 R+R 同时滑动鼠标滚轮可以对模型进行自由角度旋转。

按住 Shift 键单击眼球、眼皮和瞳孔，然后按快捷键 Shift+D 进行复制，并按快捷键 X 将复制出的左眼沿 x 轴进行移动，把一只眼复制到另一侧，两只眼睛就做好了，如图 2-29 所示。

8 制作装饰物。装饰物的基本型是一个锥体，为了将锥体放到想要的位置，同样使用游标工具进行操作。按快捷键 Shift+ 鼠标右键，将游标点到模型的头顶，如图 2-30 所示。

图 2-29

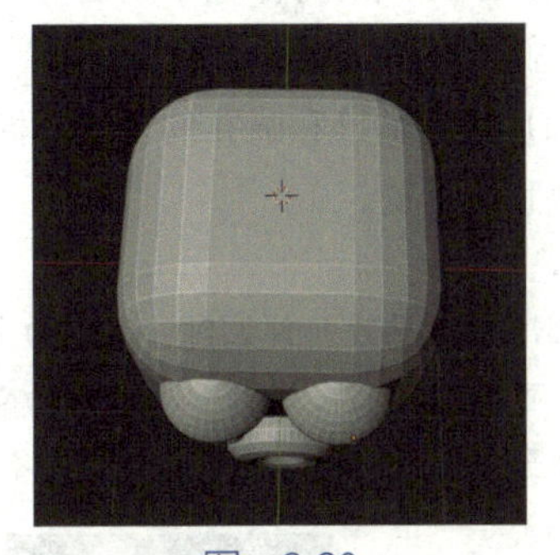
图 2-30

按快捷键 Shift+A，选择“网格”—“锥体”，创建一个锥体。在左下角的展开项中，调整“半径 2”的数值为 0.34m，如图 2-31 所示。此时锥体的尖变成一个平面。

按快捷键 S 将其缩小，按快捷键 S+Z 将其压扁。在“修改器”面板，选择“添加修改器”—“倒角”，给锥体添加一个倒角。为了使倒角均匀，按快捷键 Ctrl+A，选择“缩放”，调整其段数和数量，参考数值分别为 6 和 0.026，并将装饰物放到合适位置。这样，小黄人就制作完成了，如图 2-32 所示。

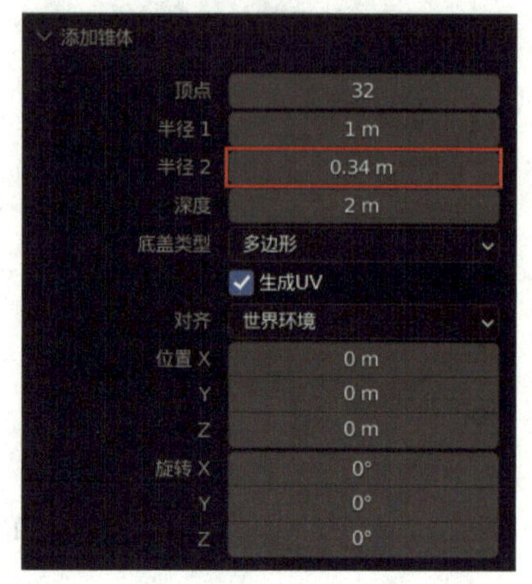

图 2-31

图 2-32

创建小绿人

小绿人的制作方法与小黄人基本一致，可以直接复制，详细步骤不再赘述，其区别主要有以下两点。

（1）小绿人的身体基本型是一个球体，可以先创建一个球体并调整大小，移动到小黄人右侧的合适位置。

（2）两者嘴巴和瞳孔的位置不同，可以按快捷键 R+X 调整嘴巴位置使其贴合身体，并调整瞳孔位置。

注意： 在调整瞳孔位置时，选中两个瞳孔后按快捷键 R+R，其会被作为一个模型进行旋转。可以选择“变换轴心点”将轴心点改为“各自的原点”，如图 2-33 所示，两个瞳孔就会基于各自的轴心进行旋转，而不是成为一个模型进行旋转，从而形成向左看的效果。

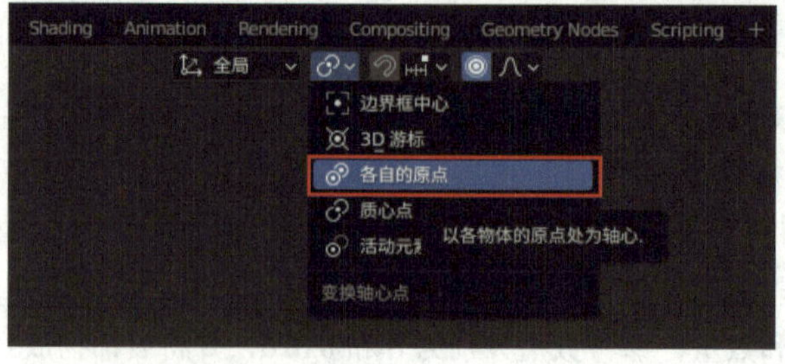

图 2-33

小绿人制作完成的效果如图 2-34 所示。

图 2-34

创建小紫人

小紫人身体的制作方法与小黄人、小绿人基本一致，在此也不再赘述。其区别在于，小紫人的身体基本型是一个圆柱。制作完小紫人后，将其移动到小黄人和小绿人后方中间的位置。

注意： 在调整小紫人的瞳孔位置时，可以按快捷键 Alt+R 使瞳孔旋转归零，同时不要忘记将复制的模型通过顶视图移动到小紫人的身上，因为它们不在一个水平面上。

小紫人制作完成的效果如图 2-35 所示。

图 2-35

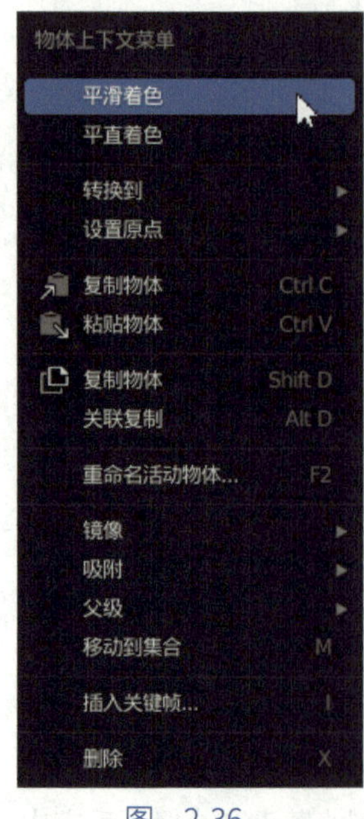

图　2-36

三个卡通模型制作完成后，我们发现模型并不圆滑，这是因为在 Blender 中默认的展示形式为“平直着色”。为了使模型圆滑，可以将展示形式改为“平滑着色”。选中模型，单击鼠标右键，选择“平滑着色”（即从弹出菜单中选择，后文不再赘述），如图 2-36 所示。此时模型就变得平滑了，但放大后还是存在一些棱棱角角，如图 2-37 所示。

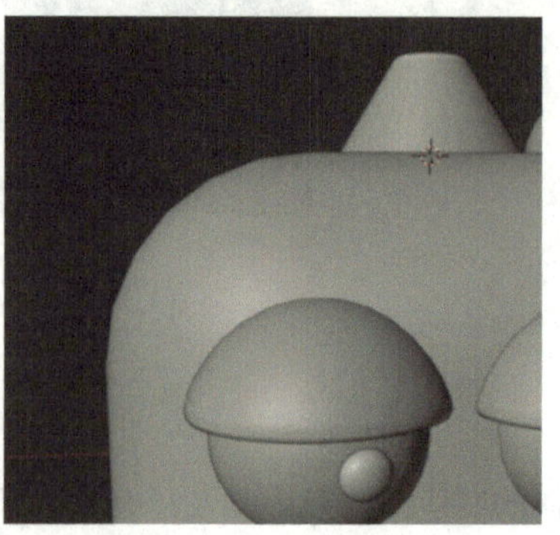

图　2-37

这是由细分不够造成的，在“修改器”面板中，选择“添加修改器”—“表面细分”，如图 2-38 所示，可以使模型变得更加光滑，如图 2-39 所示。

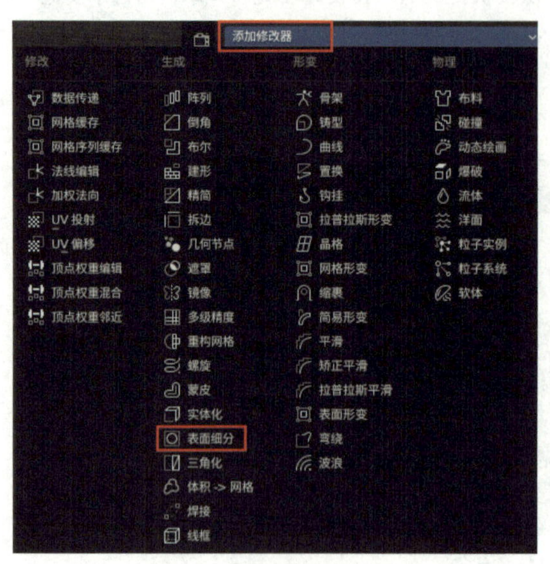

图　2-38

图　2-39

整体效果如图 2-40 所示。

图 2-40

将模型分组

在创建完三个小人后，将模型分组，可以方便后续调整。选中所需分组的模型，如选中小黄人，在大纲视图中，单击“新建集合”图标，建立一个组并给它命名。把模型拖入建好的集合中（快捷键 M）。对小绿人和小紫人也进行同样的操作，如图 2-41 所示。

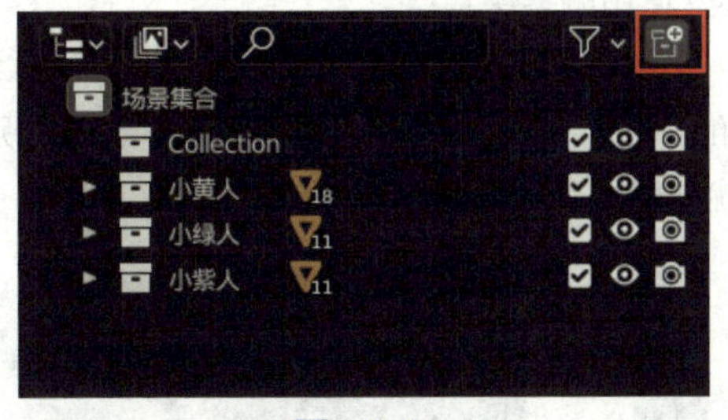

图 2-41

提示： 以小黄人为例，如果想要整体调整模型大小，可以在大纲视图中选择“小黄人”集合，单击鼠标右键，选择“选中物体”，此时按快捷键 S 只能单独调整小黄人各个组成部分模型的大小，所以需要选择“变换轴心点”—“边界框中心”，如图 2-42 所示，此时按快捷键 S 即可调整小黄人整个模型的大小。

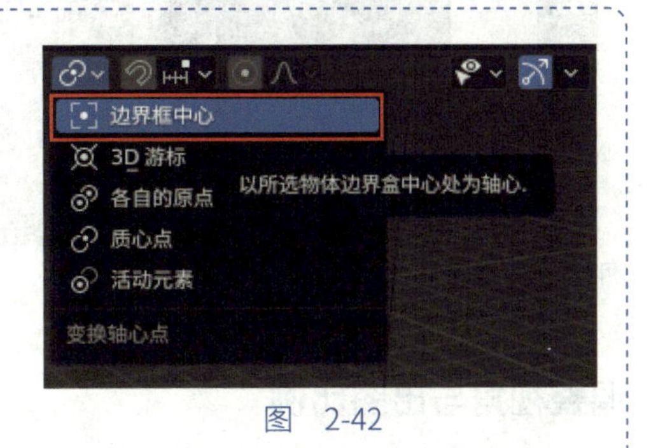

图 2-42

2.2 基本渲染参数和模式

接下来对模型进行渲染。

制作背景

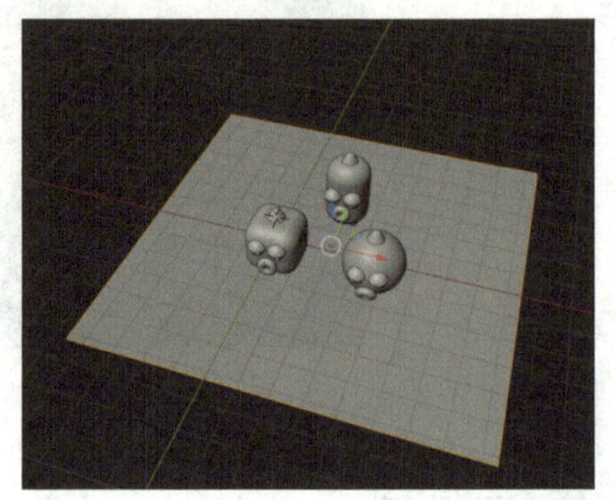
图 2-43

1 创建一个平面。背景的基本型是一个平面，按快捷键 Shift+A，选择“网格”—“平面”。按快捷键 S 将平面放大，按快捷键 G 将平面移动到卡通模型下方，如图 2-43 所示。

2 创建背景立面。按快捷键 Tab 进入编辑模式，按快捷键 2 选择后面的边，使用挤出工具（快捷键 E），如图 2-44 所示。按快捷键 Z，挤出背景立面，效果如图 2-45 所示。按快捷键 Tab 退出编辑模式。

3 给两个背景面添加倒角。为了使背景立面和平面缝衔自然，给挤出的平面添加倒角，调整合适的段数和数量，参考数值分别为 7 和 0.31，并进行平滑着色。这样，背景就创建好了，如图 2-46 所示。

图 2-44

图 2-45

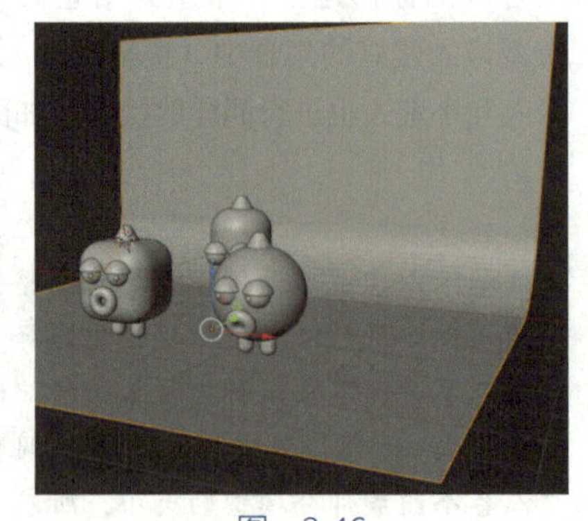
图 2-46

调整视角与出图比例

1 创建摄像机。出图大小是由摄像机指定的。按快捷键 Shift+A，选择“摄像机”，创建一个摄像机。摄像机的默认位置和游标重叠，如图 2-47 所示。

2 修正摄像机视角。摄像机默认位置的视角与最终出图的视角不一致，因此需要修正视角。按快捷键 ~ 进入摄像机视图，按快捷键 N 调出侧边栏，选择“视图”，勾选“锁定摄像机到视图方位”，如图 2-48 所示。

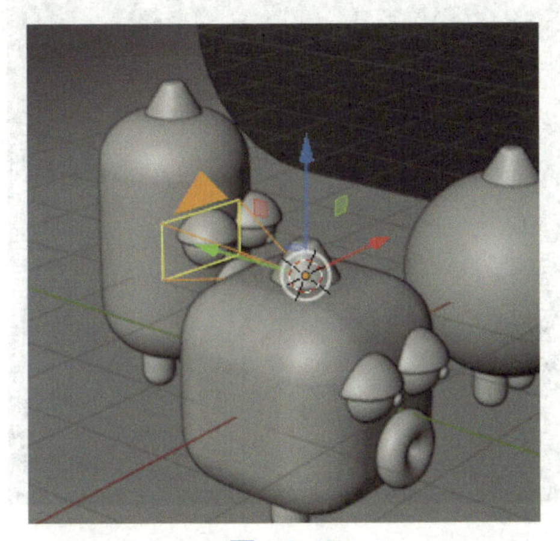

图 2-47

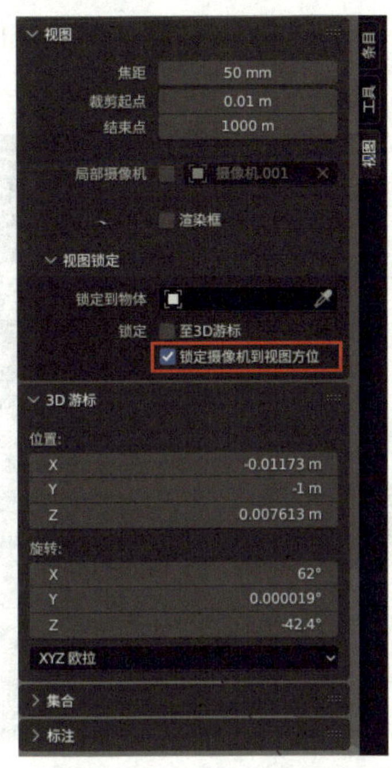

图 2-48

此时滑动鼠标滚轮，可以调整摄像机的观看角度。调整好后取消勾选，摄像机就调整到了合适的位置，如图 2-49 所示。

3 分割视图窗口。为了在渲染过程中随时观察摄像机视角的呈现效果，可以对视图窗口进行分割。在图 2-45 中右侧边线位置，单击鼠标右键，选择“垂直分割”，如图 2-50 所示。

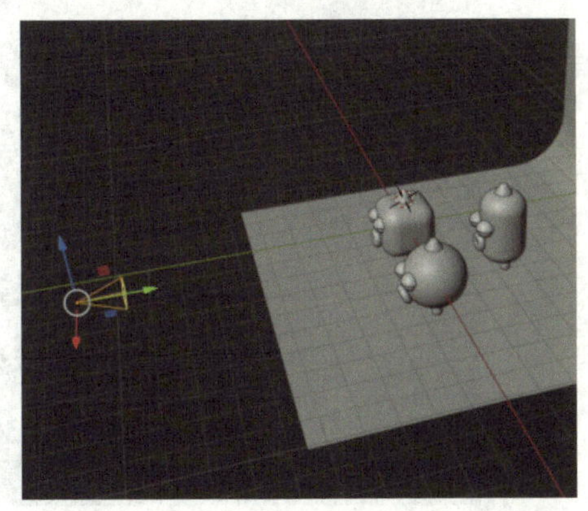

图 2-49

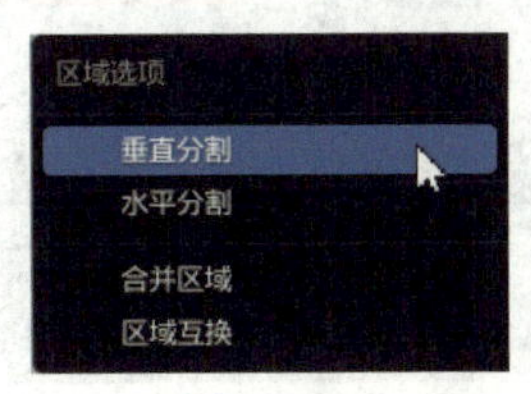

图 2-50

出现一条分割线后，在任意位置进行单击，画面就被分割成了两个窗口，如图 2-51 所示。

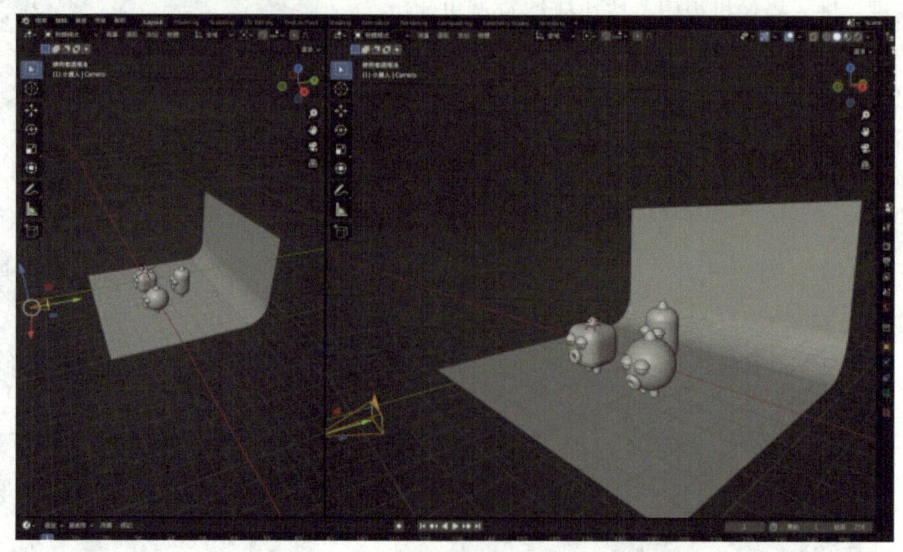

图　2-51

4　调整出图比例。摄像机视角默认的出图比例为横向的长方形，案例的效果图为竖向的长方形，我们可以根据自己的需求对效果图比例进行修改。在工作区右侧“渲染输出属性”中，将分辨率调整为 1280px × 1500px，如图 2-52 所示。

此时就得到竖向的出图效果了，如图 2-53 所示。

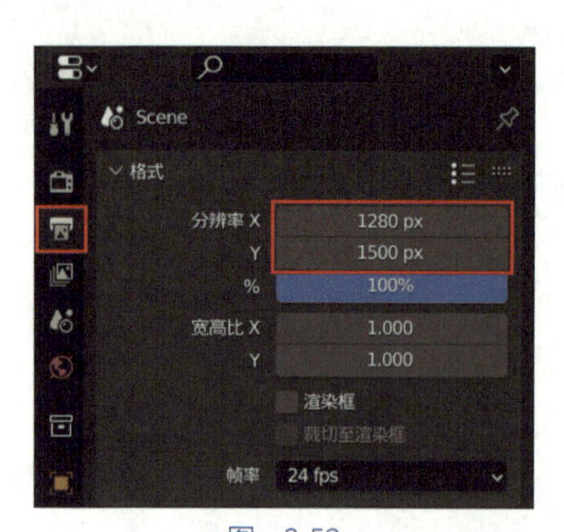

图　2-52

图　2-53

制作阴影

1 创建主光源。阴影是通过灯光来实现的。按快捷键 Shift+A，选择“灯光”—“点光”，创建一个点光源作为主光源，将其移动到模型左上方的位置，如图 2-54 所示。主光源起到划分明暗面以及确定阴影投射方向的作用。

2 调整视图着色方式。创建灯光后，效果没有变化，这是因为当前视图着色方式为实体模式，灯光没有起到作用，需要在摄像机视图的工作区右上角，将视图着色方式从“实体模式”改为“渲染模式”，如图 2-55 所示。

3 调整主光源亮度。在渲染模式下，灯光起到一定的作用，但是因为灯光的亮度太低，看着不是很明显，所以需要调高灯光的亮度。在工作区右侧的“灯光设置”中，将能量数值拉大，参考数值为 2000W，如图 2-56 所示。

图 2-54

图 2-55

图 2-56

提示： 在对模型进行正式渲染前，先设置好 Blender 的渲染引擎参数，以便提高后续工作的效率。

Blender 的默认渲染引擎是 Eevee，一种非常快的实时渲染器，可以在操作时实时看到渲染结果。其缺点是出图真实度不够，若想提高真实度，需要设置很多参数。

笔者常用的是 Cycles 渲染器，其渲染相对有延迟，但使用更加便捷，不需要设置很多参数就能呈现比较真实的效果。想要选择 Cycles 引擎，可在图 2-57 所示的“渲染属性”中，把渲染引擎设置为“Cycles”。此外，想要加快渲染速度，可将 Cycles 渲染引擎模式下的“设备”调成“GPU 计算”。

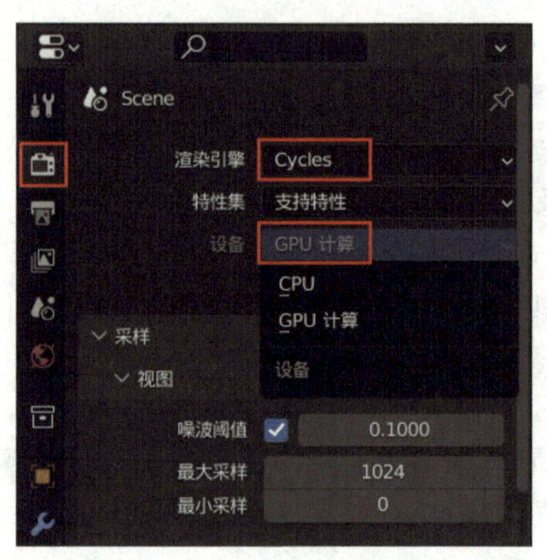

图　2-57

部分用户的“GPU 计算”选项是灰色的，这与软件的偏好设置有关。可以查看菜单栏，依次选择“编辑”—“Blender 偏好设置”—“系统”选项，默认的 Cycles 渲染设备是“无”，此时选择“OptiX”，如图 2-58 所示，勾选计算机配置的显卡，最后保存用户设置，就可以使用“GPU 计算”功能了。

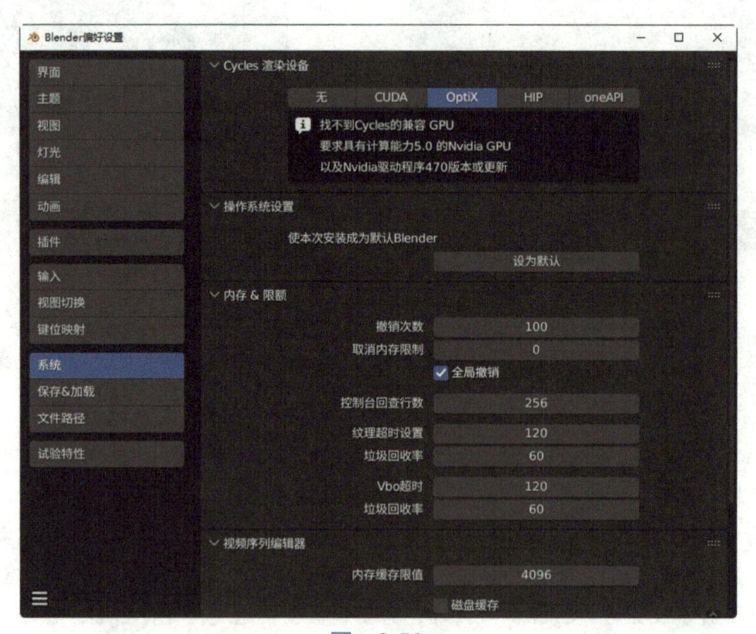

图　2-58

4 调整模型上的阴影效果。此时阴影效果比较硬，显得不是很自然，需要调整阴影效果让它显得更加自然一些。在“灯光设置”中，将“半径”调大，参考数值为 2.5m，如图 2-59 所示。

此时阴影就变得柔和了，更加有真实感。对比效果如图 2-60 所示。

图 2-59

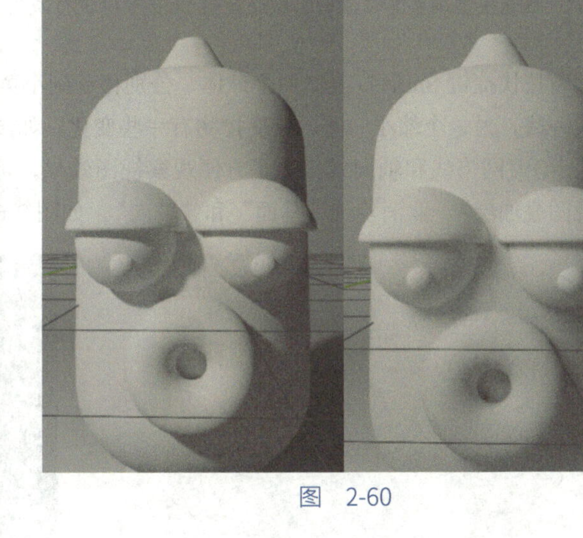

图 2-60

5 调整模型投影效果。观察视图，可以看到模型右侧阴影过实，需要弱化，可以通过在右侧打一个辅助光源来实现。按快捷键 Shift+D+X，复制光源并移动到右侧，在右侧添加一个辅助光源，如图 2-61 所示。

调整辅助光源亮度，参考数值为 800，效果如图 2-62 所示。

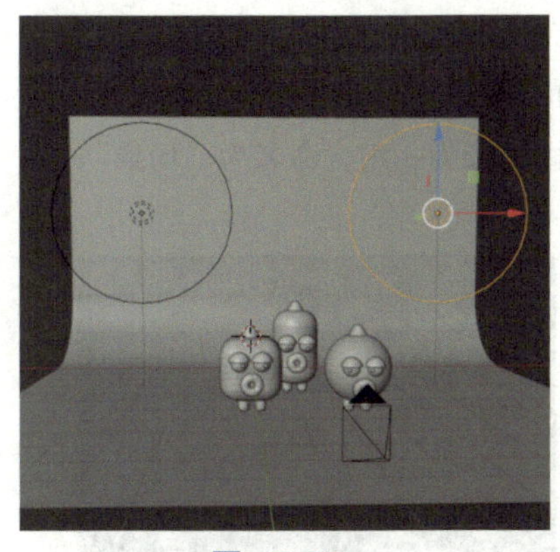

图 2-61

图 2-62

支撑物

1 创建支撑物模型。支撑物的基本型也是球体。创建一个球体，按快捷键 S+Z 将球体压扁，框选小紫人，让小紫人站到球体上方。

提示： 框选模型调整其位置时，按快捷键 Shift 可以进行减选，按快捷键 Ctrl 可以进行反选。

接着按快捷键 Shift+D 复制两个球体，分别移动到小黄人的后方和小绿人的后方，一个放大一些，另一个缩小一些，使支撑物有一些变化，如图 2-63 所示。

2 隐藏网格线和轴向线。为了方便观察视图效果，可将网格线和轴向线隐藏起来。在“视图叠加层”，取消勾选“基面”和“轴向”，如图 2-64 所示。

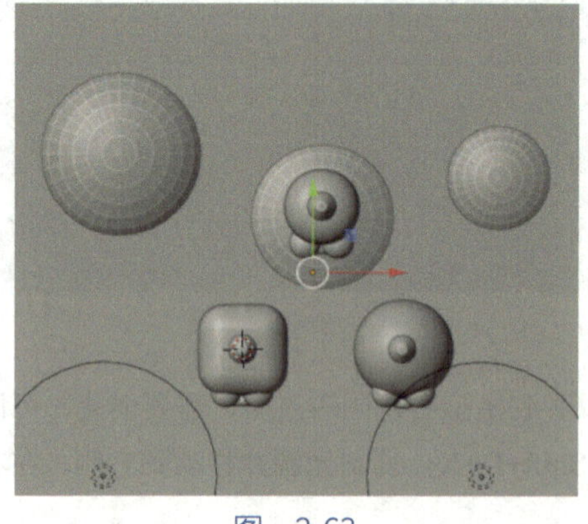

图　2-63

图　2-64

3 为支撑物添加平滑着色。选中三个支撑物模型，添加平滑着色，让支撑物变圆滑，支撑物就做好了，如图 2-65 所示。

4 创建集合。养成良好的作图习惯，将创建的模型分组。将灯光、摄像机和支撑物分为一组，命名为“灯光和摄像机”。将背景和支撑物分为一组，命名为“场景”，如图 2-66 所示。

图　2-65

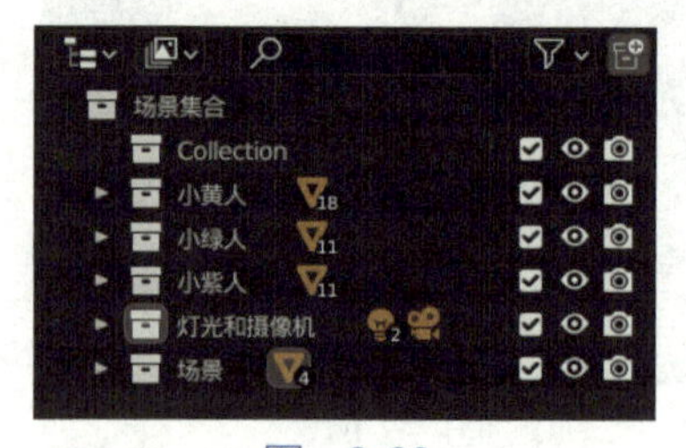

图　2-66

材质和颜色

1 给小黄人身体添加材质和颜色。选中小黄人身体，在工作区右侧的“材质属性”中，单击“新建”，默认创建原理化 BSDF 材质着色器，单击“基础色”更改颜色，参考数值为 FF8C37，如图 2-67 所示。

> **提示：** 修改基础色时，拾色器默认是圆形色盘，如果用不习惯，想要进行修改，可以在“编辑”–“偏好设置”中找到“界面”，修改拾色器类型。

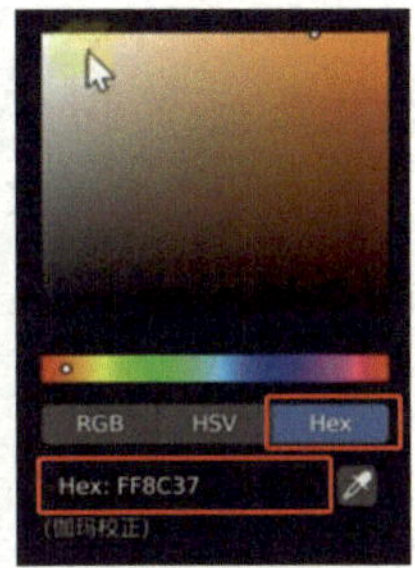

图 2-67

2 关联材质和颜色。小黄人的装饰物、眼皮、嘴巴和腿的颜色与身体颜色一致，可以通过关联材质来快速设置材质和颜色。选中小黄人的装饰物、眼皮、嘴巴和腿，最后选中身体，按快捷键 Ctrl+L 选择“关联材质”，如图 2-68 所示。这样其他的部分都被赋予了和身体一样的黄色材质，如图 2-69 所示。

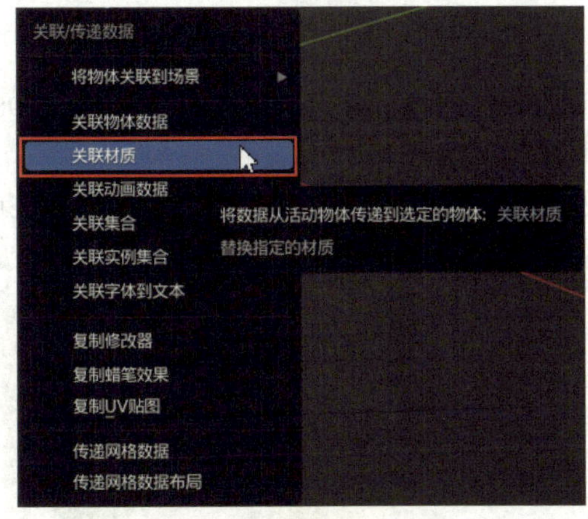

图 2-68

图 2-69

提示： 所有的材质都可以在“浏览要关联的材质”的下拉列表中找到。可以在“浏览要关联的材质”按钮右侧修改材质名，如图 2-70 所示。列表中的材质可以重复应用。选中模型单击材质即可应用，或者将材质拖曳到模型上应用。

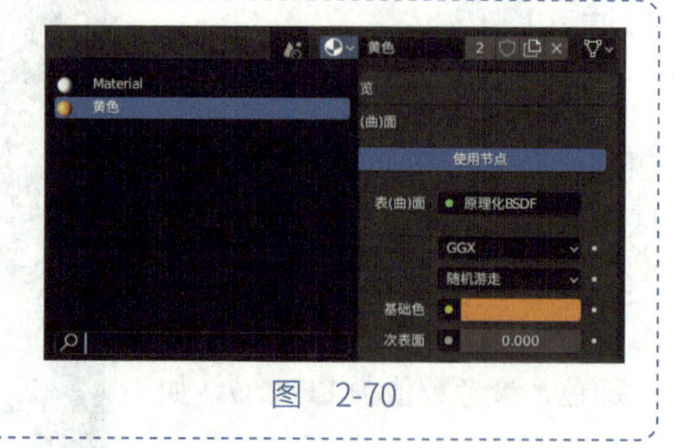

图　2-70

3　设置小绿人、小紫人的主体材质和颜色。小绿人、小紫人主体的材质和颜色设置步骤与小黄人一致，绿色的参考数值为 3EAF20，紫色的参考数值为 C461F3。效果如图 2-71 所示。

4　设置眼球、瞳孔的材质和颜色。设置小黄人左眼的眼球和瞳孔的颜色。给眼球设置一个暖黄色，参考数值为 FFE3C0；瞳孔使用一个冷色系的深色，参考数值为 13153D。设置完成后，通过关联材质应用到其他眼球和瞳孔模型上，如图 2-72 所示。

图　2-71

图　2-72

5　设置场景的材质和颜色。给地面新建一个材质基础色，颜色参考数值为 FF9880。通过关联材质应用到支撑物上，效果如图 2-73 所示。

6　调整场景光。添加完材质和颜色以后，整体场景就偏暗了，可以将主光源亮度增加到 3000W，辅助光源亮度增加到 1000W，使场景更加明亮，如图 2-74 所示。

图　2-73

图　2-74

7 调整画面对比效果。在工作区右侧的“渲染属性”中选择“色彩管理”，在“胶片效果”中选择“High Contrast”，如图 2-75 所示。此时画面效果对比更加明显，如图 2-76 所示。

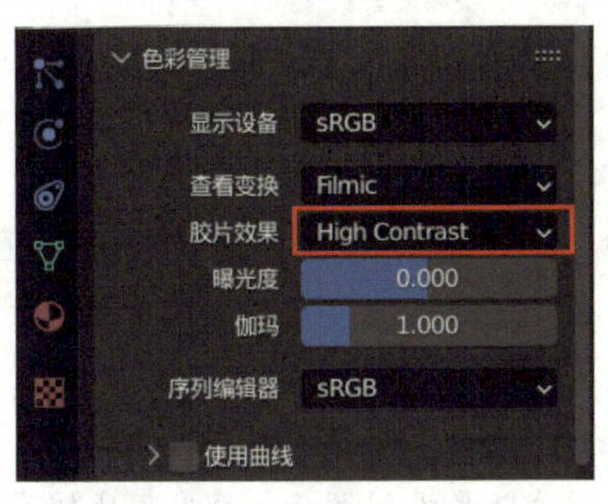

图　2-75

图　2-76

提示： 胶片效果如果为空或灰色状态，可尝试将 Blender 安装路径改成英文。

8 调整世界属性。世界场景的颜色默认是灰色，可以通过修改世界颜色为暖色来对场景产生一个提亮的效果。在工作区右侧的“世界属性”中，将颜色更改为暖色调，参考数值为 323232，使场景更加和谐，如图 2-77 所示。效果如图 2-78 所示。

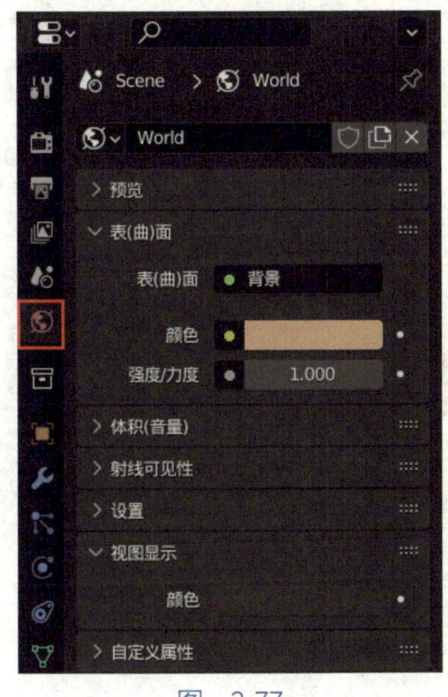

图　2-77

图　2-78

提示： 视图周围的信息会影响观察，为此可进入摄像机视图，找到“视图显示”—“外边框”，调整外边框的透明度，使外边框变为黑色，这样可以更好地确认颜色效果。单击“显示叠加层”“显示 Gizmo”隐藏视图周围的灯光、轴向等信息，在“视图”中取消勾选“工具栏”隐藏工具栏。隐藏或者调整视图周围的部分信息，可以更好地对摄像机视图进行观察。

9 渲染图像。在“渲染属性”中修改“渲染”的“最大采样”为 1024 进行渲染，如图 2-79 所示。

提示： 渲染出图的最大采样值默认为 4096，可根据计算机配置和最终呈现进行调整，比如使用 128 或者 256 作为测试出图的采样设置。当测试效果没问题后，再采用比较高的采样值进行最终的渲染。笔者通常采用 512、1024、2048 作为最终出图的采样值，当然，采样值越高，最终的出图效果越细腻，渲染时间也越长。

在菜单栏选择“渲染”—“渲染图像”进行最终的渲染出图，如图 2-80 所示。渲染完成后，保存图像。

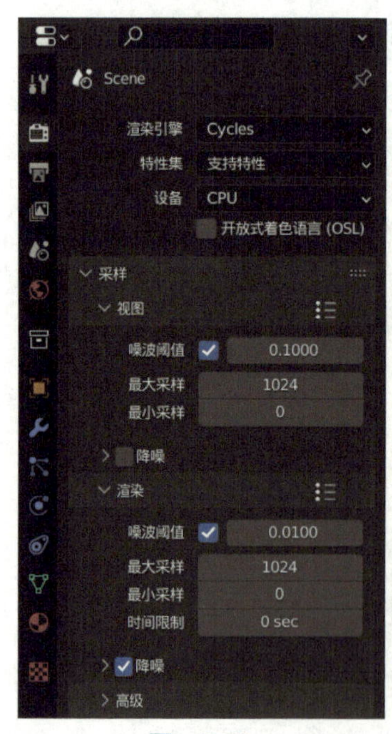

图　2-79

图　2-80

2.3 总结

通过萌三兄弟这个简单的基本几何体建模、渲染，能快速熟悉 Blender 的基本操作，包含创建基本几何体（柱体、锥体、球体等），以及添加倒角、游标、摄像机和灯光等。加之对软件的习惯（轴向、细节等）和基本偏好的设置（渲染引擎、拾色器等），能更加熟悉工作区和操作面板（灯光属性、材质属性、渲染输出等）的使用方法，从而更加了解软件，使后续的学习更加顺畅。

模型的构建和渲染都需要不断地观察、调整和打磨，才能最终形成满意的效果。

第3章

积木组合案例

本章目标

制作积木组合小场景，如图 3-1 所示。

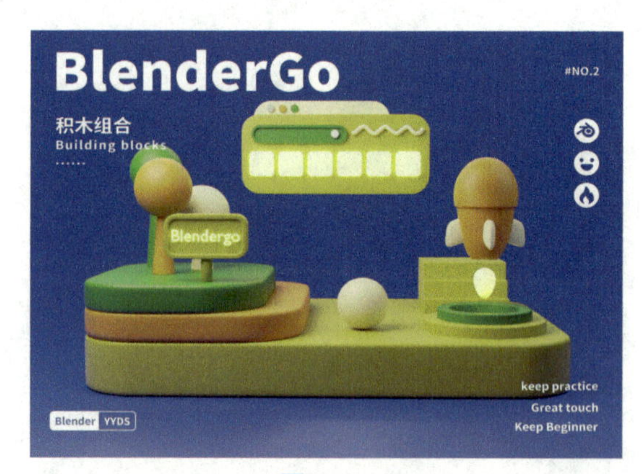

图　3-1

了解构建积木组合的工作流程，掌握 Blender 基本几何体、文字的建模、渲染方法。

本章重点

1. 构建积木组合的工作流程

（1）分析需要构建的形象，用简单的基本几何体对其进行概括。

（2）在 Blender 中创建基本几何体、文字，对简单的几何体进行形变。

（3）将几何体组合起来，建成一个积木组合。

2. 渲染设置

3. 动画制作、输出与合成

➡ 学习准备

案例拆解

积木模型分为底座、小树、球、小牌匾、管道、小火箭、台阶、背板等多个部分。

底座的基本型是3个立方体，其边缘比较圆滑。小树的基本型是圆柱和球，柱体顶部面积小且底部面积大。小牌匾的基本型是圆柱、立方体和文字，其中，需要对文字进行厚度的创建。管道是由圆柱变换而来的。小火箭分为箭身、尾翼、尾部小火苗等部分。台阶的构建比较简单，可以在立方体的基本型上添加倒角。背板的基本型是立方体、圆柱和贝塞尔曲线等，贝塞尔曲线需要一个封口。

做好准备工作后，接下来进入实战吧！

3.1 基本体编辑操作

创建底座

1 创建第一个底座。底座由3个部分组成，基本型都是立方体。先做最下面的一个。打开Blender之后会默认创建一个立方体，选中这个立方体，按快捷键S+5，将这个立方体放大5倍，如图3-2所示。

按快捷键S+Z，对立方体在z轴向进行缩放，将其压扁。按快捷键S+X，对立方体在x轴向进行缩放，将其缩小，如图3-3所示。按快捷键Ctrl+A，选择“缩放”，如图3-4所示，将缩放应用到立方体上。

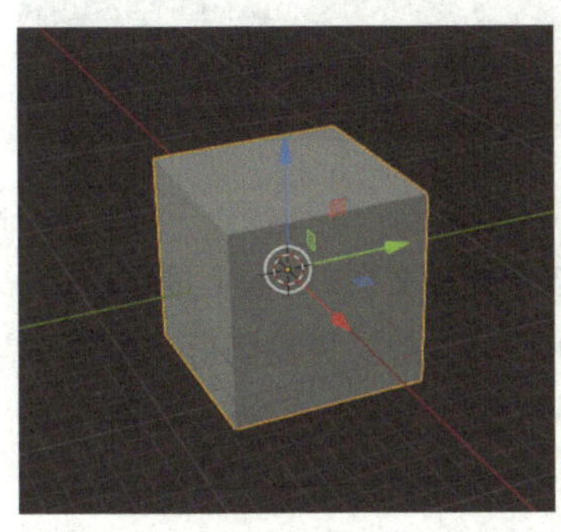

图 3-2

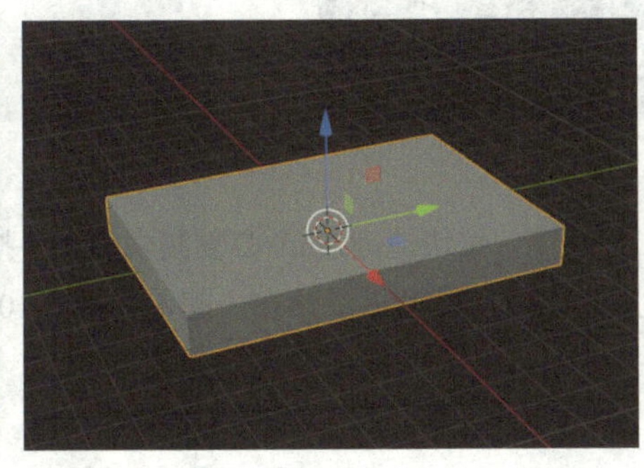

图 3-3

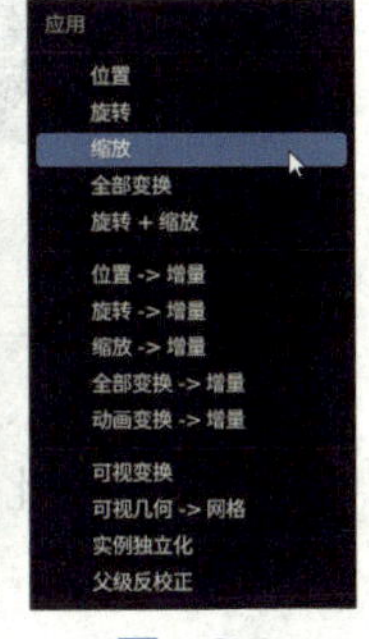

图 3-4

为了使立方体边缘圆滑，可以进行倒角操作。按 Tab 键进入编辑模式，选择立方体的四条边，如图 3-5 所示。按快捷键 Ctrl+B，拖曳鼠标指针的同时滑动鼠标滚轮可以控制倒角的段数，这里建议设置稍微多一点的段数，如图 3-6 所示。

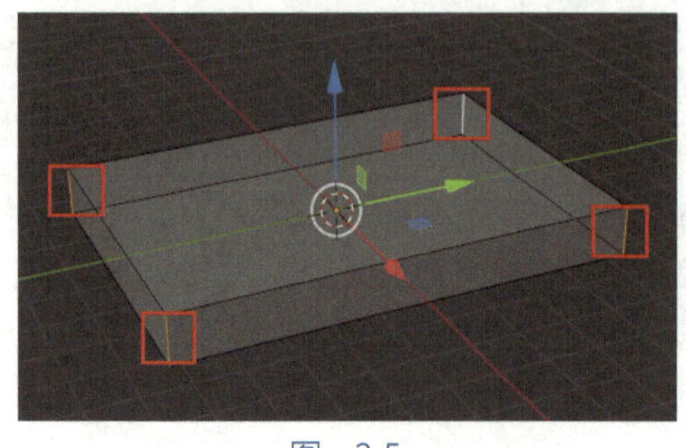
图　3-5

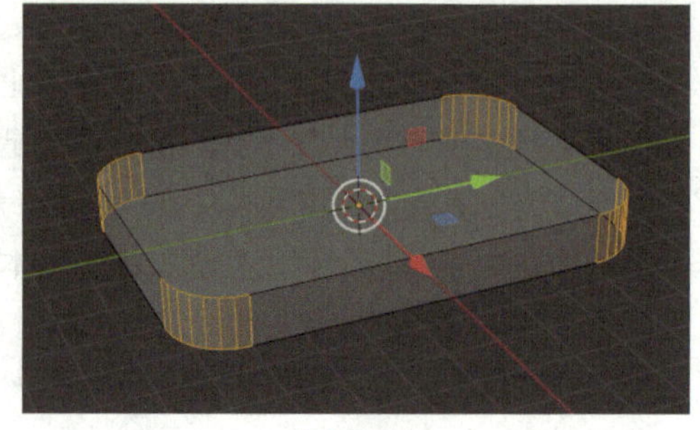
图　3-6

继续为立方体的边缘部分添加倒角。在工作区右侧进入“修改器”面板，如图 3-7 所示，选择“添加修改器”—“倒角”，如图 3-8 所示，给该模型添加倒角。“倒角”修改器中的“段数”参考数值为 3，“(数) 量”参考数值可以采用默认值，按 Tab 键进入物体模式，效果如图 3-9 所示。

图　3-7

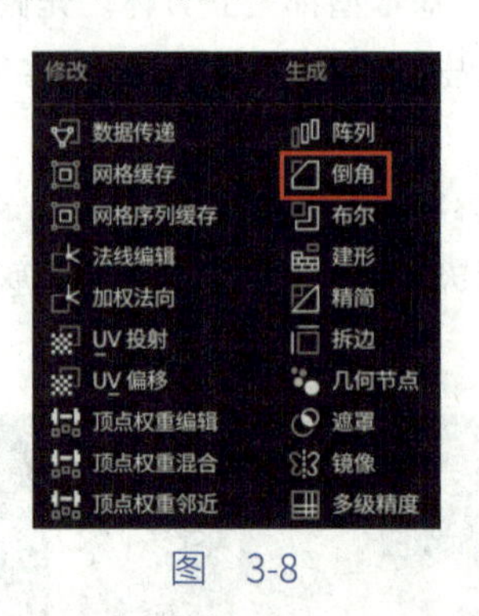

图　3-8

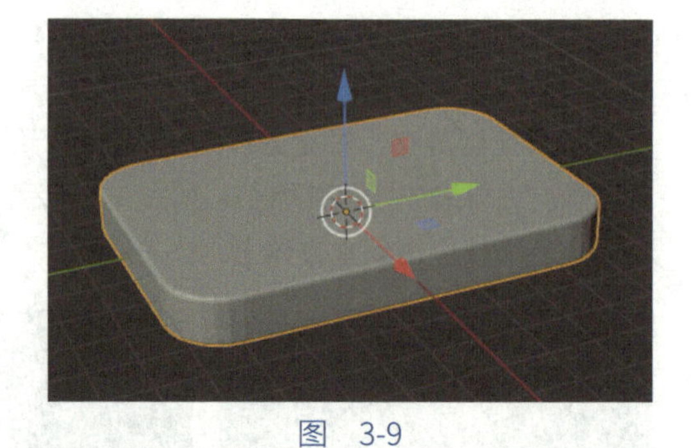
图　3-9

2　创建第二个底座。按快捷键 Shift+D 复制模型，并按快捷键 Z 在 z 轴向上进行移动，把模型复制到上方，让两个模型尽量贴在一起，如图 3-10 所示。需要将复制得到的模型压扁一点，为此按 Tab 键进入编辑模式，选择上方的面，将其向下移动一点，如图 3-11 所示。

> **提示：** 可以按快捷键 ~ 进入左视图进行观察。

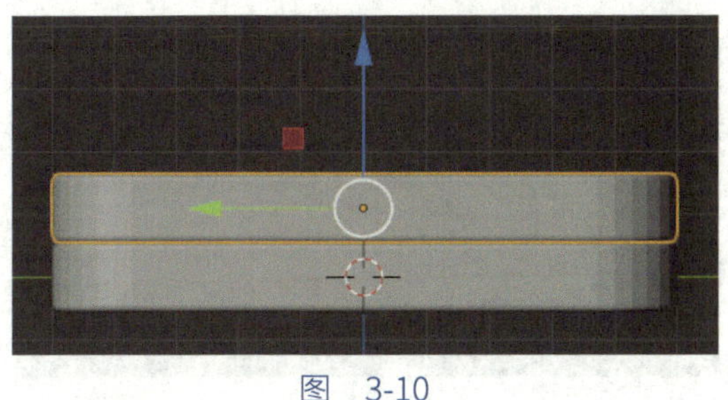
图　3-10

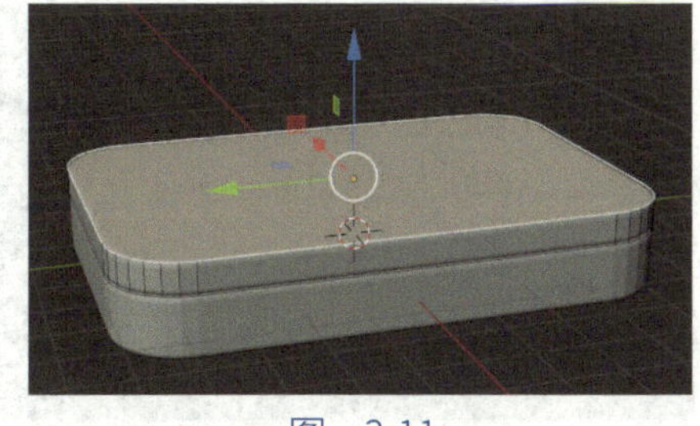
图　3-11

选中模型右侧的点，将其向左移动一点，如图 3-12 所示。继续选中模型的点进行移动，如图 3-13 所示。

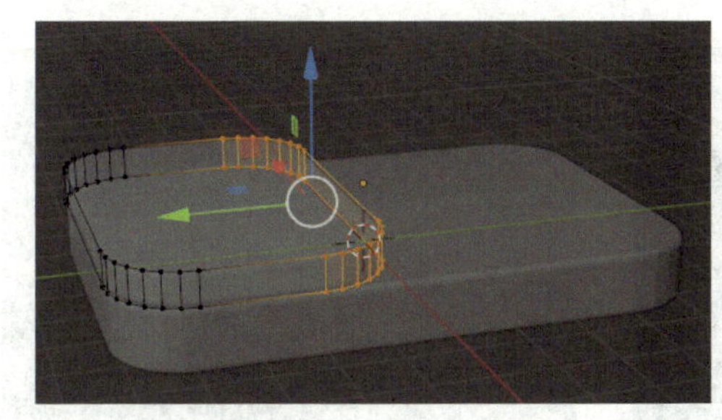
图　3-12

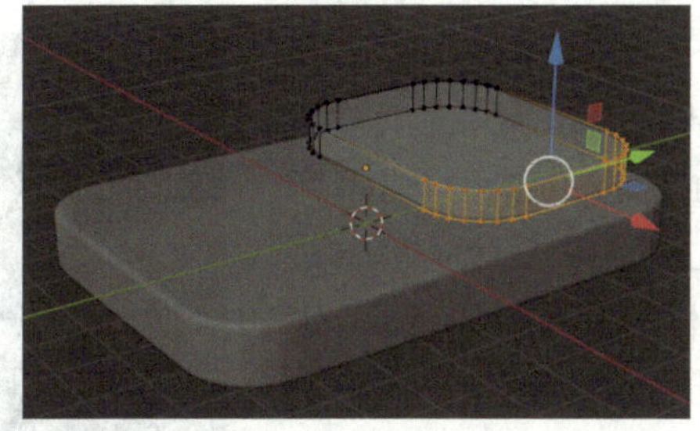
图　3-13

提示：按快捷键 Alt+Z 进入透显模式，更容易进行点的选择，以及对模型进行观察。

3　创建第三个底座。第三个底座的制作方法与第二个底座基本一致，详细步骤不再赘述，效果如图 3-14 所示。

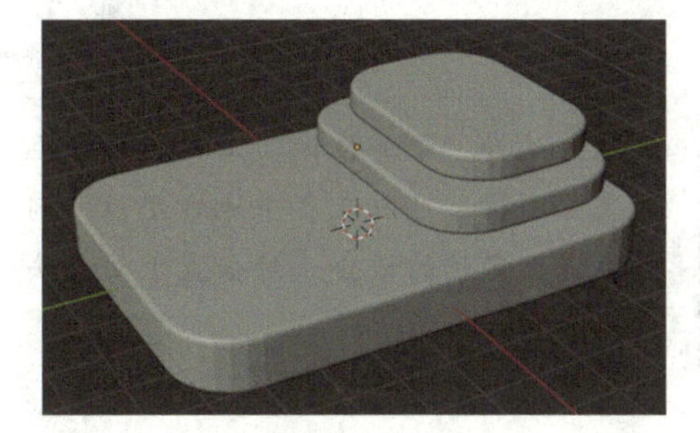
图　3-14

创建球

创建一个简单的球将其放到底座上。按快捷键 Shift+ 鼠标右键，将游标放置到合适的位置，如图 3-15 所示。按快捷键 Shift+A，选择“网格”—“经纬球”，创建一个球。按快捷键 S，将球等比例缩小并移动到合适位置，球的大小及位置不需要太苛刻，如图 3-16 所示。

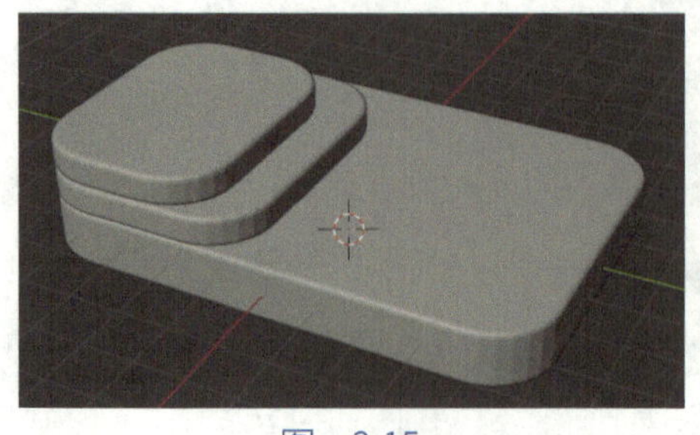
图　3-15

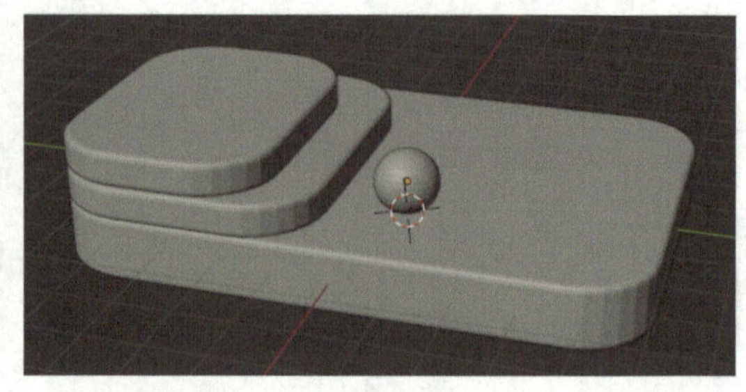
图　3-16

创建小树

创建小树采用一种新的方式，单击物体模式工具栏中最后一个工具的三角箭头，选择“添加柱体”，如图3-17所示。配合Shift键创建一个圆柱，如图3-18所示。

图　3-17

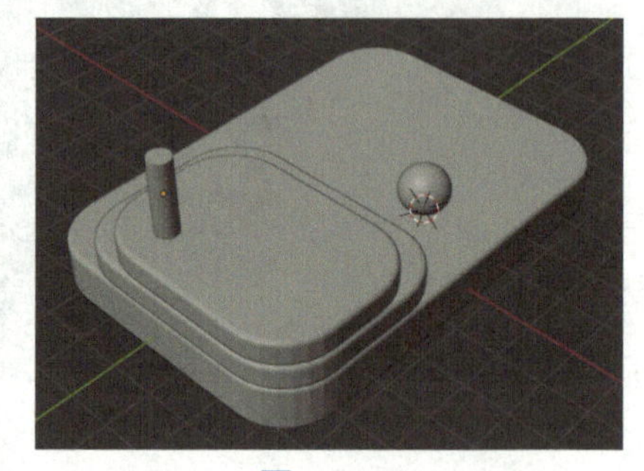
图　3-18

提示： 选择“添加柱体”工具之后会生成定位网格，可以在各个地方定位，例如在圆上定位的话会正好垂直于面的法向，如图3-19所示。

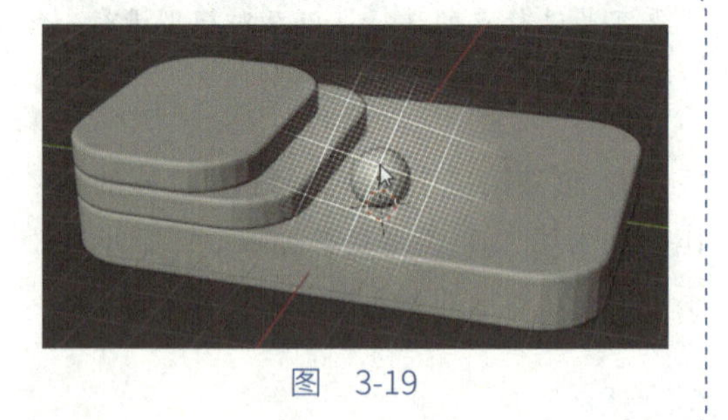
图　3-19

柱体需要上面窄下面宽，为此可按Tab键进入编辑模式，选中顶上的面，按快捷键S，将选中的面等比例缩小，如图3-20所示。接下来需要在柱体的上面创建一个球，为了使球的正中心对齐柱体顶面的正中心，需要移动游标的位置，选择“网格”—“吸附”—“游标 -> 选中项”，如图3-21所示。

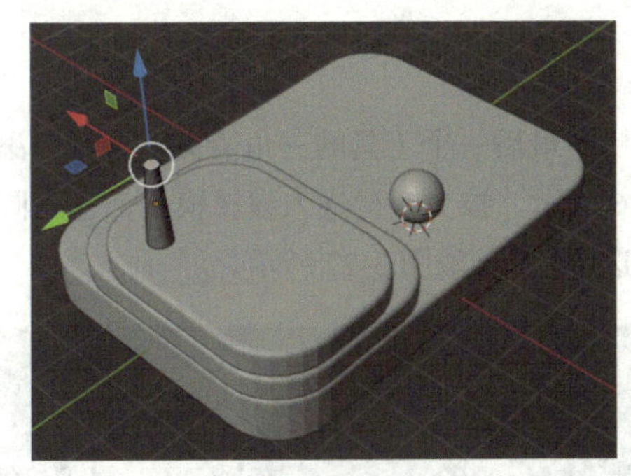

图 3-20

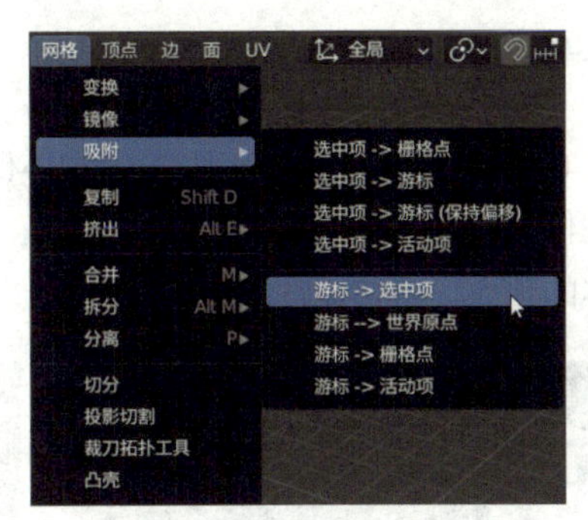

图 3-21

按 Tab 键进入物体模式，按快捷键 Shift+A，选择“网格”—“经纬球”，创建一个球，再按快捷键 S，将球等比例缩小并移动到合适的位置，如图 3-22 所示。第一棵小树创建之后，可以通过复制的方式创建其他小树。选中第一棵小树，按快捷键 Shift+D 复制模型，将其移动到适当的位置，如图 3-23 所示。

图 3-22

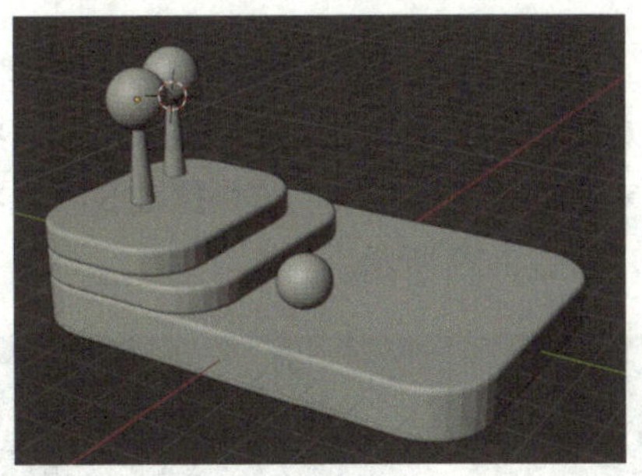

图 3-23

按 Tab 键进入编辑模式，选中第二棵小树的柱体的顶面，将其向下移动，再按 Tab 键进入物体模式，将第二棵小树的球移动到适当的位置，如图 3-24 所示。第三棵小树的创建方法与第二棵小树类似，效果如图 3-25 所示。

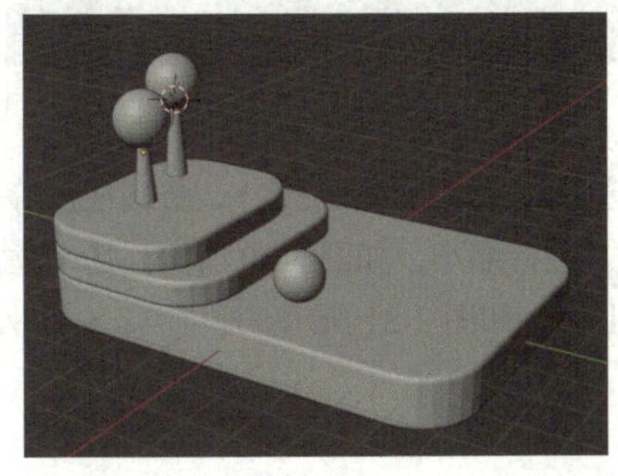

图 3-24

图 3-25

创建小牌匾

1 制作牌匾主体部分。单击物体模式工具栏中最后一个工具的三角箭头，选择“添加柱体”，配合 Shift 键创建一个圆柱，如图 3-26 所示。按 Tab 键进入编辑模式，选中圆柱体的顶面，按快捷键 Shift+S，选择“游标 -> 选中项”，如图 3-27 所示。

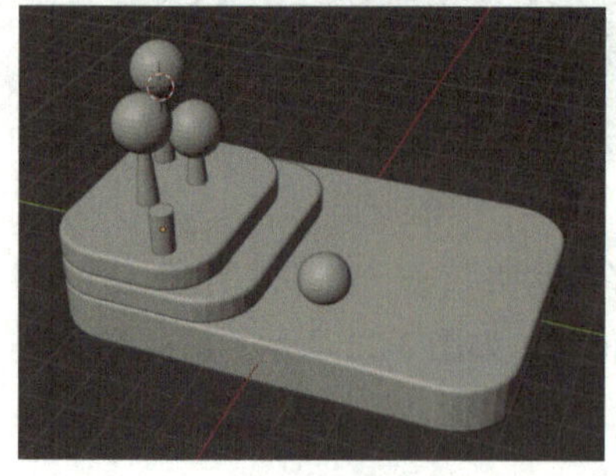

图　3-26

图　3-27

按 Tab 键进入物体模式，按快捷键 Shift+A，选择“网格”—“立方体”，创建一个立方体，如图 3-28 所示。按快捷键 S，将立方体等比例缩小；按快捷键 S+X，将立方体在 x 轴向上进行缩小；按快捷键 S+Y，将立方体在 y 轴向上进行拉长，并移动到合适位置，如图 3-29 所示。

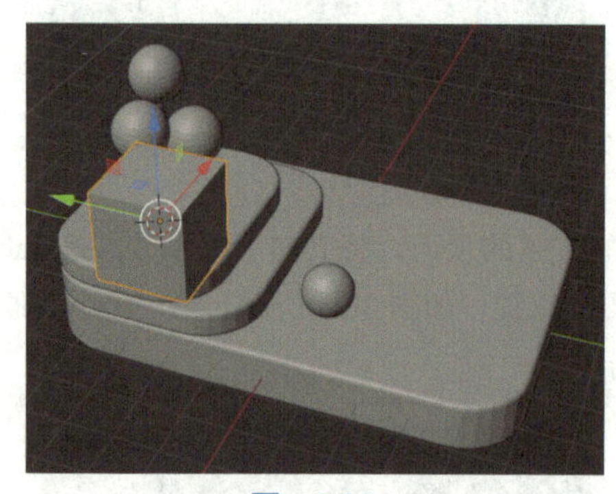

图　3-28

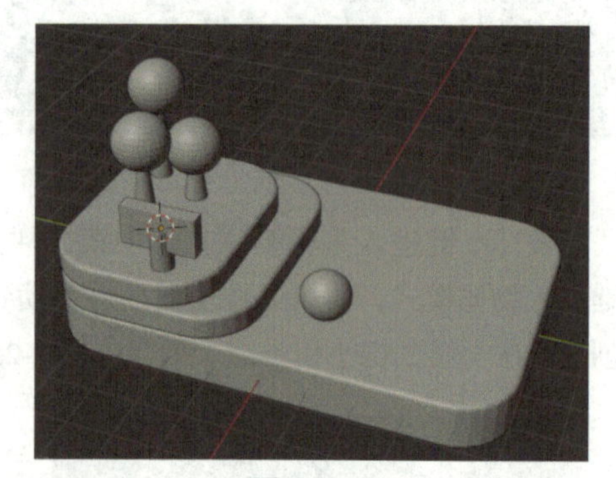

图　3-29

小牌匾的圆柱体太粗，需要将其变细一点。选中圆柱体，按快捷键 S，将圆柱体等比例缩小，再按快捷键 Shift+Z，将圆柱体在 z 轴向上进行缩小，如图 3-30 所示。选中立方体，按快捷键 Ctrl+A，将“缩放”应用到立方体上面，如图 3-31 所示。

图 3-30

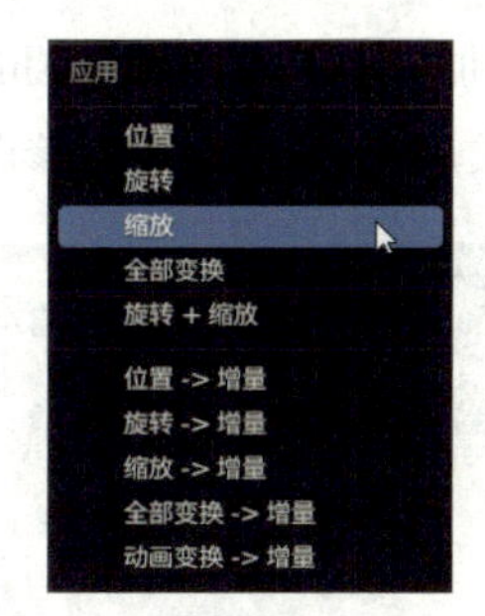

图 3-31

按 Tab 键进入编辑模式，选中立方体的四条边，按快捷键 Ctrl+B，在倒角的过程中滚动鼠标滚轮可以控制倒角的分段，如图 3-32 所示。选中立方体正面的这个面，按快捷键 I，配合 Shift 键创建一个内插面，如图 3-33 所示。

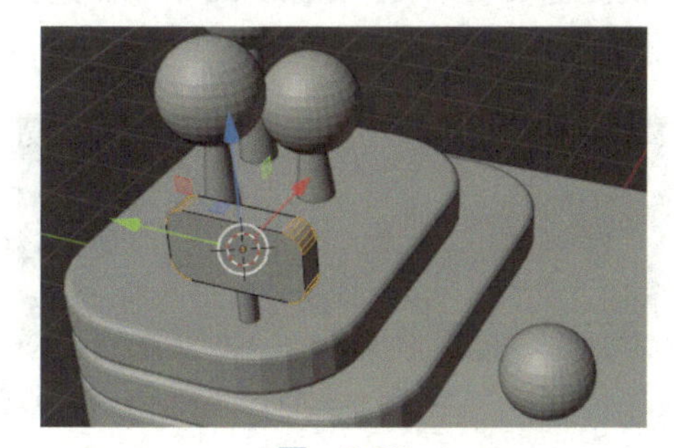

图 3-32

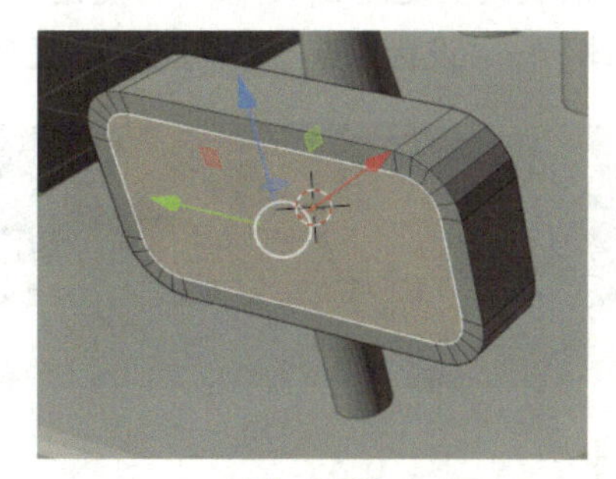

图 3-33

按快捷键 E，进行一个向内侧的挤出，如图 3-34 所示。按 Tab 键进入物体模式，在工作区右侧进入“修改器”面板，选择“添加修改器”—“倒角”，给该模型添加倒角，“倒角”修改器中的“段数”参考数值为 3，“(数) 量”参考数值为 0.014，效果如图 3-35 所示。

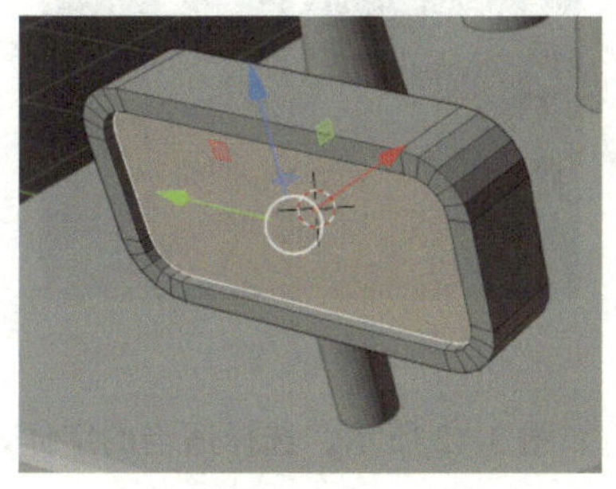

图 3-34

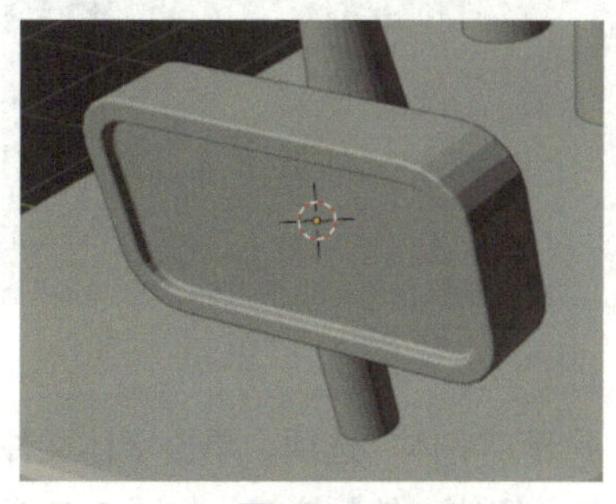

图 3-35

2 添加文本。按快捷键 Shift+A，选择“文本”，效果如图 3-36 所示。按 Tab 键进入编辑模式，对文本内容进行修改，再按 Tab 键进入物体模式，如图 3-37 所示。

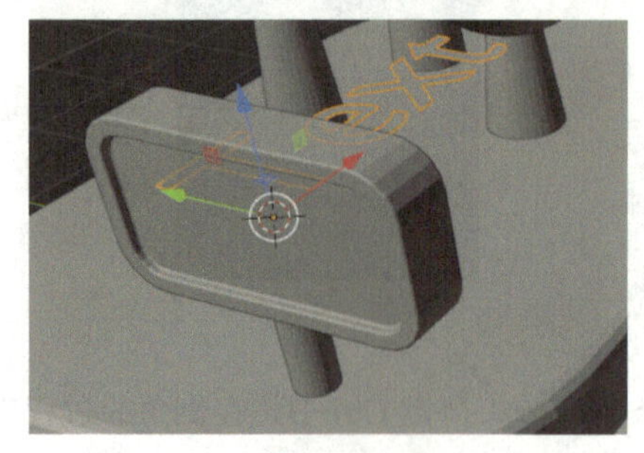

图　3-36

图　3-37

依次按快捷键 R+X+90、快捷键 R+Z+90、快捷键 R+Z+180，如图 3-38 所示。选择“物体”—“设置原点”—“原点 -> 几何中心”，如图 3-39 所示。

图　3-38

图　3-39

按快捷键 S，将文本等比例缩小并移动到合适位置，如图 3-40 所示。选择“物体数据属性”，如图 3-41 所示。

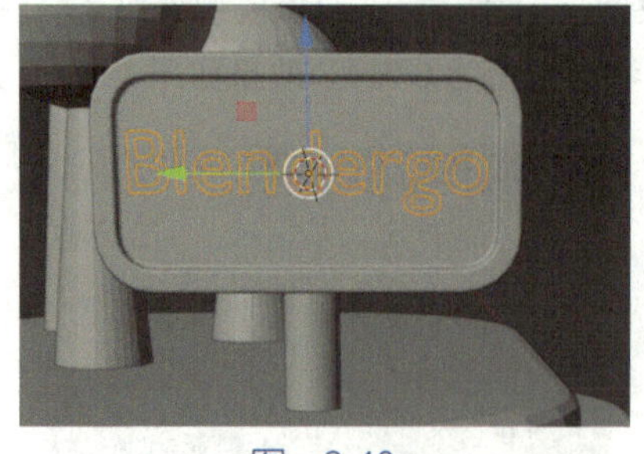

图　3-40

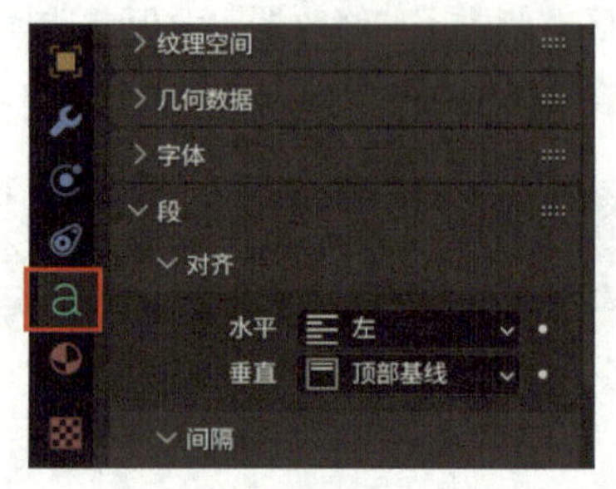

图　3-41

展开“字体”选项，单击字体文件的文件夹，如图 3-42 所示。选择适当的字体，单击“打开字体文件”按钮，如图 3-43 所示。

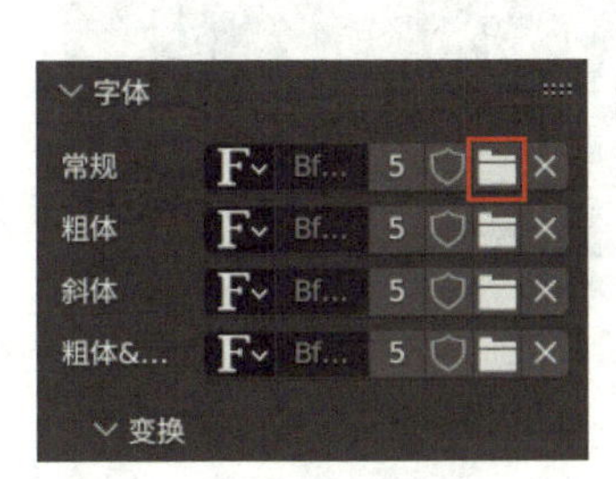

图　3-42

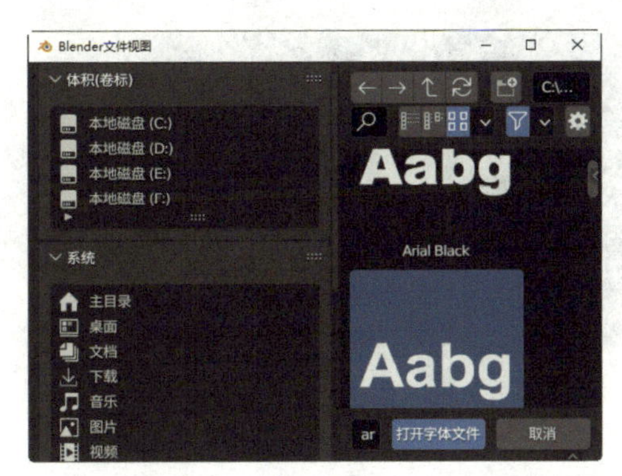

图　3-43

文字原点的中心发生了改变，如图 3-44 所示。单击鼠标右键，选择“设置原点”—“原点 -> 几何中心”，效果如图 3-45 所示。

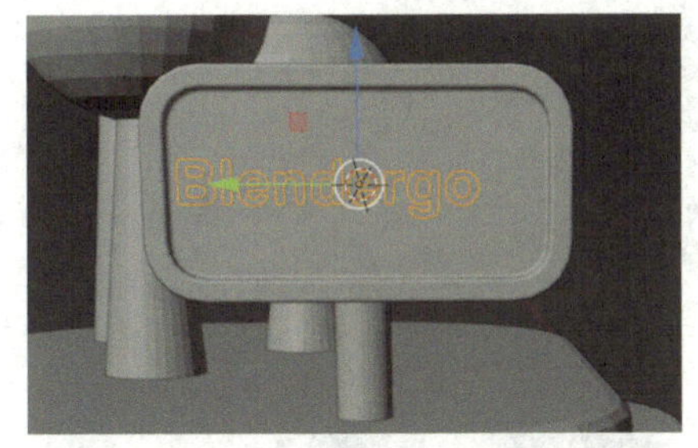

图　3-44

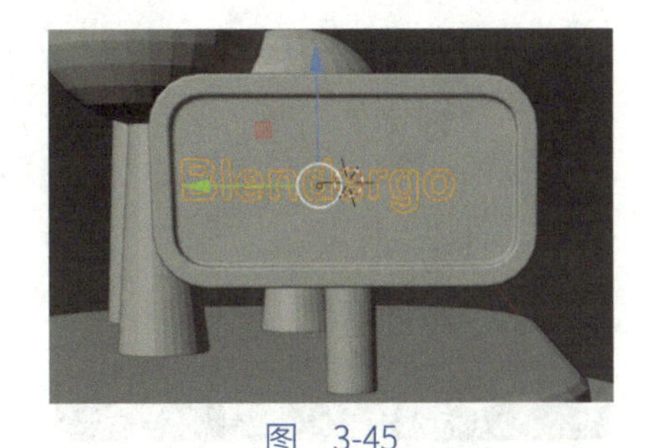

图　3-45

按快捷键 S，将文本等比例缩小并移动到合适位置，如图 3-46 所示。在工作区右侧进入“修改器”面板，选择“添加修改器”—“实体化”，如图 3-47 所示。

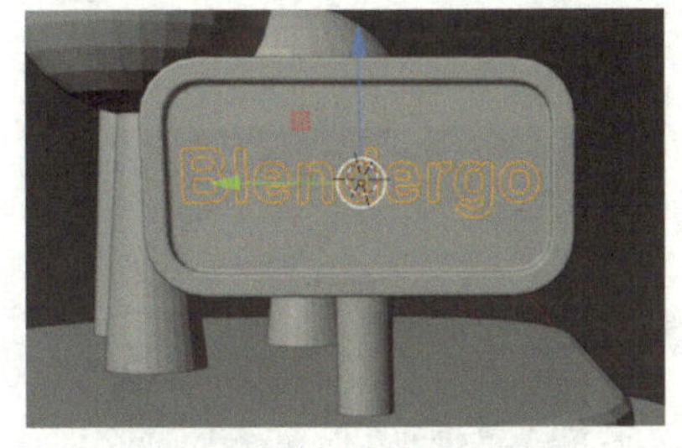

图　3-46

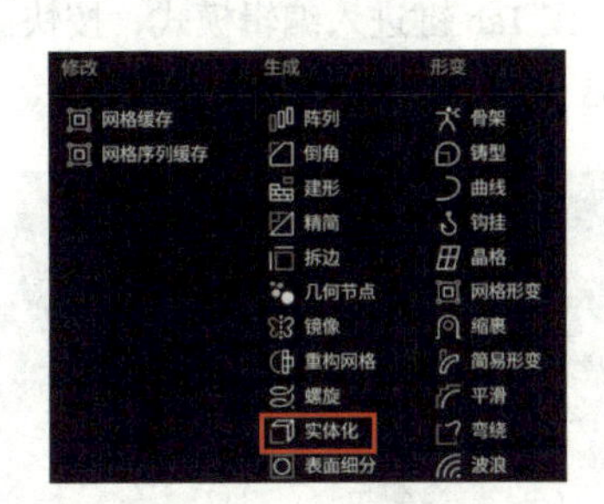

图　3-47

厚（宽）度参考数值为 0.16，按快捷键 / 进入隔离模式进行观察，如图 3-48 所示。按快捷键 / 退出隔离模式，对文本的位置进行适当调整，如图 3-49 所示。

图　3-48

图　3-49

创建管道

管道的基本型是圆柱体。按快捷键 Shift+ 鼠标右键，对游标进行适当定位，如图 3-50 所示。按快捷键 Shift+A，选择“网格”—“柱体”，创建一个圆柱体，如图 3-51 所示。

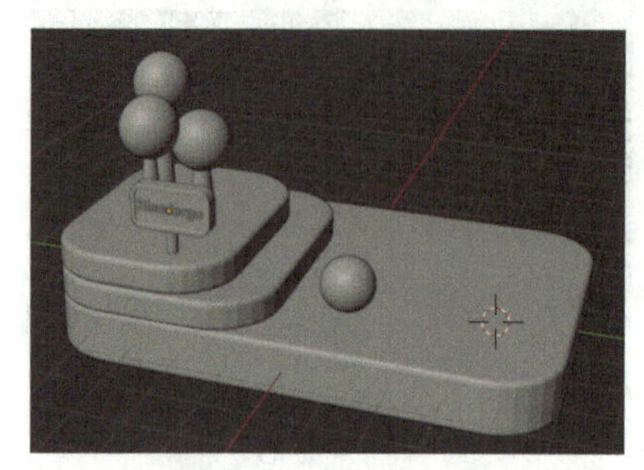

图　3-50

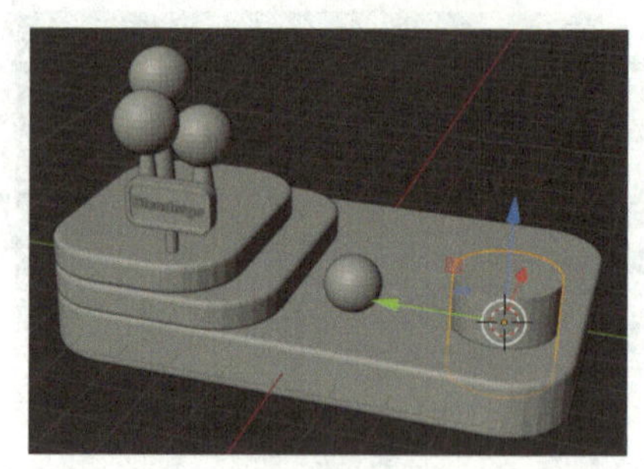

图　3-51

按快捷键 S+Z，将圆柱体在 *z* 轴向上进行压扁，适当调整圆柱体的位置，如图 3-52 所示。按 Tab 键进入编辑模式，按快捷键 / 进入隔离模式，选中圆柱体的顶面和底面，如图 3-53 所示。

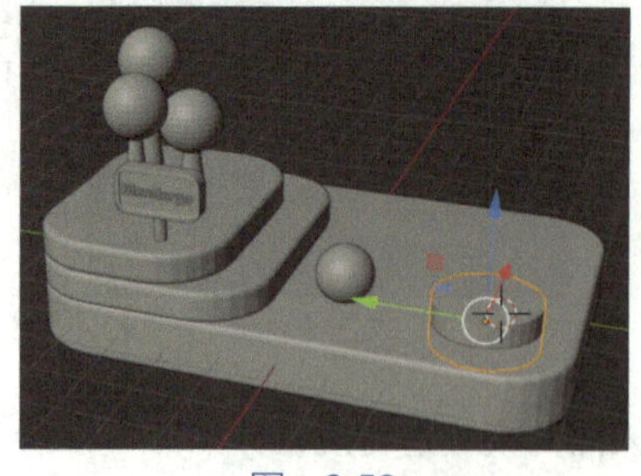

图　3-52

图　3-53

按快捷键 I，创建内插面，如图 3-54 所示。按快捷键 X 选中“面”，如图 3-55 所示。

图 3-54

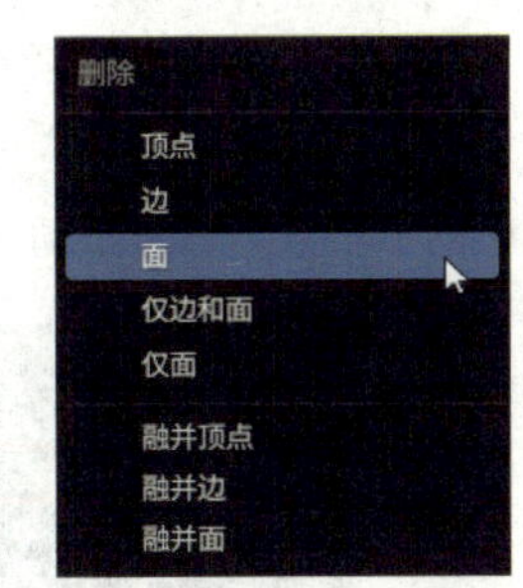

图 3-55

圆柱体被挖空后的结果如图 3-56 所示。按快捷键 Alt，配合 Shift 键选中上下两圈循环边，如图 3-57 所示。

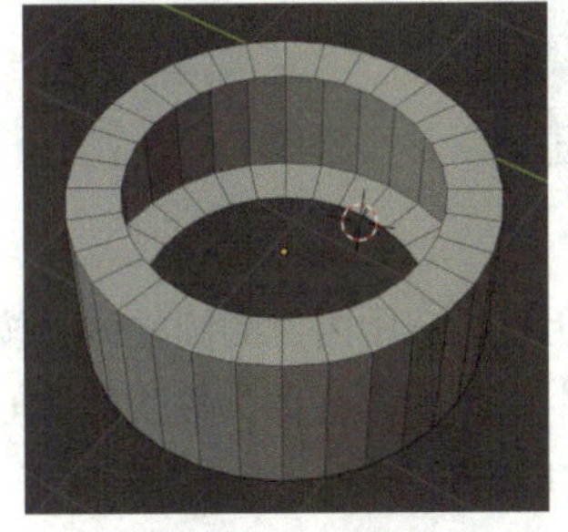
图 3-56

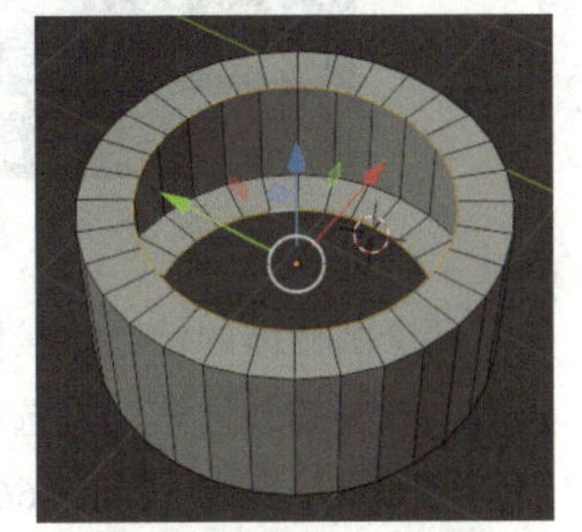
图 3-57

单击鼠标右键，选择“桥接循环边”，如图 3-58 所示。结果如图 3-59 所示。

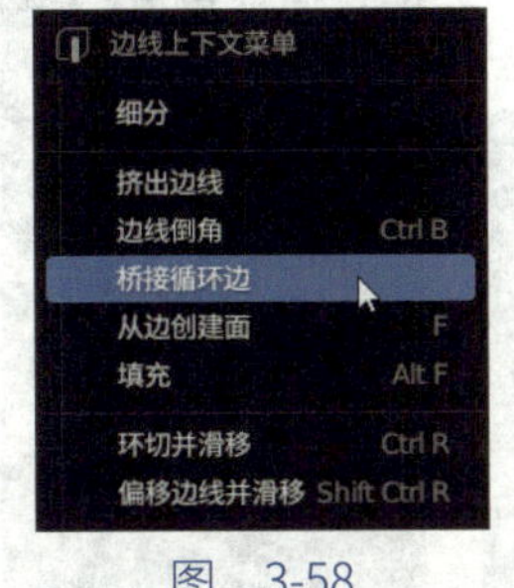

图 3-58

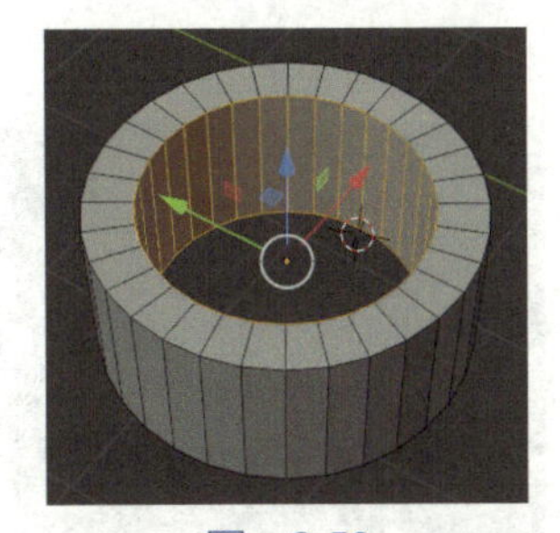
图 3-59

按快捷键 / 退出隔离模式，按 Tab 键进入物体模式，如图 3-60 所示。按快捷键 Shift+D 复制模型，按快捷键 S+Shift+Z 将复制得到的模型在 z 轴向进行放大，适当调整其位置，结果如图 3-61 所示。

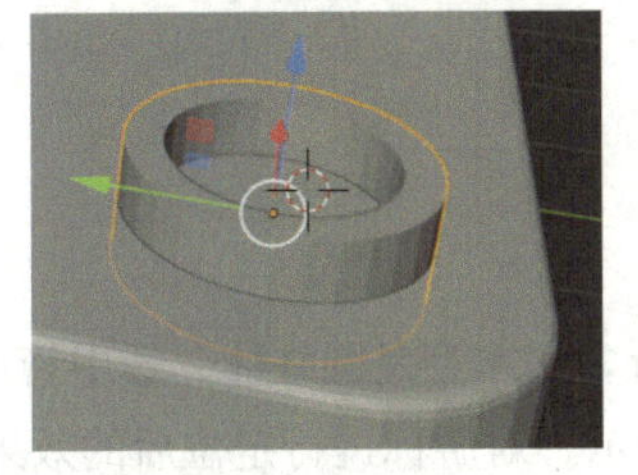
图 3-60

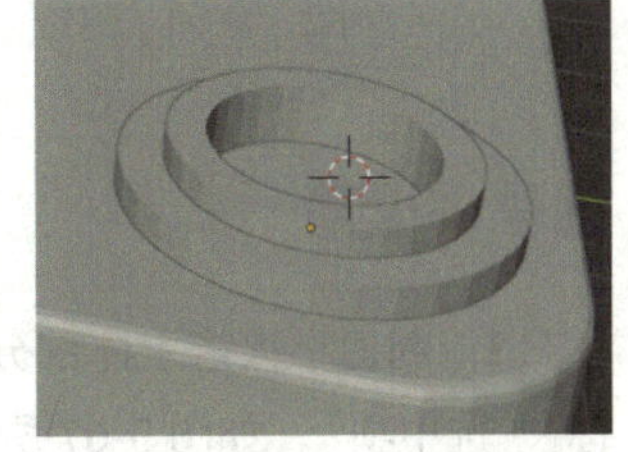
图 3-61

按快捷键 Ctrl+A，将缩放应用到两个圆柱体上面。在工作区右侧进入“修改器”面板，选择“添加修改器”—“倒角”，如图 3-62 所示，给该模型添加倒角。“倒角”修改器中的“段数”参考数值为 4，“(数）量”参考数值为 0.034，结果如图 3-63 所示。

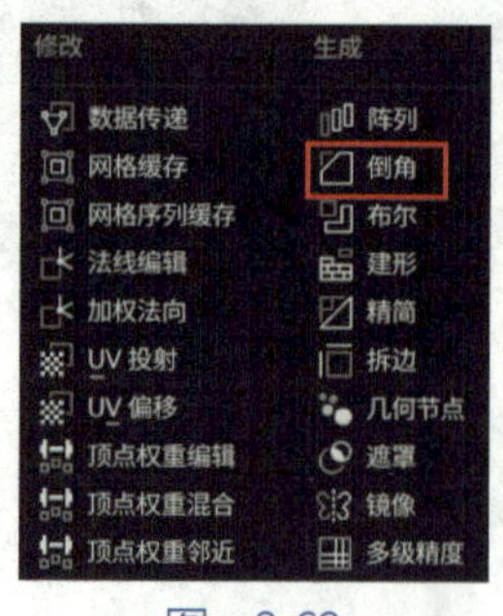

图　3-62

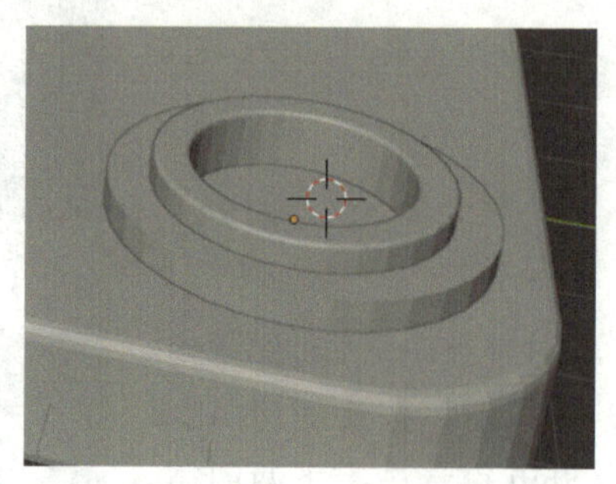
图　3-63

两个圆柱体的棱边比较明显，选中内侧的圆柱体，按快捷键 Ctrl+2，如图 3-64 所示。先选中外侧的圆柱体，再选中内侧的圆柱体，按快捷键 Ctrl+L，选择“复制修改器”，如图 3-65 所示。结果如图 3-66 所示。

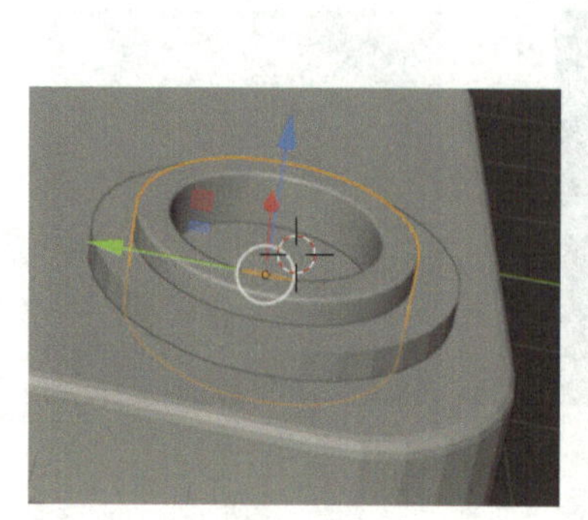
图　3-64

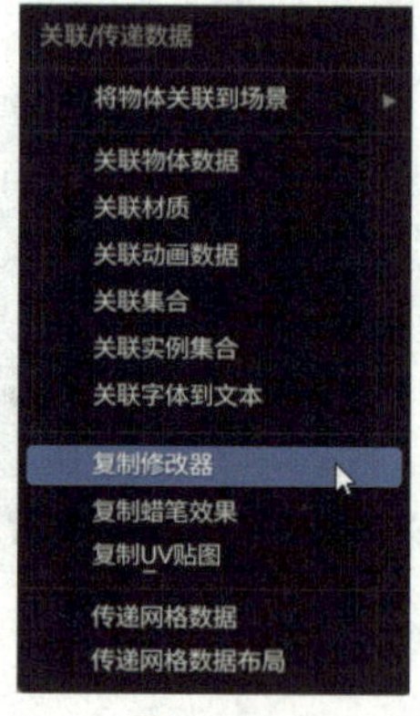

图　3-65

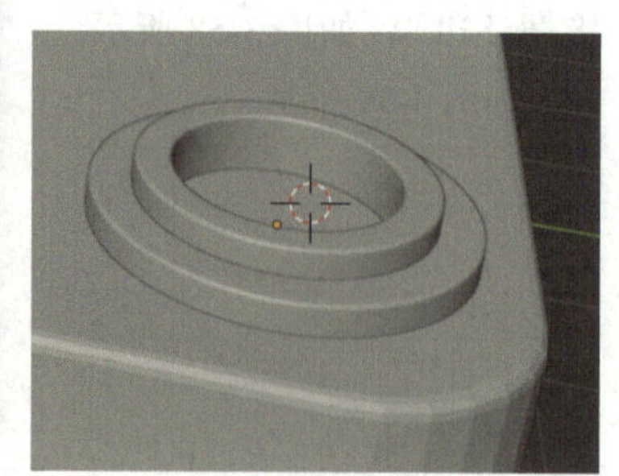
图　3-66

创建小火箭

1 创建小火箭主体部分，基本型是圆柱体。选中管道，按快捷键 Shift+S，选择“游标 -> 选中项”，如图 3-67 所示。对游标进行定位后的效果如图 3-68 所示。

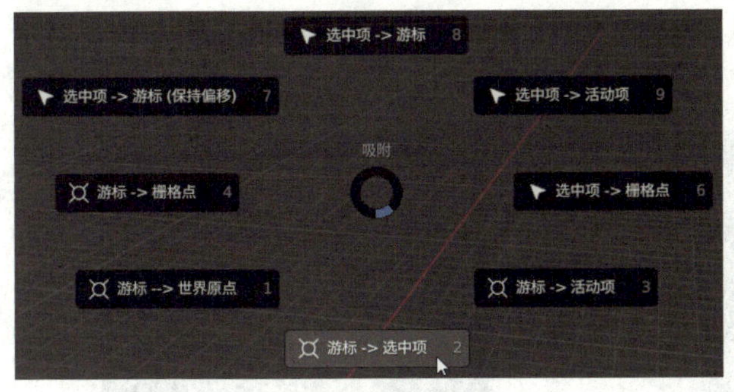

图 3-67

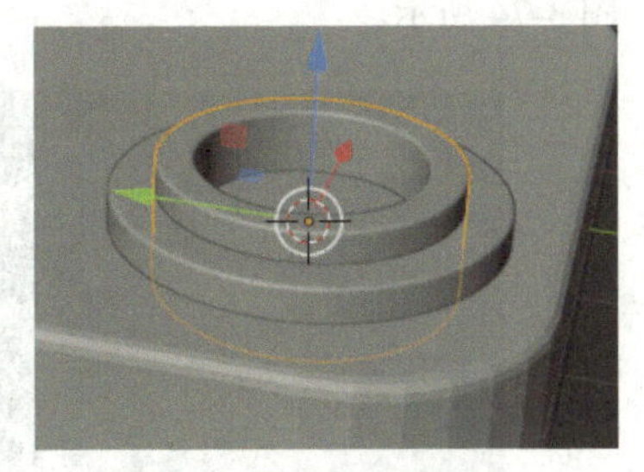

图 3-68

按快捷键 Shift+A，选择“网格”—“柱体”，如图 3-69 所示。按快捷键 S 对圆柱体进行等比例缩小，沿 z 轴向上适当调整其位置，如图 3-70 所示。

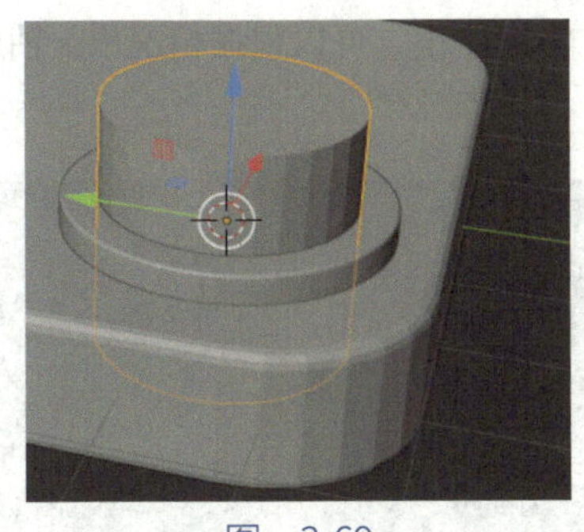

图 3-69

图 3-70

按 Tab 键进入编辑模式，选中圆柱体上表面，如图 3-71 所示。按快捷键 E 沿 z 轴向上挤出，如图 3-72 所示。

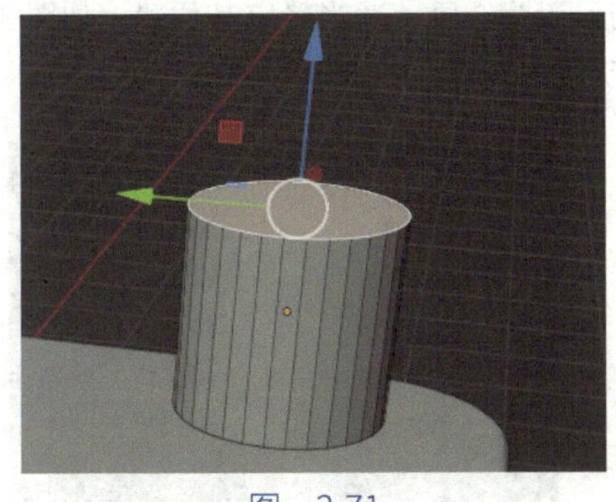

图 3-71

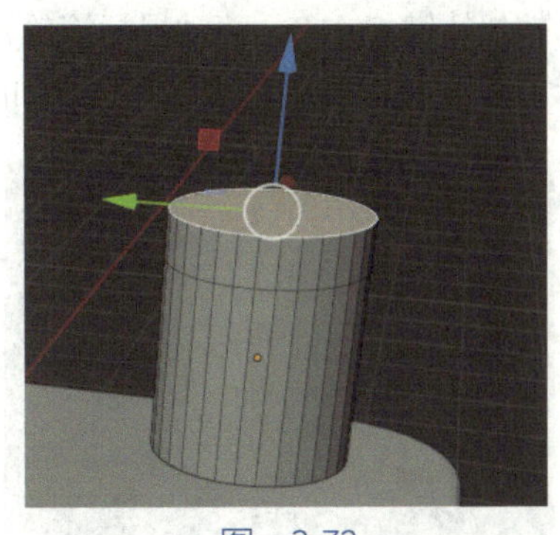

图 3-72

按快捷键 S 将面缩小，如图 3-73 所示。对上表面重复进行挤出、缩小操作，如图 3-74 所示。

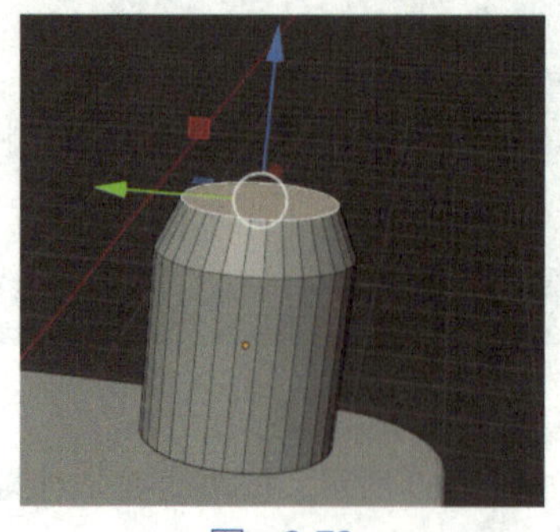
图　3-73

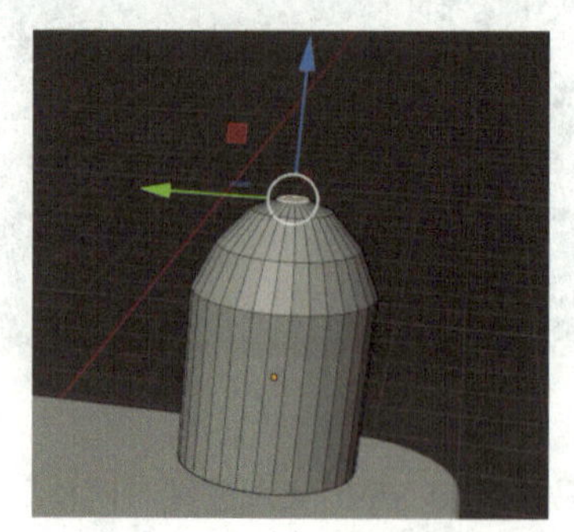
图　3-74

选中底部的面，如图 3-75 所示。按快捷键 S，将面缩小，可以根据情况沿 *z* 轴适当调整其位置，如图 3-76 所示。

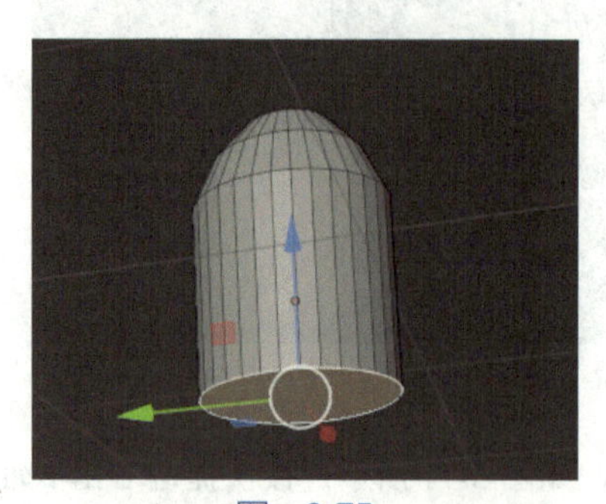
图　3-75

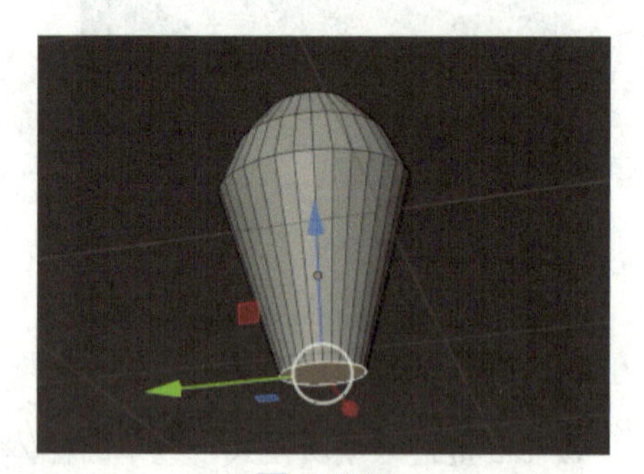
图　3-76

按快捷键 Ctrl+R，滚动鼠标滚轮，将环切设置为 3 段，适当确定其位置，如图 3-77 所示。按快捷键 Alt，选中循环边，如图 3-78 所示。

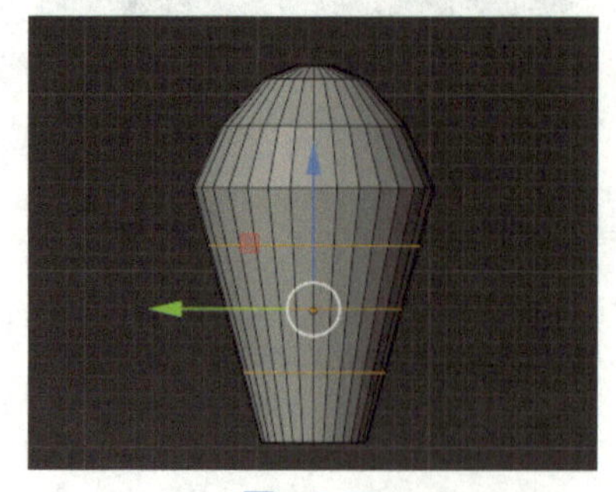
图　3-77

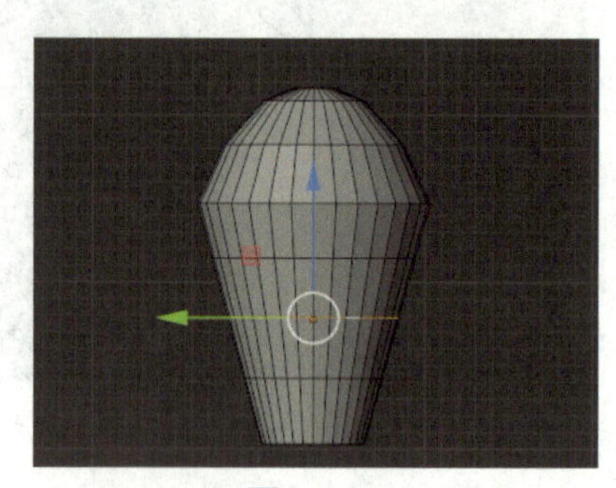
图　3-78

按快捷键 S，适当放大，如图 3-79 所示。对其他循环边进行类似调整，尽量过渡得圆滑一点，如图 3-80 所示。

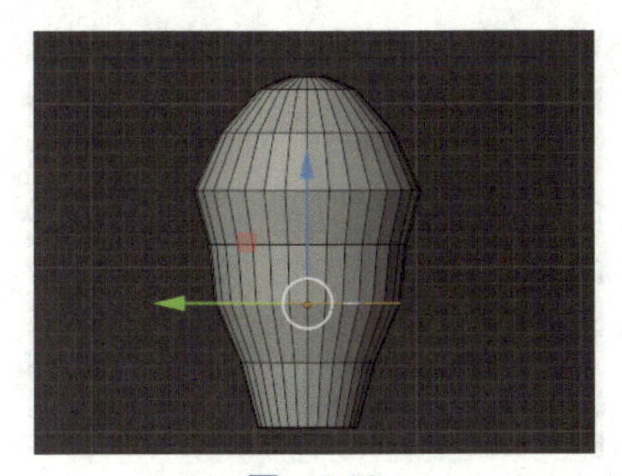

图 3-79

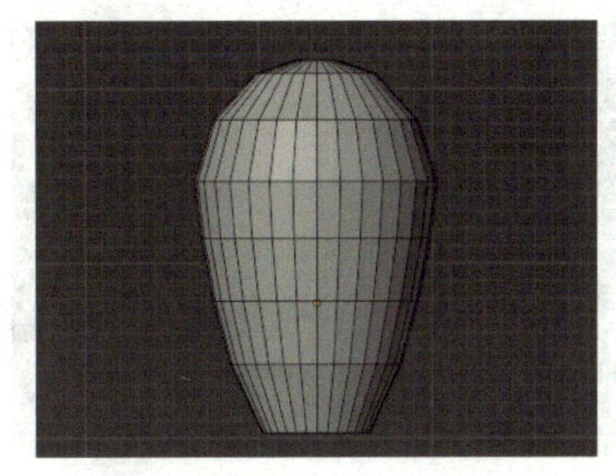

图 3-80

按 Tab 键进入物体模式，在选中小火箭的情况下按快捷键 Ctrl+2，如图 3-81 所示。因为底部没有“卡线”，所以没有得到想要的形状。按 Tab 键进入编辑模式，单击工作区右侧修改器中的“实时”按钮，将细分效果隐藏，如图 3-82 所示。

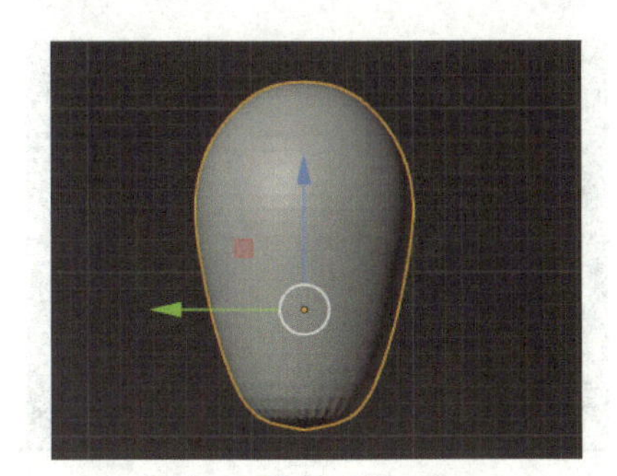

图 3-81

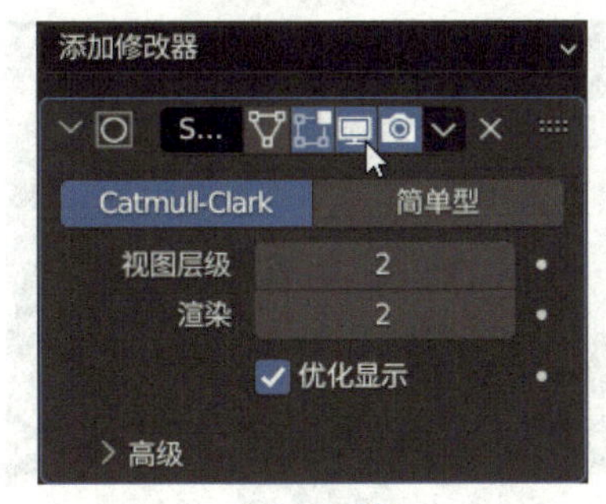

图 3-82

效果如图 3-83 所示。选中底部的循环边，如图 3-84 所示。

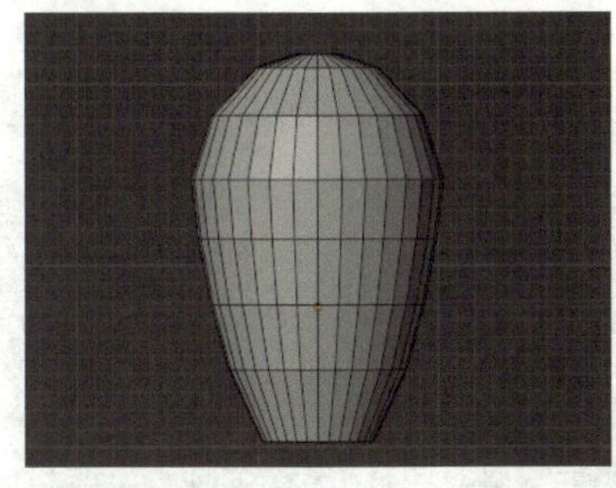

图 3-83

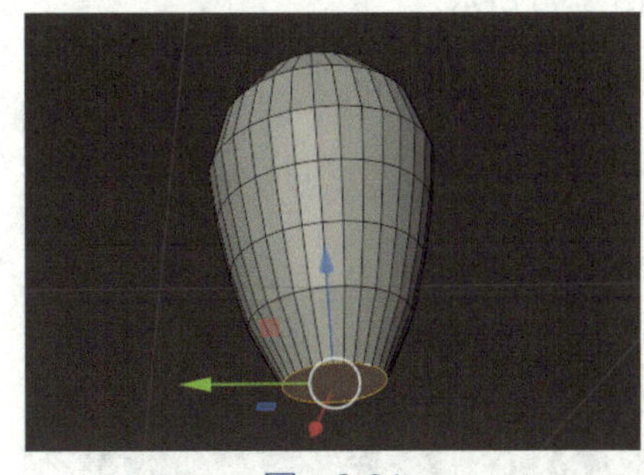

图 3-84

按快捷键 Ctrl+B，倒角的分段数不用太多，如图 3-85 所示。按 Tab 键进入物体模式，单击工作区右侧修改器中的“实时”按钮，将细分效果显示出来，如图 3-86 所示。

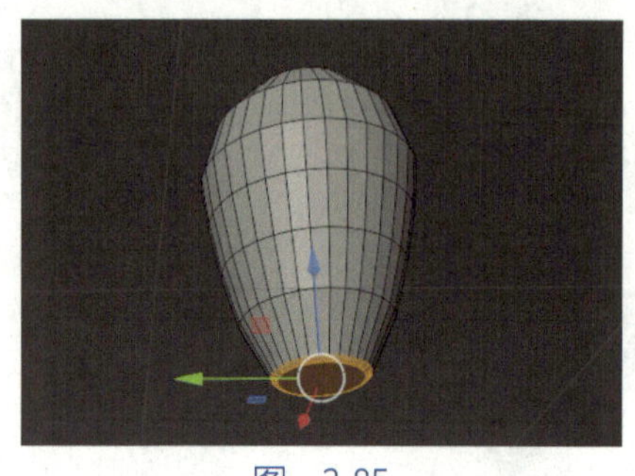
图　3-85

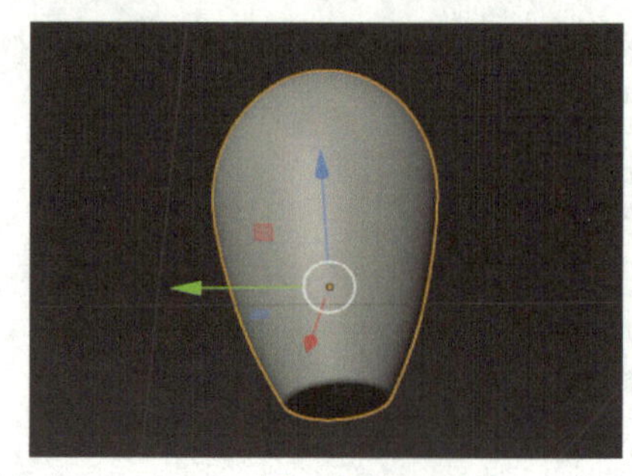
图　3-86

可以对边缘部分的布线进行适当调整，按 Tab 键进入编辑模式，按快捷键 Alt 选中一圈循环边，如图 3-87 所示。按快捷键 G+G，对选中的循环边的位置进行适当调整，如图 3-88 所示。

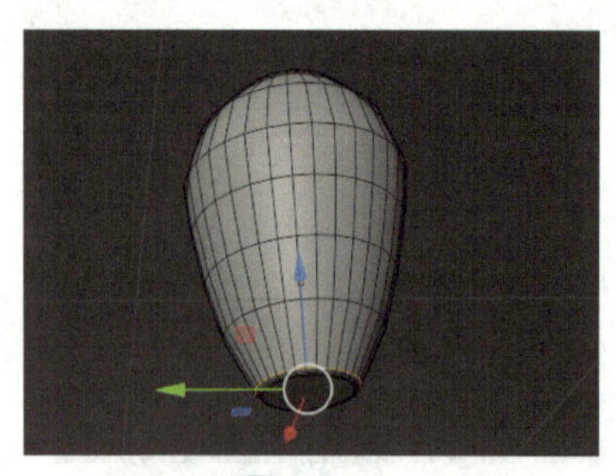
图　3-87

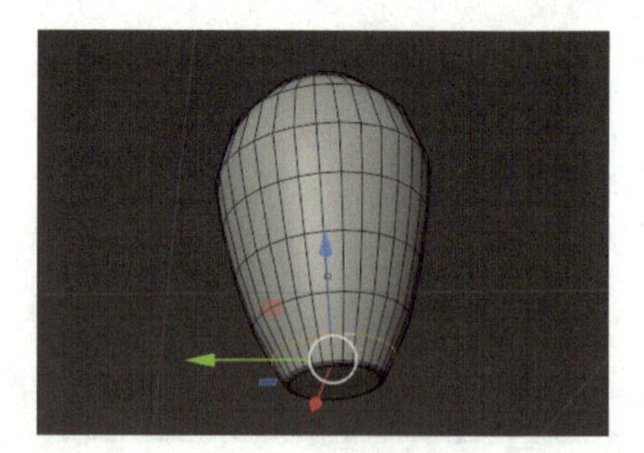
图　3-88

可以继续对其他循环边和面进行适当调整，如图 3-89 所示。按 Tab 键进入物体模式，如图 3-90 所示。

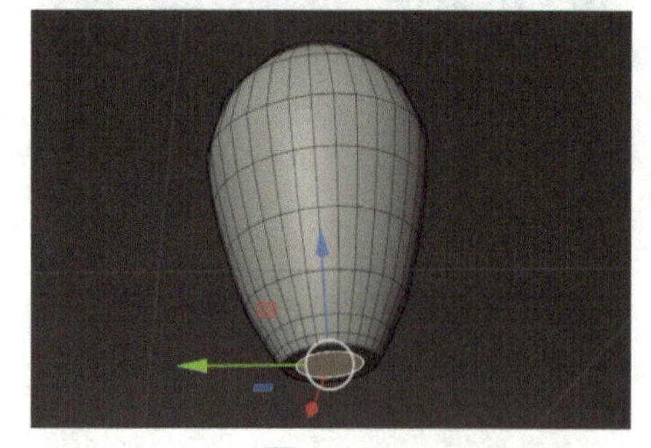
图　3-89

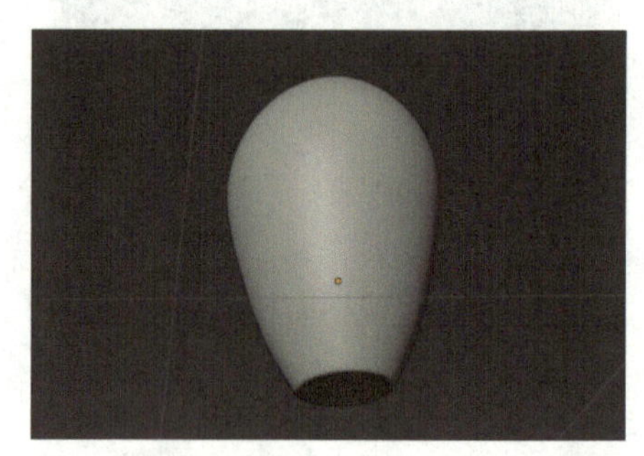
图　3-90

选中小火箭的情况下按 Tab 键进入编辑模式，按快捷键 Ctrl+R 添加一条循环边，位置大概如图 3-91 所示。按快捷键 Alt+Z，进入透显模式，进行面的选择，如图 3-92 所示。

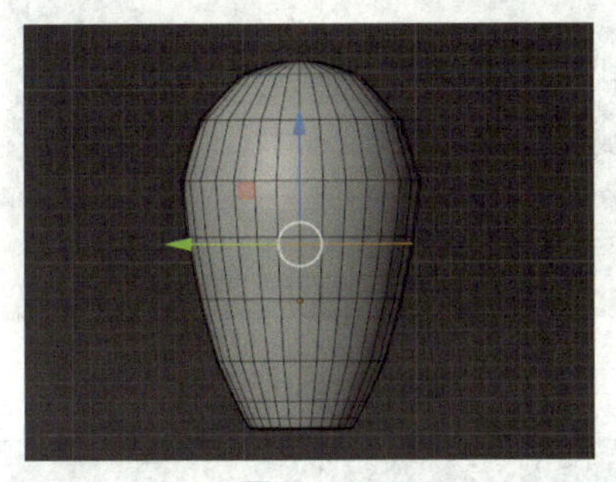
图　3-91

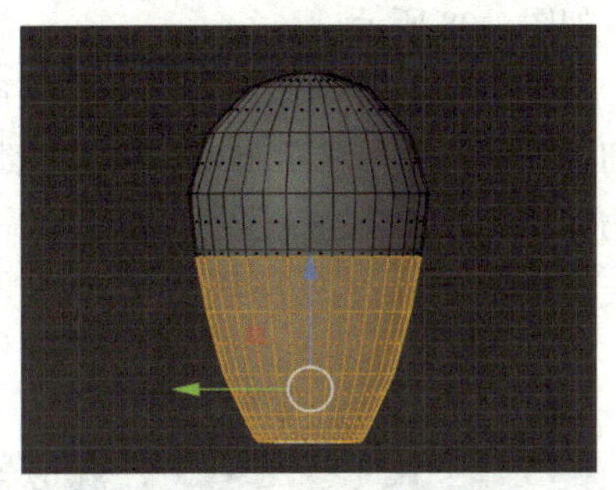
图　3-92

按快捷键 Alt+Z，退出透显模式，单击工作区右侧修改器中的“实时”按钮，将细分效果隐藏，再按快捷键 S+Shift+Z，在 *z* 轴向上进行缩小，如图 3-93 所示。按快捷键 Alt，配合 Shift 键，选中两条循环边，如图 3-94 所示。

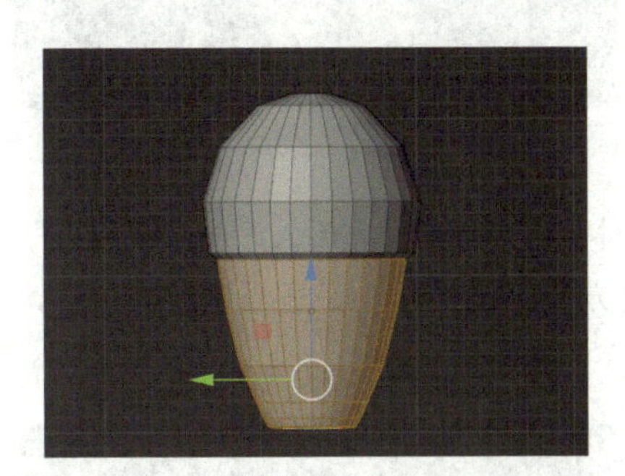
图　3-93

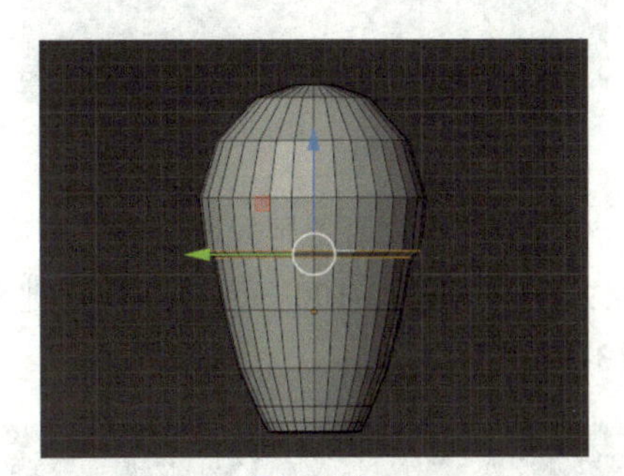
图　3-94

按快捷键 Ctrl+B，倒角段数不需要设置太多，如图 3-95 所示。按快捷键 Alt，选中一条循环边，如图 3-96 所示。

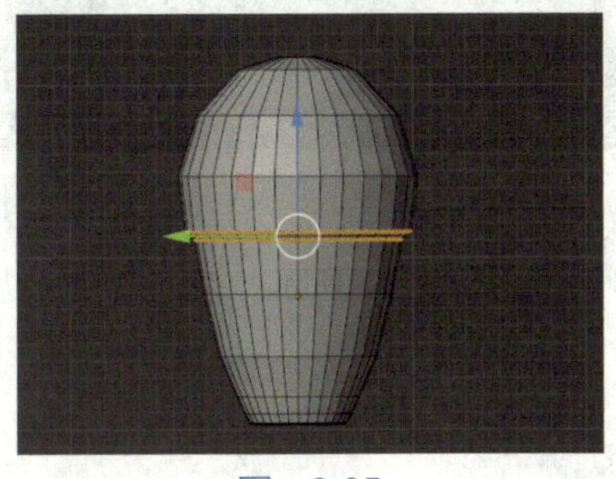
图　3-95

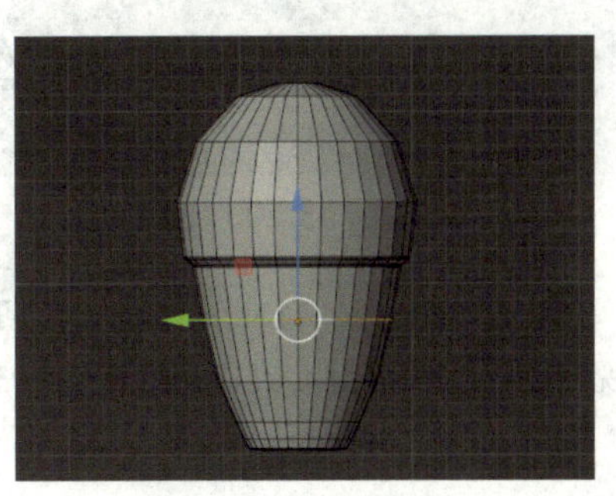
图　3-96

按快捷键 S，适当放大，如图 3-97 所示。继续选中其他的循环边进行适当调整，如图 3-98 所示。

单击工作区右侧修改器中的“实时”按钮，将细分效果显示出来，按 Tab 键进入物体模式，如图 3-99 所示。

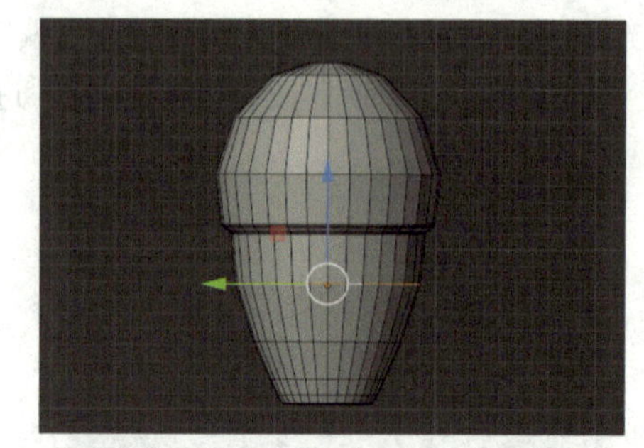

图 3-97

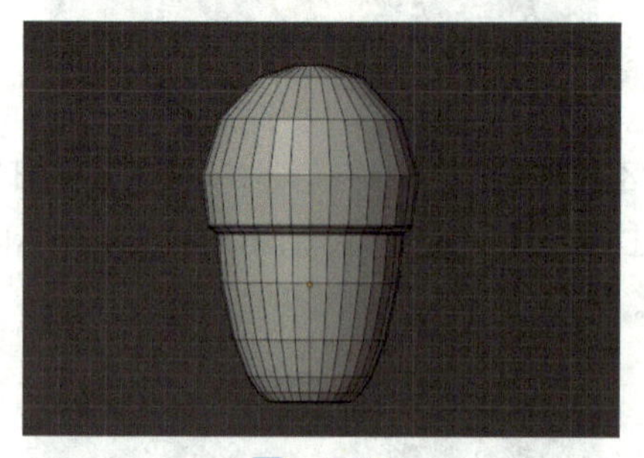

图 3-98

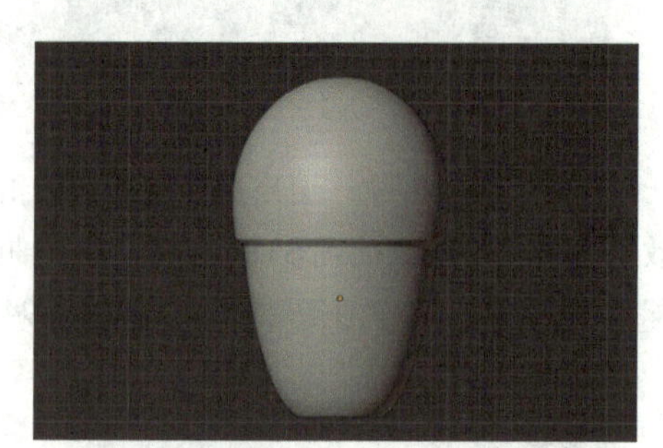

图 3-99

2 创建小火箭的尾翼部分，基本型是立方体。按快捷键 Shift+A，选择“网格”—“立方体”，如图 3-100 所示。按快捷键 S，将立方体等比例缩小，适当调整其位置，如图 3-101 所示。

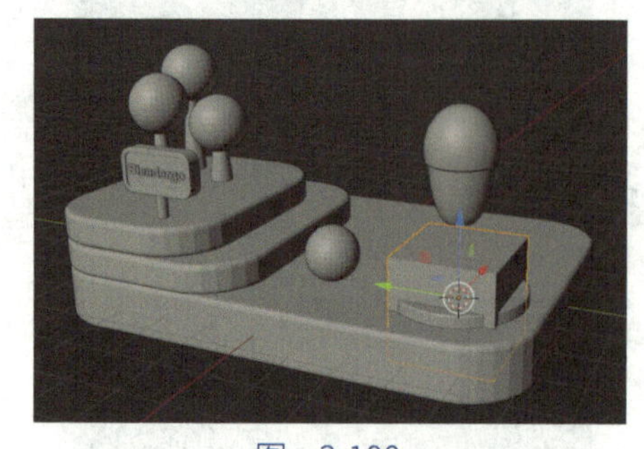

图 3-100

图 3-101

按快捷键 S+X，将立方体在 x 轴向上进行缩小，如图 3-102 所示。按快捷键 ~ 进入左视图，再按快捷键 Ctrl+2，如图 3-103 所示。

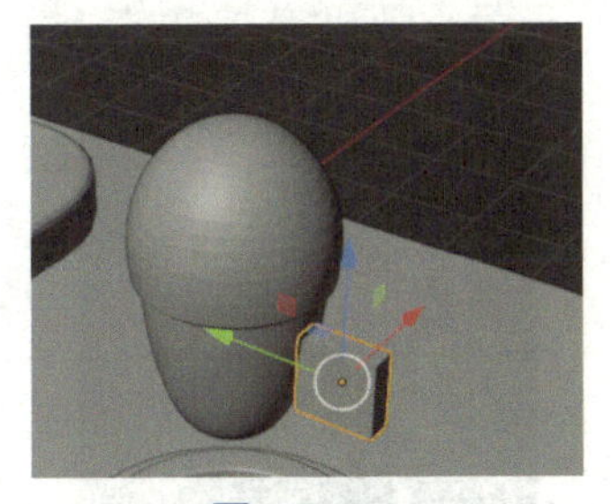

图 3-102

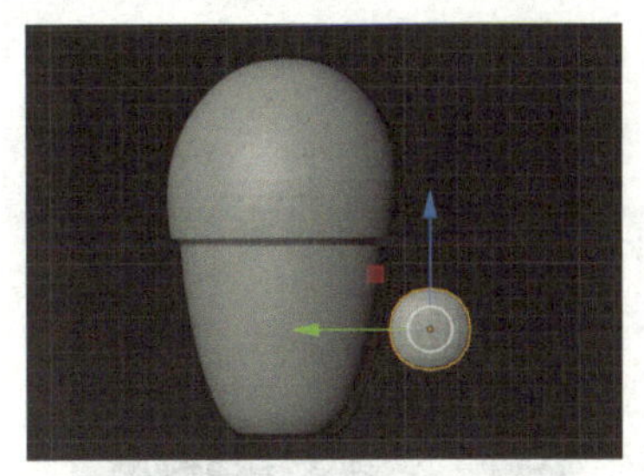

图 3-103

按 Tab 键进入编辑模式，按快捷键 Ctrl+R，添加两条循环边，如图 3-104 所示。按快捷键 Alt+Z，进入透显模式，对立方体的位置和形状进行适当调整。按快捷键 Alt+Z 退出透显模式后，如图 3-105 所示。

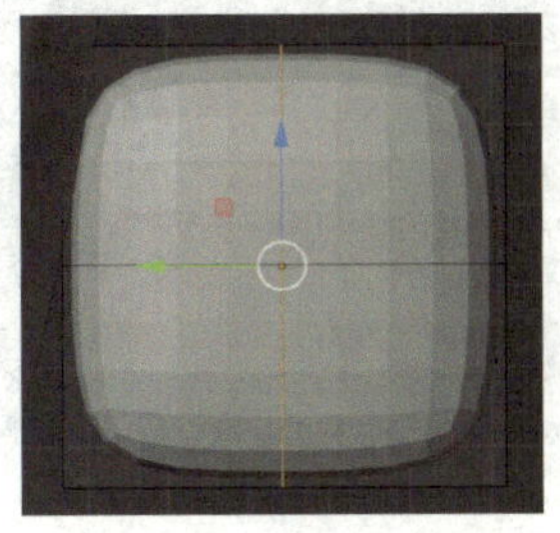

图 3-104

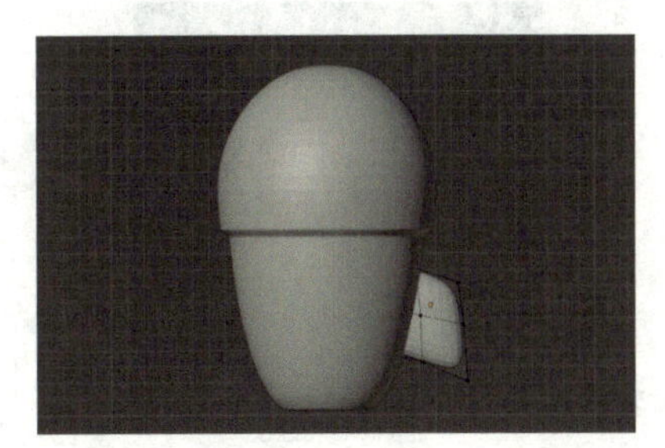

图 3-105

选中两个面，按快捷键 S+X，在 x 轴向进行缩小，如图 3-106 所示。按 Tab 键进入物体模式，如图 3-107 所示。

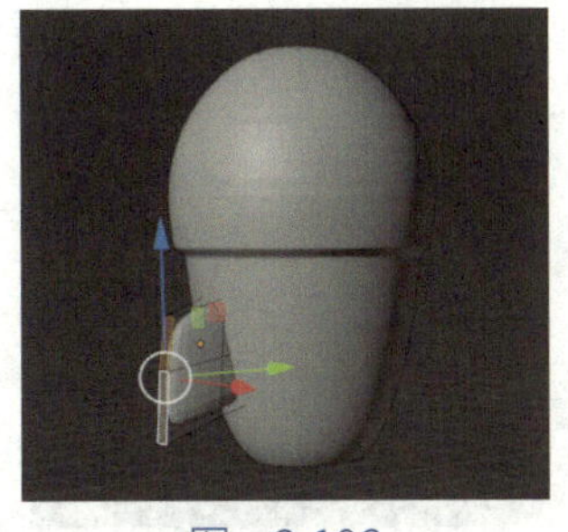

图 3-106

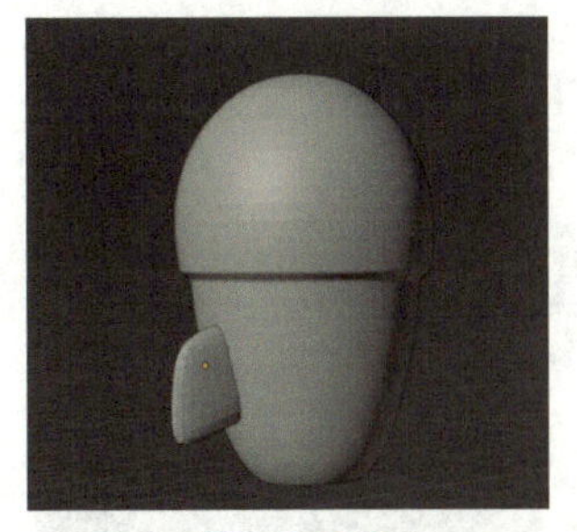

图 3-107

选中尾翼，按快捷键 Alt+D，对刚制作的尾翼进行关联复制。按 Esc 键，单击“3D 游标”，如图 3-108 所示。按快捷键 R+Z+90，将关联复制得到的尾翼绕 z 轴向旋转 90 度，如图 3-109 所示。

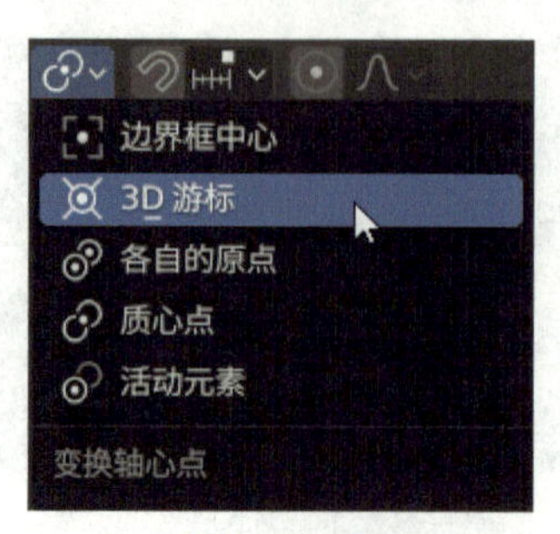

图　3-108

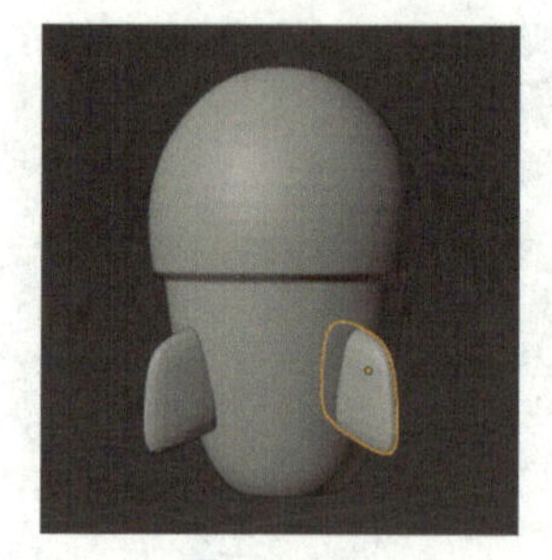
图　3-109

选中两个尾翼，如图 3-110 所示。按快捷键 Shift+D 复制模型，按快捷键 R+Z+180 将关联复制得到的尾翼绕 z 轴向旋转 180 度，如图 3-111 所示。

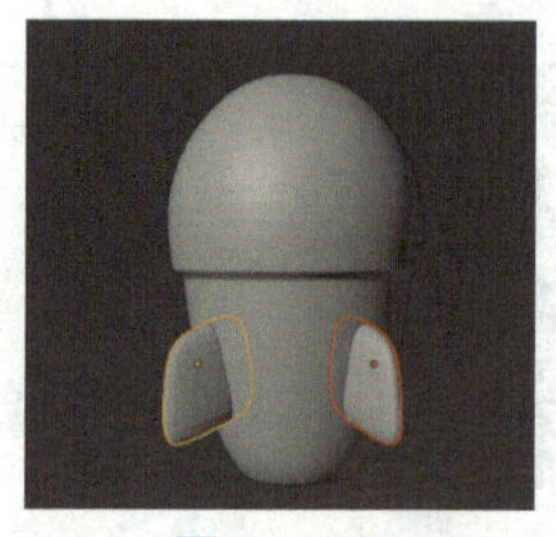
图　3-110

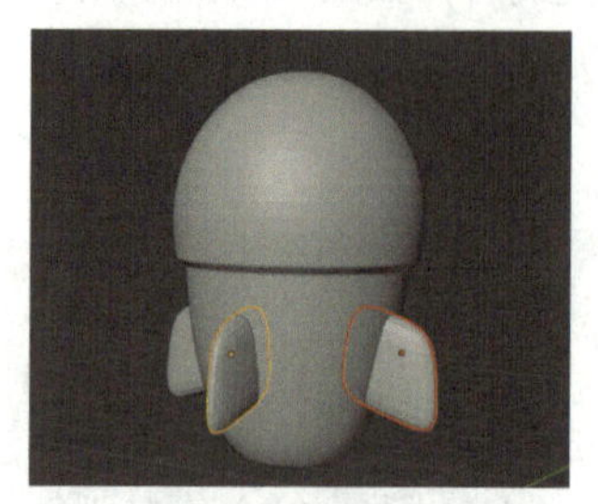
图　3-111

选中任意一个尾翼，按 Tab 键进入编辑模式，按快捷键 A 全选，按快捷键 S+X 将选择的尾翼在 x 轴向放大一点，使尾翼宽厚一点看起来更可爱，如图 3-112 所示。按 Tab 键进入物体模式，如图 3-113 所示。

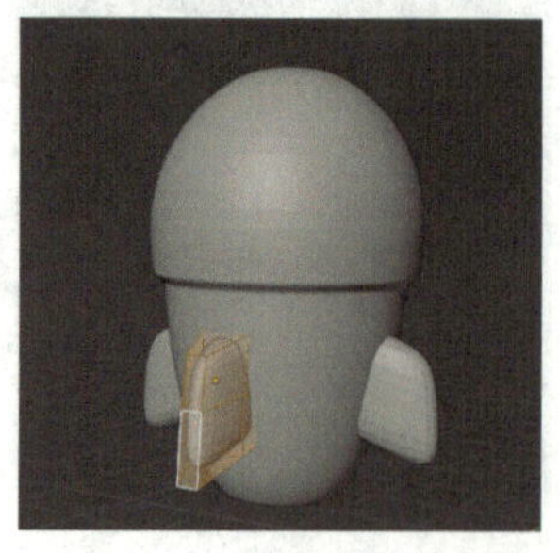
图　3-112

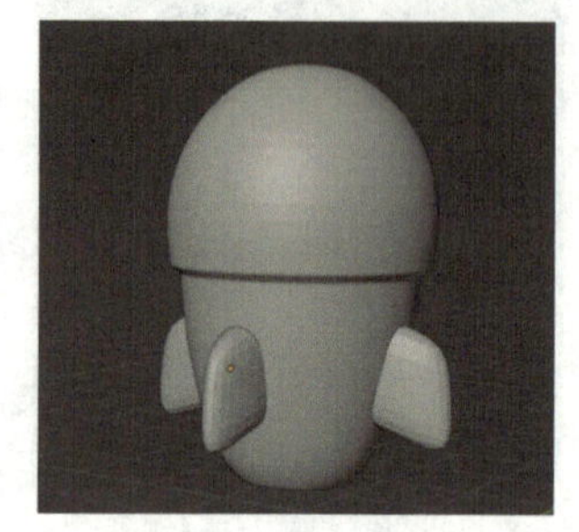
图　3-113

小火箭头部可以调整得稍微细一点，选中小火箭的主体，按 Tab 键进入编辑模式，按快捷键 Alt 选中一个循环边，如图 3-114 所示。按快捷键 S 进行适当缩小，按 Tab 键进入物体模式，如图 3-115 所示。

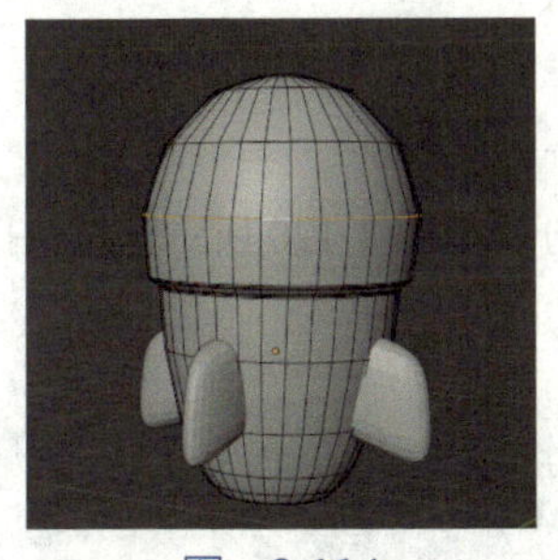

图 3-114

图 3-115

3 创建小火箭尾焰部分，基本型是球体。按快捷键 Shift+A，选择“网格”—“经纬球”，如图 3-116 所示。按快捷键 S，将经纬球等比例缩小，适当调整其位置，如图 3-117 所示。

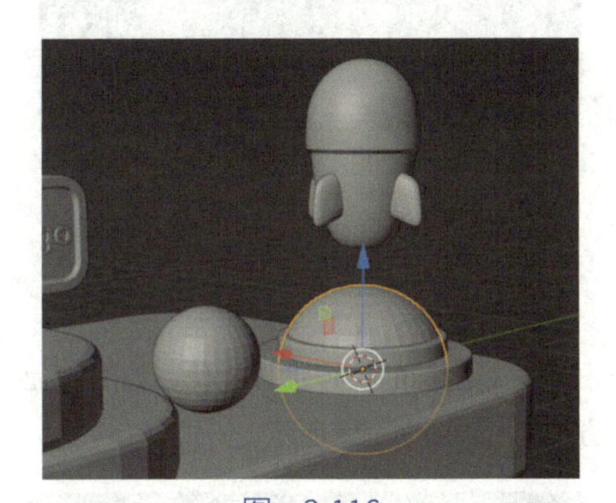

图 3-116

图 3-117

按 Tab 键进入编辑模式，为了便于观察，按快捷键 / 进入隔离模式，选中经纬球底部的面，如图 3-118 所示。按快捷键 ~ 进入左视图，按快捷键 O 启用衰减编辑，按快捷键 G+Z，拖动鼠标对经纬球的形状进行调整，如图 3-119 所示。

图 3-118

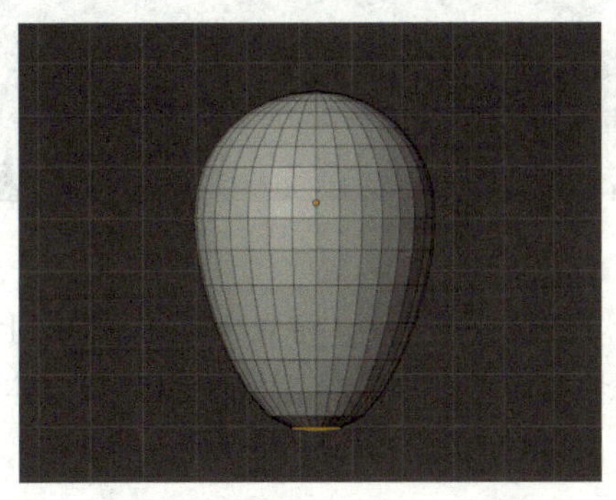

图 3-119

提示： 滚动鼠标滚轮可以对控制范围进行调整。

按 Tab 键进入物体模式，按快捷键 Ctrl+2 进行细分，如图 3-120 所示。按快捷键 / 退出隔离模式，如图 3-121 所示。

图　3-120

图　3-121

创建台阶

台阶基本型是立方体。按快捷键 Shift+ 鼠标右键，对游标的位置进行定位，如图 3-122 所示。按快捷键 Shift+A，选择“网格”—“立方体”，如图 3-123 所示。

图　3-122

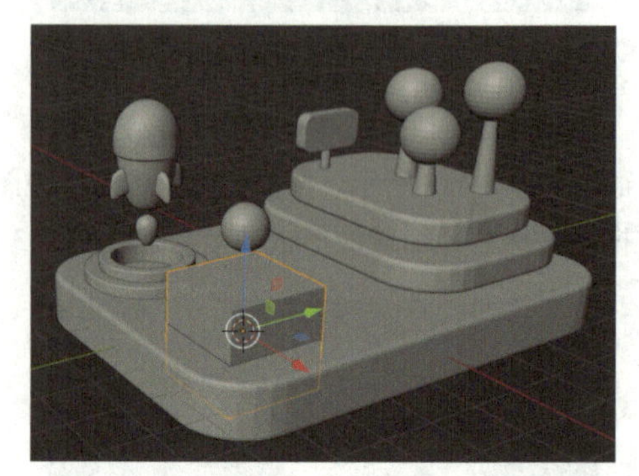

图　3-123

按快捷键 S+Z，将立方体在 z 轴向上进行缩小，适当调整其位置，如图 3-124 所示。按快捷键 Ctrl+A，将缩放应用到立方体上，按 Tab 键进入编辑模式，选中一条边，如图 3-125 所示。

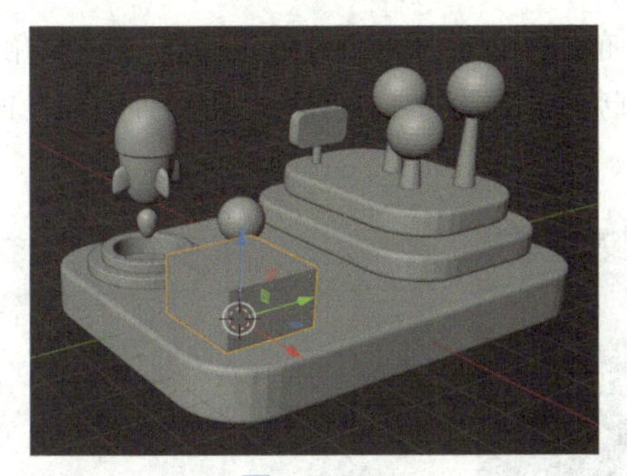

图 3-124

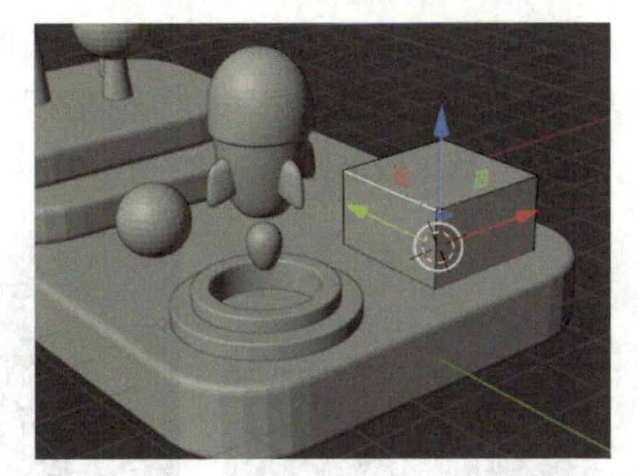

图 3-125

按快捷键 Ctrl+B，滚动鼠标滚轮适当控制倒角段数，如图 3-126 所示。在工作区左下角展开“倒角”控制项，选择“自定义”—“步数（阶梯）”，如图 3-127 所示。

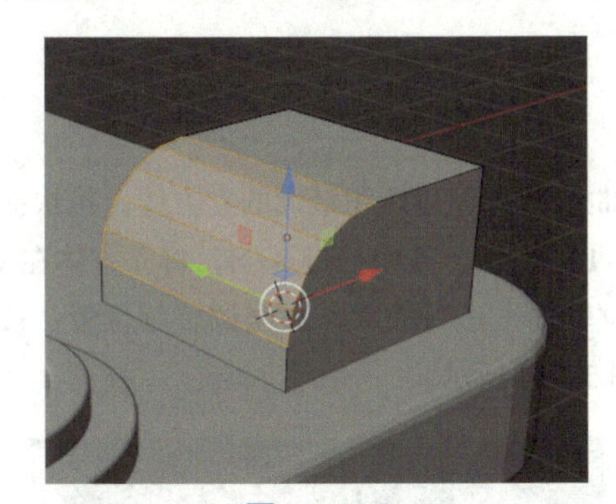

图 3-126

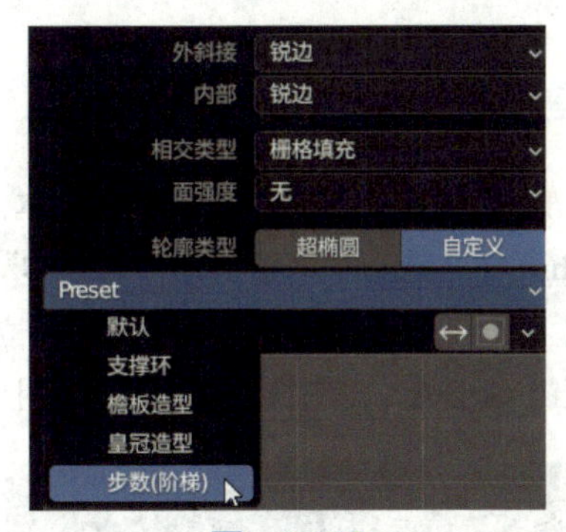

图 3-127

选择“步数（阶梯）”后，效果如图 3-128 所示。按 Tab 键进入物体模式，在工作区右侧进入“修改器”面板，选择“添加修改器”—“倒角”，“段数”参考数值为 3，“（数）量”参考数值为 0.014，效果如图 3-129 所示。

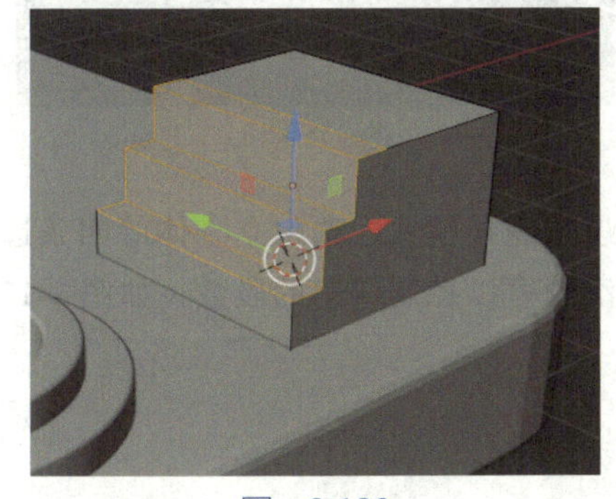

图 3-128

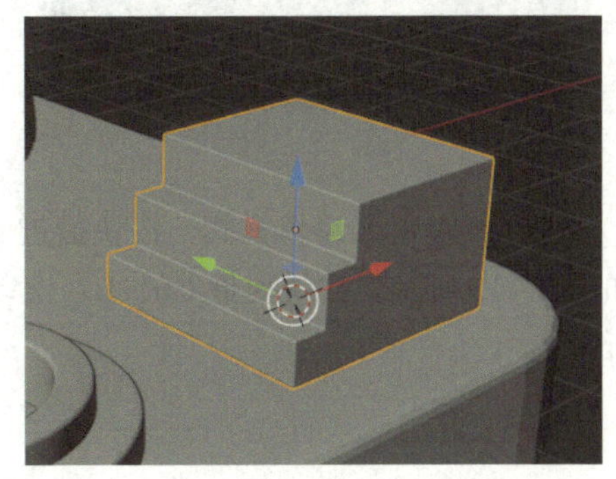

图 3-129

放大视图观察细节部分，台阶拐角的位置布线不对，如图 3-130 所示。在“倒角”展开项中选择“几何数据”—“外斜接”—“圆弧”，如图 3-131 所示。将“外斜接”改为“圆弧”后，效果如图 3-132 所示。

图　3-130

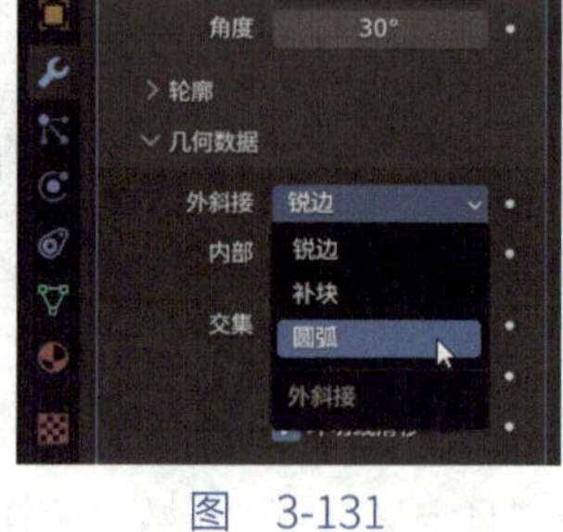

图　3-131

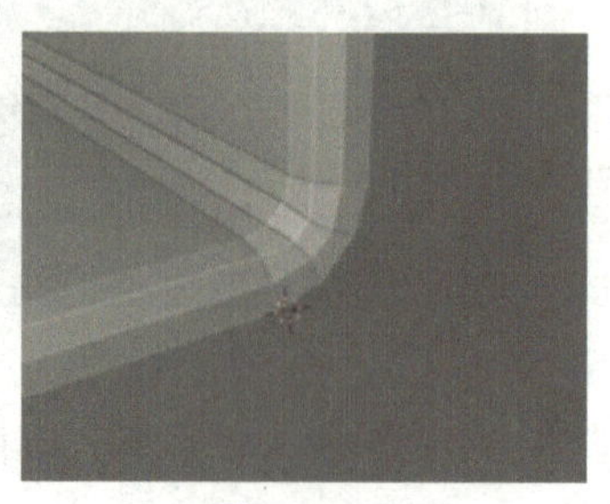

图　3-132

创建背板

1　背板基本型是立方体、圆柱体、贝塞尔曲线，先创建体积最大的立方体。按快捷键 Shift+A，选择“网格”—“立方体”，如图 3-133 所示。按快捷键 S+X，将立方体在 x 轴向上进行缩小；按快捷键 S+Y，将立方体在 y 轴向上进行放大，适当调整其位置；按快捷键 Ctrl+A，将缩放应用到立方体上面，如图 3-134 所示。

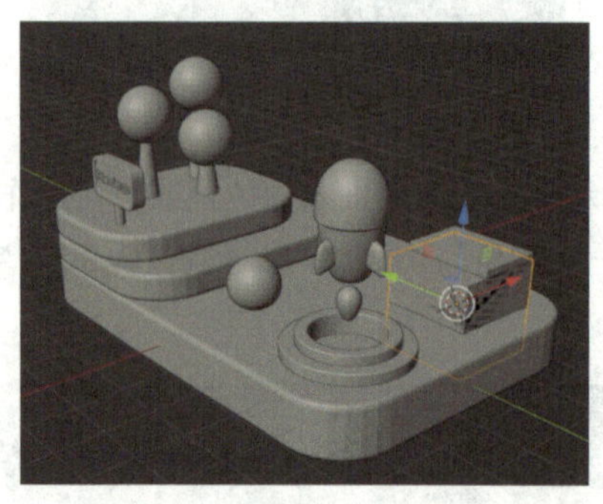

图　3-133

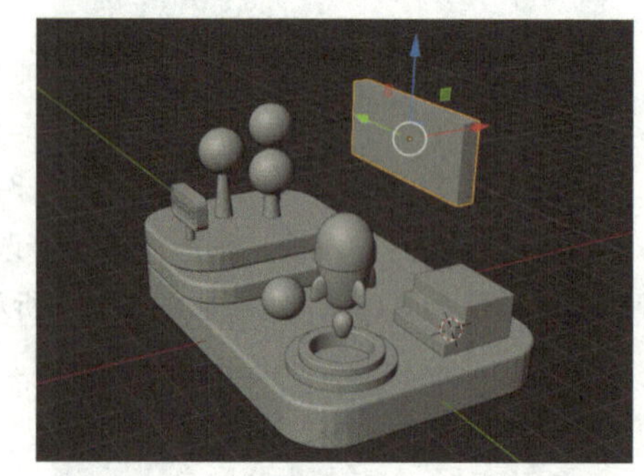

图　3-134

按 Tab 键进入编辑模式，按快捷键 Alt+Z 进入透显模式，选中立方体的四条边，如图 3-135 所示。按快捷键 Ctrl+B，滚动鼠标滚轮可以控制倒角的段数，如图 3-136 所示。

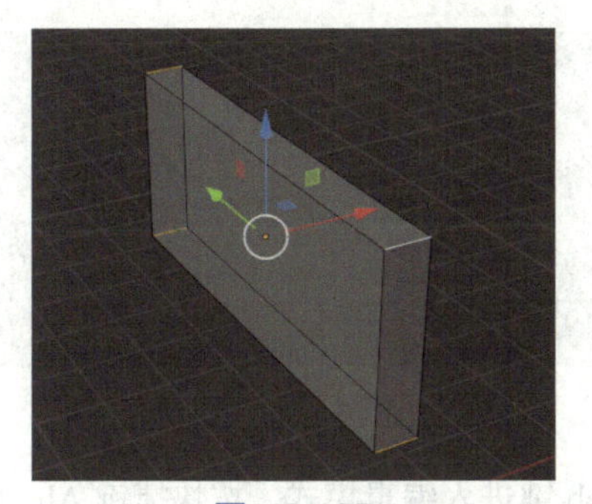
图 3-135

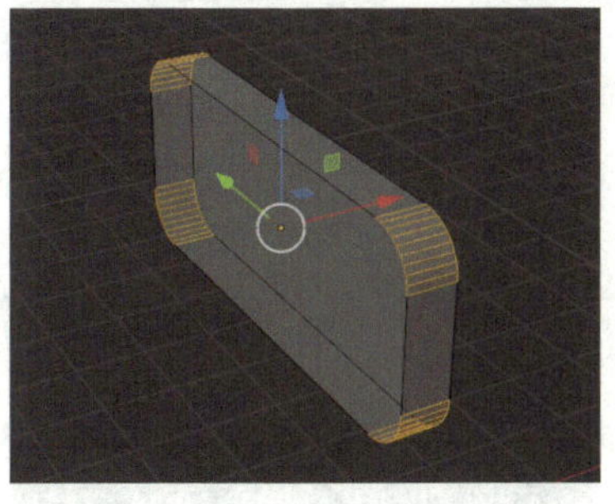
图 3-136

提示： 假如执行 Ctrl+B 的时候出现台阶形状的倒角，可以展开工作区左下角的“倒角”控制项，“轮廓类型”选择“超椭圆”，如图 3-137 所示。

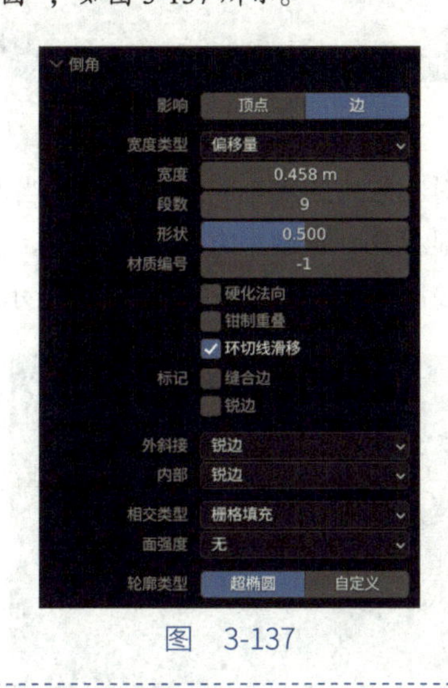

图 3-137

按 Tab 键进入物体模式，在工作区右侧进入“修改器”面板，选择“添加修改器”—“倒角”，“段数”参考数值为 3，“(数) 量”参考数值为 0.041，效果如图 3-138 所示。按快捷键 Alt+Z 退出透显模式，再按快捷键 Ctrl+2，效果如图 3-139 所示。

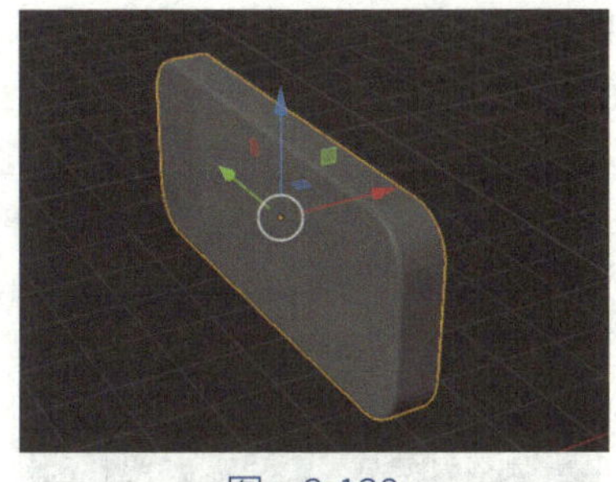
图 3-138

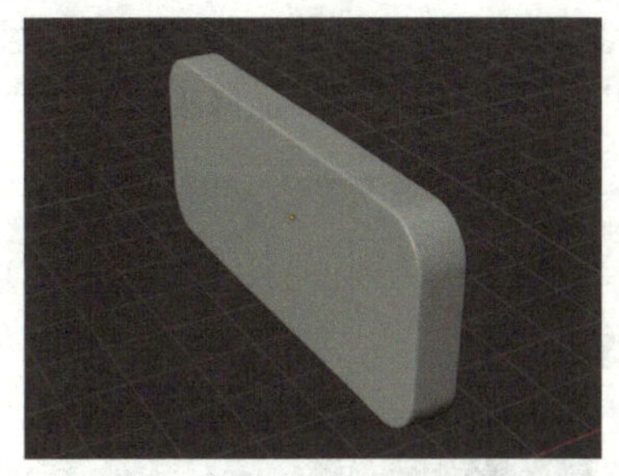
图 3-139

2 创建六个小方块。按快捷键 ~ 进入左视图，单击物体模式工具栏的“添加立方体”按钮，在前面创建的立方体的表面进行立方体的创建，如图 3-140 所示。创建立方体的时候需要配合 Shift 键，创建结果如图 3-141 所示。

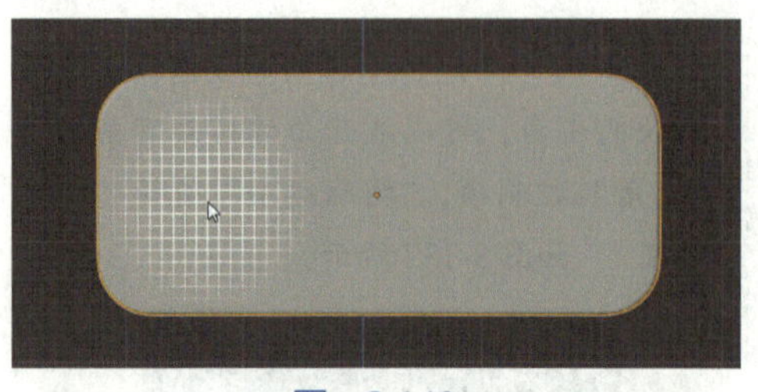

图　3-140

图　3-141

对小方块的大小和位置进行适当调整，按 Tab 键进入编辑模式，按快捷键 Alt+Z 进入透显模式，选中小方块的四条边，如图 3-142 所示。按快捷键 Ctrl+B，滚动鼠标滚轮可以控制倒角的段数，如图 3-143 所示。

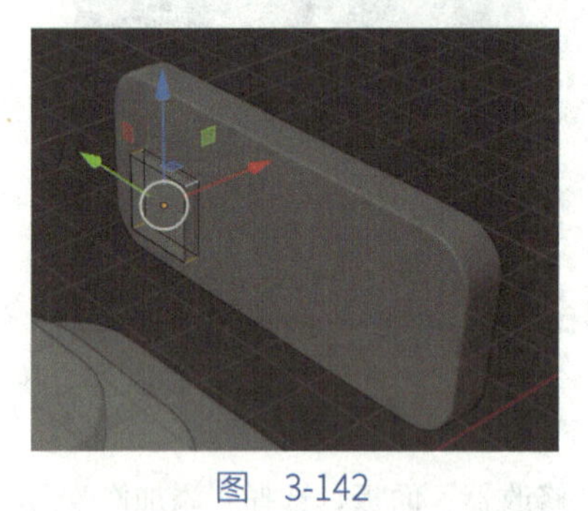

图　3-142

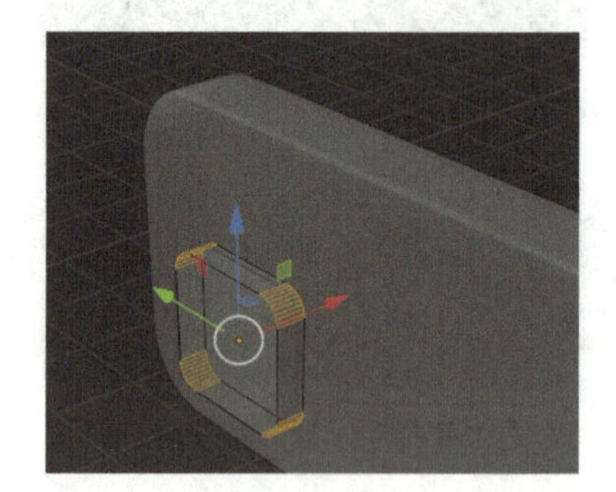

图　3-143

按 Tab 键进入物体模式，按快捷键 Alt+Z 退出透显模式，按快捷键 Ctrl+A 将缩放应用到小方块上，在工作区右侧进入“修改器”面板，选择“添加修改器”—“倒角”，“段数”参考数值为 3，“(数) 量”参考数值为 0.014，如图 3-144 所示。在工作区右侧进入“修改器”面板，选择“添加修改器”—“阵列”，如图 3-145 所示。

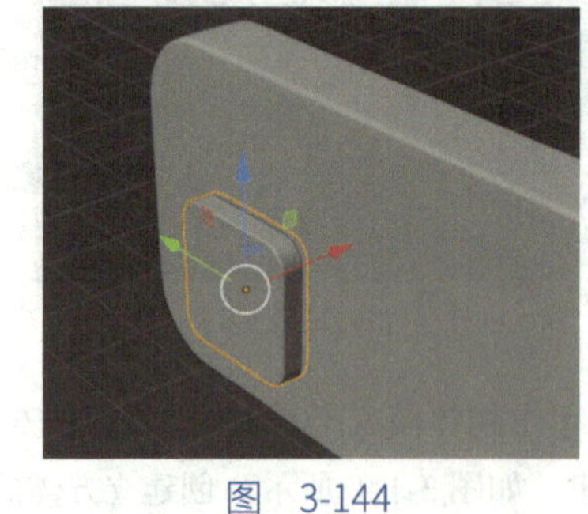

图　3-144

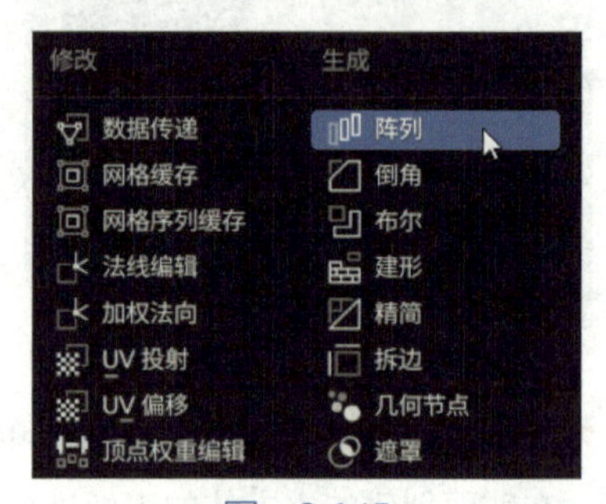

图　3-145

“阵列”修改器面板中可以进行参数设置，“数量”参考数值为 6，“系数 X”可以适当微调，如图 3-146 所示。阵列效果如图 3-147 所示。

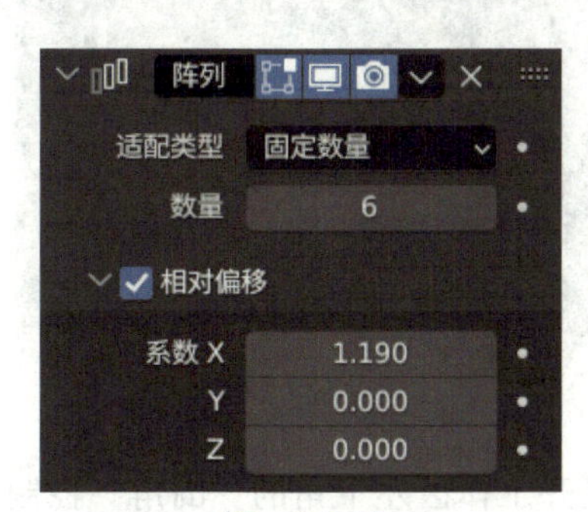

图 3-146

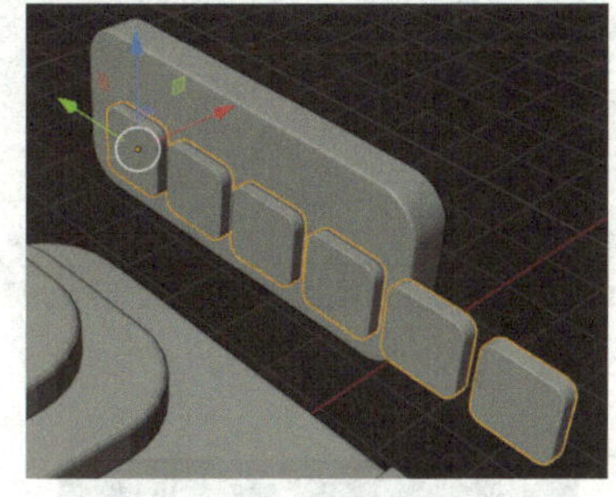

图 3-147

阵列后六个小方块超出了范围，按快捷键 S 对六个小方块进行等比例缩放，适当调整其位置，如图 3-148 所示。

3 创建凹槽。按快捷键 ~ 进入左视图，单击物体模式工具栏的“添加立方体”按钮，在前面创建的体积最大的立方体的表面进行立方体的创建，如图 3-149 所示。创建结果如图 3-150 所示。

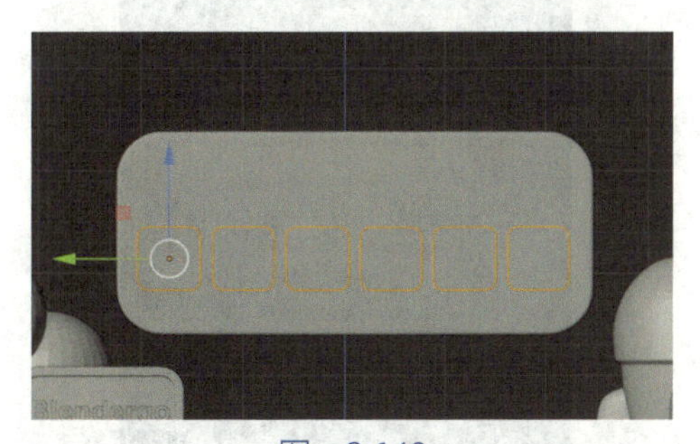

图 3-148

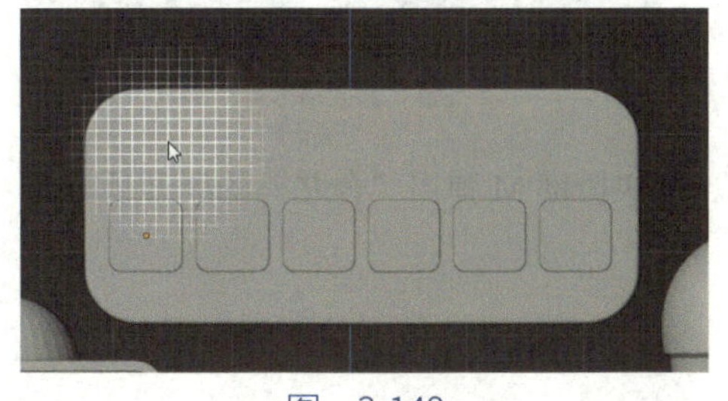

图 3-149

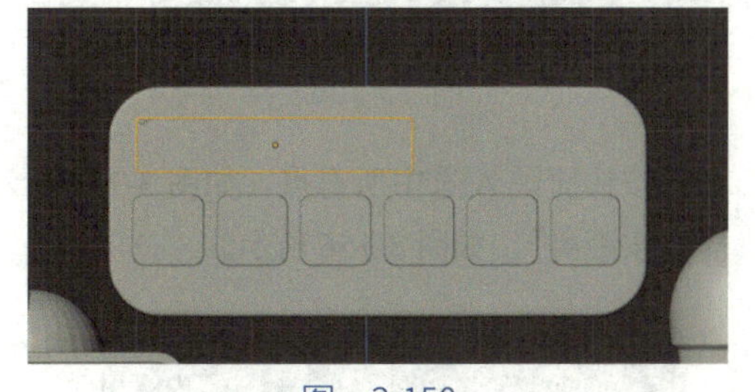

图 3-150

按 Tab 键进入编辑模式，按快捷键 Alt+Z 进入透显模式，选中立方体的四条边，如图 3-151 所示。按快捷键 Ctrl+B，滚动鼠标滚轮可以控制倒角的分段数，因为倒角的幅度太大，出现了交叉的情况，如图 3-152 所示。

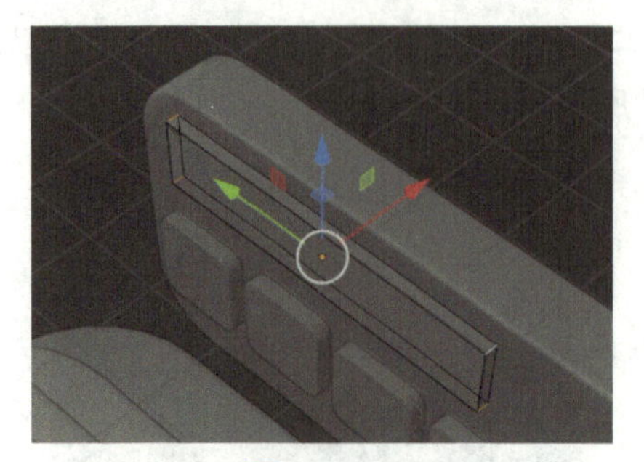

图 3-151

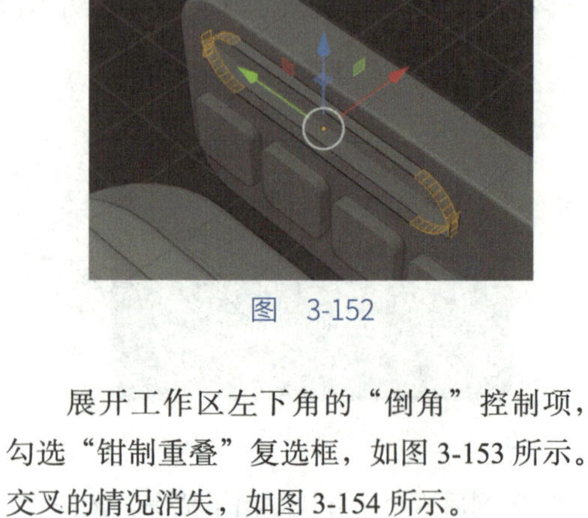

图 3-152

图 3-153

展开工作区左下角的“倒角”控制项，勾选“钳制重叠”复选框，如图3-153所示。交叉的情况消失，如图3-154所示。

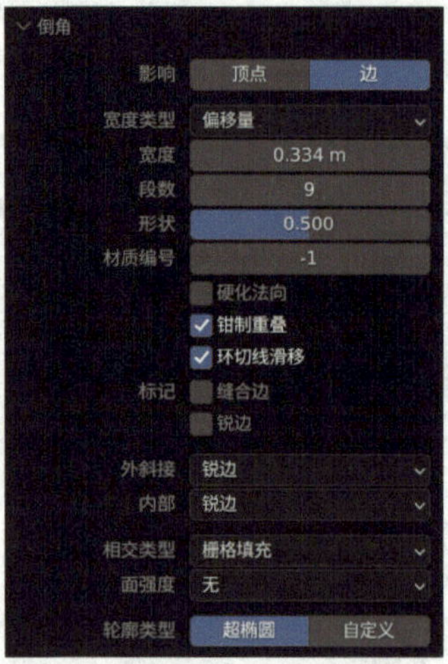

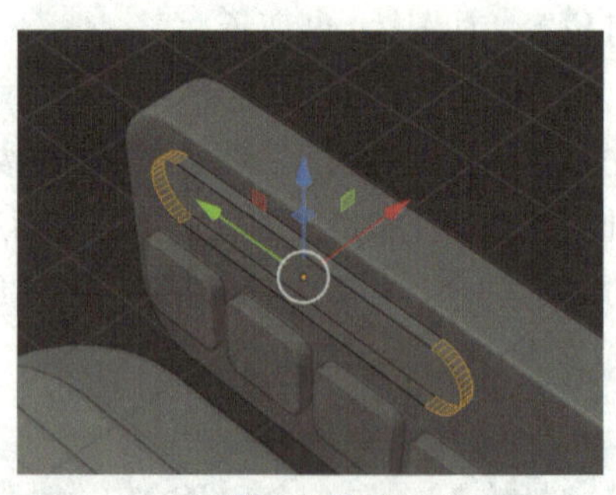

图 3-154

按快捷键A选中所有点，如图3-155所示。按快捷键M弹出“合并”的展开项，选择“按距离”，如图3-156所示。

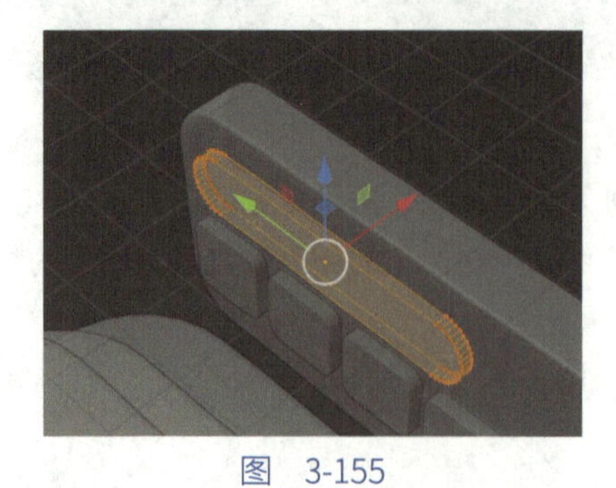

图 3-155

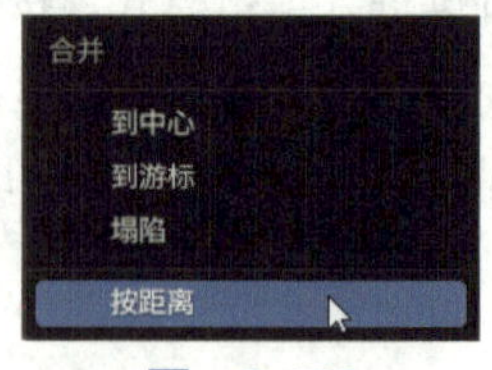

图 3-156

系统提示如图 3-157 所示。在“按间距合并”的展开项中可以设置距离值，如图 3-158 所示，这里建议采用默认值。

移除了 4 个顶点

图 3-157

图 3-158

提示： 在物体模式下按快捷键 M 执行创建集合操作，在编辑模式下按快捷键 M 执行合并操作。

按快捷键 Alt+Z 退出透显模式，选中立方体的一个面，如图 3-159 所示。按快捷键 I 创建内插面，如图 3-160 所示。

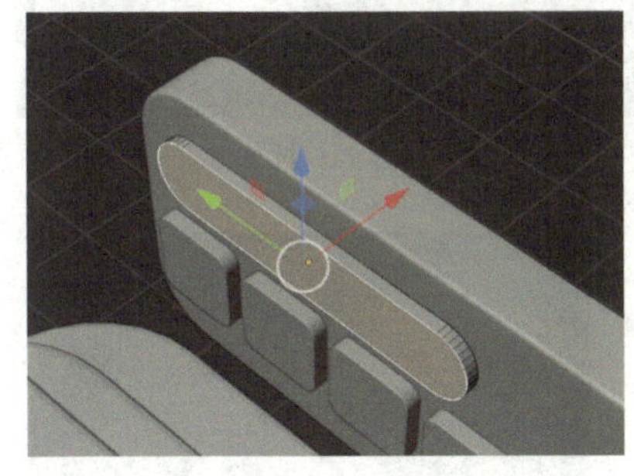

图 3-159

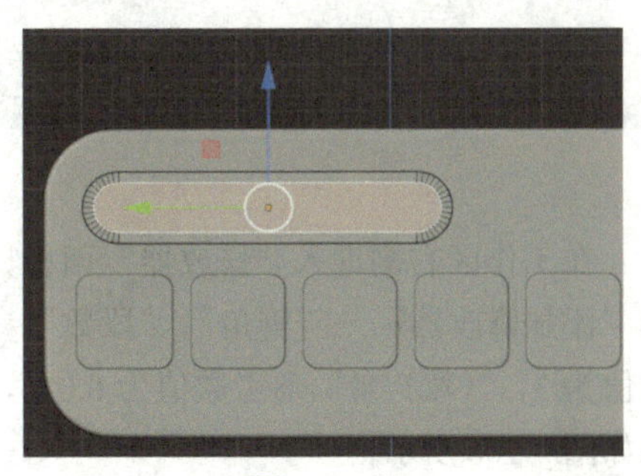

图 3-160

按快捷键 E 向内侧挤出，如图 3-161 所示。按 Tab 键进入物体模式，在工作区右侧进入“修改器”面板，选择“添加修改器”—“倒角”，“段数”参考数值为 3，“(数）量”参考数值为 0.012，效果如图 3-162 所示。

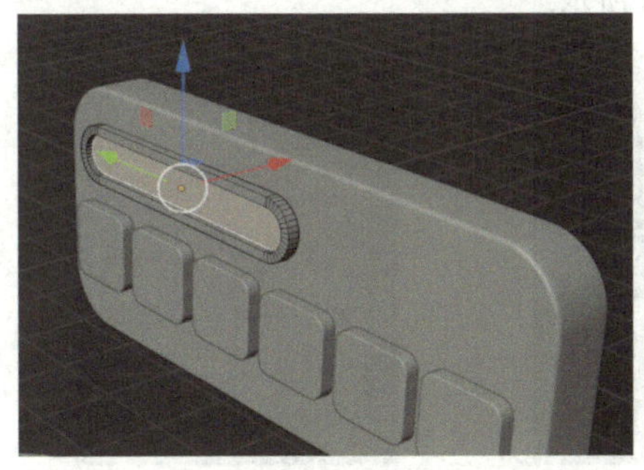

图 3-161

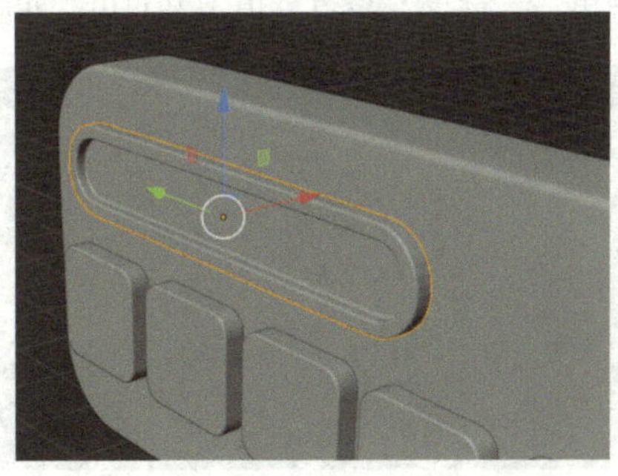

图 3-162

按快捷键 Ctrl+2，如图 3-163 所示。

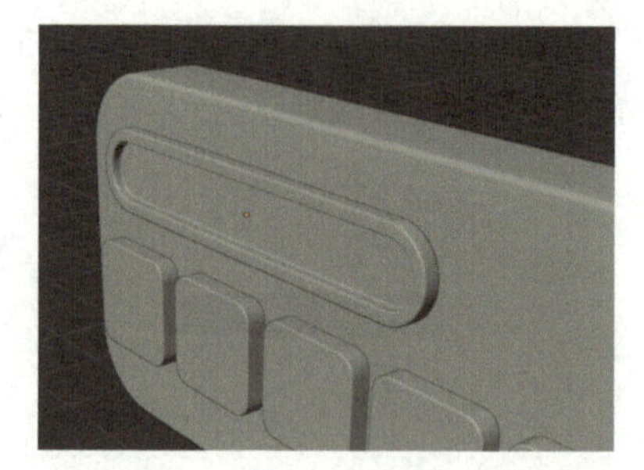

图　3-163

4　创建圆柱体。按快捷键～进入左视图，单击物体模式工具栏的“添加柱体”按钮，配合 Shift 键在如图 3-164 所示的表面创建柱体。适当调整其位置，创建结果如图 3-165 所示。

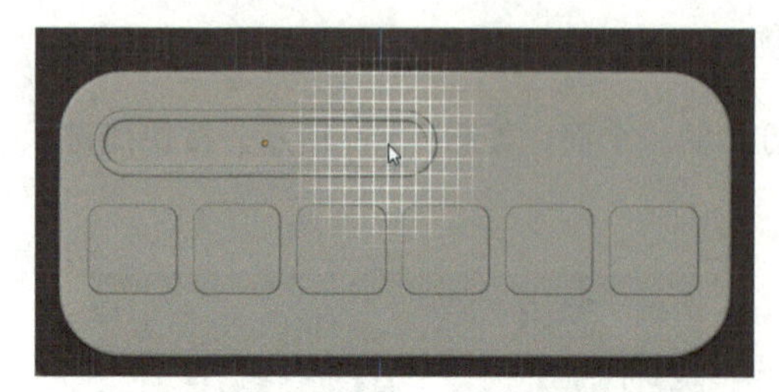

图　3-164

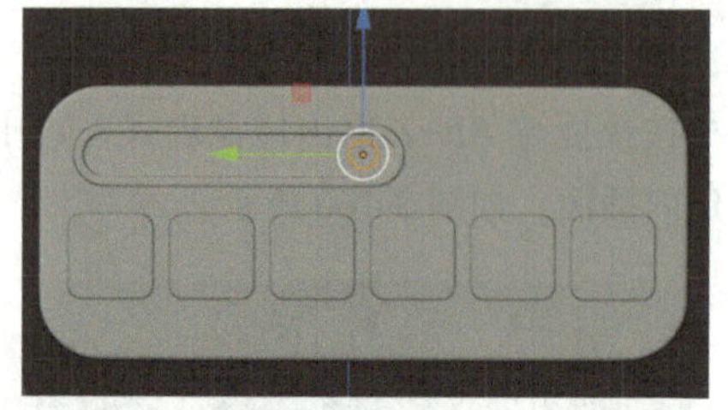

图　3-165

在工作区右侧进入“修改器”面板，选择“添加修改器”—“倒角”，“段数”参考数值为 3，“（数）量”参考数值为 0.016，效果如图 3-166 所示。

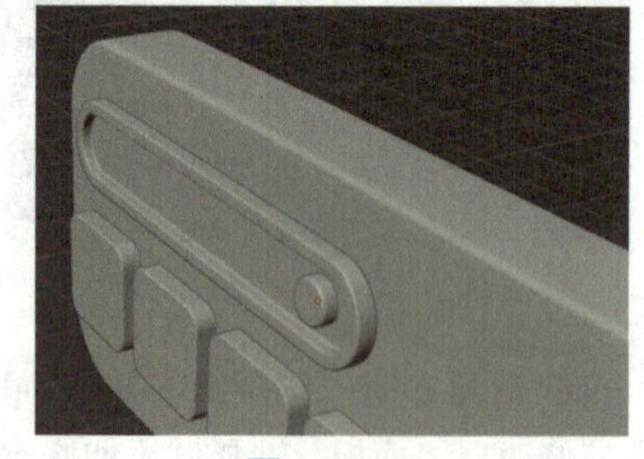

图　3-166

5　创建贝塞尔曲线。按快捷键 Shift+A，选择“曲线”—“贝塞尔曲线”，创建一条曲线，再按快捷键 / 进入隔离模式，如图 3-167 所示。选择“物体数据属性”—“几何数据”—“倒角”，“深度”参考数值为 0.11m，如图 3-168 所示。

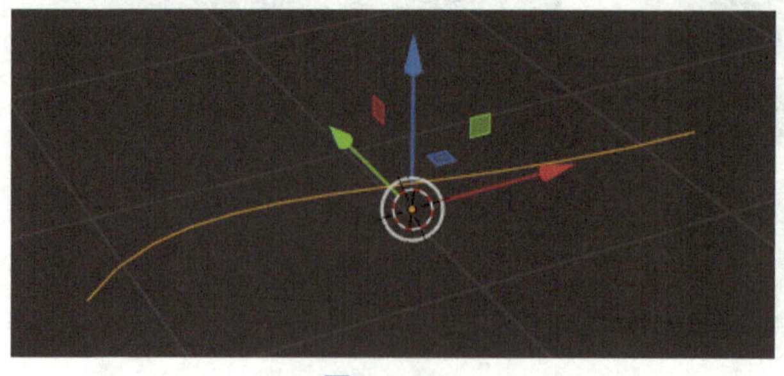

图　3-167

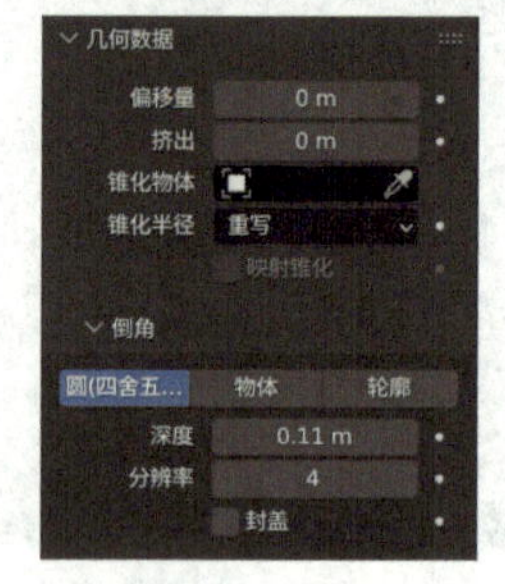

图　3-168

曲线添加深度值后的效果如图 3-169 所示。按快捷键 / 退出隔离模式，适当调整曲线的位置，如图 3-170 所示。

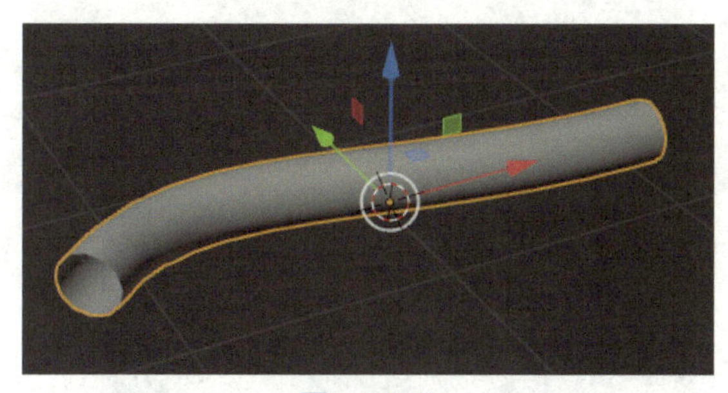

图　3-169

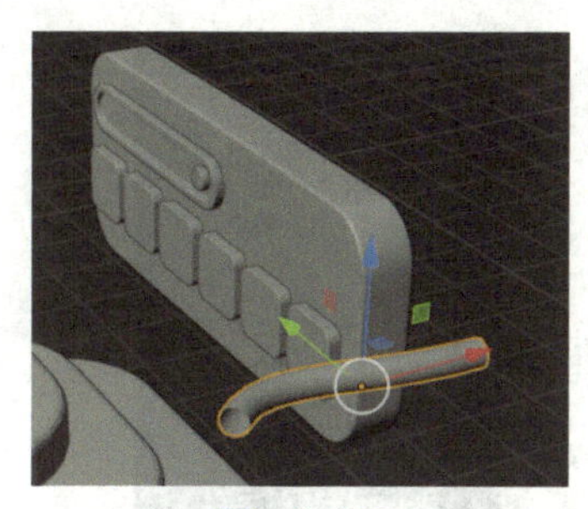

图　3-170

按快捷键 R+Z+90，将曲线进行 90 度的旋转，适当调整其位置，如图 3-171 所示。曲线有一定的弧度，可以将其打直，可按 Tab 键进入编辑模式，按快捷键 A 全选，再按快捷键 S+X+0，效果如图 3-172 所示。

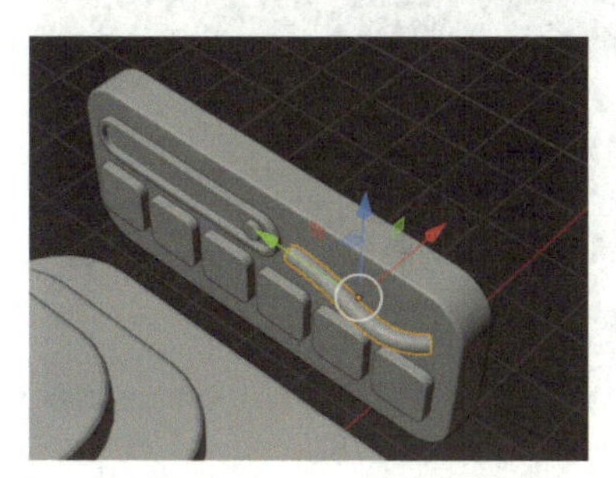

图　3-171

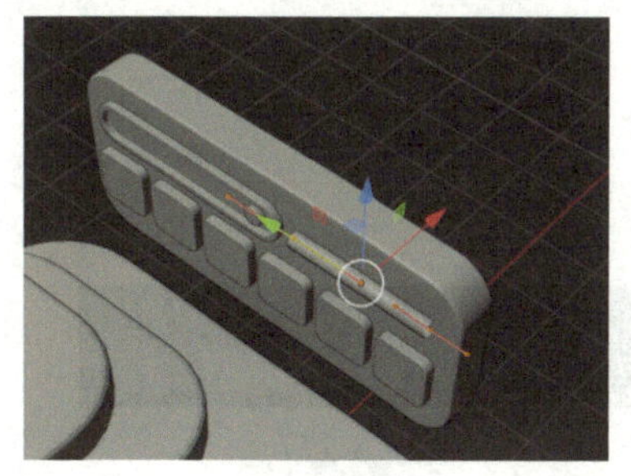

图　3-172

按快捷键 ~ 进入左视图，对曲线“深度”值进行适当调整，参考数值为 0.061m，如图 3-173 所示。选中如图 3-174 所示的点。

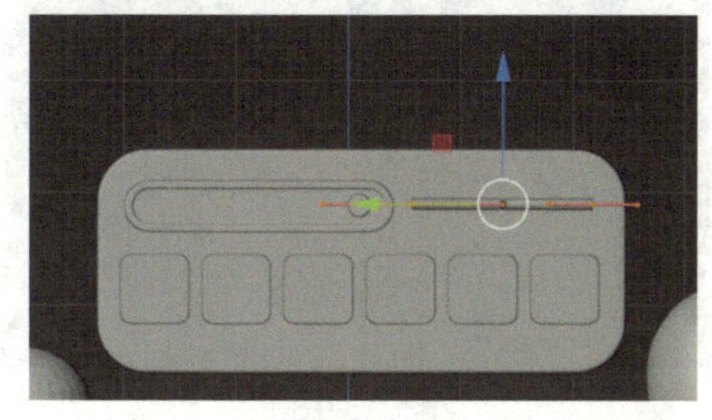

图　3-173

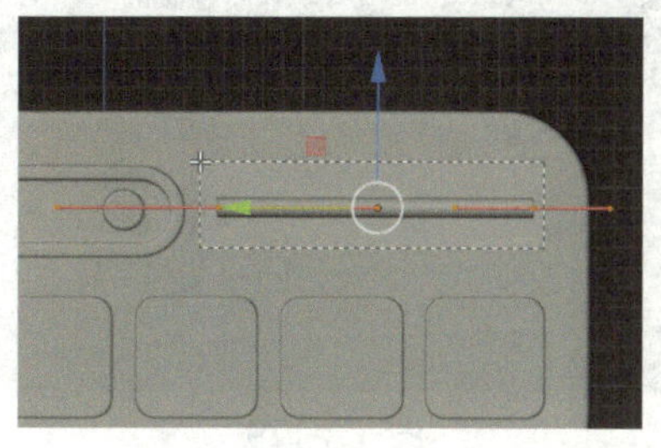

图　3-174

单击鼠标右键，选择“细分”，如图 3-175 所示。此时会在中间位置新建一个点，如图 3-176 所示。

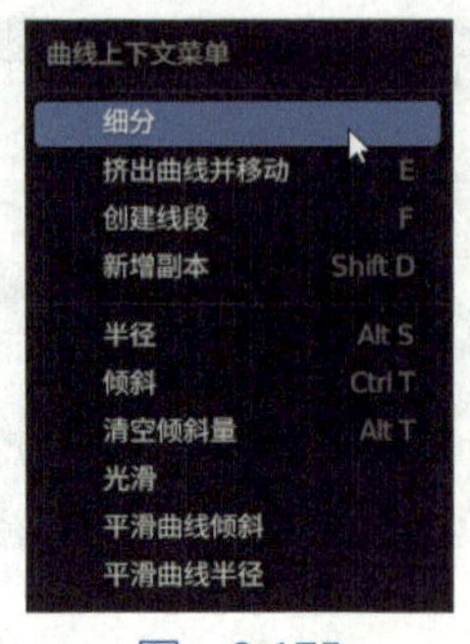

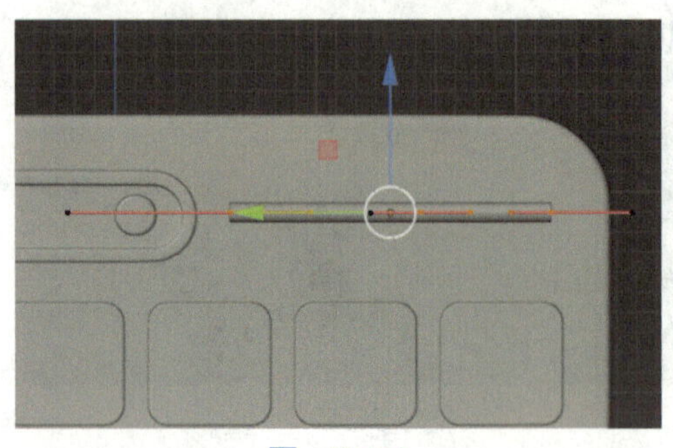

图　3-175　　图　3-176

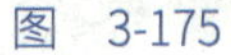

“细分”设置项中“切割次数”参考数值为 5，如图 3-177 所示。效果如图 3-178 所示。

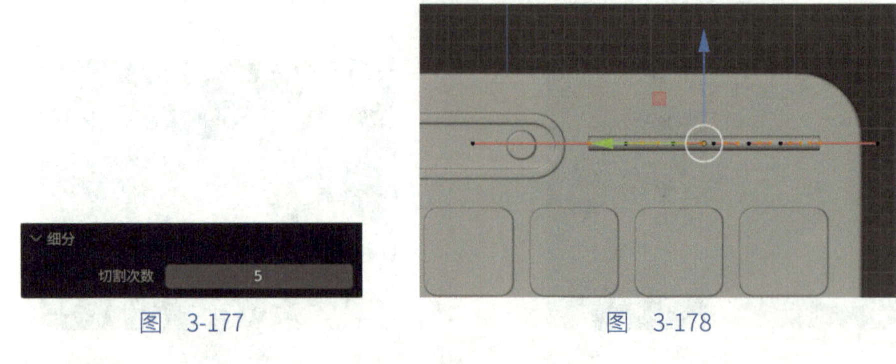

图　3-177　　图　3-178

按快捷键 Alt+Z 进入透显模式，间隔一个点选中一个点，如图 3-179 所示。按快捷键 O 退出衰减编辑模式，将选中的点向上拖曳，效果如图 3-180 所示。

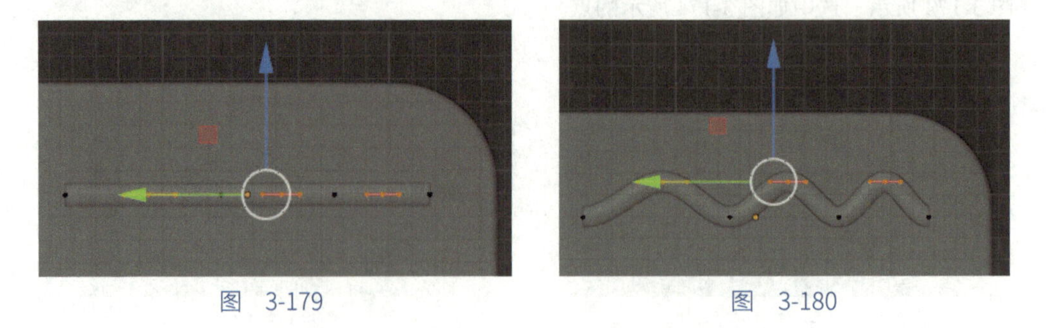

图　3-179　　图　3-180

选中如图 3-181 所示的点，进行如图 3-182 所示向左拖曳的操作。

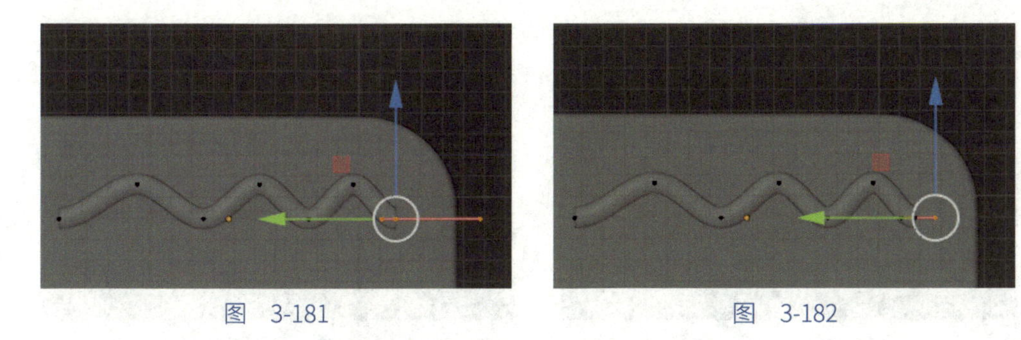
图　3-181　　图　3-182

选中如图 3-183 所示的点。按快捷键 E，拖动鼠标进行挤出操作，如图 3-184 所示。

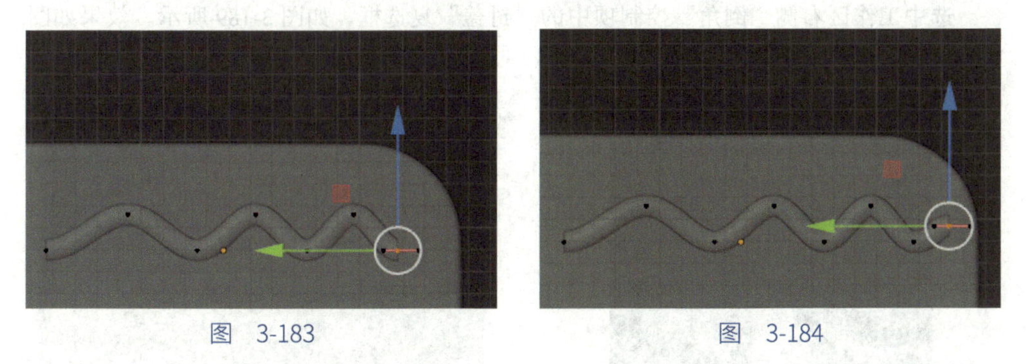
图　3-183　　图　3-184

按快捷键 R，适当调整方向，如图 3-185 所示。对控制手柄进行细微调整，如图 3-186 所示。

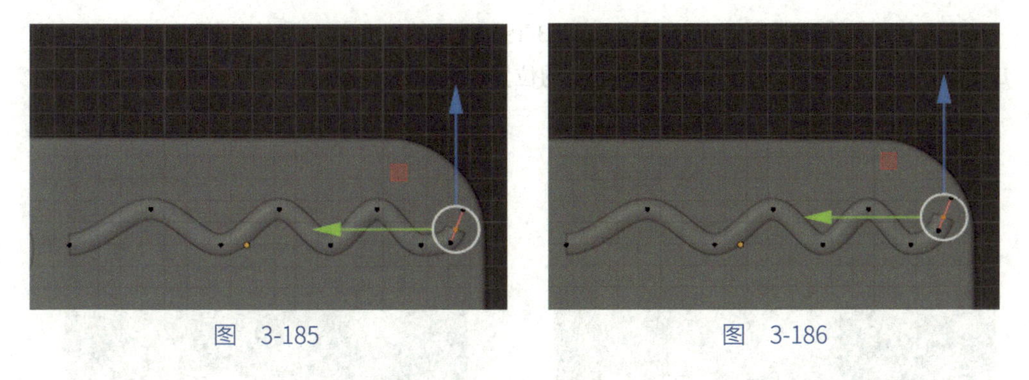
图　3-185　　图　3-186

依次对曲线上各个点的控制手柄进行细微调整，如图 3-187 所示。按快捷键 Alt+Z 退出透显模式，按 Tab 键进入物体模式，旋转视图观察可以发现曲线末端当前处于开放状态，如图 3-188 所示。

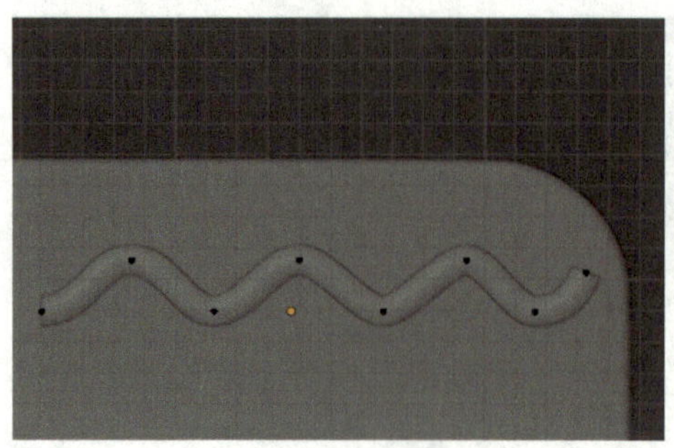

图　3-187

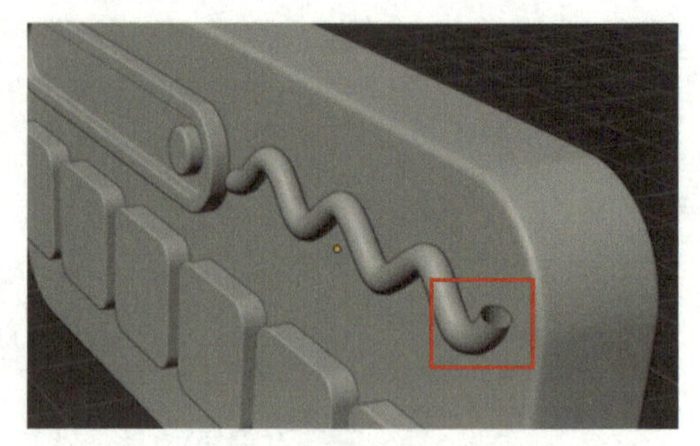

图　3-188

选中工作区右侧“倒角”控制项中的“封盖”复选框，如图 3-189 所示。效果如图 3-190 所示。

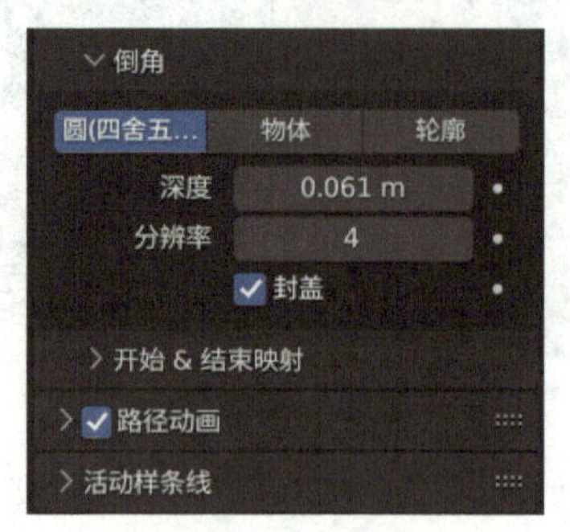

图　3-189

图　3-190

6 创建体积较小的背板。选中如图 3-191 所示的立方体。按快捷键 Shift+D，再按 Esc 键，将复制得到的立方体移动到适当的位置，如图 3-192 所示。

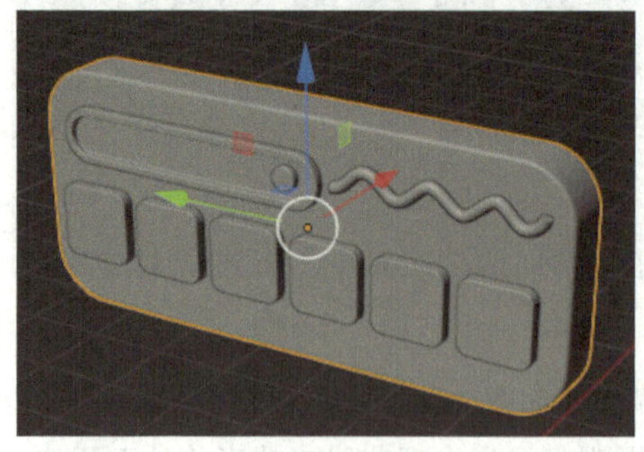

图　3-191

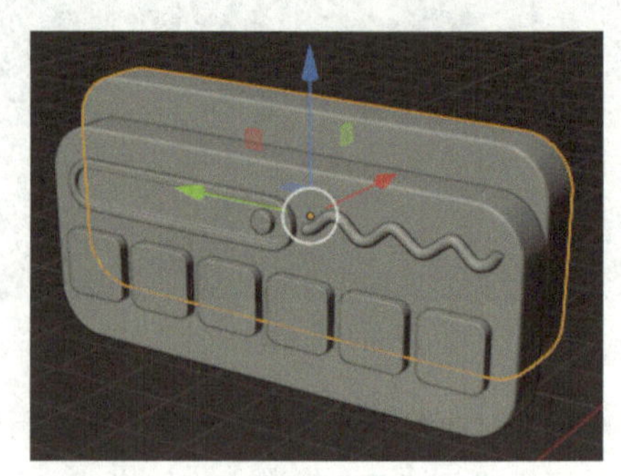

图　3-192

按 Tab 键进入编辑模式，按快捷键 Alt+Z 进入透显模式，选中如图 3-193 所示的点。对选中的点的位置进行适当调整，如图 3-194 所示。

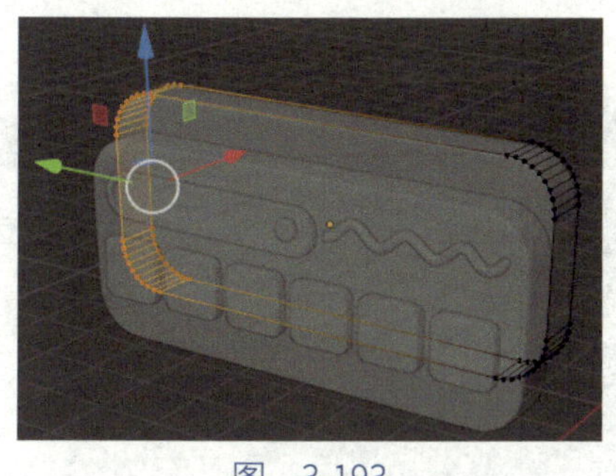
图 3-193

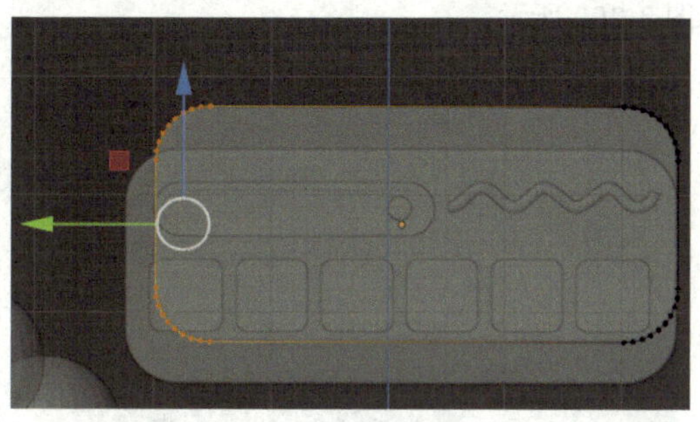
图 3-194

选中如图 3-195 所示的点，位置进行适当调整，如图 3-196 所示。

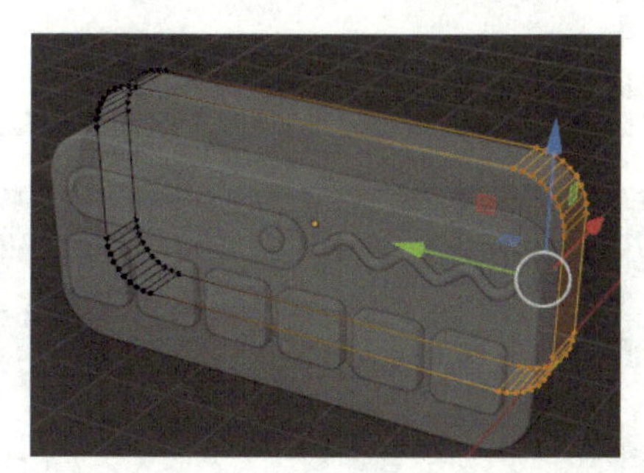
图 3-195

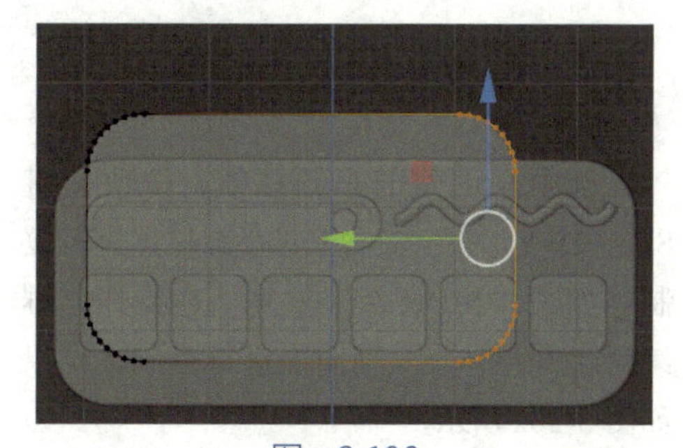
图 3-196

按 Tab 键进入物体模式，按快捷键 Alt+Z 退出透显模式，如图 3-197 所示。按快捷键~进入左视图，单击物体模式工具栏中的“添加柱体”按钮，配合 Shift 键在如图 3-198 所示的表面创建柱体。

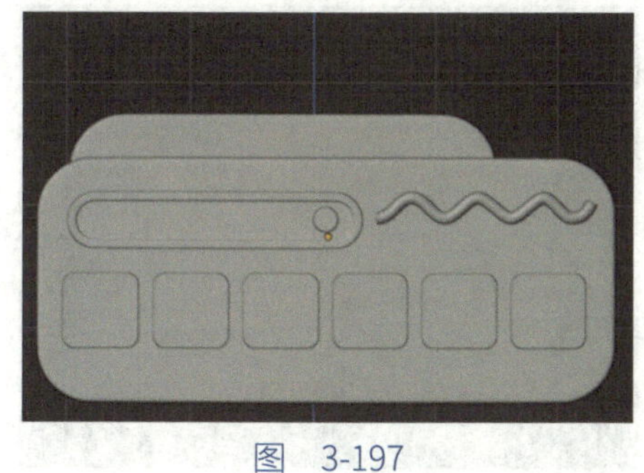
图 3-197

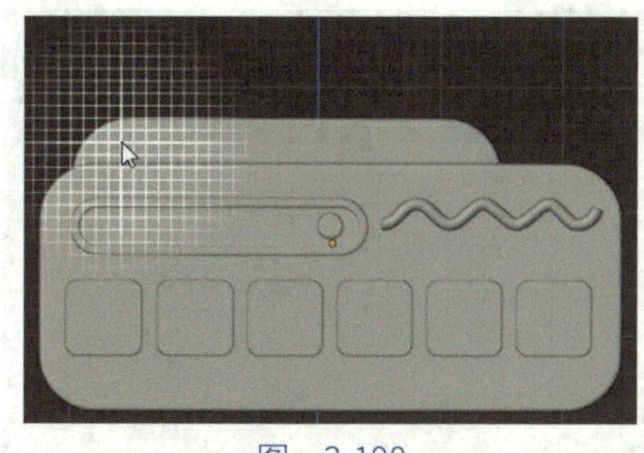
图 3-198

适当调整其位置，创建结果如图 3-199 所示。在工作区右侧进入“修改器”面板，选择“添加修改器”—“倒角”，“段数”参考数值为 4，“(数) 量”参考数值为 0.015，如图 3-200 所示。

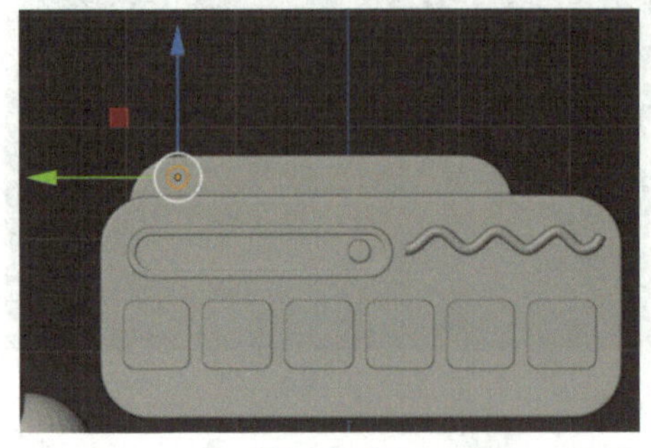

图　3-199

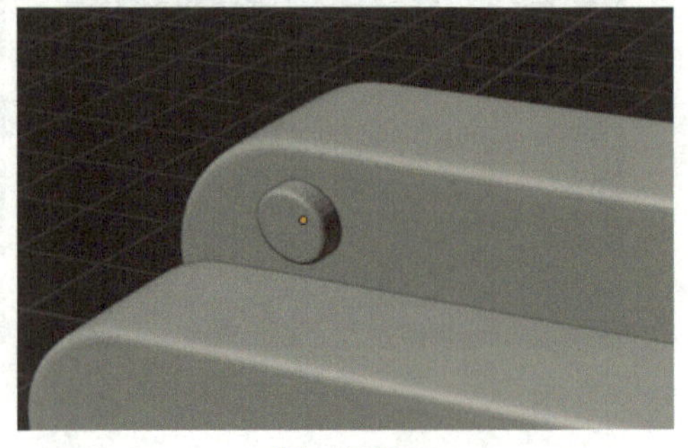

图　3-200

提示： 假如创建的圆柱体长度不够，可以按快捷键 S+X 适当在 x 轴向上放大一点。

选中刚创建的小圆柱体，按快捷键 Shift+D+Y，在 y 轴向上对小圆柱体进行复制，如图 3-201 所示。重复上述操作，继续对小圆柱体在 y 轴向上进行复制，结果如图 3-202 所示。

对不满意的地方可以进行细节化调整，效果如图 3-203 所示。

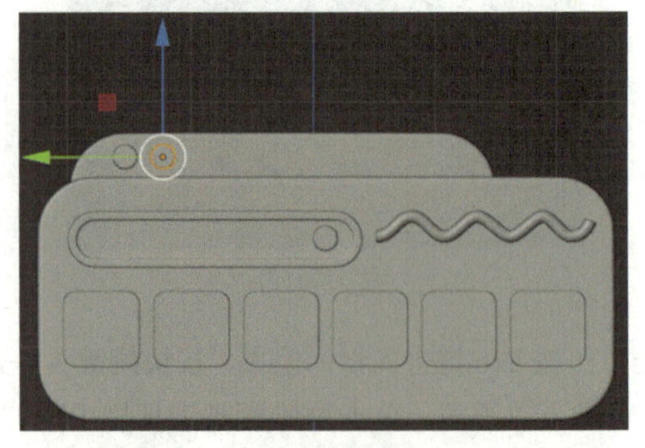

图　3-201

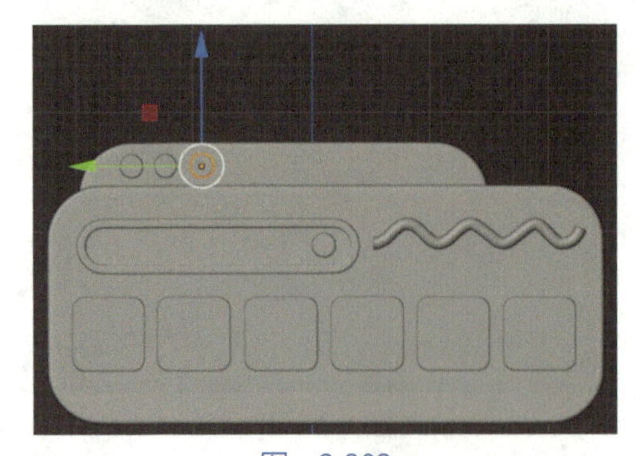

图　3-202

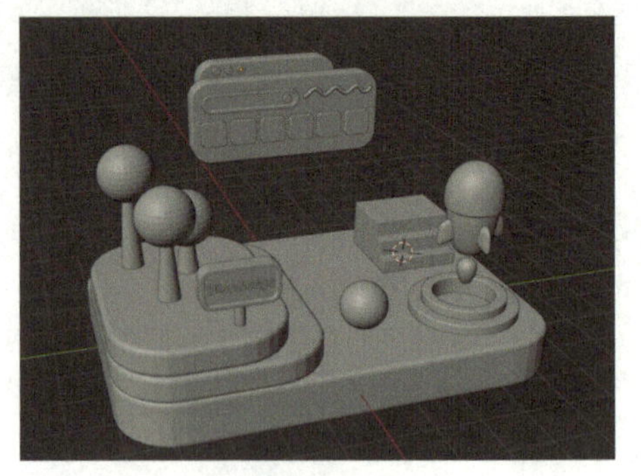

图　3-203

3.2 渲染

接下来将对模型进行渲染。

渲染前的准备工作

渲染之前先观察一下模型。因为模型的边不够圆滑，所以需要对所有模型进行平滑着色，为此按快捷键 A，单击鼠标右键，选择“平滑着色”，如图 3-204 所示。平滑着色后，小树的着色方式不对，如图 3-205 所示。

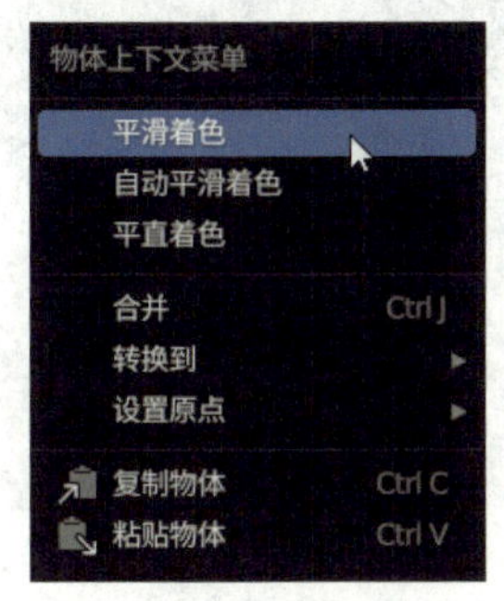

图 3-204

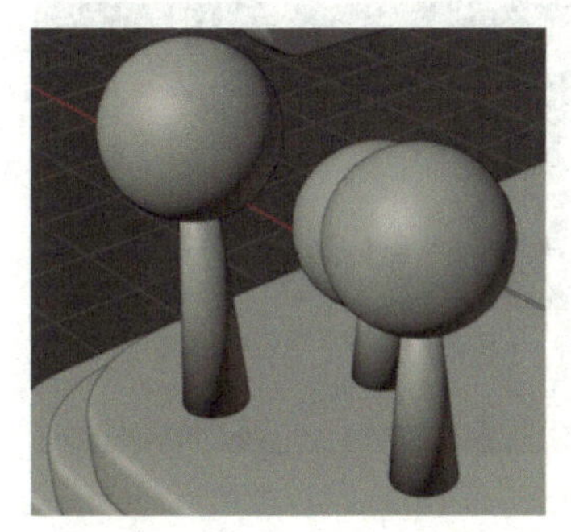

图 3-205

提示： 平滑着色后，对于不够圆滑的模型可以按快捷键 Ctrl+2 进行二级细分。并不需要对所有模型都应用二级细分，因为所有模型都应用二级细分的话对计算机配置要求比较高。

选中任意一棵小树的树干部分，在工作区右侧进入“物体数据”面板，勾选“法向”的“自动光滑”，如图 3-206 所示。效果如图 3-207 所示。对另外三棵小树的树干部分执行相同操作，如图 3-208 所示。

图 3-206

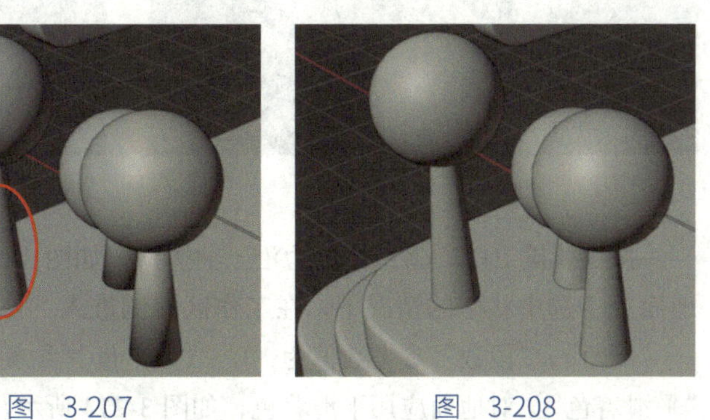

图 3-207

图 3-208

提示： 部分模型使用“自动光滑”无法修正的话，可以在工作区右侧进入“修改器”面板，选择“倒角”—“硬化法向”进行修复。

创建地面

按快捷键 Shift+A，选择“网格”—“平面”，地面默认创建在游标的位置，如图 3-209 所示。将地面移动到中间的位置，如图 3-210 所示。

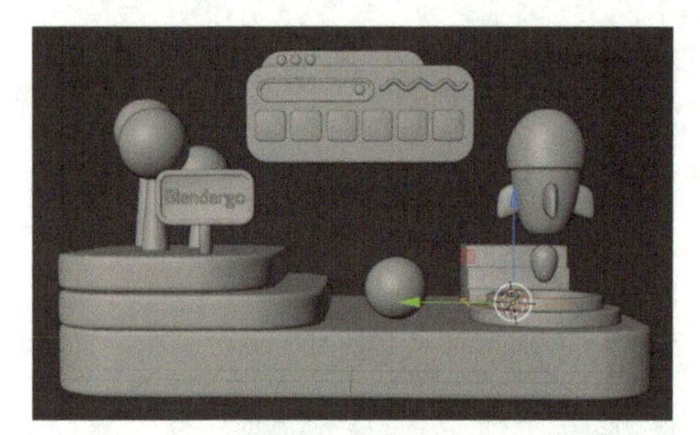

图　3-209

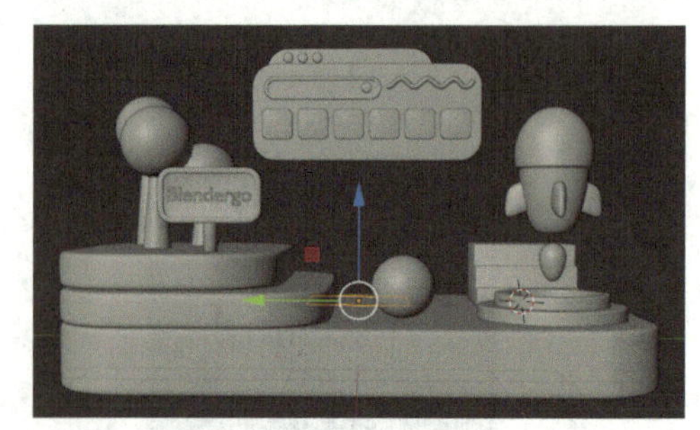

图　3-210

按快捷键 S，将地面放大至超过模型，并对地面的位置进行适当调整，如图 3-211 所示。按 Tab 键进入编辑模式，按数字键 2，然后选中如图 3-212 所示的边。

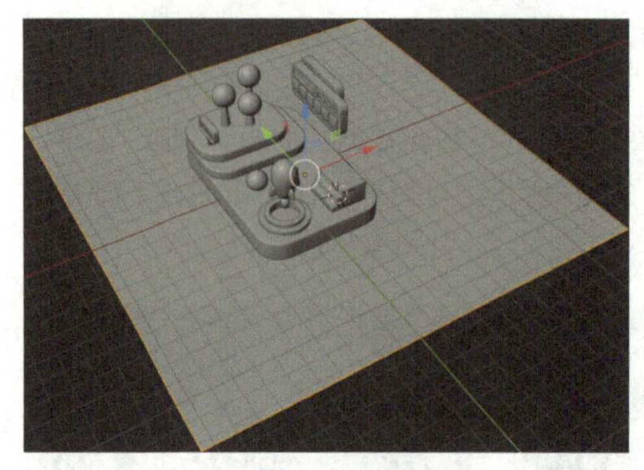

图　3-211

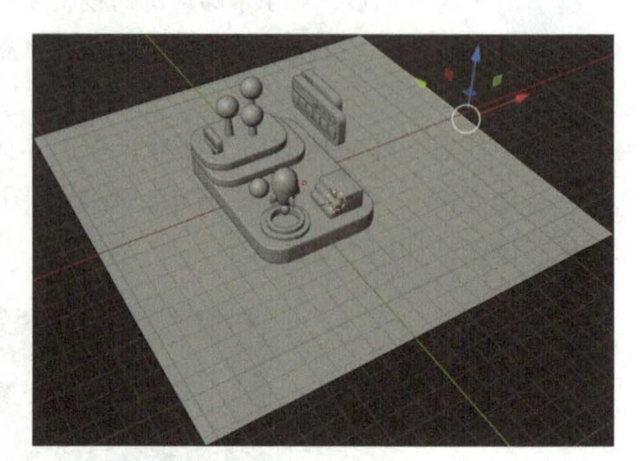

图　3-212

按快捷键 E+Z，将选中的边沿 z 轴挤出，如图 3-213 所示。按 Tab 键进入物体模式，地面处于选中状态的情况下，在工作区右侧进入“修改器”面板，选择“添加修改器”—“倒角”，“段数”参考数值为 10，“（数）量”参考数值为 0.37，单击鼠标右键，选择“平滑着色”，对地面应用平滑着色，如图 3-214 所示。

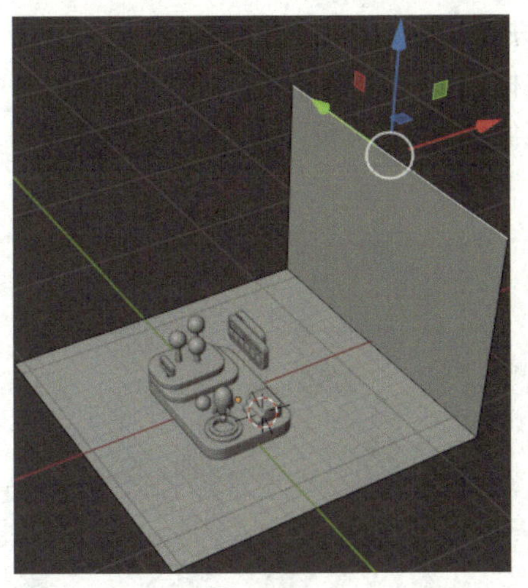

图 3-213

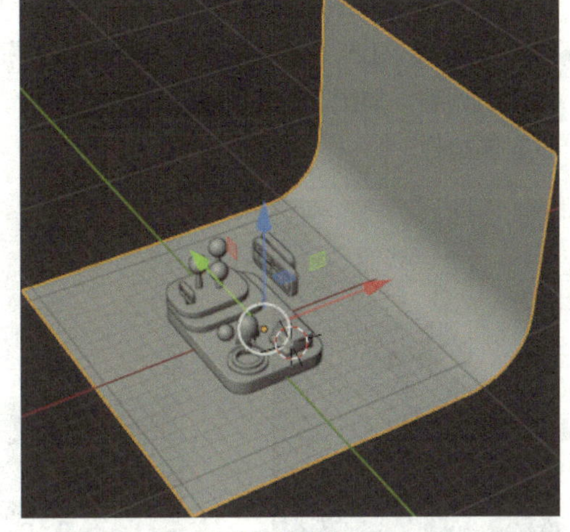

图 3-214

创建摄像机

适当调整视图的角度，按快捷键 Shift+A，选择“摄像机”，如图 3-215 所示。创建摄像机后，按快捷键 Ctrl+Alt+0 将当前视图的观察角度作为摄像机视图，如图 3-216 所示。

图 3-215

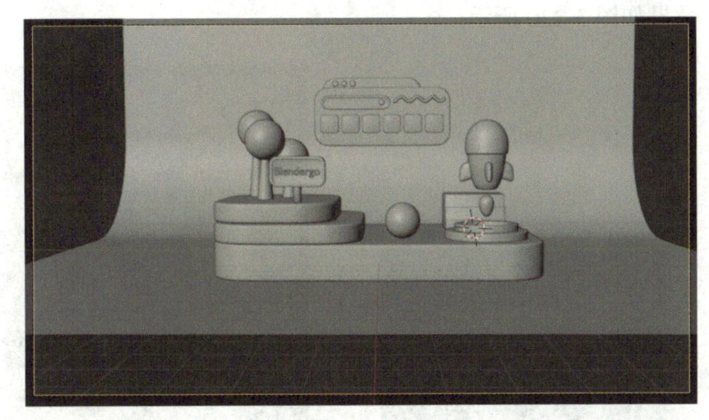

图 3-216

提示： 按数字键 0 使用小键盘。

如果当前摄像机观察的角度存在偏差，可以进行微调，按快捷键 N 调出侧边栏，选择“视图”，勾选“锁定摄像机到视图方位”复选框，如图 3-217 所示。对摄像机视图进行适当调整，如图 3-218 所示，取消勾选“锁定摄像机到视图方位”复选框，按快捷键 N 收起侧边栏。

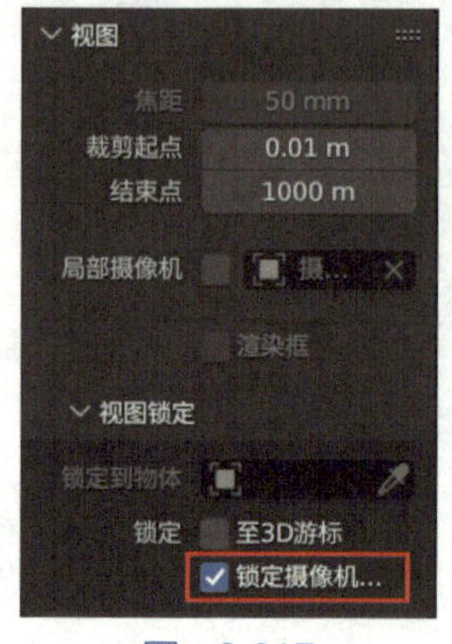

图　3-217

图　3-218

调整出图比例

在工作区右侧进入“输出”面板，选择“格式”，将分辨率按照图 3-219 所示进行调整。效果如图 3-220 所示。

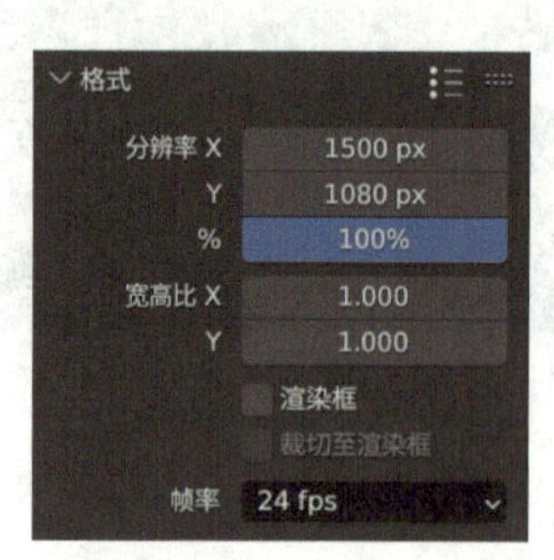

图　3-219

图　3-220

出图比例调整完以后，发现模型显得有点小，可以在工作区右侧进入“物体数据”面板，选择“镜头”，对焦距进行调整，建议设置为“57.7mm”，如图 3-221 所示。效果如图 3-222 所示。

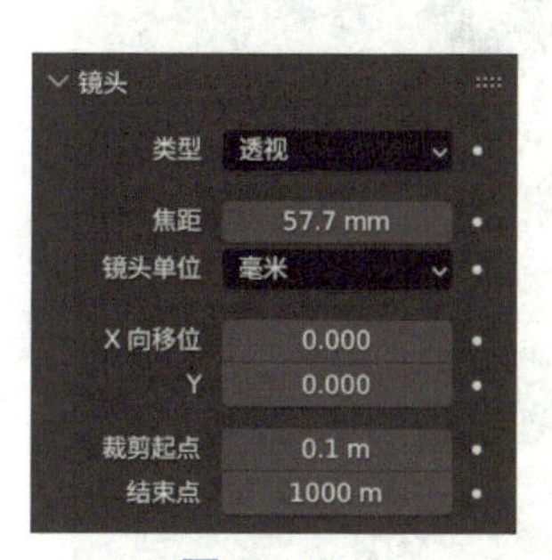

图 3-221

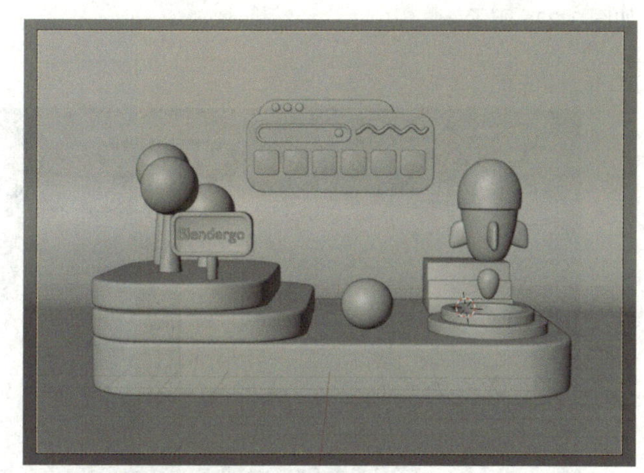

图 3-222

创建灯光

1 创建主光源。按快捷键 Shift+A，选择“灯光”—“点光”，如图 3-223 所示。将点光的位置调整至画面的左上方，如图 3-224 所示。

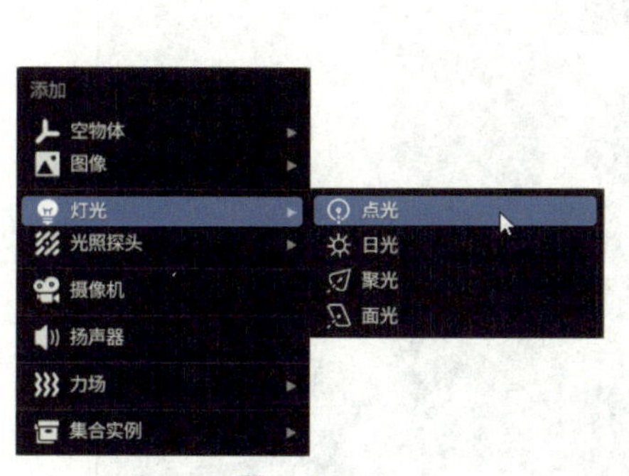

图 3-223

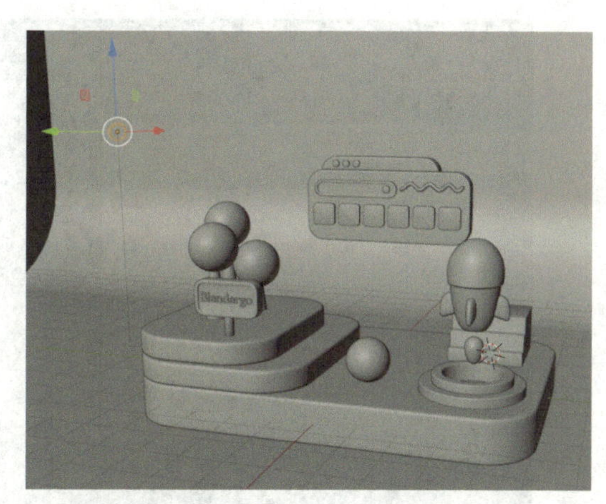

图 3-224

拖曳鼠标光标至工作区右侧，当光标变为形状时，单击鼠标右键，选择“垂直分割”，如图 3-225 所示。在适当的位置单击一下要分割的位置，让视图以两个窗口显示，如图 3-226 所示。

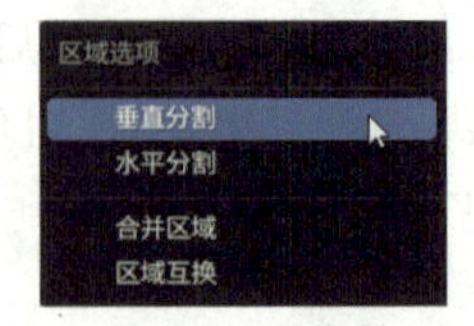

图　3-225

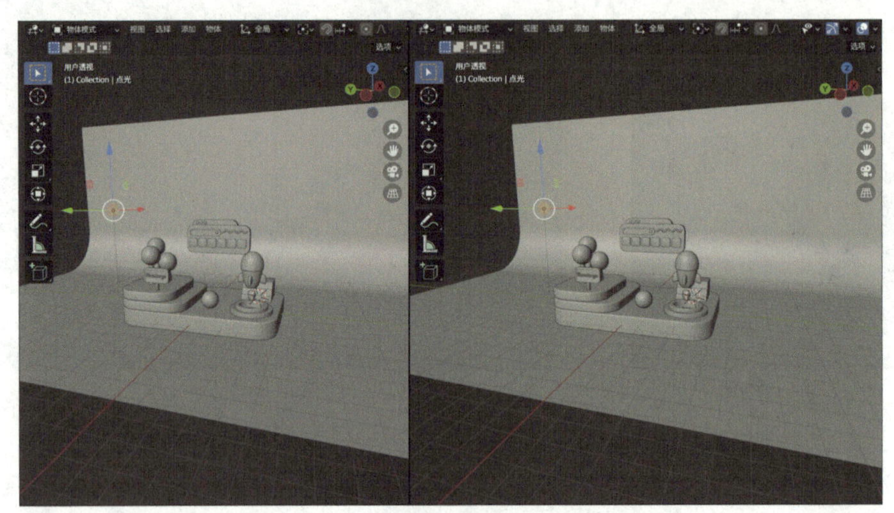
图　3-226

按快捷键～，将左侧窗口调整为摄像机视图，如图 3-227 所示。

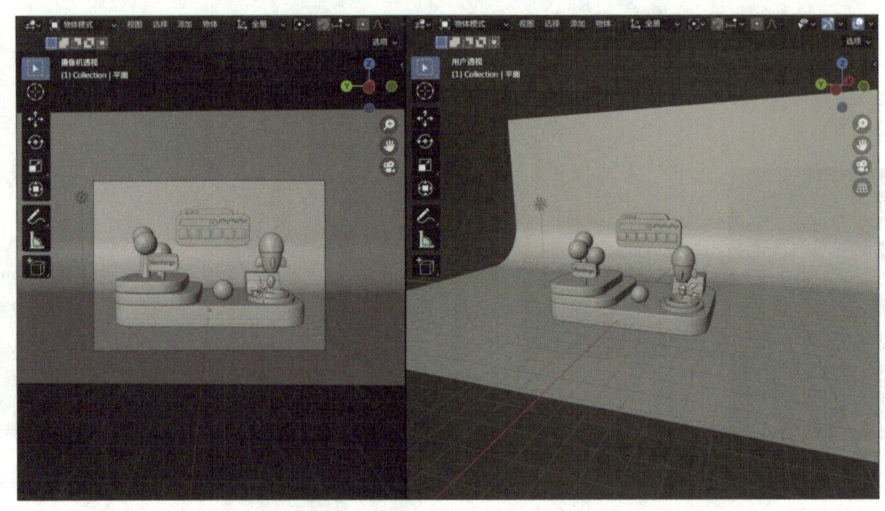
图　3-227

在左侧窗口单击[icon]，如图 3-228 所示。在左侧窗口进行视觉上的简洁化处理，按快捷键 T 将侧边栏收起，单击展开“视图叠加层”，取消“基面”和“X”“Y”的选择，如图 3-229 所示。

图 3-228

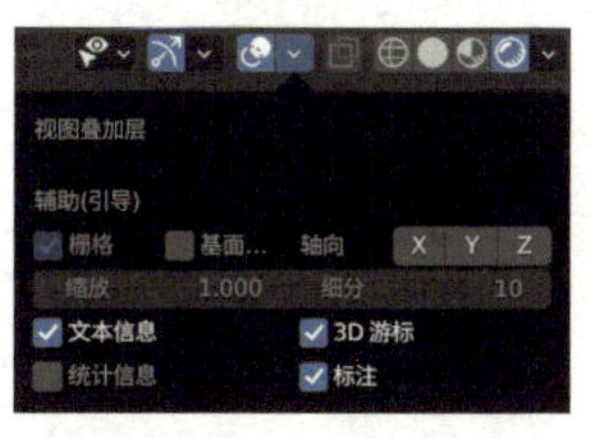

图 3-229

提示： 如果当前未显示[icon]，可以通过滚动鼠标滚轮将其显示出来。

按快捷键 Ctrl+`，左侧窗口显示如图 3-230 所示。因为灯光没有进行亮度调整，所以左侧窗口显得有点暗。选中前面创建的点光，在工作区右侧进入“物体数据”面板，选择“灯光”—“点光”，“能量”暂时调整为 10000W，如图 3-231 所示。

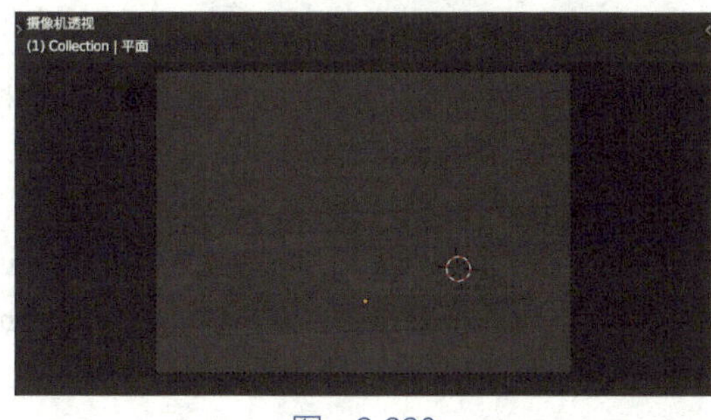

图 3-230

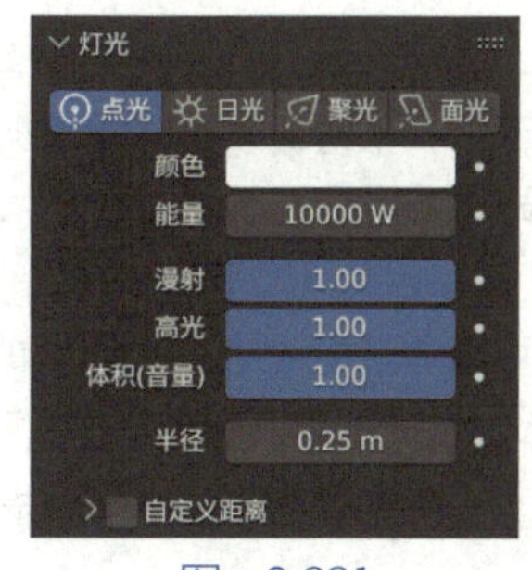

图 3-231

点光的位置可以根据实际情况进行适当调整，左侧窗口显示如图 3-232 所示。模型底部有镂空的感觉，这是因为地面和模型之间的距离偏大所致，将地面的位置向上移动，使其大致与模型接触，如图 3-233 所示。

图 3-232

图 3-233

提示： 点光的位置不同，显示效果会有差异。

在工作区右侧进入“渲染”面板，“渲染引擎”选择“Cycles”，“设备”选择“GPU 计算”，如图 3-234 所示。左侧窗口显示如图 3-235 所示。

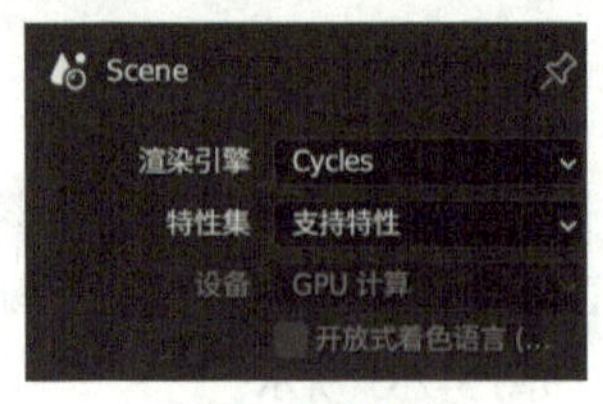

图 3-234

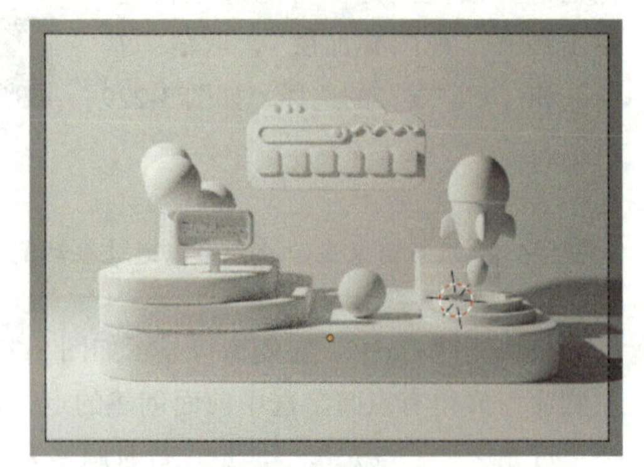

图 3-235

提示： 如果想要左侧窗口减少噪点，显示得更加清晰，可以在工作区右侧“渲染”面板中的“采样”中勾选“降噪”选项，但是这样会降低电脑的处理速度。

可以通过灯光半径对阴影的效果进行调整，选中前面创建的点光，在工作区右侧进入“物体数据”面板，选择“灯光”—“点光”，将“半径”调整得大一点，建议调整为“5m”，如图 3-236 所示。左侧窗口显示如图 3-237 所示。

图 3-236

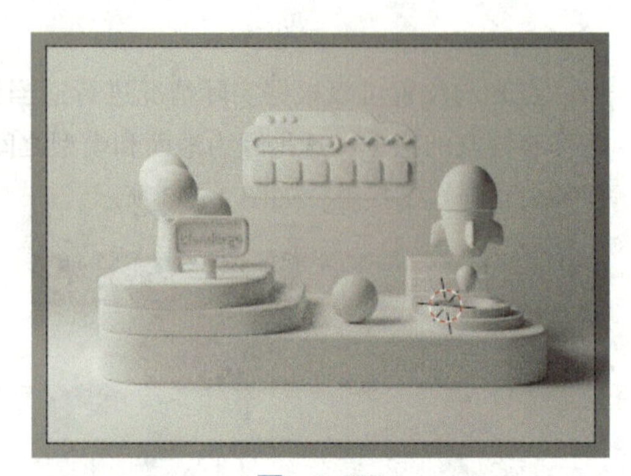

图 3-237

2 创建辅助光源。选中前面创建的点光，按快捷键 Shift+D 复制模型，拖曳鼠标光标将辅助光源放置到合适的位置，在工作区右侧进入“物体数据”面板，选择“灯光”—“点光”，辅助光源“能量”建议调整为 3000W，如图 3-238 所示。左侧窗口显示如图 3-239 所示。

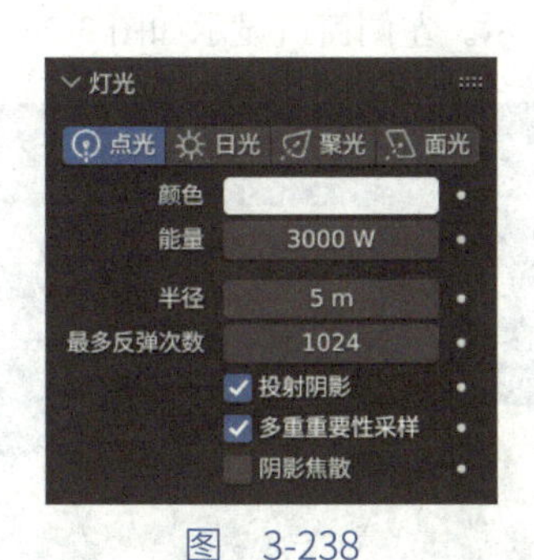

图 3-238

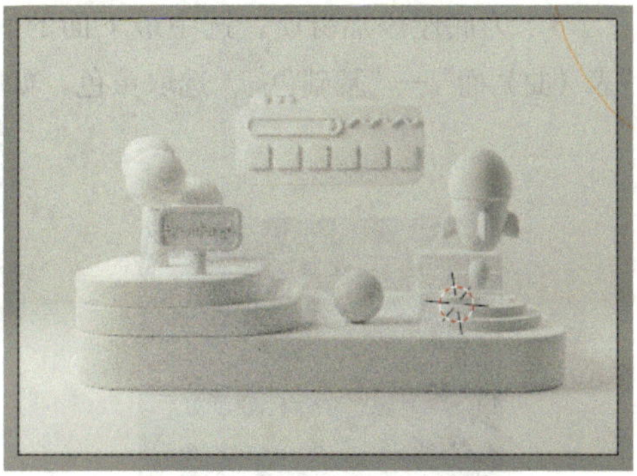

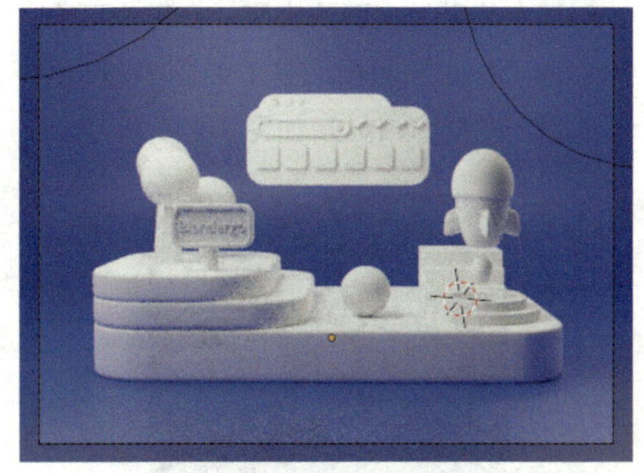

图 3-239

添加材质

1 为灯光、摄像机和地面“打组”。按照笔者的习惯，通常会将灯光、摄像机和地面打到一个组。选择主光源、辅助光源、摄像机和地面，按快捷键 M，在弹出的快捷菜单中选择“新建集合”,“名称”定义为“环境”，如图 3-240 所示。单击“确定”按钮后，创建的“环境”集合如图 3-241 所示。

图 3-240

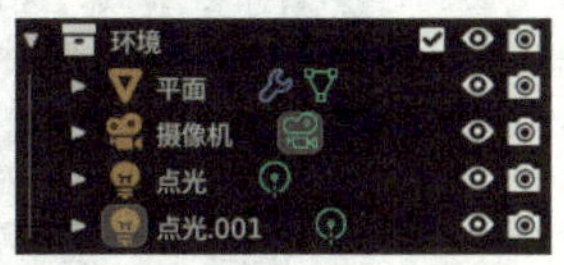

图 3-241

2 为地面添加材质。选中地面，在工作区右侧进入“材质”面板，单击“新建”—“表（曲）面”—“基础色”，建议选取饱和度高的深蓝色，如图 3-242 所示。给地面添加材质之后，模型的亮度发生了变化，可以适当调整灯光的位置，左侧窗口显示如图 3-243 所示。

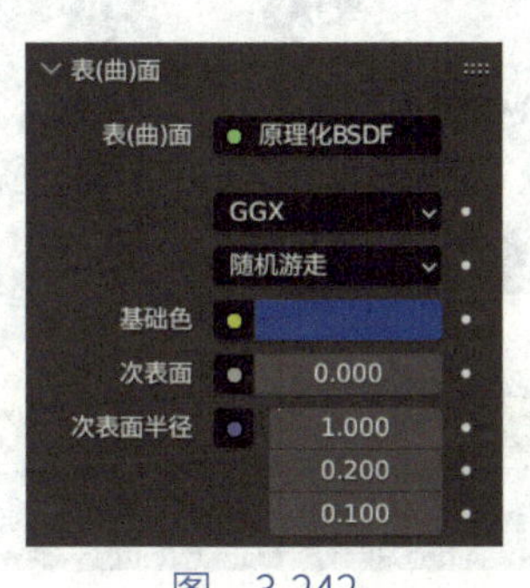

图 3-242

图 3-243

3 为底座添加材质。选中最下面的底座，在工作区右侧进入“材质”面板，单击“表（曲）面”—“基础色”，选取黄色，如图 3-244 所示。左侧窗口显示如图 3-245 所示。

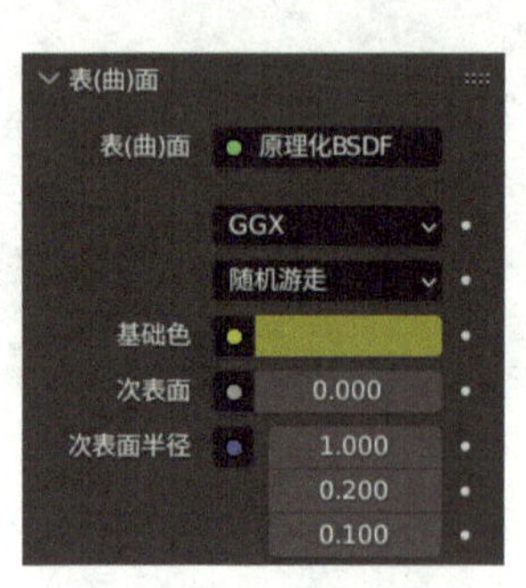

图　3-244

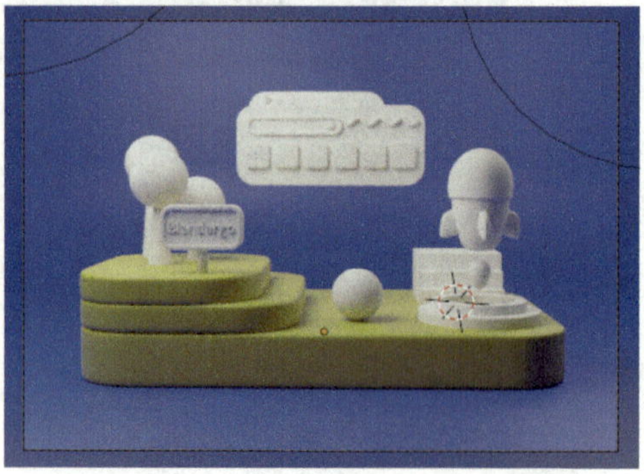

图　3-245

选中位于中间的底座，在工作区右侧进入“材质”面板，单击如图 3-246 所示的 ☒。左侧窗口显示如图 3-247 所示。

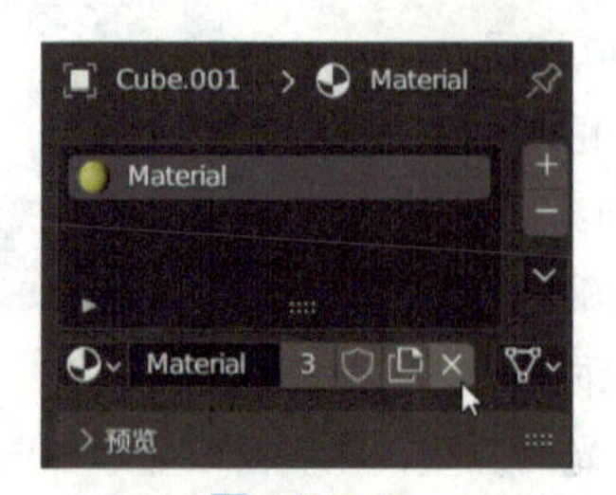

图　3-246

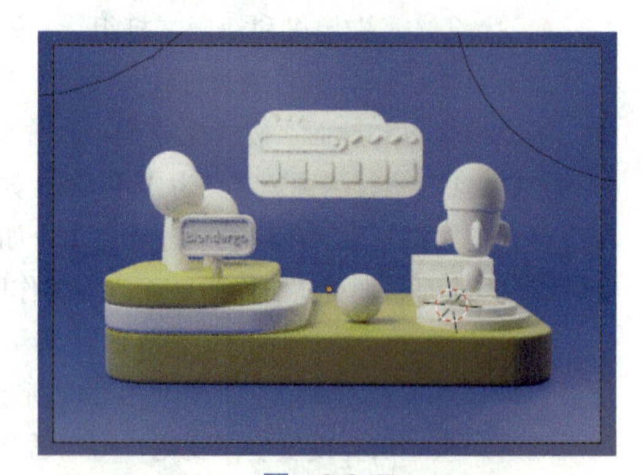

图　3-247

选中位于最上面的底座，在工作区右侧进入“材质”面板，单击如图 3-248 所示的 ☒。左侧窗口显示如图 3-249 所示。

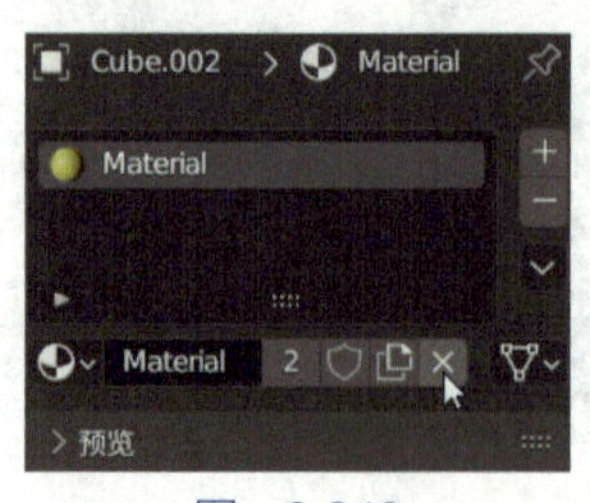

图　3-248

图　3-249

选中位于中间的底座，在工作区右侧进入“材质”面板，单击“新建”—“表（曲）面”—“基础色”，建议选取饱和度比较高的橘色，如图 3-250 所示。左侧窗口显示如图 3-251 所示。

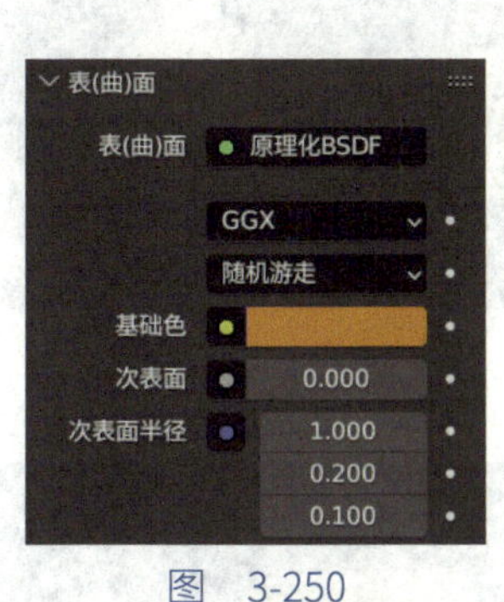

图 3-250

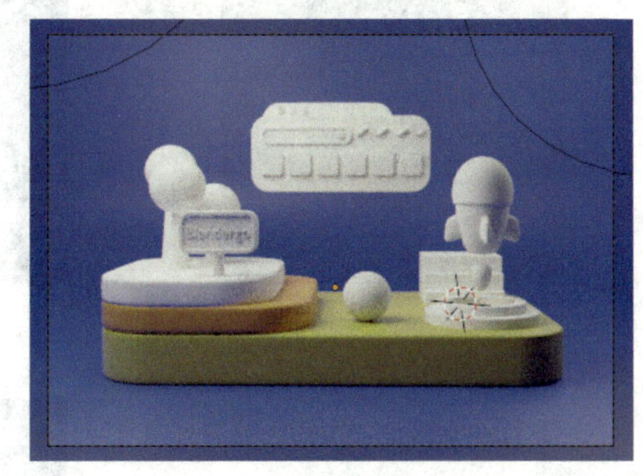

图 3-251

选中位于最上面的底座，在工作区右侧进入“材质”面板，单击“新建”—“表（曲）面”—“基础色”，建议选取绿色，如图 3-252 所示。左侧窗口显示如图 3-253 所示。

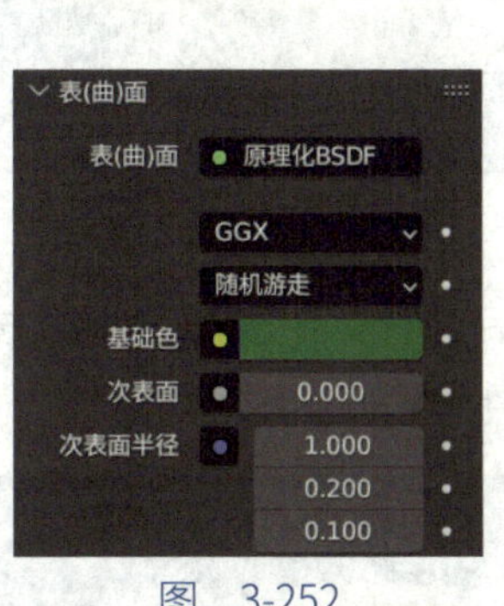

图 3-252

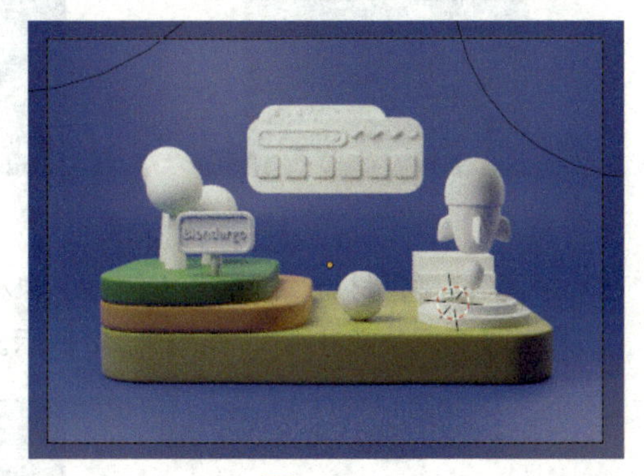

图 3-253

提示： 可以根据自己的喜好添加材质，可以多尝试一些不同的风格。

4 为球添加材质。选中球，在工作区右侧进入“材质”面板，单击“表（曲）面”—“基础色”，建议选取偏暖的黄色，如图 3-254 所示。左侧窗口显示如图 3-255 所示。

5 关联黄色材质。选中外侧的管道、台阶、前面的背板、小牌匾，最后选中最下面的底座，按快捷键 Ctrl+L，选择“关联材质”，如图 3-256 所示。左侧窗口显示如图 3-257 所示。

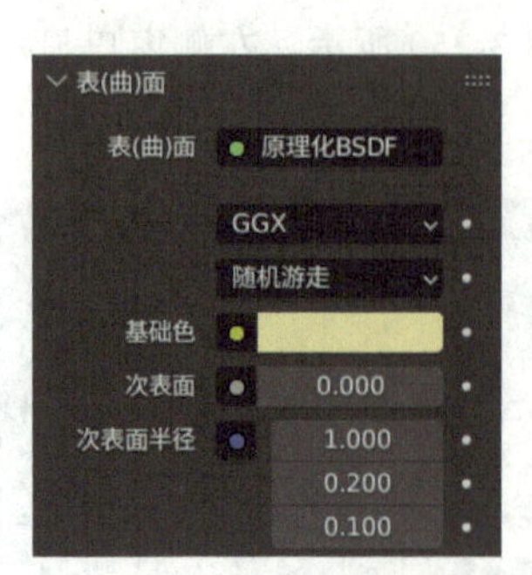

图　3-254

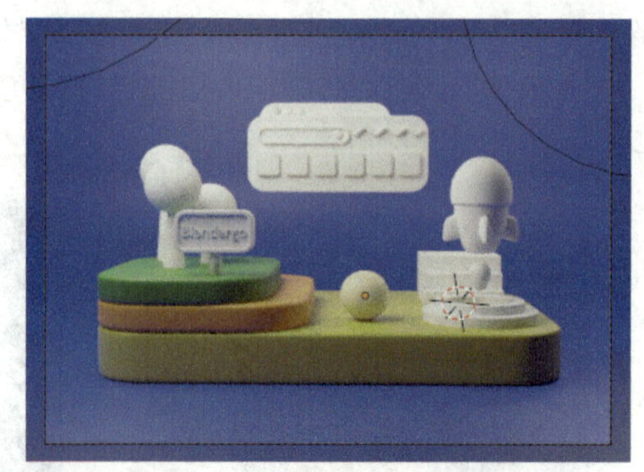

图　3-255

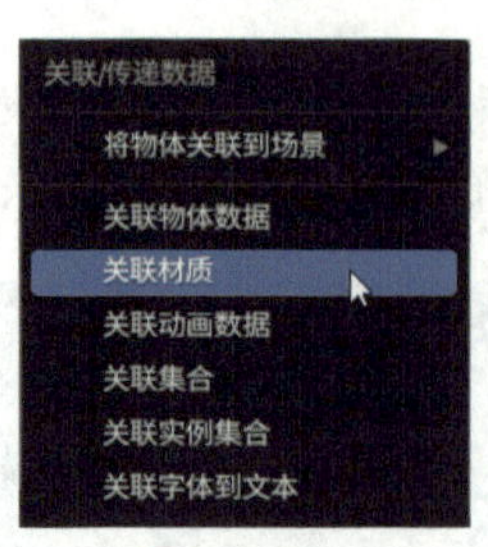

图　3-256

图　3-257

6　关联橘色材质。选中小火箭、一棵小树，最后选中位于中间的底座，按快捷键Ctrl+L，选择“关联材质”，如图 3-258 所示。左侧窗口显示如图 3-259 所示。

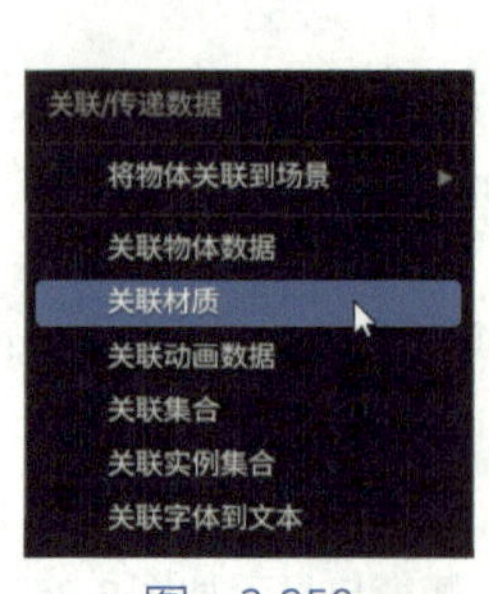

图　3-258

图　3-259

7 关联绿色材质。选中一棵小树，最后选中位于最上面的底座，按快捷键 Ctrl+L，选择“关联材质”，如图 3-260 所示。左侧窗口显示如图 3-261 所示。

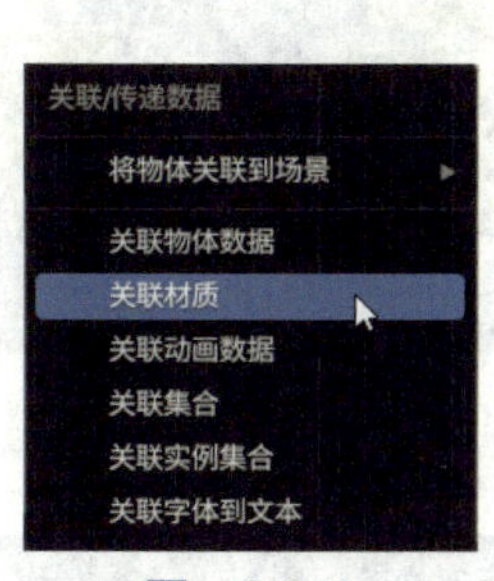

图 3-260

图 3-261

8 对剩余未添加材质的部分模型进行材质关联。通过摄像机视图观察出没有添加材质的模型。可以将后面的背板、前面背板上的曲线、小火箭的四个尾翼和未添加材质的小树与小球的材质进行关联，如图 3-262 所示。将管道内侧、背板上的凹槽和后面背板上的右侧按钮与绿色材质进行关联，如图 3-263 所示。

图 3-262

图 3-263

也可以根据自己的喜好，为后面背板上的左侧按钮添加相应的材质，如图 3-264 所示。将后面背板上的中间按钮与橘色材质进行关联，如图 3-265 所示。

9 添加背光。模型的背景有点偏暗，需要添加背光，用于照亮模型的轮廓。按快捷键 Shift+A，选择“灯光”—“面光”，如图 3-266 所示。对面光的位置进行适当调整，并将其适当放大，如图 3-267 所示。

图　3-264

图　3-265

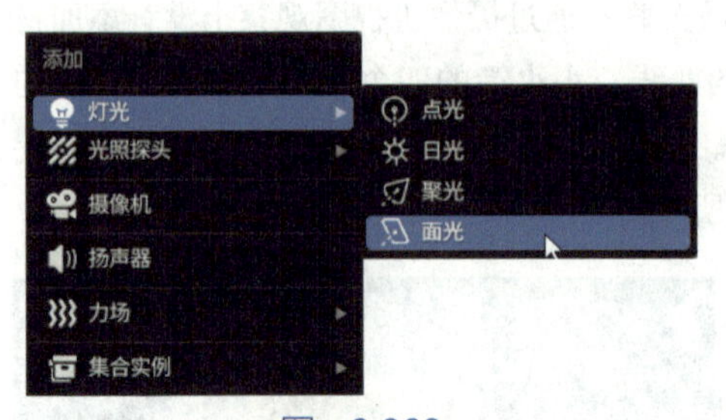

图　3-266

图　3-267

选中背光，按快捷键 R+Y，将背光指向模型，如图 3-268 所示。将主光源和辅助光源隐藏，选中背光，在工作区右侧进入“物体数据”面板，选择“面光”，对“能量”进行调整，参考数值为 1000W，如图 3-269 所示。

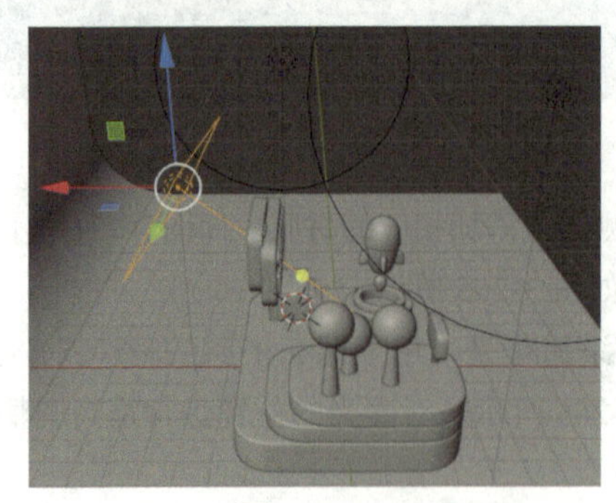
图　3-268

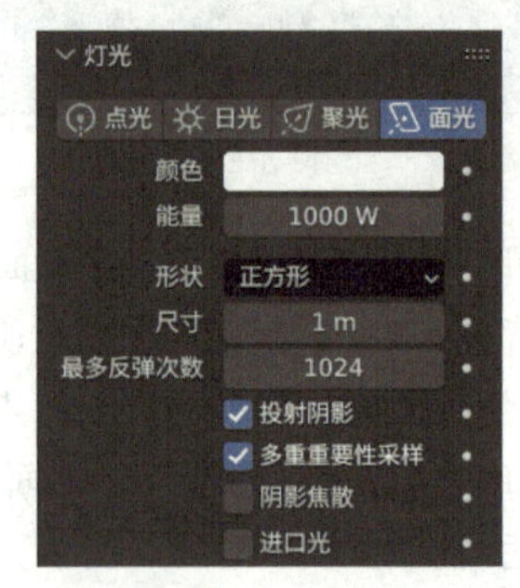

图　3-269

可以根据摄像机视图的效果对背光的大小及位置进行适当调整，模型轮廓被照亮，左侧窗口显示如图 3-270 所示。背光的“能量”可以稍微调低一点，参考数值为 800W，将主光源和辅助光源打开，左侧窗口显示如图 3-271 所示。

图 3-270

图 3-271

提示： 背光可以根据情况适当调整，灵活使用。

10 调整细节。选中地面，按 Tab 键进入编辑模式，选中如图 3-272 所示的面，将其向模型方向移动，使其与模型距离近一点，如图 3-273 所示。

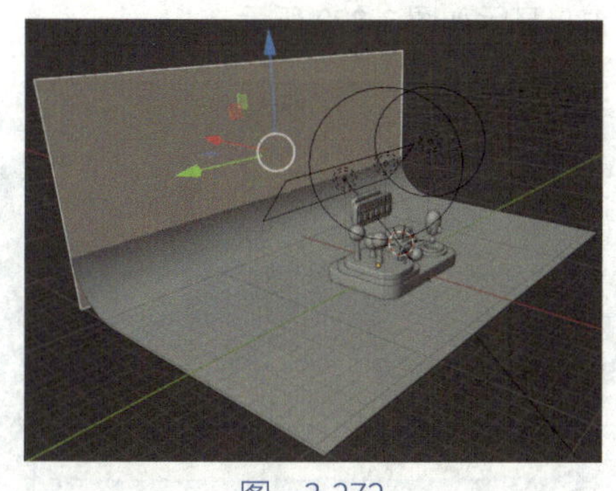
图 3-272

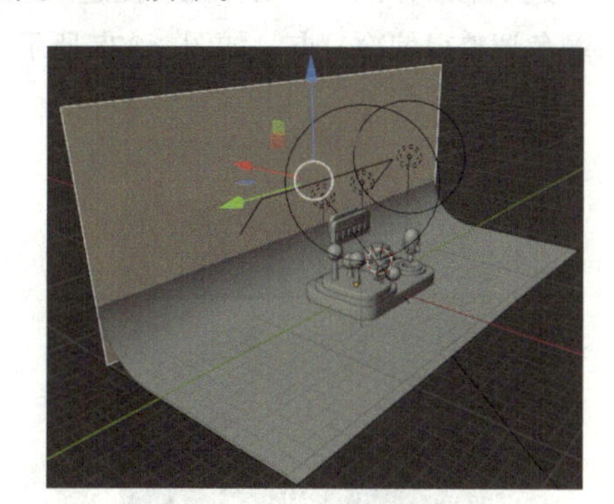
图 3-273

选中地面，按 Tab 键进入物体模式，对背光的位置进行适当调整，左侧窗口显示如图 3-274 所示。为了方便观察，按快捷键 Shift+Alt+Z，左侧窗口显示如图 3-275 所示。

提示： 按快捷键 Shift+Alt+Z 后，在左侧窗口选择模型后将不会再显示黄线，但是并不影响模型的选择。

图 3-274

图 3-275

选中主光源，在工作区右侧进入“物体数据”面板，选择“点光”，将“能量”调整得大一点，参考数值为 15000W，如图 3-276 所示。选中主光源，在工作区右侧进入“物体数据”面板，选择“点光”，单击“颜色”，将颜色调整得偏暖一点，如图 3-277 所示。

图 3-276

图 3-277

选中辅助光源，在工作区右侧进入“物体数据”面板，选择“点光”，单击“颜色”，将颜色调整得偏冷一点，如图 3-278 所示。左侧窗口显示如图 3-279 所示。

图 3-278

图 3-279

11 添加自发光材质。选中前面板上的六个小方块，在工作区右侧进入“材质”面板，单击“新建”—“表（曲）面”—“自发光（发射）”，自发光颜色建议调整为黄色，“自发光强度”建议调整为 8，如图 3-280 所示。将主光源、辅助光源和背光隐藏，左侧窗口显示如图 3-281 所示。

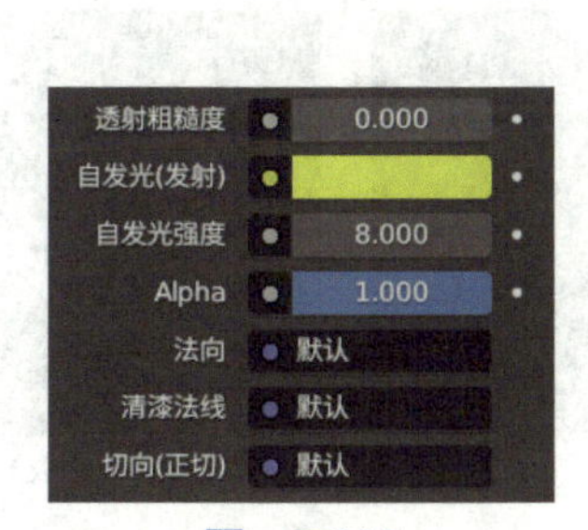

图 3-280

图 3-281

选中小火箭的尾焰部分，再选中前面板上的六个小方块，按快捷键 Ctrl+L，选择“关联材质”，如图 3-282 所示。左侧窗口显示如图 3-283 所示。

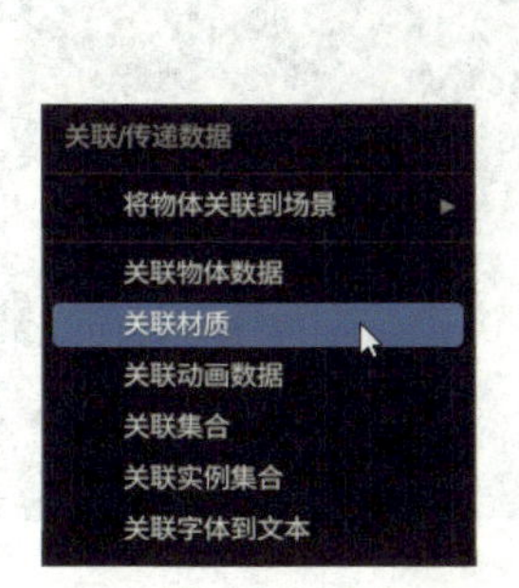

图 3-282

图 3-283

将所有光源全部打开，左侧窗口显示如图 3-284 所示。将小牌匾的文字部分与自发光材质关联，左侧窗口显示如图 3-285 所示。

图 3-284

图 3-285

渲染过程

1 渲染测试。在工作区右侧进入“渲染”面板，“渲染”的“最大采样”值可以调整得小一点，建议调整为256，如图 3-286 所示。“色彩管理”—“胶片效果”建议调整为“Medium High Contrast”（中高对比度），如图 3-287 所示。

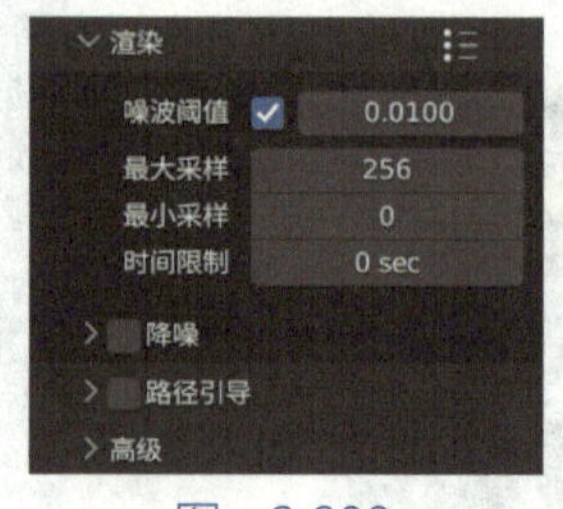

图　3-286

图　3-287

按快捷键 F12 进行渲染测试，如图 3-288 所示。通过渲染测试可以发现背景有点泛白，选中背景，如图 3-289 所示。

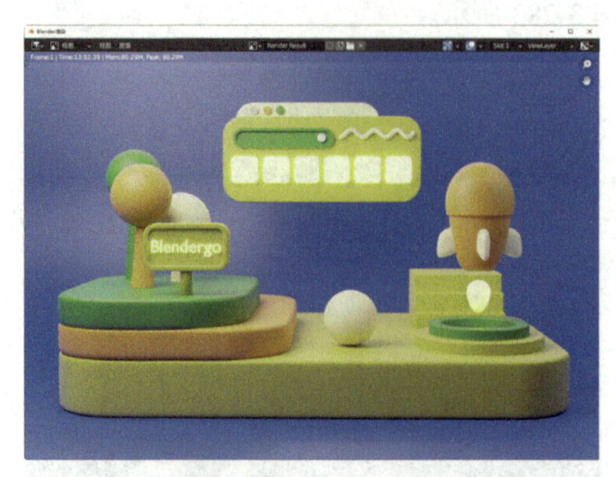

图　3-288

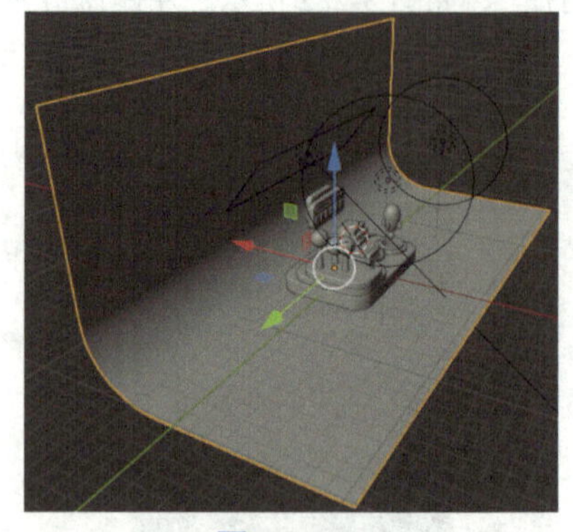
图　3-289

在工作区右侧进入“修改器”面板，倒角的“（数）量”值可以调整得大一点，具体数值可以根据实际情况进行调整，效果如图 3-290 所示。左侧窗口显示如图 3-291 所示。

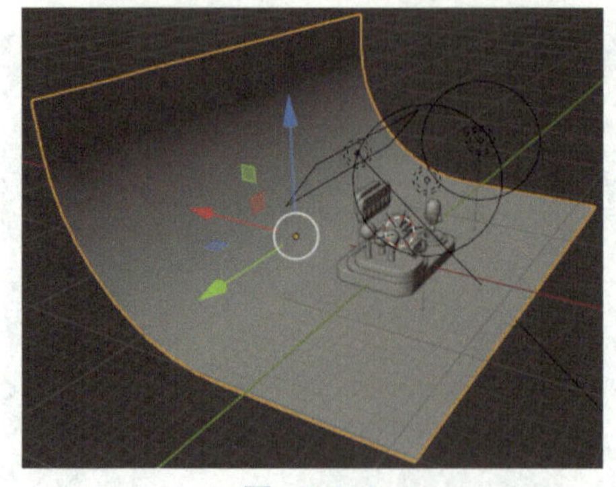
图　3-290

图　3-291

2 渲染设置。在工作区右侧进入“渲染”面板，“渲染”的“最大采样”值建议调整为1024，如图3-292所示。按快捷键F12进行渲染，如图3-293所示。

渲染出图之后，可以将其在Photoshop中进行编辑，如图3-294所示。

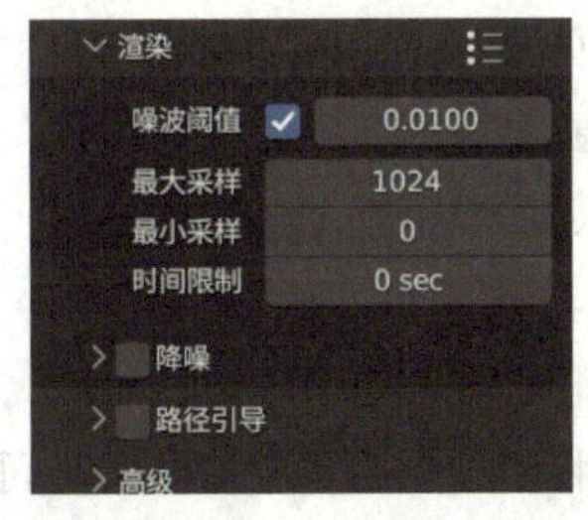

图 3-292

图 3-293

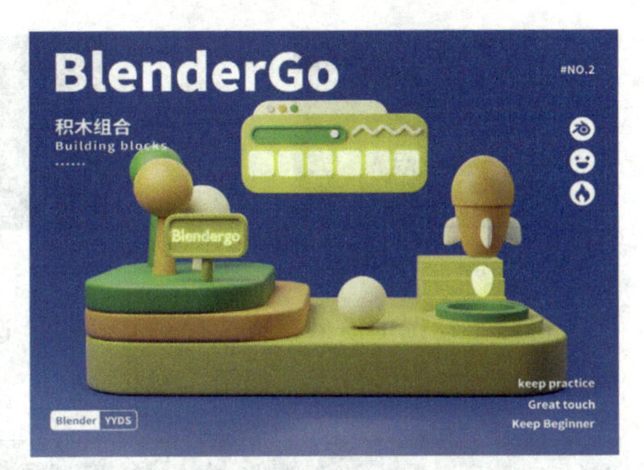

图 3-294

3.3 动画功能与技巧

接下来将为模型制作动画。

准备工作

1 合并窗口。拖曳鼠标光标至两个窗口相连接的位置，当光标变为⟷形状时，单击鼠标右键，选择“合并区域”，如图3-295所示。在左侧窗口单击一下，让视图以单个窗口显示，如图3-296所示。

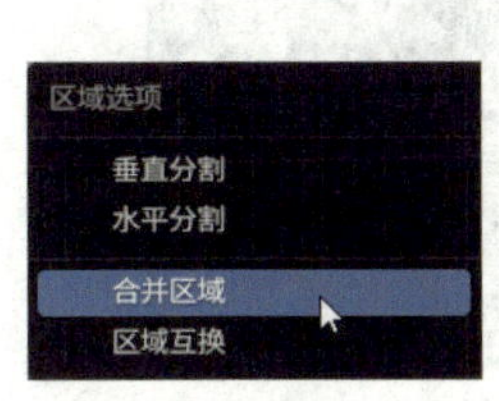

图 3-295

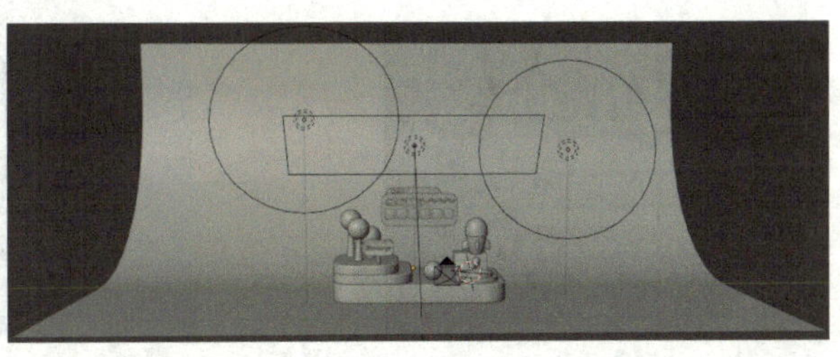

图 3-296

2 隐藏地面、摄像机、灯光。为便于操作，可以将“面光”拖入到“环境”集合内，如图 3-297 所示。将“环境”集合隐藏，如图 3-298 所示。

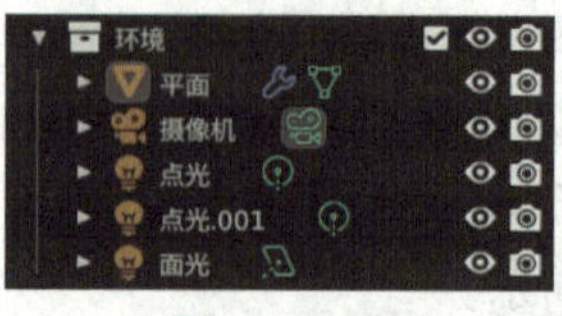

图 3-297

图 3-298

3 将模型应用缩放并拉大时间线。依次按快捷键 A、快捷键 Ctrl+A，选择“缩放”，如图 3-299 所示。弹出“报告：错误”对话框，如图 3-300 所示。

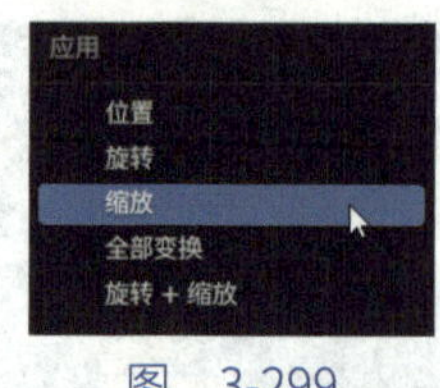

图 3-299

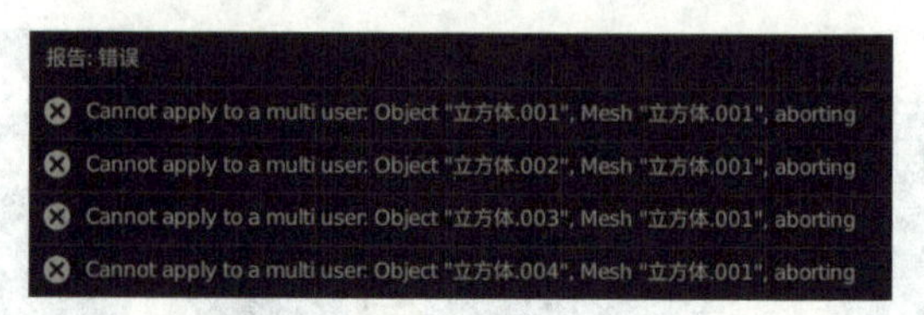

图 3-300

可以手动选中模型，按快捷键 Ctrl+A，选择“缩放”，对所有模型进行缩放应用，然后将底部的时间线拉大，如图 3-301 所示。

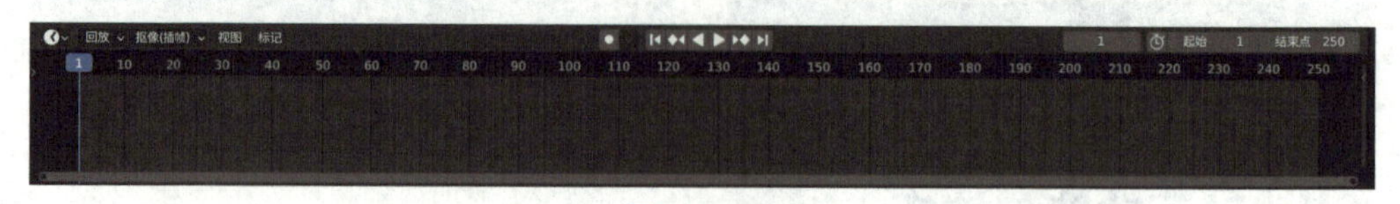
图 3-301

制作动画

1 为最下面的底座制作动画。选择最下面的底座，在第 1 帧的位置，按快捷键 I，选择“缩放”，如图 3-302 所示。“缩放”变换记录结果如图 3-303 所示。

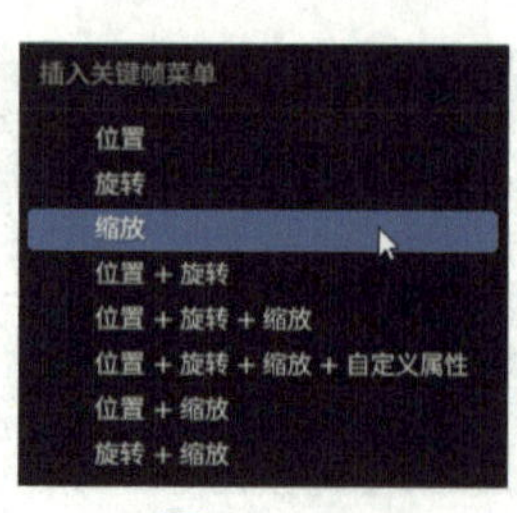

图 3-302

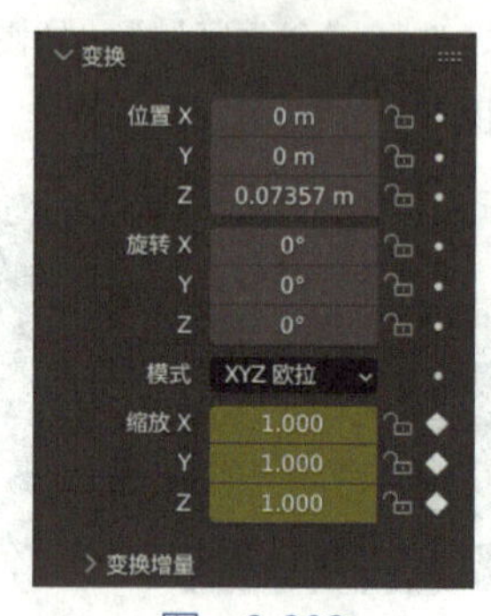

图 3-303

移动到第 20 帧的位置，如图 3-304 所示。按快捷键 I，选择“缩放”，在工作区右侧进入“物体”面板，选择“变换”—“缩放”，如图 3-305 所示。

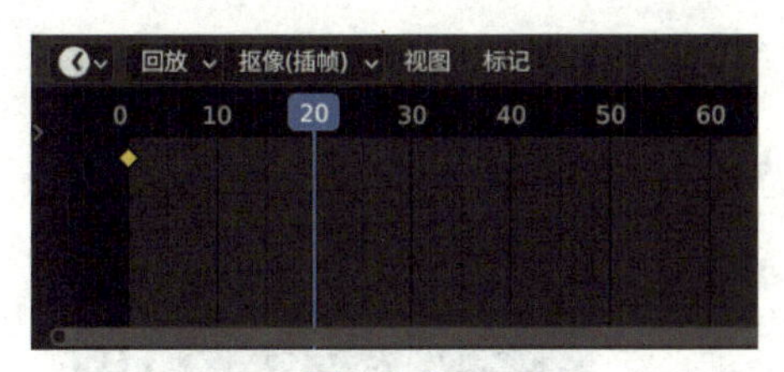

图　3-304

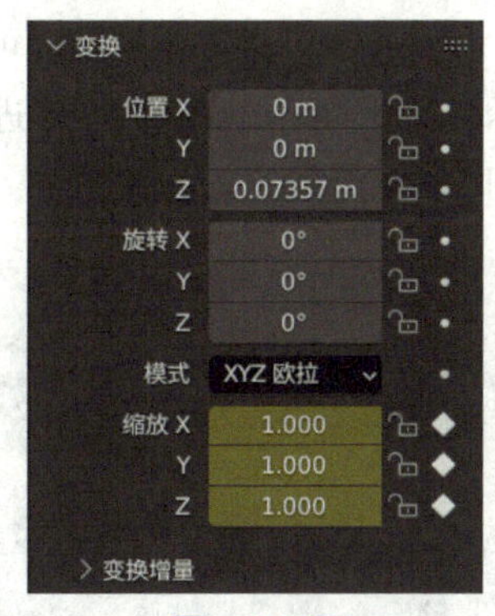

图　3-305

移动到第 1 帧的位置，将“X”“Y”“Z”的值全部调整为 0m，如图 3-306 所示。重新操作一下“缩放”变换，按快捷键 I，选择“缩放”，如图 3-307 所示。

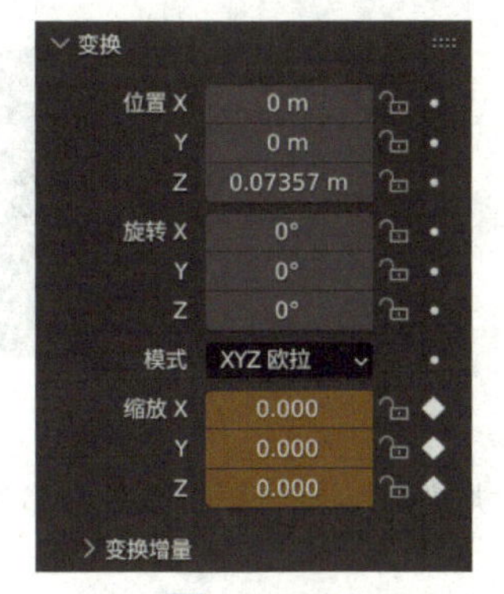

图　3-306

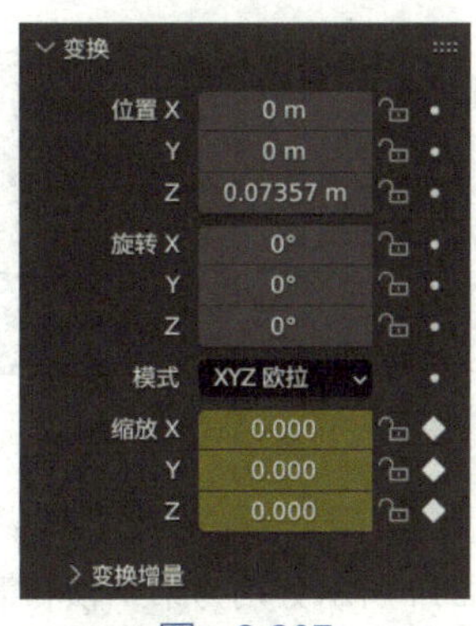

图　3-307

时间线的结束点默认值为 250，有点长，建议调整为 180，如图 3-308 所示。依次按快捷键 Ctrl+I、快捷键 H，除了最下面的底座，其他模型都被隐藏，大纲视图效果如图 3-309 所示。

提示： 可以通过鼠标中键对时间线的展示进行控制。

图　3-308

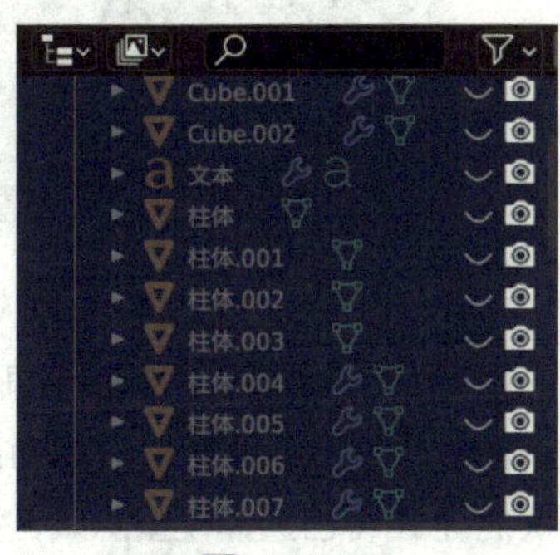

图　3-309

按快捷键～进入左视图，可以发现动画是从物体的中心进行缩放变换的，如图 3-310 所示。需要对缩放变换的中心进行移动，单击“选项”，勾选“仅影响”的“原点”选项，如图 3-311 所示。

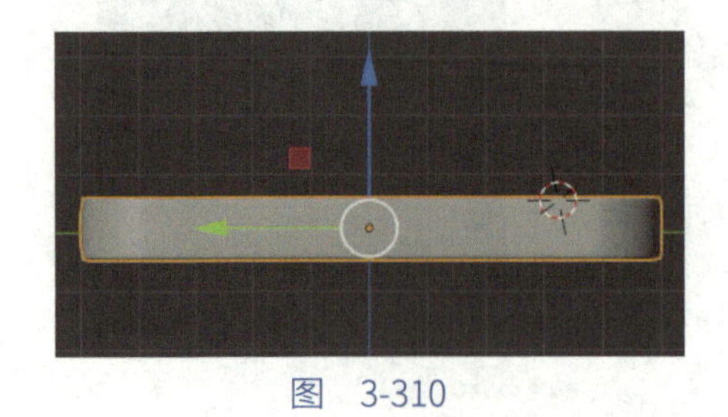

图　3-310

图　3-311

将原点向下拖动至贴近地面的位置，如图 3-312 所示。将“仅影响”的“原点”选项取消勾选，如图 3-313 所示。

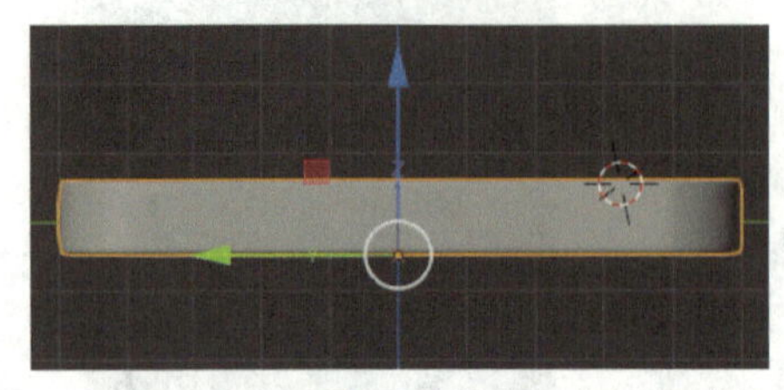

图　3-312

图　3-313

从第 1 帧进行播放，可以发现最下面的这个底座有一种从地面生长出来的感觉，图 3-314 所示分别为第 7 帧和第 15 帧。

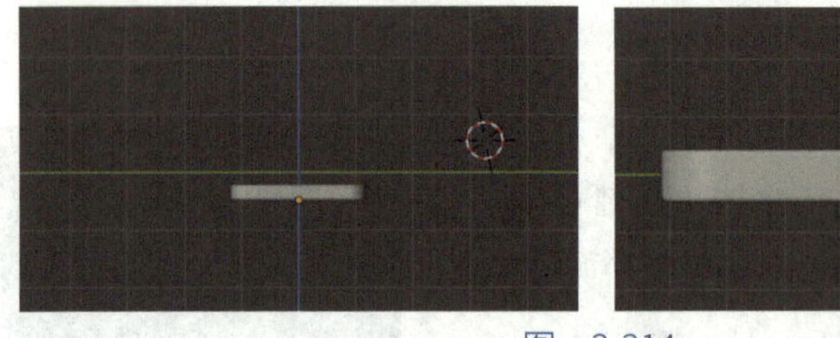

图　3-314

2 为另外两个底座制作动画。按快捷键 Alt+H，将所有模型全部显示出来，按住 Ctrl 键的同时选中另外两个没有做动画的底座，将其从已选择模型中移除，如图 3-315 所示。按快捷键 H 将已选择模型隐藏，如图 3-316 所示。

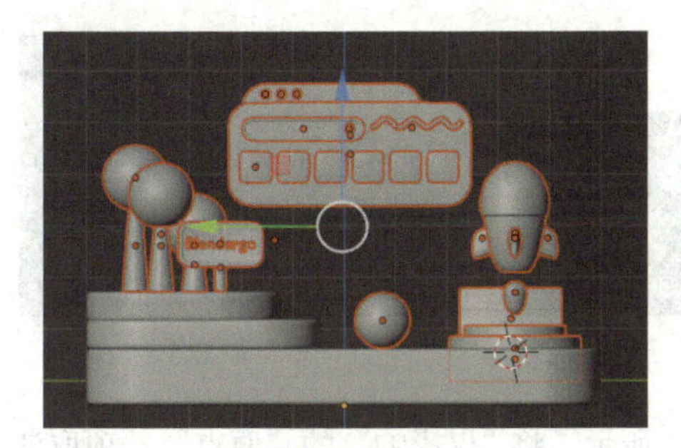
图 3-315

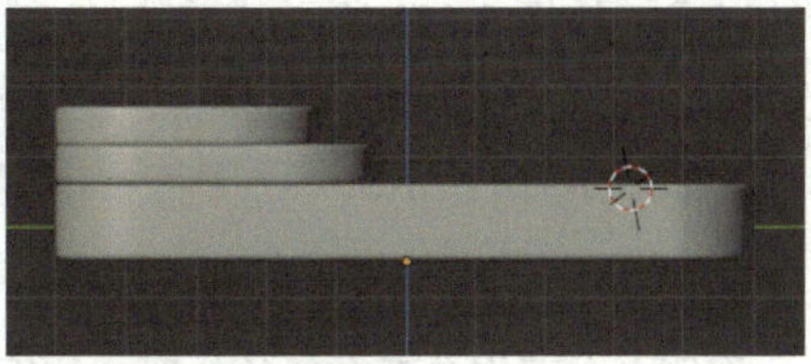

图 3-316

选中上面两个底座，最后选中最下面的底座，按快捷键 Ctrl+L，选择“关联动画数据”，如图 3-317 所示。此时三个底座的动画数据是关联的，需要将上面两个底座的动画数据进行独立操作。选中上面两个底座，选择“物体”—“关系”—“使其独立化”—“物体动画”，如图 3-318 所示。

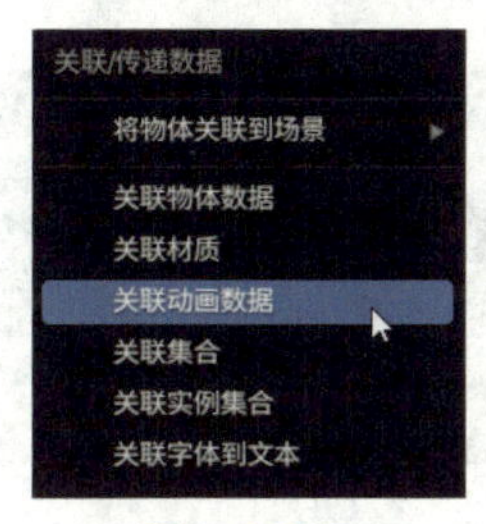

图 3-317

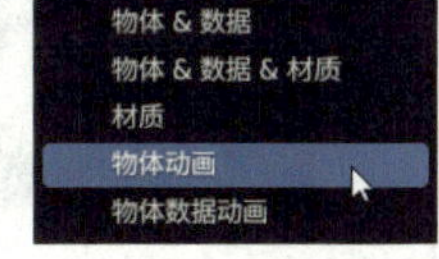

图 3-318

选中位于中间的底座，选择关键帧，如图 3-319 所示。将关键帧向后拖一段距离，如图 3-320 所示。

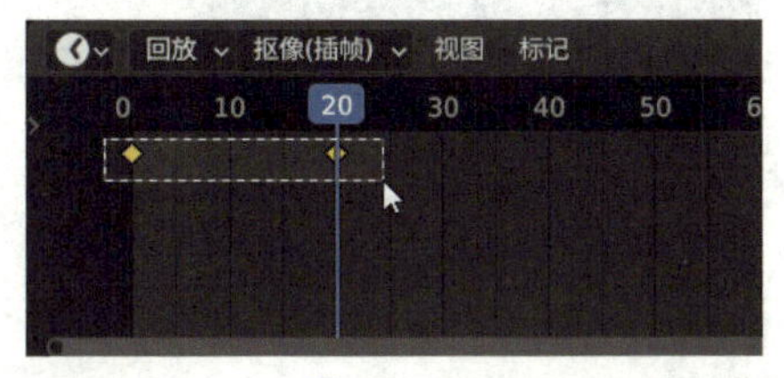

图 3-319

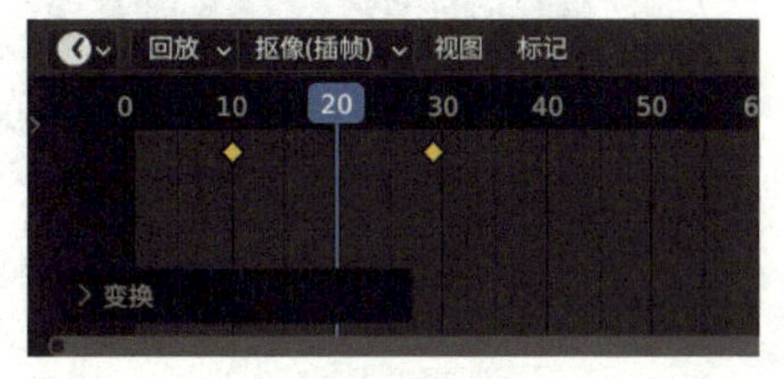

图 3-320

选中最上面的底座，选择关键帧，如图 3-321 所示。将关键帧向后拖一段距离，如图 3-322 所示。

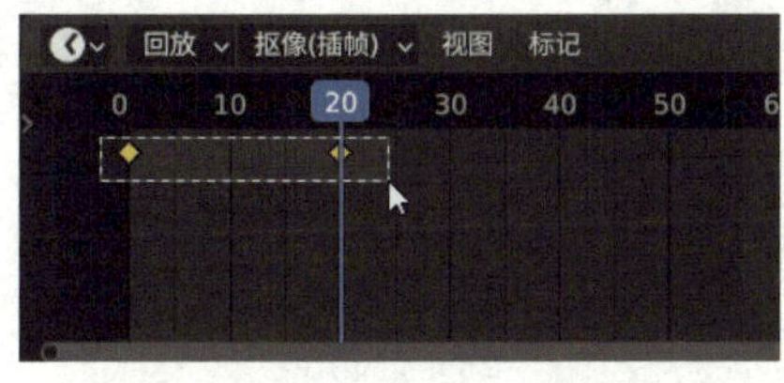

图 3-321

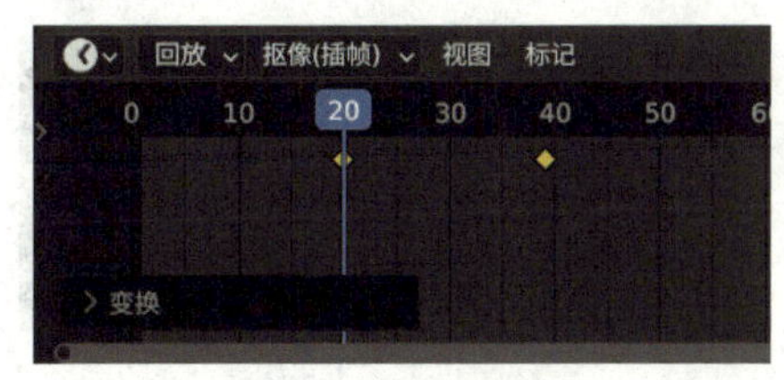

图 3-322

选中最上面的底座，选择“物体”—“设置原点”—“原点 -> 几何中心”，如图 3-323 所示。单击“选项”，勾选“仅影响”的“原点”选项，如图 3-324 所示。

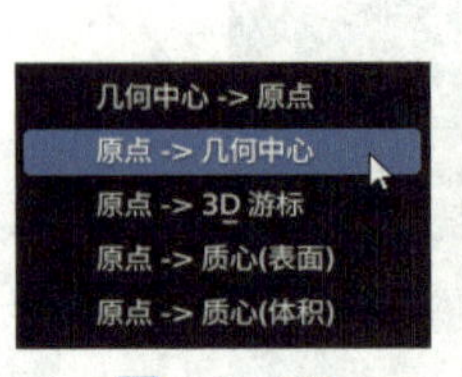

图　3-323

图　3-324

将原点向下拖动至合适的位置，如图 3-325 所示。将“仅影响”的“原点”选项取消勾选，如图 3-326 所示。

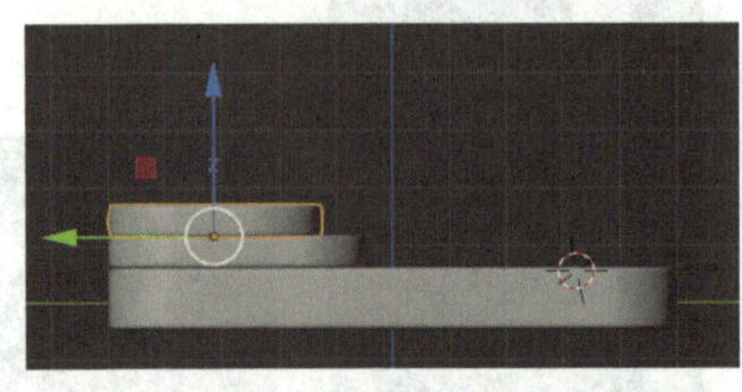

图　3-325

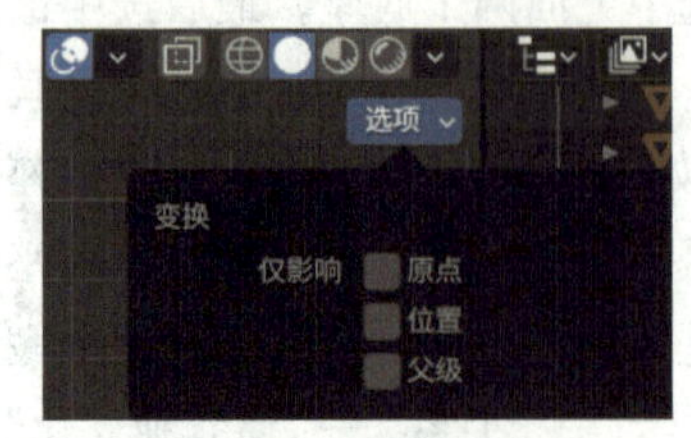

图　3-326

采用相同的方法，对位于中间的底座的原点位置进行调整，如图 3-327 所示。

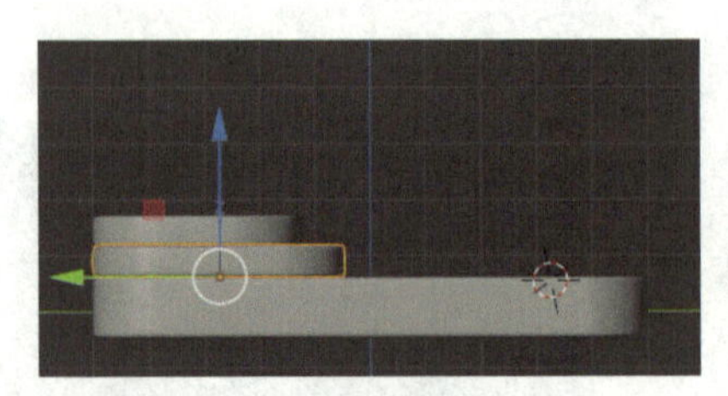

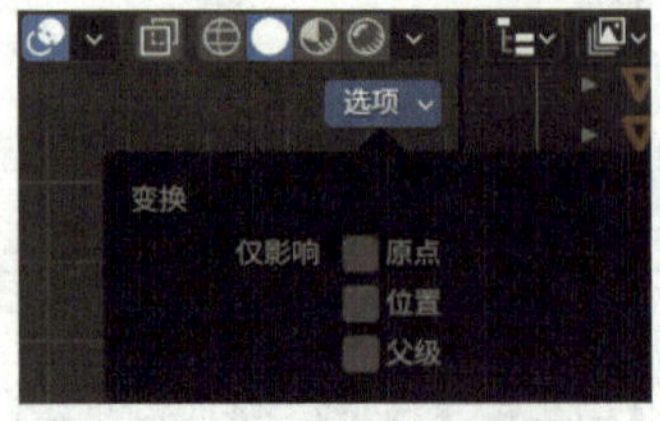

图　3-327

为了让动画更加有节奏感，可以对上面两个底座的关键帧进行细微调整，先选择位于中间的底座，对其关键帧进行调整，如图 3-328 所示。再选择最上面的底座，对其关键帧进行调整，如图 3-329 所示。

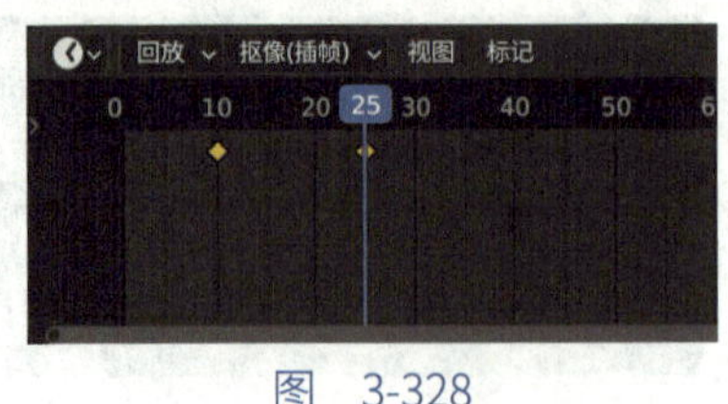

图　3-328

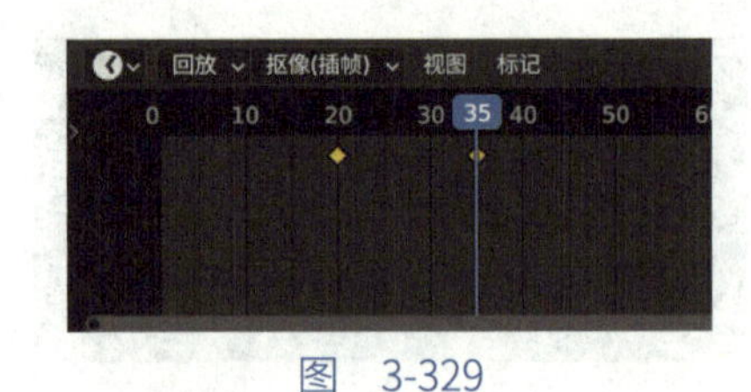

图　3-329

从第 1 帧进行播放，如图 3-330 所示分别为第 10 帧、第 17 帧、第 25 帧和第 35 帧。

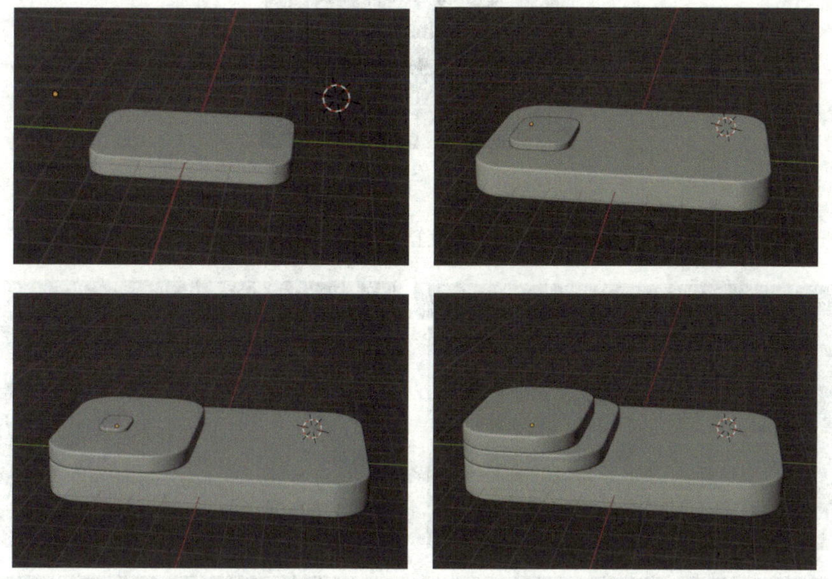

图 3-330

提示： 动画的制作过程需要根据情况不停地播放、不停地调整，直至满意为止。

3 为三棵小树制作动画。按快捷键 Alt+H，将所有模型全部显示出来，按住 Ctrl 键的同时选中三棵小树，将其从已选择模型中移除，如图 3-331 所示。按快捷键 H 将已选择模型隐藏，如图 3-332 所示。

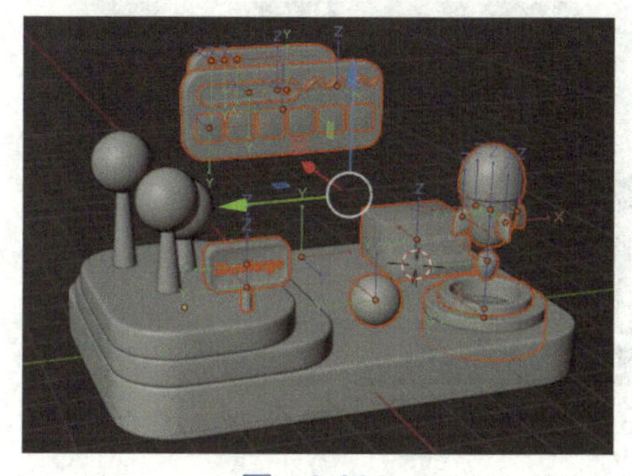

图 3-331

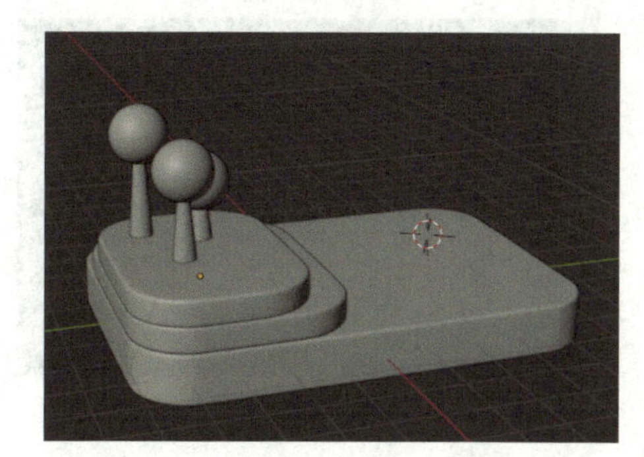

图 3-332

单击“选项”，勾选“仅影响”的“原点”选项，如图 3-333 所示。

图　3-333

将三棵小树的原点向下拖动至合适的位置，如图 3-334 所示。

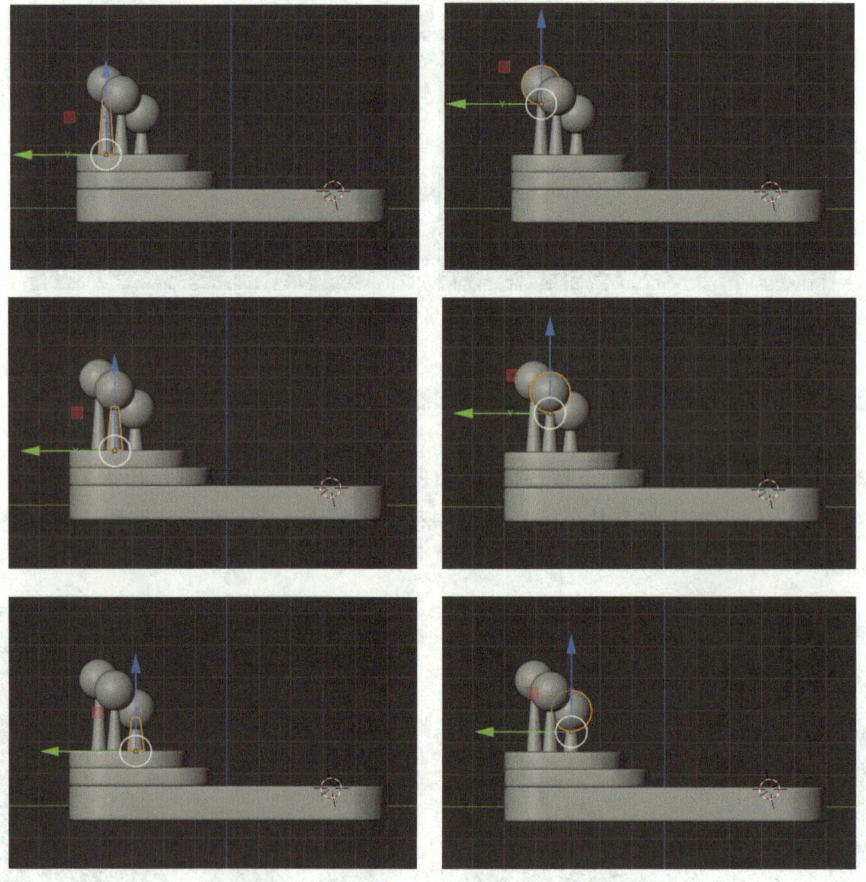

图　3-334

将“仅影响”的“原点”选项取消勾选，如图 3-335 所示。选择一棵小树，如图 3-336 所示。

图 3-335

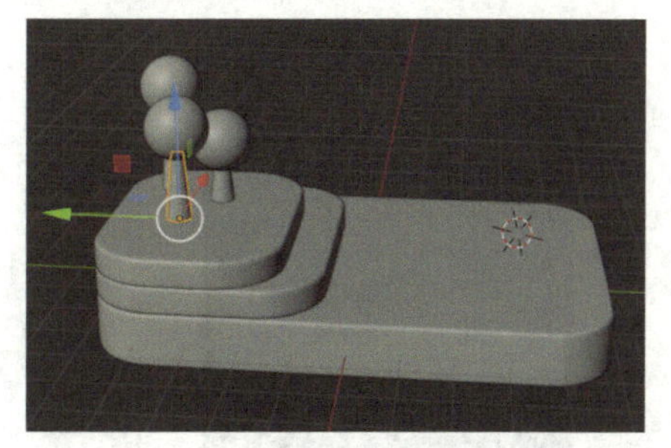

图 3-336

将关键帧移动到第 30 帧的位置，如图 3-337 所示。在工作区右侧进入“物体”面板，选择“变换”—“缩放”，将“X”“Y”“Z”的值调整为 0，如图 3-338 所示。

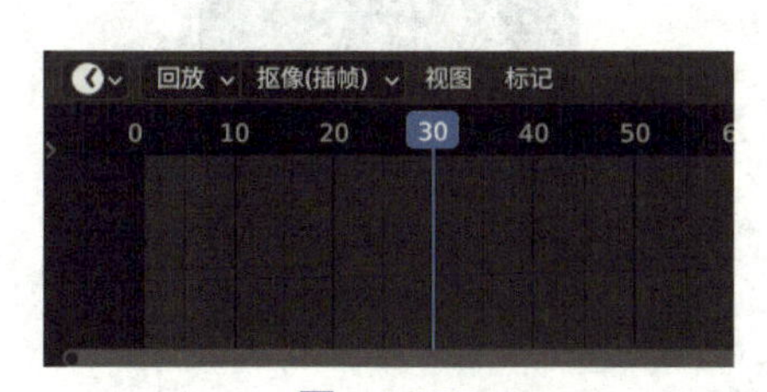

图 3-337

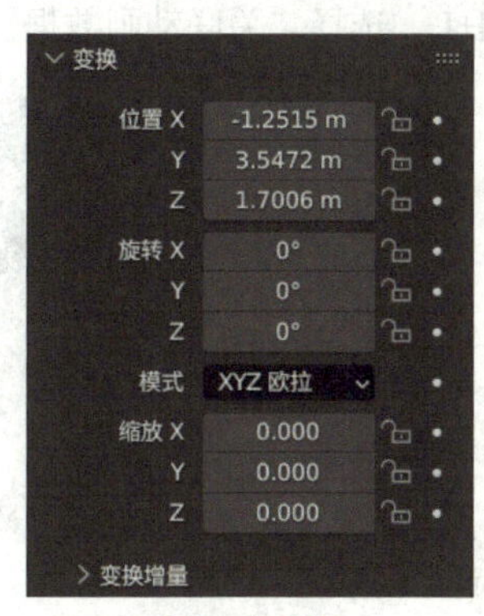

图 3-338

按快捷键 I，选择“缩放”，如图 3-339 所示。将关键帧移动到第 40 帧的位置，如图 3-340 所示。

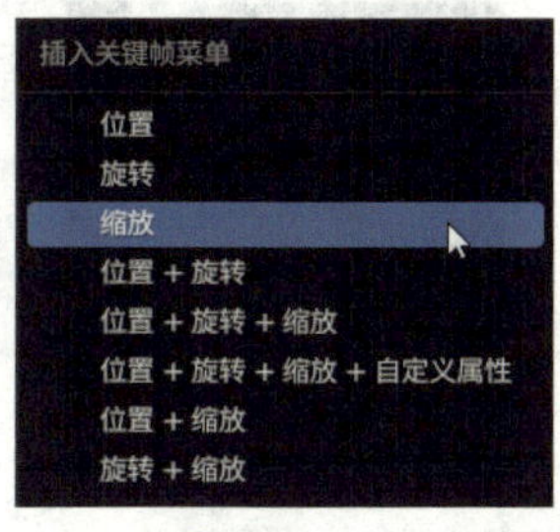

图 3-339

图 3-340

在工作区右侧进入“物体”面板，选择“变换”—“缩放”，将“X”“Y”“Z”的值调整为 1，如图 3-341 所示。按快捷键 I，选择“缩放”，如图 3-342 所示。

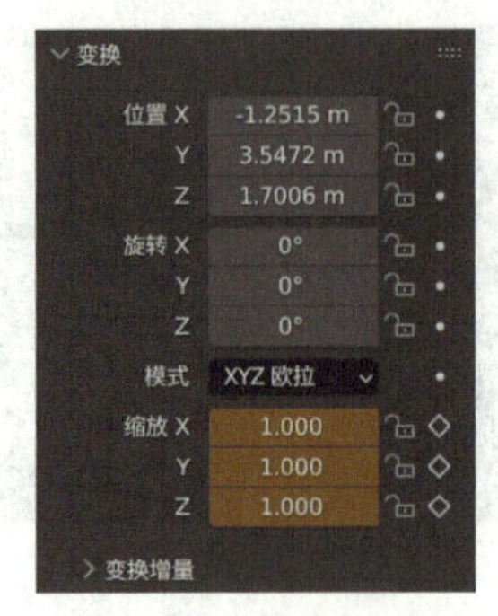

图　3-341

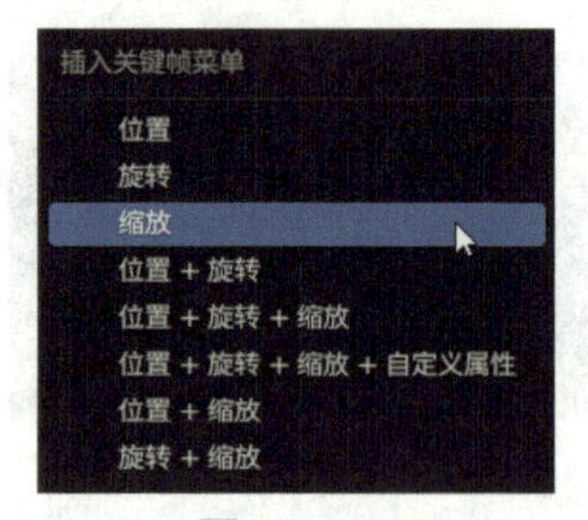

图　3-342

先选择没有动画的两棵小树，最后选择已经有动画的小树，如图 3-343 所示。按快捷键 Ctrl+L，选择“关联动画数据”，如图 3-344 所示。

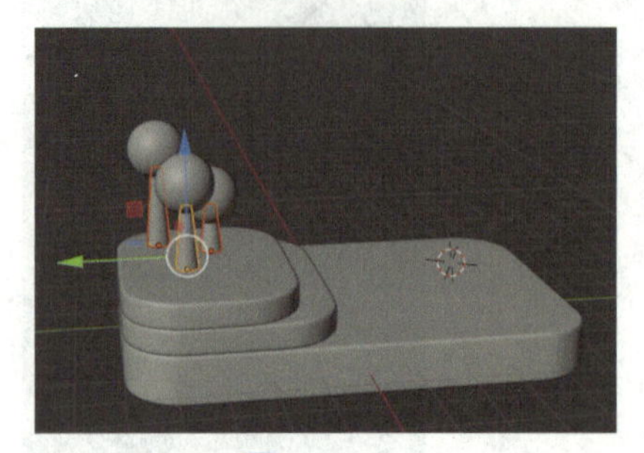
图　3-343

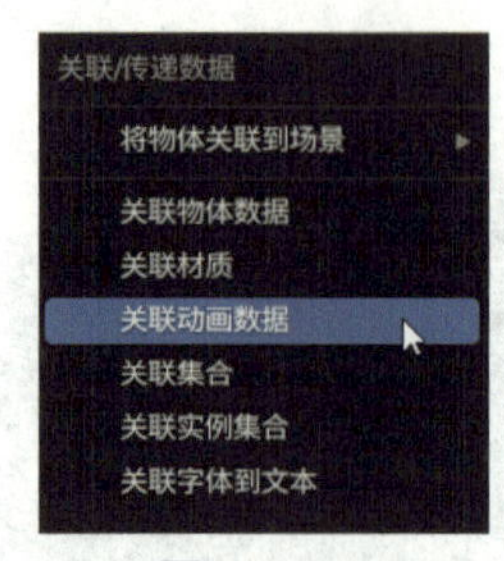

图　3-344

先选择三棵小树的小球，最后选择已经有动画的小树，如图 3-345 所示。按快捷键 Ctrl+L，选择“关联动画数据”，如图 3-346 所示。

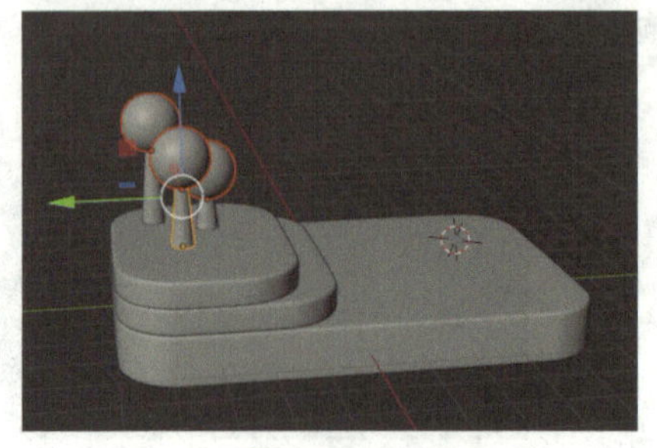
图　3-345

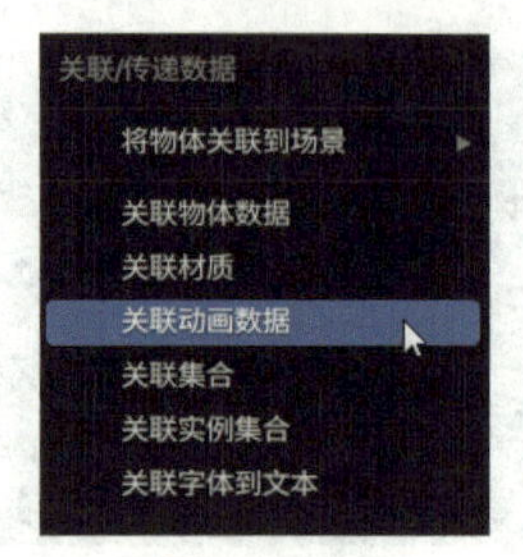

图　3-346

选择“关联动画数据”后的几个模型，如图 3-347 所示。选择“物体”—“关系”—“使其独立化”—“物体动画”，如图 3-348 所示。

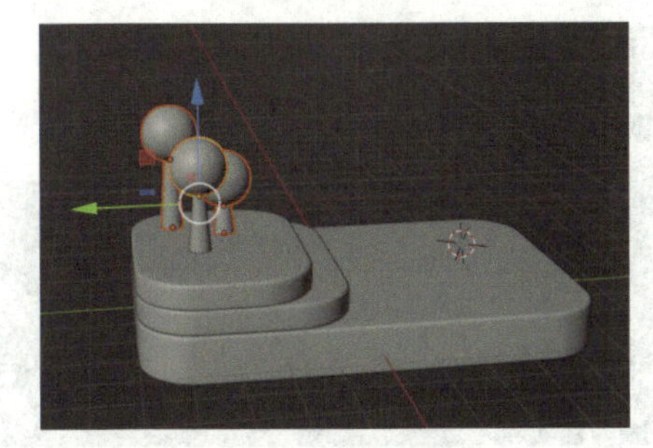

图 3-347

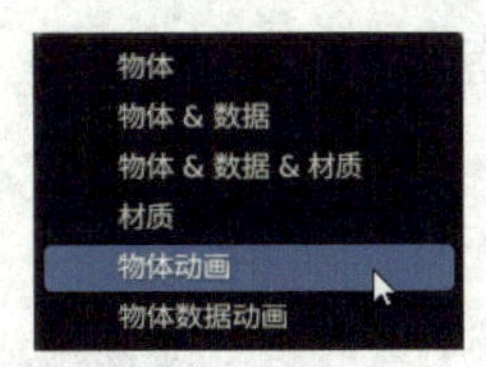

图 3-348

对小树的关键帧进行调整，如图 3-349 所示。

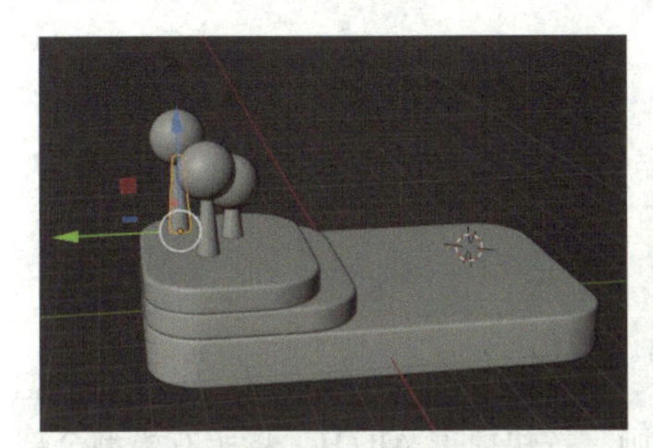

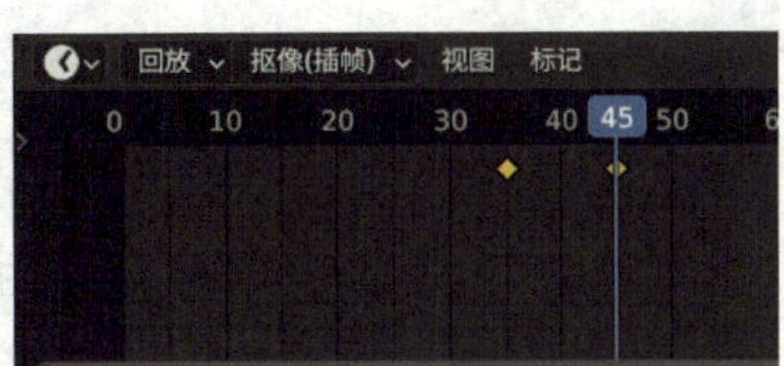

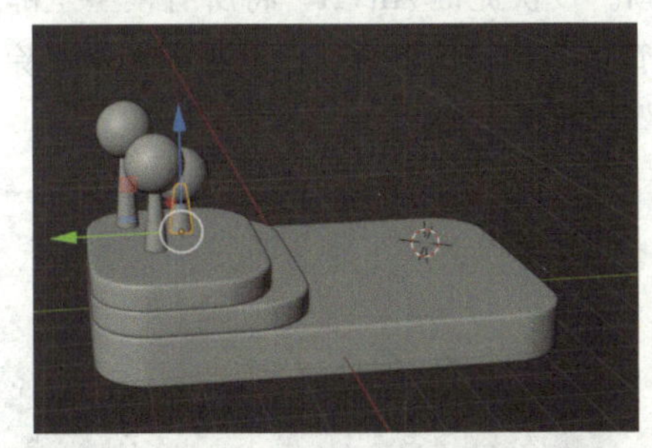

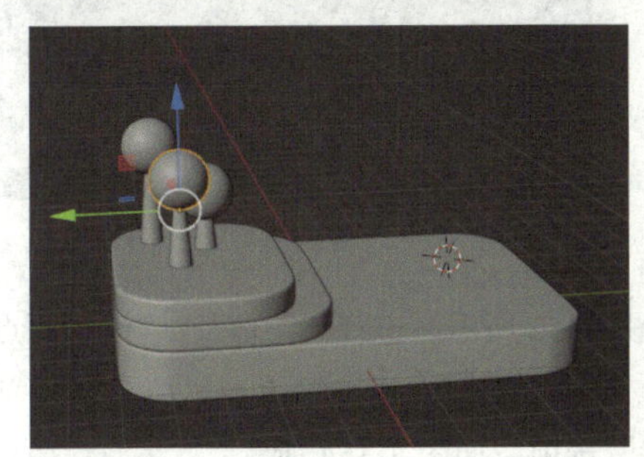

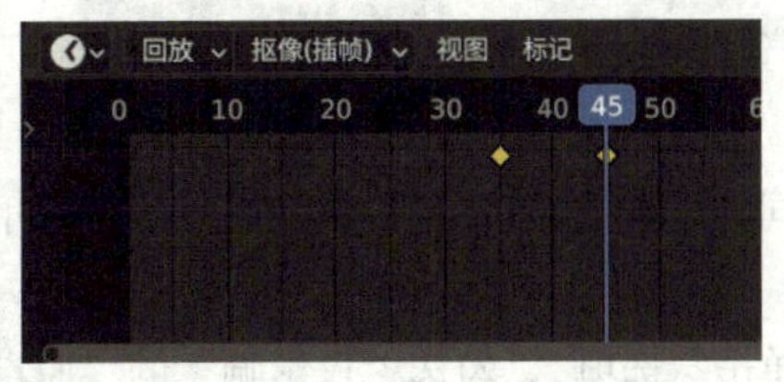

图 3-349

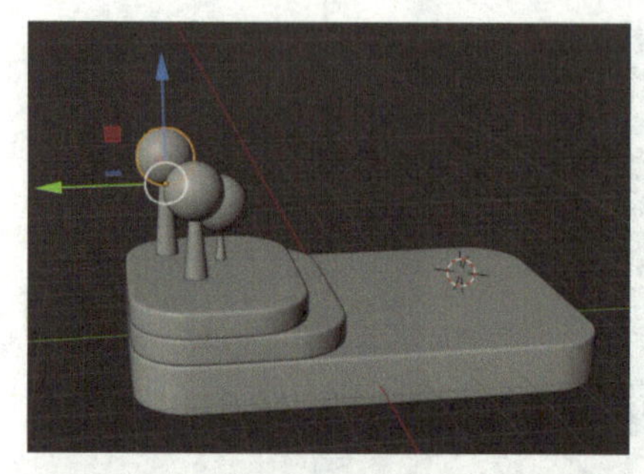

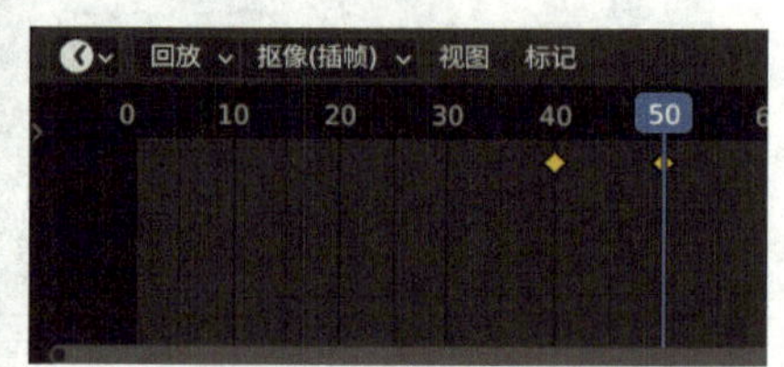

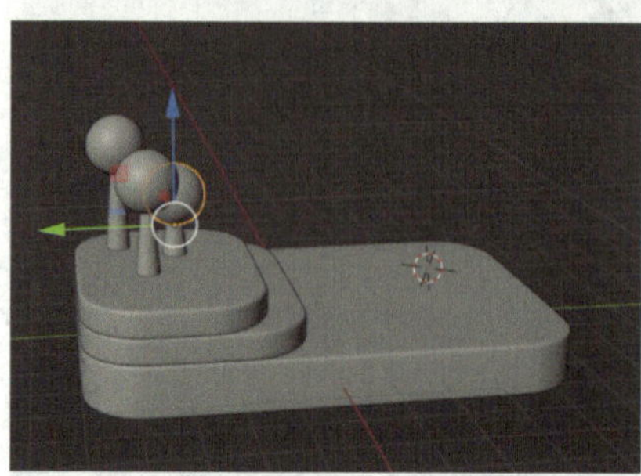

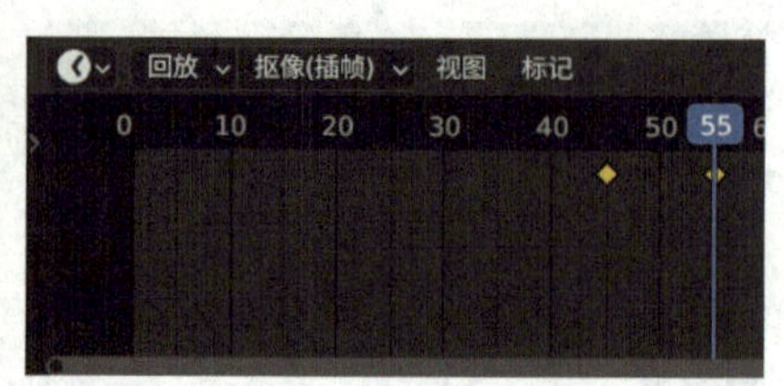

图　3-349（续）

4 为小牌匾、球、管道、台阶制作动画。按快捷键 Alt+H，将所有模型全部显示出来，按住 Ctrl 键的同时选中小牌匾、球、管道、台阶，将其从已选择模型中移除，如图 3-350 所示。按快捷键 H 将已选择模型隐藏，如图 3-351 所示。

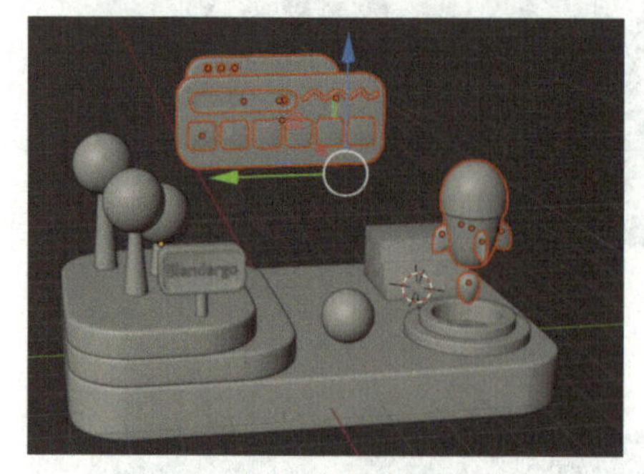

图　3-350

图　3-351

同时选中小牌匾、球、管道、台阶，如图 3-352 所示。选择“物体”—“设置原点”—“原点 -> 几何中心”，如图 3-353 所示。

单击“选项”，勾选“仅影响”的“原点”选项，如图 3-354 所示。

图 3-352

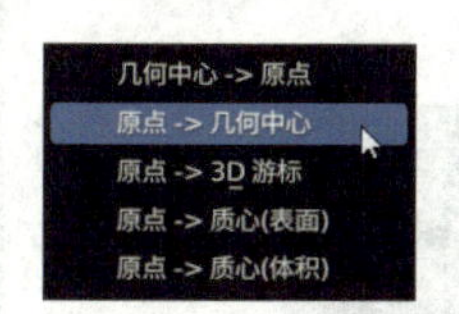

图 3-353

图 3-354

将小牌匾、球、管道、台阶的原点位置进行适当调整，如图 3-355 所示。

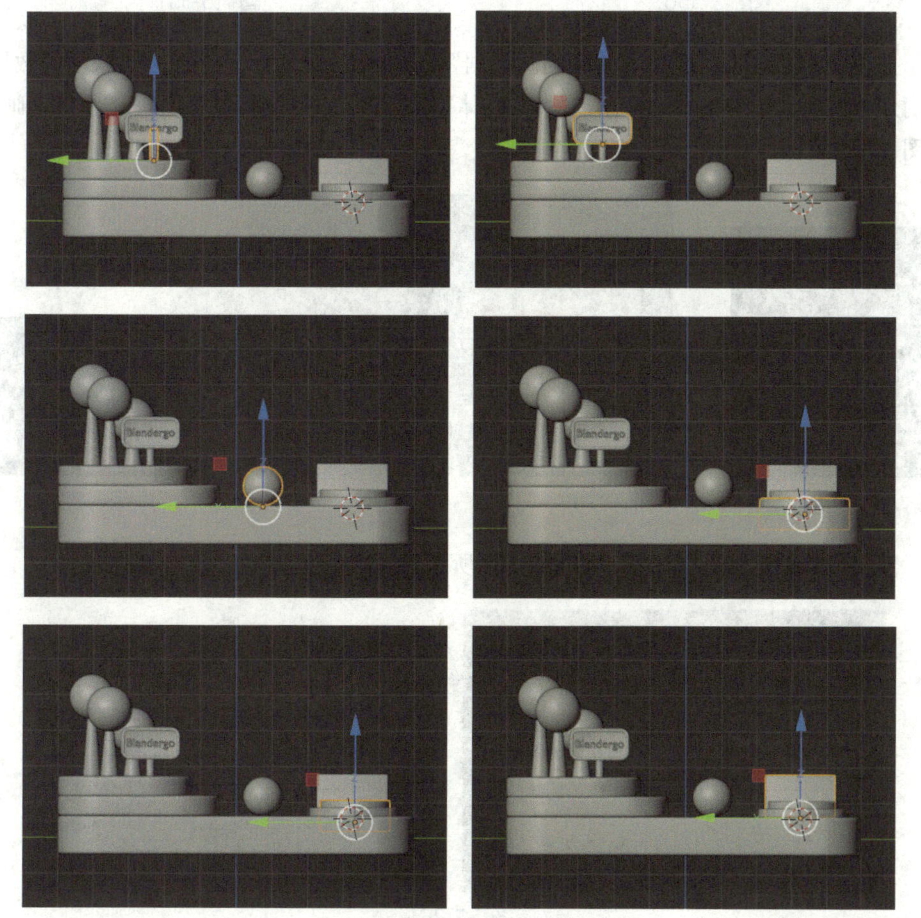

图 3-355

将“仅影响”的“原点”选项取消勾选，如图 3-356 所示。先选中小牌匾、球、管道、台阶，再选择一棵小树，如图 3-357 所示。

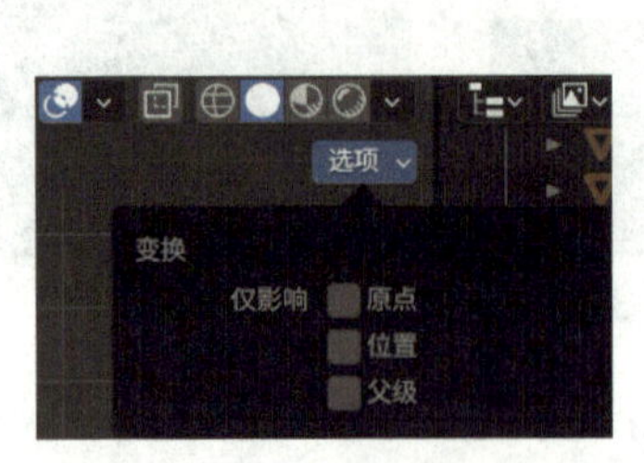

图　3-356

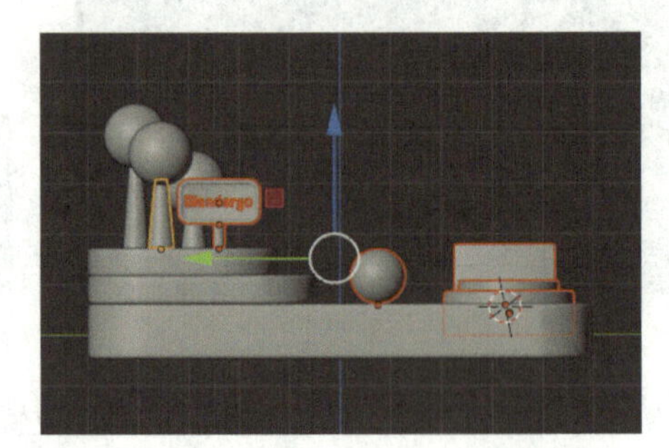

图　3-357

按快捷键 Ctrl+L，选择“关联动画数据”，如图 3-358 所示。选择“关联动画数据”后的几个模型，如图 3-359 所示。选择“物体”—“关系”—“使其独立化”—“物体动画”，如图 3-360 所示。

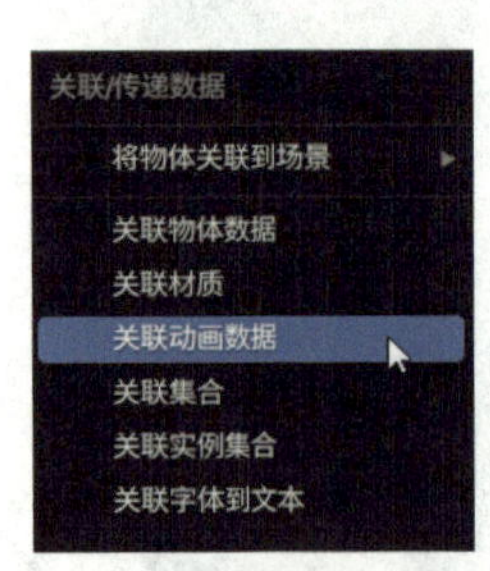

图　3-358

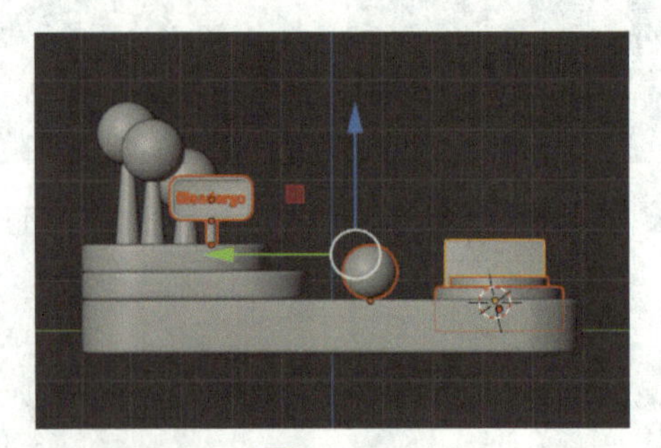

图　3-359

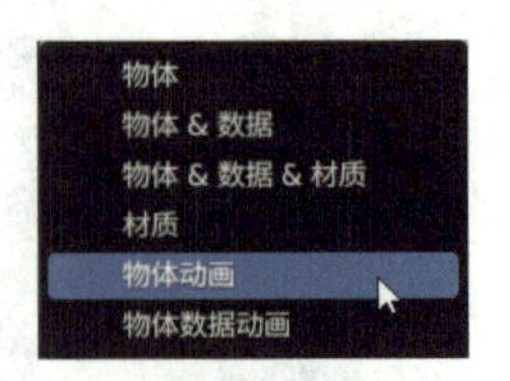

图　3-360

对模型的关键帧进行调整，如图 3-361 所示。

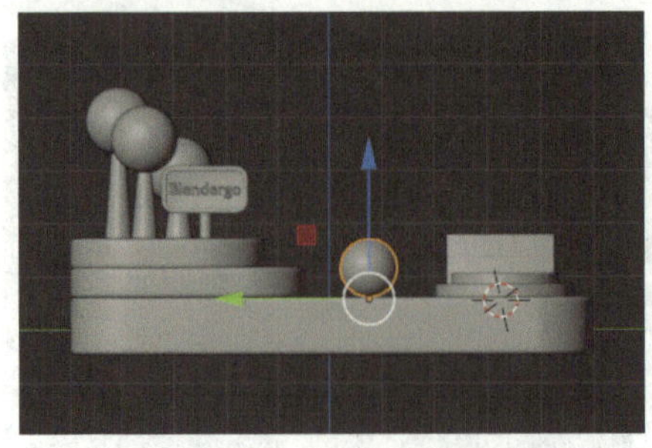

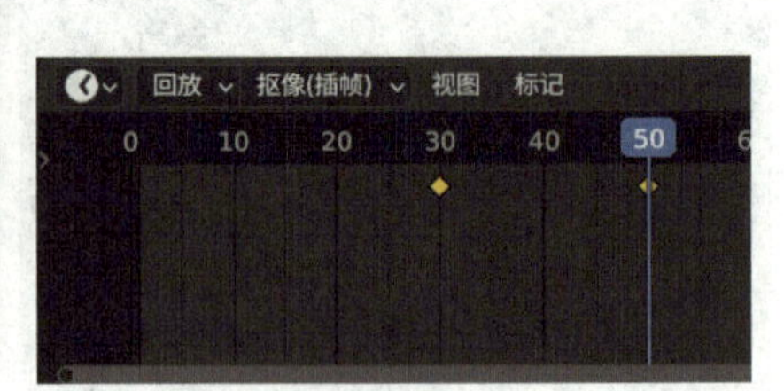

图　3-361

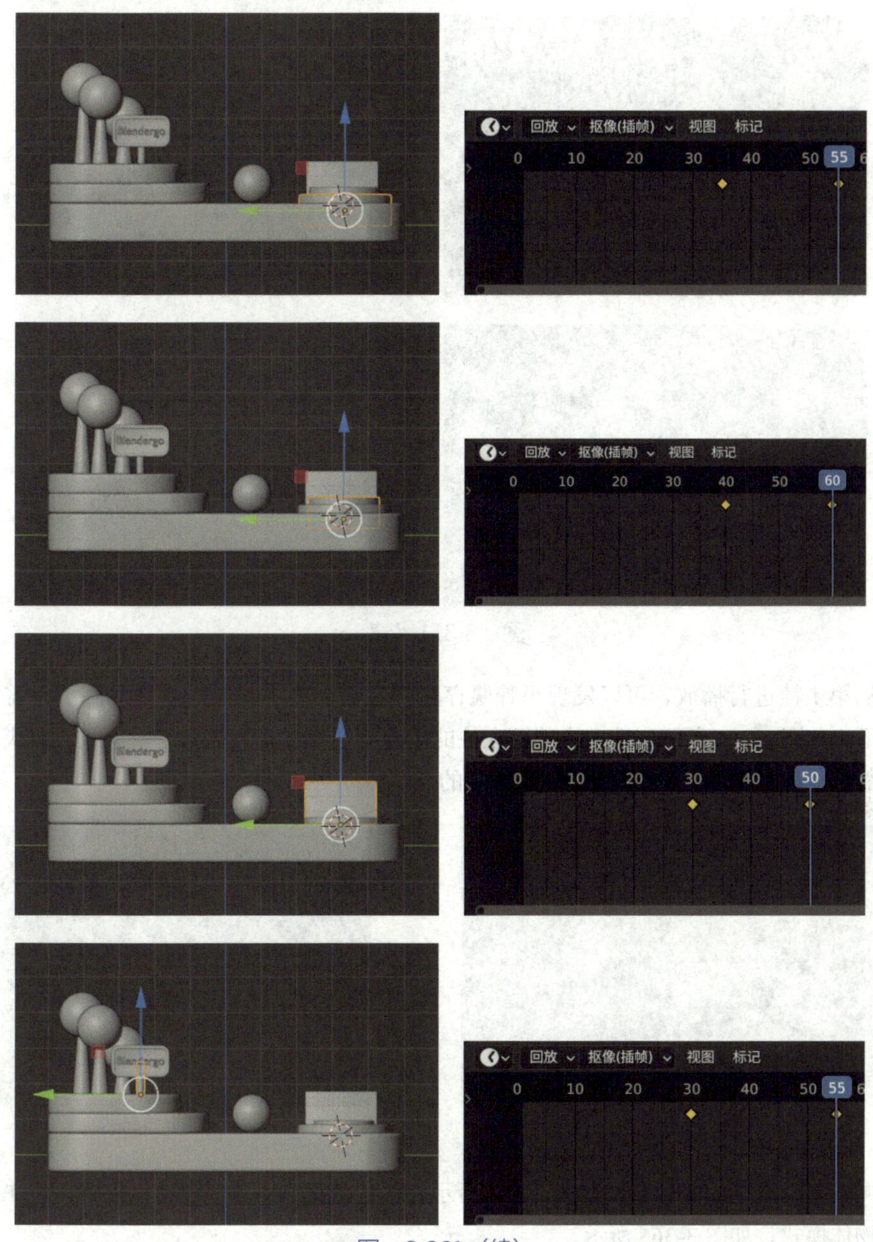
回放
抠像(插帧)
视图
标记
0
10
20
30
40
50
55
回放
抠像(插帧)
视图
标记
0
10
20
30
40
50
60
回放
抠像(插帧)
视图
标记
0
10
20
30
40
50
回放
抠像(插帧)
视图
标记
0
10
20
30
40
50
55

图　3-361（续）

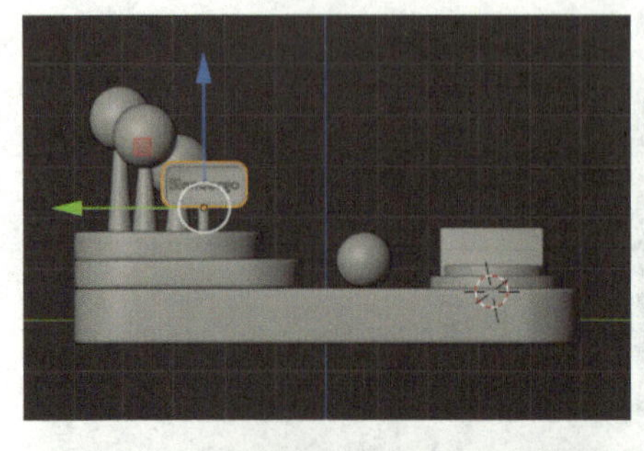

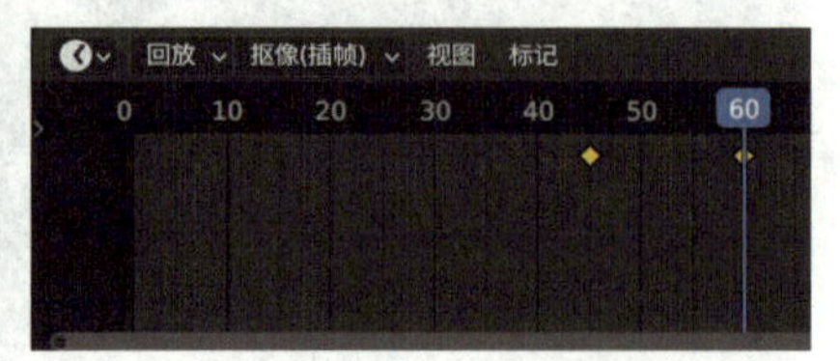

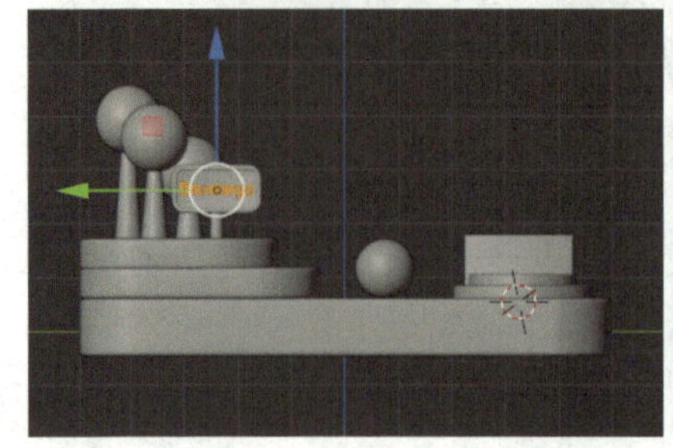

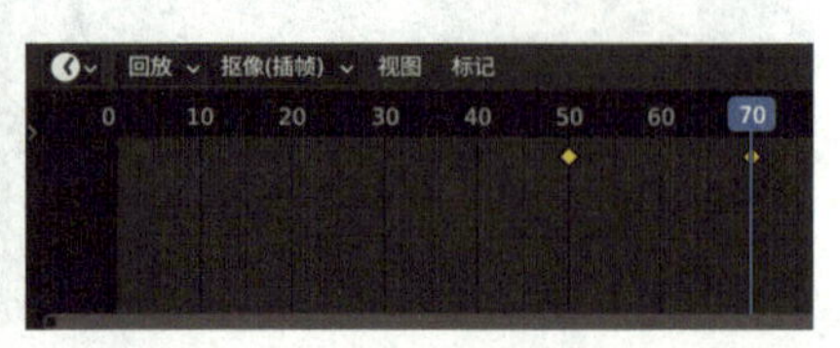

图　3-361（续）

从第 1 帧进行播放，可以发现小牌匾存在问题，因为小牌匾的立柱太高了，需要调整一下，如图 3-362 所示。选中小牌匾立柱的情况下按 Tab 键，进入编辑模式，按快捷键 Alt+Z 进入透显模式，选择如图 3-363 所示的点。

图　3-362

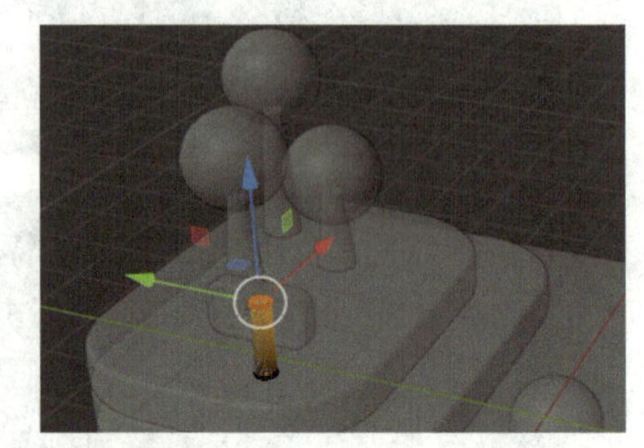

图　3-363

向下拖动至适当的位置，如图 3-364 所示。按快捷键 Alt+Z 退出透显模式，按 Tab 键进入物体模式，如图 3-365 所示。

5 为小火箭制作动画。按快捷键 Alt+H，将所有模型全部显示出来，按住 Ctrl 键的同时选中小火箭，将其从已选择模型中移除，如图 3-366 所示。按快捷键 H 将已选择模型隐藏，如图 3-367 所示。

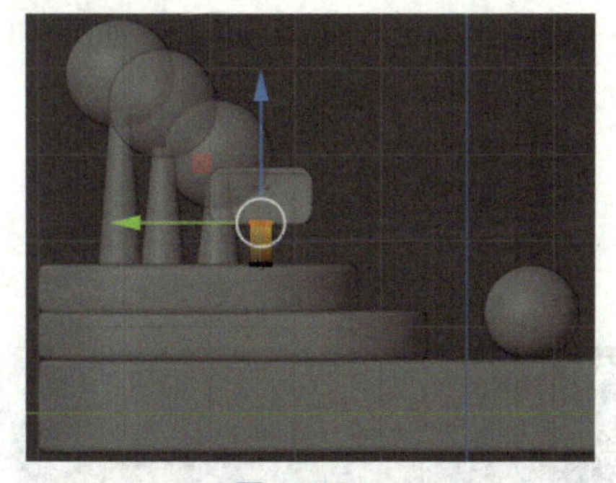

图 3-364

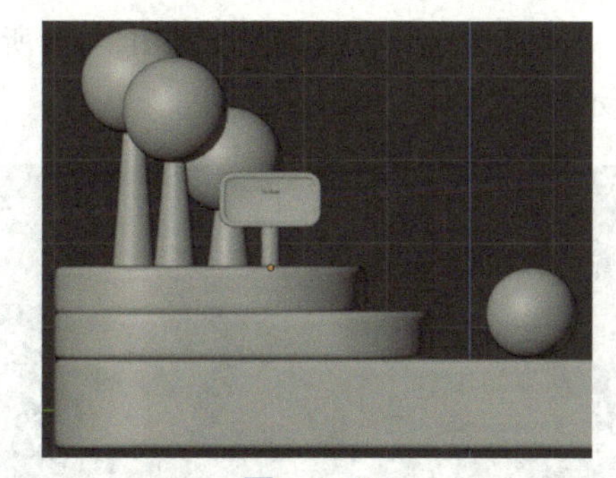

图 3-365

图 3-366

图 3-367

先选择小火箭的尾翼、尾焰，最后选择小火箭的身体部分，如图 3-368 所示。按快捷键 Ctrl+P，选择“物体”，将小火箭的尾翼、尾焰和小火箭的身体部分绑定为父子关系，如图 3-369 所示。

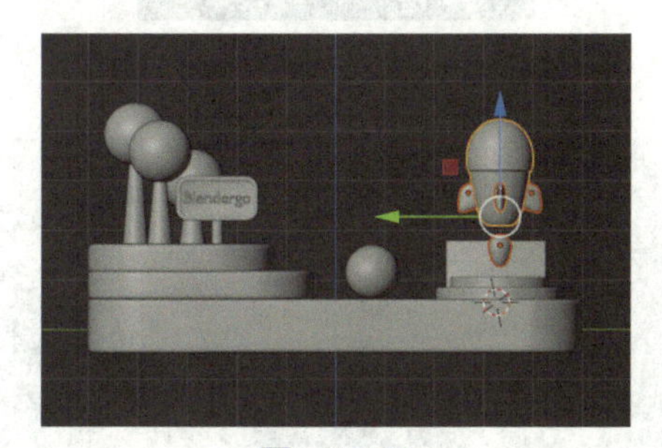

图 3-368

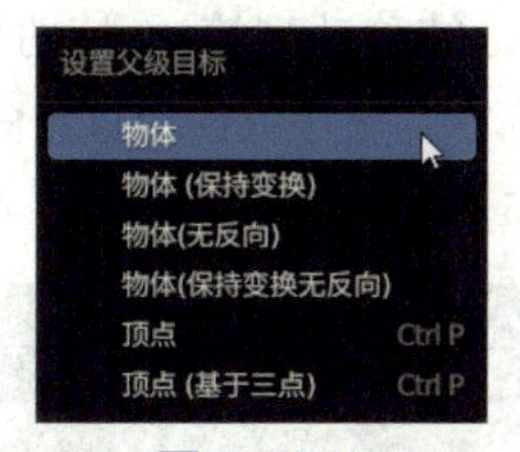

图 3-369

提示： 绑定父子关系后，子关系会随父关系变动，但父关系不会随子关系变动。本案例中，小火箭的尾翼、尾焰为子关系，小火箭的身体部分为父关系。

选中小火箭的身体部分，如图 3-370 所示。将关键帧移动到第 60 帧的位置，如图 3-371 所示。

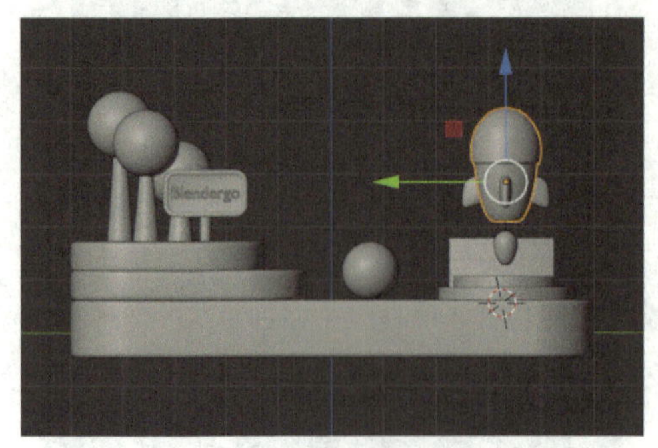

图　3-370

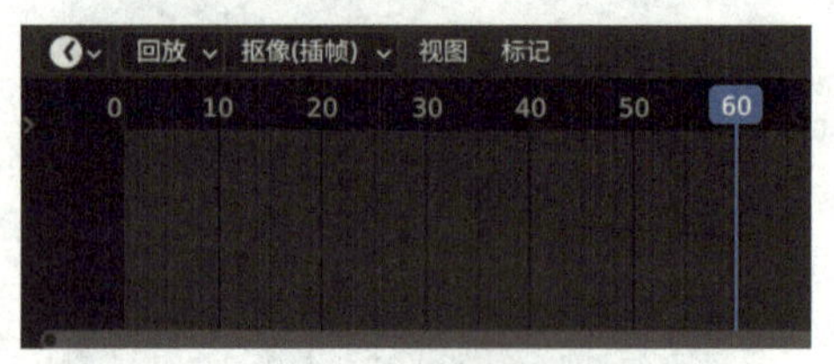

图　3-371

将小火箭的位置向下移动，如图 3-372 所示。按快捷键 I，选择“位置”，如图 3-373 所示。

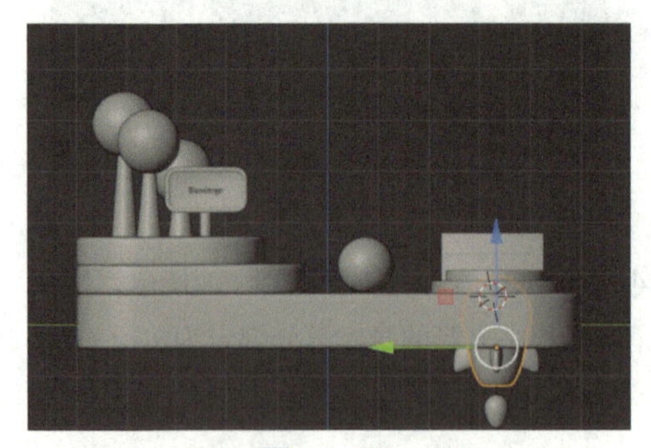

图　3-372

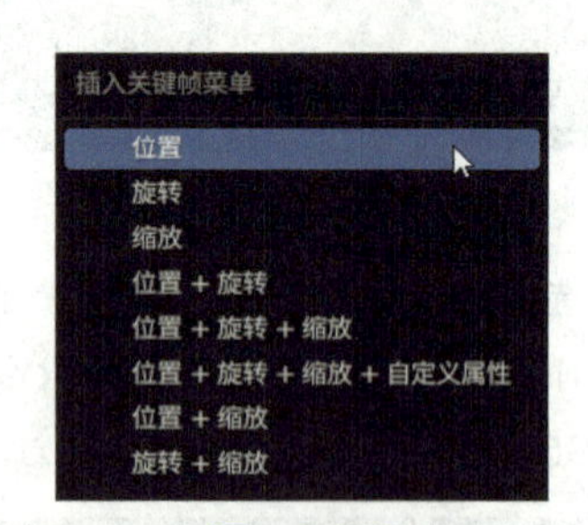

图　3-373

将关键帧移动到第 90 帧的位置，如图 3-374 所示。将小火箭的位置向上移动，如图 3-375 所示。

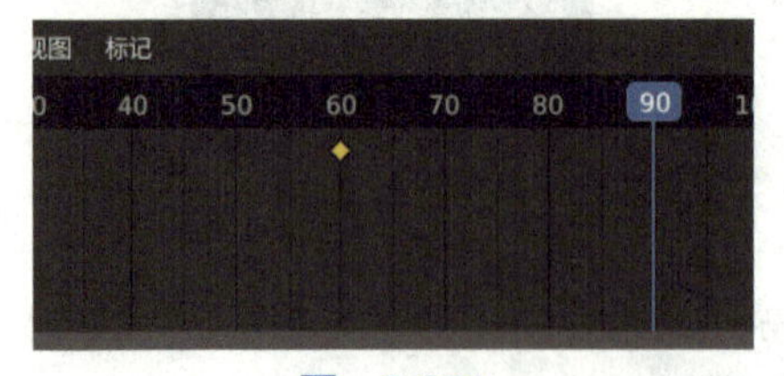

图　3-374

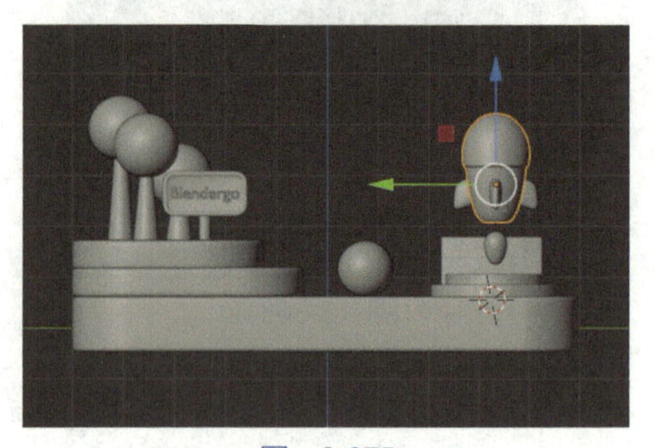

图　3-375

按快捷键I，选择“位置”，如图3-376所示。从第1帧进行播放，可以发现小火箭和管道挤在一起了，如图3-377所示。

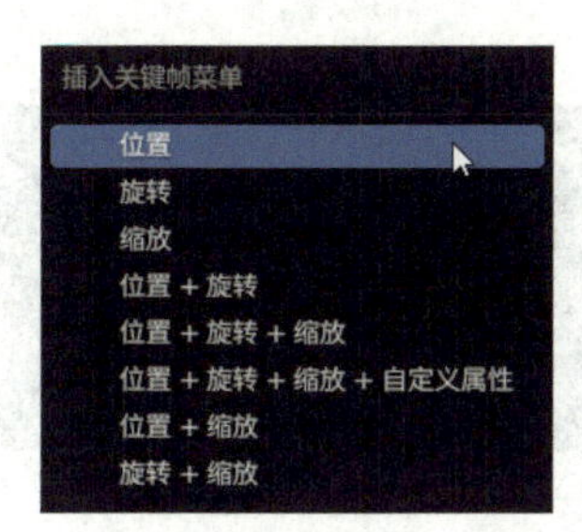

图 3-376

图 3-377

选中小火箭的身体部分，将关键帧移动到第60帧的位置，在工作区右侧进入“物体”面板，选择“变换”—“缩放”，将“X”“Y”“Z”的值调整为0，如图3-378所示。按快捷键I，选择“缩放”，如图3-379所示。

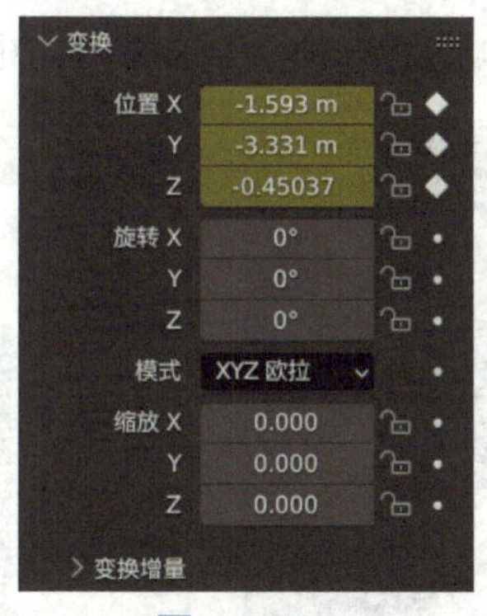

图 3-378

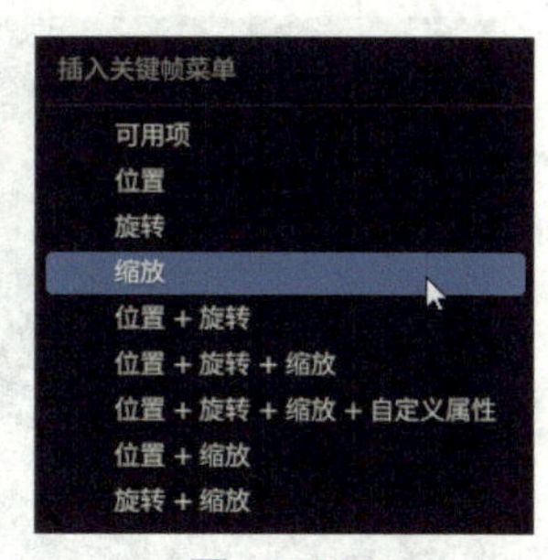

图 3-379

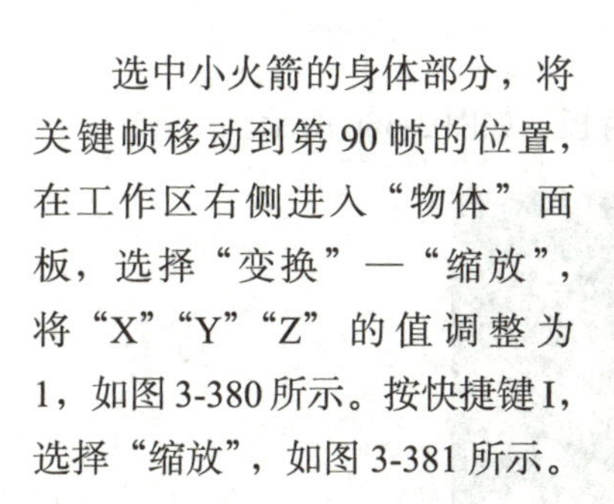

选中小火箭的身体部分，将关键帧移动到第90帧的位置，在工作区右侧进入“物体”面板，选择“变换”—“缩放”，将“X”“Y”“Z”的值调整为1，如图3-380所示。按快捷键I，选择“缩放”，如图3-381所示。

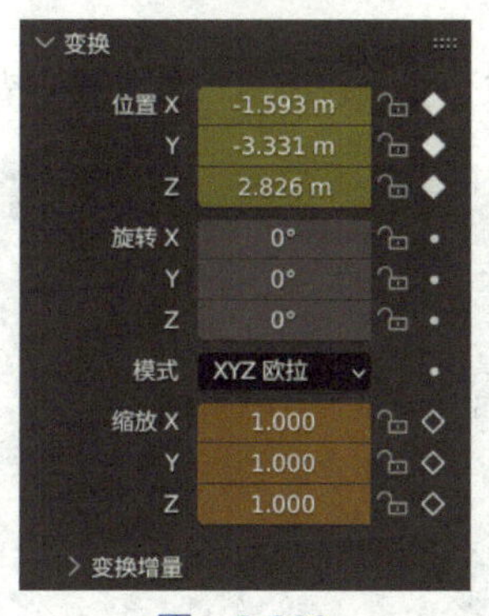

图 3-380

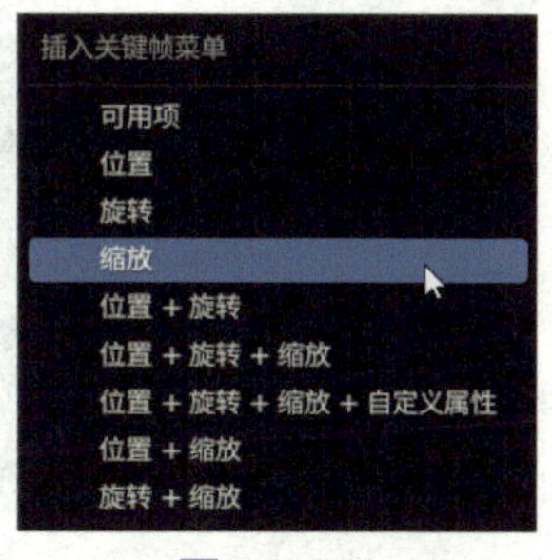

图 3-381

为了使动画节奏更加紧凑，选中小火箭的身体部分，如图 3-382 所示。对关键帧的位置进行调整，如图 3-383 所示。

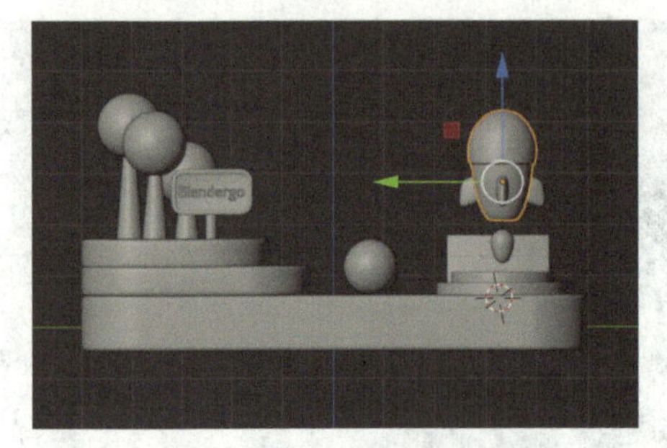

图　3-382

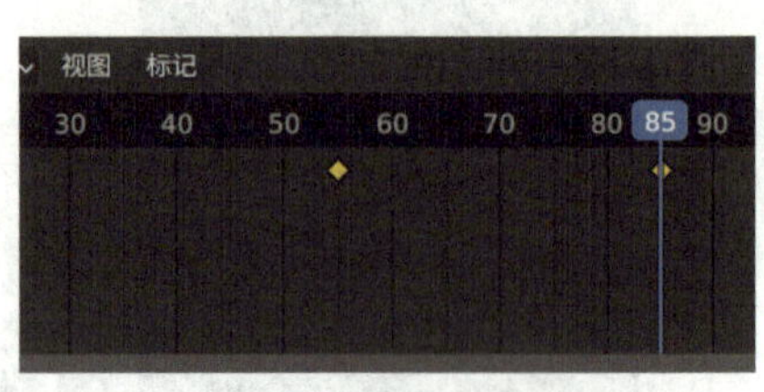

图　3-383

6 为背板制作动画。按快捷键 Alt+H，将所有模型全部显示出来，如图 3-384 所示。单击“选项”，勾选“仅影响”的“原点”选项，如图 3-385 所示。

图　3-384

图　3-385

将所选中的模型的原点位置进行调整，使其贴近背板，如图 3-386 所示。

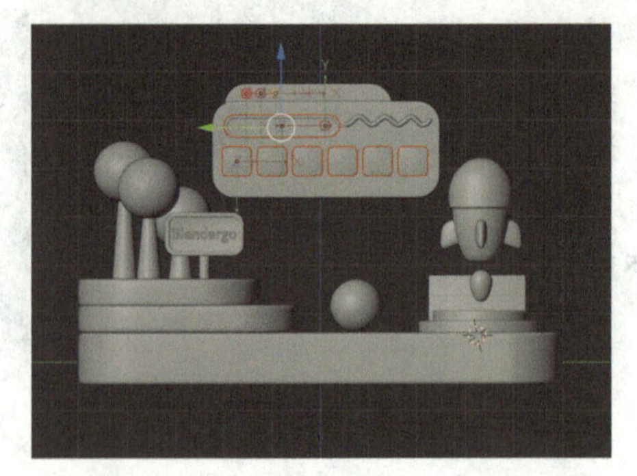

图　3-386

原点位置调整结果如图 3-387 所示。

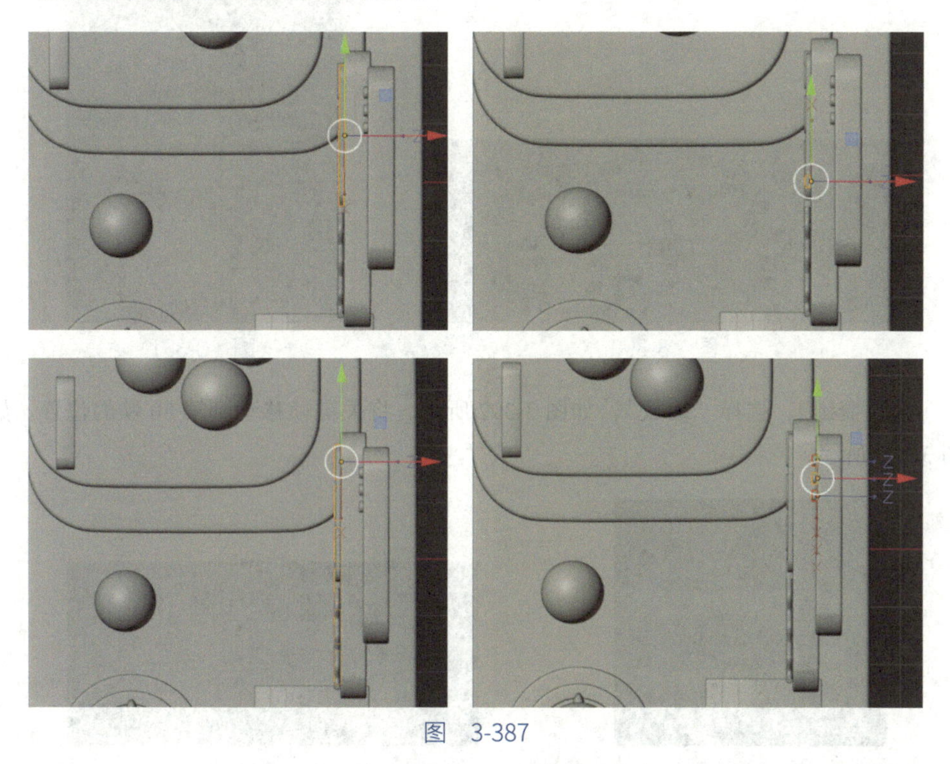

图 3-387

将“仅影响”的“原点”选项取消勾选，如图3-388所示。选中背板，如图3-389所示。

图 3-388

图 3-389

将关键帧移动到第 60 帧的位置，如图 3-390 所示。在工作区右侧进入“物体”面板，选择“变换”—“缩放”，将“X”“Y”“Z”的值调整为 0，如图 3-391 所示。

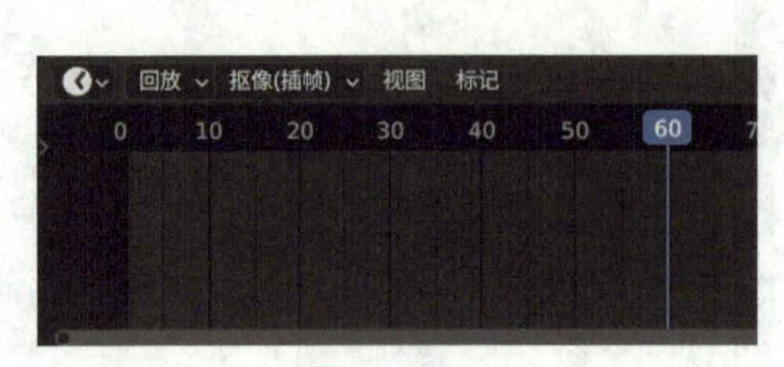

图　3-390

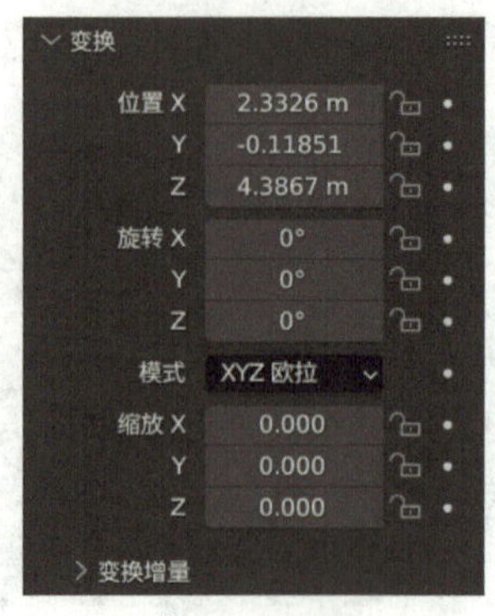

图　3-391

按快捷键 I，选择“缩放”，如图 3-392 所示。将关键帧移动到第 80 帧的位置，如图 3-393 所示。

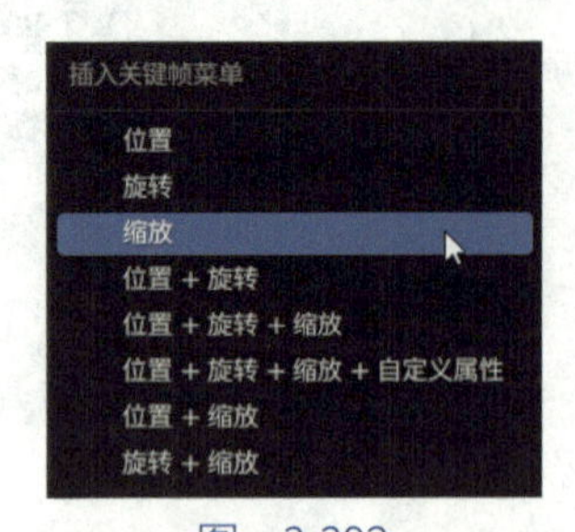

图　3-392

图　3-393

在工作区右侧进入“物体”面板，选择“变换”—“缩放”，将“X”“Y”“Z”的值调整为 1，如图 3-394 所示。按快捷键 I，选择“缩放”，如图 3-395 所示。

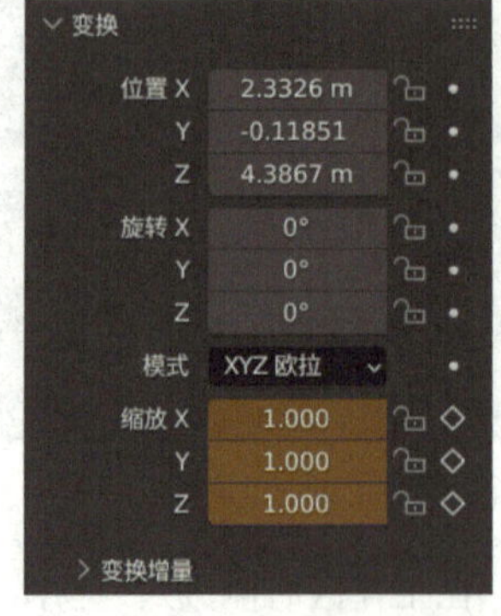

图　3-394

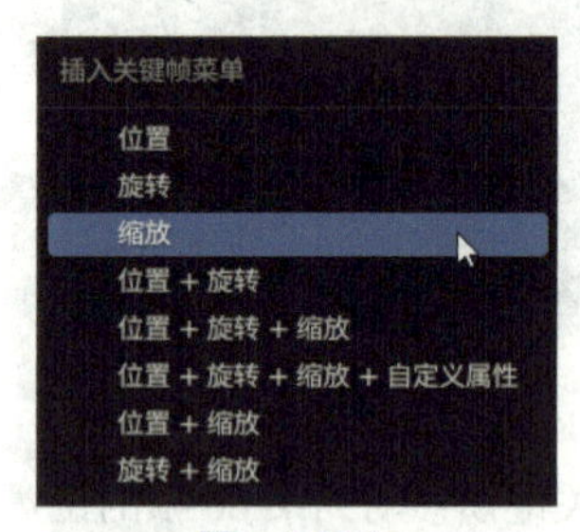

图　3-395

先选中如图 3-396 所示的部分模型。继续选择背板，如图 3-397 所示。

图 3-396

图 3-397

按快捷键 Ctrl+L，选择“关联动画数据”，如图 3-398 所示。选择“物体”—“关系”—“使其独立化”—“物体动画”，如图 3-399 所示。

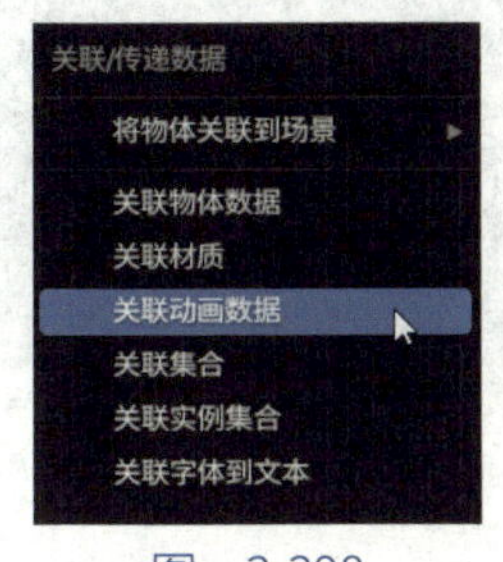

图 3-398

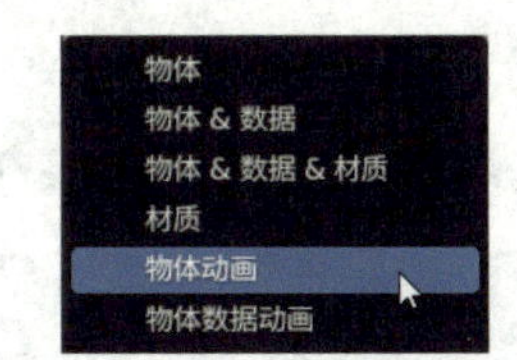

图 3-399

选中背板上面的曲线，如图 3-400 所示。按快捷键 H 将所选曲线隐藏，如图 3-401 所示。

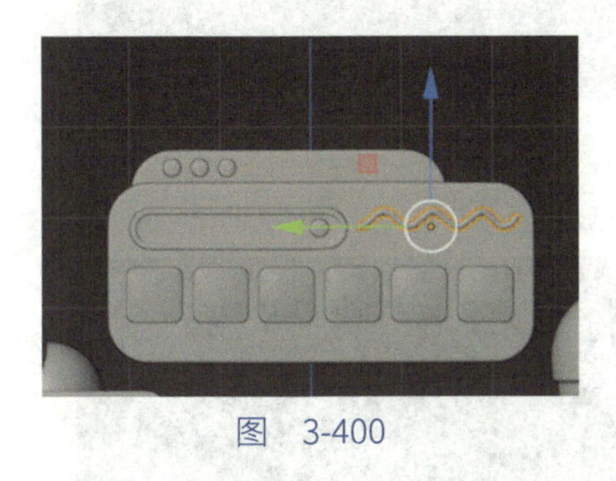

图 3-400

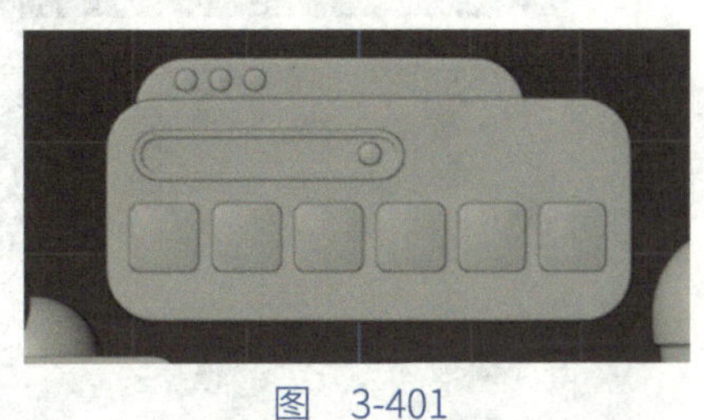

图 3-401

选中如图 3-402 所示的部分模型。对所选模型的位置进行移动，如图 3-403 所示。

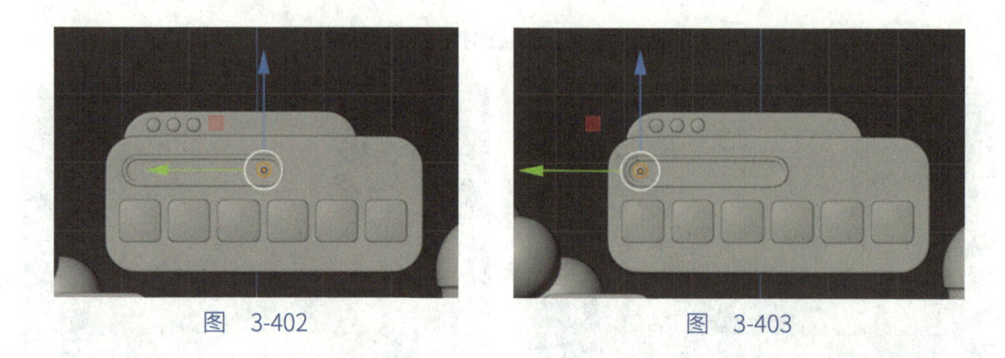

图　3-402　　　　图　3-403

按快捷键 Alt+H，将所有模型全部显示出来，对模型的关键帧进行调整，如图 3-404 所示。

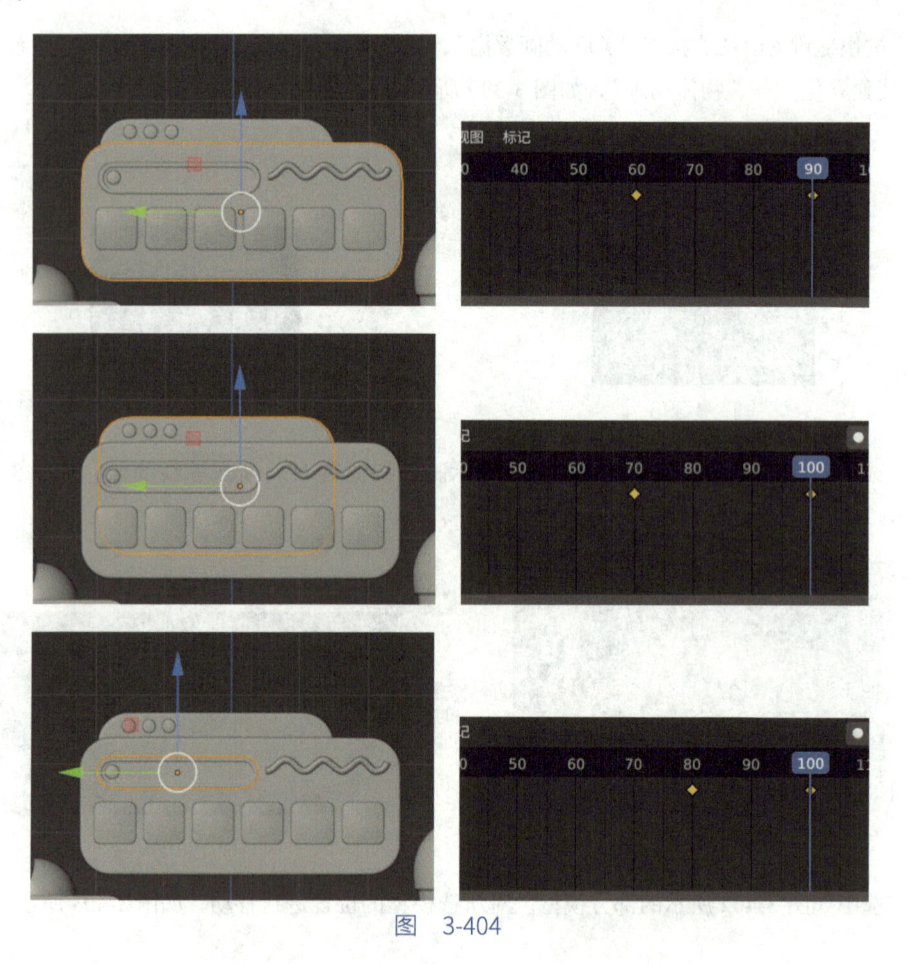

图　3-404

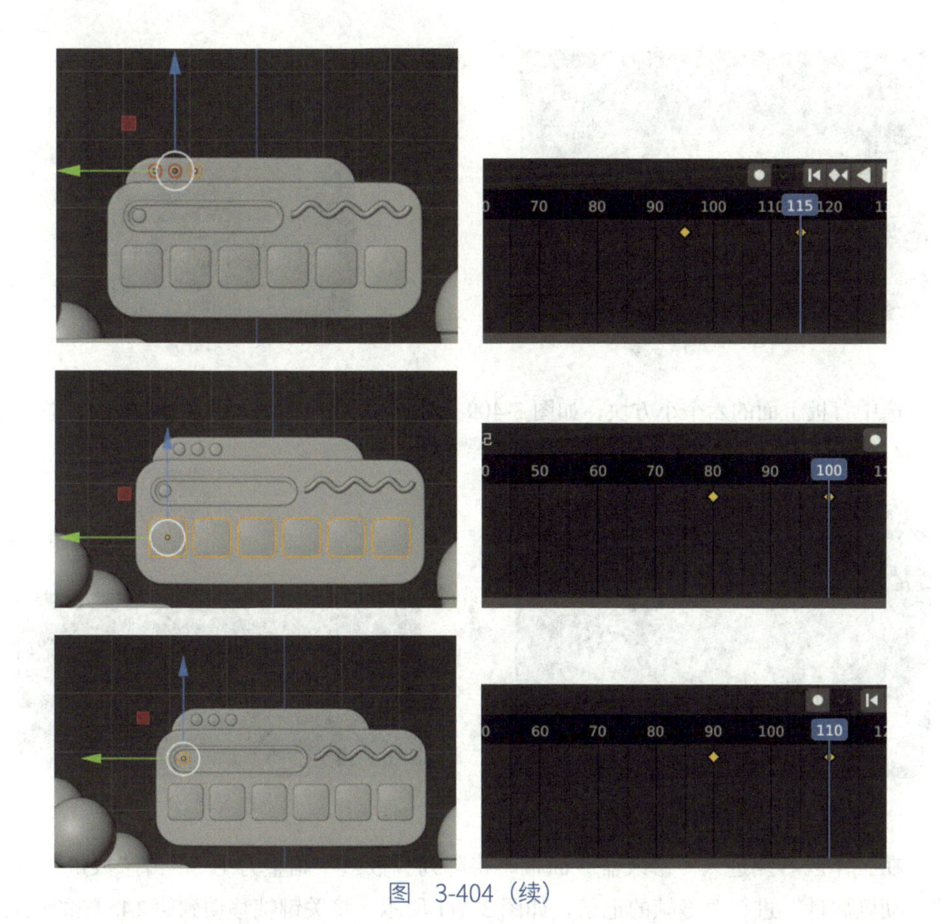

图 3-404（续）

保持模型的选中状态，按快捷键 I，选择“位置”，如图 3-405 所示。将关键帧移动到第 145 帧的位置，如图 3-406 所示。

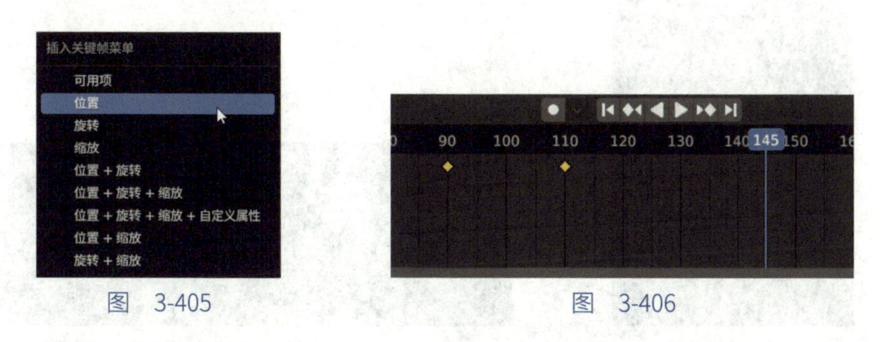

图 3-405　　　　图 3-406

对所选模型的位置进行移动，如图 3-407 所示。按快捷键 I，选择“位置”，如图 3-408 所示。

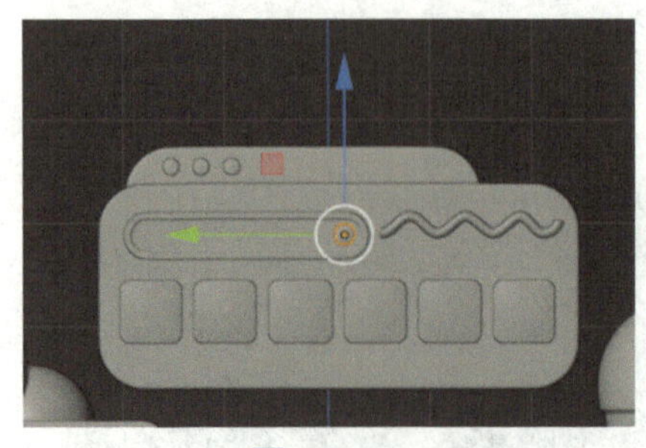

图　3-407

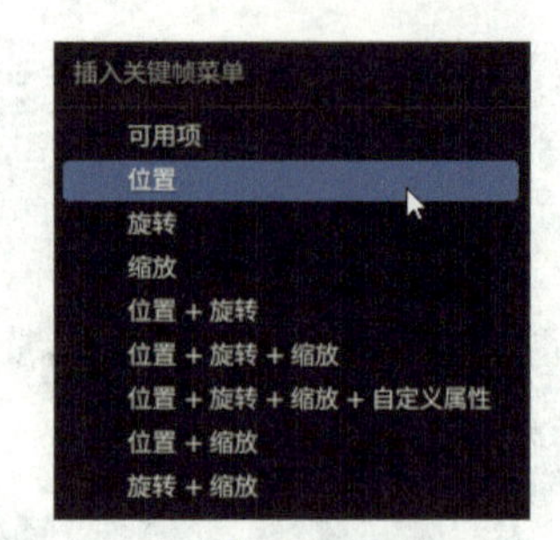

图　3-408

选中背板上面的六个小方块，如图 3-409 所示。将关键帧移动到第 110 帧的位置，如图 3-410 所示。

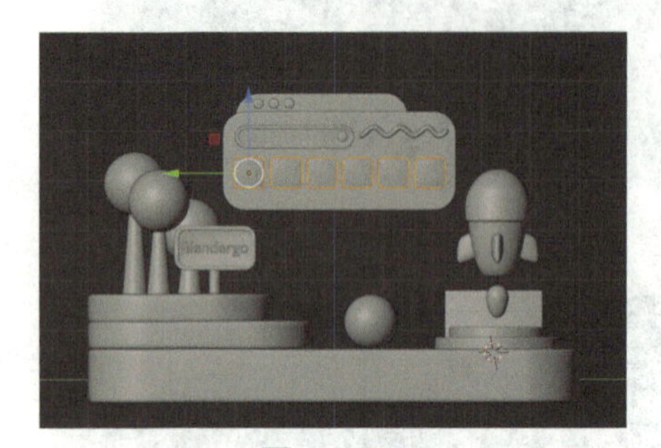

图　3-409

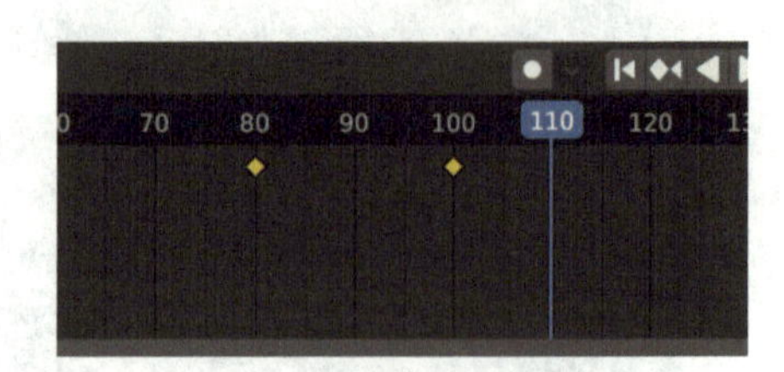

图　3-410

在工作区右侧进入“修改器”面板，将阵列“数量”调整为 1，单击“数量”后面的“动画属性”进行关键帧的记录，如图 3-411 所示。将关键帧移动到第 145 帧的位置，如图 3-412 所示。

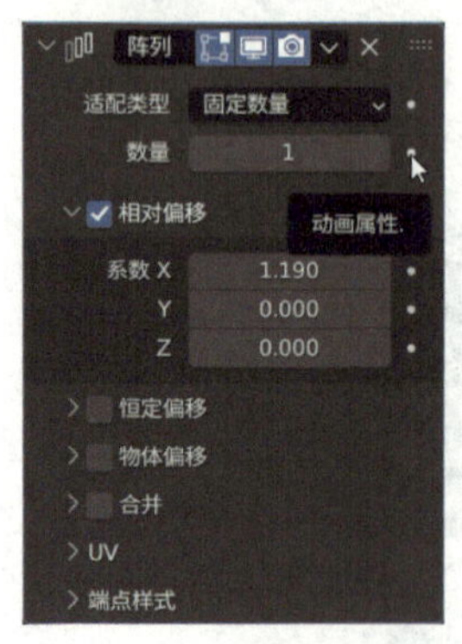

图　3-411

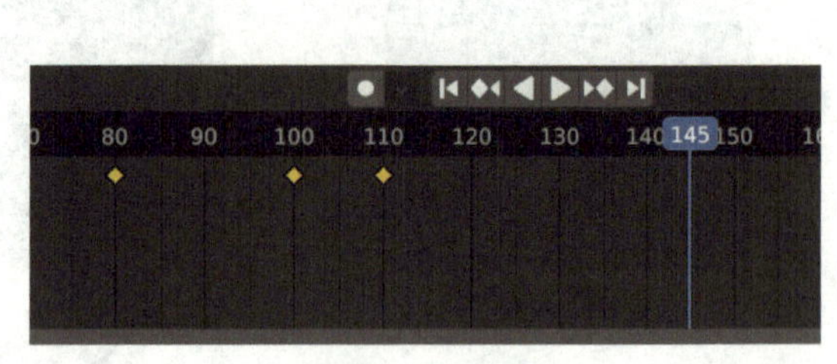

图　3-412

在工作区右侧进入“修改器”面板，将阵列“数量”调整为6，单击“数量”后面的“动画属性”进行关键帧的记录，如图3-413所示。选中背面上面的曲线，如图3-414所示。

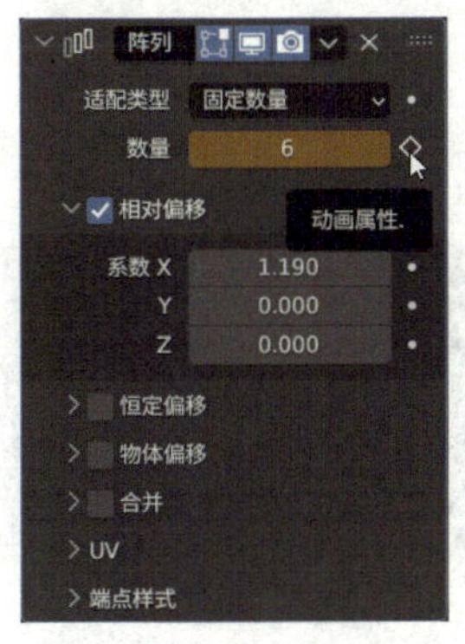

图 3-413

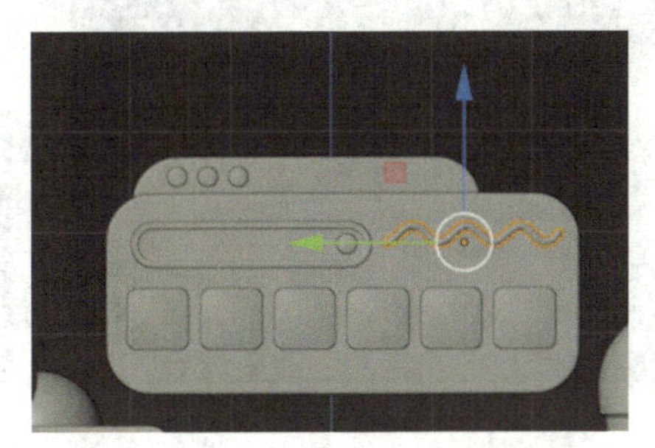

图 3-414

将关键帧移动到第110帧的位置，如图3-415所示。在工作区右侧进入“物体数据”面板，选择“几何数据”—“开始 & 结束映射”，将“起点系数”调整为1，单击“起点系数”后面的“动画属性”进行关键帧的记录，如图3-416所示。

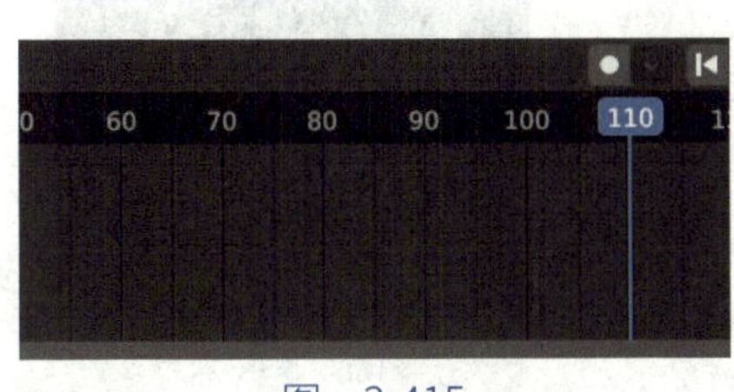

图 3-415

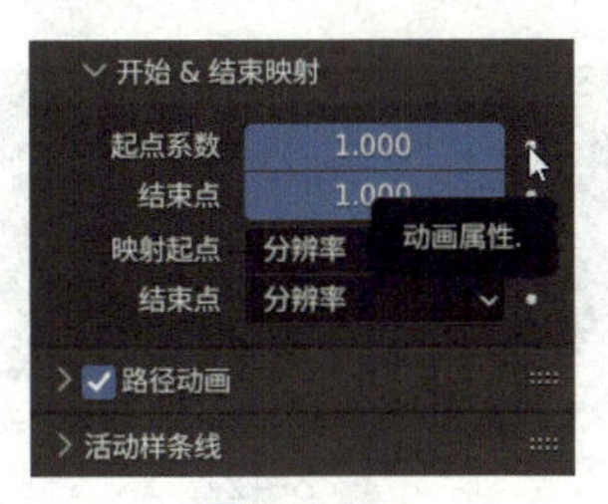

图 3-416

将关键帧移动到第145帧的位置，如图3-417所示。在工作区右侧进入“物体数据”面板，选择“几何数据”—“开始 & 结束映射”，将“起点系数”调整为0，单击“起点系数”后面的“动画属性”进行关键帧的记录，如图3-418所示。

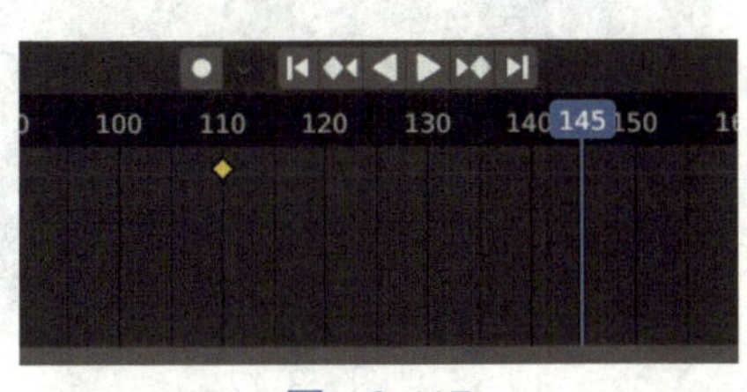

图 3-417

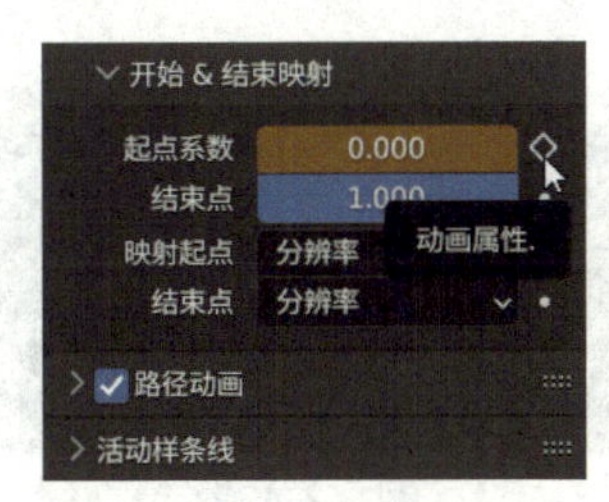

图 3-418

7 动画细节处理。从第 1 帧开始播放，发现小火箭的出现过程可以长一点，选中小火箭的身体部分，如图 3-419 所示。对关键帧的位置进行细微调整，如图 3-420 所示。

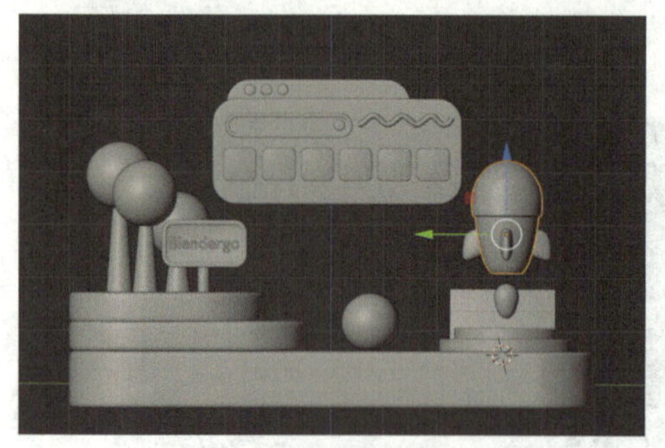

图　3-419

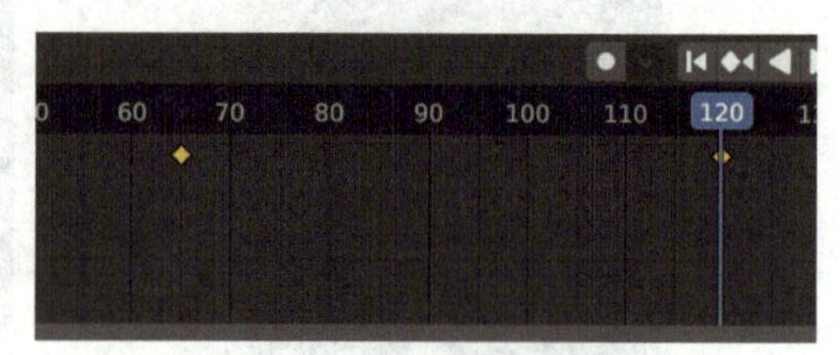

图　3-420

可以让小火箭有一种飞向天空的感觉，保持小火箭身体部分的选中状态，将关键帧移动到第 145 帧的位置，如图 3-421 所示。按快捷键 I，选择“位置”，如图 3-422 所示。

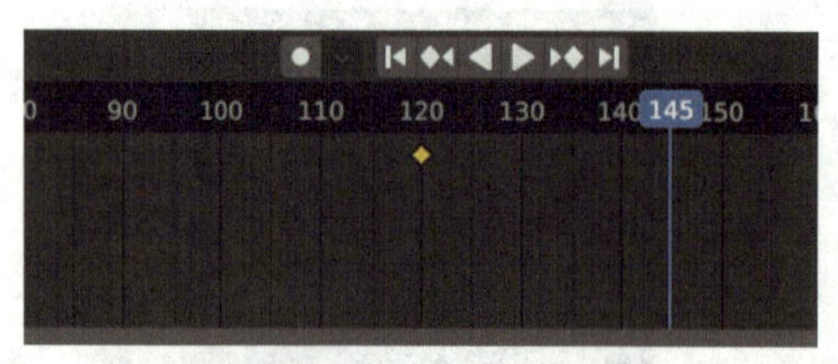

图　3-421

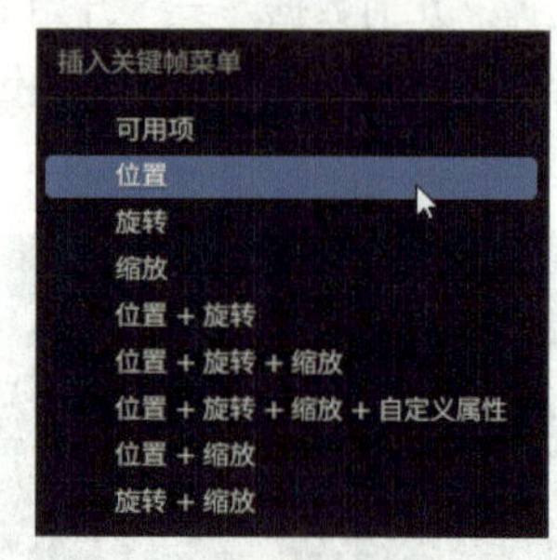

图　3-422

将关键帧移动到第 170 帧的位置，如图 3-423 所示。按快捷键～进入摄像机视图，如图 3-424 所示。

图　3-423

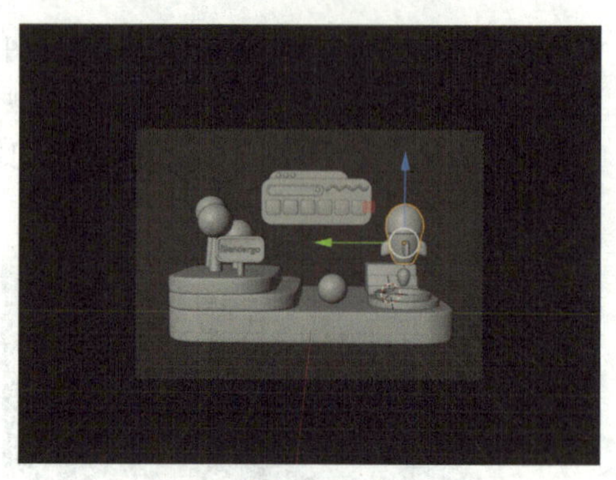

图　3-424

将小火箭的位置向上移动，使其离开摄像机视图，如图 3-425 所示。按快捷键 I，选择“位置”，如图 3-426 所示。

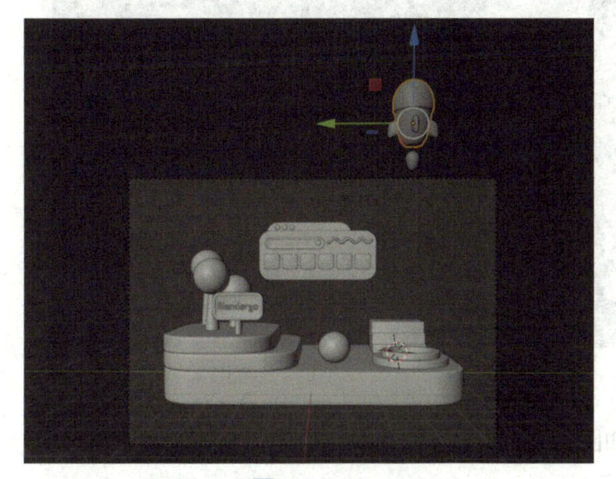

图 3-425

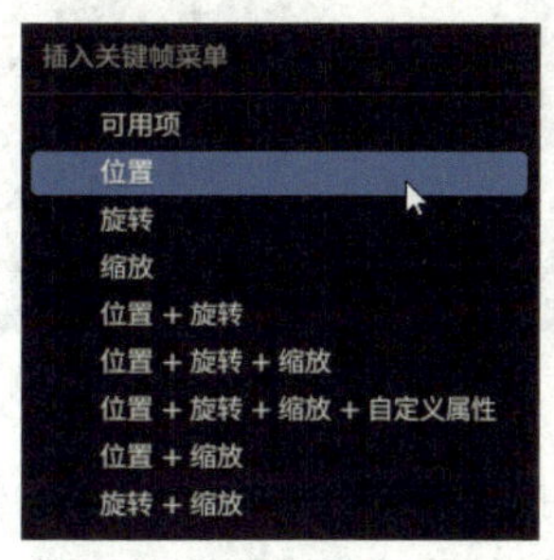

图 3-426

依次按快捷键 Shift+C、快捷键 Shift+A，选择“空物体”—“立方体”，如图 3-427 所示。按快捷键 S 将空物体放大并进行位置调整，如图 3-428 所示。

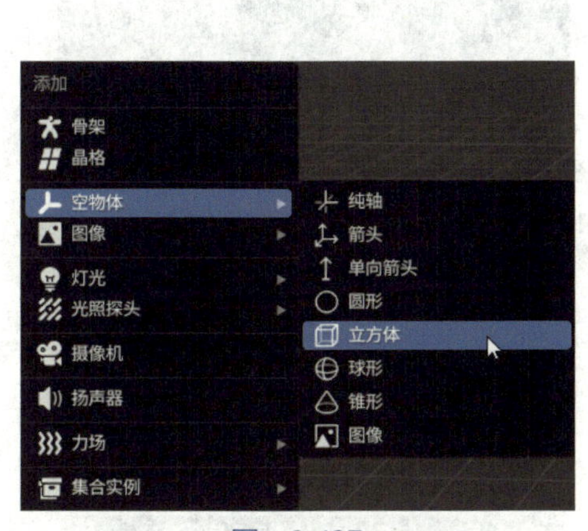

图 3-427

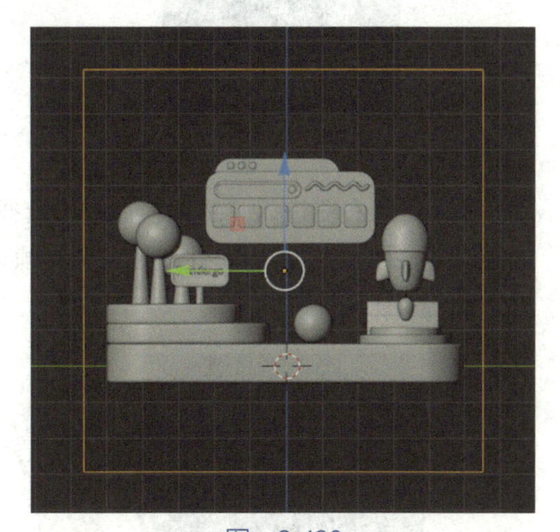

图 3-428

选中部分模型，如图 3-429 所示。继续选中空物体，如图 3-430 所示。

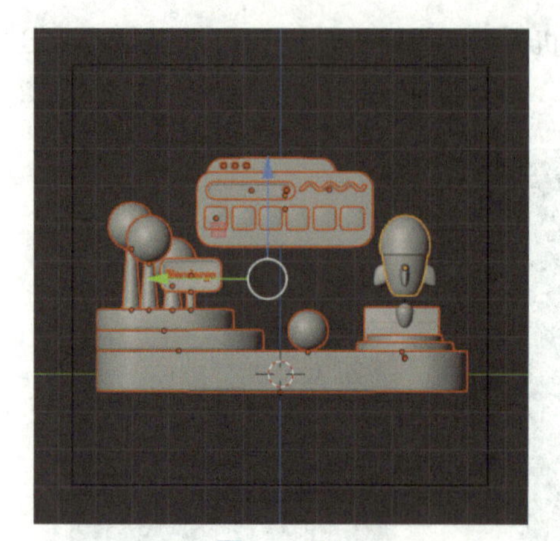

图　3-429

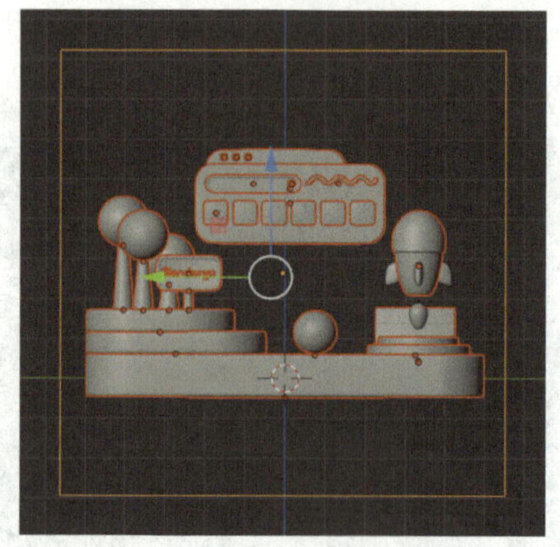

图　3-430

按快捷键 Ctrl+P，选择“物体”，如图 3-431 所示。只选中空物体，其他模型取消选择，将关键帧移动到第 1 帧，如图 3-432 所示。

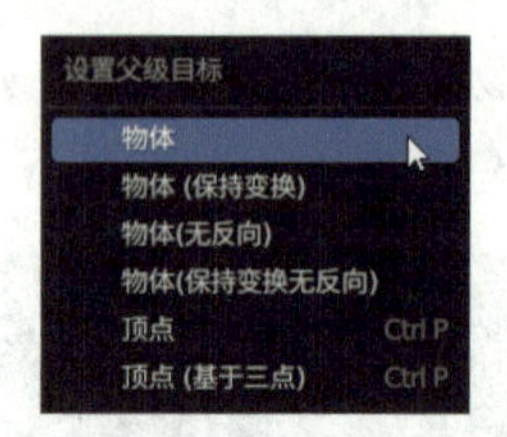

图　3-431

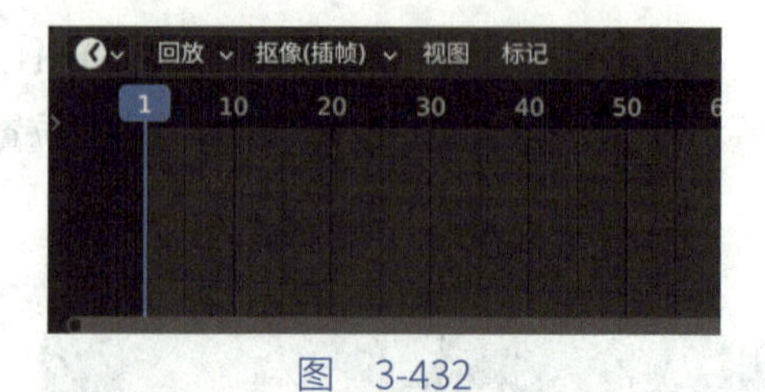

图　3-432

在工作区右侧进入“物体”面板，选择“变换”—“旋转”，将“Z”调整为 0°，单击“Z”后面的“动画属性”记录关键帧，如图 3-433 所示。将关键帧移动到第 50 帧的位置，如图 3-434 所示。

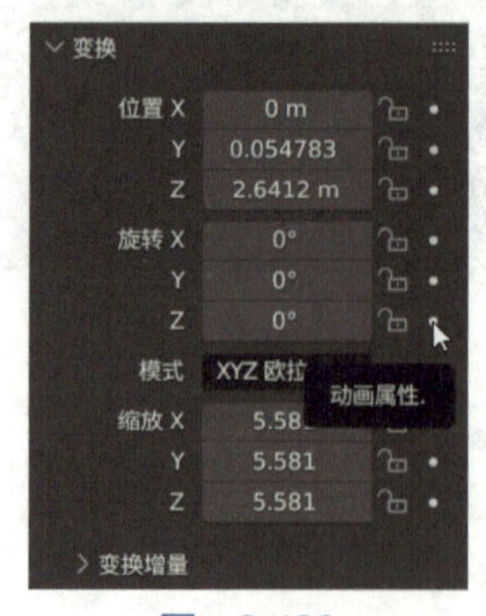

图　3-433

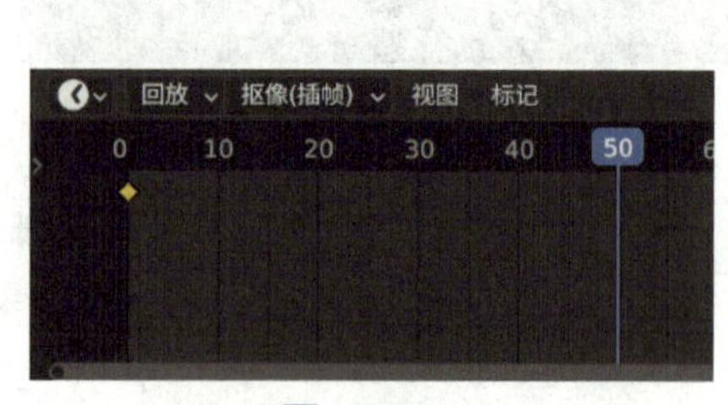

图　3-434

在工作区右侧进入“物体”面板，选择“变换”—“旋转”，将“Z”调整为360°，单击“Z”后面的“动画属性”进行关键帧的记录，如图3-435所示。为了方便观察，可以依次按快捷键Shift+Alt+Z、快捷键Ctrl+`，如图3-436所示。

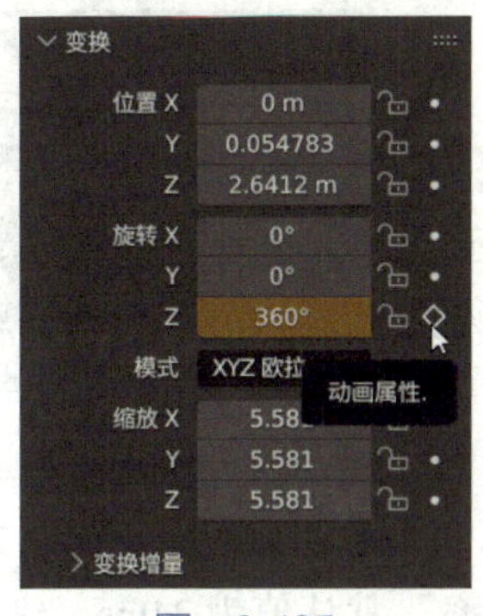

图 3-435

图 3-436

将关键帧移动到第1帧进行播放，如图3-437所示。

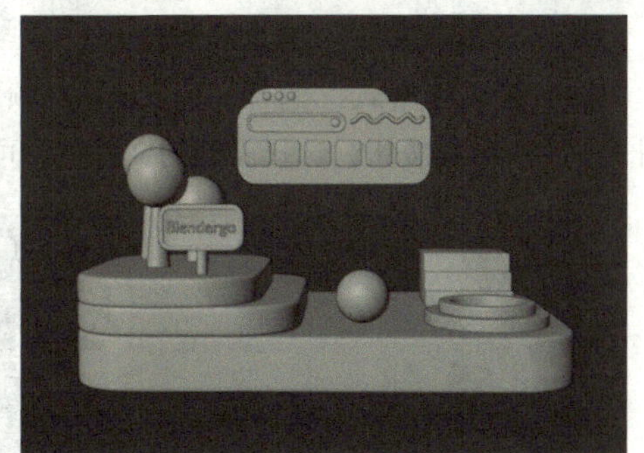

图 3-437

3.4　动画输出及合成

接下来将对动画的两种输出方法进行介绍。

方法一

图　3-438

在工作区右侧进入“渲染”面板，“渲染引擎”选择“Cycles”，“设备”选择“GPU 计算”，如图 3-438 所示。渲染“最大采样”值静态输出建议设置为 1024（动画输出建议设置为 256 或 512），如图 3-439 所示。

在工作区右侧进入“输出”面板，选择“格式”，分辨率“%”默认值为 100%，假如设置为 50%，将按照当前所设置分辨率数值的 50% 进行输出；假如设置为 200%，将按照当前所设置分辨率数值的 200% 进行输出。“帧率”默认值为 24fps，建议调整为 30fps，这样输出更加有利于数值的计算，该值不建议调整得太高，如图 3-440 所示。帧范围“结束点”默认值为 250，可以根据实际情况进行调整，例如本案例 180 帧之后无内容，所以可以将该值调整为 180，如图 3-441 所示。

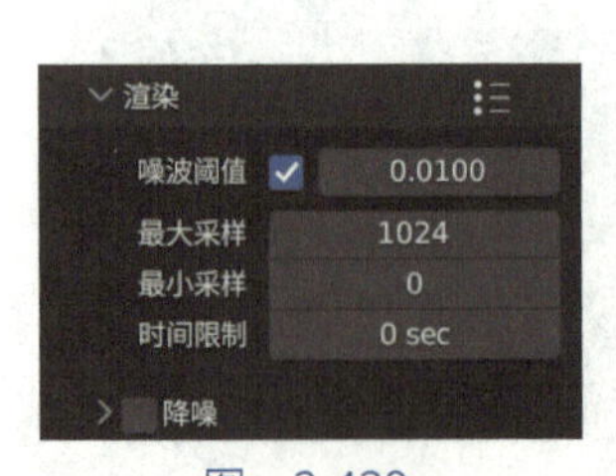

图　3-439

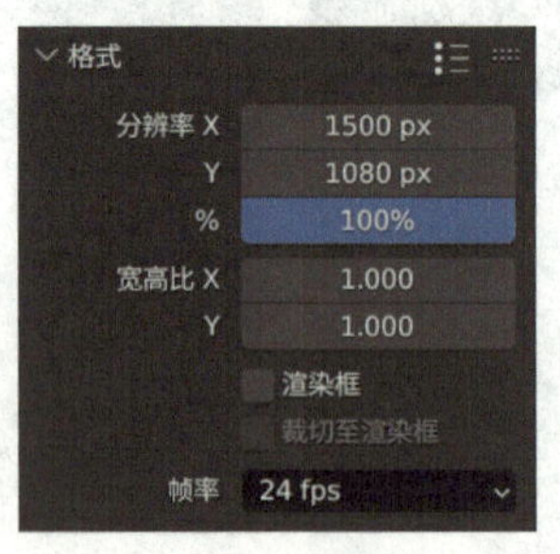

图　3-440

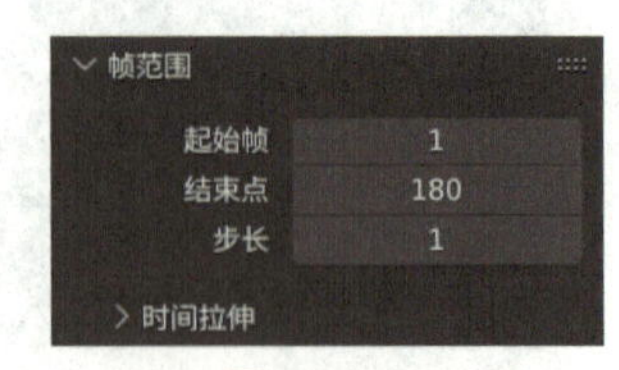

图　3-441

输出“文件格式”选择“FFmpeg 视频”，如图 3-442 所示。输出位置可以单击如图 3-443 所示的按钮，选择需要的文件夹即可。

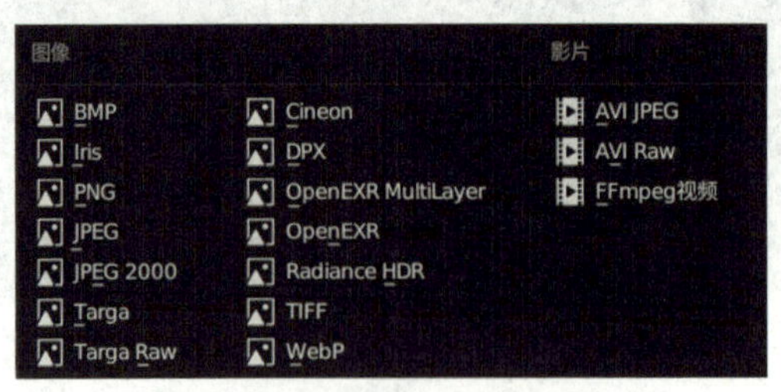

图　3-442

图　3-443

编码“容器”选择“MPEG-4”，如图 3-444 所示。视频“视频编码”保持默认值“H.264”，“输出质量”建议选择“无损”，如图 3-445 所示。按快捷键 Ctrl+F12 即可进行动画的渲染。

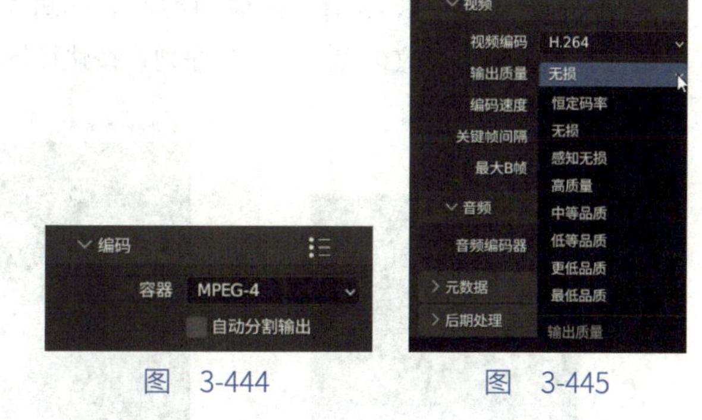

图 3-444　　图 3-445

方法二

1 方法二与方法一的区别在于，方法一输出“文件格式”选择“FFmpeg 视频”，而方法二输出“文件格式”则需要选择图片序列，例如 PNG。假如当前场景中存在透明通道，“颜色”可以选择 RGBA。假如当前场景中不存在透明通道，“颜色”可以选择“RGB”，如图 3-446 所示。方法二渲染出来的是图片，假如渲染的过程中出现问题，例如只渲染出来 1 ~ 50 张图片，这时候可以在帧范围“起始帧”位置定义为 51，从第 51 张图片开始继续渲染，如图 3-447 所示。

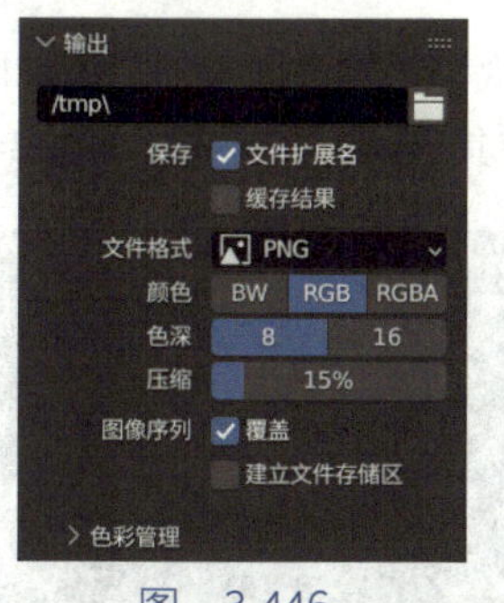

图 3-446

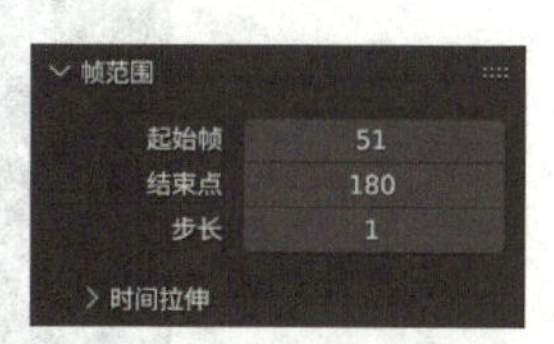

图 3-447

2 图片合成。选择“添加工作区”—“视频编辑”—“Video Editing”，如图 3-448 所示。进入“Video Editing”工作区，如图 3-449 所示。

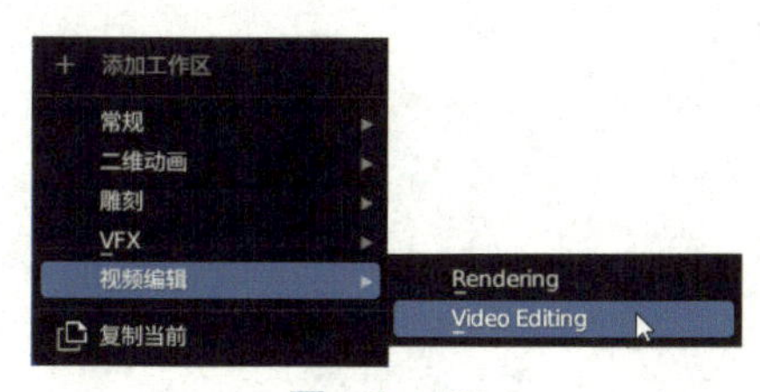

图 3-448

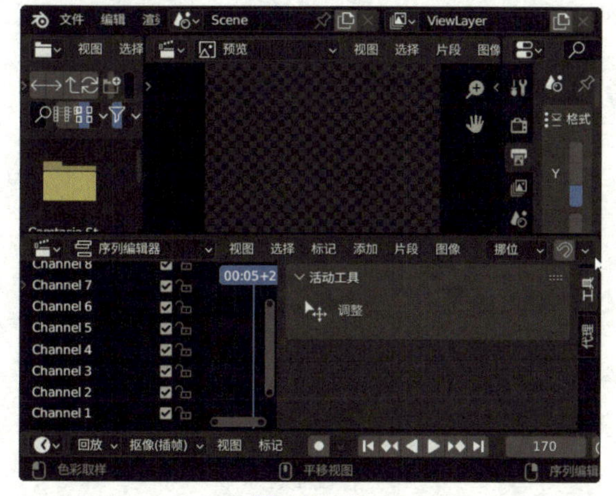

图 3-449

按快捷键 Shift+A，选择“图像 / 序列”，如图 3-450 所示。弹出“Blender 文件视图”对话框，浏览到前面渲染出来的图片序列，按快捷键 A 全选，如图 3-451 所示。

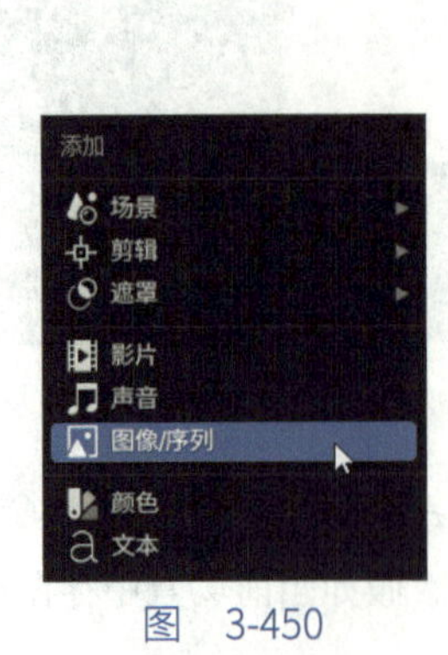

图　3-450

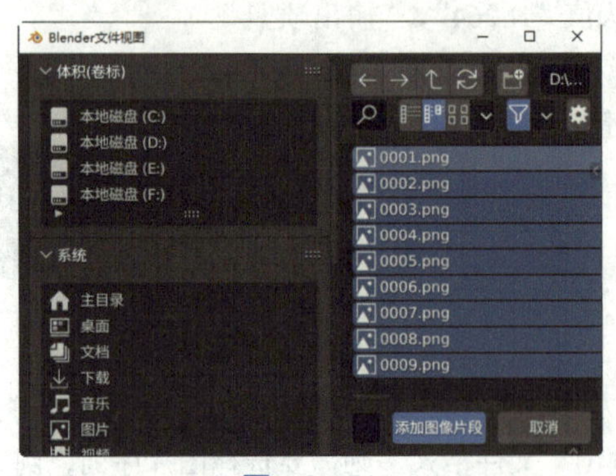

图　3-451

单击“Blender 文件视图”对话框中的“添加图像片段”按钮，按快捷键 Ctrl+T，拖曳刚添加的图像序列，使其与第 1 帧对齐，如图 3-452 所示。

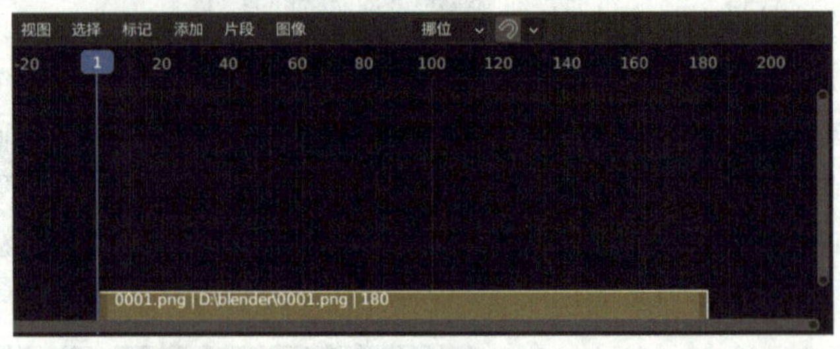

图　3-452

选择“长音 .mp3”，如图 3-453 所示。

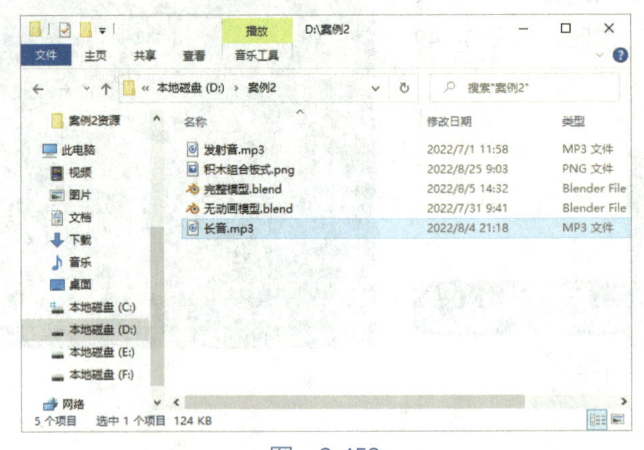

图　3-453

将“长音.mp3”拖曳到“Video Editing”工作区中，使其与第 1 帧对齐，如图 3-454 所示。

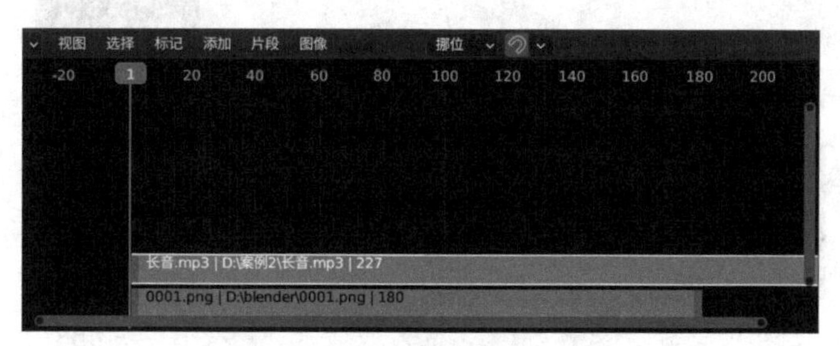

图 3-454

将“积木组合板式.png”拖曳到“Video Editing”工作区，使其与第 1 帧对齐，可以适当将其拉长一点，如图 3-455 所示。

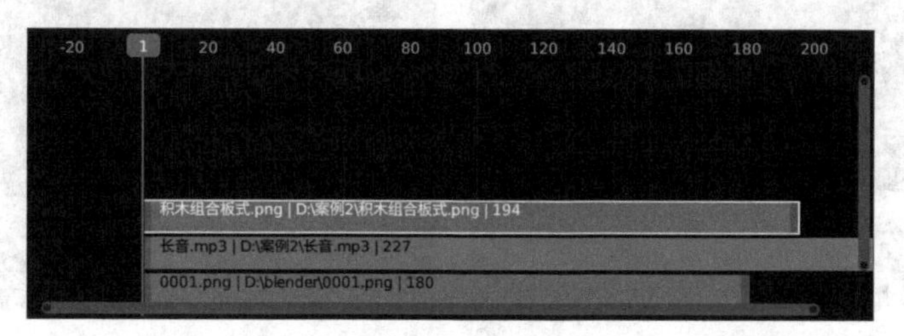

图 3-455

将“发射音.mp3”拖曳到“Video Editing”工作区，将其放置到小火箭向天空飞去的位置，如图 3-456 所示。

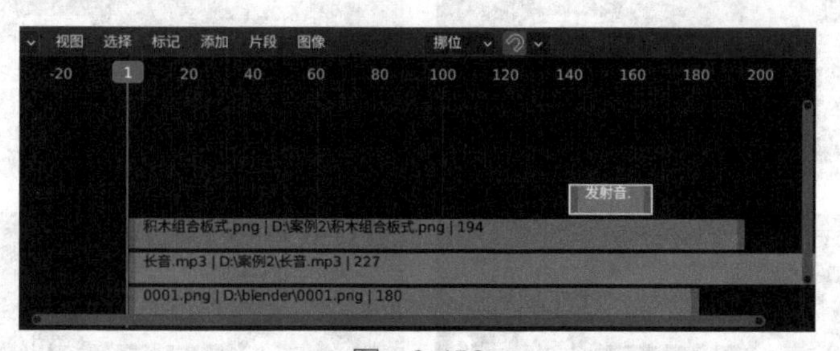

图 3-456

选中拖曳到“Video Editing”工作区中的图片序列，单击展开“颜色”项，将“饱和度”值调整为 1.1，如图 3-457 所示。在工作区右侧进入“输出”面板，选择“输出”—“编码”—“音频”，“音频编码器”默认为“无音频”，建议选择“AAC”或者“MP3”，如图 3-458 所示。

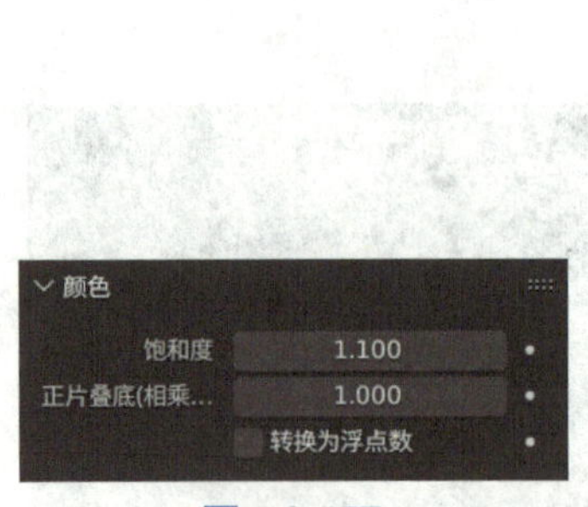

图　3-457

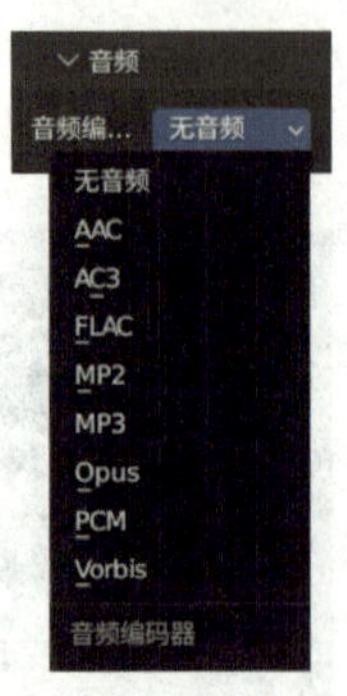

图　3-458

其他参数的设置参考方法一，按快捷键 Ctrl+F12，渲染效果如图 3-459 所示。

图　3-459

第 4 章

金币基站案例

本章目标

制作金币基站小场景，如图 4-1 所示。

图 4-1

了解构建金币基站的工作流程，巩固以前所学的知识点，掌握 Blender 硬表面建模的基本方法、文字的建模、渲染方法。

本章重点

1. 构建金币基站的工作流程

（1）**分析**需要构建的形象，创建基本几何体、文字。

（2）在 Blender 中用简单的基本几何体进行**形变，注意借形的灵活运用。**

2. 渲染设置

（1）类似材质可以运用“关联材质”进行基础材质的创建，然后稍加调整即可。

（2）注意冷暖对比的应用。

（3）注意同一个模型上面多个材质的应用。

➡ 学习准备

案例拆解

金币基站模型分为地基、金币以及剩余部分。

地基主体的基本型是立方体、圆柱和三条连接线，其边缘比较圆滑。金币的基本型是圆柱和文字，圆柱适当向内侧凹陷。剩余部分的基本型主要是圆柱和曲线。

地基包括金属材质、发光材质以及不同颜色的多种材质，其中地基主体上面包含了两种材质。其他位置除应用了类似的材质之外，还要应用透明效果的材质。

做好准备工作后，接下来进入实战吧！

4.1　硬表面建模

接下来将按照地基、除金币之外的剩余部分、金币的顺序从下往上进行建模。

创建地基

1　创建主体。地基由多个部分组成，先来创建一个大体的轮廓，即主体，基本型是立方体。打开 Blender 之后按快捷键 A，再按快捷键 X，选择“删除”，如图 4-2 所示，将所有物体删除。按快捷键 Shift+A，选择“网格”—“立方体”，创建一个立方体，按快捷键 S+5，将这个立方体放大 5 倍，如图 4-3 所示。

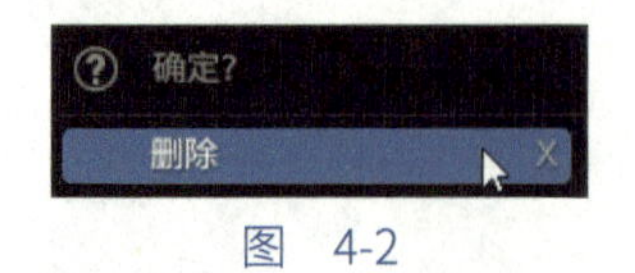

图　4-2

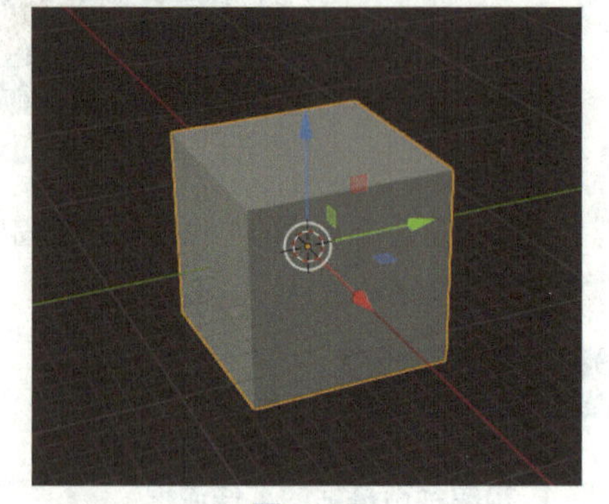

图　4-3

按快捷键 S+Z，对立方体在 z 轴向上进行缩放，将其压扁，如图 4-4 所示。按 Tab 键进入编辑模式，选择立方体的四条边，如图 4-5 所示。

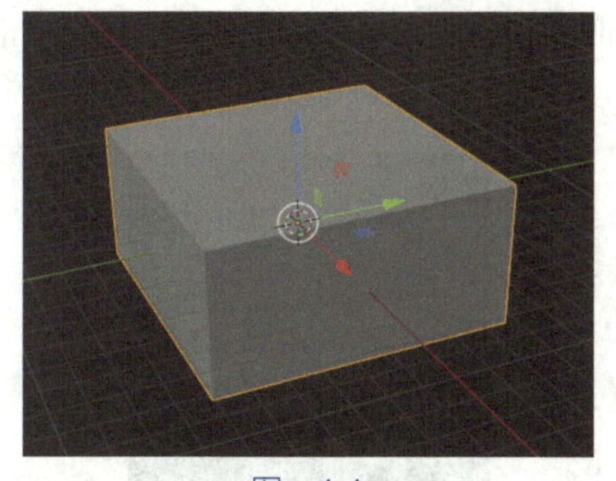

图 4-4

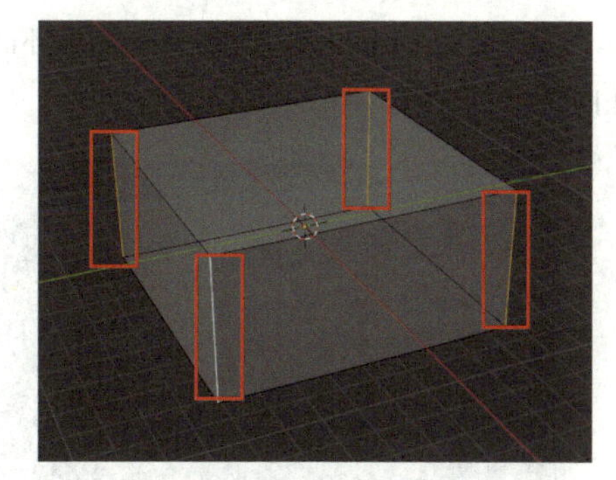

图 4-5

按快捷键 Ctrl+B，拖曳鼠标光标的同时滑动鼠标滚轮可以控制倒角的段数，如图 4-6 所示。按快捷键 Ctrl+R，添加一条循环边，如图 4-7 所示。

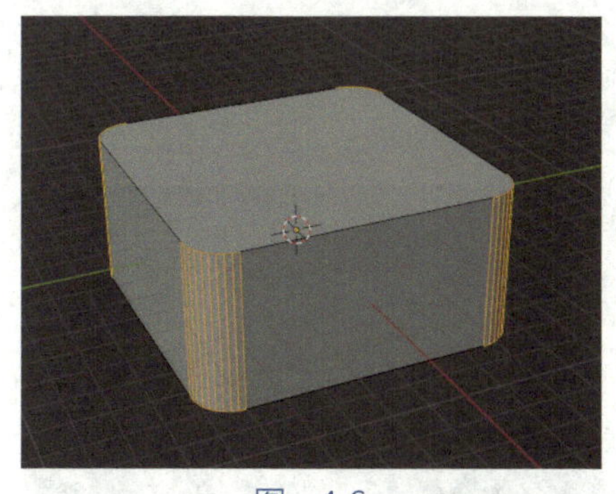

图 4-6

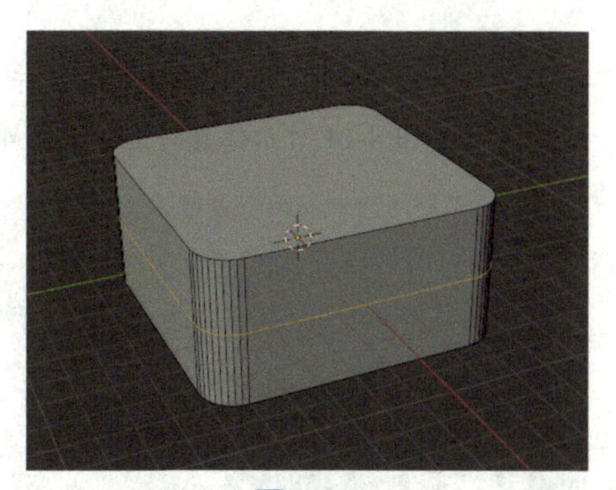

图 4-7

按快捷键 Ctrl+B，拖曳鼠标光标的同时滑动鼠标滚轮，将倒角的段数调低一点，如图 4-8 所示。按快捷键 Alt，选择循环面，如图 4-9 所示。

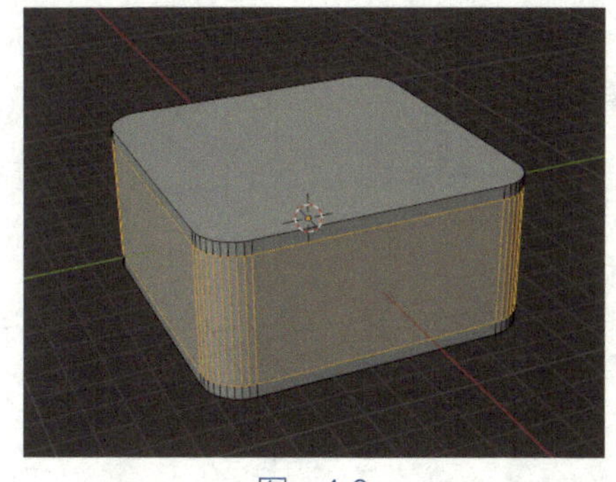

图 4-8

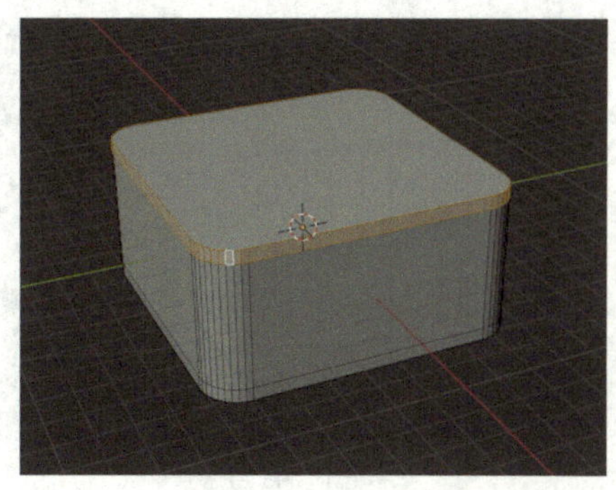

图 4-9

按快捷键Shift+Alt，选择另一圈循环面，如图4-10所示。单击编辑模式工具栏的“沿法向挤出”按钮，如图4-11 所示。

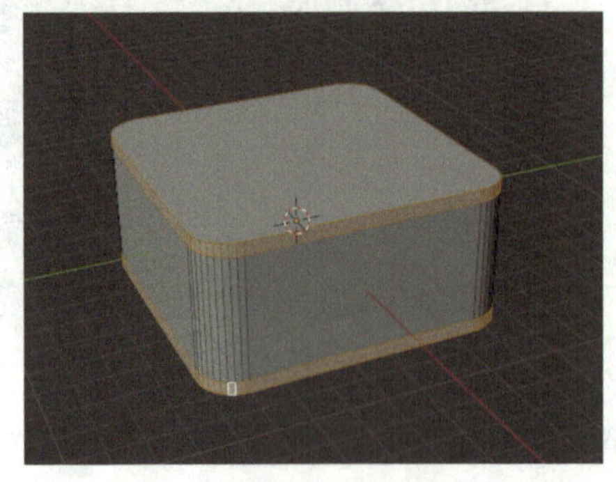

图　4-10

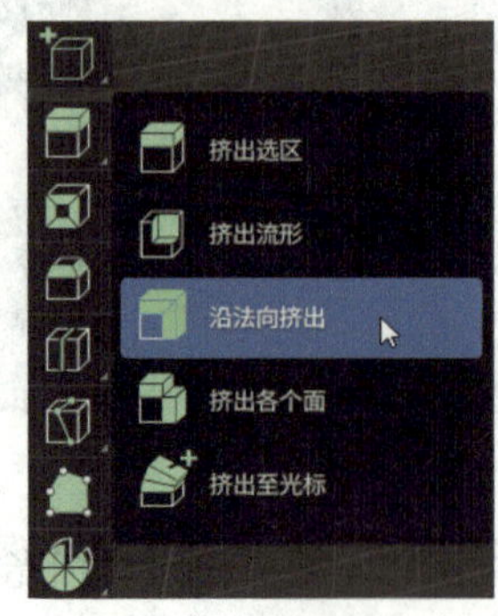

图　4-11

提示： 按快捷键 Alt，单击如图 4-12 所示位置将选择如图 4-13 所示的循环面。按快捷键 Alt，单击如图 4-14 所示位置将选择如图 4-15 所示的循环面。

图　4-12

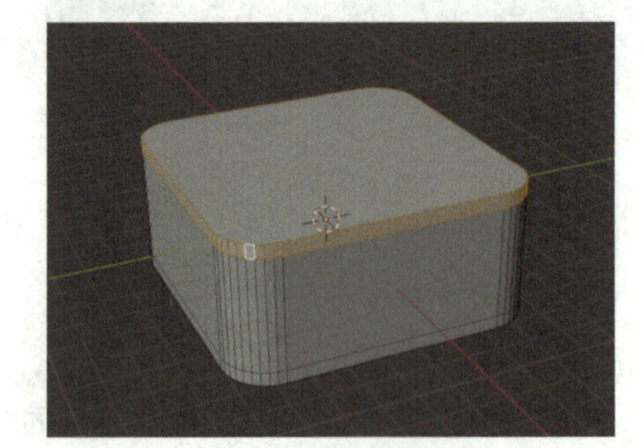

图　4-13

图　4-14

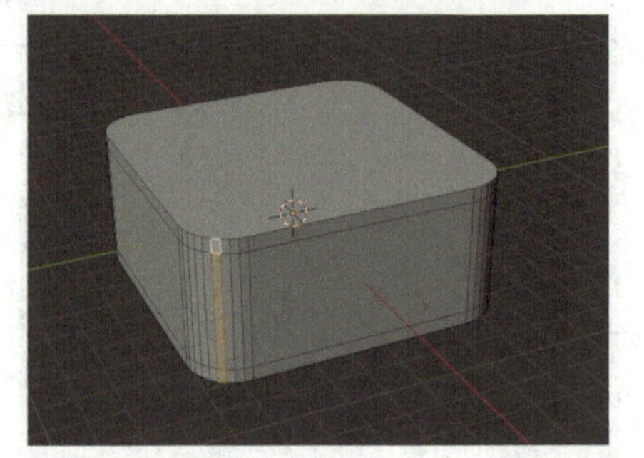

图　4-15

单击“沿法向挤出”按钮后的效果如图 4-16 所示。按住小黄点拖曳鼠标光标，如图 4-17 所示。

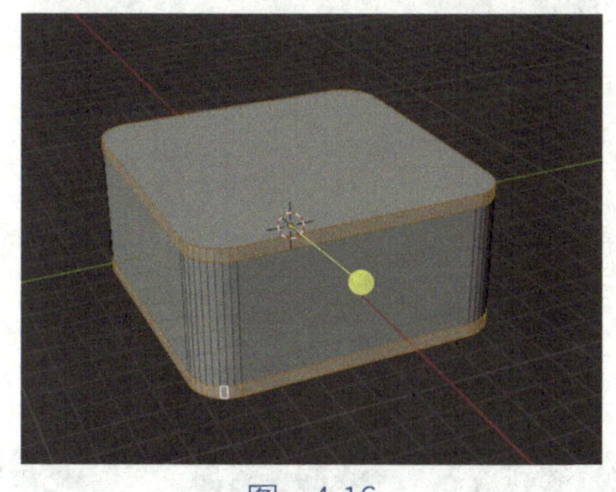
图 4-16

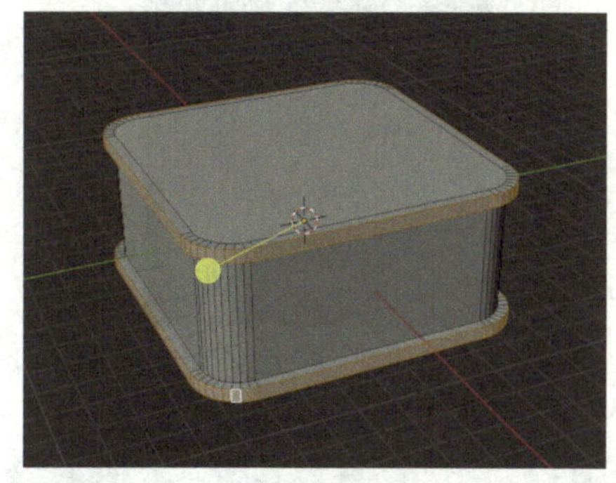
图 4-17

按 Tab 键进入物体模式，按快捷键 Ctrl+A，选择“缩放”，如图 4-18 所示，从而将缩放应用到物体上。在工作区右侧进入“修改器”面板，选择“添加修改器”—“倒角”，给该模型添加倒角，“倒角”修改器中的“段数”参考数值为 3，“(数) 量”参考数值为 0.058，效果如图 4-19 所示。

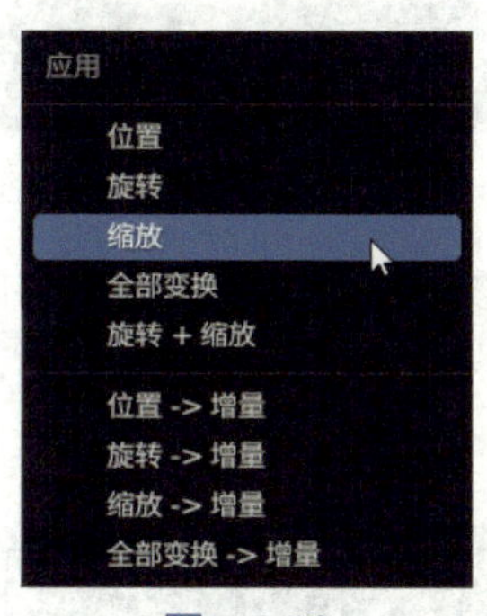

图 4-18

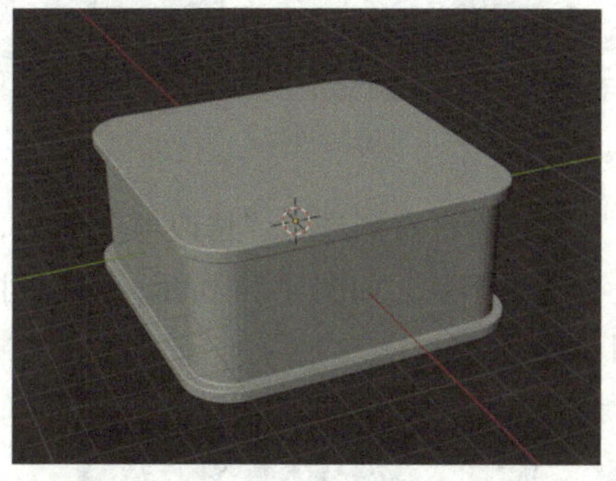
图 4-19

2 创建一排小立方体。按快捷键 ~ 进入前视图，单击物体模式工具栏的“添加立方体”按钮，如图 4-20 所示。在前面创建的主体的表面进行立方体的创建，如图 4-21 所示。

在工作区右侧进入“修改器”面板，选择“添加修改器”—“倒角”，给刚才创建的小立方体添加倒角，“倒角”修改器中的“段数”参考数值为 3，“(数) 量”参考数值为 0.034，效果如图 4-22 所示。对立方体的位置可以进行适当调整，如图 4-23 所示。

图　4-20

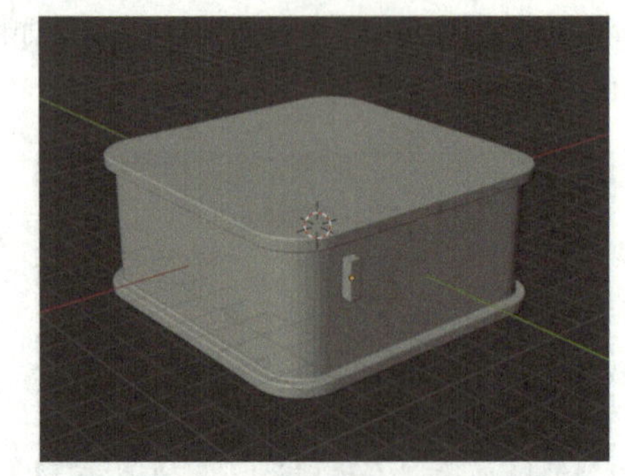

图　4-21

图　4-22

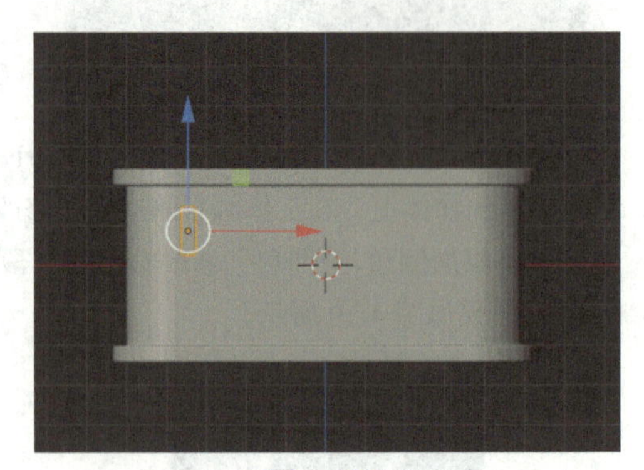

图　4-23

在工作区右侧进入“修改器”面板，选择“添加修改器”—“阵列”，将阵列参数进行适当调整，如图 4-24 所示。可以对小立方体的大小及位置进行适当调整，效果如图 4-25 所示。

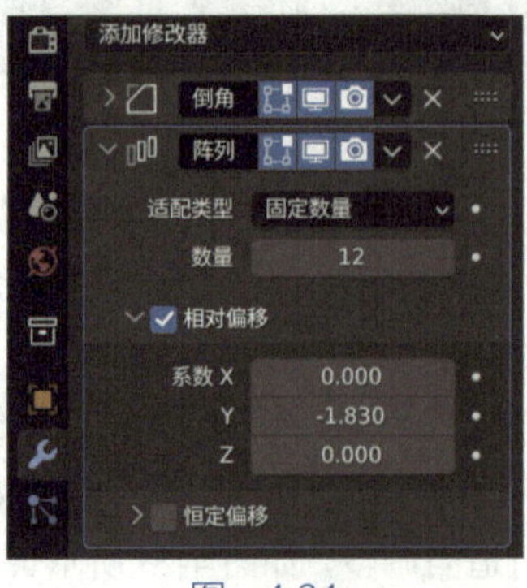

图　4-24

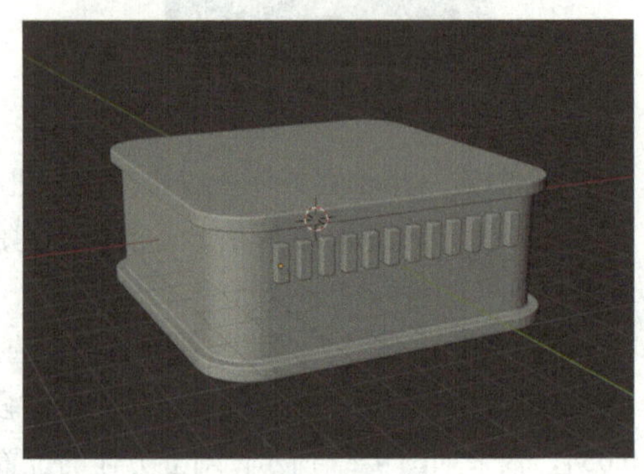

图　4-25

3 创建开关凹槽。按快捷键 ~ 进入前视图，单击物体模式工具栏的“添加立方体”按钮，在前面创建的主体的表面创建立方体，如图 4-26 所示。按 Tab 键进入编辑模式，对立方体的大小及位置进行适当调整，按快捷键 Alt+Z 进入透显模式，选中立方体的四条边，如图 4-27 所示。

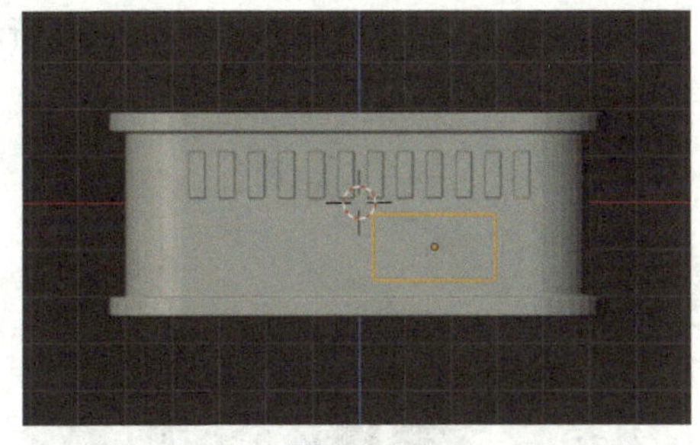

图　4-26

按快捷键 Alt+Z 退出透显模式，按快捷键 Ctrl+B，拖曳鼠标光标的同时滑动鼠标滚轮，对倒角的段数进行适当调整，效果如图 4-28 所示。

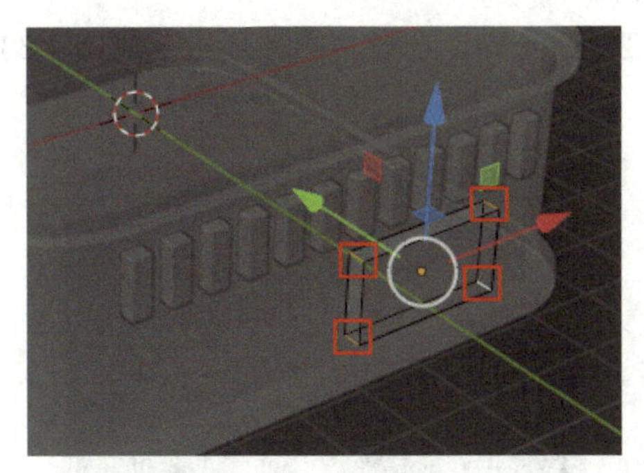

图　4-27

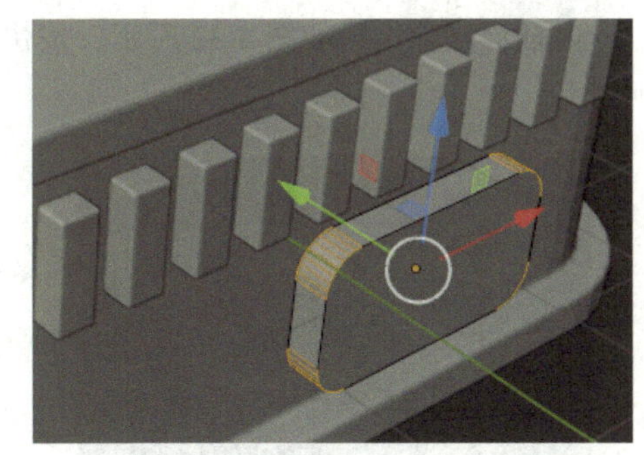

图　4-28

按快捷键 / 进入隔离模式，配合 Shift 键选中立方体的两个面，如图 4-29 所示。

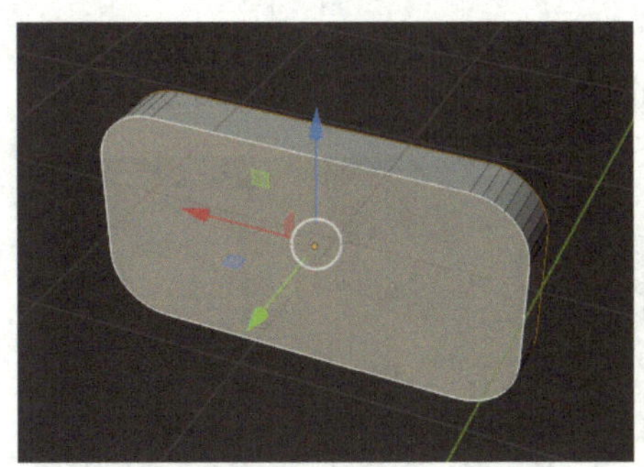

图　4-29

按快捷键 I，创建内插面，如图 4-30 所示。按快捷键 X 选择“面”，如图 4-31 所示。

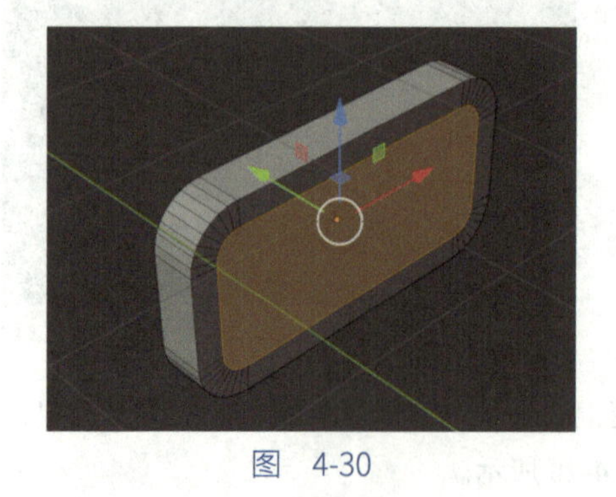

图　4-30

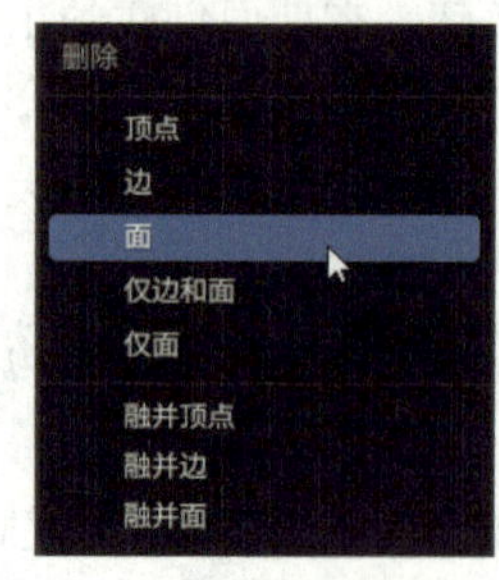

图　4-31

内插面删除结果如图 4-32 所示。按快捷键 Shift+Alt，选择两圈循环边，如图 4-33 所示。

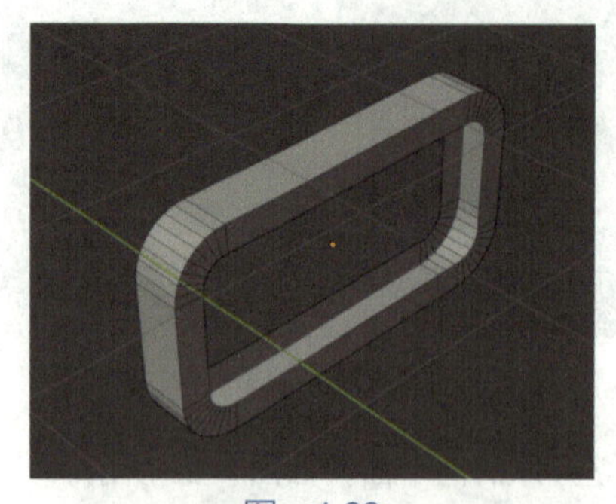

图　4-32

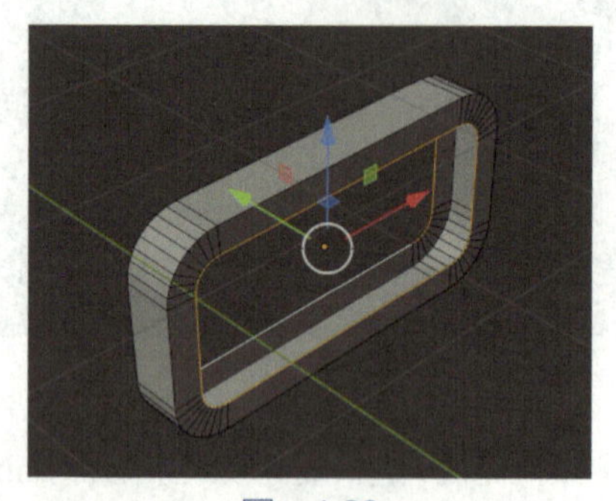

图　4-33

单击鼠标右键，选择“桥接循环边”，如图 4-34 所示。效果如图 4-35 所示。

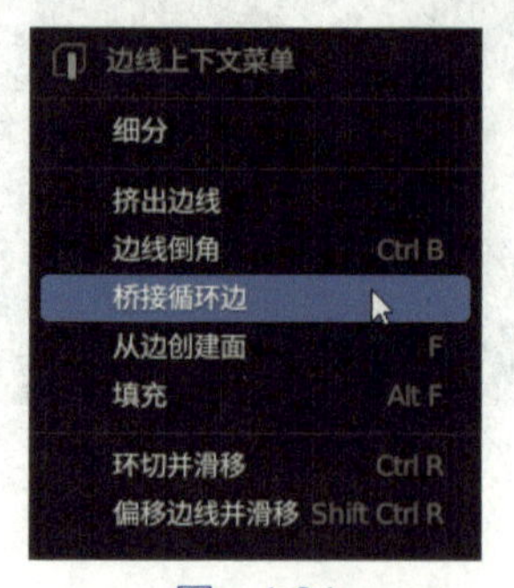

图　4-34

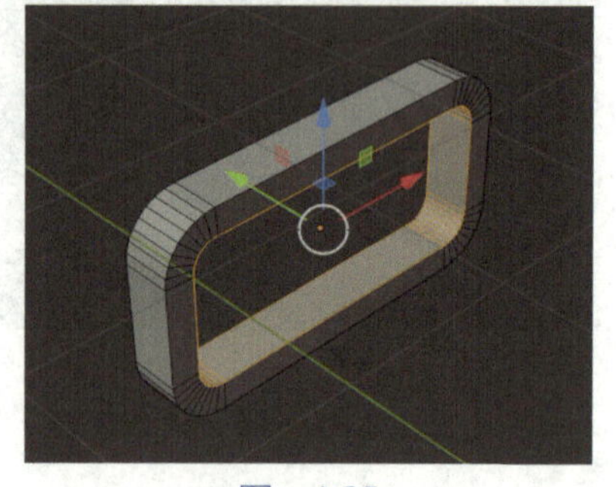

图　4-35

按快捷键 / 退出隔离模式，按 Tab 键进入物体模式，可以对开关凹槽的位置进行适当调整，结果如图 4-36 所示。

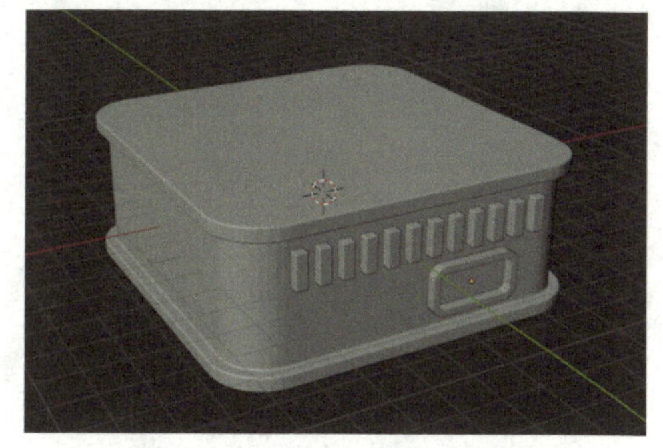
图　4-36

4　创建开关。按快捷键 ~ 进入前视图，按 Tab 键进入编辑模式，将开关凹槽的高度调整得大一点，使开关能够做得大一点，如图 4-37 所示。按 Tab 键进入物体模式，单击物体模式工具栏的“添加柱体”按钮，在前面创建的主体的表面配合 Shift 键创建一个圆柱体，如图 4-38 所示。

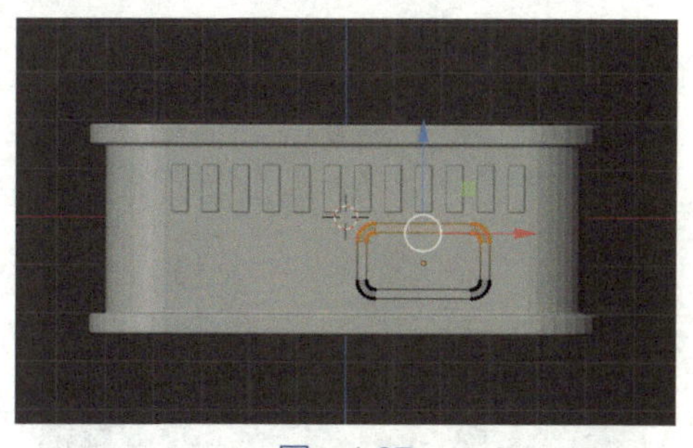
图　4-37

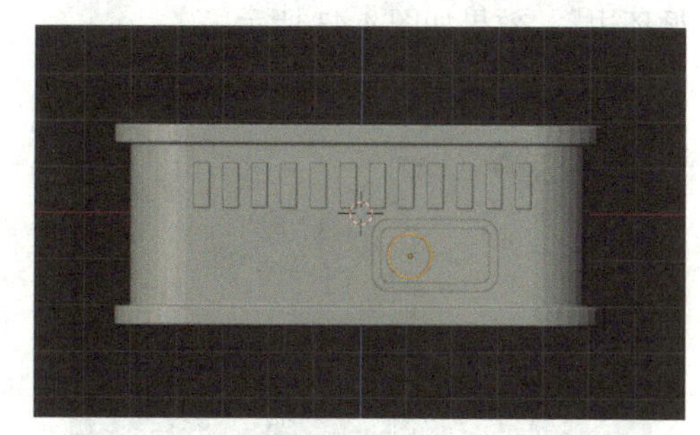
图　4-38

按快捷键 / 进入隔离模式，按 Tab 键进入编辑模式，配合 Shift 键选中圆柱体的两个面，如图 4-39 所示。

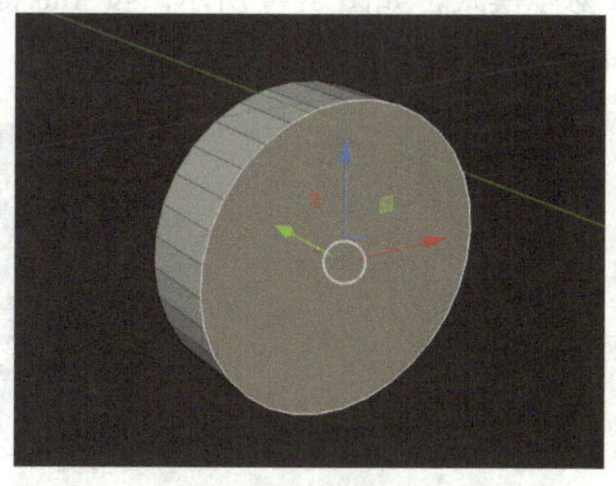
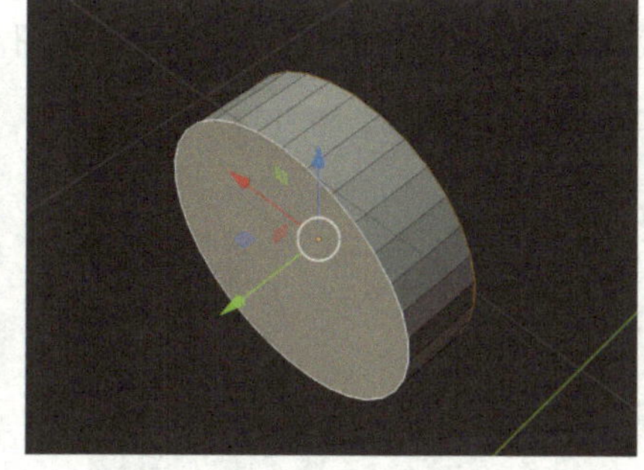

图　4-39

按快捷键 I，创建内插面，如图 4-40 所示。按快捷键 X，选择“面”，内插面删除结果如图 4-41 所示。

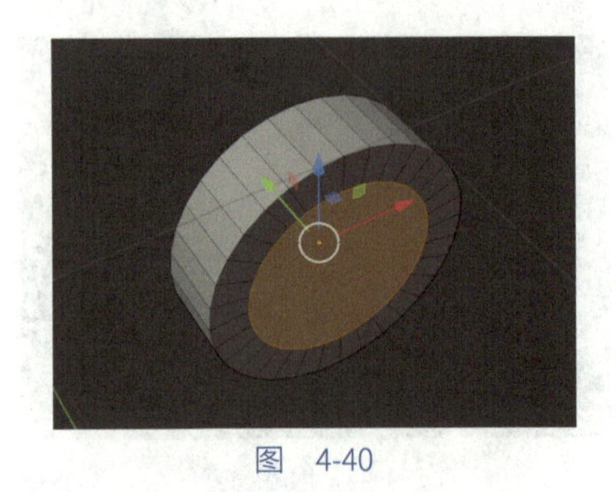
图　4-40

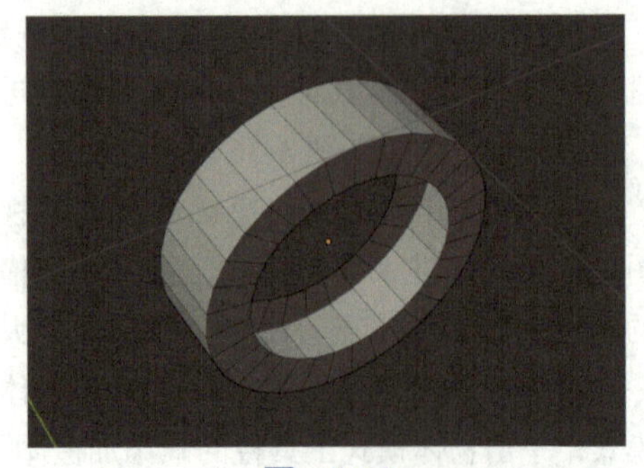
图　4-41

按快捷键 Shift+Alt，选择两圈循环边，如图 4-42 所示。单击鼠标右键，选择“桥接循环边”，效果如图 4-43 所示。

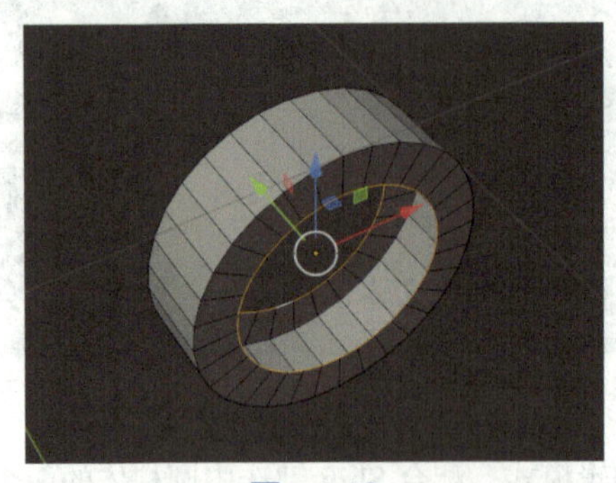
图　4-42

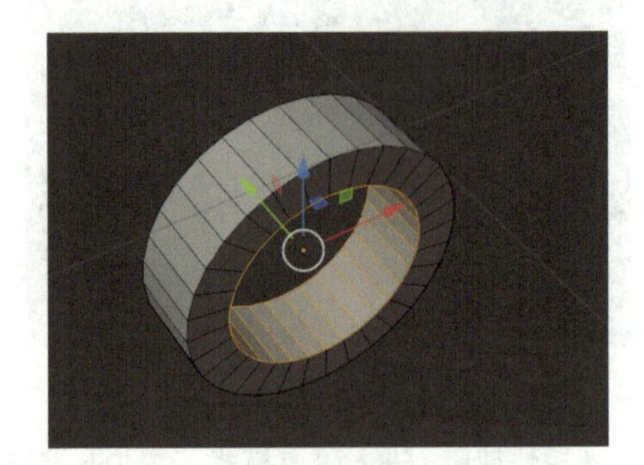
图　4-43

按快捷键 / 退出隔离模式，按 Tab 键进入物体模式，如图 4-44 所示。按 Tab 键进入编辑模式，按快捷键 Alt，选择循环边，如图 4-45 所示。

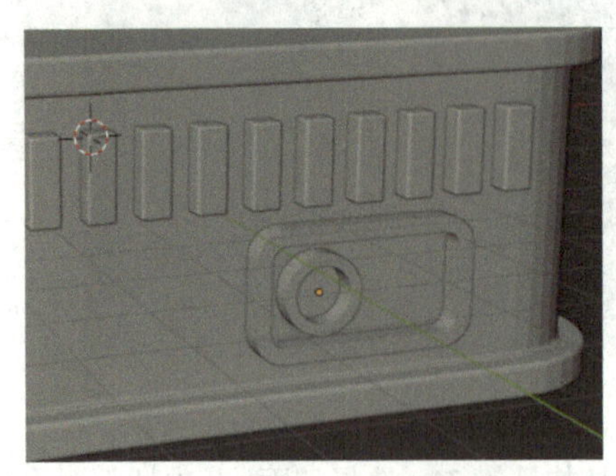
图　4-44

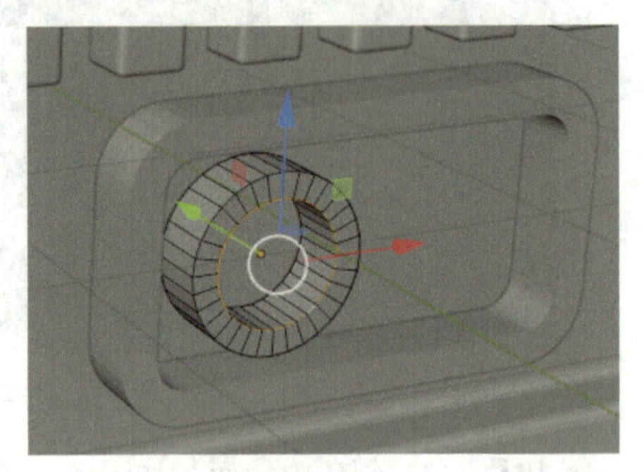
图　4-45

按快捷键 Shift+D，再按快捷键 Esc，单击鼠标右键，选择“分离”—“选中项”，如图 4-46 所示。按 Tab 键进入物体模式，选中刚分离出来的圆形，按快捷键 S，进行适当缩小操作，如图 4-47 所示。

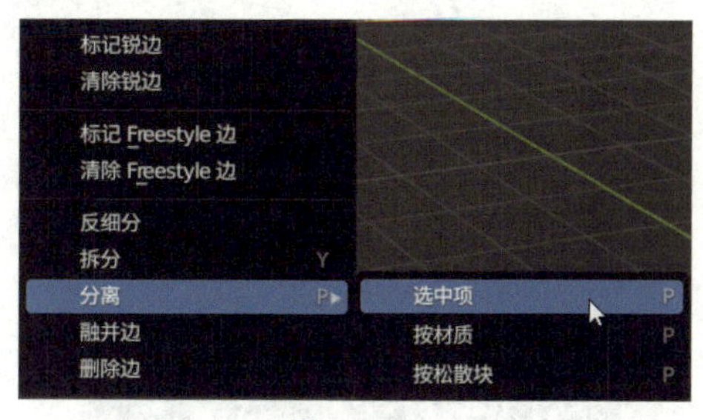

图 4-46

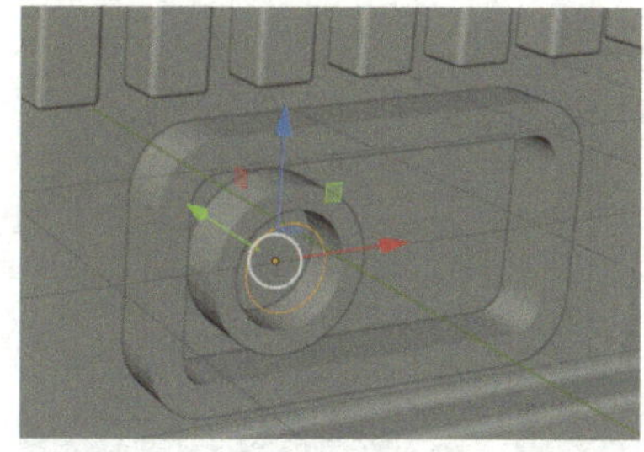

图 4-47

将刚分离出来的圆形的位置进行适当移动，按 Tab 键进入编辑模式，按快捷键 A，单击鼠标右键，选择“从边创建面”，如图 4-48 所示。按快捷键 E，将刚创建的面向前挤出，如图 4-49 所示。

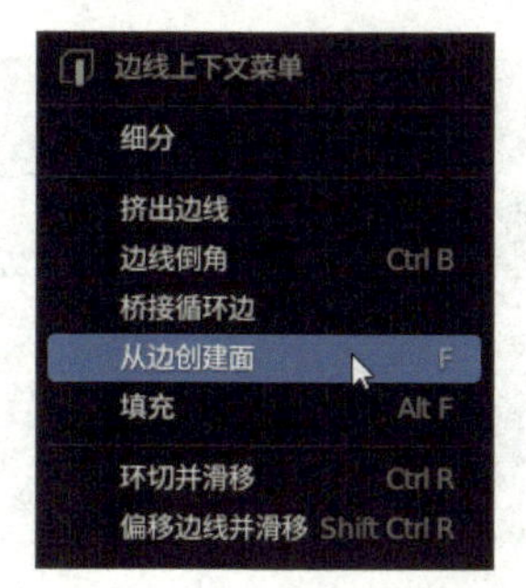

图 4-48

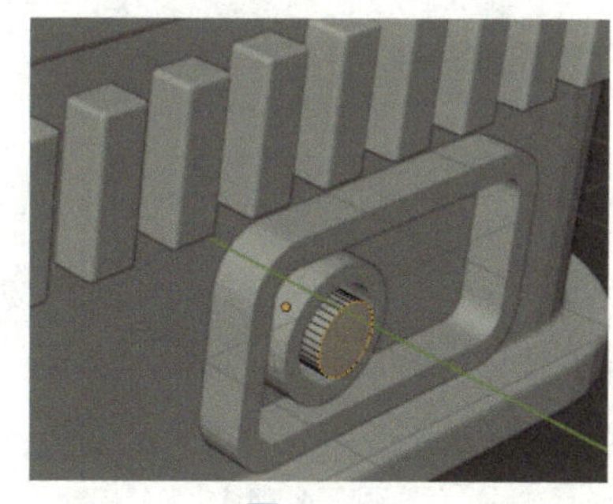

图 4-49

按 Tab 键进入物体模式，再按快捷键 S+Shift+Y，将刚才通过挤出得到的圆柱体沿 y 轴进行放大操作，如图 4-50 所示。选中开关凹槽，如图 4-51 所示。

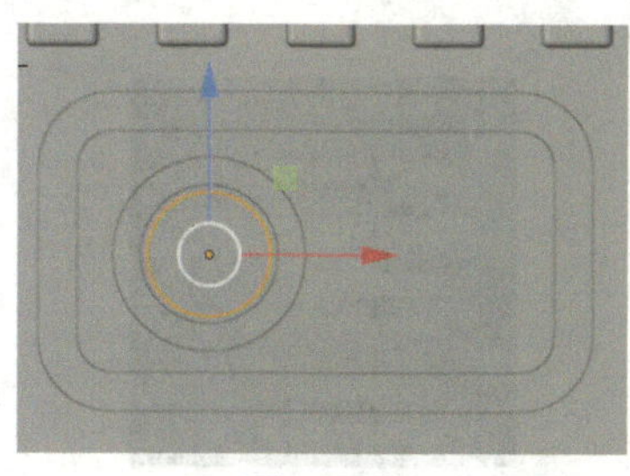

图 4-50

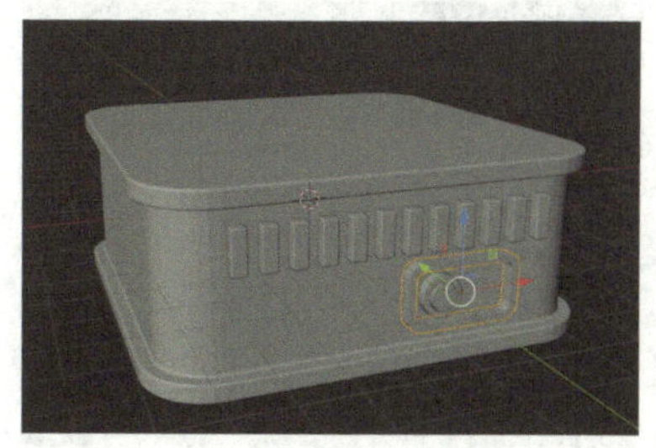

图 4-51

在工作区右侧进入“修改器”面板，选择“添加修改器”—“倒角”，给该模型添加倒角。“倒角”修改器中的“段数”参考数值为 4，“（数）量”参考数值为 0.035，按快捷键 Ctrl+2 进行细分，效果如图 4-52 所示。选中如图 4-53 所示的物体。

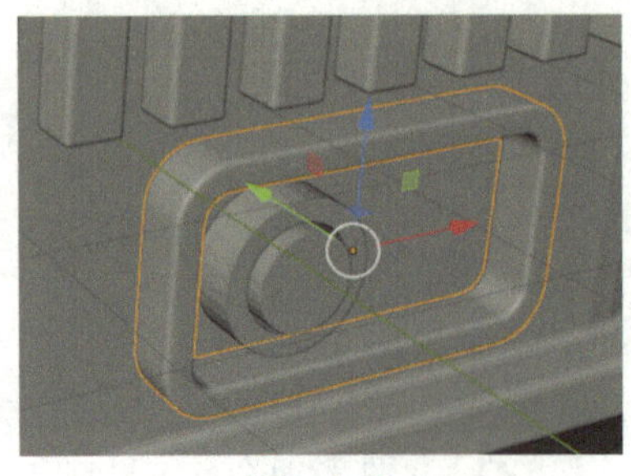

图　4-52

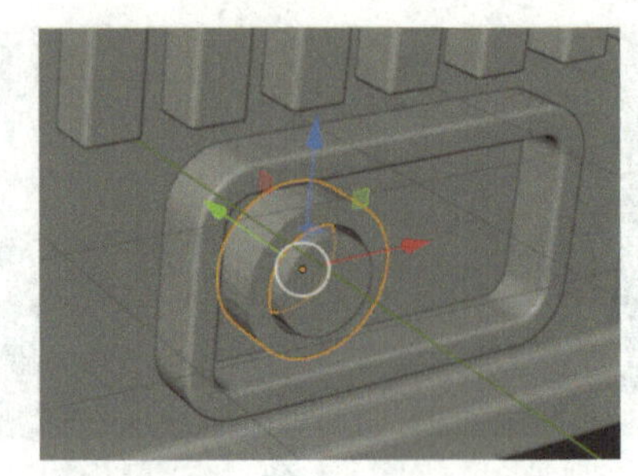

图　4-53

在工作区右侧进入“修改器”面板，选择“添加修改器”—“倒角”，给该模型添加倒角。“倒角”修改器中的“段数”参考数值为 3，“（数）量”参考数值为 0.027，效果如图 4-54 所示。选中如图 4-55 所示的物体。

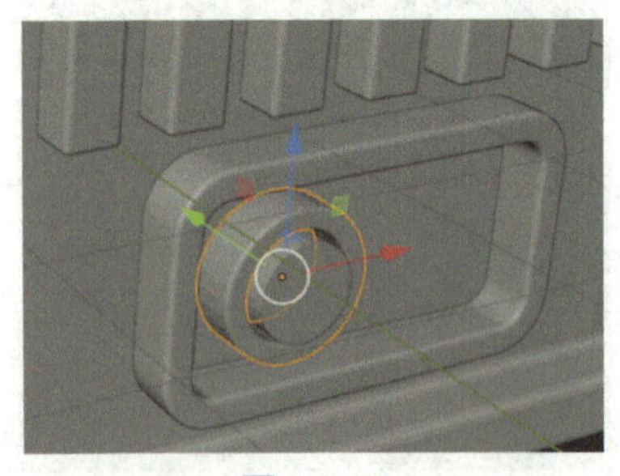

图　4-54

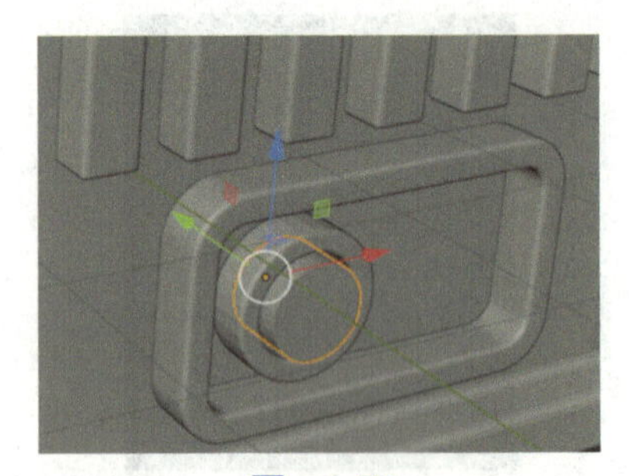

图　4-55

配合 Shift 键选中如图 4-56 所示的物体。按快捷键 Ctrl+L，选择“复制修改器”，如图 4-57 所示。

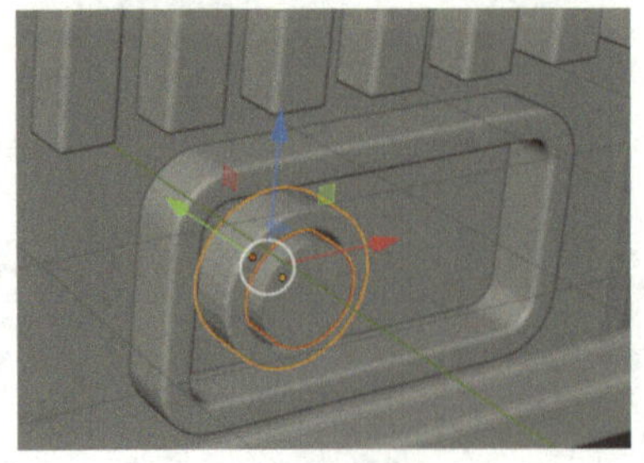

图　4-56

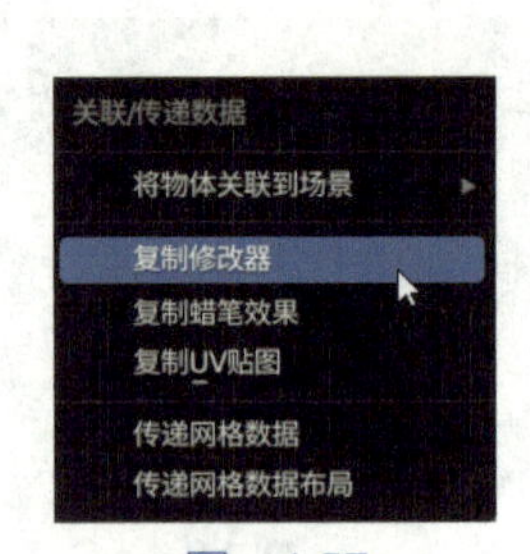

图　4-57

选中如图 4-58 所示的物体。在工作区右侧对“倒角”修改器中的参数进行适当调整，“段数”参考数值为 3，“(数) 量”参考数值为 0.054，效果如图 4-59 所示。

按快捷键～进入前视图，选中开关，按快捷键 Shift+D+X，通过复制得到另一侧的开关，适当调整开关的位置，如图 4-60 所示。

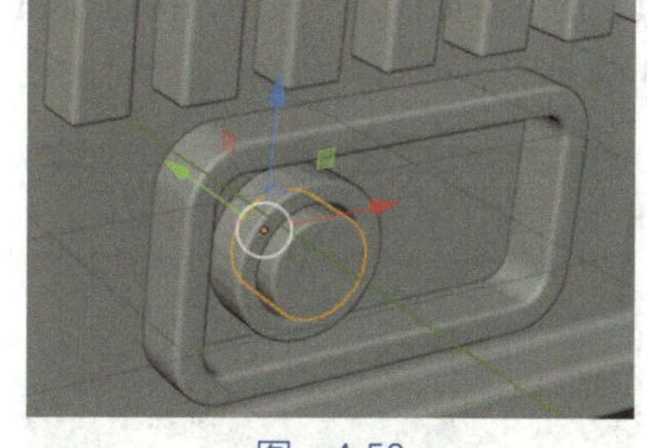

图 4-58

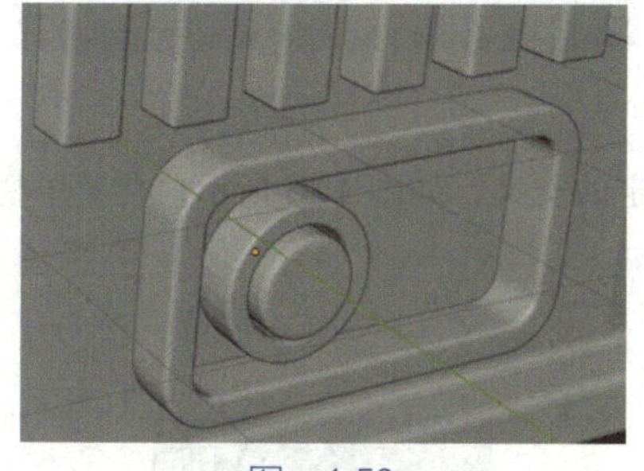

图 4-59

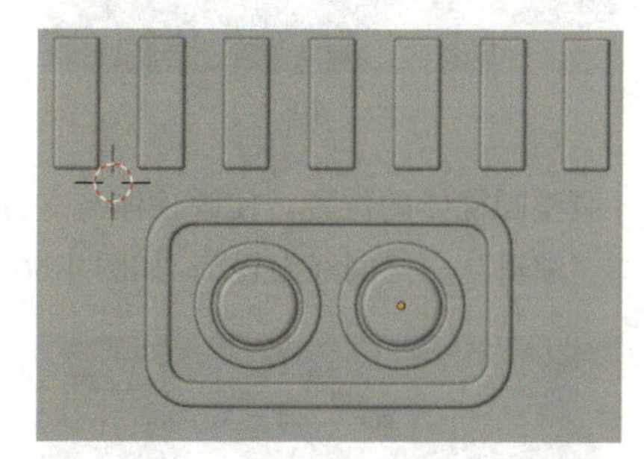

图 4-60

5 创建充电装置。按快捷键～进入右视图，单击物体模式工具栏的“添加立方体”按钮，按住 Shift 键，在前面创建的主体的表面创建立方体，如图 4-61 所示。按 Tab 键进入编辑模式，按快捷键 Alt+Z 进入透显模式，选中刚才创建的立方体的四条边，如图 4-62 所示。

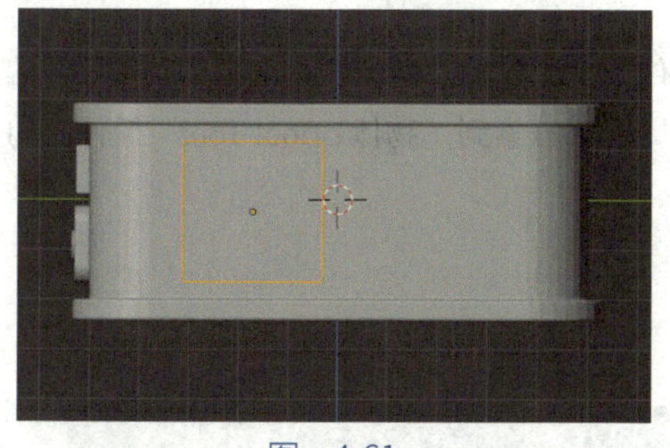

图 4-61

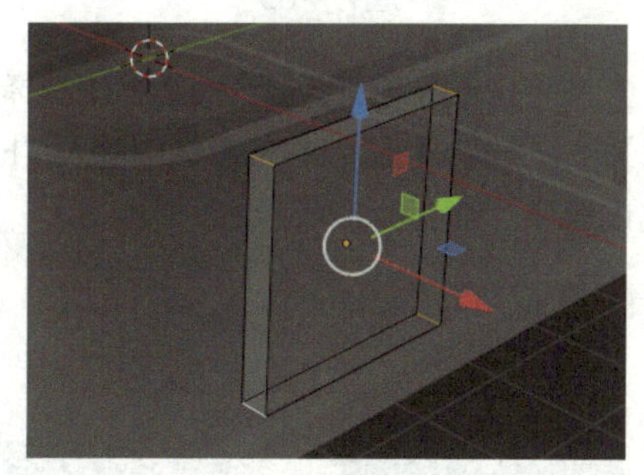

图 4-62

按快捷键 Alt+Z 退出透显模式，再按快捷键 Ctrl+B，滚动鼠标滚轮可以控制倒角的分段，按 Tab 键进入物体模式，如图 4-63 所示。按快捷键～进入右视图，单击物体模式工具栏的“添加柱体”按钮，按住 Shift 键，在刚才创建的立方体的表面创建圆柱体，如图 4-64 所示。

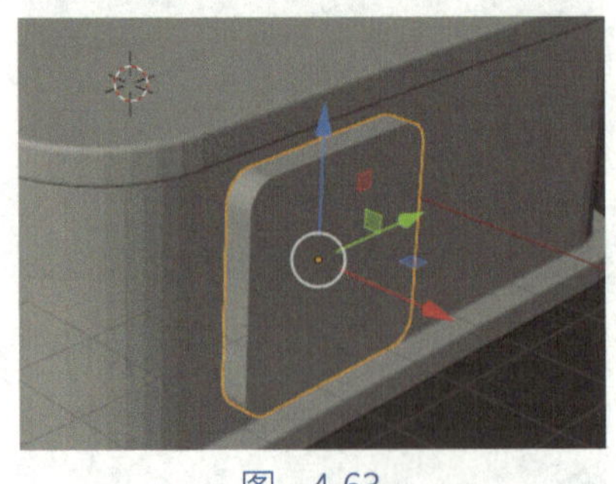
图　4-63

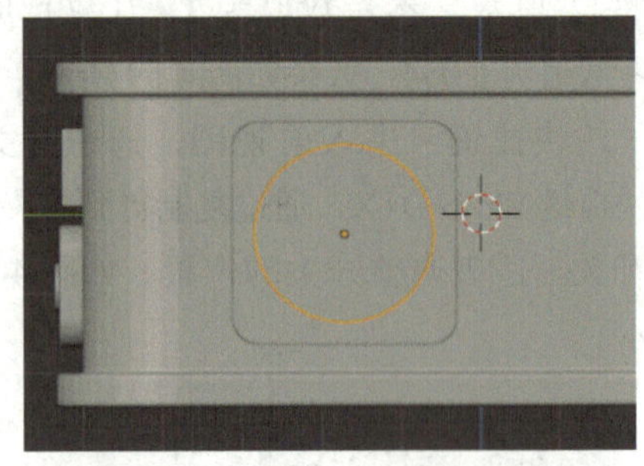
图　4-64

调整圆柱体的位置，使圆柱体与立方体有一定的交叉，如图 4-65 所示。在菜单栏中选择“编辑”—“偏好设置”，如图 4-66 所示。

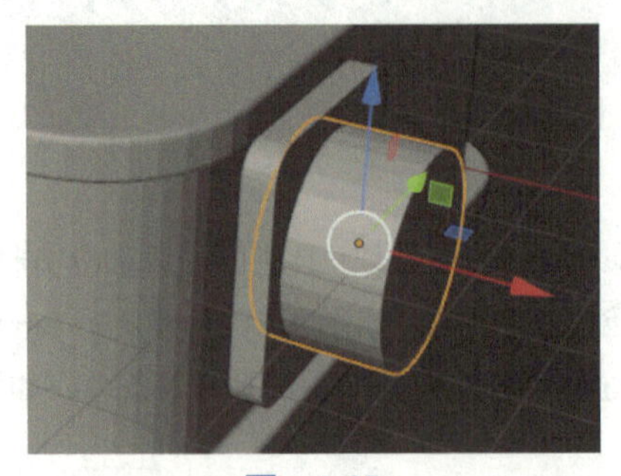
图　4-65

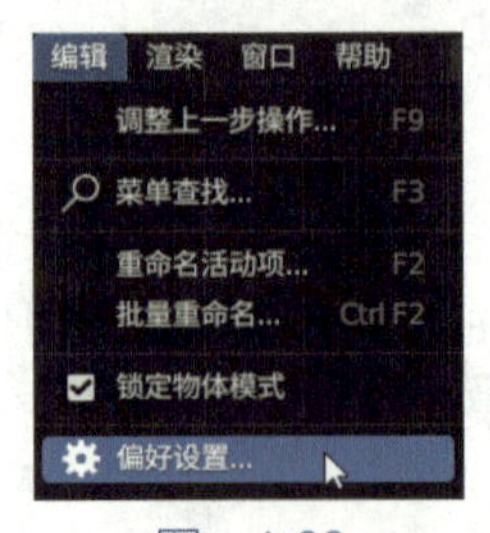

图　4-66

在“Blender 偏好设置”对话框中选择“插件”，如图 4-67 所示。再次单击菜单栏“编辑”—“偏好设置”，在搜索框中输入“bool”，可以搜索到“物体：Bool Tool”插件，勾选该插件，如图 4-68 所示。

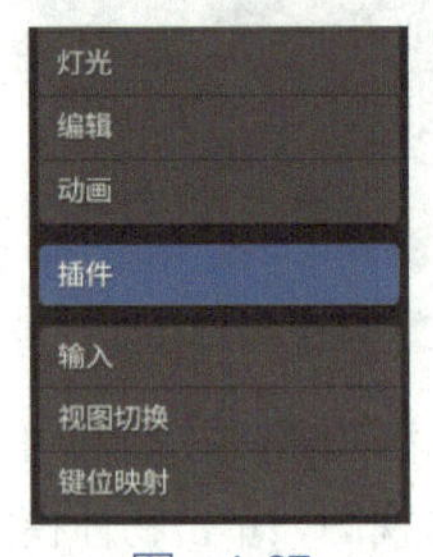

图　4-67

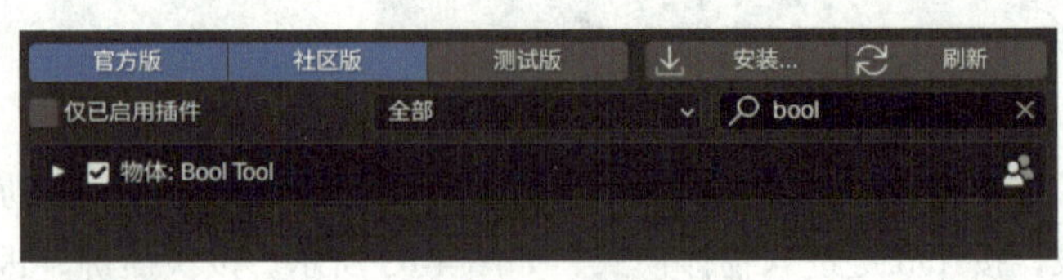

图　4-68

在"Blender 偏好设置"对话框中单击"保存用户设置",如图 4-69 所示。先选中圆柱体,再选中立方体,如图 4-70 所示。

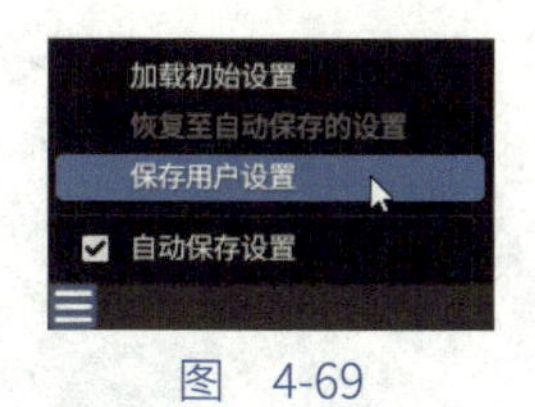

图 4-69

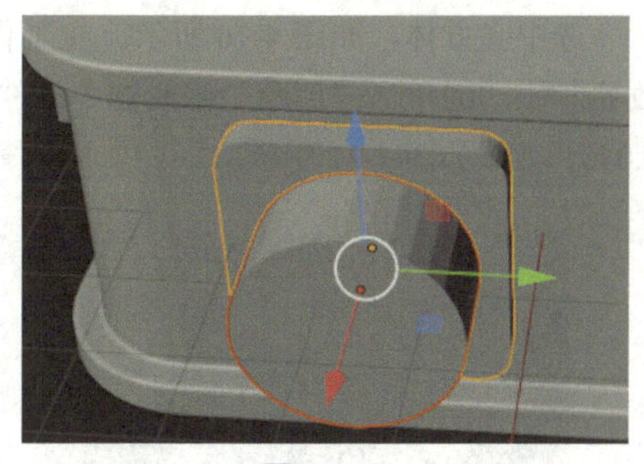
图 4-70

按快捷键 N,选择"编辑",将"Bool Tool"插件展开,单击"Brush Boolean"中的"Difference",如图 4-71 所示。效果如图 4-72 所示。

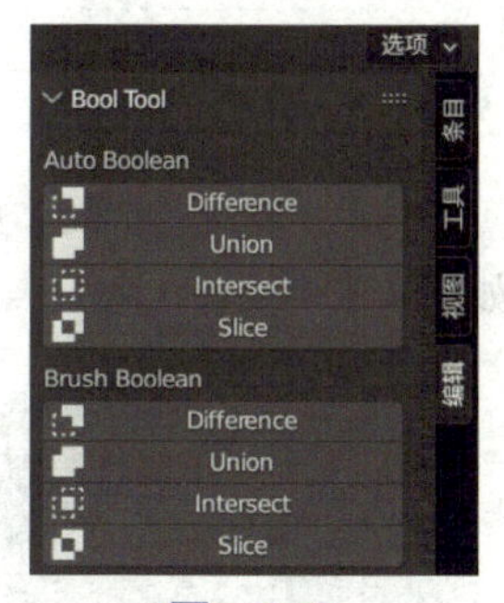

图 4-71

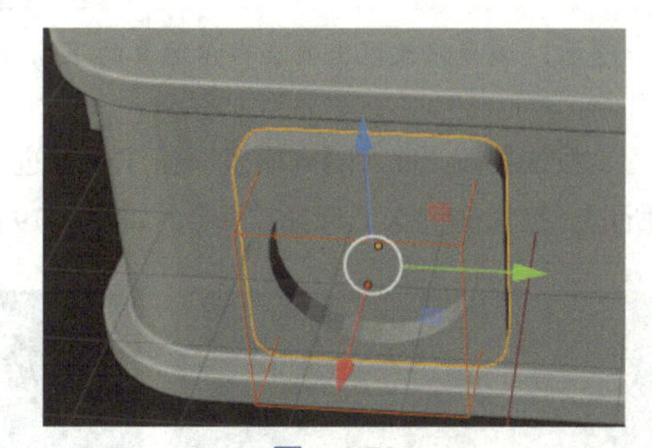
图 4-72

提示: 如果单击"Auto Boolean"中的"Difference"将会直接完成布尔差集运算,如图 4-73 所示。单击"Brush Boolean"中的"Difference",会生成一个网格,如图 4-72 所示,该网格可以让用户进行二次调整,在工作区右侧进入"物体"面板,选择"视图显示",将"显示为"设置为"实体",如图 4-74 所示。效果如图 4-75 所示。

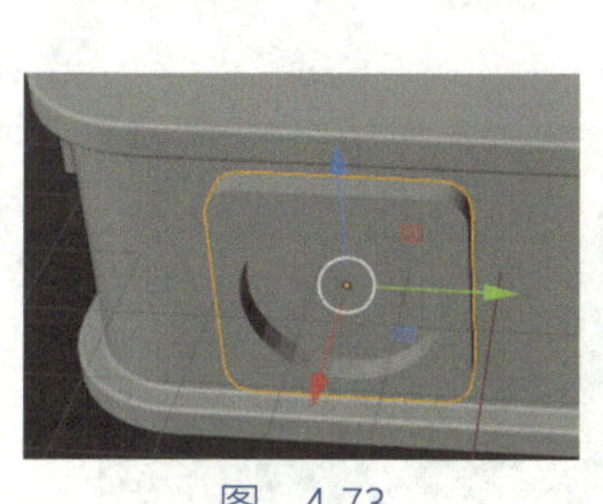
图 4-73

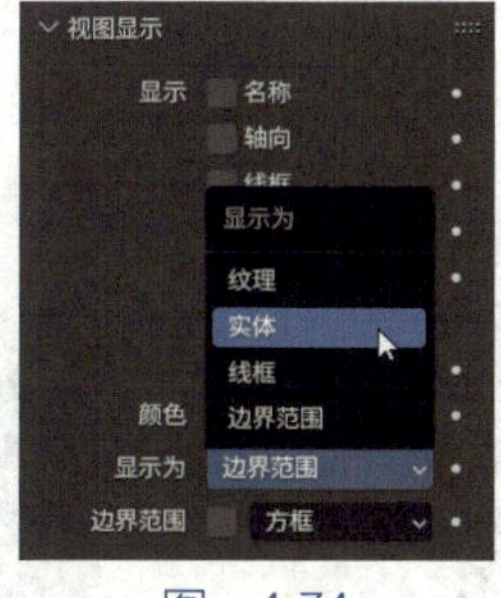

图 4-74

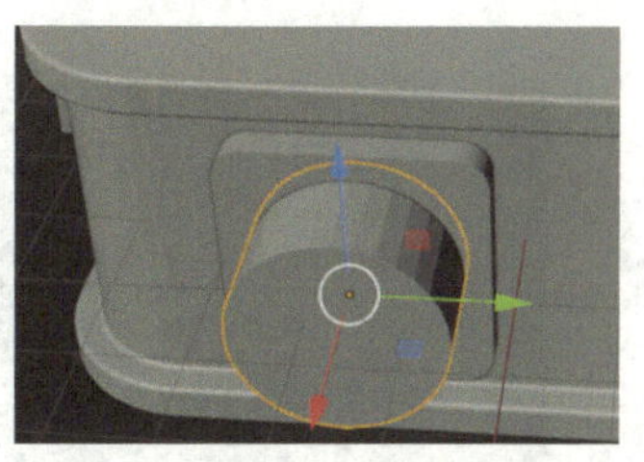
图 4-75

选中立方体，如图 4-76 所示。在工作区右侧进入“修改器”面板，选择“添加修改器”—“倒角”，“倒角”修改器中的“段数”参考数值为 3，“(数）量”参考数值为 0.045，效果如图 4-77 所示。

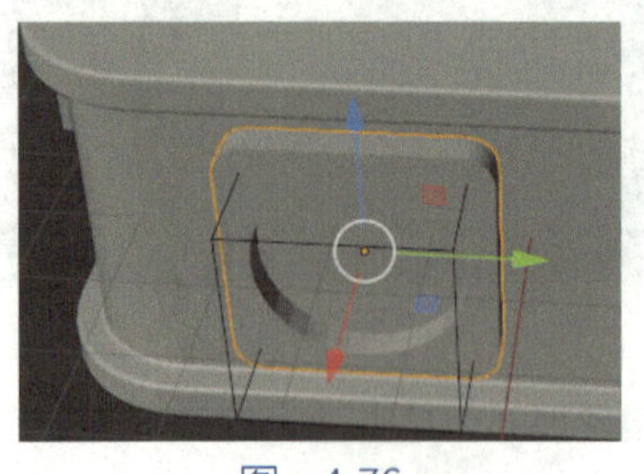

图 4-76

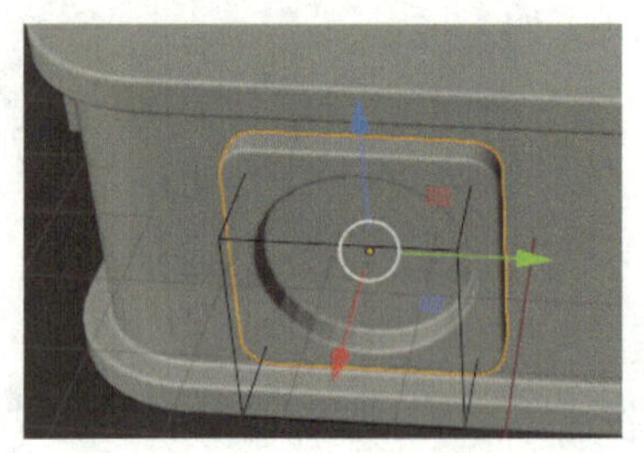

图 4-77

提示： 倒角修改器需要在布尔运算的下面。

按快捷键 / 进入隔离模式，按 Tab 键进入编辑模式，选中立方体的一个面，如图 4-78 所示。按快捷键 X，选择“面”，如图 4-79 所示。效果如图 4-80 所示。

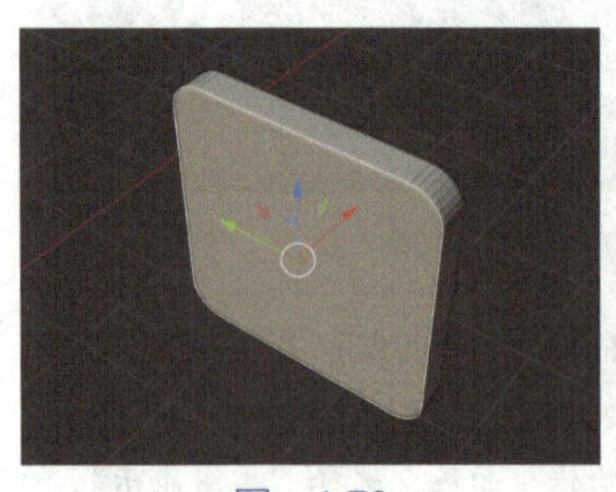

图 4-78

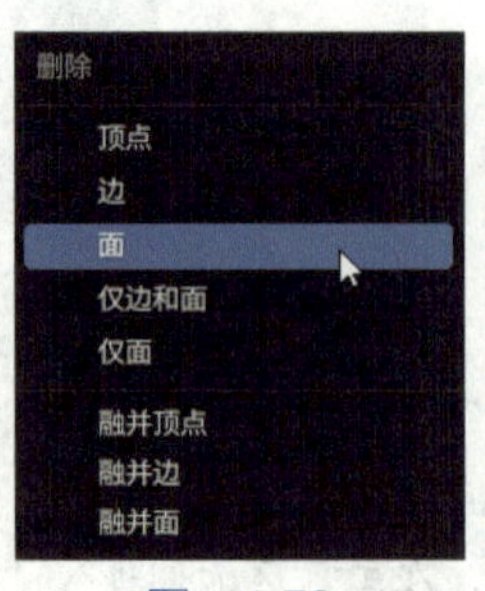

图 4-79

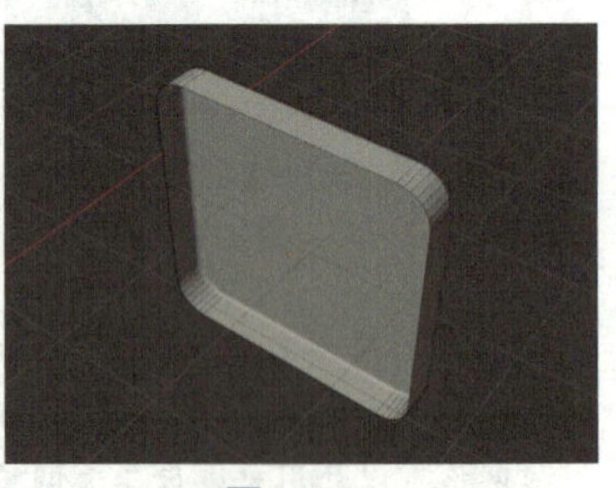

图 4-80

按快捷键 / 退出隔离模式，按 Tab 键进入物体模式，如图 4-81 所示。选中线框，如图 4-82 所示。

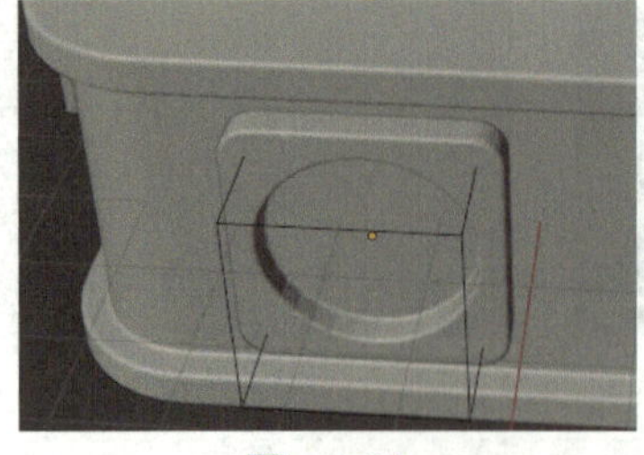

图 4-81

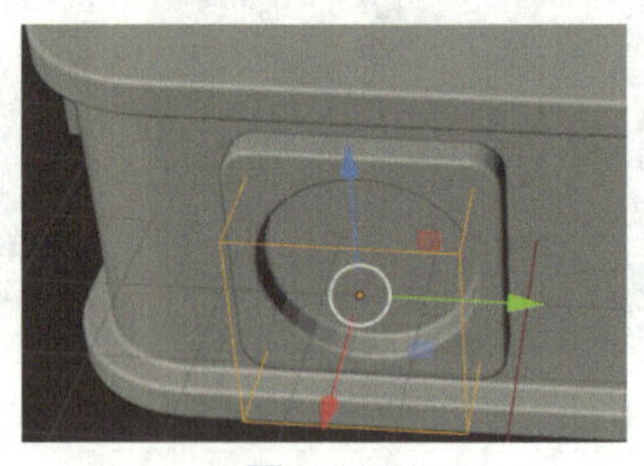

图 4-82

按快捷键 Shift+D，再按快捷键 Esc，在工作区右侧进入“物体”面板，选择“视图显示”，将“显示为”设置为“实体”，效果如图 4-83 所示。按快捷键 S，将圆柱体缩小，适当调整圆柱体的位置，如图 4-84 所示。

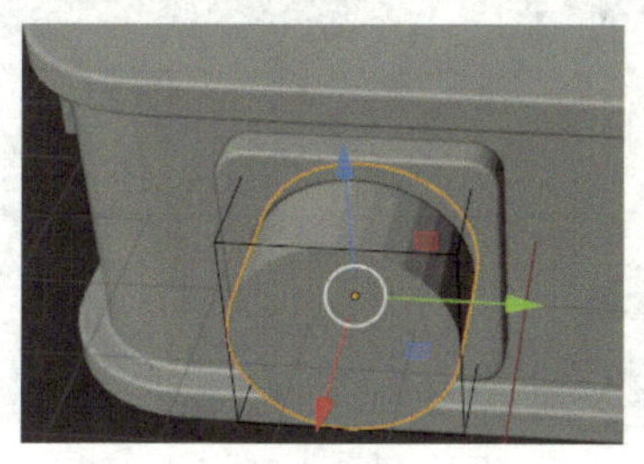

图 4-83

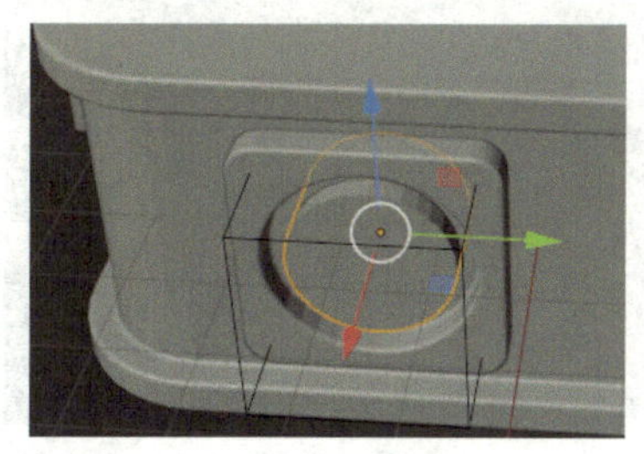

图 4-84

在工作区右侧进入“修改器”面板，选择“添加修改器”—“倒角”，“倒角”修改器中的“段数”参考数值为 5，“(数)量”参考数值为 0.115，效果如图 4-85 所示。选中圆柱体和立方体，按快捷键 ~ 进入右视图，按快捷键 Shift+D+Y，沿 y 轴进行复制，效果如图 4-86 所示。

图 4-85

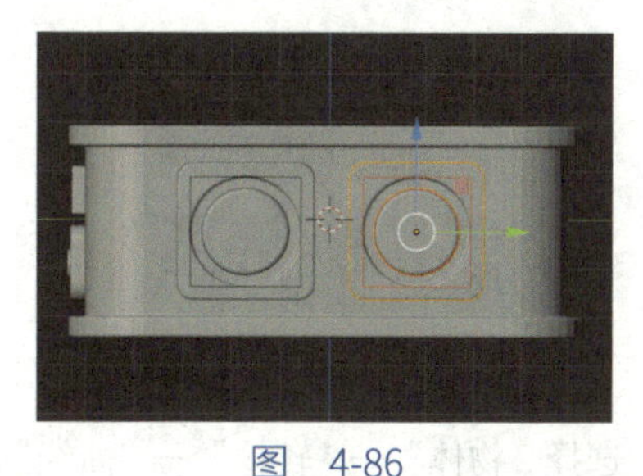

图 4-86

6 创建连接线。连接线可以使用贝塞尔曲线制作，在这里采用一种全新的方式——借形。选中主体，按 Tab 键进入编辑模式，按快捷键 Ctrl+R，添加一条循环边，如图 4-87 所示。选中如图 4-88 所示的线。

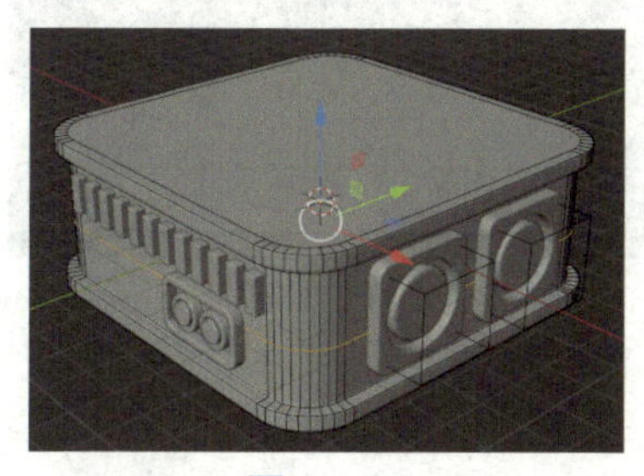

图 4-87

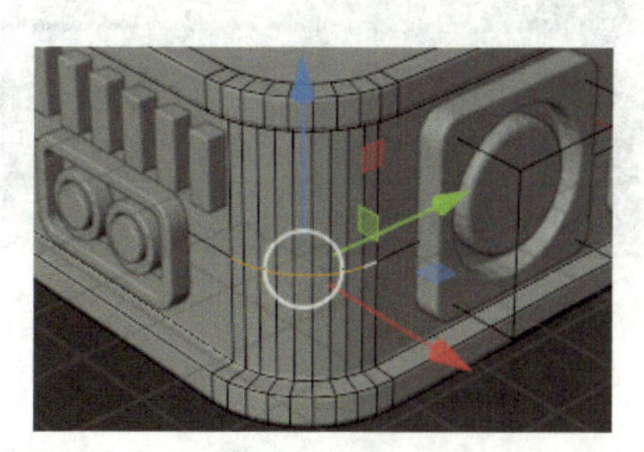

图 4-88

提示： 选择图 4-88 所示的线的时候，可以先选中起始位置，如图 4-89 所示。按住 Ctrl 键选中结束位置，如图 4-90 所示。

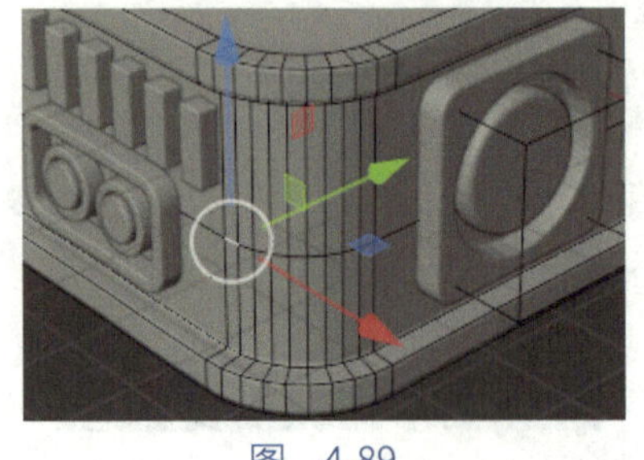

图　4-89

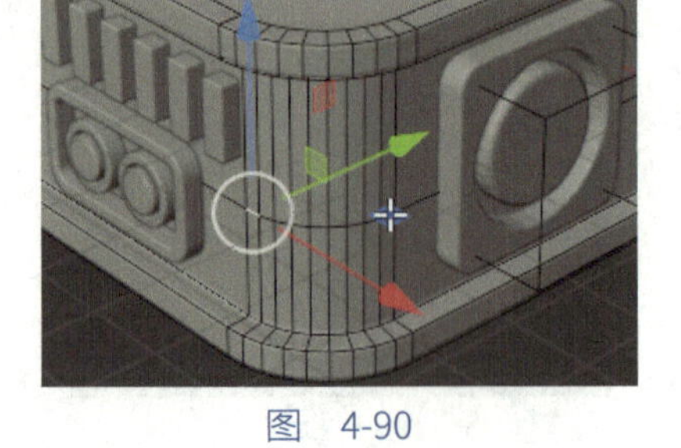

图　4-90

按快捷键 Shift+D，再按快捷键 Esc，最后按快捷键 P，选择“选中项”，如图 4-91 所示。按 Tab 键进入物体模式，选中刚分离出来的线，如图 4-92 所示。

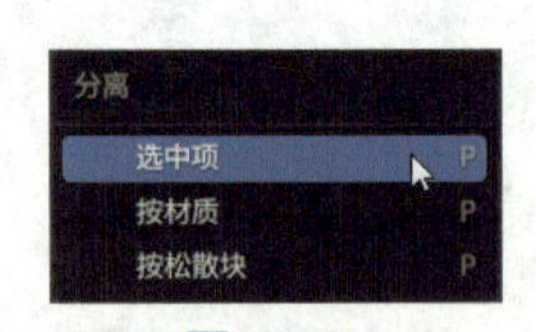

图　4-91

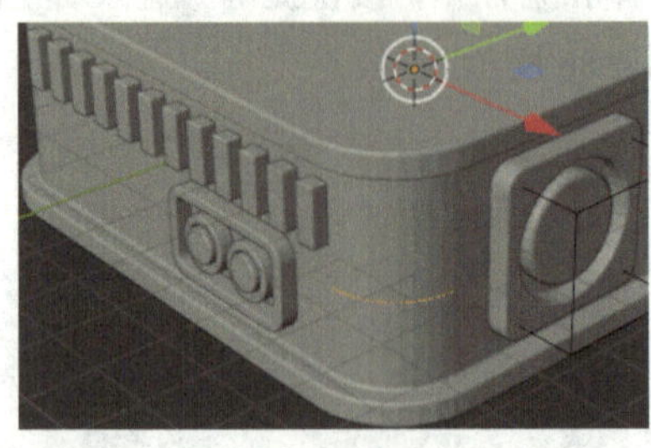

图　4-92

选择“物体”—“转换”—“曲线”，如图 4-93 所示。在工作区右侧进入“物体数据”面板，选择“几何数据”—“倒角”，“深度”参考数值为 0.069，效果如图 4-94 所示。

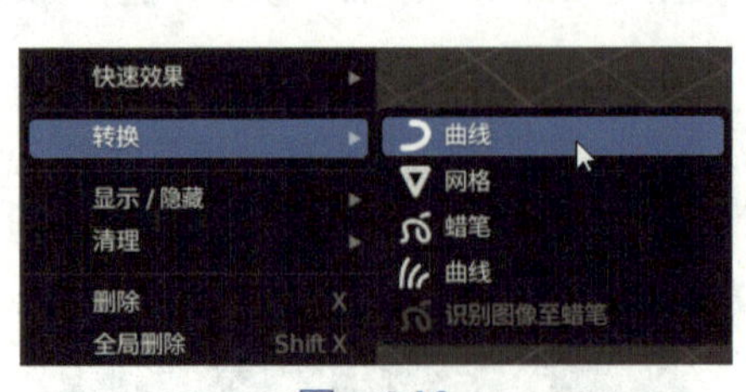

图　4-93

图　4-94

按 Tab 键进入编辑模式，选中如图 4-95 所示的点。按快捷键 E，再按快捷键 X，对点进行挤出，如图 4-96 所示。

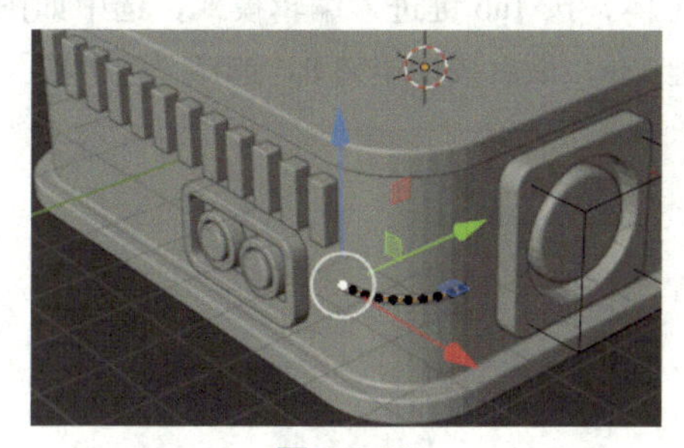

图 4-95

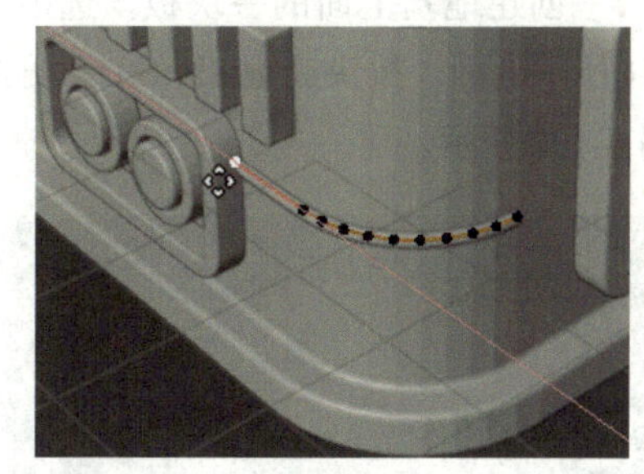

图 4-96

选中如图 4-97 所示的点。按快捷键 E，再按快捷键 Y，对点进行挤出，如图 4-98 所示。

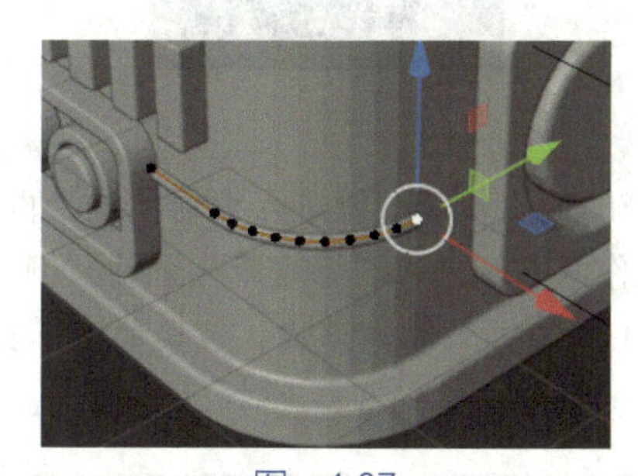

图 4-97

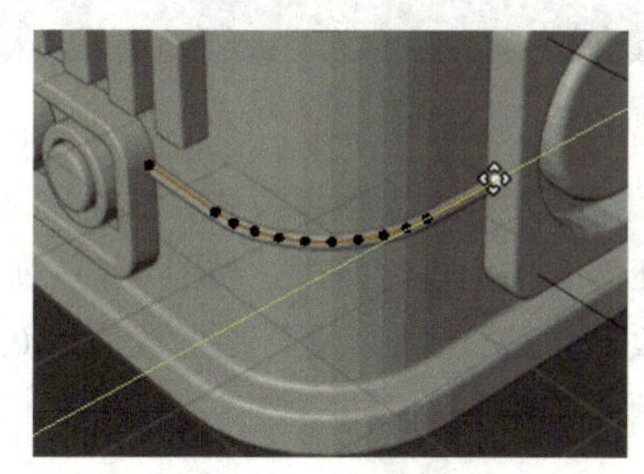

图 4-98

按 Tab 键进入物体模式，在工作区右侧进入“修改器”面板，选择“添加修改器”—“阵列”，参数设置如图 4-99 所示。效果如图 4-100 所示。

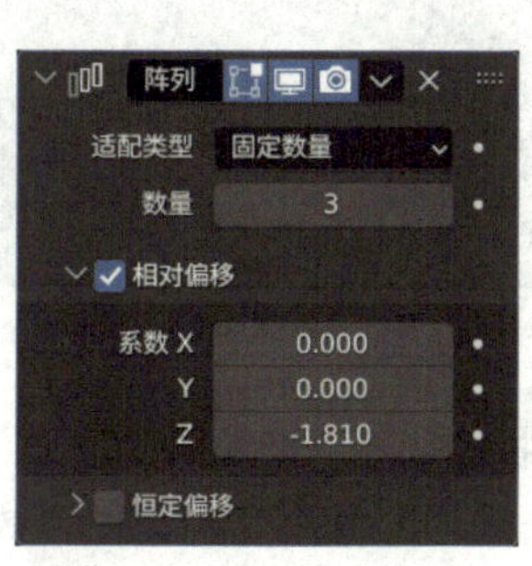

图 4-99

图 4-100

创建除金币之外的剩余部分

1 创建地基上面的一块板。选中地基的主体，按 Tab 键进入编辑模式，选中如图 4-101 所示的面。按快捷键 Shift+D，再按快捷键 Esc，最后按快捷键 P，选择“选中项”，如图 4-102 所示。

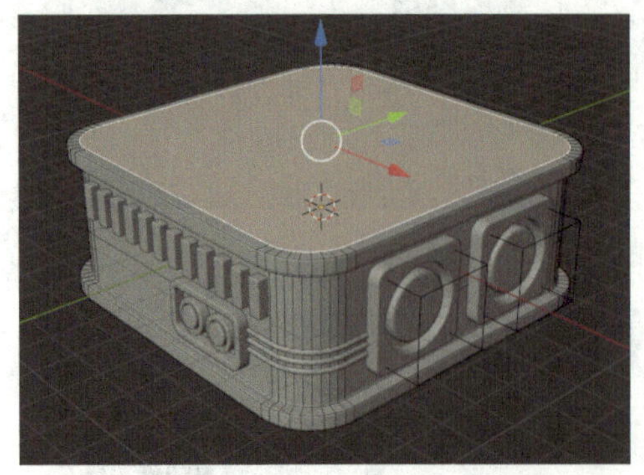
图　4-101

图　4-102

按 Tab 键进入物体模式，选中刚才分离出来的面，按 Tab 键进入编辑模式，再按快捷键 E 向上进行挤出，如图 4-103 所示。在工作区右侧进入“修改器”面板，“倒角”修改器中的“（数）量”参考数值为 0.036，按 Tab 键进入物体模式，效果如图 4-104 所示。

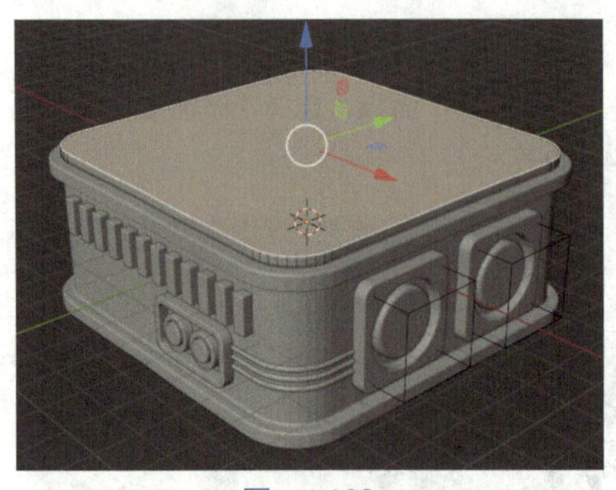
图　4-103

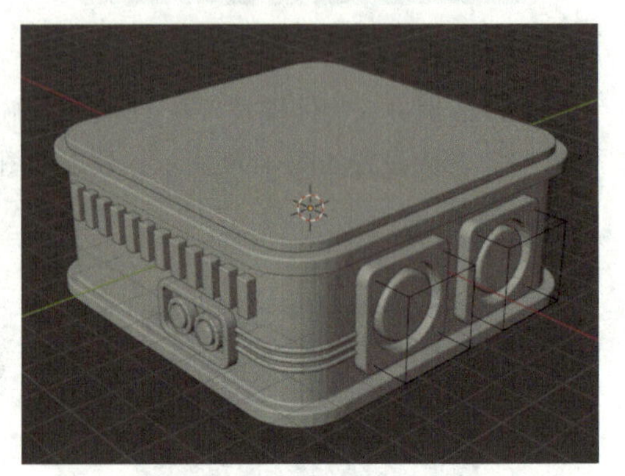
图　4-104

2 创建圆柱体。选中刚才挤出得到的板，选择“物体”—“设置原点”—“原点 -> 几何中心”，如图 4-105 所示。按快捷键 Shift+S，选择“游标 -> 选中项”，效果如图 4-106 所示。

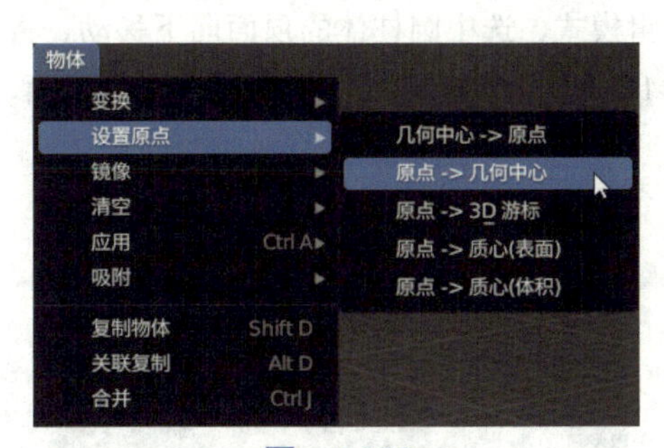

图 4-105

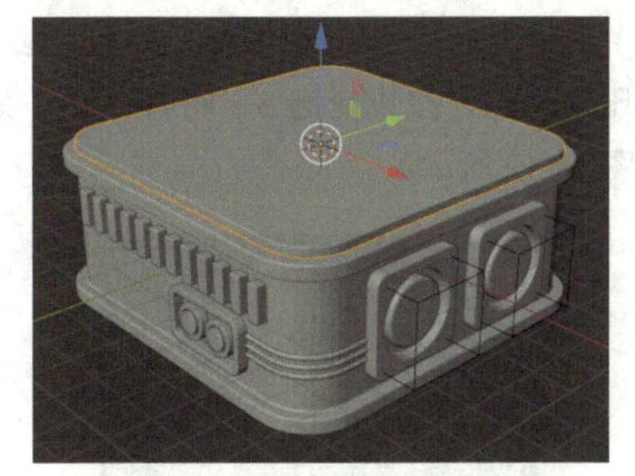
图 4-106

按快捷键 Shift+A，选择“网格”—“柱体”，创建一个圆柱体，如图 4-107 所示。按快捷键 S，将圆柱体放大，按快捷键 S+Z，将圆柱体压扁，对圆柱体的位置进行适当调整，如图 4-108 所示。

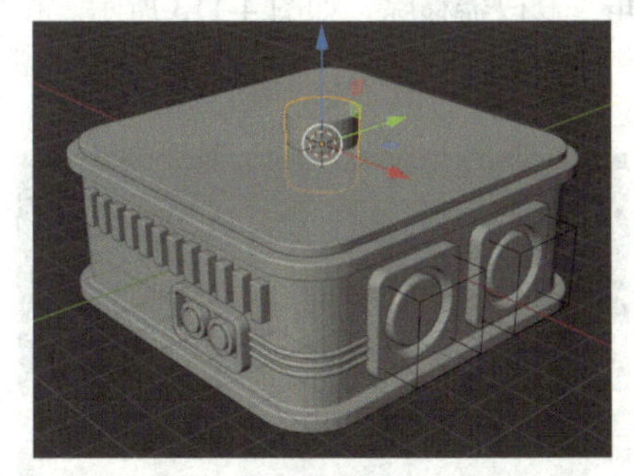
图 4-107

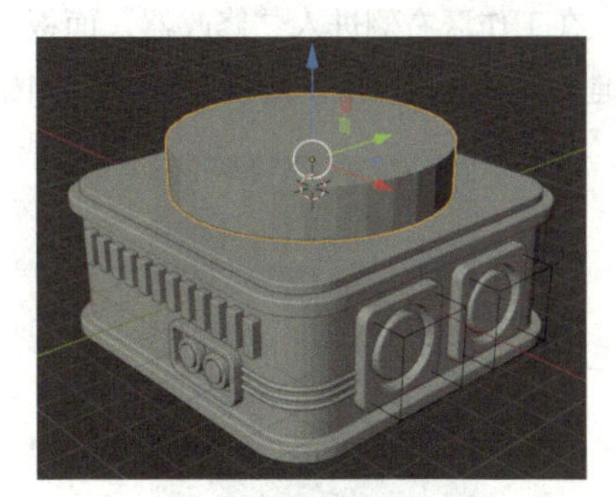
图 4-108

在工作区右侧进入“修改器”面板，选择“添加修改器”—“倒角”，“倒角”修改器中的“段数”参考数值为 3，“(数）量”参考数值为 0.097，效果如图 4-109 所示。按快捷键 Shift+D+Z，将圆柱体向上复制，如图 4-110 所示。

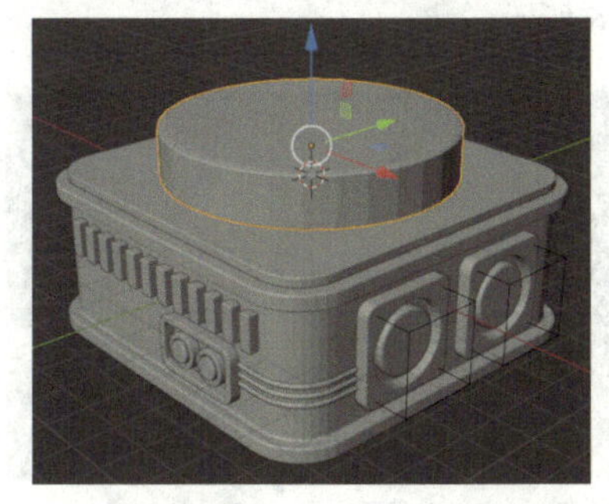
图 4-109

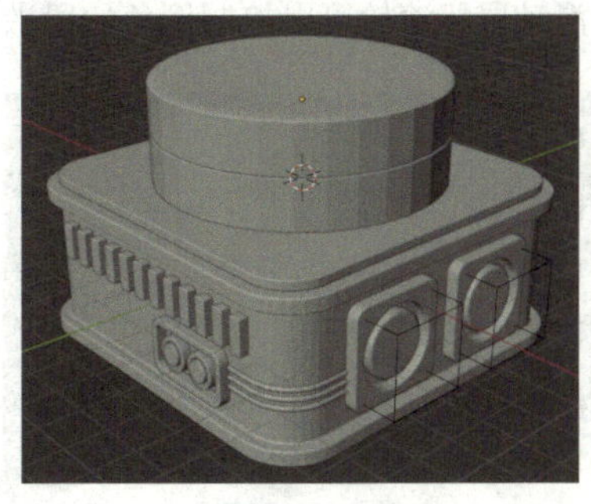
图 4-110

选中复制得到的圆柱体，按 Tab 键进入编辑模式，选中圆柱体的顶面向下移动，将其压扁一点，按快捷键 S，将其缩小，如图 4-111 所示。按快捷键 I，创建一个内插面，如图 4-112 所示。

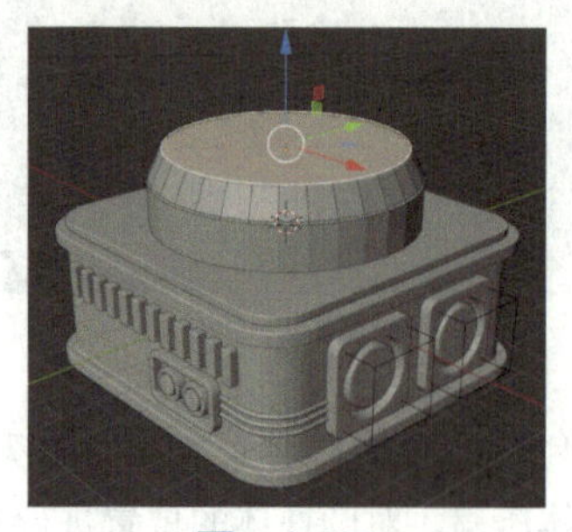
图　4-111

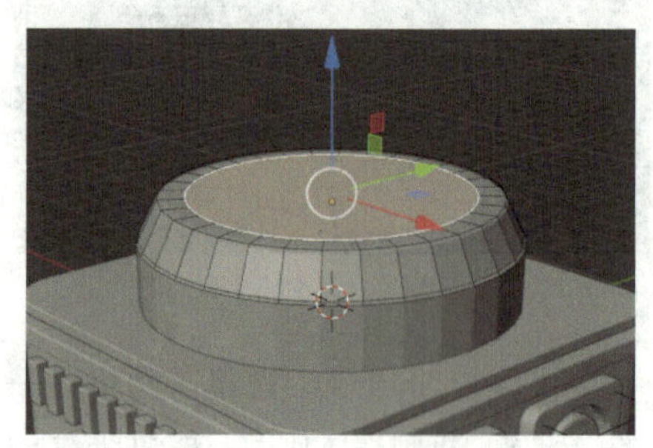
图　4-112

在工作区右侧进入“修改器”面板，将“倒角”修改器移除，如图 4-113 所示。按快捷键 E，向内侧挤出，按快捷键 S，向内侧缩小，如图 4-114 所示。

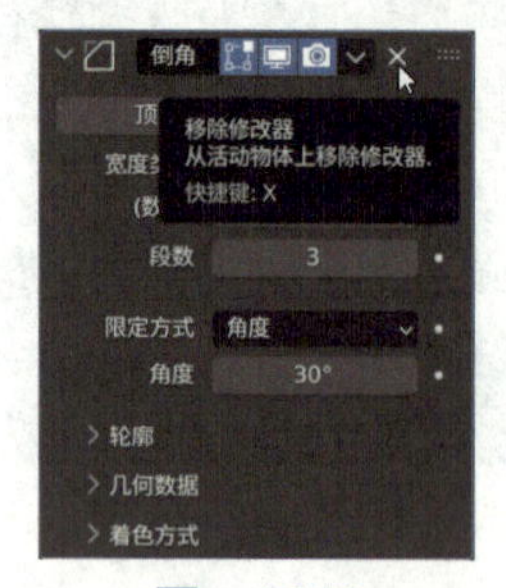

图　4-113

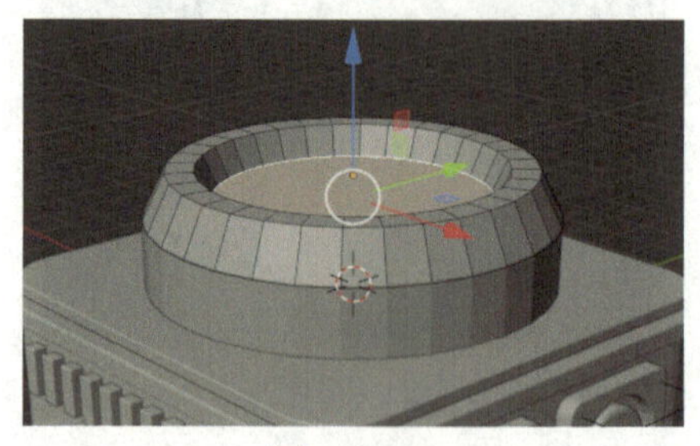
图　4-114

按 Tab 键进入物体模式，按快捷键 Ctrl+A，对复制得到的圆柱体应用“缩放”，按 Tab 键进入编辑模式，选中如图 4-115 所示的循环边。按快捷键 Ctrl+B，拖曳鼠标光标的同时滑动鼠标滚轮可以控制倒角的段数，如图 4-116 所示。

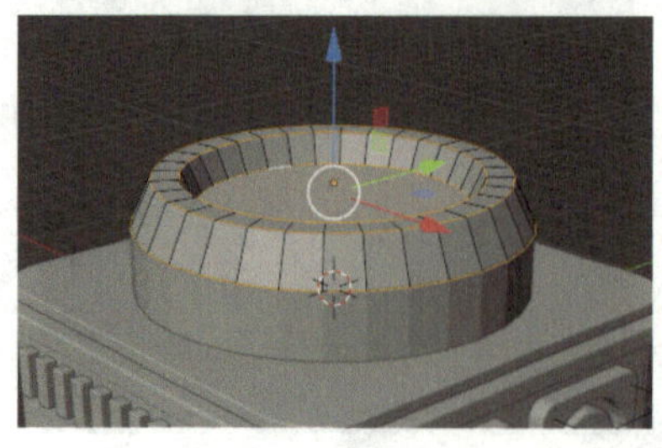
图　4-115

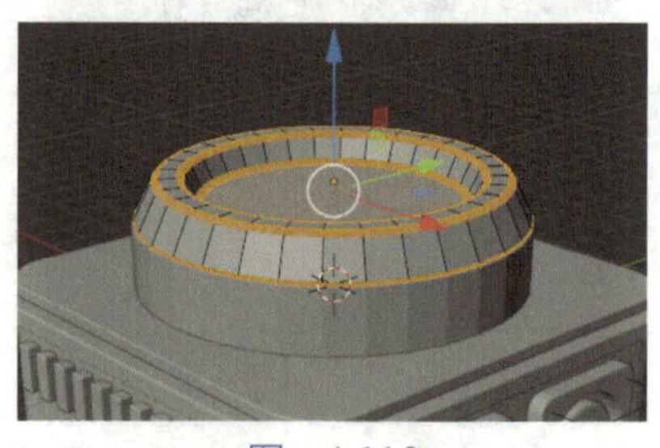
图　4-116

按 Tab 键进入物体模式，选中两个圆柱体，如图 4-117 所示。按快捷键 Ctrl+2，对圆柱体的位置进行适当调整，如图 4-118 所示。

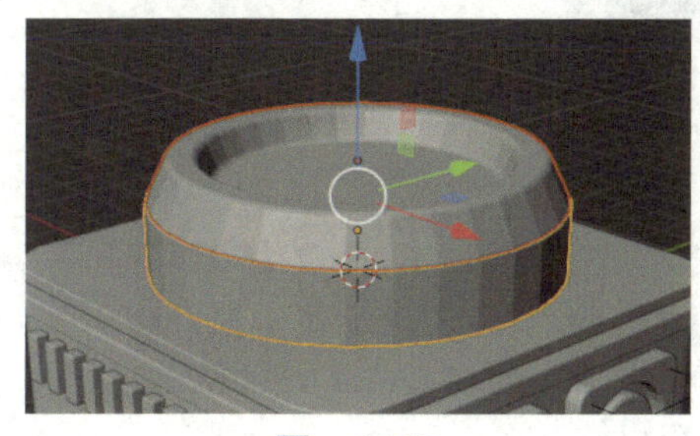
图 4-117

图 4-118

3 创建棱边。选中如图 4-119 所示的物体。按 Tab 键进入编辑模式，按快捷键 Ctrl+R，添加一条循环边，如图 4-120 所示。选中刚才挤出得到的板，选择“物体”—“设置原点”—“原点 -> 几何中心”，如图 4-105 所示。按快捷键 Shift+S，选择“游标 -> 选中项”，效果如图 4-106 所示。

图 4-119

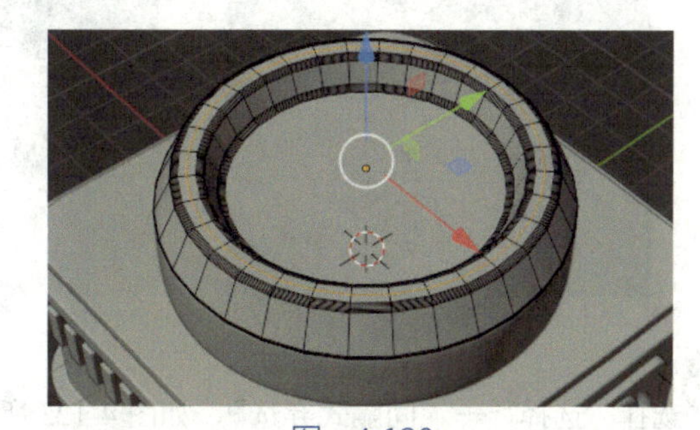
图 4-120

按快捷键 Ctrl+B，添加倒角，倒角边数建议设为两条，如图 4-121 所示。

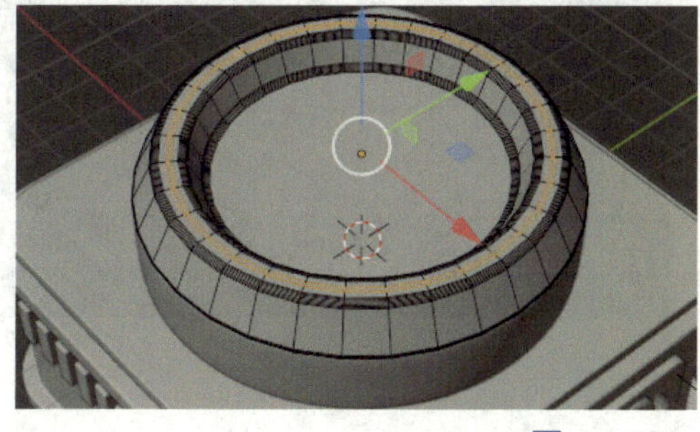

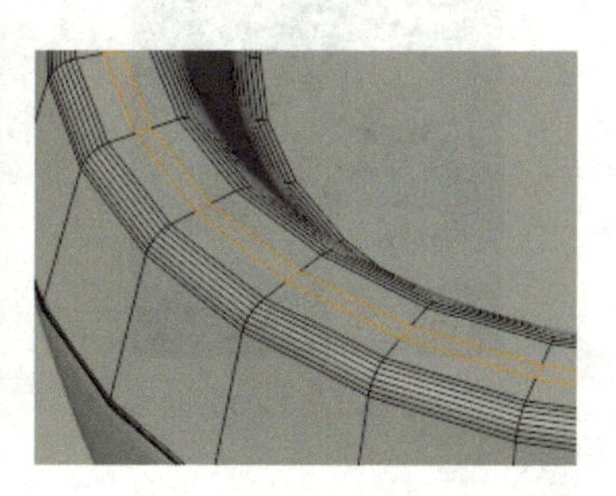
图 4-121

按快捷键 E，向外侧挤出，按 Tab 键进入物体模式，如图 4-122 所示。

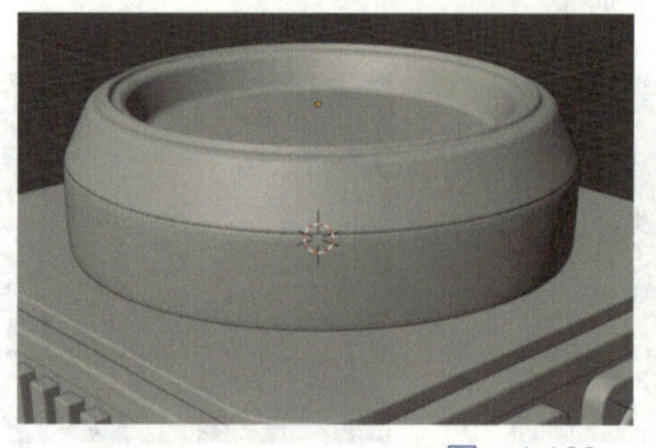

图　4-122

4　创建凸起部分。选中如图 4-123 所示的物体。按 Tab 键进入编辑模式，按快捷键 Alt，选中循环面，如图 4-124 所示。

图　4-123

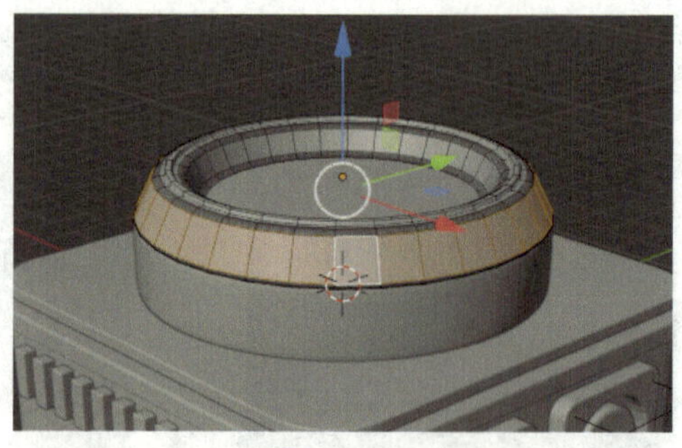

图　4-124

选择“选择”—“间隔式弃选”，如图 4-125 所示。效果如图 4-126 所示。

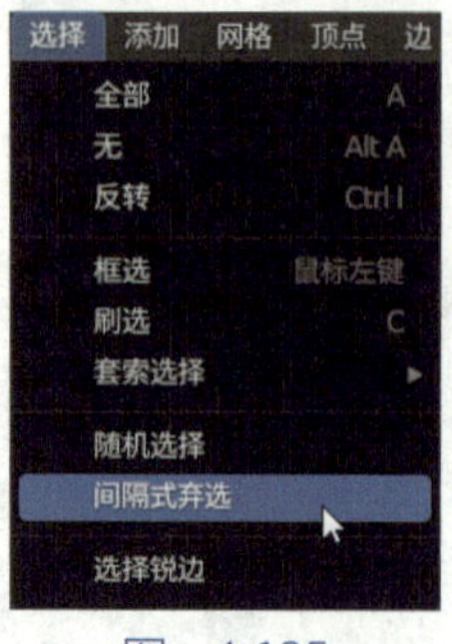

图　4-125

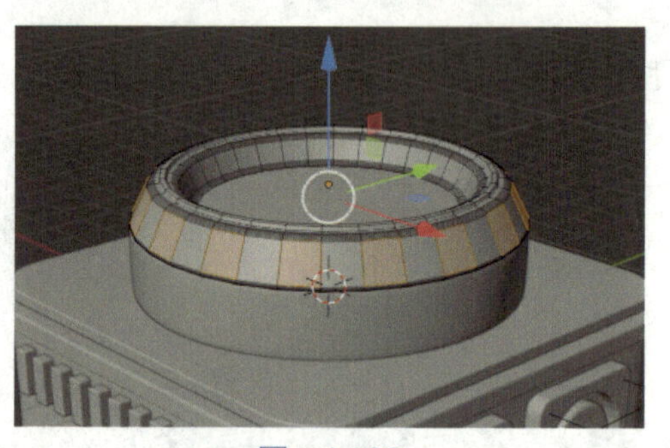

图　4-126

提示： 可以根据需求对“间隔式弃选”的参数进行设置，如图 4-127 所示。

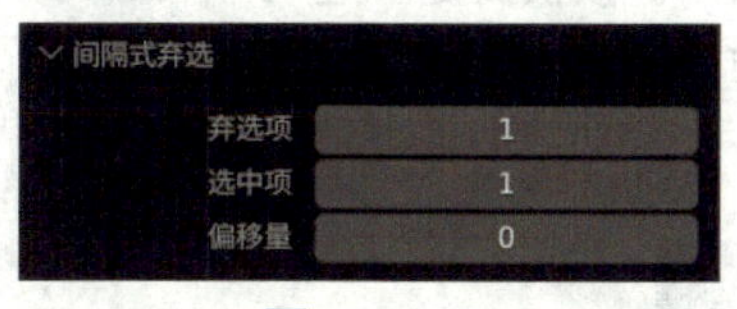

图　4-127

按快捷键 I，创建内插面，如图 4-128 所示。按快捷键 Alt+E，选择“沿法向挤出面”，如图 4-129 所示。

适当拖曳鼠标光标，按 Tab 键进入物体模式，如图 4-130 所示。

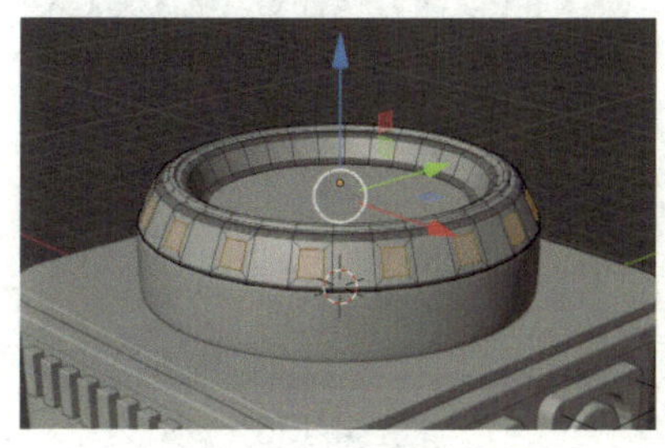

图　4-128

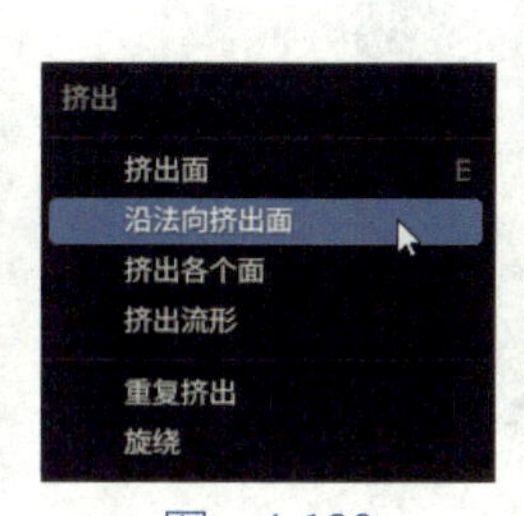

图　4-129

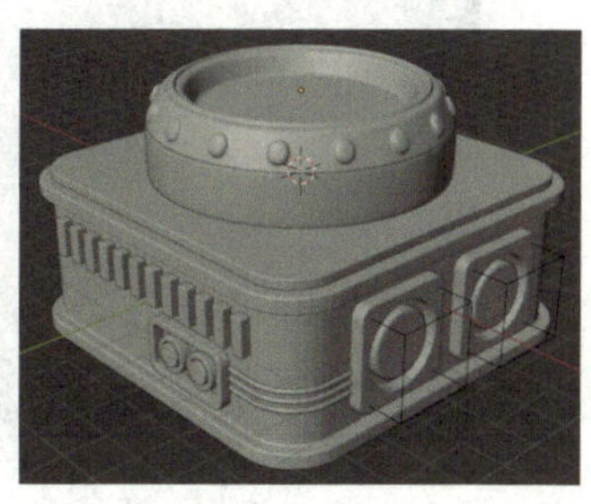

图　4-130

5 创建管道。选中如图 4-131 所示的物体。按 Tab 键进入编辑模式，选中一条边，如图 4-132 所示。

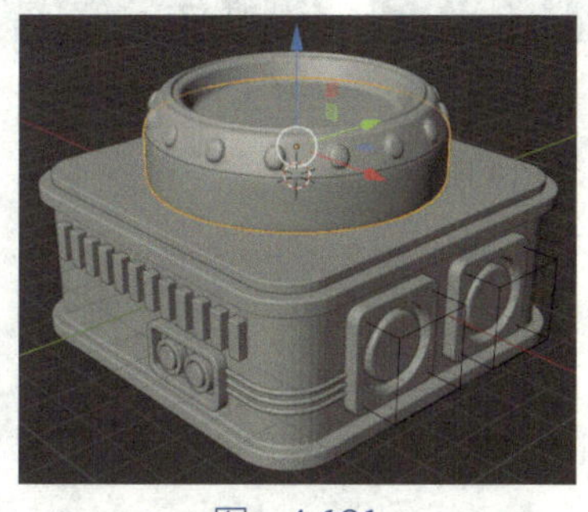

图　4-131

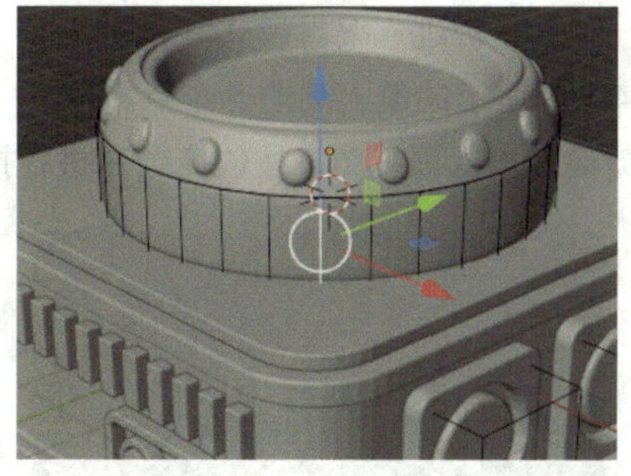

图　4-132

按快捷键 Shift+D，再按快捷键 Esc，最后按快捷键 P，选择“选中项”，如图 4-133 所示。按 Tab 键进入物体模式，选中刚才分离得到的边，如图 4-134 所示。

选择“物体”—“设置原点”—“原点 -> 几何中心”，效果如图 4-135 所示。按快捷键 ~ 进入顶视图，对线的位置进行适当调整，如图 4-136 所示。

图　4-133

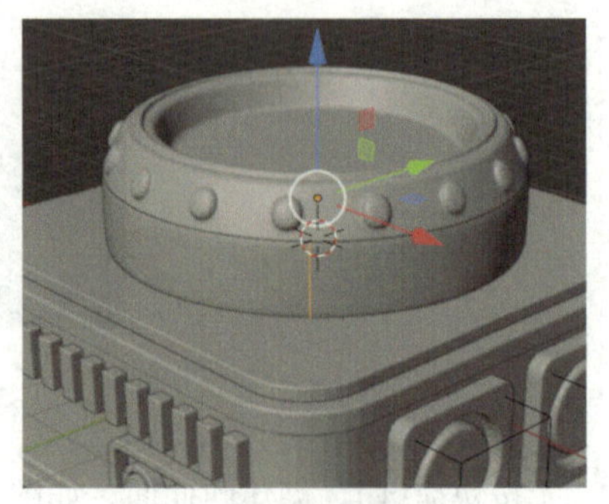

图　4-134

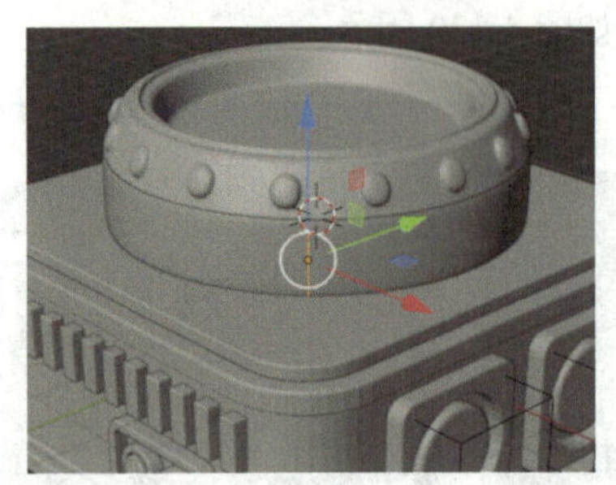

图　4-135

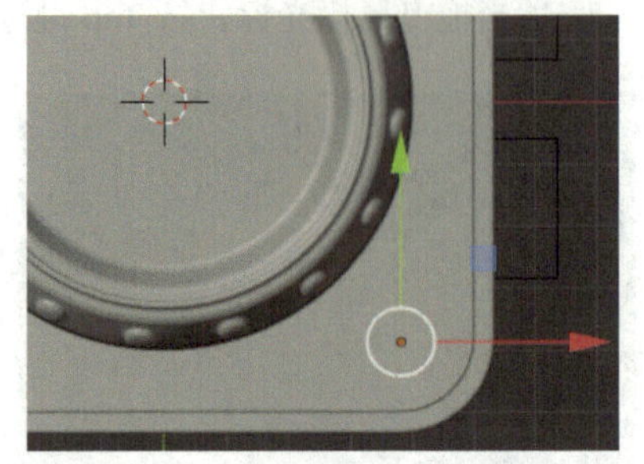

图　4-136

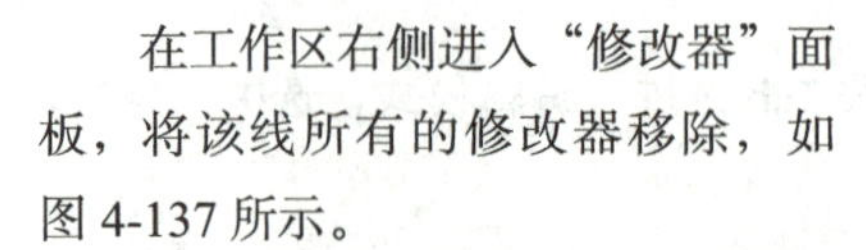

在工作区右侧进入“修改器”面板，将该线所有的修改器移除，如图 4-137 所示。

图　4-137

按 Tab 键进入编辑模式，选中如图 4-138 所示的最上端的一个点。按快捷键 ~ 进入顶视图，按快捷键 E 进行挤出，如图 4-139 所示。

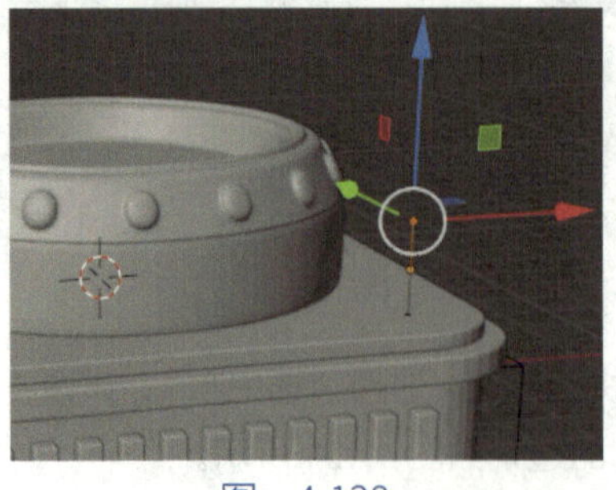

图　4-138

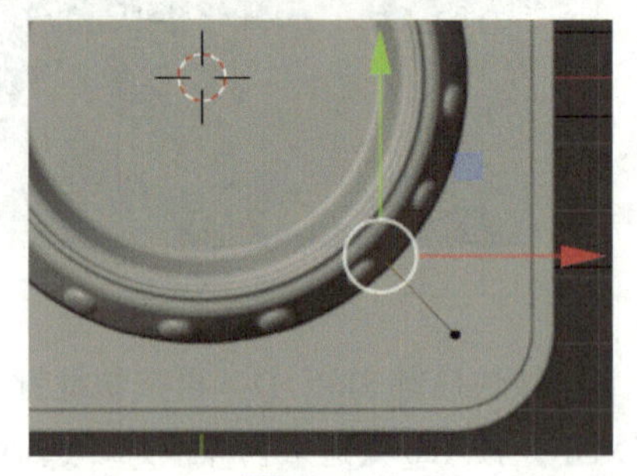

图　4-139

选中如图 4-140 所示的上端的两个点，对这两个点的位置进行适当调整，如图 4-141 所示。

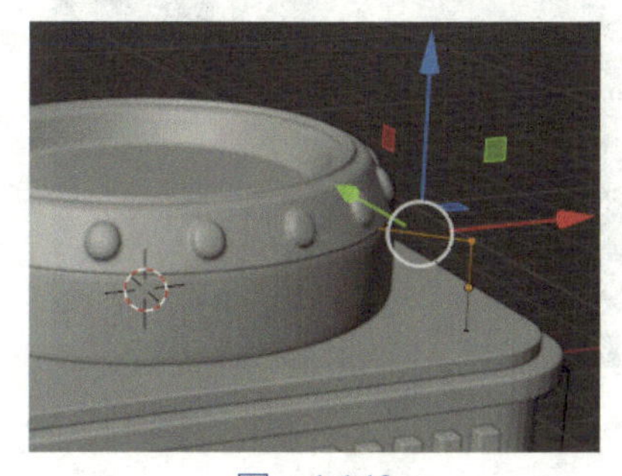
图 4-140

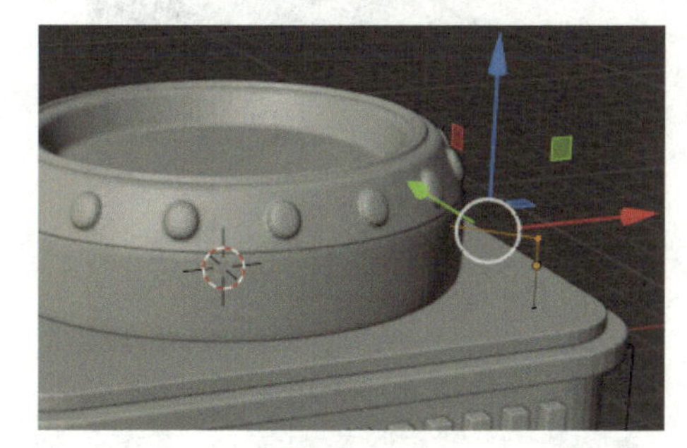
图 4-141

选中如图 4-142 所示的点，按快捷键 Ctrl+B+V，对该点进行倒角，如图 4-143 所示。

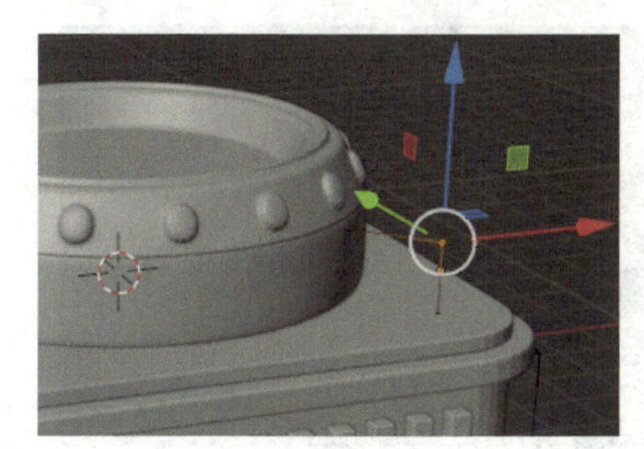
图 4-142

图 4-143

按 Tab 键进入物体模式，选择“物体”—“转换”—“曲线”，在工作区右侧进入“物体数据”面板，选择“几何数据”—“倒角”，“深度”参考数值为 0.377，适当调整曲线的位置，如图 4-144 所示。选择“物体”—“转换”—“网格”，如图 4-145 所示。

图 4-144

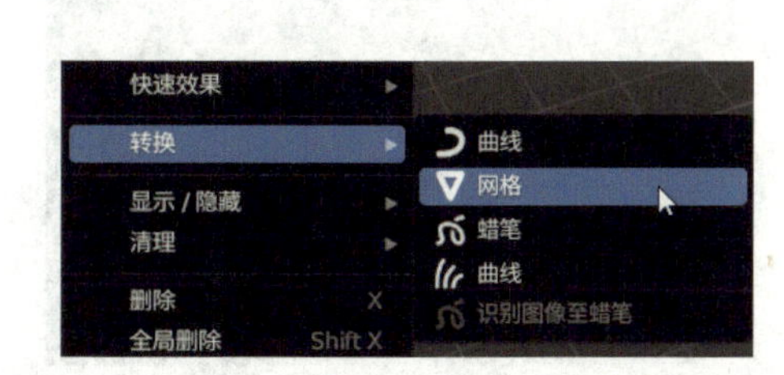

图 4-145

按 Tab 键进入编辑模式，按快捷键 Ctrl+R，添加一条循环边，如图 4-146 所示。按

快捷键 ~ 进入前视图，按快捷键 Alt+Z 进入透显模式，选中如图 4-147 所示的循环边。

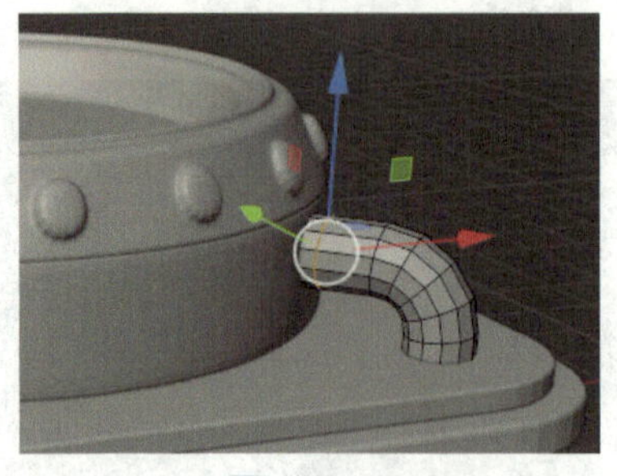

图　4-146

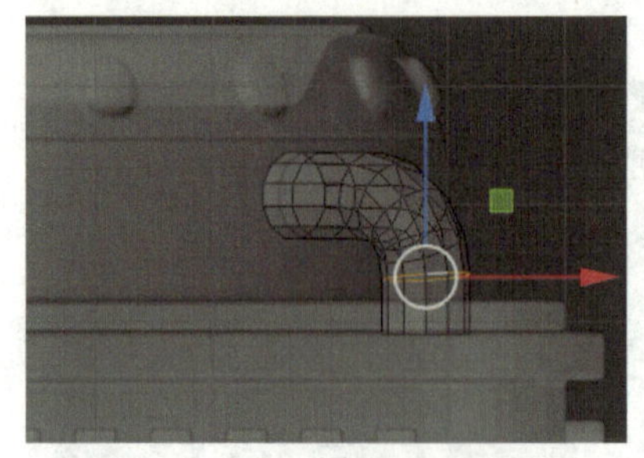

图　4-147

可以发现该循环边有一定的倾斜，可以使其变直，按快捷键 S+Z+0，如图 4-148 所示。按快捷键 Alt+Z 退出透显模式，按快捷键 Shift+Alt，选择如图 4-149 所示的两圈循环面。

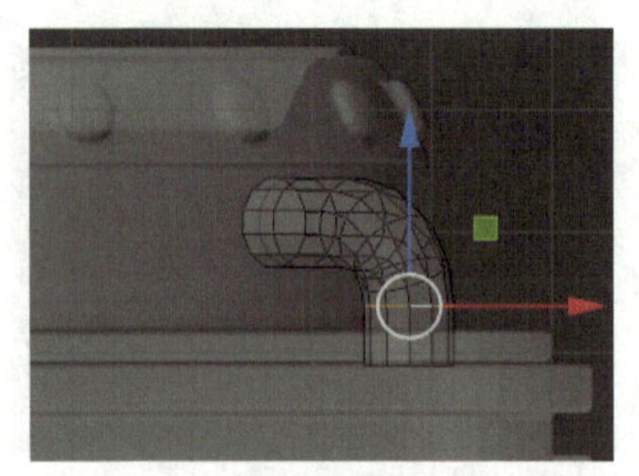

图　4-148

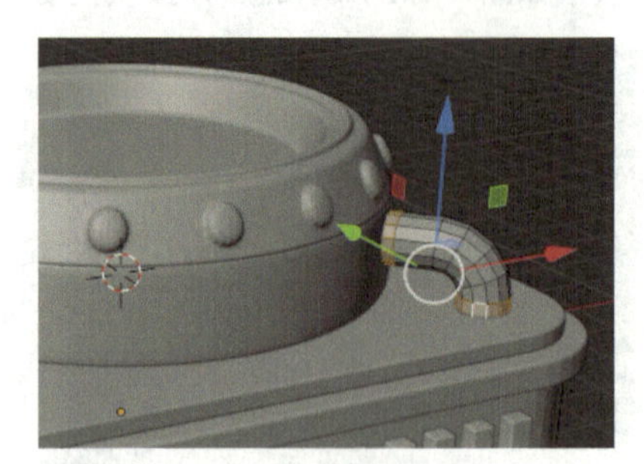

图　4-149

按快捷键 Alt+E，选择“沿法向挤出”，适当拖曳鼠标光标，如图 4-150 所示。可以发现管道与其他物体在位置上并不协调，按 Tab 键进入物体模式，选中如图 4-151 所示的物体。

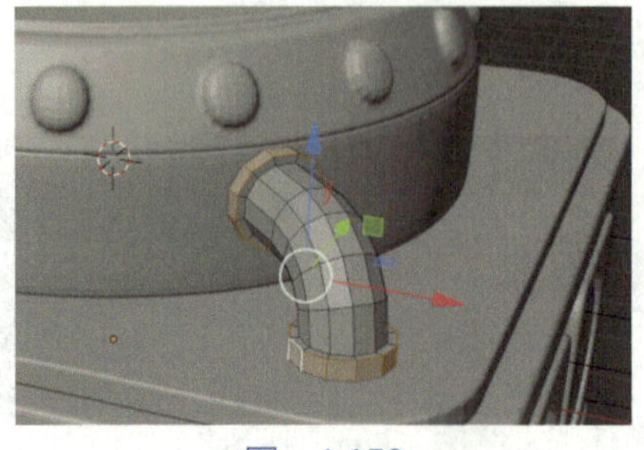

图　4-150

图　4-151

将其向上移动，如图 4-152 所示。选中如图 4-153 所示的物体。

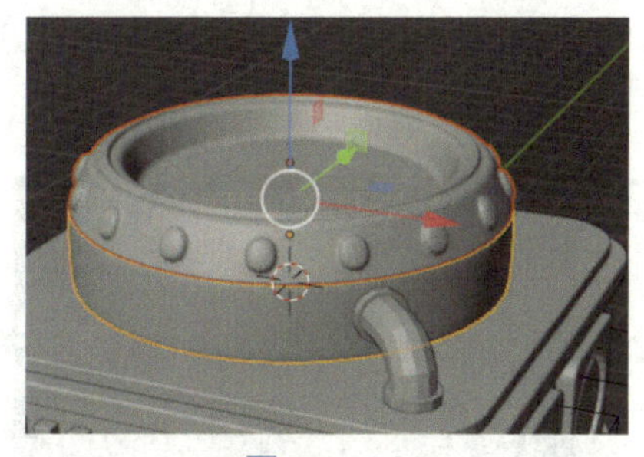
图 4-152

图 4-153

按 Tab 键进入编辑模式，按快捷键 Alt+Z，进入透显模式，选中如图 4-154 所示的点。将其适当向下移动，按快捷键 Alt+Z，退出透显模式，按 Tab 键进入物体模式，如图 4-155 所示。

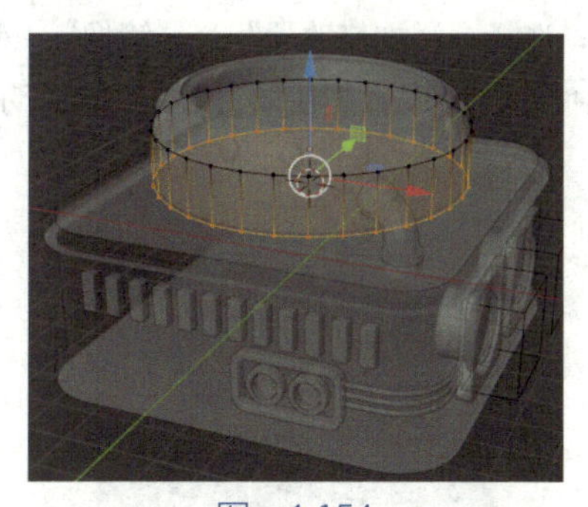
图 4-154

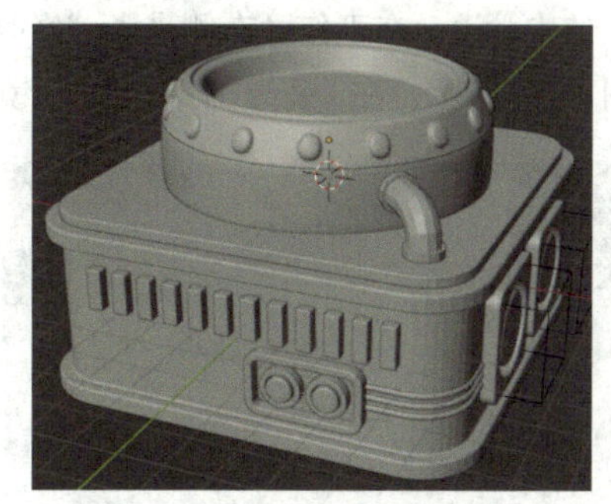
图 4-155

选中管道，按 Tab 键进入编辑模式，按快捷键 /，进入隔离模式，按快捷键 Shift+Alt，选择相应的循环边，如图 4-156 所示。按快捷键 Ctrl+B，适当添加倒角的段数，如图 4-157 所示。

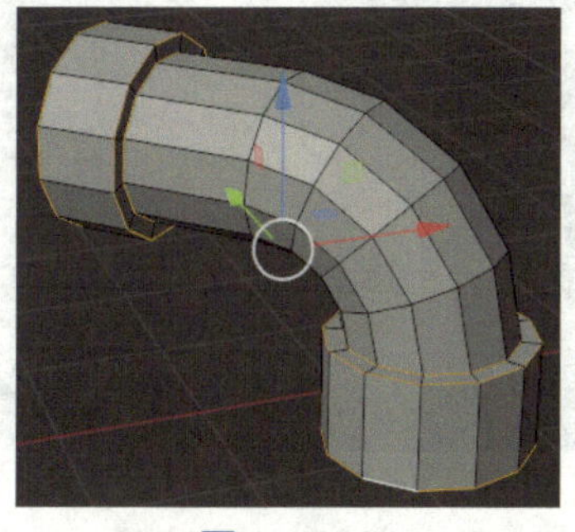
图 4-156

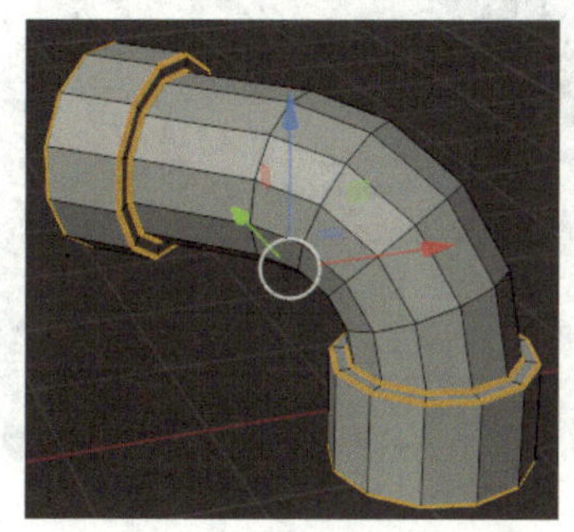
图 4-157

按 Tab 键进入物体模式，按快捷键 Ctrl+2，效果如图 4-158 所示。按快捷键 /，退出隔离模式，如图 4-159 所示。

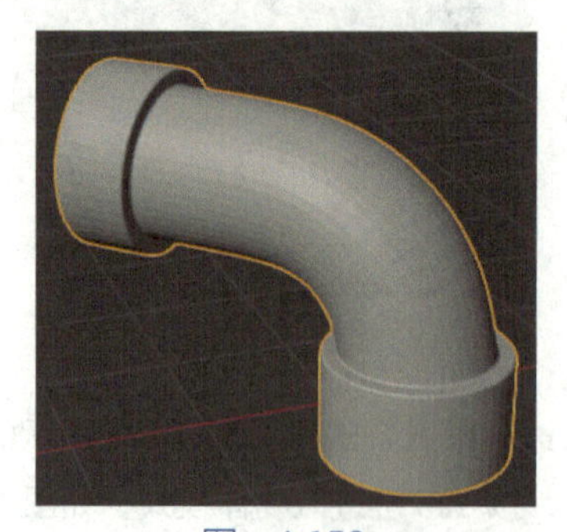

图 4-158

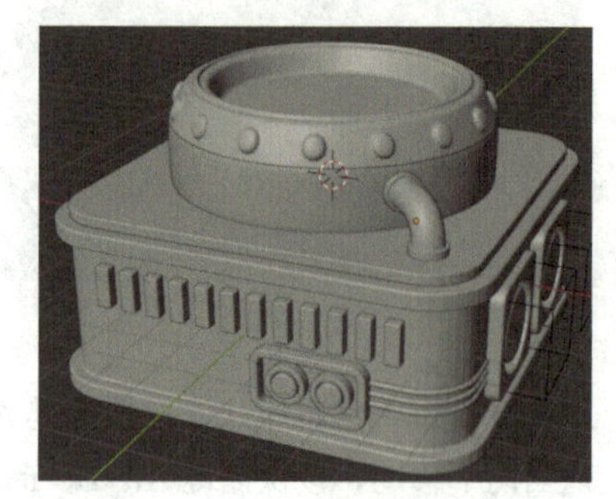

图 4-159

选中管道，在工作区右侧进入“修改器”面板，选择“添加修改器”—“镜像”，效果如图 4-160 所示。在“镜像”修改器的“镜像物体”中单击“吸取数据块”，如图 4-161 所示。

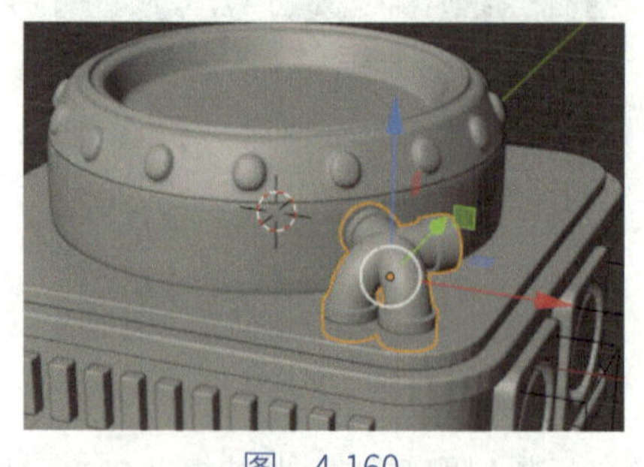

图 4-160

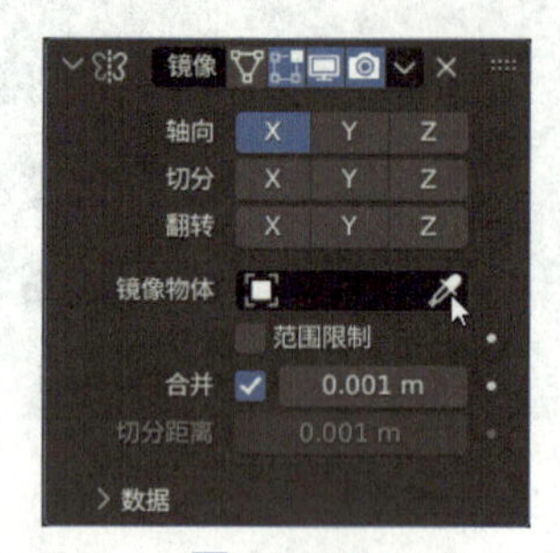

图 4-161

选中如图 4-162 所示的物体后，效果如图 4-163 所示。

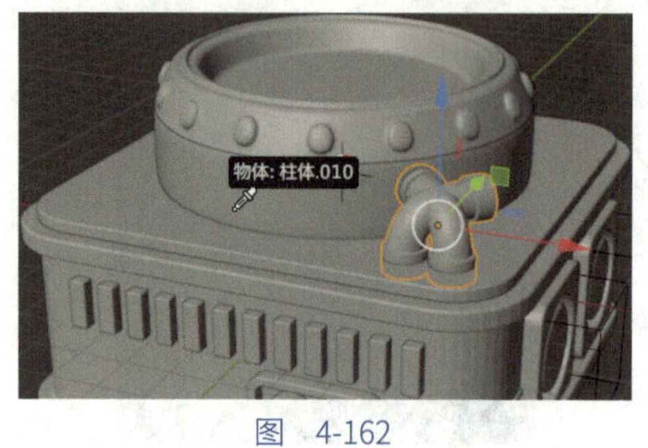

图 4-162

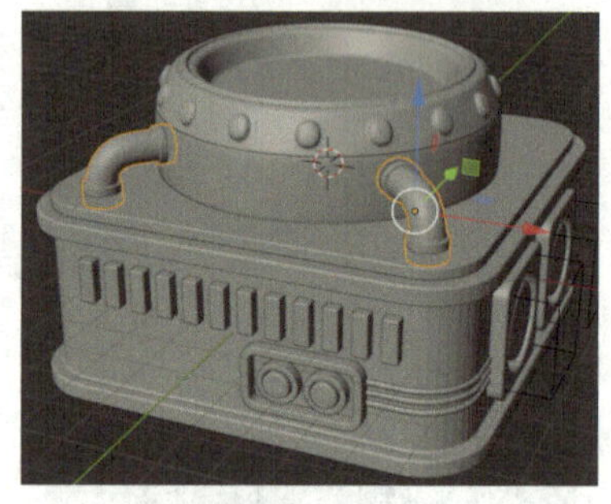

图 4-163

选中两个管道，在工作区右侧进入“修改器”面板，选择“添加修改器”—“镜像”，如图 4-164 所示。在“镜像”修改器的“镜像物体”中单击“吸取数据块”，选中如图 4-165 所示的物体。

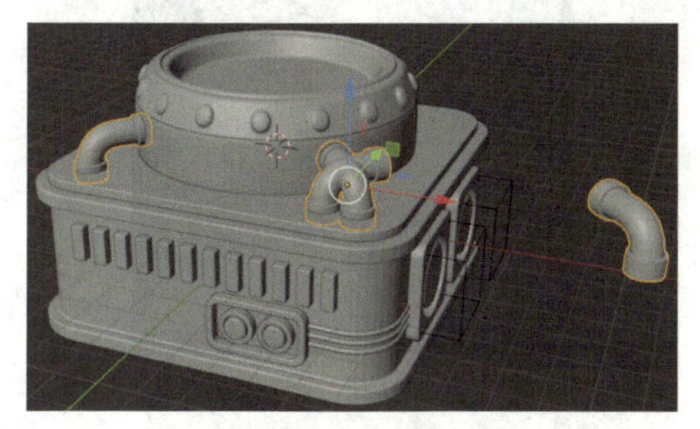

图 4-164

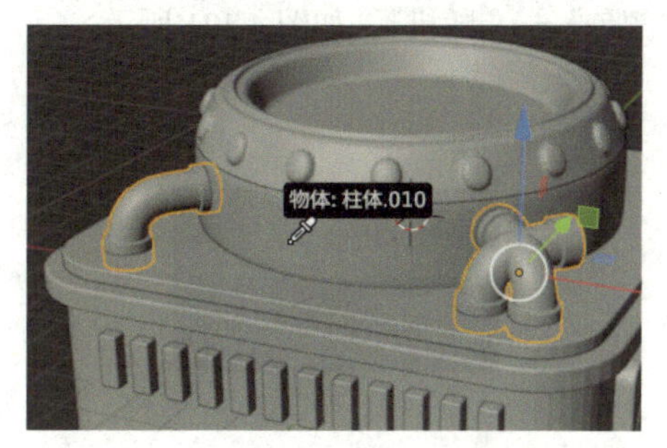

图 4-165

在“镜像”修改器的“轴向”中选择“Y”，如图 4-166 所示。效果如图 4-167 所示。

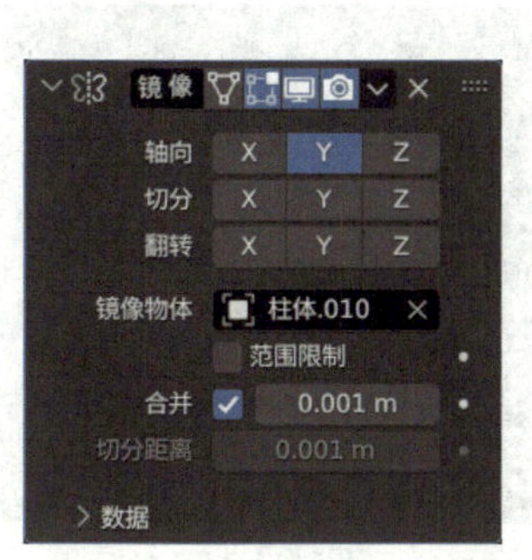

图 4-166

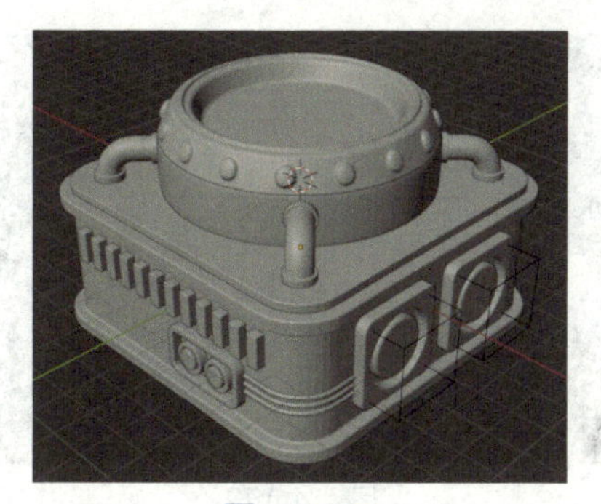

图 4-167

6 创建带凹陷的圆柱体。选中如图 4-168 所示的物体。按 Tab 键进入编辑模式，选中如图 4-169 所示的面。

图 4-168

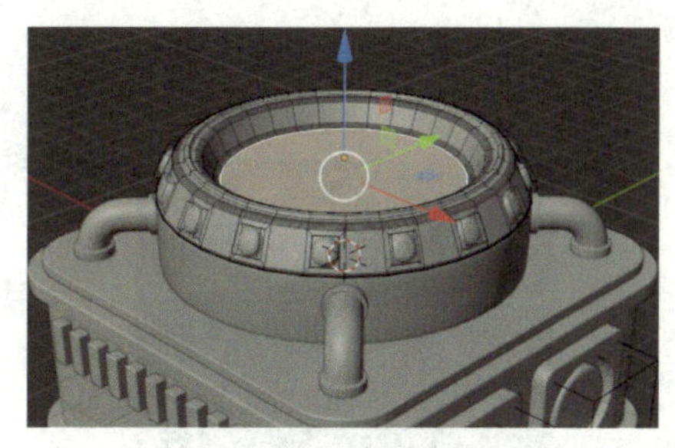

图 4-169

按快捷键 Shift+D，再按快捷键 Esc，最后按快捷键 P，选择“选中项”，如图 4-170 所示。按 Tab 键进入物体模式，选择“视图着色方式”—“颜色”—“随机”，如图 4-171 所示。

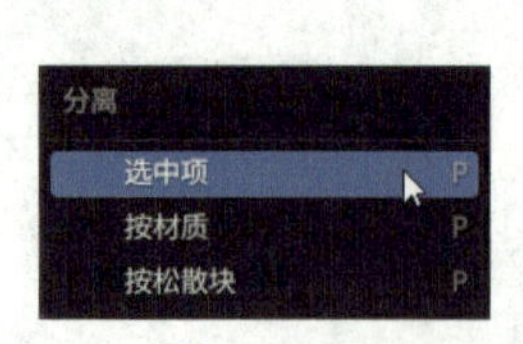

图　4-170

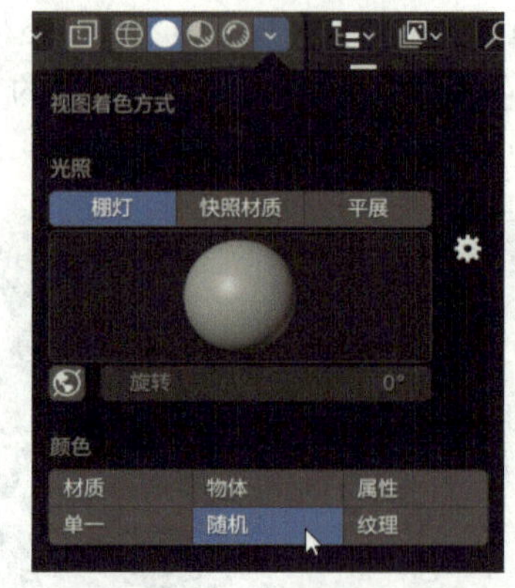

图　4-171

选中分离得到的面，如图 4-172 所示。按 Tab 键进入编辑模式，按快捷键 E，将面向上方挤出，如图 4-173 所示。

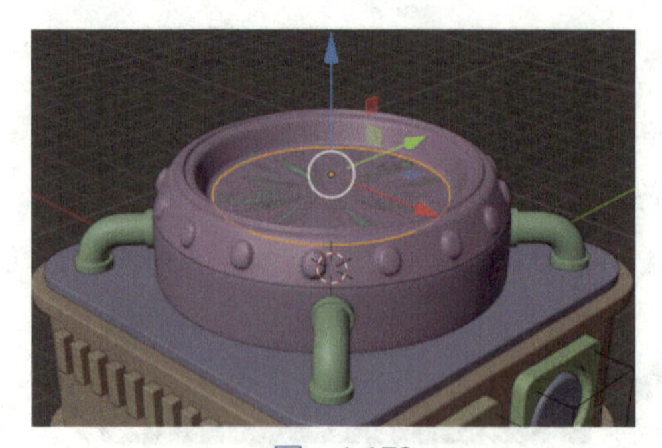
图　4-172

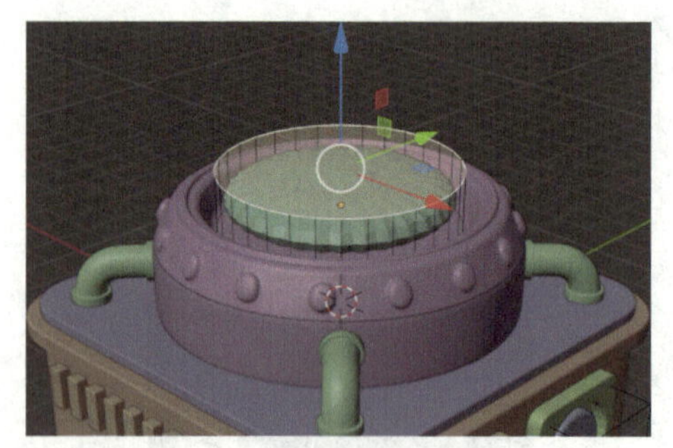
图　4-173

在工作区右侧进入“修改器”面板，将该物体应用的修改器移除，如图 4-174 所示。效果如图 4-175 所示。

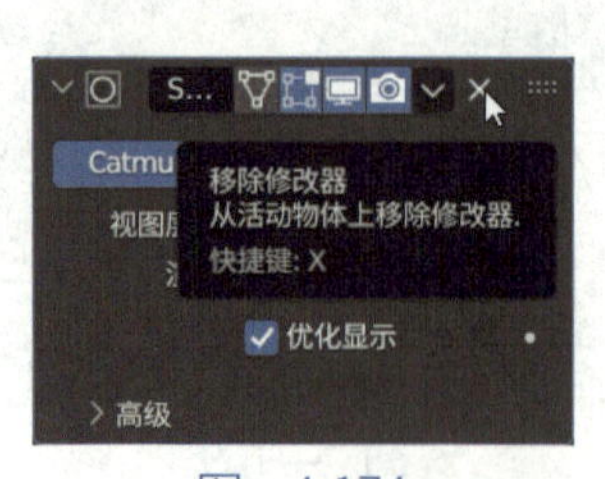

图　4-174

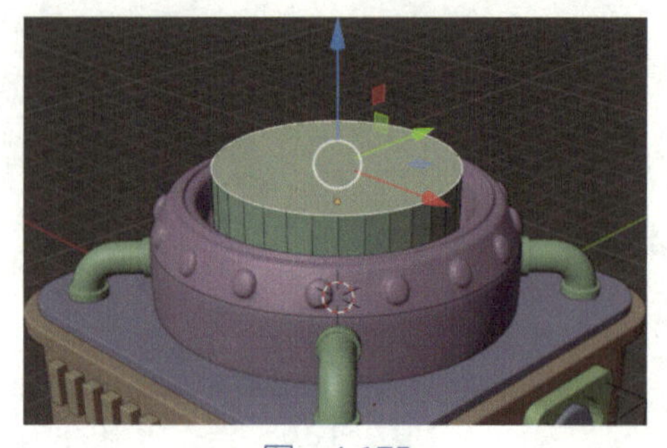
图　4-175

按快捷键 I，创建内插面，如图 4-176 所示。按快捷键 E，向内侧挤出，如图 4-177 所示。

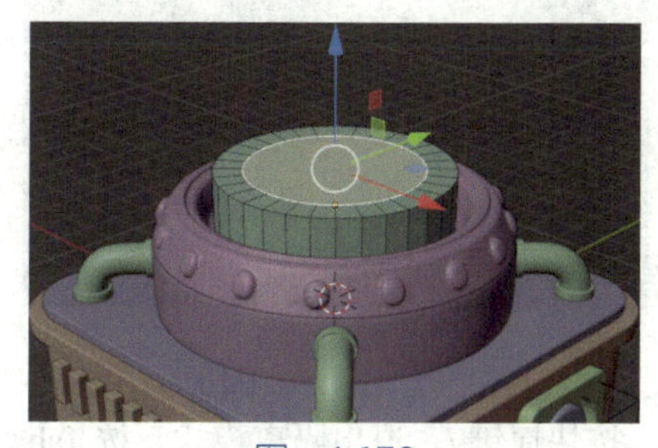

图 4-176

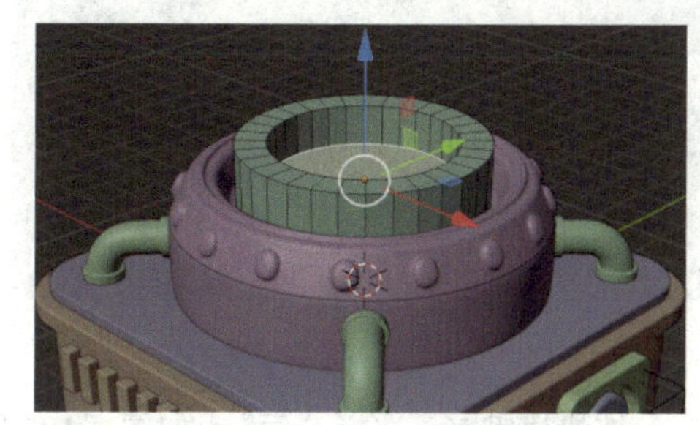

图 4-177

按快捷键 S，向内侧缩小，如图 4-178 所示。对一些细节进行调整，如图 4-179 所示。

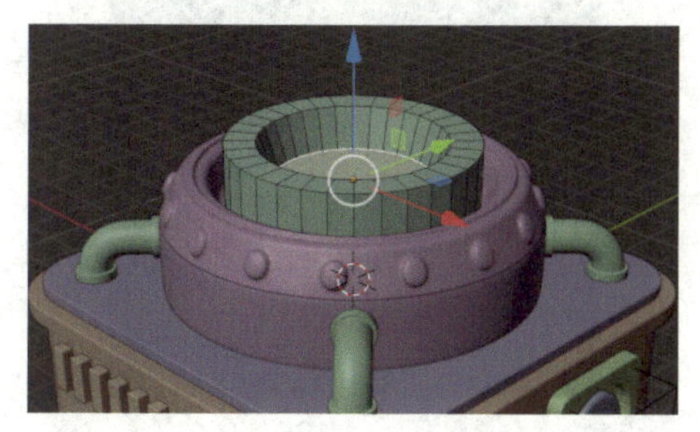

图 4-178

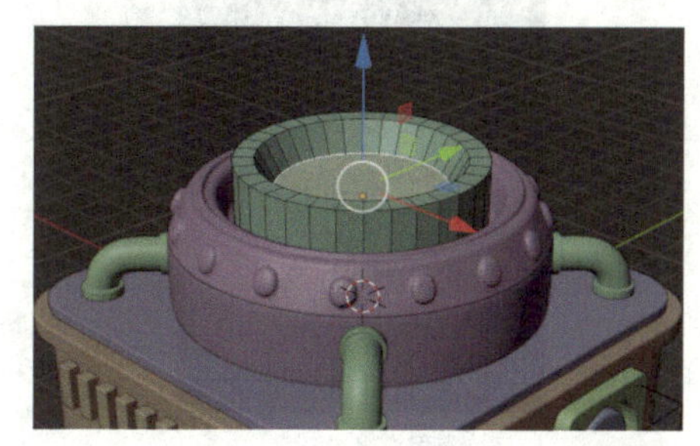

图 4-179

按快捷键 Shift+Alt，选择循环边，如图 4-180 所示。按快捷键 Ctrl+B，为循环边添加倒角，如图 4-181 所示。

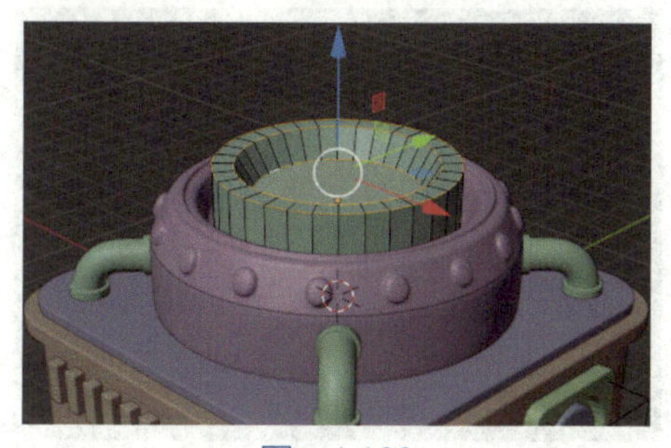

图 4-180

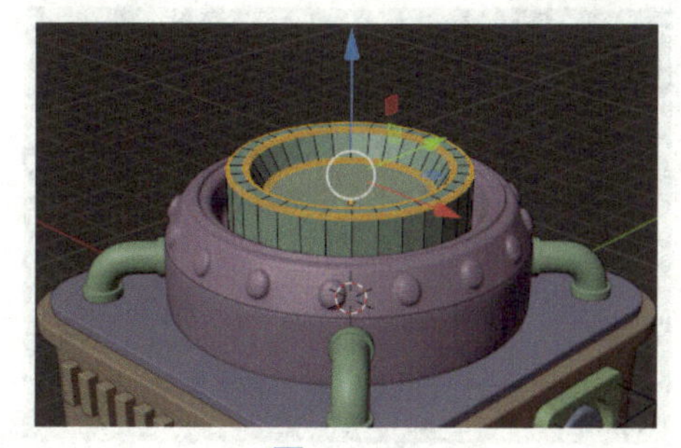

图 4-181

按 Tab 键进入物体模式，按快捷键 Ctrl+2，效果如图 4-182 所示。按快捷键 /，进入隔离模式，按 Tab 键进入编辑模式，选择如图 4-183 所示的面。

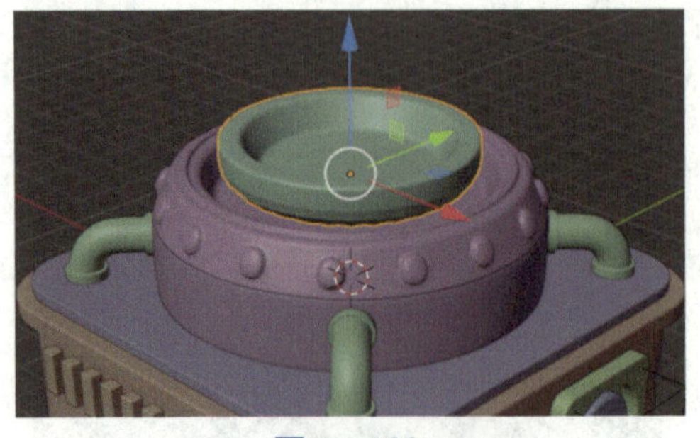

图　4-182

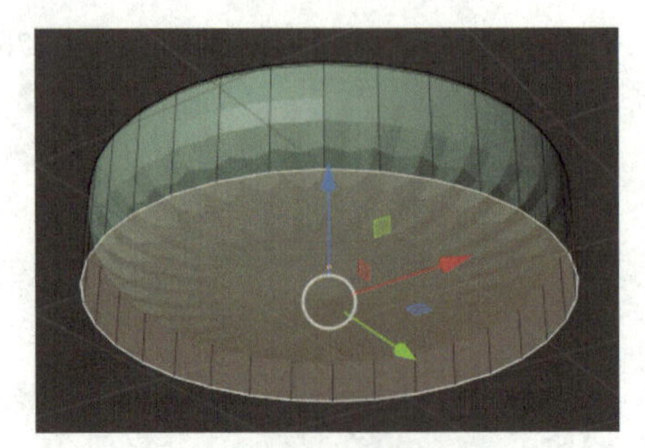

图　4-183

按快捷键 X，选择“面”，如图 4-184 所示。按快捷键 /，退出隔离模式，按 Tab 键进入物体模式，如图 4-185 所示。

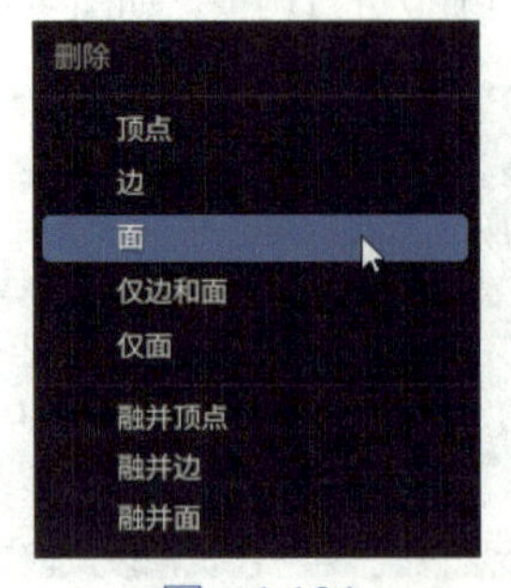

图　4-184

图　4-185

按快捷键 ~ 进入前视图，按 Tab 键进入编辑模式，按快捷键 Alt+Z，进入透显模式，选中如图 4-186 所示的点。将所选的点向下移动，如图 4-187 所示。

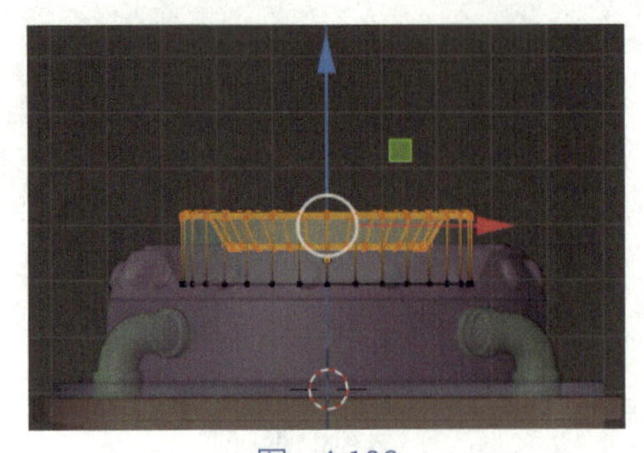

图　4-186

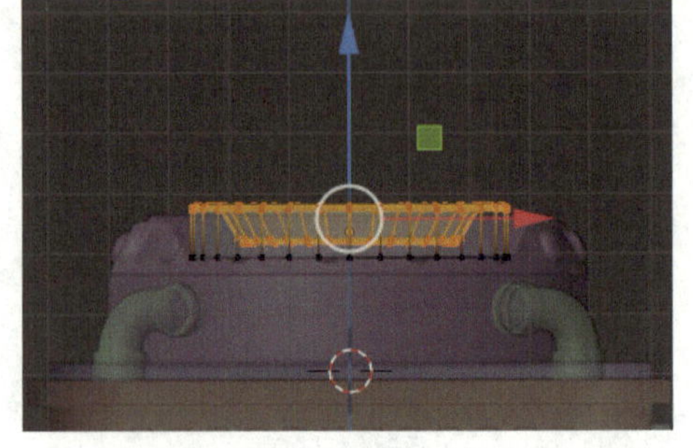

图　4-187

按快捷键 Alt+Z，退出透显模式，按 Tab 键进入物体模式，如图 4-188 所示。按 Tab 键进入编辑模式，选择如图 4-189 所示的面。

图 4-188

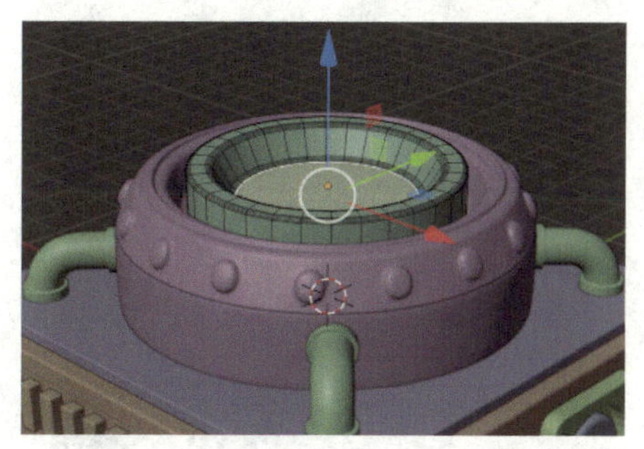

图 4-189

按快捷键 Shift+D，再按快捷键 Esc，最后按快捷键 P，选择“选中项”，如图 4-190 所示。按 Tab 键进入物体模式，选择分离得到的面，如图 4-191 所示。

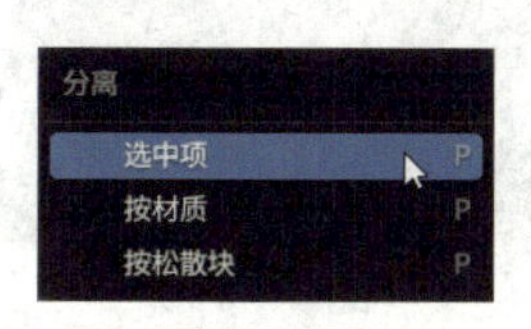

图 4-190

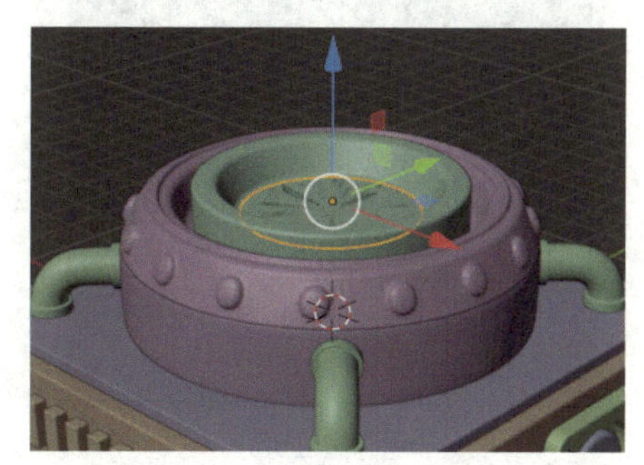

图 4-191

提示： 面如果不容易选中的话，可以按住快捷键 Alt 的同时选择面，然后在“选择菜单”中选择相应的选项即可，如图 4-192 所示。

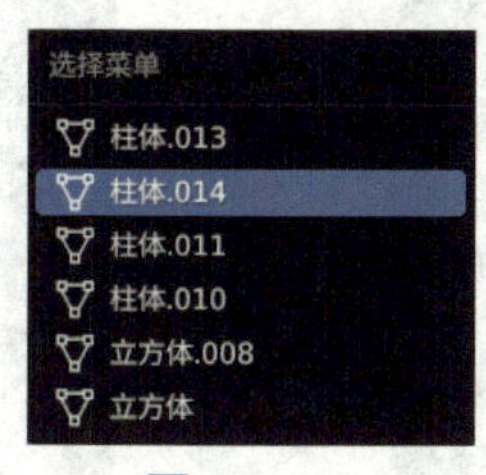

图 4-192

按 Tab 键进入编辑模式，按快捷键 E，向上方挤出，如图 4-193 所示。在工作区右侧进入“修改器”面板，将该物体应用的修改器移除，如图 4-194 所示。

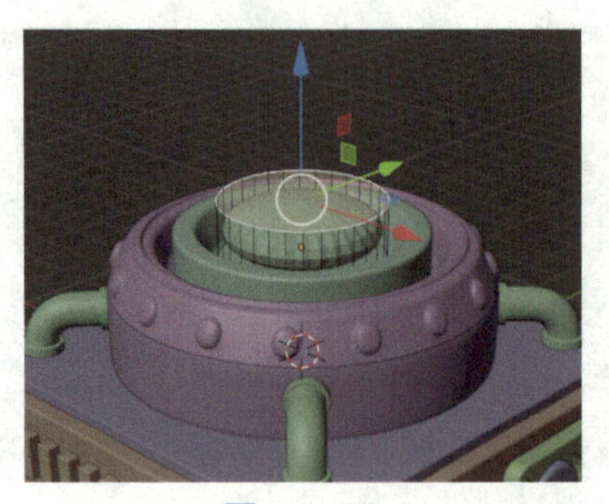

图　4-193

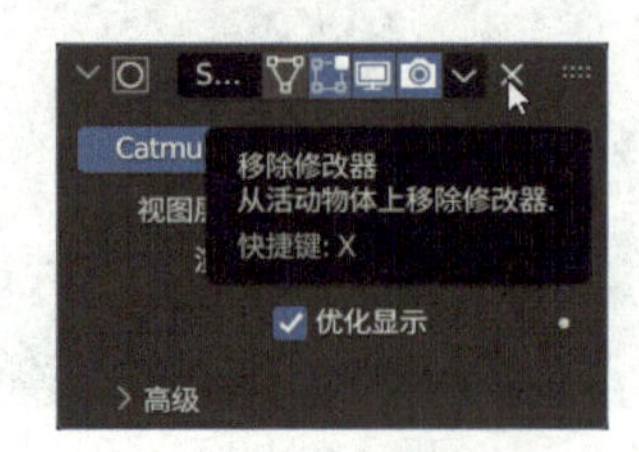

图　4-194

效果如图 4-195 所示。按快捷键 I，创建内插面，如图 4-196 所示。

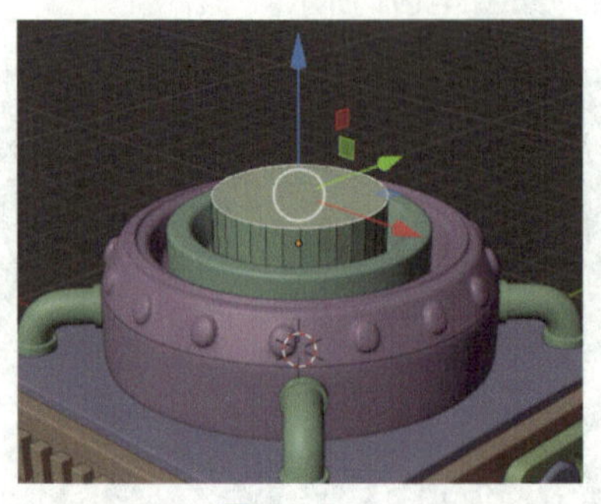

图　4-195

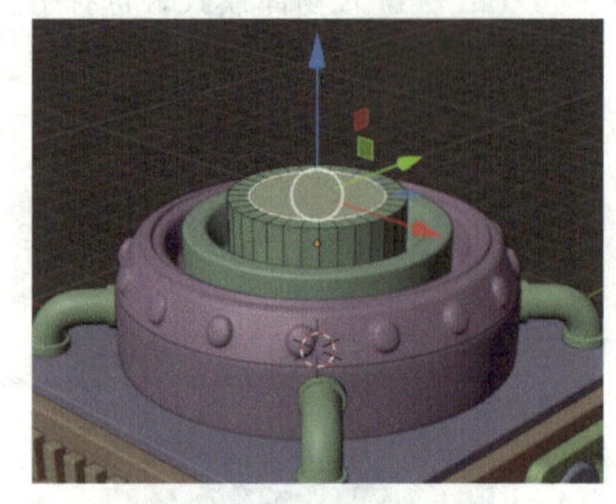

图　4-196

按快捷键 E，向下方挤出，如图 4-197 所示。按快捷键 S，向内侧缩小，如图 4-198 所示。

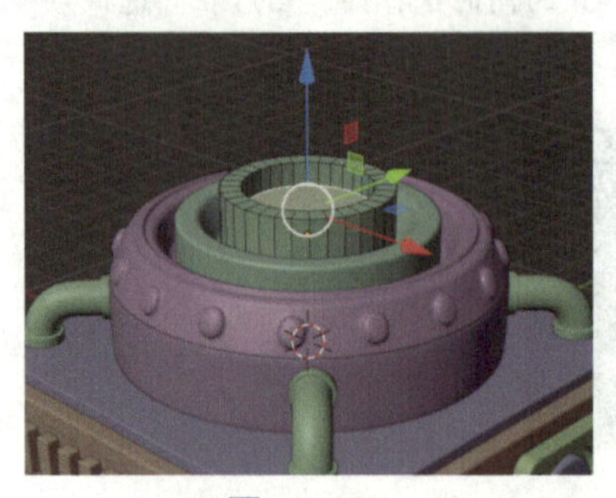

图　4-197

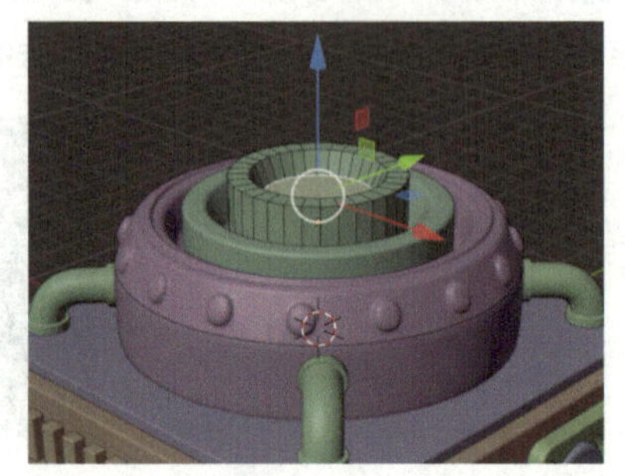

图　4-198

按快捷键 I，创建内插面，如图 4-199 所示。按快捷键 E，向上方挤出，如图 4-200 所示。

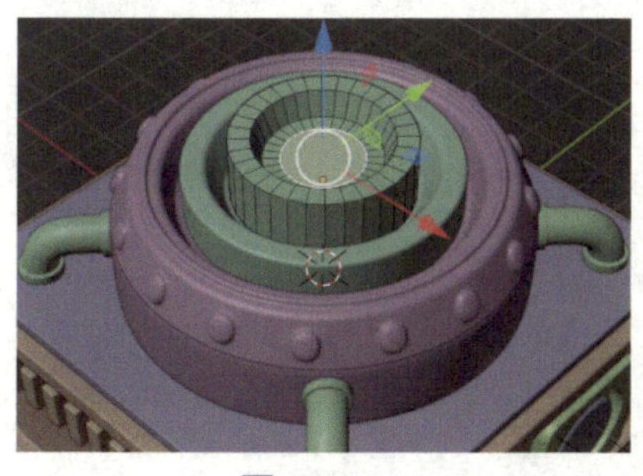
图 4-199

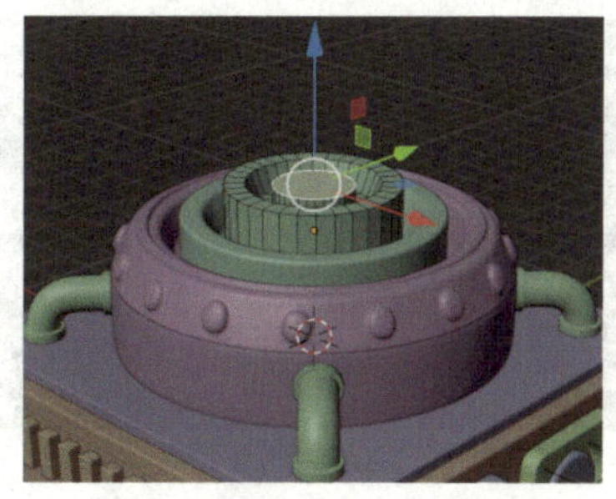
图 4-200

按 Tab 键进入物体模式，选择如图 4-201 所示的物体。按快捷键 /，进入隔离模式，按 Tab 键进入编辑模式，选中如图 4-202 所示的面。

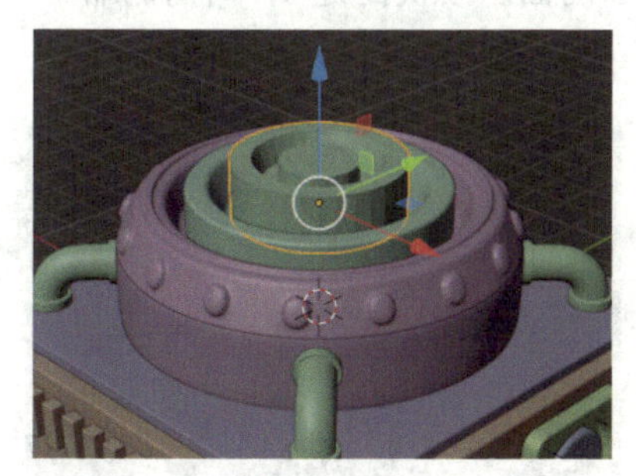
图 4-201

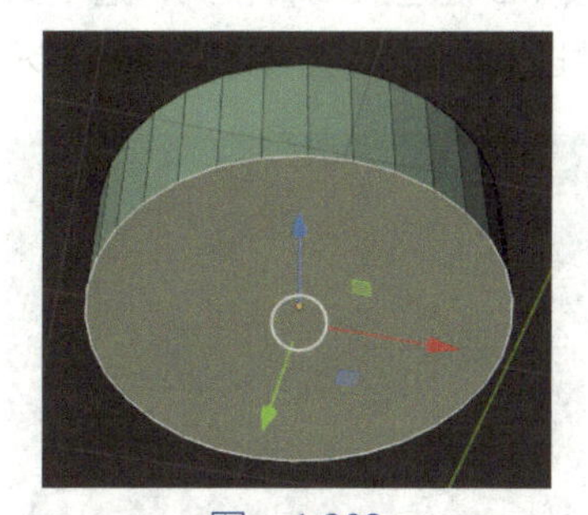
图 4-202

按快捷键 X，选择“面”，效果如图 4-203 所示。按快捷键 /，退出隔离模式，如图 4-204 所示。

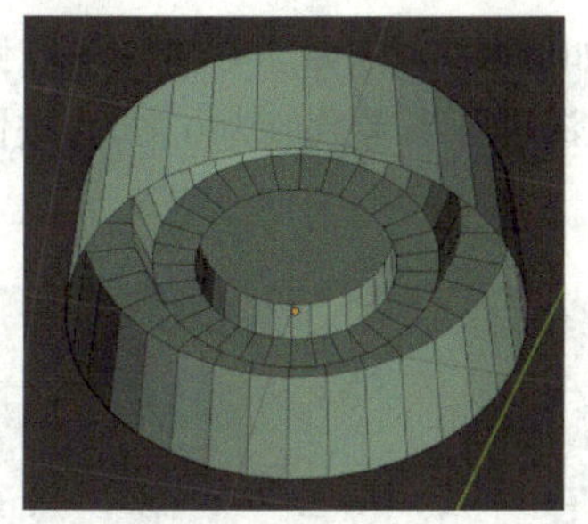
图 4-203

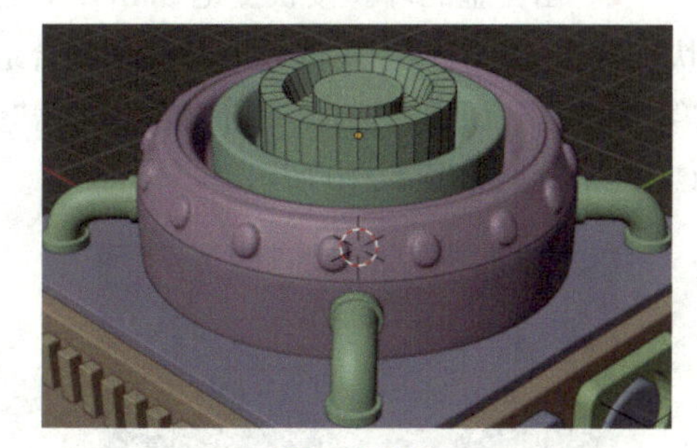
图 4-204

在工作区右侧进入“修改器”面板，选择“添加修改器”—“倒角”，“倒角”修改器中的“段数”参考数值为 3，“(数）量”参考数值为 0.05，效果如图 4-205 所示。按 Tab 键进入物体模式，按快捷键 Ctrl+2，效果如图 4-206 所示。

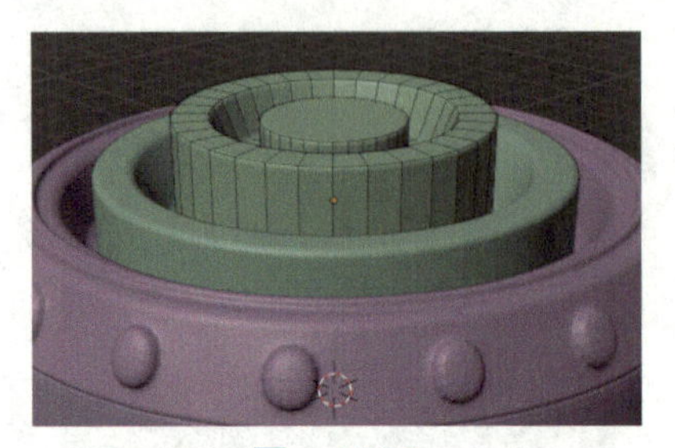
图　4-205

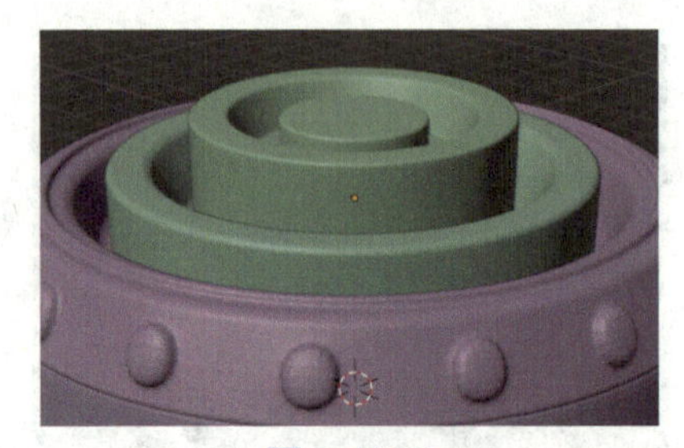
图　4-206

提示： 可以根据操作习惯选择在“修改器”面板中添加倒角，或者使用快捷键添加倒角。

按 Tab 键进入编辑模式，选中如图 4-207 所示的面。按快捷键 S，向内侧缩小，按 Tab 键进入物体模式，如图 4-208 所示。

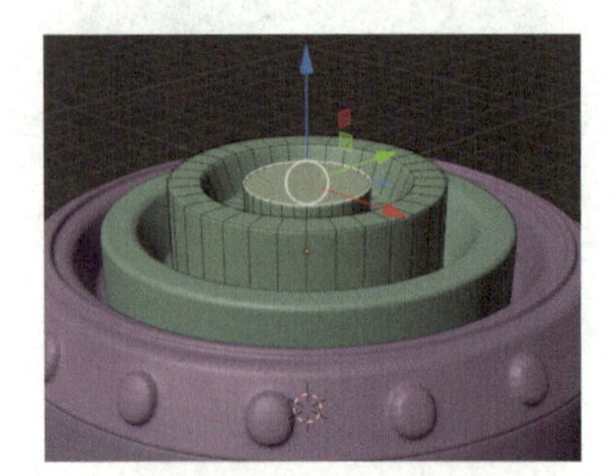
图　4-207

图　4-208

7　创建金属环。按快捷键 Shift+A，选择“曲线”—“圆环”，创建一个圆环，按快捷键 S，将圆环等比例放大并移动到合适位置，如图 4-209 所示。在工作区右侧进入“物体数据”面板，选择“几何数据”—“倒角”，“深度”参考数值为 0.022，按快捷键 Ctrl+2，效果如图 4-210 所示。

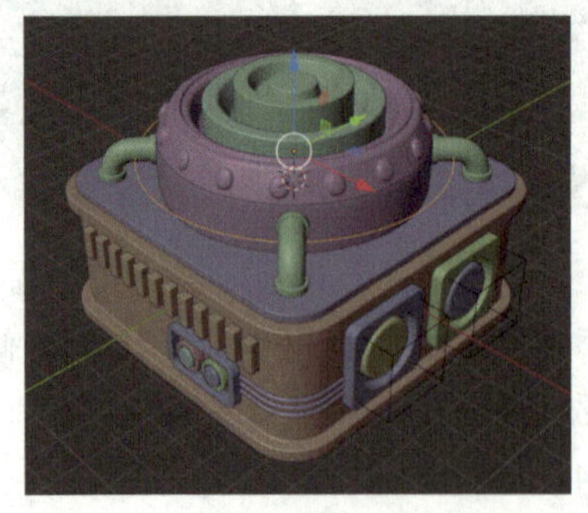
图　4-209

图　4-210

创建金币

选中如图 4-211 所示的物体。按快捷键 Shift+S，选择“游标”—“选中项”，将游标定位到该物体的中心，如图 4-212 所示。

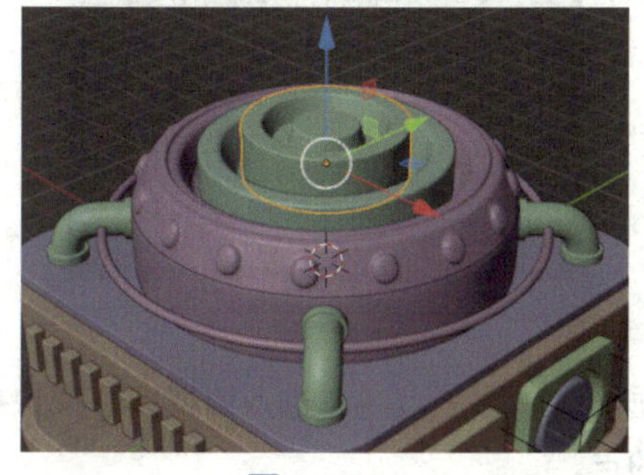

图 4-211

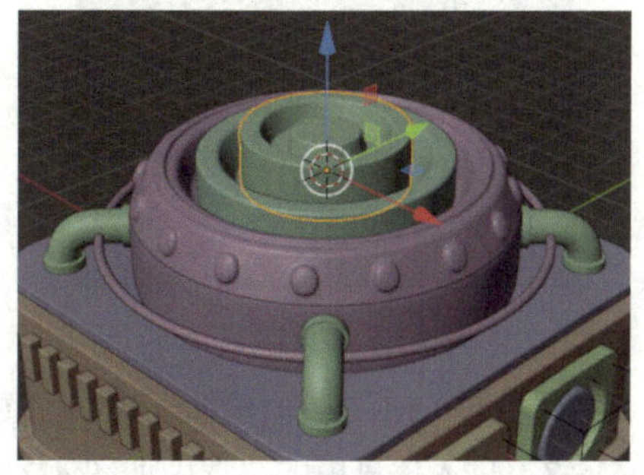

图 4-212

按快捷键 Shift+A，选择“网格”—“柱体”，效果如图 4-213 所示。将圆柱体的位置向上调整，按快捷键 S+Z，将其压扁，如图 4-214 所示。

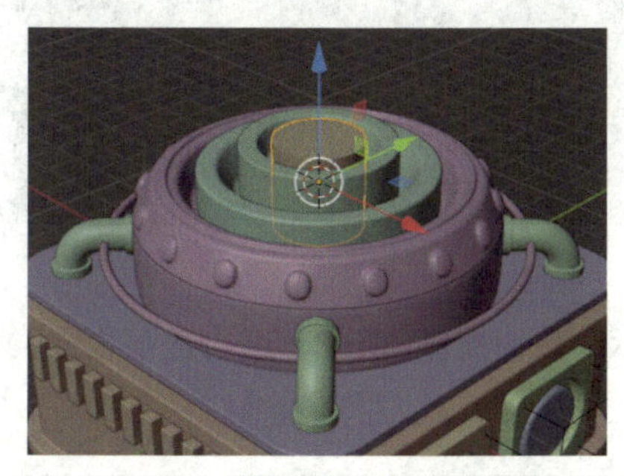

图 4-213

图 4-214

选中刚才创建的圆柱体，按快捷键 /，进入隔离模式，按快捷键 Ctrl+A，选择“缩放”，如图 4-215 所示。按 Tab 键进入编辑模式，选中如图 4-216 所示的面。

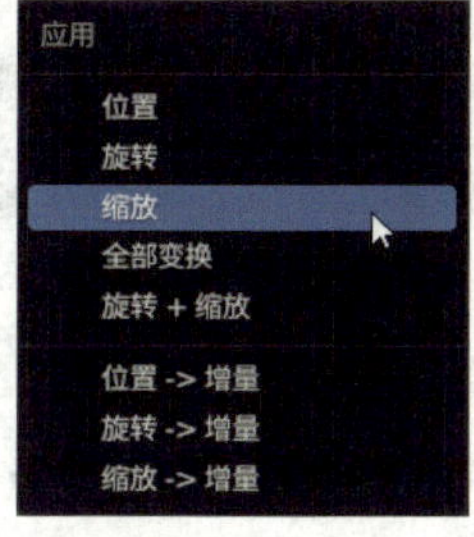

图 4-215

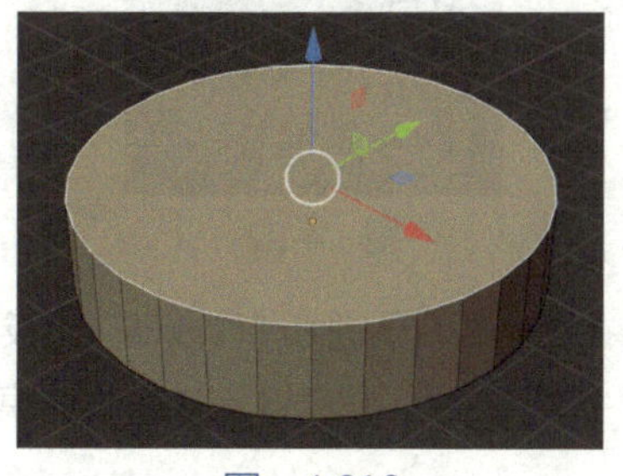

图 4-216

按快捷键 I，创建内插面，如图 4-217 所示。按快捷键 E，向内侧挤出，如图 4-218 所示。

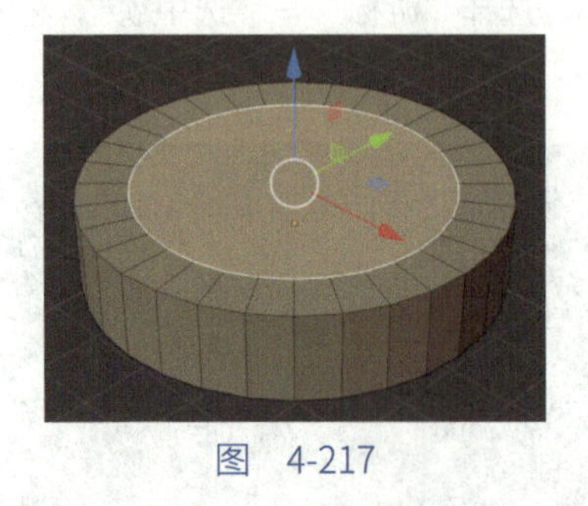
图　4-217

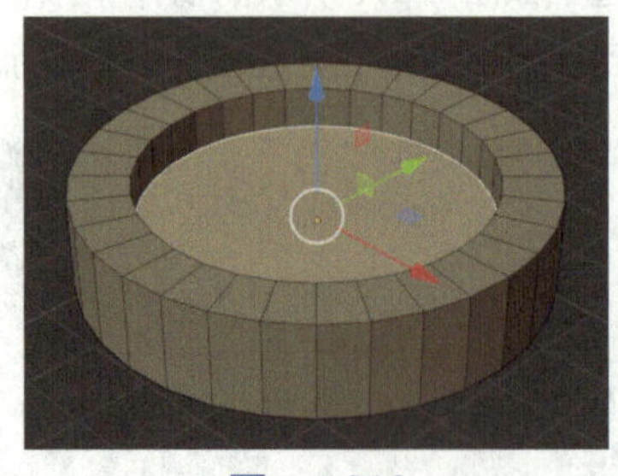
图　4-218

按快捷键 Ctrl+R，创建循环边，如图 4-219 所示。按快捷键 ~，进入前视图，按快捷键 Alt+Z，进入透显模式，选中如图 4-220 所示的点。

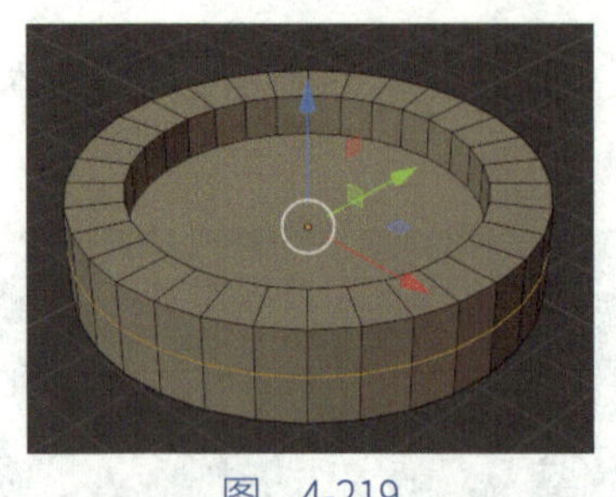
图　4-219

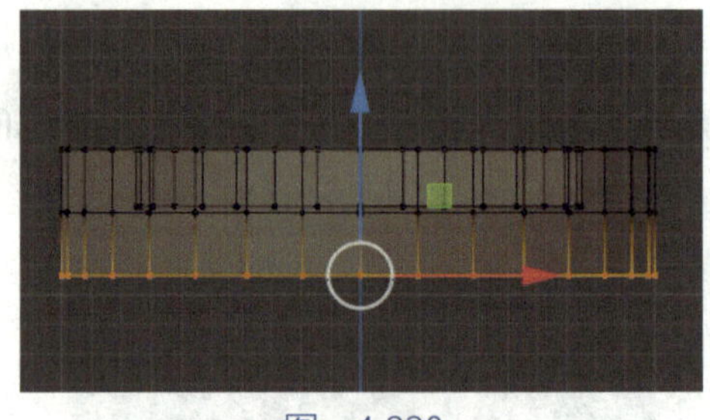
图　4-220

按快捷键 X，选择“顶点”，如图 4-221 所示。按快捷键 Alt+Z，退出透显模式，如图 4-222 所示。

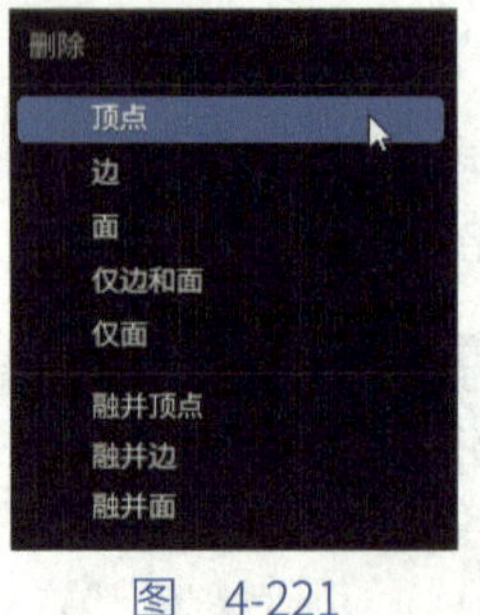

图　4-221

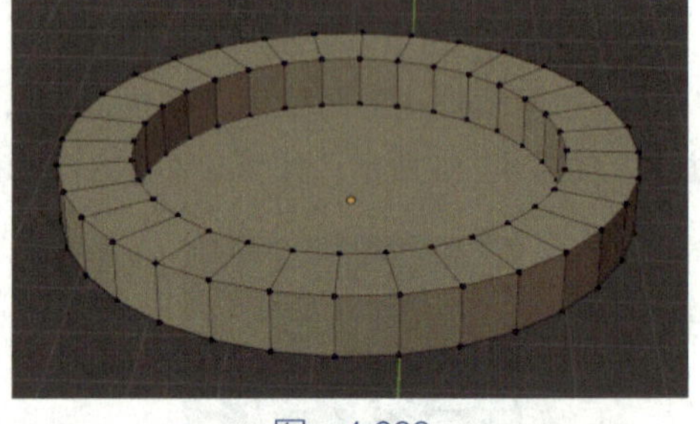
图　4-222

在工作区右侧进入“修改器”面板，选择“添加修改器”—“镜像”，“轴向”选择“Z”，如图 4-223 所示。按 Tab 键进入物体模式，在工作区右侧进入“修改器”面板，选择“添加修改器”—“倒角”，“倒角”修改器中的“段数”参考数值为 4，“(数)量”参考数值为 0.022。按快捷键 Ctrl+2，效果如图 4-224 所示。

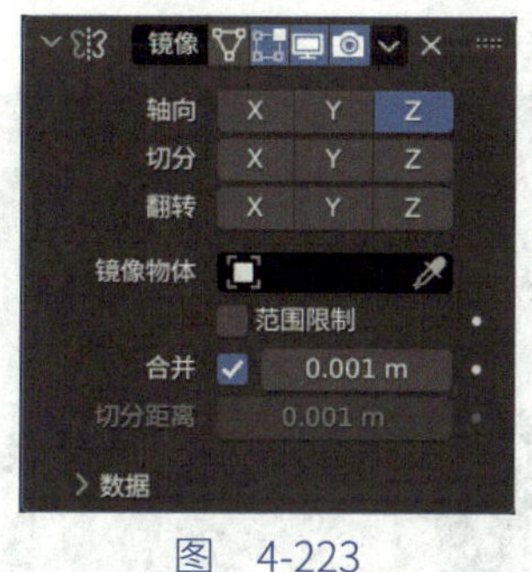

图 4-223

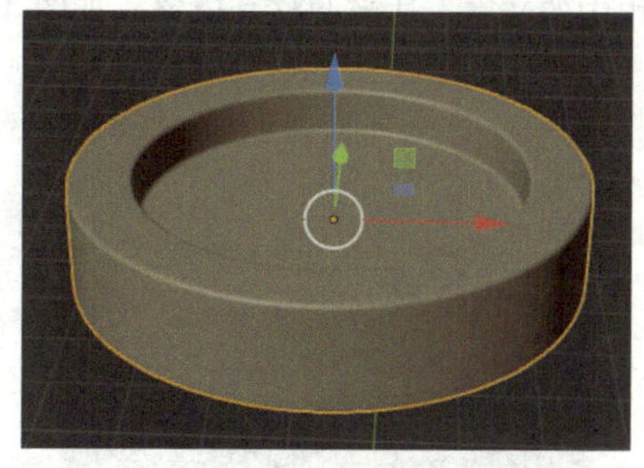
图 4-224

按 Tab 键进入编辑模式，选中如图 4-225 所示的面。按快捷键 S，向内侧缩小，适当向上调整一下位置，如图 4-226 所示。

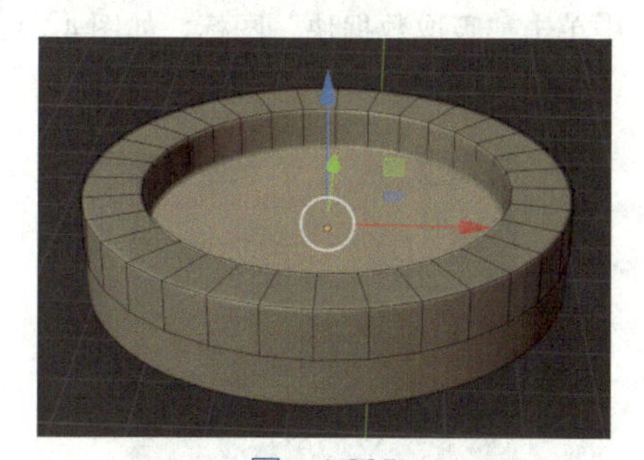
图 4-225

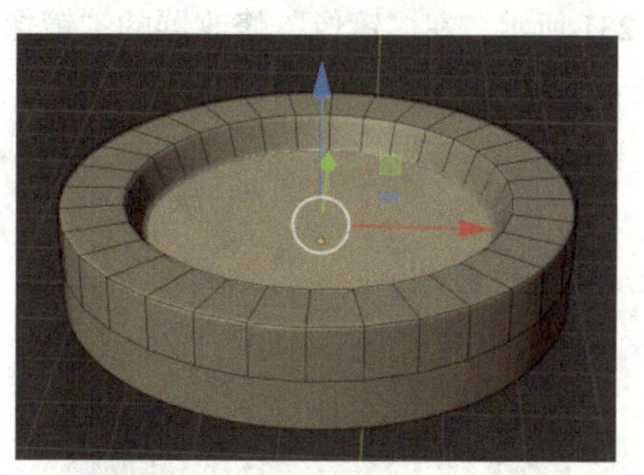
图 4-226

金币整体感觉有点厚，按 Tab 键进入物体模式，按快捷键 S+Z，将其压扁，如图 4-227 所示。按快捷键~，进入顶视图，按快捷键 Shift+A，选择“文本”，按 Tab 键进入编辑模式，案例文本内容为“$”，按 Tab 键进入物体模式，适当调整其位置，如图 4-228 所示。

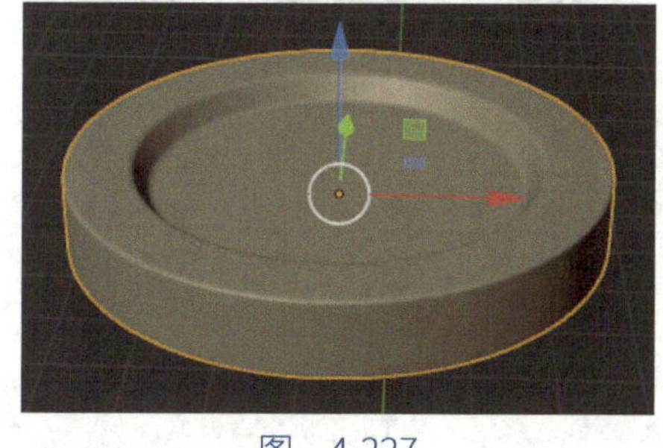
图 4-227

图 4-228

在工作区右侧进入“修改器”面板，选择“添加修改器”—“实体化”，“实体化”修改器中的“厚（宽）度”参考数值为 0.082，效果如图 4-229 所示。按快捷键 S，放大金币中的文本，适当调整其位置，如图 4-230 所示。

图 4-229

图 4-230

在工作区右侧进入“修改器”面板，选择“添加修改器”—“镜像”，效果如图 4-231 所示。在“镜像”修改器的“镜像物体”中单击“吸取数据块”图标，如图 4-232 所示。

图 4-231

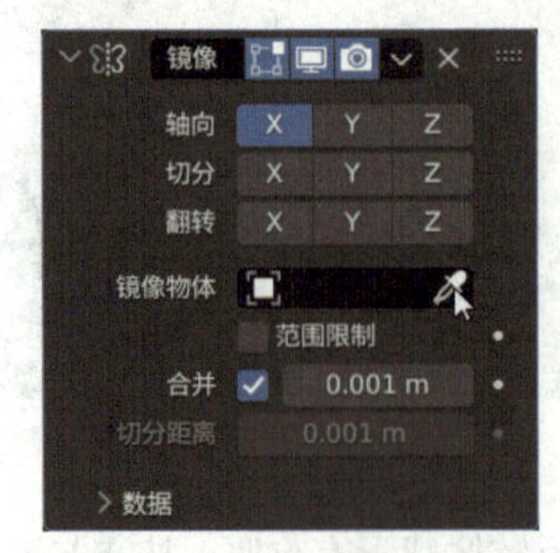

图 4-232

选中如图 4-233 所示的物体后，效果如图 4-234 所示。

图 4-233

图 4-234

在工作区右侧进入“修改器”面板，在“镜像”修改器的“轴向”中选择“Z”，如图 4-235 所示。效果如图 4-236 所示。

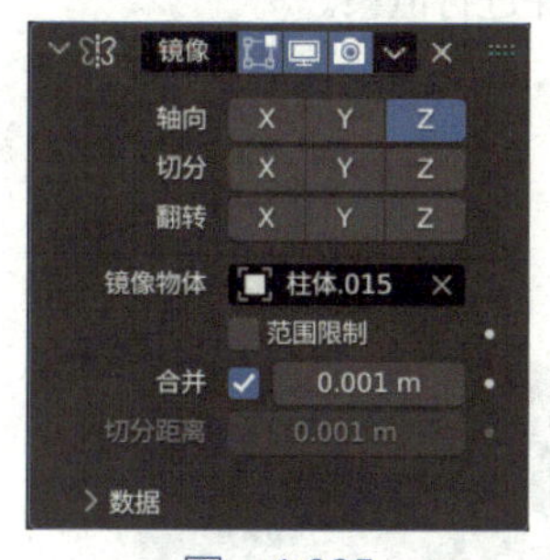

图 4-235

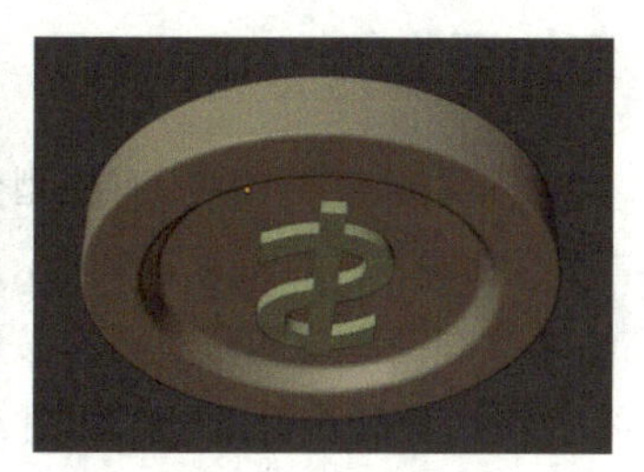

图 4-236

先选中金币的文本部分，按住快捷键 Shift，继续选中金币除文字之外的部分，如图 4-237 所示。按快捷键 Ctrl+P，选择“物体”，如图 4-238 所示。

图 4-237

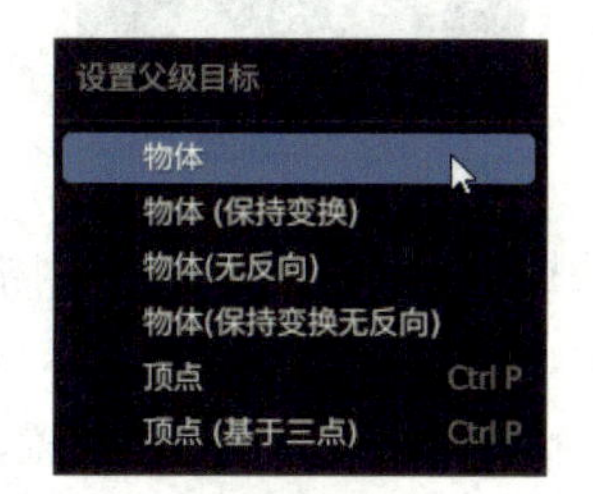

图 4-238

按快捷键 /，退出隔离模式，如图 4-239 所示。绕 X 轴旋转金币 90°，结果如图 4-240 所示。按快捷键 S，放大金币，适当调整金币的位置，如图 4-241 所示。

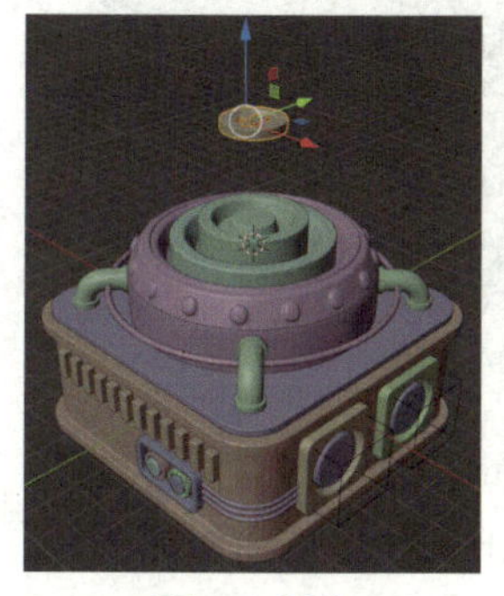

图 4-239

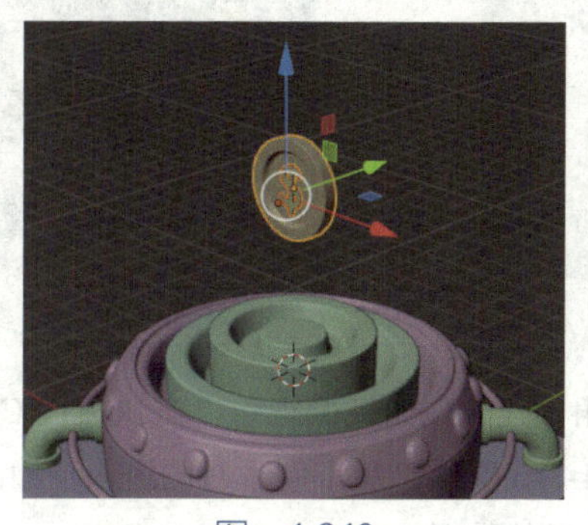

图 4-240

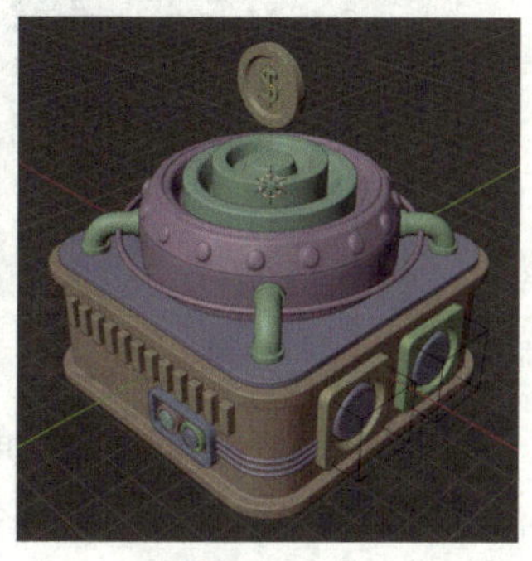

图 4-241

4.2　渲染

接下来将分别添加摄像机、灯光、材质以创建渲染场景，并进行渲染。

添加摄像机

按快捷键 A，将所有模型全部选中，单击鼠标右键，选择“物体上下文菜单”中的“平滑着色”，如图 4-242 所示。对于分段数不够导致有锯齿感的位置可以按快捷键 Ctrl+2 进行细分，例如地基部分，如图 4-243 所示。

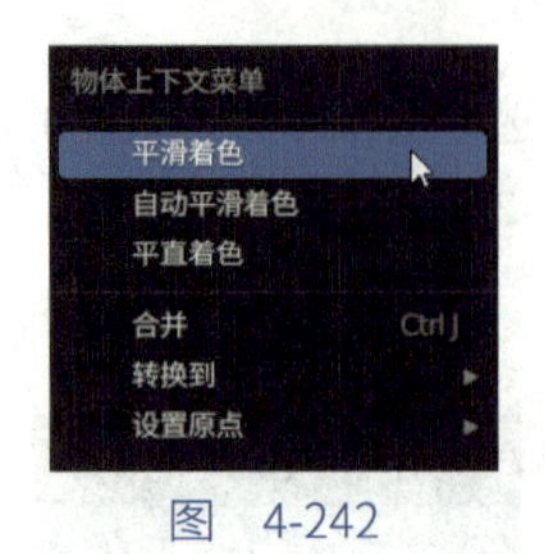

图　4-242

图　4-243

按快捷键 Shift+A，选择“网格”—“平面”，创建一个平面，按快捷键 S，将平面适当放大，并适当调整平面位置，如图 4-244 所示。按快捷键 Shift+A，选择“摄像机”，创建一个摄像机，并适当调整位置，如图 4-245 所示。

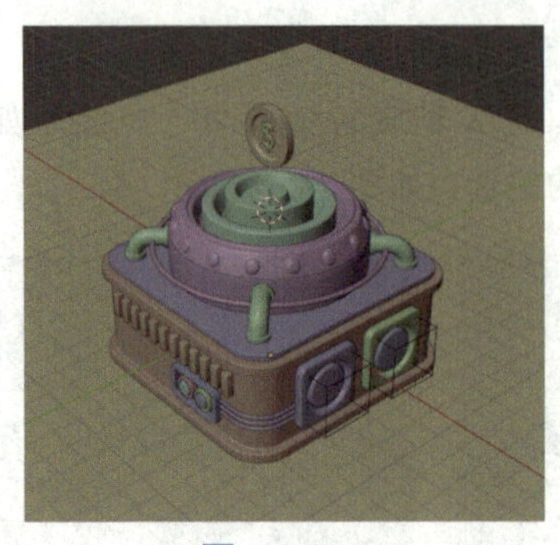

图　4-244

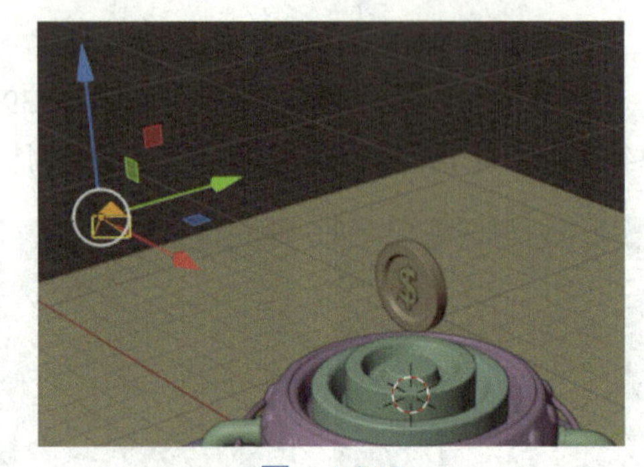

图　4-245

找到一个合适的出图视角，建议偏俯视的视角，按快捷键 Ctrl+Alt+0，这样可以把摄像机定位到当前视角，如图 4-246 所示。在工作区右侧进入“输出”面板，选择“格式”，将分辨率调整为如图 4-247 所示的数据。

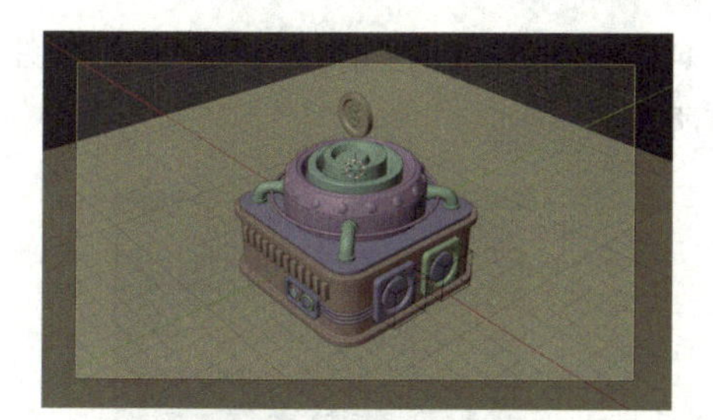
图 4-246

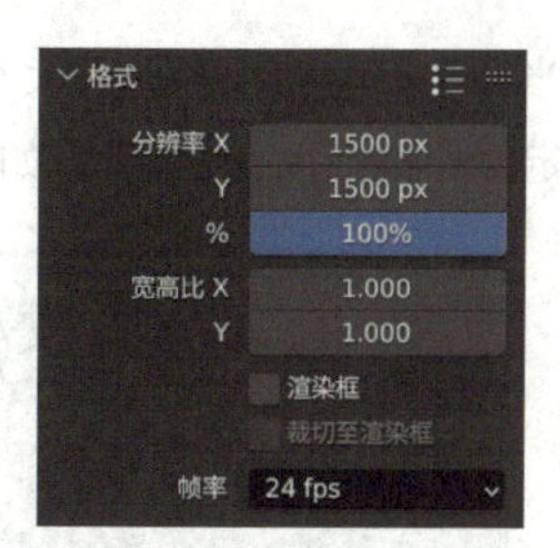

图 4-247

提示： 假如按快捷键 Ctrl+Alt+0 无效，可以选择“视图”—“对齐视图”—“活动摄像机对齐当前视角”，如图 4-248 所示，前提条件是场景中必须要有摄像机。

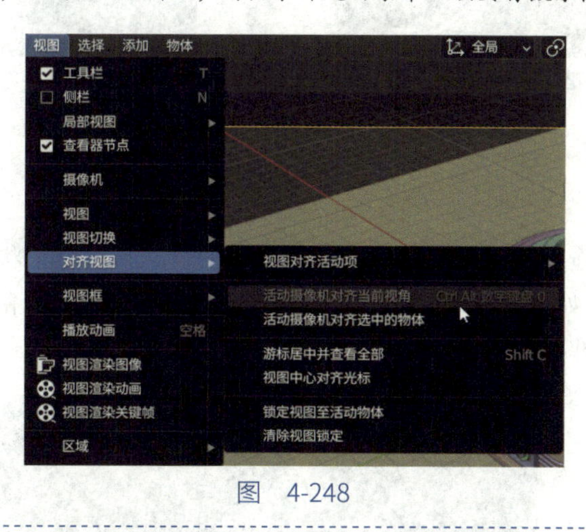

图 4-248

分辨率调整之后，发现模型在视图中的观察大小已经变得不合适，如图 4-249 所示。按快捷键 N，选择“视图”—“视图锁定”—“锁定摄像机到视图方位”，如图 4-250 所示。

图 4-249

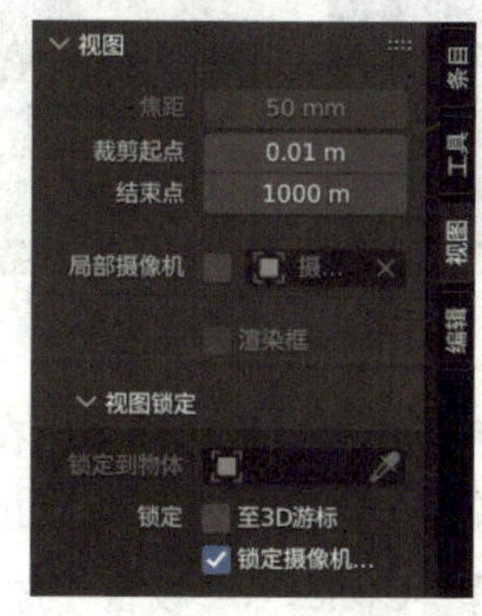

图 4-250

适当调整模型在视图中的大小，如图 4-251 所示。取消选择“视图”—“视图锁定”—“锁定摄像机到视图方位”，如图 4-252 所示。

图　4-251

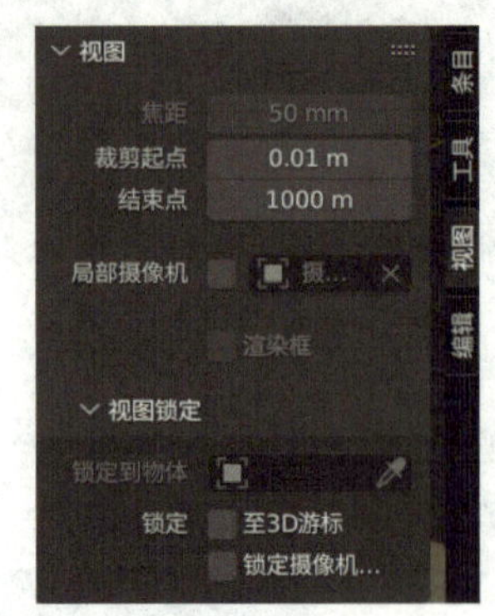

图　4-252

添加灯光

制作双窗口，拖曳鼠标光标至工作区右侧，当光标变为⟷形状时，单击鼠标右键选择“垂直分割”，如图 4-253 所示。在适当的位置单击一下确定分割的位置，让视图以两个窗口显示，如图 4-254 所示。

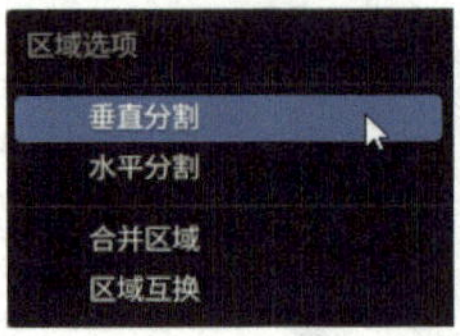

图　4-253

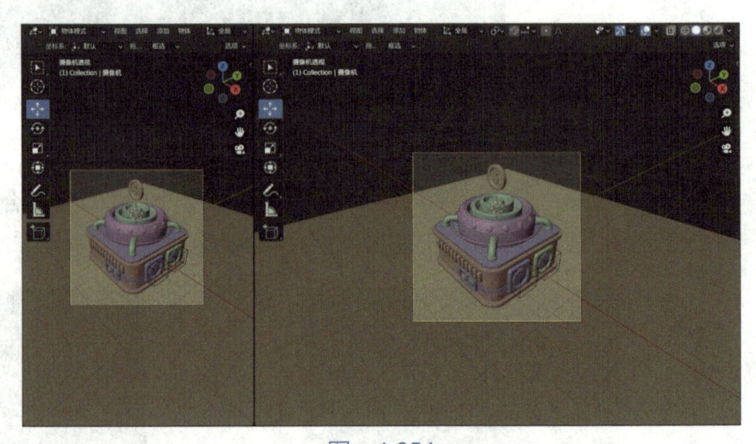

图　4-254

将左侧窗口作为摄像机视图，在左侧窗口按快捷键 T 将侧边栏收起，将左侧窗口视图着色方式设置为“渲染预览”，如图 4-255 所示。在工作区右侧进入“渲染”面板，“渲染引擎”选择“Cycles”，“设备”选择“GPU 计算”，如图 4-256 所示。

图 4-255

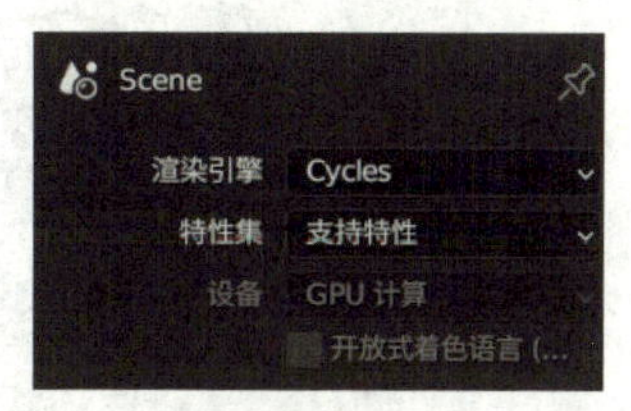

图 4-256

按快捷键 Shift+A，选择“灯光”—“面光”，创建一个面光，按快捷键 S，将这个面光放大，位置进行适当调整，如图 4-257 所示。在工作区右侧进入“物体数据”面板，选择“灯光”—“面光”，“能量”建议调整为 20000W，如图 4-258 所示。

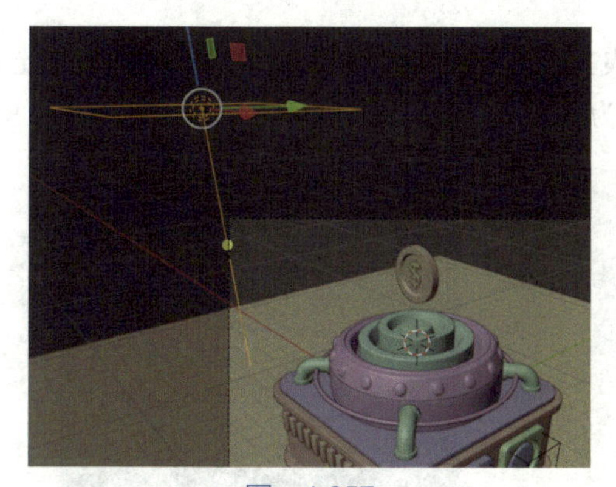

图 4-257

图 4-258

提示： 在工作区右侧进入“物体数据”面板，选择“灯光”，可以在“点光”“日光”“聚光”“面光”之间切换，如图 4-259 所示。

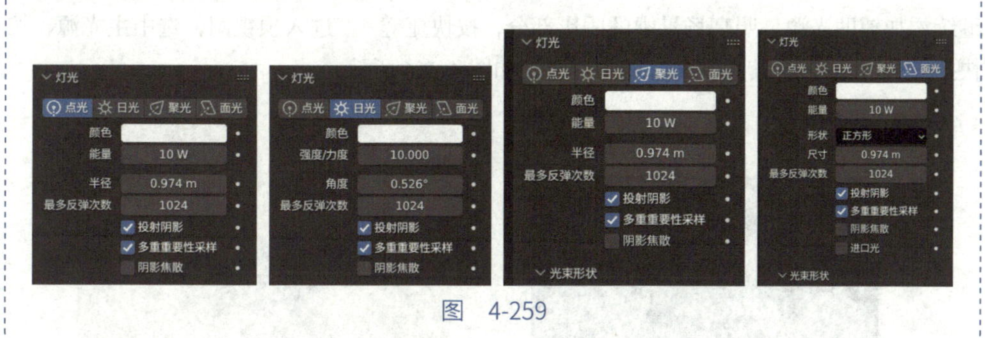

图 4-259

按快捷键 ~，进入顶视图，对面光的位置进行调整，如图 4-260 所示。

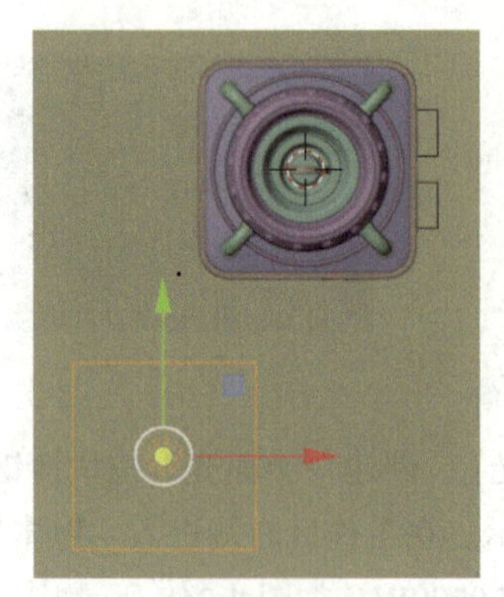
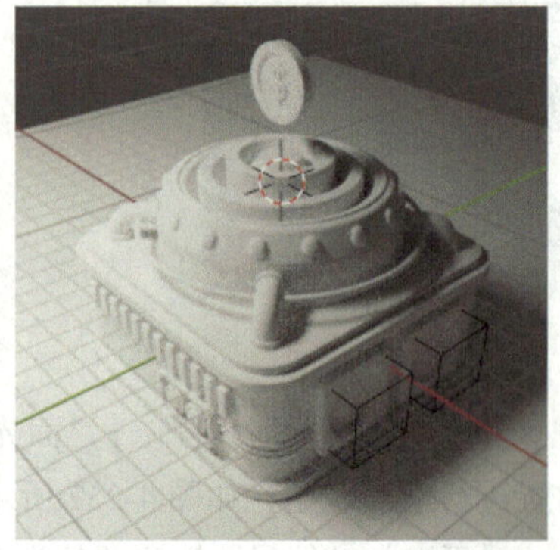

图　4-260

选中面光，按快捷键 Shift+T，拖曳鼠标光标使其移动到模型上面，单击以指定光的照射方向，如图 4-261 所示。该面光作为主光源，将其命名为“主光”，如图 4-262 所示。

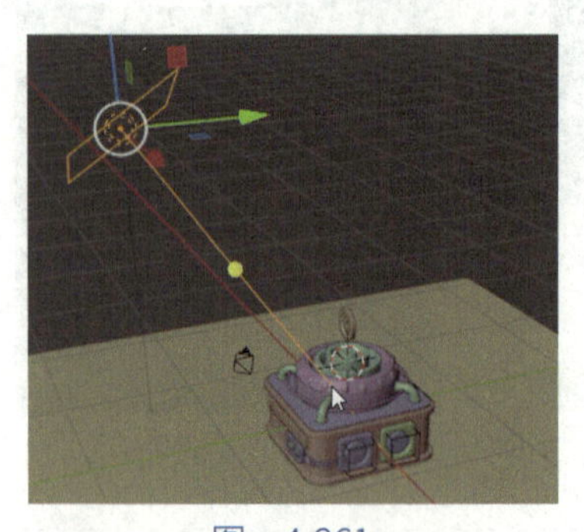

图　4-261

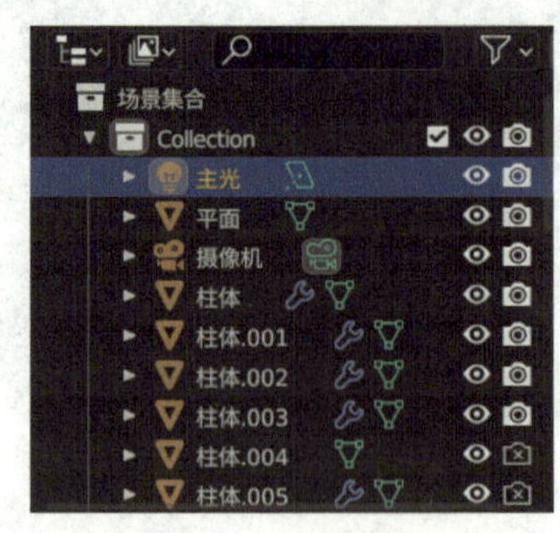

图　4-262

为了便于观察摄像机视图，可以把“基面”和“轴向”取消勾选，如图 4-263 所示。继续添加辅助光源，照亮场景中的阴影部分，按快捷键 ~，进入顶视图，选中主光源，按快捷键 Shift+D，将其复制到合适的位置，如图 4-264 所示。

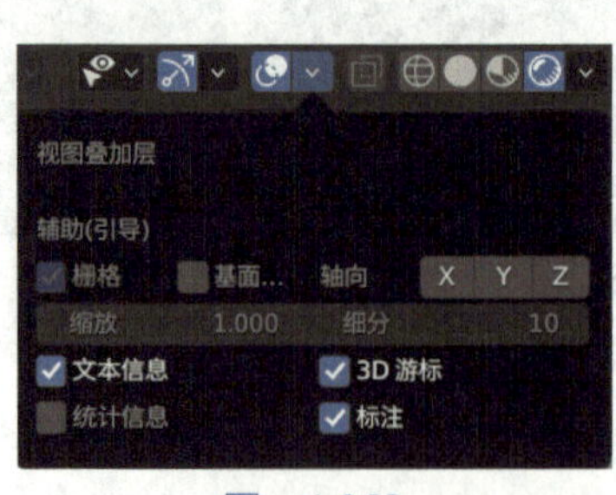

图　4-263

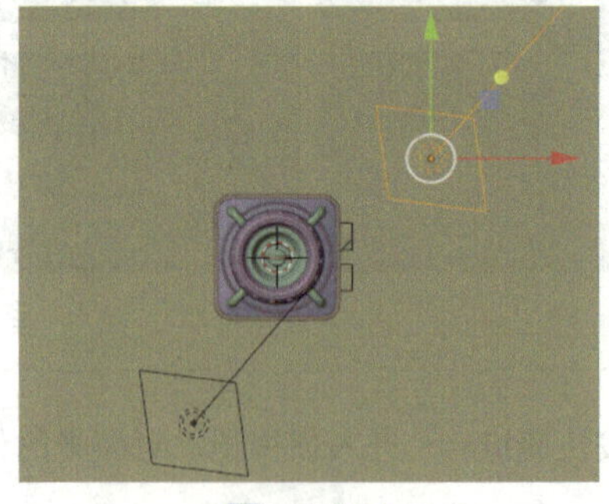

图　4-264

按快捷键 Shift+T，使辅助光源指向模型，如图 4-265 所示。将辅助光源亮度调低，在工作区右侧进入“物体数据”面板，选择“灯光”—“面光”，“能量”建议调整为 5000W，如图 4-266 所示。

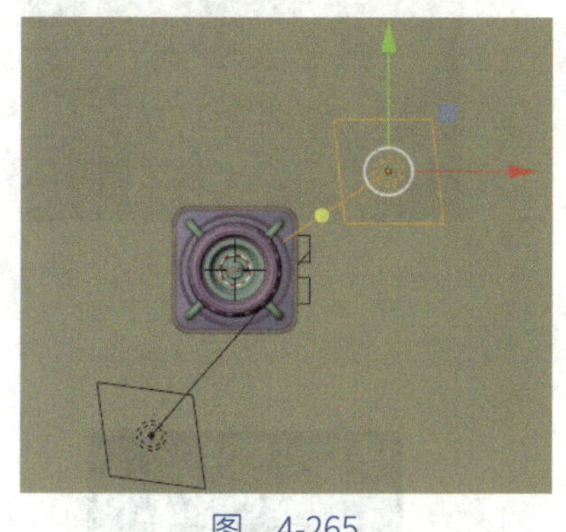

图 4-265

图 4-266

处理一下背景，选中地面，如图 4-267 所示。为了方便观察，选中摄像机，按快捷键 S，将摄像机视角适当拉近，如图 4-268 所示。

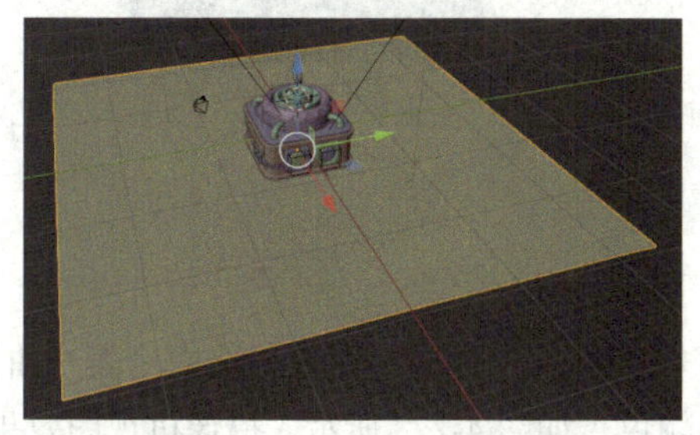

图 4-267

图 4-268

提示： 单纯地拉近摄像机，不会影响摄像机属性的变换，只是为了更方便观察。

选中地面，按 Tab 键进入编辑模式，选中如图 4-269 所示的两条边。按快捷键 E+Z，将选中的两条边向上挤出，如图 4-270 所示。

按 Tab 键进入物体模式，选择“添加修改器”—“倒角”,“倒角”修改器中的“段数”参考数值为 16，“(数）量”参考数值为 0.524，效果如图 4-271 所示。单击鼠标右键，选择“平滑着色”，如图 4-272 所示。

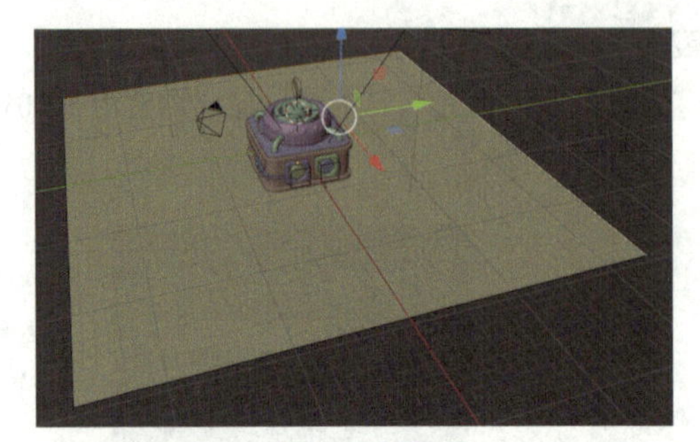
图 4-269

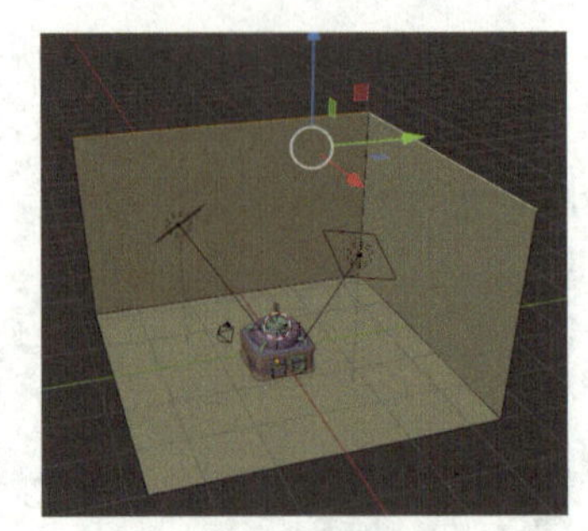
图 4-270

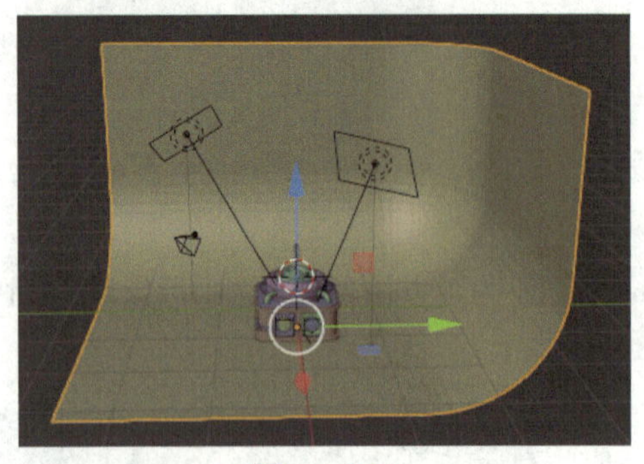
图 4-271

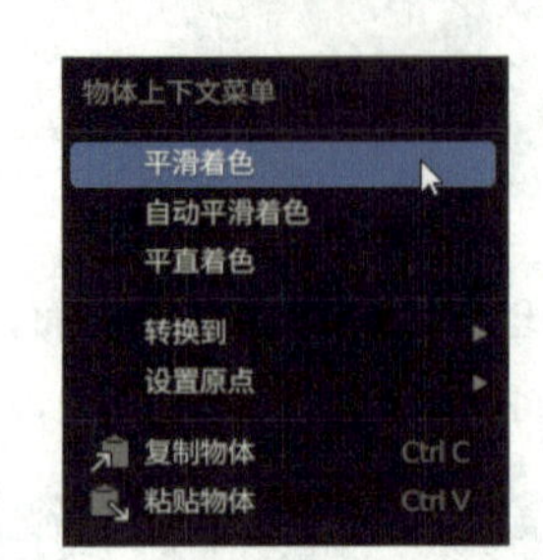

图 4-272

添加材质

1 为地面添加材质。选中地面，在工作区右侧进入“材质”面板，选中“表（曲）面”—“基础色”，建议选取偏深色、冷色调的颜色，如图 4-273 所示。摄像机视图效果如图 4-274 所示。

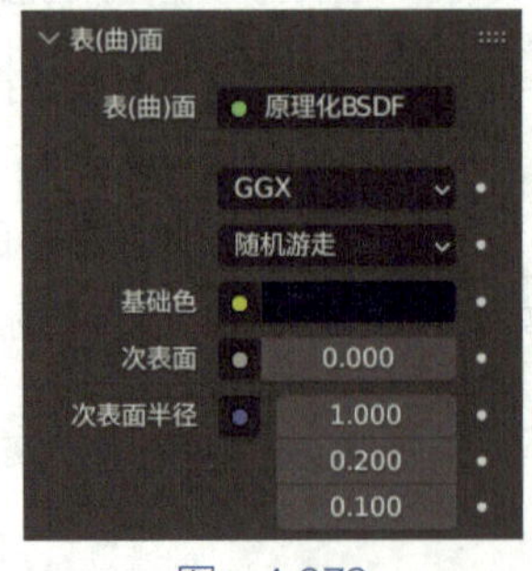

图 4-273

图 4-274

提示： 本案例所使用的部分材质前面没有讲解，下面对这一部分全新的材质进行介绍。

按快捷键 Shift+A，选择“网格”—“经纬球”，创建一个球体，按快捷键 S，将这个球体适当放大，按快捷键 /，进入隔离模式，如图 4-275 所示。单击进入 Shading 工作区，如图 4-276 所示。

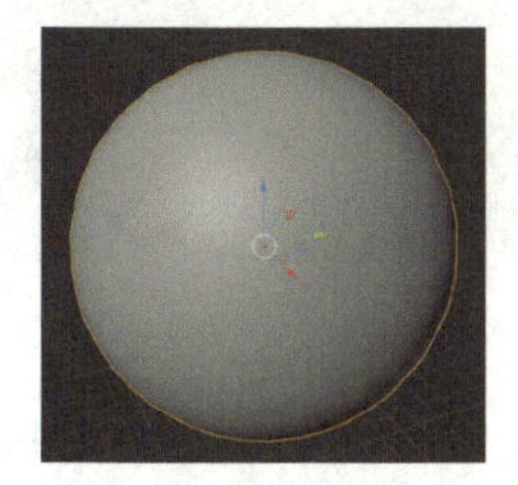

图 4-275

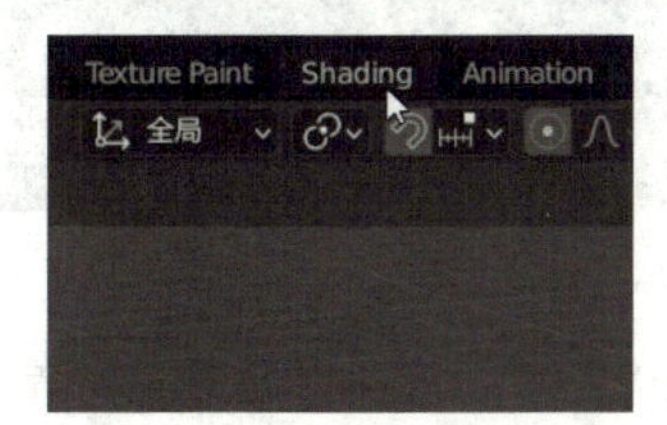

图 4-276

按快捷键 /，进入隔离模式，视图着色方式设置为“渲染预览”，如图 4-277 所示。球体当前在隔离模式，可以发现场景中并没有灯光，如图 4-278 所示。

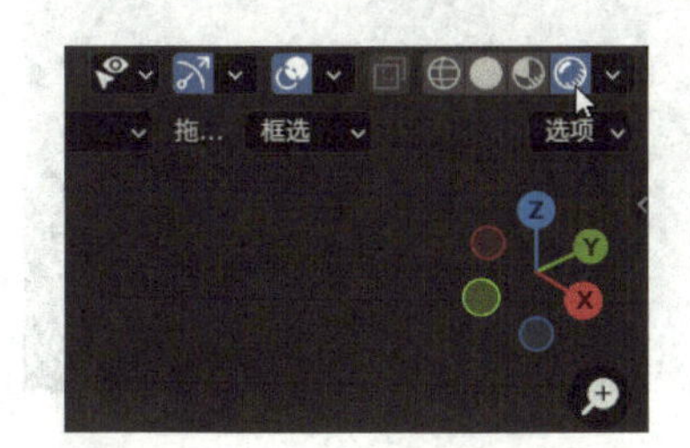

图 4-277

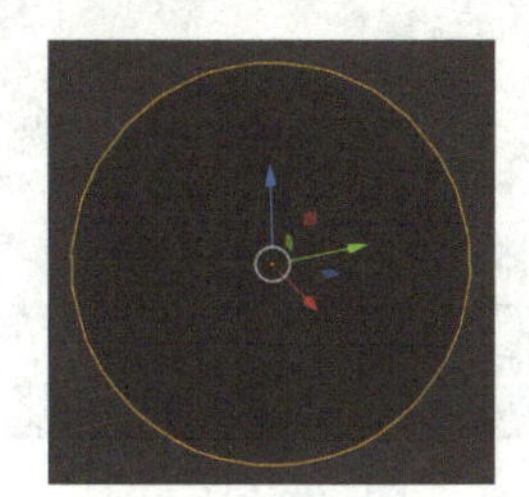

图 4-278

在视图着色方式中将“场景灯光”和“场景世界”取消勾选，如图 4-279 所示。这时候可以使用 Blender 内置的 HDR 进行照亮，如图 4-280 所示。

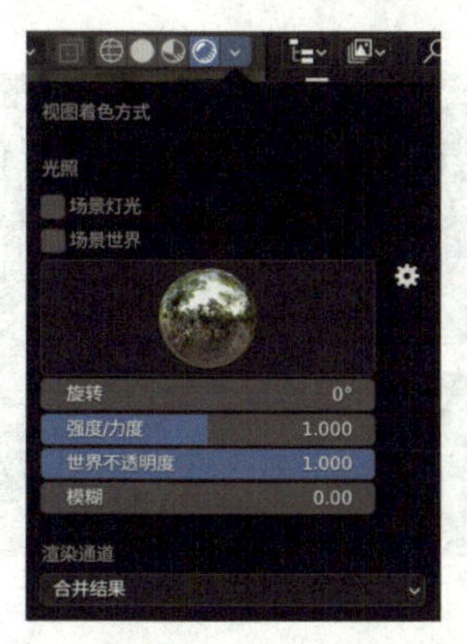

图 4-279

图 4-280

在着色球这里可以切换不同的 HDR 效果，如图 4-281 所示。

图　4-281

简单介绍一下常用的原理化材质参数变换的属性。单击“新建”，如图 4-282 所示，Blender 会给材质输出连接一个“原理化 BSDF”的节点，如图 4-283 所示。

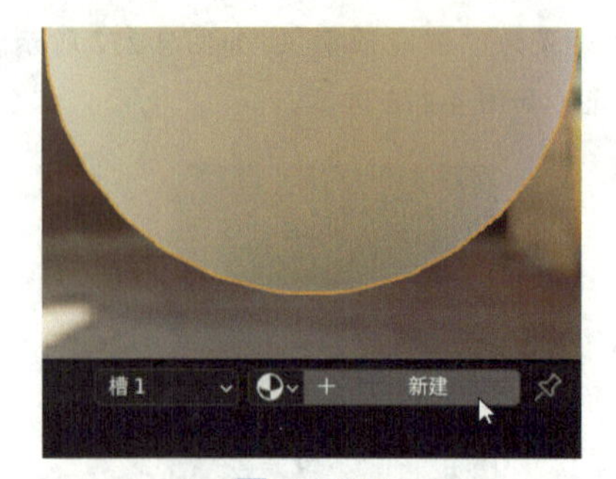

图　4-282

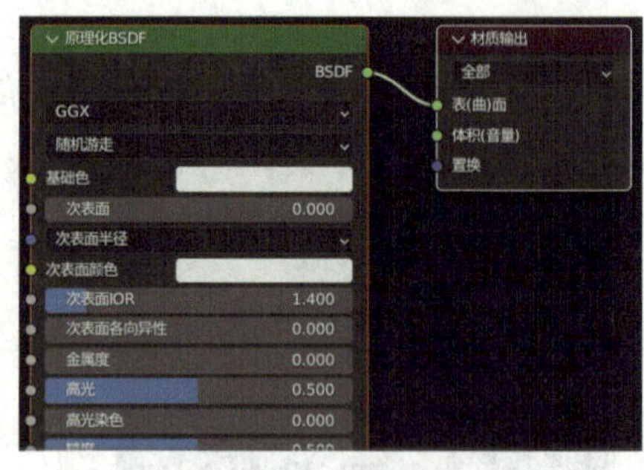

图　4-283

选择“原理化 BSDF”和在工作区右侧进入“材质”面板新建材质的效果一样，如图 4-284 所示。在“原理化 BSDF”中选中“基础色”，选取一个适当的颜色，如图 4-285 所示。

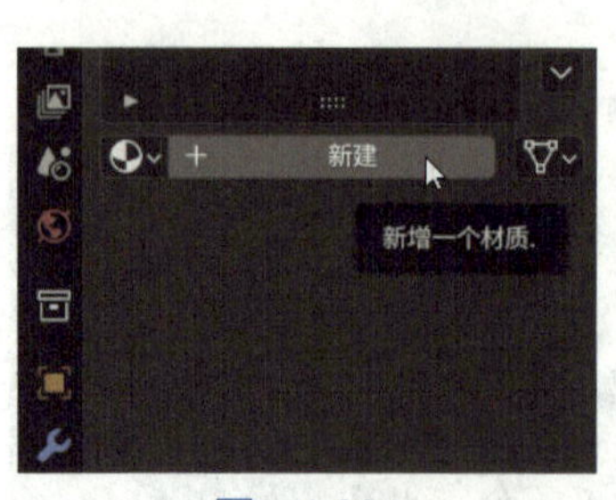

图　4-284

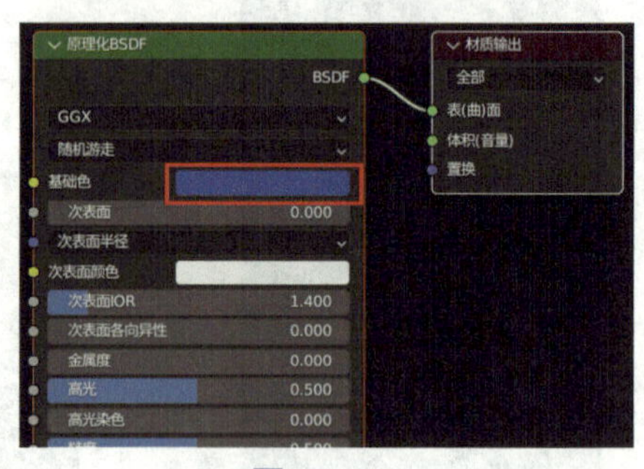

图　4-285

可以发现球体的颜色发生了相应的变化，如图 4-286 所示。灵活地使用“原理化 BSDF”着色器可以模拟生活中见到的很多材质。

图 4-286

将“基础色”恢复为默认颜色，将“金属度”调整为 1，如图 4-287 所示。

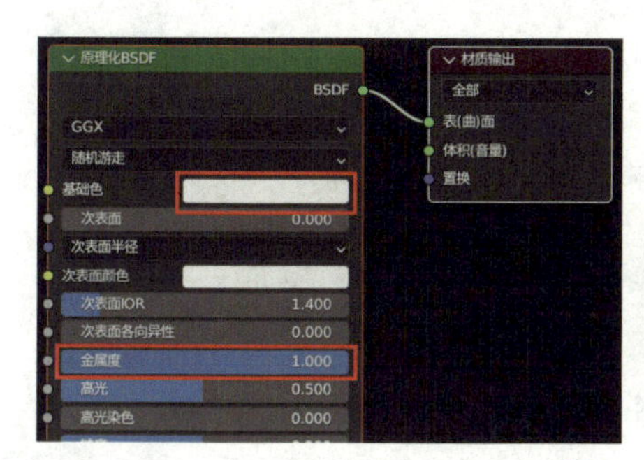

图 4-287

对“基础色”进行调整，球体有了类似黄金的感觉，如图 4-288 所示。

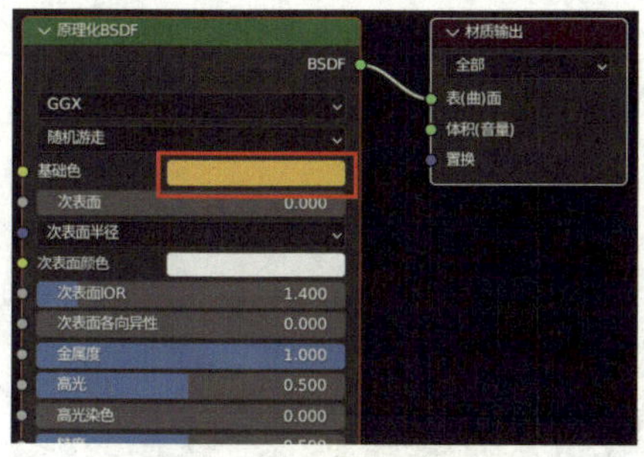

图 4-288

“糙度”调低了之后，反射会更加强烈，图 4-289 所示为将“糙度”调整为 0 的效果。

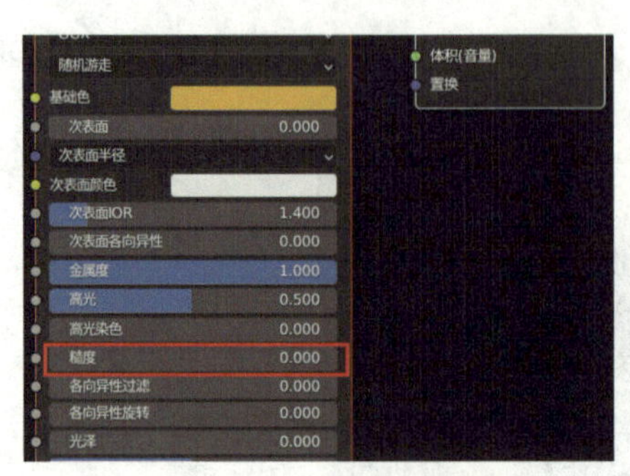

图　4-289

图 4-290 所示为将“糙度”调整为 1 的效果。

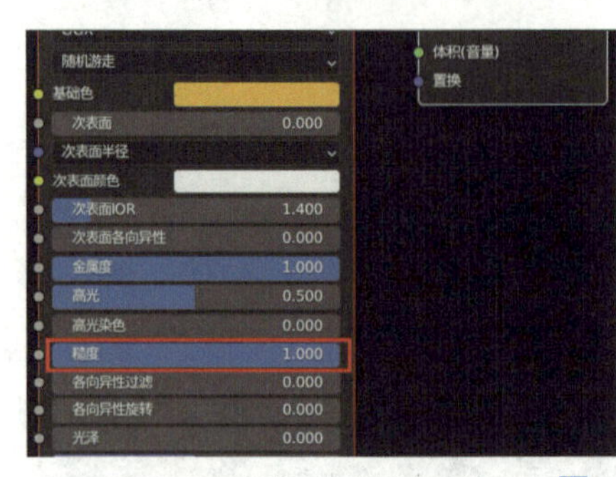

图　4-290

将“糙度”恢复为默认值 0.5，将“金属度”恢复为默认值 0，将“透射”调整为 1，此时材质已经有了透明效果，如图 4-291 所示。

图　4-291

此时材质透明效果不太明显，是因为“糙度”值过大，将“糙度”值调整得小一点，材质的通透感会更加强烈。图 4-292 所示为“糙度”值调整为 0 的效果。

图 4-292

“透射”恢复为默认值 0，“糙度”恢复为默认值 0.5，“Alpha”可以将“原理化 BSDF”所有参数产生的材质变成透明效果，将“Alpha”的值调整得小一点，材质整体的透明度会更加强烈。图 4-293 所示为“Alpha”值调整为 0.3，“金属度”调整为 1 的效果。

图 4-293

2 为地基部分添加材质。将用于展示“原理化 BSDF”的球体删除，单击进入 Layout 工作区，如图 4-294 所示，当前处于隔离模式，按快捷键 /，退出隔离模式。地基部分分为两种材质：一种是橘色材质，一种是黄色材质。选中地基部分，按快捷键 / 进入隔离模式，如图 4-295 所示。

图　4-294

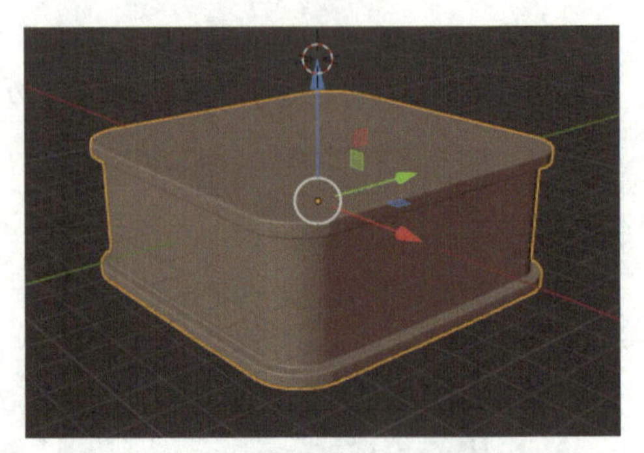

图　4-295

这里介绍如何在一个模型上面添加两种材质。选中模型，在工作区右侧进入“材质”面板，单击“表（曲）面”—“基础色”，建议选取橘色，如图 4-296 所示。摄像机视图如图 4-297 所示。

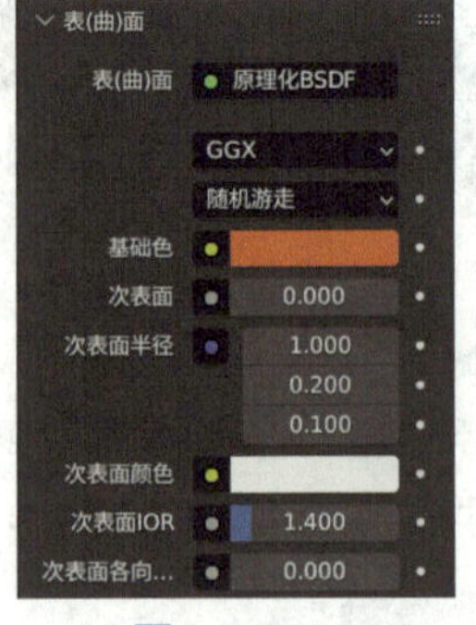

图　4-296

图　4-297

将添加的橘色材质“材质.001”命名为“橘色”，如图 4-298 所示。再次添加一个材质，如图 4-299 所示。

图　4-298

图　4-299

在工作区右侧“材质”面板中单击“新建”，如图 4-300 所示。“基础色”暂时先不更改，按 Tab 键进入编辑模式，按快捷键 Shift+Alt，选中模型中间的循环面，如图 4-301 所示。

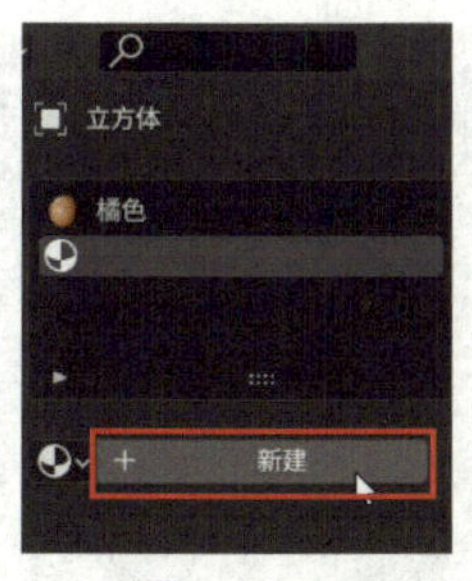

图 4-300

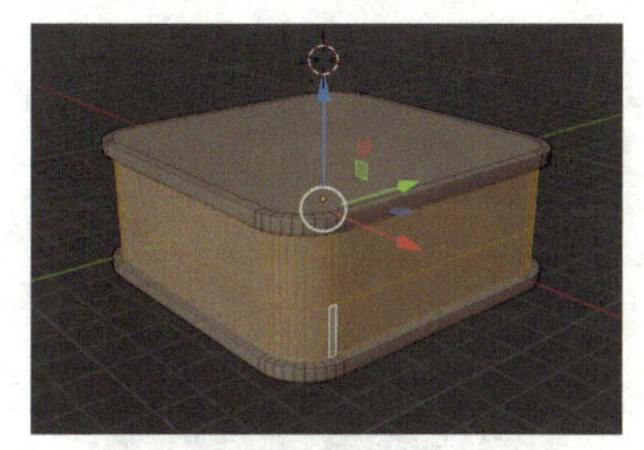

图 4-301

按快捷键 Ctrl+I，反向选择，结果如图 4-302 所示。在工作区右侧“材质”面板中单击“指定”，如图 4-303 所示。

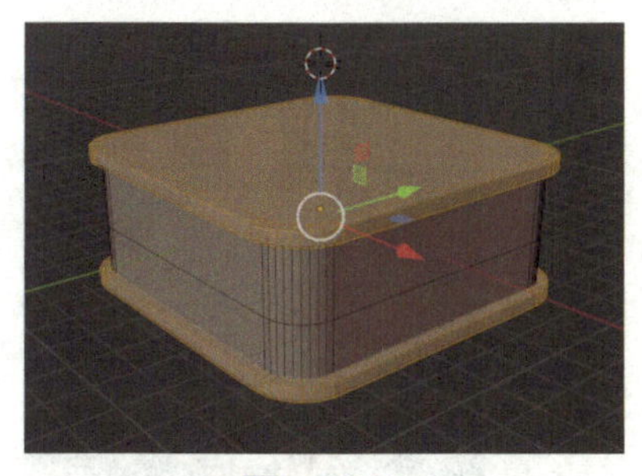

图 4-302

图 4-303

按 Tab 键进入物体模式，摄像机视图如图 4-304 所示。在工作区右侧进入“材质”面板，选中“表（曲）面”—“基础色”，建议选取偏黄色的颜色，如图 4-305 所示。

图 4-304

图 4-305

摄像机视图效果如图 4-306 所示。按快捷键 /，退出隔离模式，选中开关凹槽，如图 4-307 所示。

图　4-306

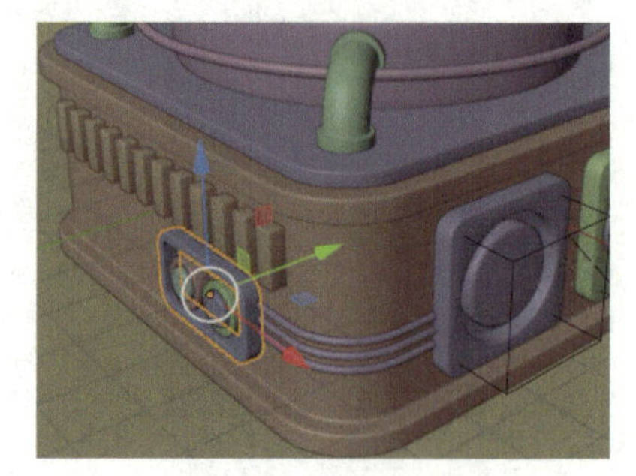

图　4-307

在工作区右侧进入“材质”面板，选择“橘色”材质，如图 4-308 所示。摄像机视图效果如图 4-309 所示。

图　4-308

图　4-309

选中如图 4-310 所示的物体。在工作区右侧进入“材质”面板，选择“橘色”材质，摄像机视图效果如图 4-311 所示。

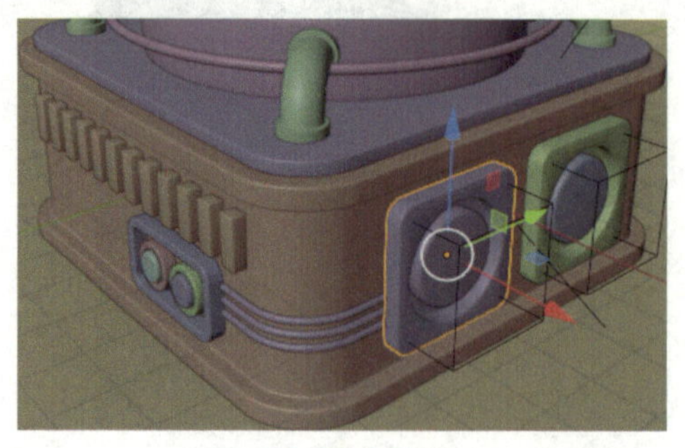

图　4-310

图　4-311

提示： Blender 版本不一样，摄像机视图效果可能会有所差异。

选中如图 4-312 所示的物体。在工作区右侧进入“材质”面板，选择“橘色”材质，摄像机视图效果如图 4-313 所示。

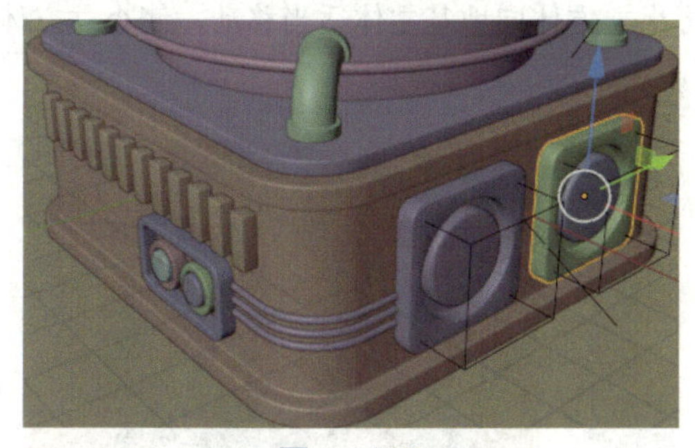

图 4-312

图 4-313

选中地基上面的一排小立方体，如图 4-314 所示。在工作区右侧进入“材质”面板，选中前面创建的黄色材质，如图 4-315 所示。

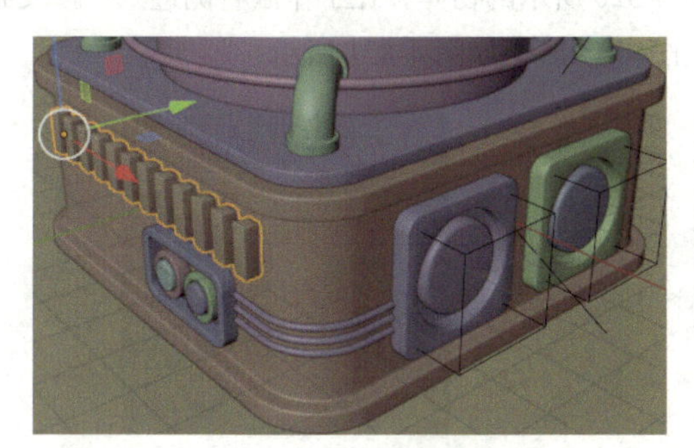

图 4-314

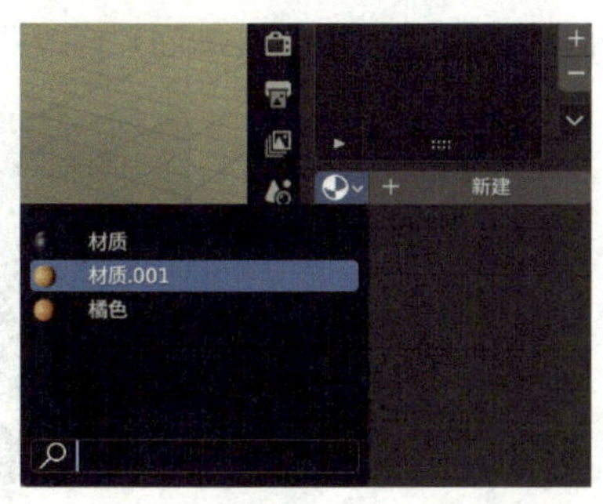

图 4-315

摄像机视图效果如图 4-316 所示。将前面创建的黄色材质命名为“黄色”，如图 4-317 所示。

图 4-316

图 4-317

图 4-318 所示的小立方体看起来有点奇怪。这是因为小立方体的面和地基主体的面是贴在一起的，小立方体圆角后便会出现这种奇怪的效果，视觉上看起来会感觉小立方体与地基主体之间有一定的缝隙。可以将小立方体向地基主体适当移动，使小立方体适当地插入地基主体一点距离，如图 4-319 所示。

图　4-318

图　4-319

应用布尔运算的第一种方法是选中图 4-320 所示的物体。在工作区右侧进入“修改器”面板，在布尔运算（BTool）修改器中单击“应用”，如图 4-321 所示。

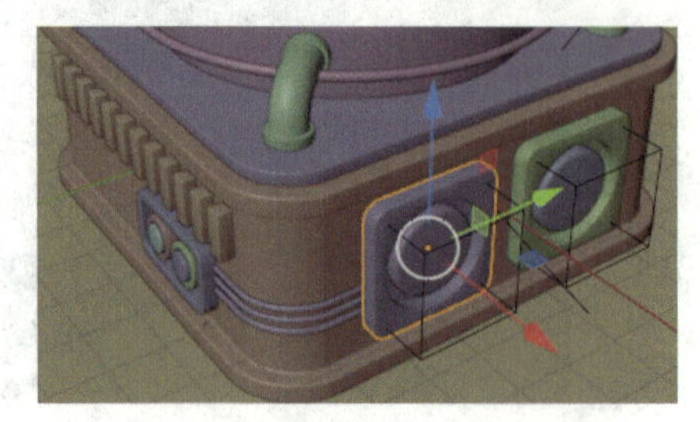

图　4-320

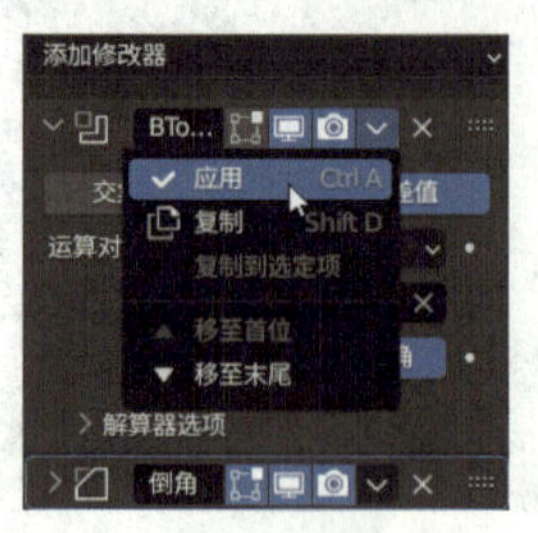

图　4-321

按快捷键 /，进入隔离模式，按 Tab 键进入编辑模式，可以发现布尔运算修改器应用之后的结果，如图 4-322 所示。按 Tab 键进入物体模式，按快捷键 /，退出隔离模式，选择如图 4-323 所示的物体。

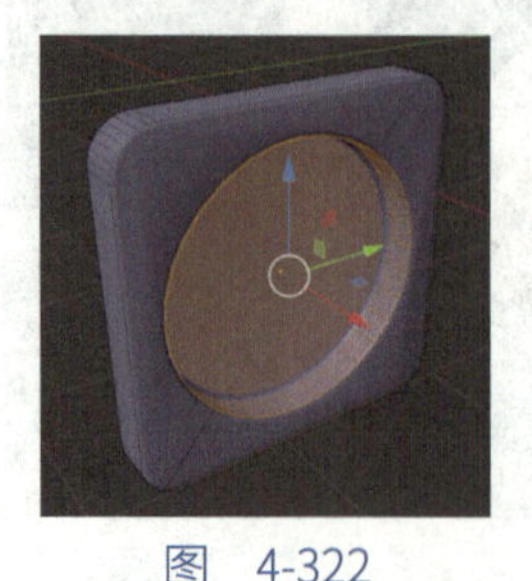

图　4-322

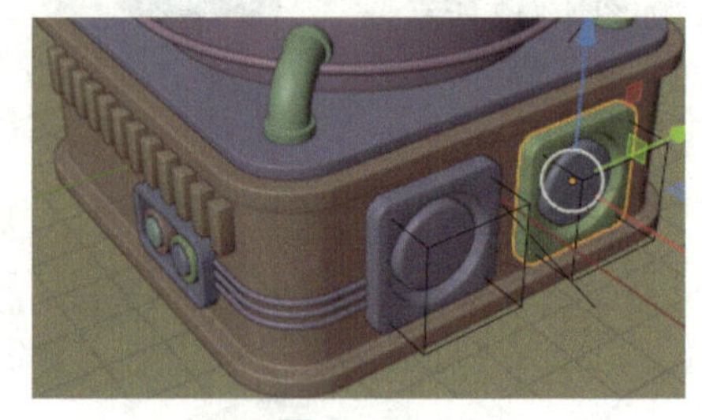

图　4-323

按快捷键 /，进入隔离模式，按 Tab 键进入编辑模式，可以发现该物体没有应用布尔运算修改器的结果，如图 4-324 所示。按 Tab 键进入物体模式，按快捷键 /，退出隔离模式，选择如图 4-325 所示的网格。

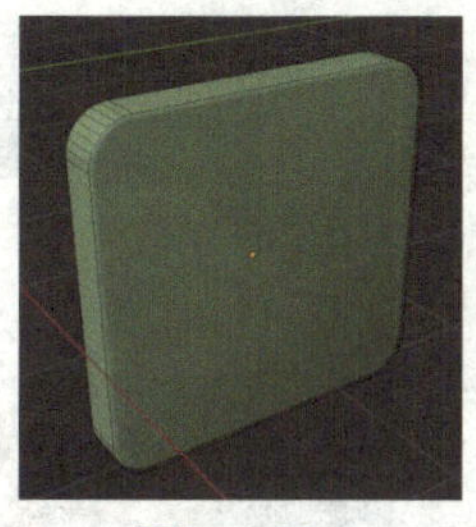

图 4-324

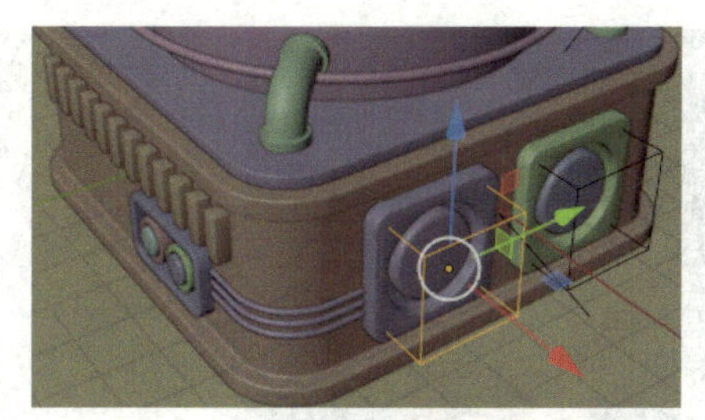

图 4-325

按快捷键 X，选择“删除”，如图 4-326 所示，将所选网格删除。摄像机视图效果如图 4-327 所示。

图 4-326

图 4-327

应用布尔运算的第二种方法是选中图 4-328 所示的物体。按快捷键 N，展开侧边栏，选择“编辑”，单击“Apply All”，如图 4-329 所示。

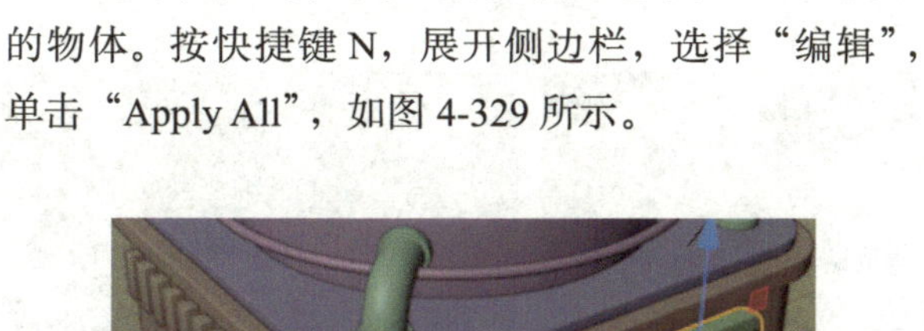

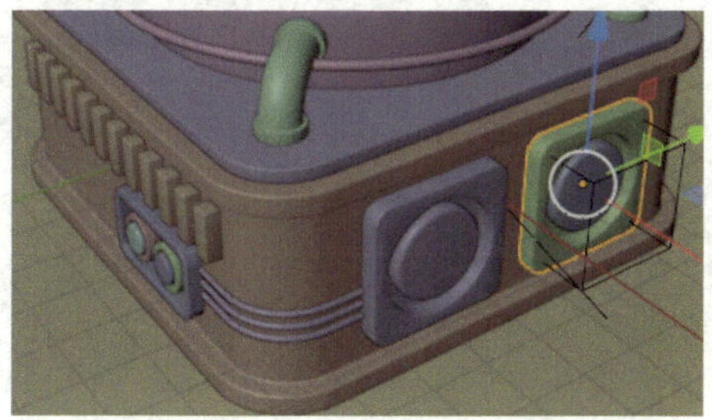

图 4-328

图 4-329

布尔运算修改器被应用之后，网格会同时被删除，摄像机视图效果如图 4-330 所示。

按快捷键 N，收起侧边栏。摄像机视图中充电装置并没有被完全显示，如图 4-331 所示。

图　4-330

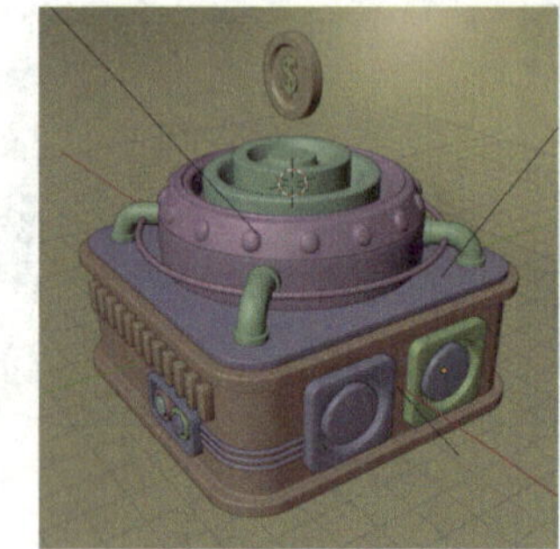

图　4-331

选中摄像机视图中没有显示出来的两个凸起，如图 4-332 所示。按快捷键 X，选择“删除”，效果如图 4-333 所示。

图　4-332

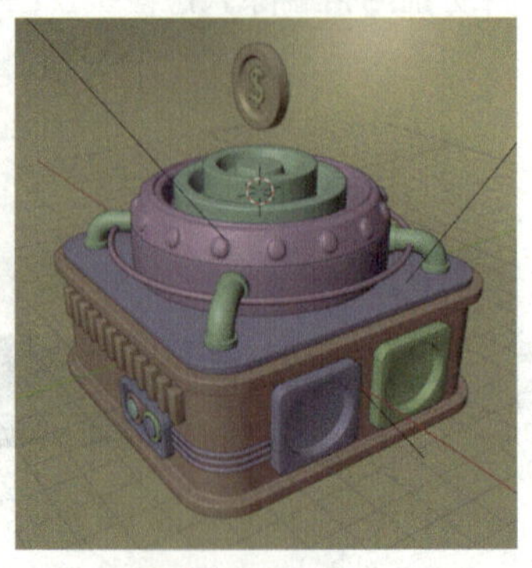

图　4-333

可以参考前面创建凸起的方法重新创建一个凸起，如图 4-334 所示。选中刚创建的凸起，如图 4-335 所示。

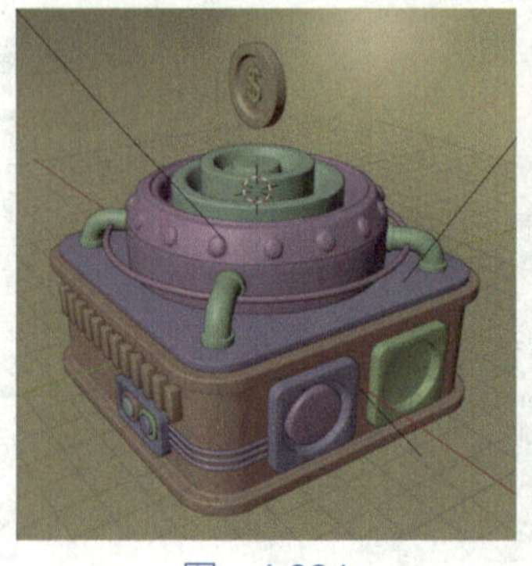

图　4-334

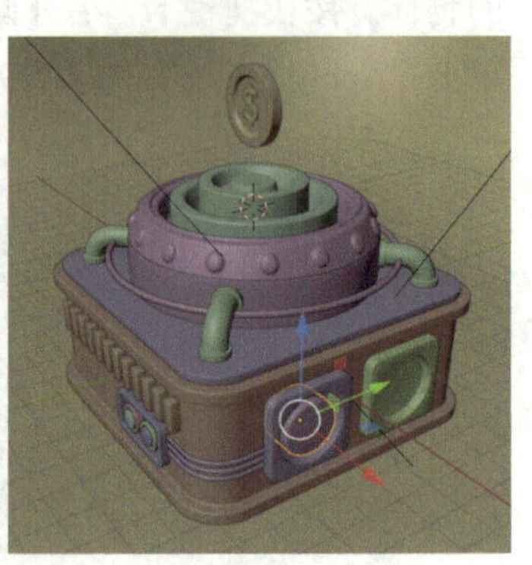

图　4-335

该凸起当前应用的是“橘色”材质，如图4-336所示。假如直接给凸起应用“自发光”材质，所有应用“橘色”材质的物体都会发生变化，如图4-337所示。

图 4-336

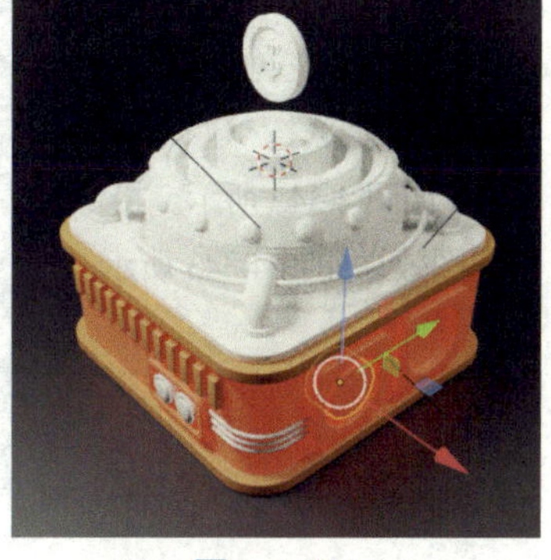

图 4-337

在工作区右侧进入“材质”面板，在如图4-338所示的位置单击一下。此时凸起的材质已经变为了一个全新的材质，如图4-339所示。

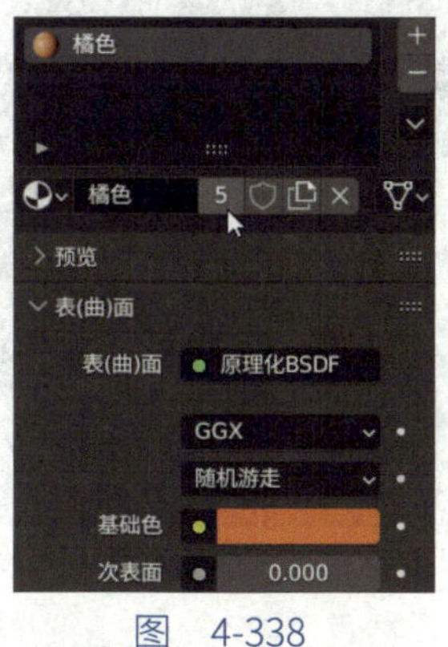

图 4-338

图 4-339

将凸起应用的材质命名为“自发光”，如图4-340所示。在工作区右侧“材质”面板，单击“表（曲）面”—“自发光（发射）”，建议选取黄色，如图4-341所示。

图 4-340

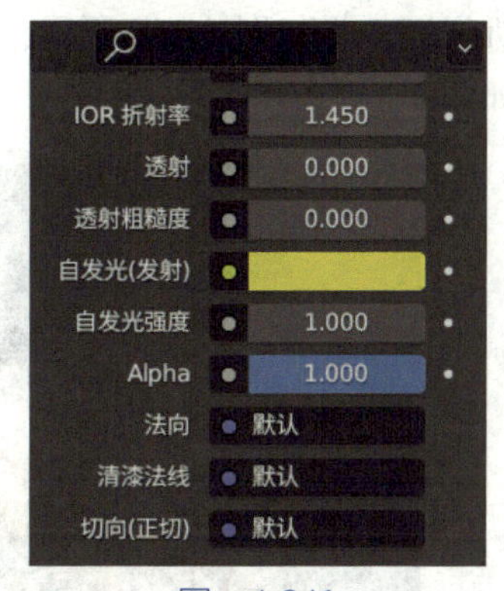

图 4-341

在工作区右侧“材质”面板，单击“表（曲）面”—“自发光强度”，建议调整为 4，如图 4-342 所示。摄像机视图效果如图 4-343 所示。

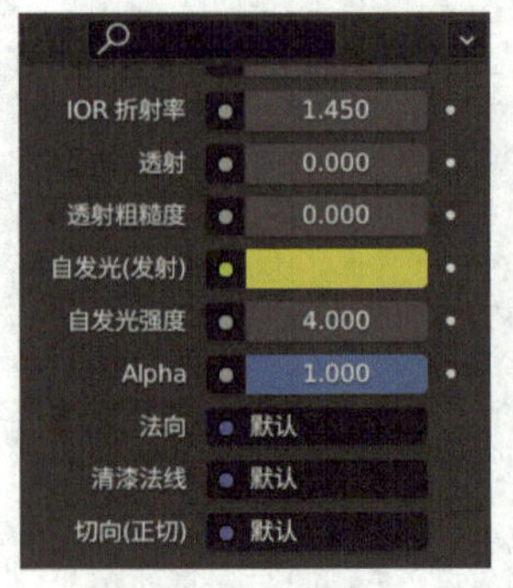

图　4-342

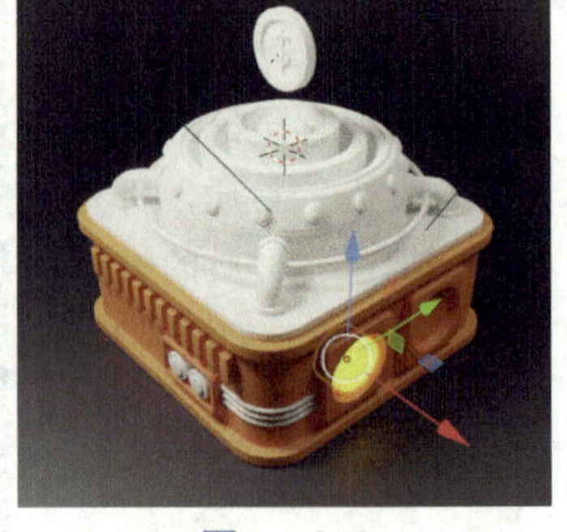
图　4-343

按快捷键 ~，进入右视图，按快捷键 Shift+D+Y，将凸起沿 y 轴向右复制，摄像机视图效果如图 4-344 所示。调整一下地面材质，选中地面，在工作区右侧“材质”面板，单击“表（曲）面”—“糙度”，建议调整为 0.25，如图 4-345 所示。

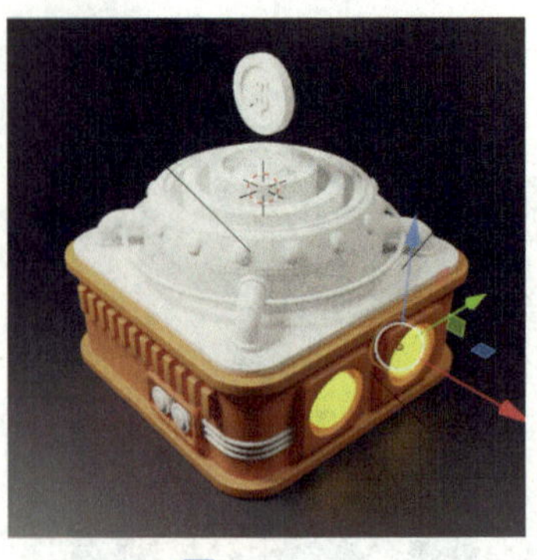
图　4-344

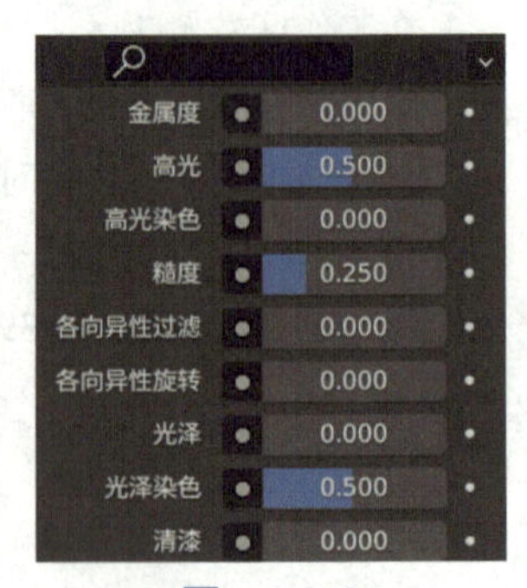

图　4-345

调整地面材质是为了让地面产生一点对模型的模糊反射，使模型更加逼真，摄像机视图效果如图 4-346 所示。接下来制作金属连接线的材质，选中三条金属连接线，如图 4-347 所示。

图　4-346

图　4-347

在工作区右侧进入“材质”面板，单击“表（曲）面”—“金属度”，建议调整为1，如图4-348所示。为了方便观察，可以在摄像机视图单击关闭“显示叠加层”，如图4-349所示。

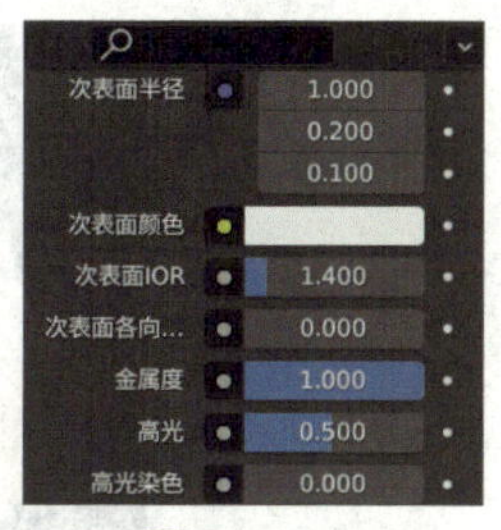

图 4-348

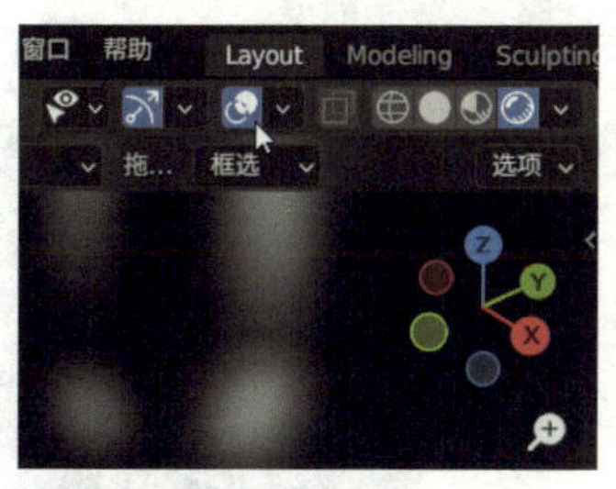

图 4-349

摄像机视图效果如图4-350所示。三条金属连接线的金属质感反射有点弱。在工作区右侧进入“材质”面板，单击“表（曲）面”—“糙度”，建议将该值调整为0.25，如图4-351所示。

图 4-350

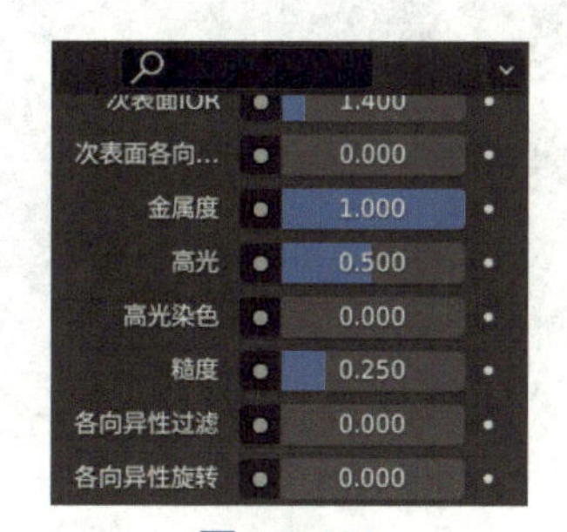

图 4-351

摄像机视图效果如图4-352所示。选中如图4-353所示的物体。

图 4-352

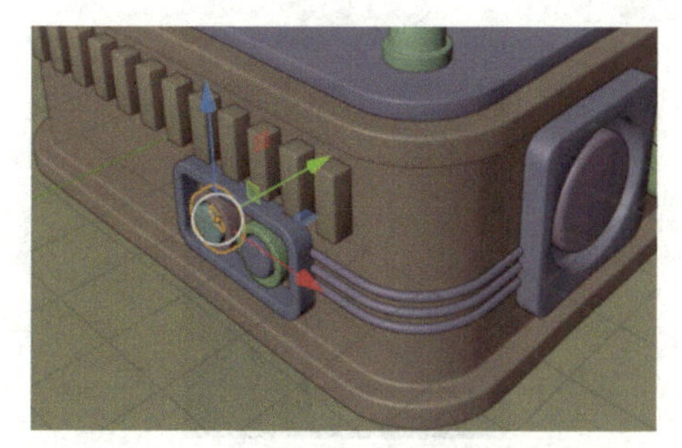
图 4-353

在工作区右侧进入“材质”面板，单击“表（曲）面”—“基础色”，建议选取浅蓝色，如图4-354所示。摄像机视图效果如图4-355所示。

图　4-354

图　4-355

选中如图 4-356 所示的物体。按快捷键 Shift，选中如图 4-357 所示的物体。

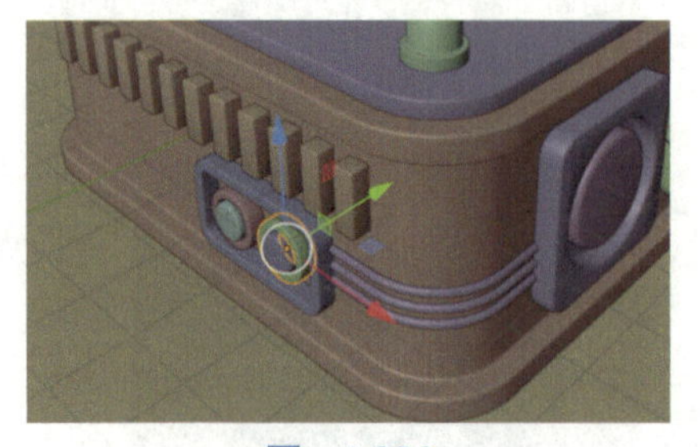

图　4-356

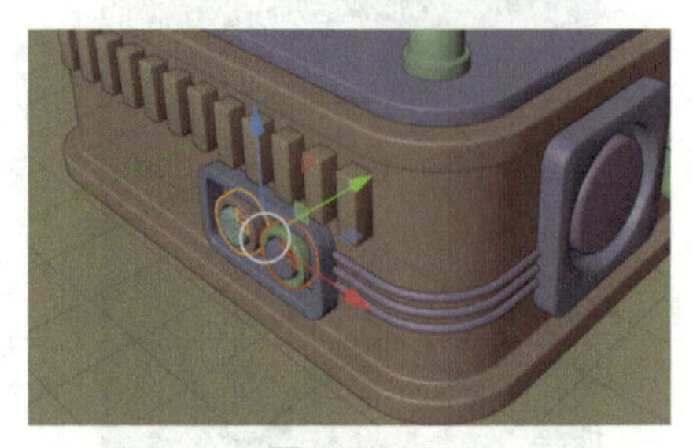

图　4-357

按快捷键 Ctrl+L，选择“关联材质”，如图 4-358 所示。摄像机视图效果如图 4-359 所示。

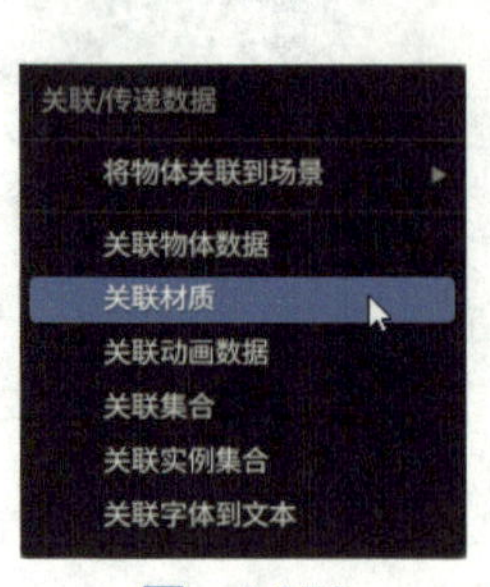

图　4-358

图　4-359

选中如图 4-360 所示的物体。在工作区右侧进入“材质”面板，单击“表（曲）面”—“基础色”，建议选取红色，如图 4-361 所示。

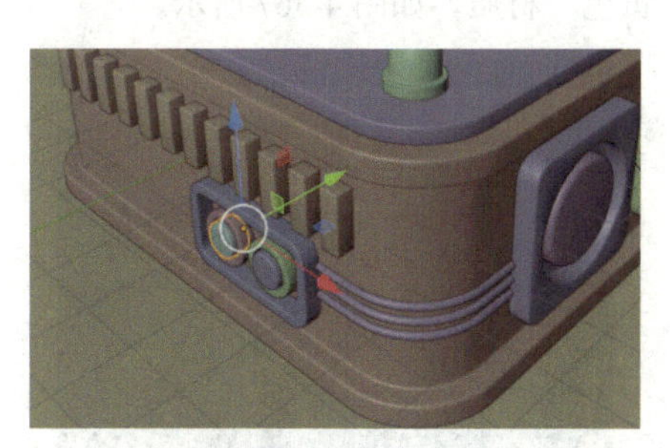

图 4-360

图 4-361

摄像机视图效果如图 4-362 所示。选中如图 4-363 所示的物体。

图 4-362

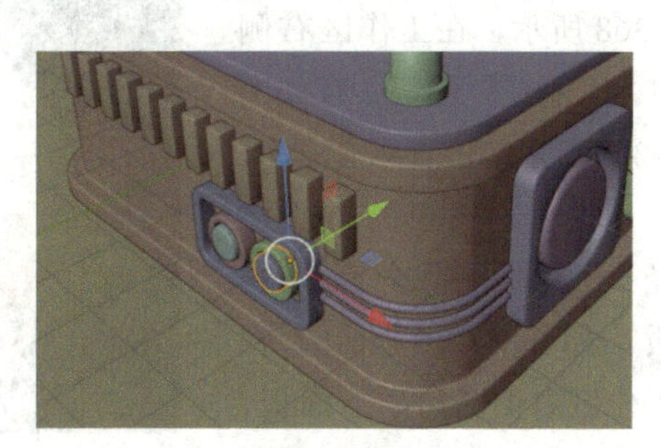

图 4-363

在工作区右侧进入“材质”面板，单击“表（曲）面”—“基础色”，建议选取绿色，如图 4-364 所示。摄像机视图效果如图 4-365 所示。

图 4-364

图 4-365

3 为地基上面的一块板添加材质。选中地基上面的那块板，如图 4-366 所示。在工作区右侧进入“材质”面板，选中前面创建的“黄色”材质，如图 4-367 所示。

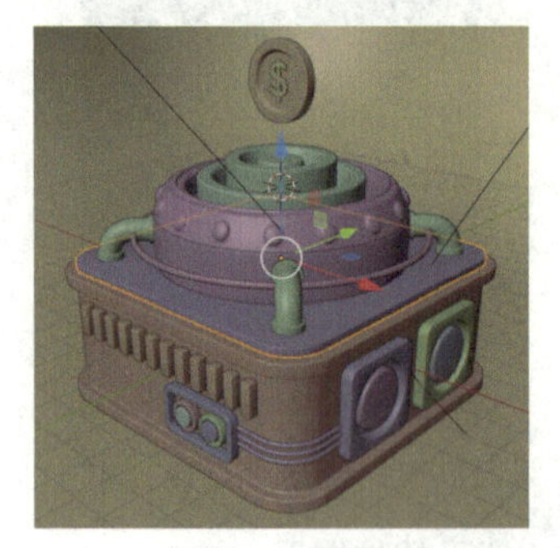

图　4-366

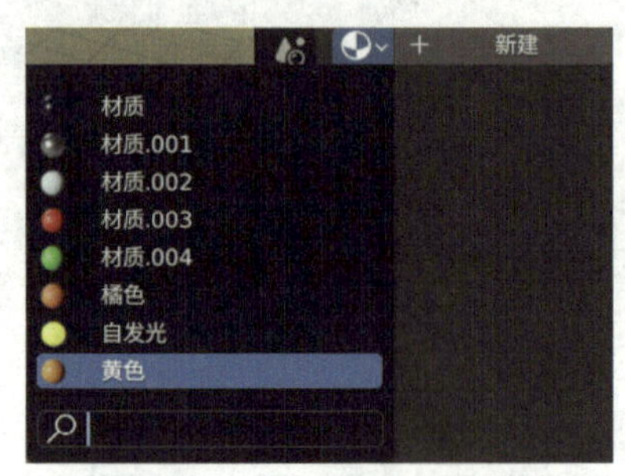

图　4-367

摄像机视图效果如图 4-368 所示。在工作区右侧进入“材质”面板，在如图 4-369 所示的位置单击一下。

图　4-368

图　4-369

此时这块板的材质已经变为了一个全新的材质，如图 4-370 所示。在工作区右侧“材质”面板，单击“表（曲）面”—“基础色”，如图 4-371 所示，使颜色产生一些变化。摄像机视图效果如图 4-372 所示。

图　4-370

图　4-371

图　4-372

4 为金属环添加材质。选中金属环，如图 4-373 所示。按快捷键 Shift，选中地基上面的三条金属连接线，如图 4-374 所示。

图 4-373

图 4-374

按快捷键 Ctrl+L，选择“关联材质”，如图4-375所示。摄像机视图效果如图 4-376 所示。

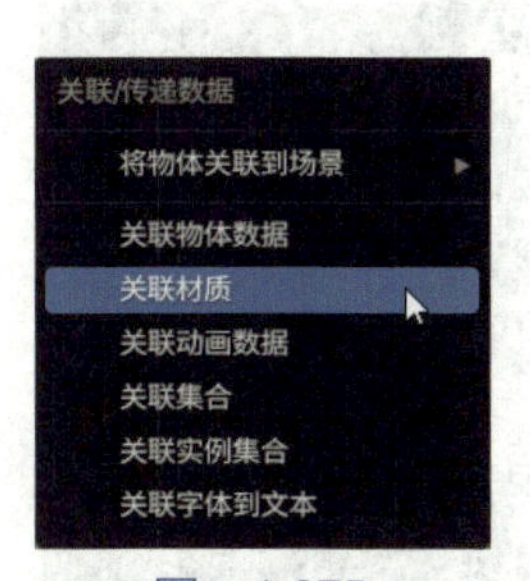

图 4-375

图 4-376

金属环有点细，可以调整得粗一点。在工作区右侧进入“物体数据”面板，单击“几何数据”—“倒角”，“深度”值建议调整为 0.035m，如图 4-377 所示。摄像机视图效果如图 4-378 所示。

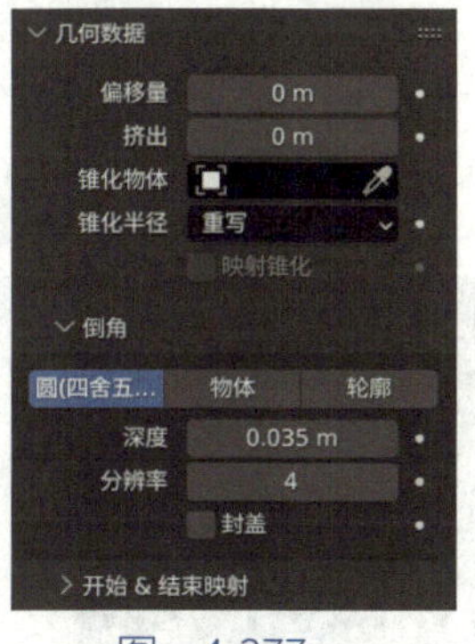

图 4-377

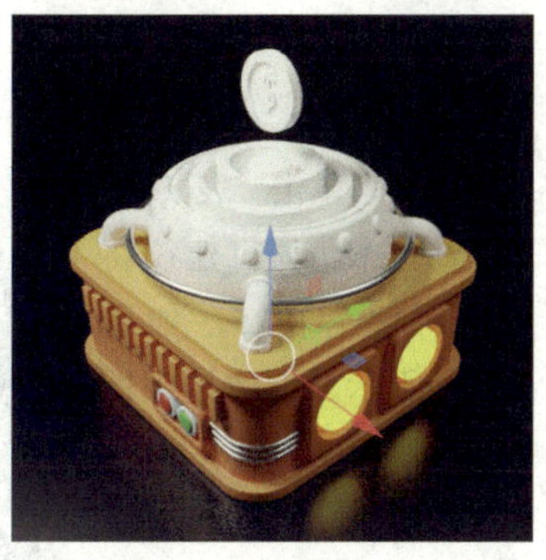
图 4-378

5 为管道添加材质。管道的材质分为两部分，两端为银色金属，中间部分为偏黄色金属。选中管道，如图 4-379 所示。按 Tab 键进入编辑模式，在工作区右侧进入“材质”面板并单击“+”，如图 4-380 所示。

图 4-379

图 4-380

单击“新建”，如图 4-381 所示。在工作区右侧“材质”面板，单击“表（曲）面”—“金属度”，将该值调整得高一点，建议调整为 1，如图 4-382 所示。

图 4-381

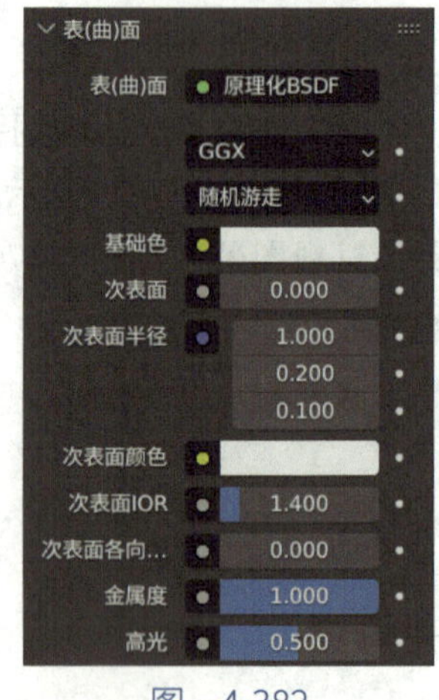

图 4-382

在工作区右侧“材质”面板，单击“表（曲）面”—“糙度”，建议将该值调整为 0.25，如图 4-383 所示。摄像机视图效果如图 4-384 所示。

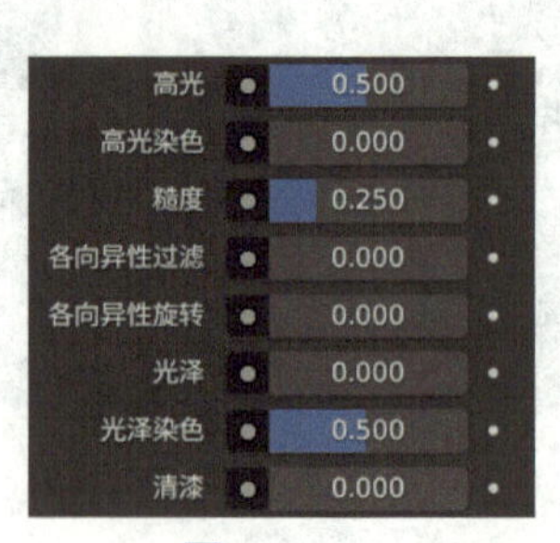

图 4-383

图 4-384

继续为管道新建一个材质，在工作区右侧进入“材质”面板，在如图 4-385 所示位置单击一下。单击“新建”，如图 4-386 所示。

按快捷键 Shift+Alt，选中如图 4-387 所示的循环面。在工作区右侧进入“材质”面板，单击“指定”，如图 4-388 所示。

图 4-385

图 4-386

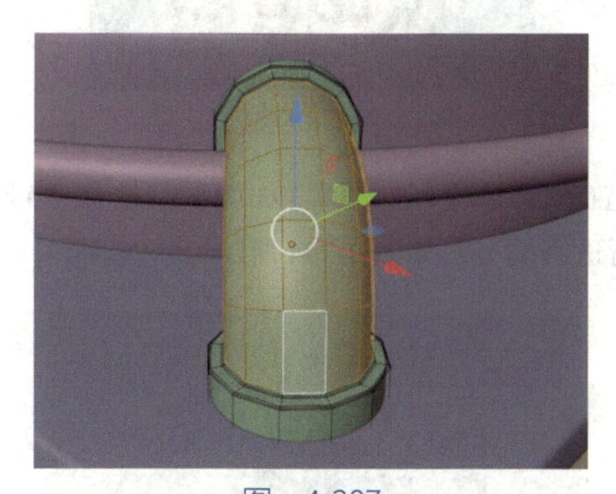

图 4-387

图 4-388

摄像机视图效果如图 4-389 所示。在工作区右侧进入“材质”面板，单击“表（曲）面”—“金属度”，建议将该值调整为 1，如图 4-390 所示。

图 4-389

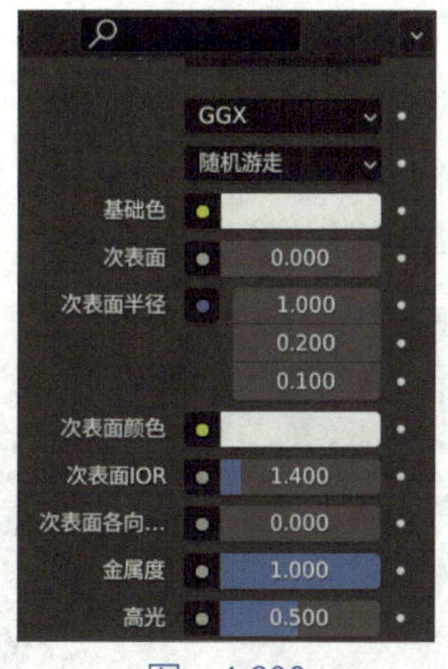

图 4-390

在工作区右侧进入“材质”面板，单击“表（曲）面”—“基础色”，建议选取偏黄色的颜色，如图 4-391 所示。摄像机视图效果如图 4-392 所示。

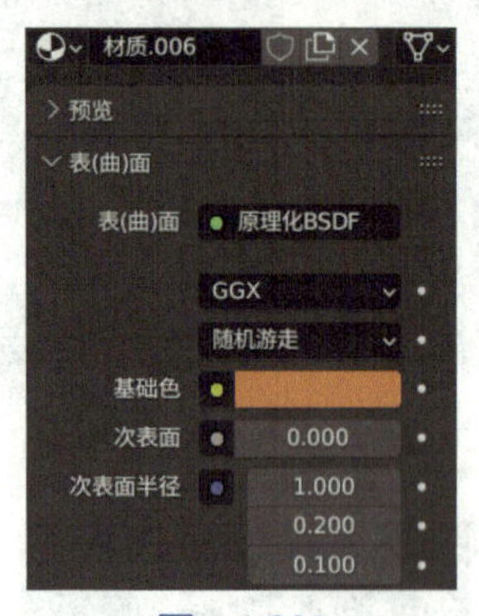

图　4-391

图　4-392

管道的银色和偏黄色金属部分衔接的位置有点越界，如图 4-393 所示。按快捷键 Ctrl+R，添加一条循环边，对循环边的位置进行适当调整，如图 4-394 所示。

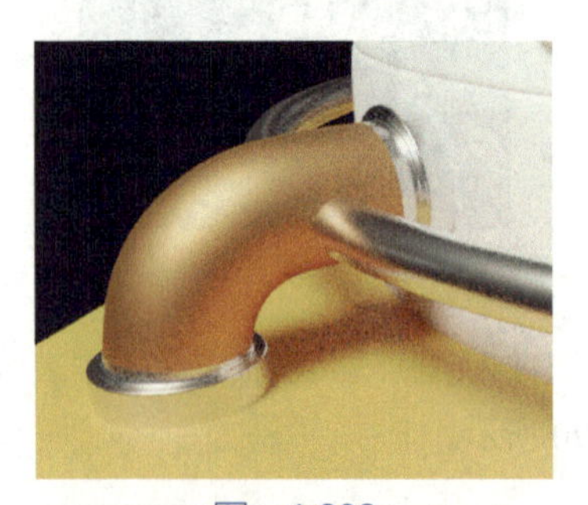

图　4-393

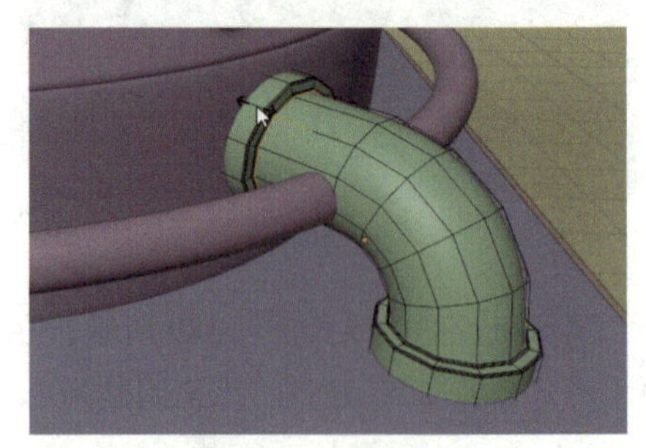

图　4-394

按快捷键 Ctrl+R，在管道另一侧添加一条循环边，对循环边的位置进行适当调整，如图 4-395 所示。管道银色和偏黄色金属部分衔接的位置进行了修正，如图 4-396 所示。按 Tab 键进入物体模式。

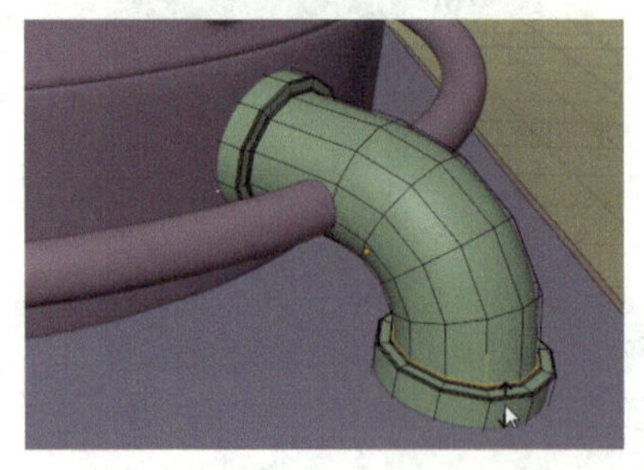

图　4-395

图　4-396

6 为除金币之外的剩余部分添加材质。选中如图 4-397 所示的物体。在工作区右侧进入“材质”面板，单击“表（曲）面”—“透射”，建议将该值调整为 1，如图 4-398 所示。

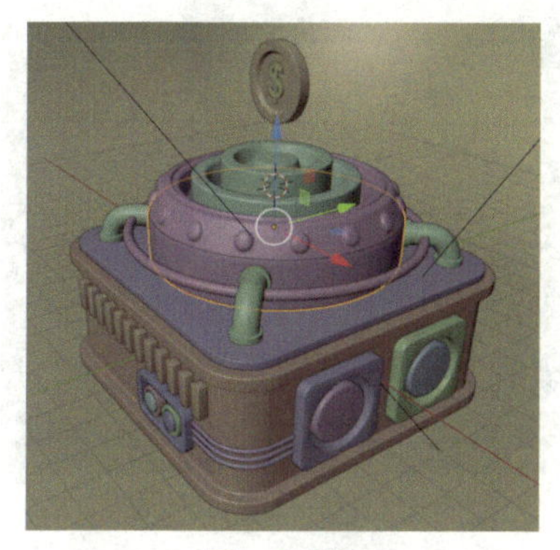

图 4-397

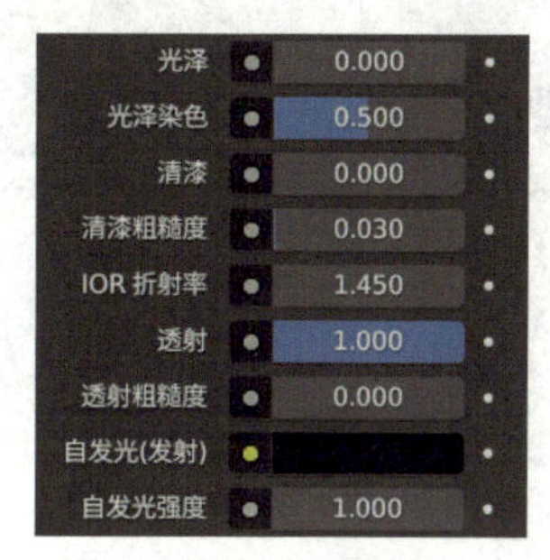

图 4-398

摄像机视图效果如图 4-399 所示。在工作区右侧进入“材质”面板，单击“表（曲）面”—“糙度”，建议将该值调整为 0.15，如图 4-400 所示。

图 4-399

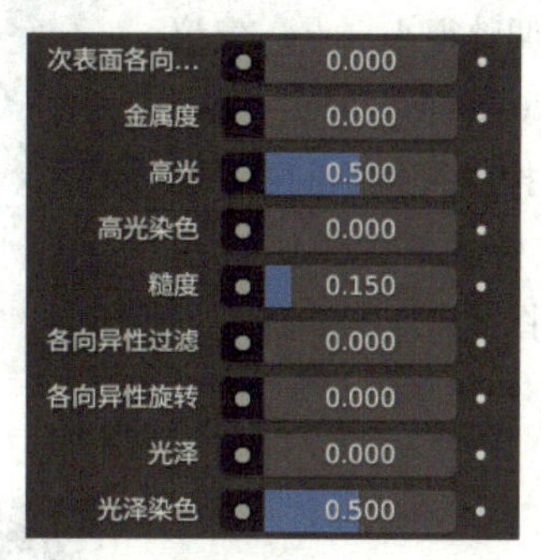

图 4-400

摄像机视图效果如图 4-401 所示。选中金属环，如图 4-402 所示。

图 4-401

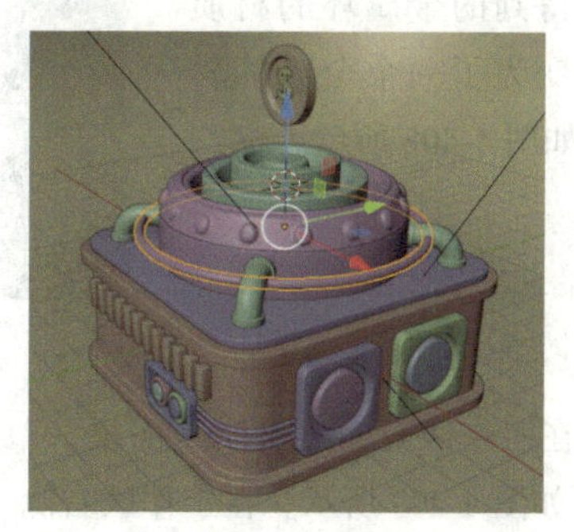

图 4-402

按快捷键 Shift+D，再按快捷键 Esc，最后按快捷键 S，向内侧缩小复制得到的金属环，如图 4-403 所示。按快捷键 Alt+Z，进入透显模式，如图 4-404 所示。

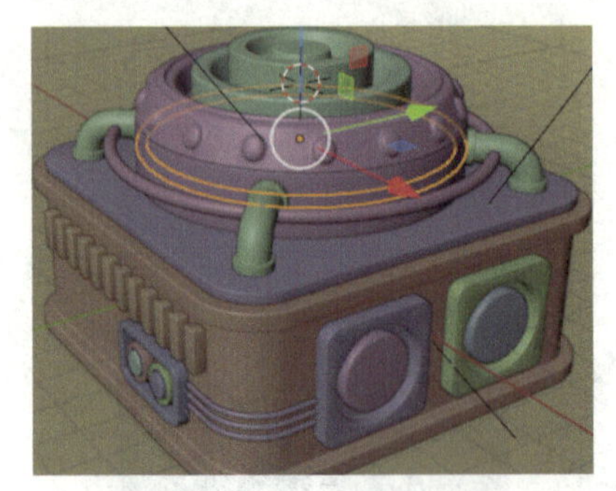

图 4-403

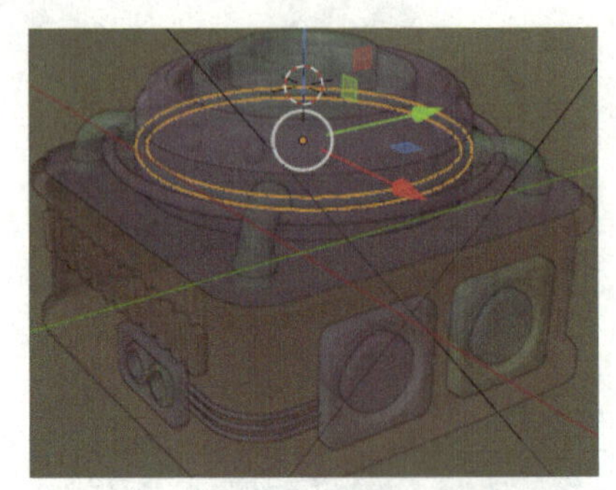

图 4-404

在工作区右侧进入“物体数据”面板，单击“几何数据”—“倒角”，将“深度”值调整得小一点，建议调整为 0.027m，如图 4-405 所示。按快捷键 Alt+Z，退出透显模式，摄像机视图效果如图 4-406 所示。

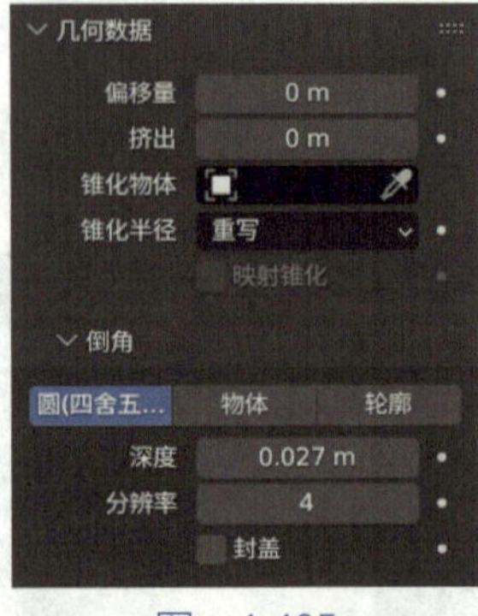

图 4-405

图 4-406

在工作区右侧进入“材质”面板，在如图 4-407 所示的位置单击一下。此时复制得到的金属环的材质已经变为了一个全新的材质，如图 4-408 所示。

图 4-407

图 4-408

在工作区右侧“材质”面板，单击“表（曲）面”—“糙度”，建议将该值调整为 0.5，如图 4-409 所示。在工作区右侧“材质”面板，单击“表（曲）面”—“自发光（发射)”，建议将该值调整为偏黄色，“自发光强度”建议调整为 5，如图 4-410 所示。

次表面颜色
次表面IOR 1.400
次表面各向… 0.000
金属度 1.000
高光 0.500
高光染色 0.000
糙度 0.500
各向异性过滤 0.000
各向异性旋转 0.000

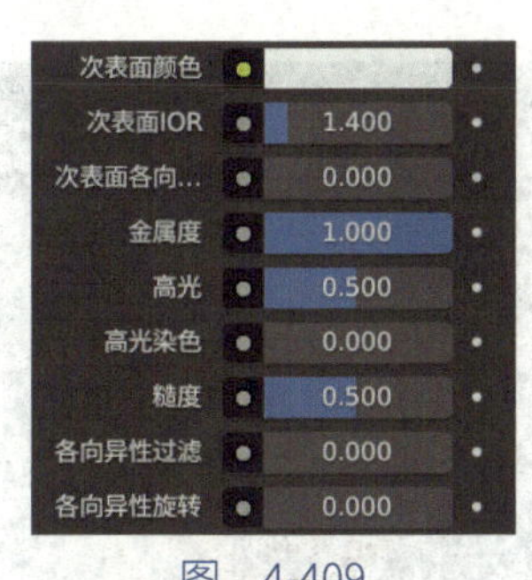

图 4-409

清漆粗糙度 0.030
IOR 折射率 1.450
透射 0.000
透射粗糙度 0.000
自发光(发射)
自发光强度 5.000
Alpha 1.000
法向 默认
清漆法线 默认
切向(正切) 默认

图 4-410

摄像机视图效果如图 4-411 所示。选中如图 4-412 所示的物体。

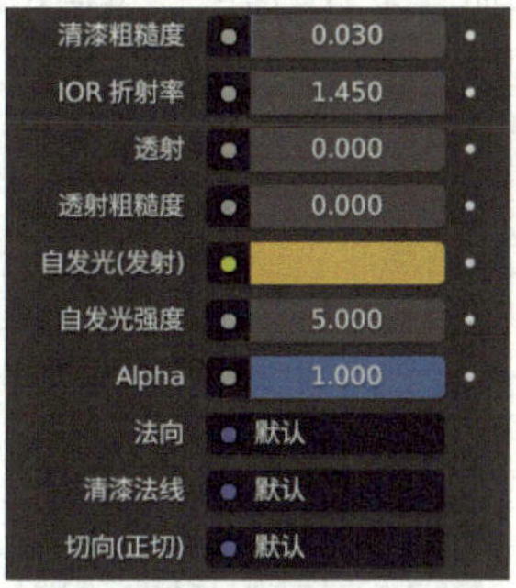

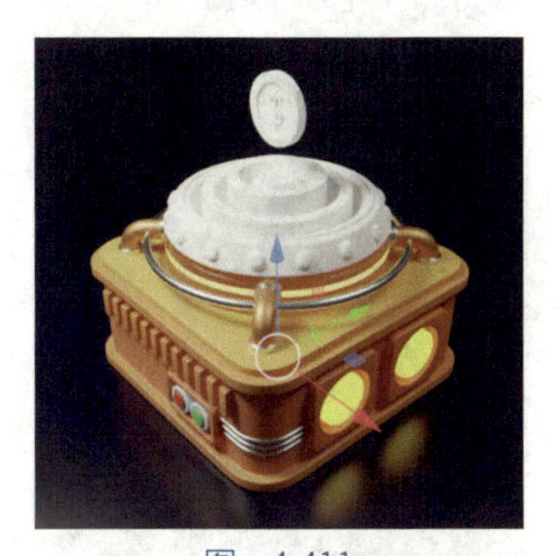

图 4-411

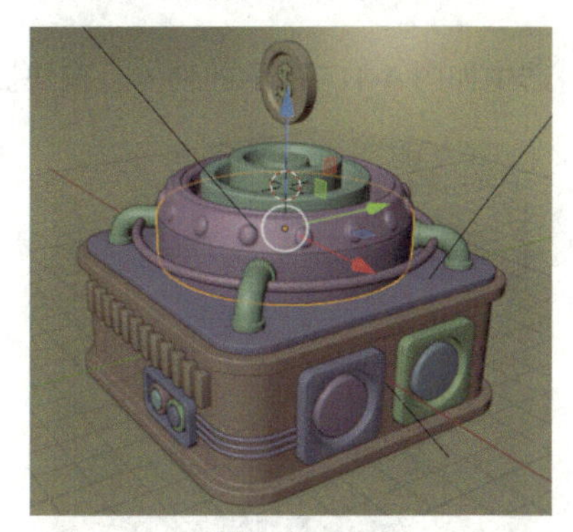

图 4-412

在工作区右侧进入“材质”面板，单击“表（曲）面”—“Alpha”，建议将该值调整为 0.629，如图 4-413 所示。摄像机视图效果如图 4-414 所示。

清漆粗糙度 0.030
IOR 折射率 1.450
透射 1.000
透射粗糙度 0.000
自发光(发射)
自发光强度 1.000
Alpha 0.629
法向 默认
清漆法线 默认
切向(正切) 默认

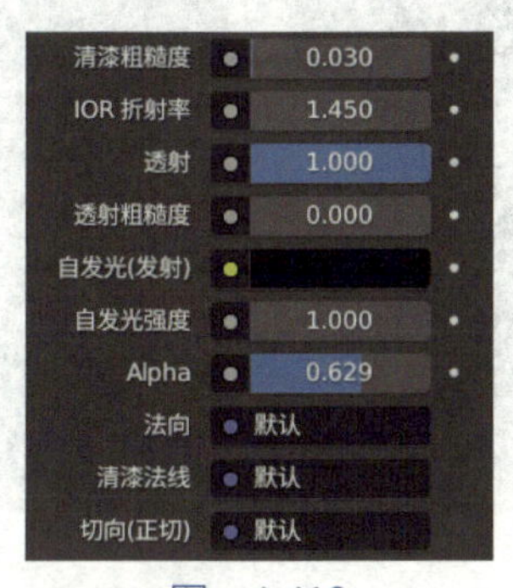

图 4-413

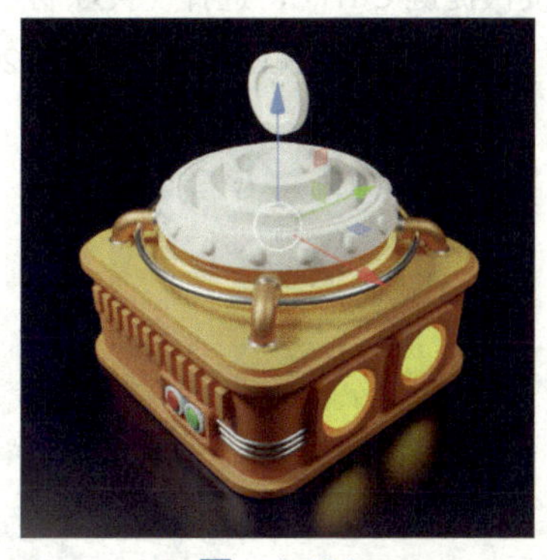

图 4-414

在工作区右侧进入“材质”面板，单击“表（曲）面”—“基础色”，建议选取偏红的颜色，如图 4-415 所示。摄像机视图效果如图 4-416 所示。

图　4-415

图　4-416

选中如图 4-417 所示的物体。按快捷键 Shift，选中金属环，如图 4-418 所示。

图　4-417

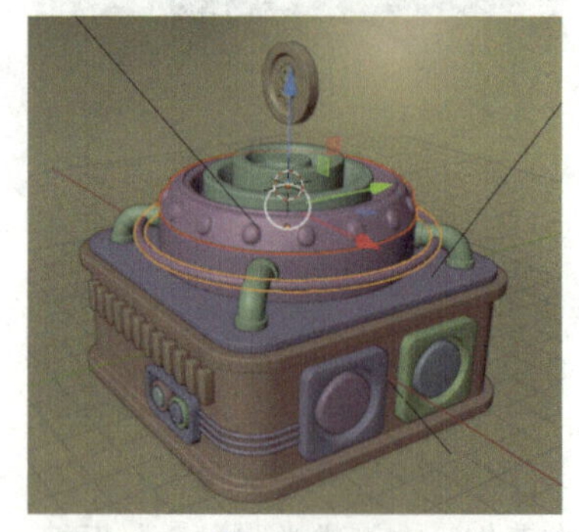
图　4-418

按快捷键 Ctrl+L，选择“关联材质”，如图 4-419 所示。摄像机视图效果如图 4-420 所示。

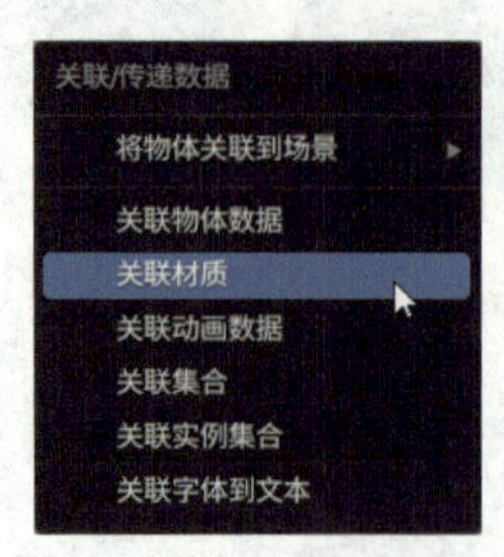

图　4-419

图　4-420

选中如图 4-421 所示的物体。在工作区右侧进入“材质”面板，单击“表（曲）面”—“基础色”，建议选取整体偏红的颜色，可以稍微有一点偏黄色的倾向，如图 4-422 所示。

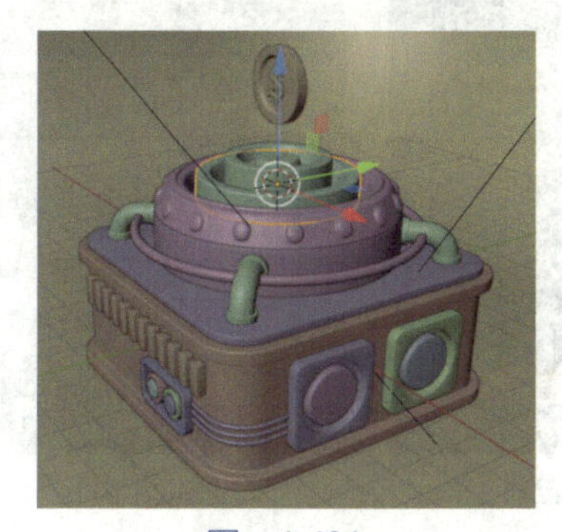

图 4-421

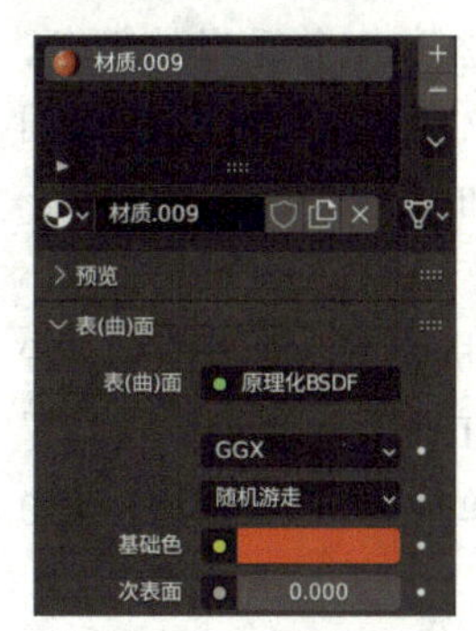

图 4-422

摄像机视图效果如图 4-423 所示。选中如图 4-424 所示的物体。

图 4-423

图 4-424

在工作区右侧进入“材质”面板，单击“表（曲）面”—“金属度”，建议将该值调整为 1，如图 4-425 所示。摄像机视图效果如图 4-426 所示。

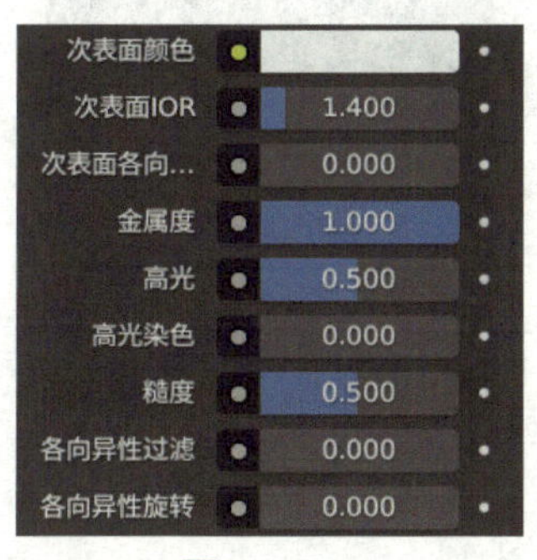

图 4-425

图 4-426

在工作区右侧进入“材质”面板，单击“表（曲）面”—“基础色”，选取一个适当的颜色，如图 4-427 所示。“透射”建议调整为 1，如图 4-428 所示。

图　4-427

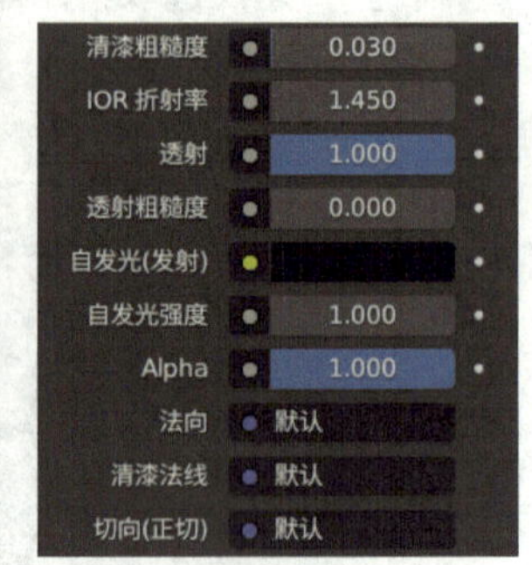

图　4-428

摄像机视图效果如图 4-429 所示。在工作区右侧进入“材质”面板并单击“+”，如图 4-430 所示。

图　4-429

图　4-430

在工作区右侧“材质”面板，单击“新建”，如图 4-431 所示。在工作区右侧“材质”面板，单击“表（曲）面”—“自发光（发射）”，建议选取偏黄色的颜色，如图 4-432 所示。

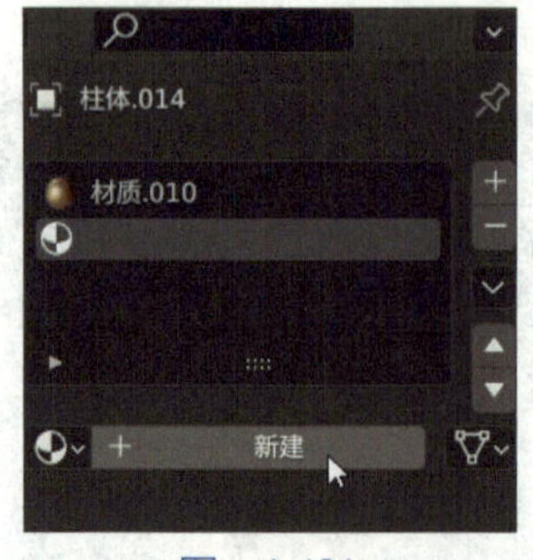

图　4-431

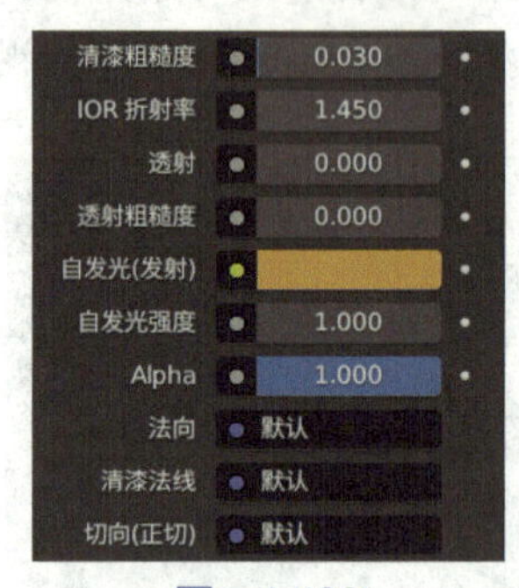

图　4-432

按 Tab 键进入编辑模式，选中如图 4-433 所示的面。按快捷键 Ctrl++，进行扩展选择，如图 4-434 所示。

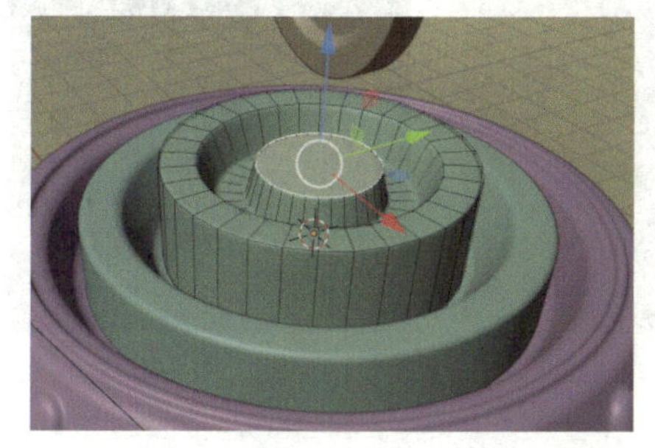
图 4-433

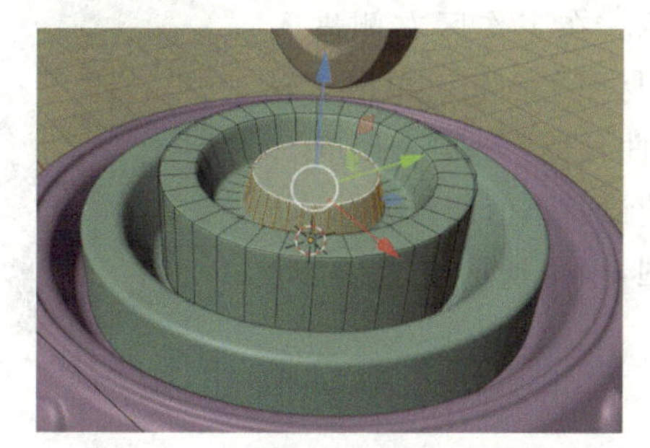
图 4-434

在工作区右侧进入“材质”面板并单击“指定”，如图 4-435 所示。摄像机视图效果如图 4-436 所示。

图 4-435

图 4-436

按 Tab 键进入物体模式，在工作区右侧进入“材质”面板，单击“表（曲）面”—“自发光强度”，建议将该值调整为 7。单击“表（曲）面”—“Alpha”，建议将该值调整为 0.85，如图 4-437 所示。摄像机视图效果如图 4-438 所示。

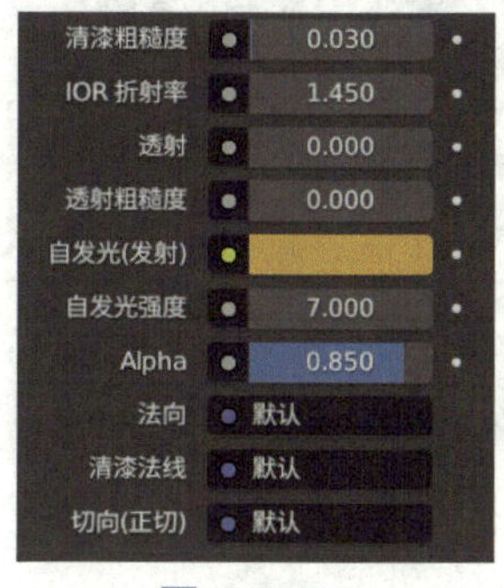

图 4-437

图 4-438

7 为金币添加材质。选中金币，如图 4-439 所示。在工作区右侧进入“材质”面板，单击“表（曲）面”—“金属度”，建议将该值调整为 1，如图 4-440 所示。

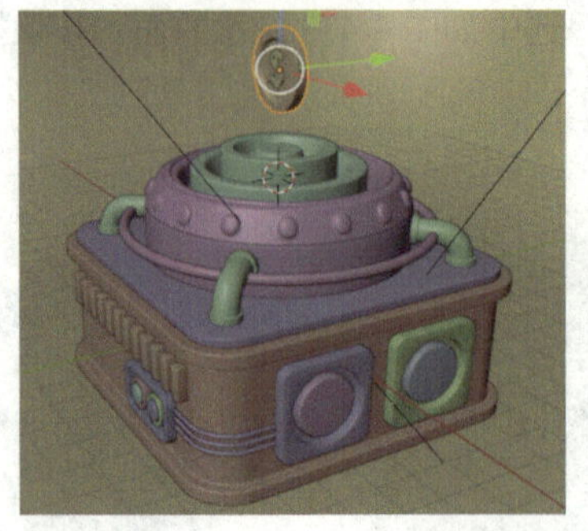

图　4-439

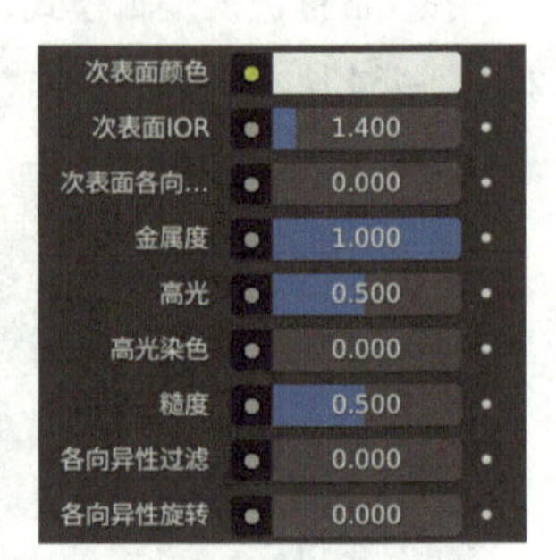

图　4-440

摄像机视图效果如图 4-441 所示。在工作区右侧进入“材质”面板，单击“表（曲）面”—“基础色”，建议选取偏黄色的颜色，如图 4-442 所示。

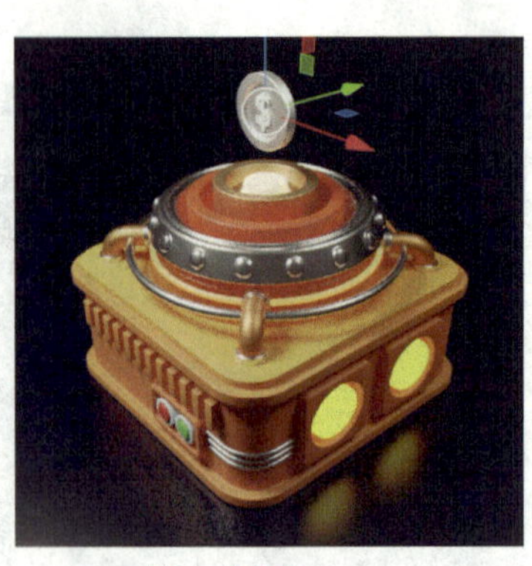

图　4-441

图　4-442

摄像机视图效果如图 4-443 所示。选中金币的文本部分，如图 4-444 所示。

图　4-443

图　4-444

在工作区右侧进入“材质”面板，单击“表（曲）面”—“金属度”，建议将该值调整为1，如图4-445所示。摄像机视图效果如图4-446所示。

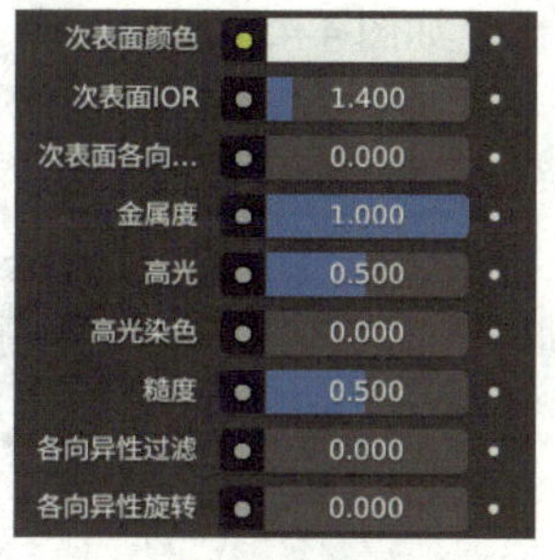

图 4-445

图 4-446

在工作区右侧进入“材质”面板，单击“表（曲）面”—“基础色”，建议选取偏黄色的颜色，如图4-447所示。摄像机视图效果如图4-448所示。

图 4-447

图 4-448

8 细节处理。在工作区右侧进入“渲染”面板，单击“色彩管理”，“胶片效果”建议选择“Medium High Contrast”，如图4-449所示。目前场景中共有两个光源，选中两个光源、摄像机和地面，如图4-450所示。

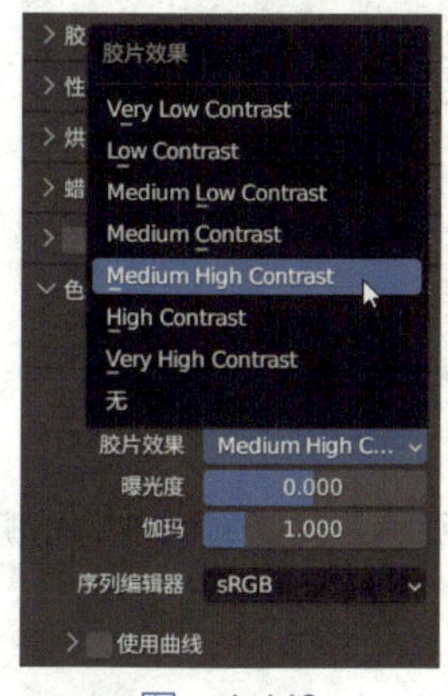

图 4-449

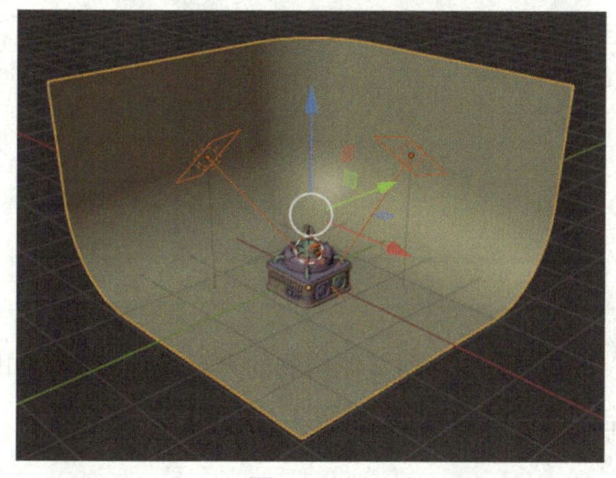
图 4-450

按快捷键 M，单击“新建集合”，如图 4-451 所示。将“名称”定义为“环境”，如图 4-452 所示。

图　4-451

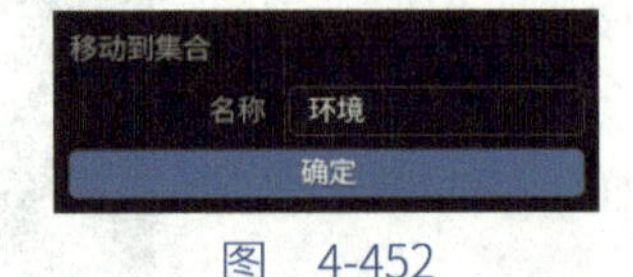

图　4-452

可以看到新建的“环境”集合，如图 4-453 所示。选中如图 4-454 所示的光源。

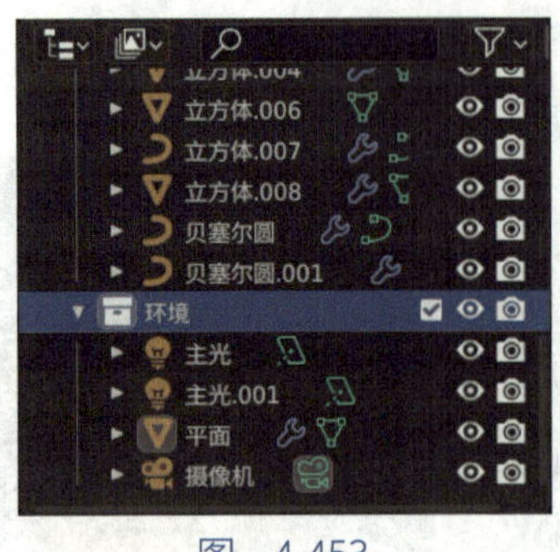

图　4-453

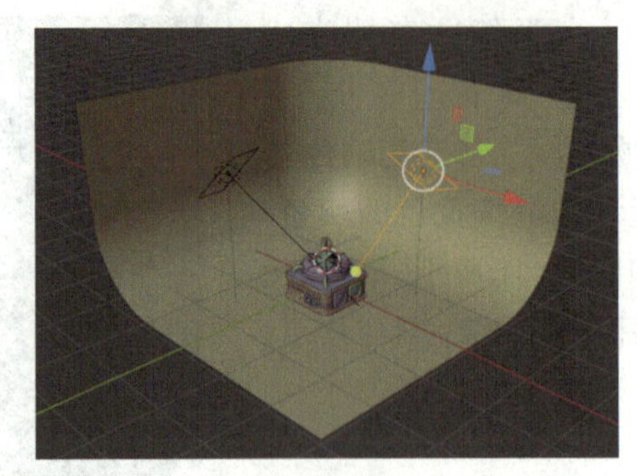
图　4-454

按快捷键～，进入顶视图，如图 4-455 所示。按快捷键 Shift+D，对所选光源进行复制，如图 4-456 所示。

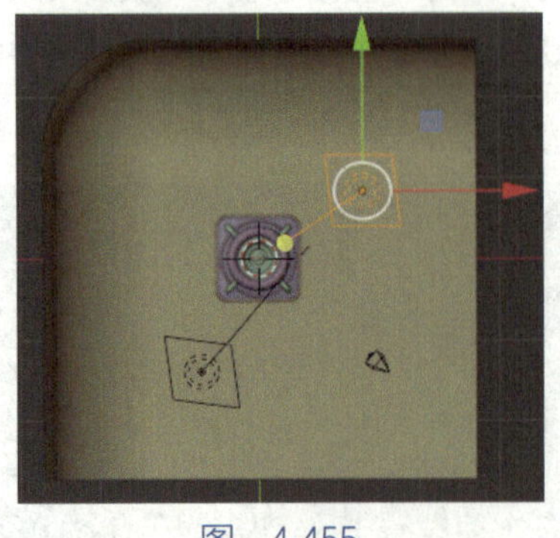
图　4-455

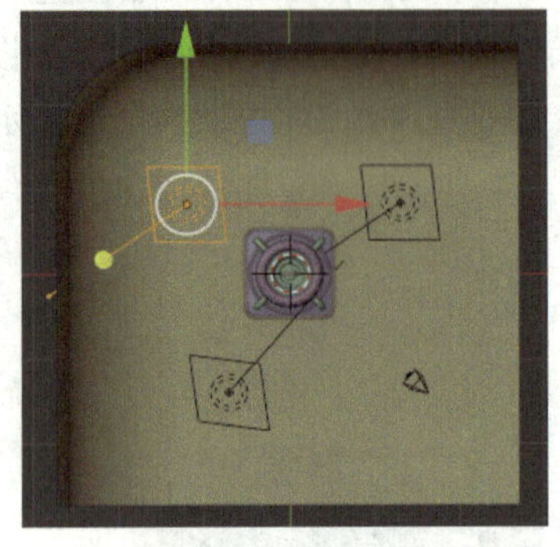
图　4-456

按快捷键 R，对复制得到的光源进行旋转，如图 4-457 所示。将复制得到的光源的名称定义为“轮廓光”，如图 4-458 所示。

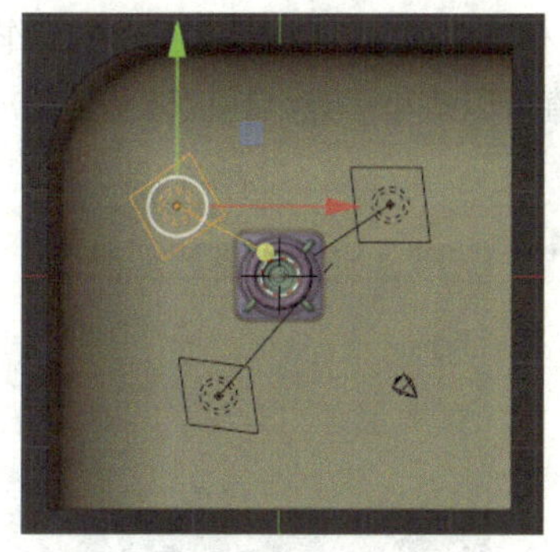

图 4-457

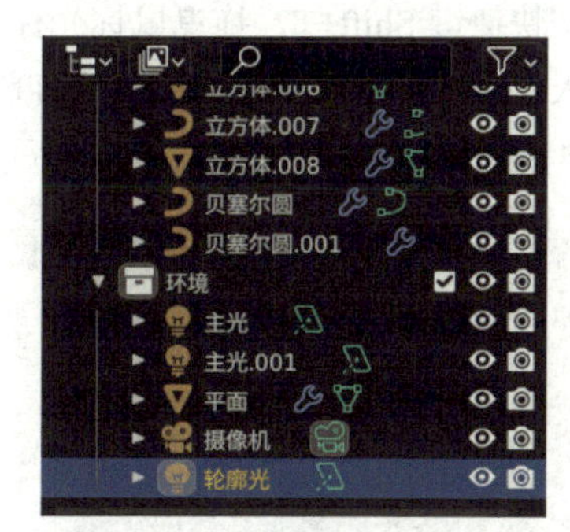

图 4-458

将轮廓光的位置进行适当调整，如图 4-459 所示。按快捷键 Shift+T，拖曳鼠标光标，使光源指向模型，如图 4-460 所示。

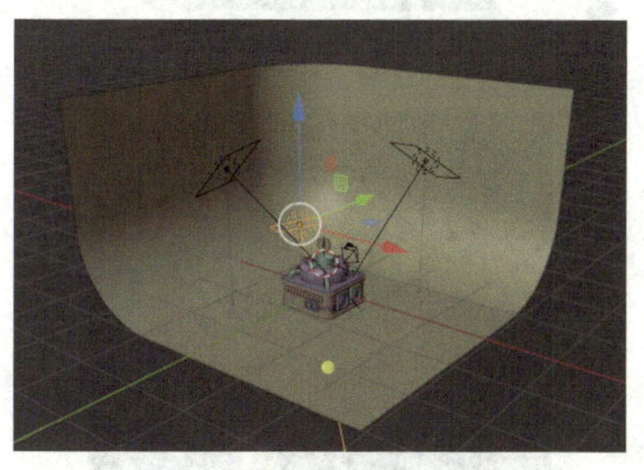

图 4-459

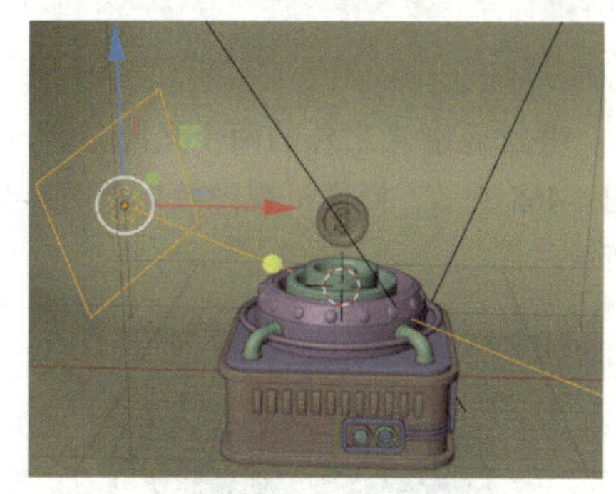

图 4-460

按快捷键 R，旋转轮廓光，如图 4-461 所示。按快捷键 S+X，将轮廓光压扁，按快捷键 S+Y，将轮廓光拉长，如图 4-462 所示。

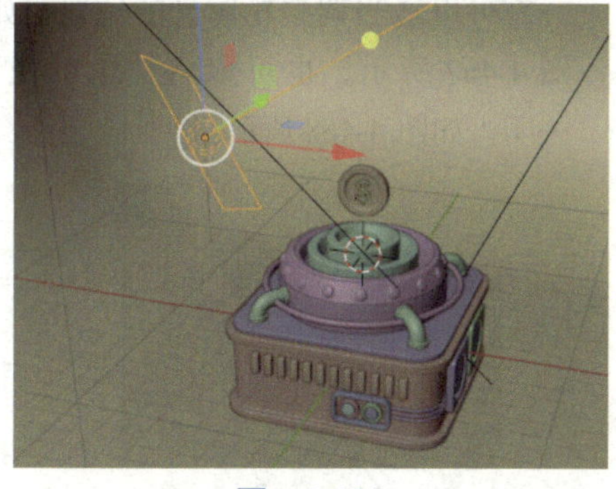

图 4-461

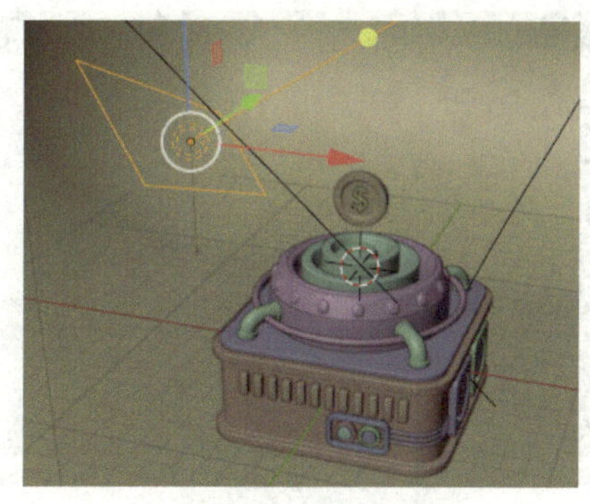

图 4-462

按快捷键 Shift+T，拖曳鼠标光标，使光源指向模型，如图 4-463 所示。在工作区右侧进入“物体数据”面板，单击“面光”，“能量”值可以改小一点，建议调整为 1000W，如图 4-464 所示。

图　4-463

图　4-464

将除轮廓光之外的两个光源隐藏，如图 4-465 所示。摄像机视图效果如图 4-466 所示。

图　4-465

图　4-466

可以适当调整轮廓光的位置，如图 4-467 所示。也可以将“轮廓光”关闭，如图 4-468 所示。

图　4-467

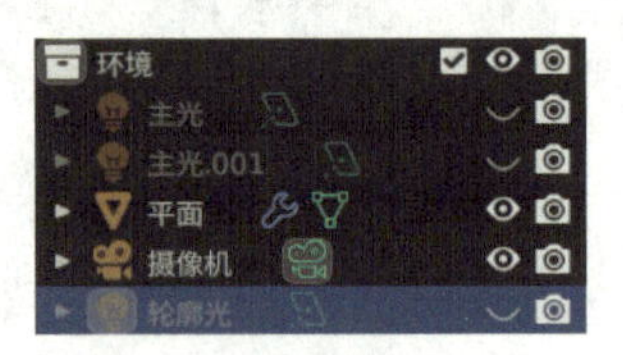

图　4-468

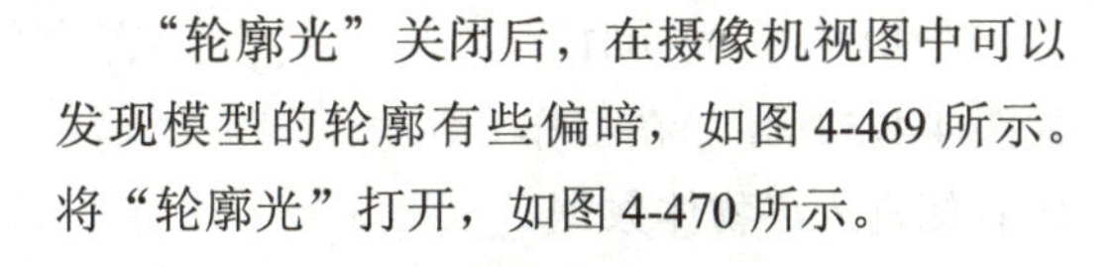

“轮廓光”关闭后，在摄像机视图中可以发现模型的轮廓有些偏暗，如图 4-469 所示。将“轮廓光”打开，如图 4-470 所示。

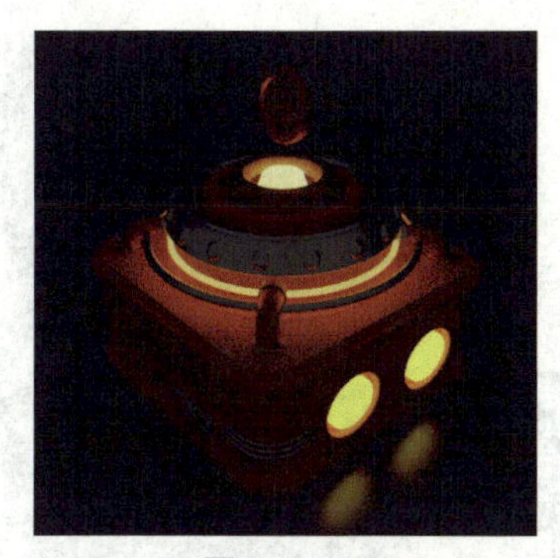
图 4-469

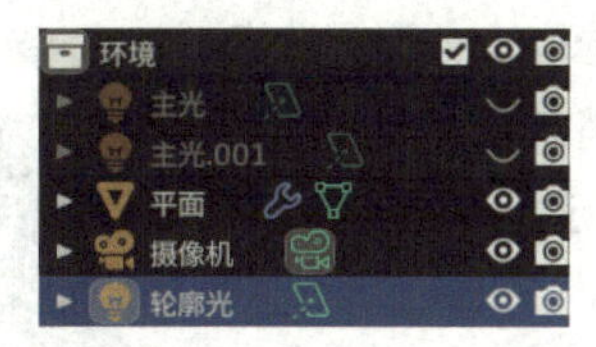

图 4-470

“轮廓光”打开后，在摄像机视图中可以发现模型的轮廓更加清晰，如图 4-471 所示。将所有光源全部打开，如图 4-472 所示。

图 4-471

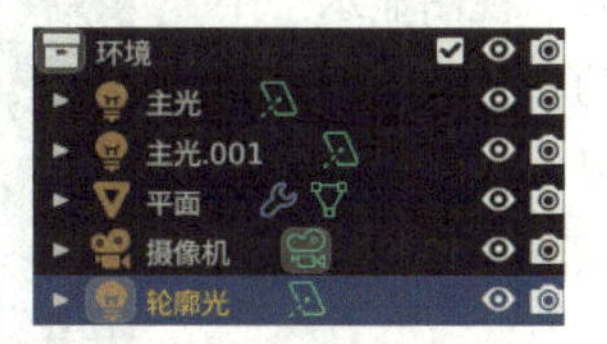

图 4-472

提示： 轮廓光是对场景光源的一个补充，使模型的层次感更强一些。

为了加强冷暖对比，选择主光，如图 4-473 所示。在工作区右侧进入“物体数据”面板，单击“面光”，“颜色”建议选取暖色调，如图 4-474 所示。

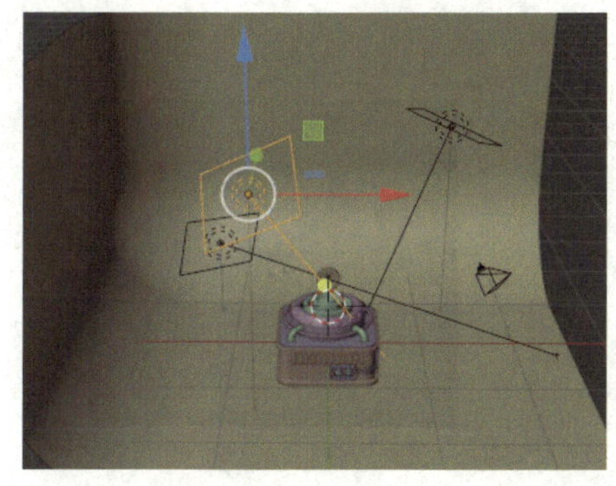
图 4-473

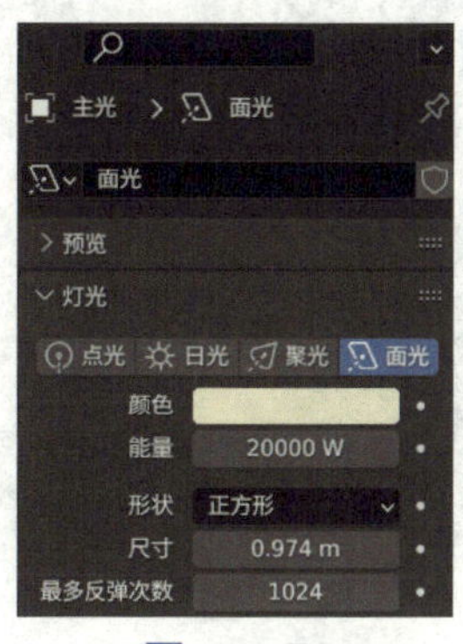

图 4-474

选中“主光.001”，如图 4-475 所示。在工作区右侧进入“物体数据”面板，单击“面光”，颜色建议选取冷色调，冷色调可以稍微多一点，如图 4-476 所示。

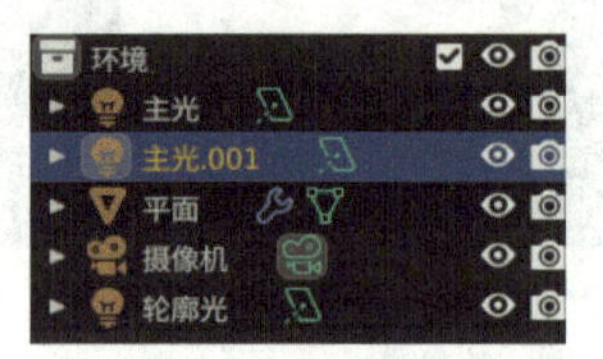

图　4-475

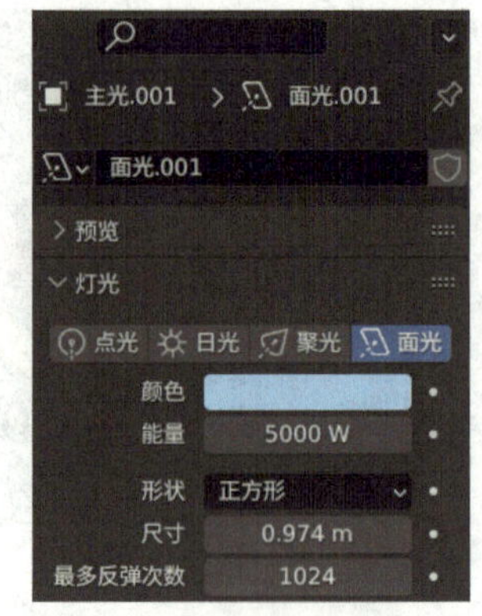

图　4-476

选中摄像机，在工作区右侧进入“物体数据”面板，在“视图显示”中将“外边框”的值调整为 1，如图 4-477 所示。摄像机视图效果如图 4-478 所示。

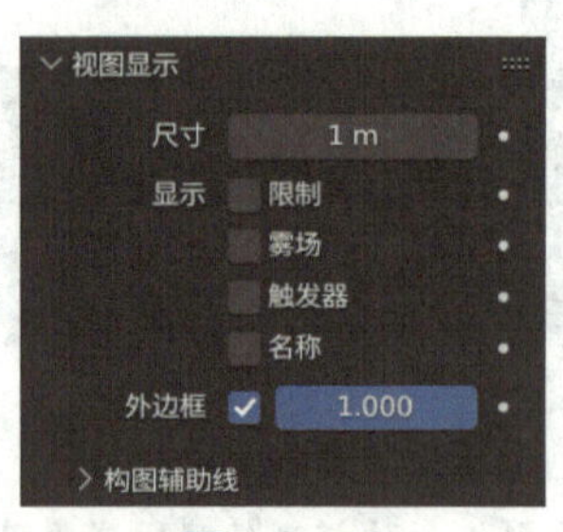

图　4-477

图　4-478

选中主光，如图 4-479 所示。“变换坐标系”选择“局部”，如图 4-480 所示。

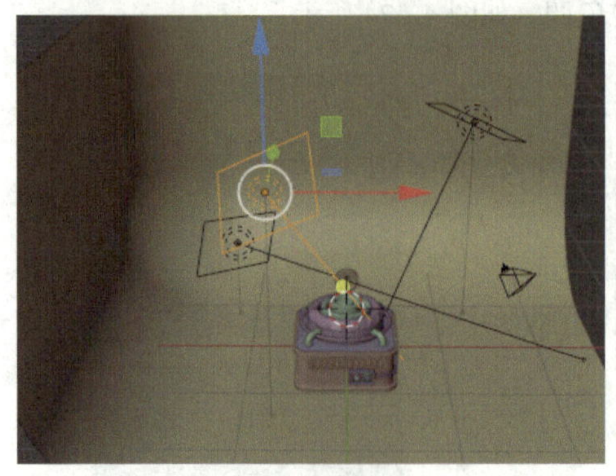
图　4-479

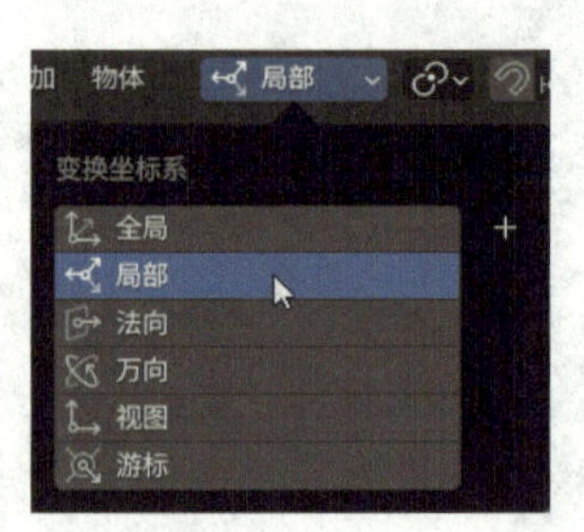

图　4-480

将主光源拉远一点，它的强度会变弱，如图 4-481 所示。在工作区右侧进入“物体数据”面板，选择“面光”，“能量”值建议调整为 35000W，如图 4-482 所示。

图 4-481

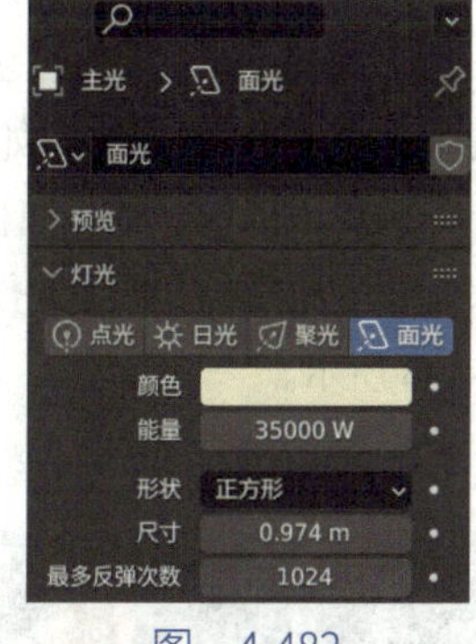

图 4-482

当前世界是灰色的，所以场景中的金属材质都会反射灰色的背景，如图 4-483 所示。在工作区右侧进入“世界”面板，选择“表（曲）面”—“颜色”，建议将颜色调整为黑色，如图 4-484 所示。

图 4-483

图 4-484

改为黑色之后，场景的反射会更加纯粹，对比更强，如图 4-485 所示。在工作区右侧进入“渲染”面板，选择“采样”—“渲染”，“最大采样”的值建议调整为 128，如图 4-486 所示。

选择“渲染”—“渲

图 4-485

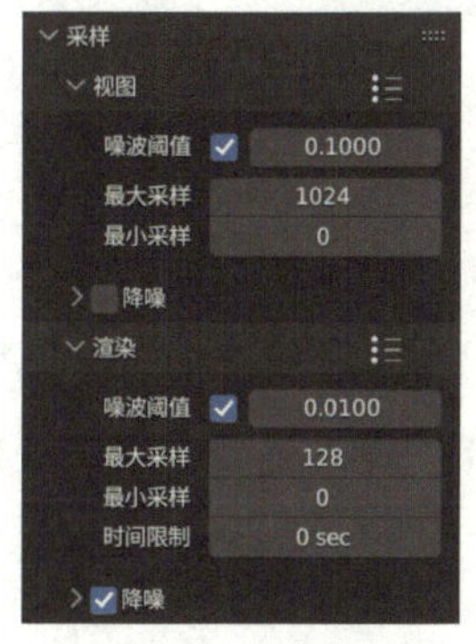

图 4-486

染图像”，进行渲染测试，如图 4-487 所示。渲染测试没有问题的话，可以进行最终渲染的参数设置。在工作区右侧进入“渲染”面板，选择“采样”—“渲染”,“最大采样”的值建议调整为 1024，如图 4-488 所示。

最终的渲染效果如图 4-489 所示。有兴趣的话可以对渲染文件继续编辑，如图 4-490 所示。

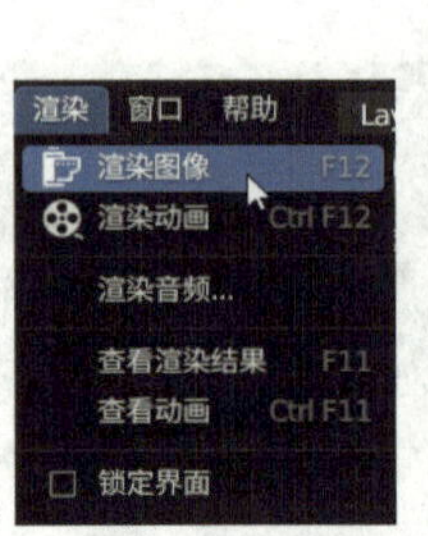

图　4-487

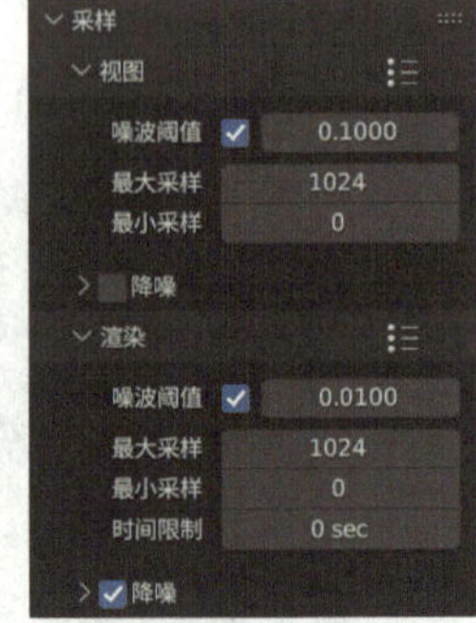

图　4-488

图　4-489

图　4-490

第 5 章

荧光树桩案例

本章目标

制作荧光树桩小场景，如图 5-1 所示。

图 5-1

了解构建荧光树桩的工作流程，掌握 Blender 雕刻、渲染方法。

本章重点

构建荧光树桩的工作流程

（1）分析需要构建的形象，用简单的基本几何体对其概括。

（2）在 Blender 中用雕刻将简单的几何体形变。

（3）简单利用粒子发射器创建杂草。

学习准备

案例拆解

荧光树桩模型分为枯树桩、底座、蘑菇和杂草。

枯树桩的基本型是圆柱，上面比较细，下面比较粗，表面有凸起和凹坑且不规则。底座的基本型是圆柱，表面有磨损的凹坑。蘑菇分为蘑菇头和蘑菇杆两部分，蘑菇头的基本型是立方体，形状不规则，蘑菇杆的基本型是圆柱，上面比较细，下面比较粗，且有一定弯曲。杂草由粒子发射器创建而成，外形杂乱无章。

做好准备工作后，接下来进入实战吧！

5.1　雕刻基础

进行正式的案例制作之前，先介绍一下雕刻的基础操作，例如如何进入雕刻模式，常用的雕刻工具等。

进入雕刻模式的两种常用方式

方式一，在 Layout 中进行模式切换，如图 5-2 所示。进入雕刻模式后如图 5-3 所示。

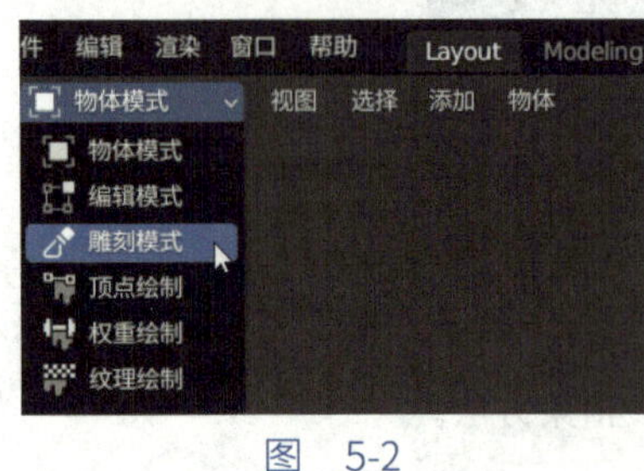

图　5-2

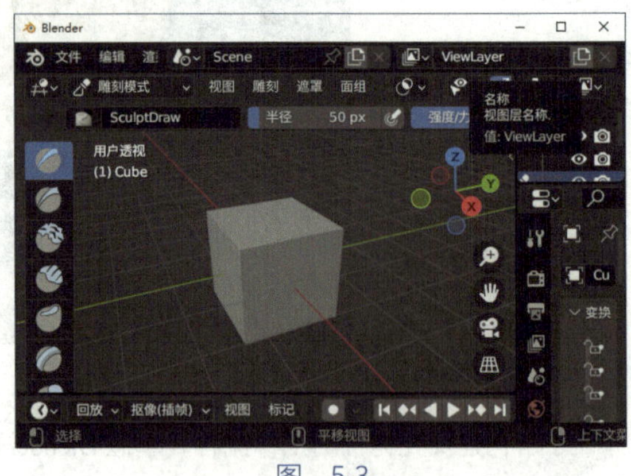

图　5-3

方式二，单击 Sculpting 进入雕刻模式，如图 5-4 所示。进入雕刻模式后如图 5-5 所示。

> **提示：** 进入雕刻模式的两种方式并没有本质区别，不同点是，通过单击 Sculpting 进入雕刻模式，视图呈现会更加干净、整洁，Blender 会自动把一些不常用的功能关闭，例如“视图叠加层”中的“栅格”“基面”“轴向”等。

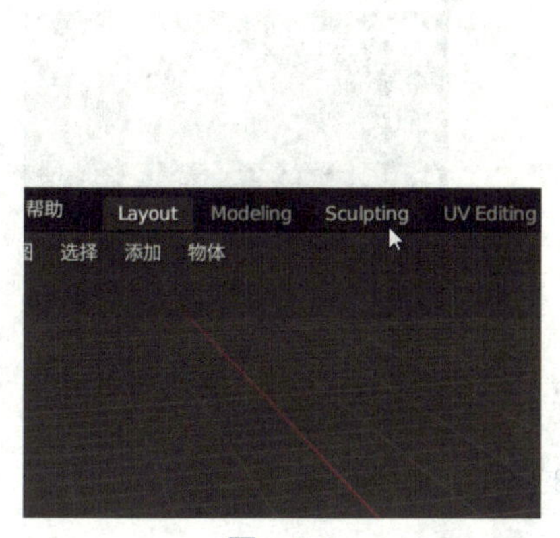

图 5-4

图 5-5

雕刻模式中的部分常用工具

进入雕刻模式后，在工作区左侧可以看到很多雕刻工具，通过不同的雕刻工具可以对模型产生不同的雕刻效果。将鼠标光标放置到雕刻工具的边缘位置进行拖曳（如图 5-6 所示），可以展示出每个雕刻工具对应的中文解释，方便用户理解，如图 5-7 所示。

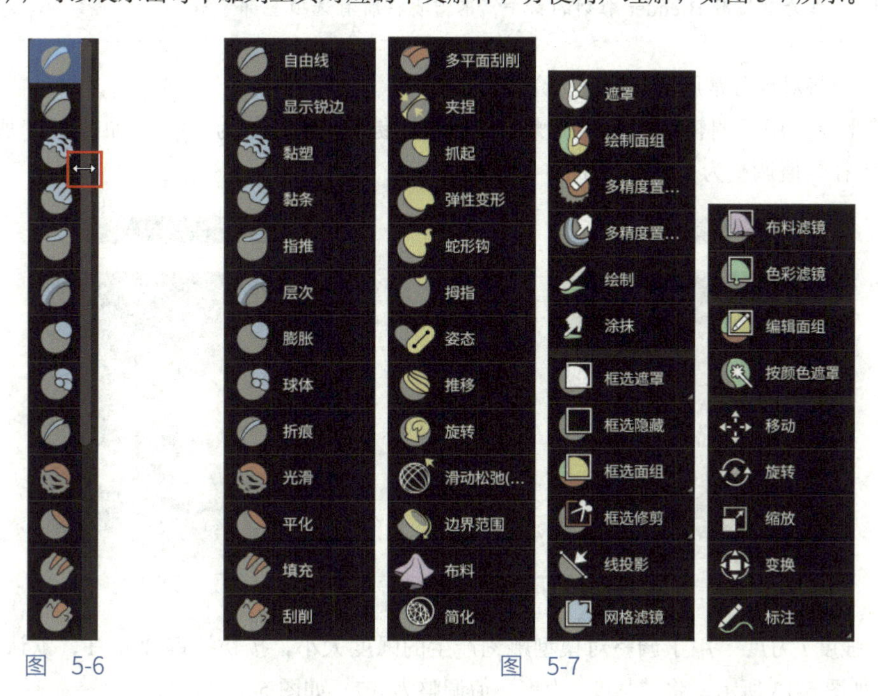

图 5-6　　图 5-7

选中相应的雕刻工具后，在工作区右侧进入“活动工具与工作区设置”面板，如图 5-8 所示。Blender 会展示对应的雕刻工具对模型产生的大概笔刷效果，方便用户理解其功能，图 5-9 所示为选择“自由线”雕刻工具后展示出来的笔刷效果。

工作区上方的选项如图 5-10 所示，该选项和工作区右侧“活动工具与工作区设置”面板中的选项参数设置默认保持一致。

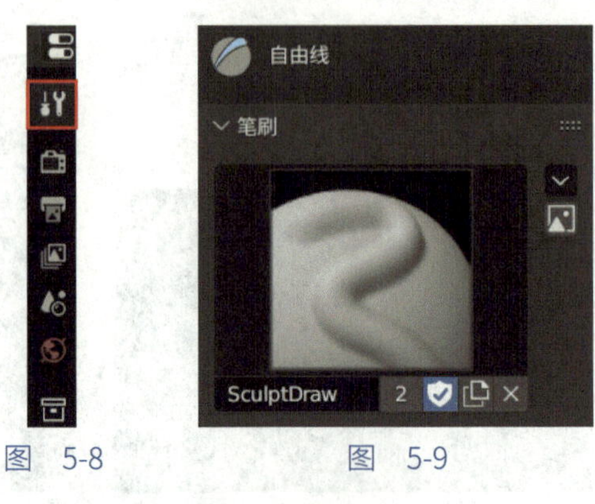

图　5-8　　图　5-9

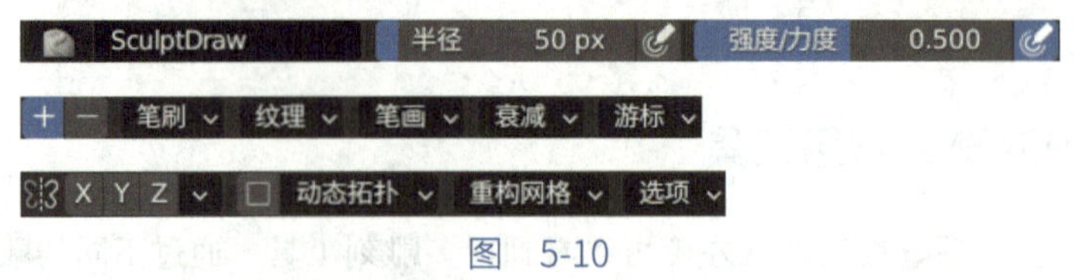

图　5-10

提示： 作为刚接触 Blender 雕刻的新手，不需要将所有选项全部了解。

下面将对部分常用的选项进行介绍。

“半径”用于调整笔刷的半径大小，按快捷键 F，默认值为 50px，如图 5-11 所示。将“半径”值调整为 90px，如图 5-12 所示。

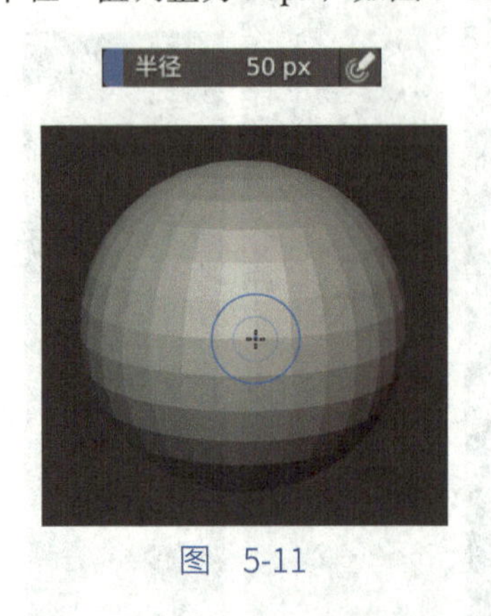

图　5-11

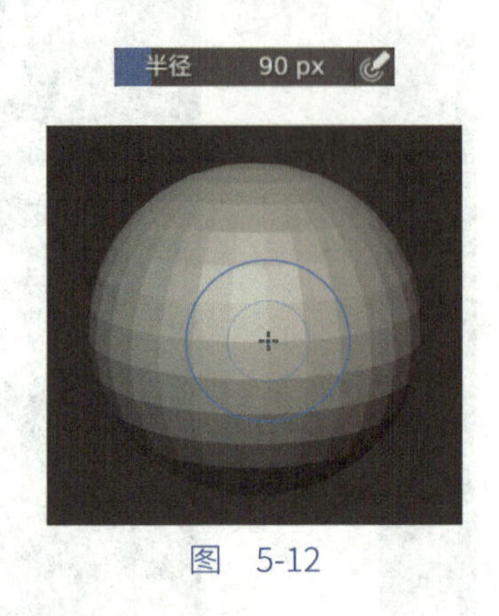

图　5-12

“强度 / 力度”用于调整对模型雕刻产生的强度大小，按快捷键 Shift+F，默认值为 0.5，如图 5-13 所示。将“强度 / 力度”值调整为 0.7，如图 5-14 所示。

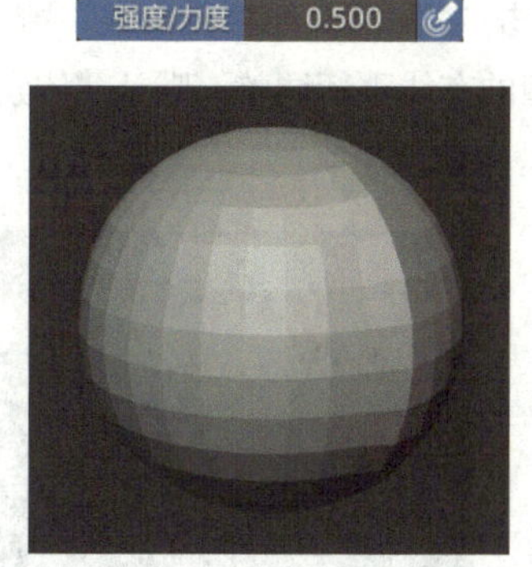

图 5-13

图 5-14

“笔画防抖”用于方便鼠标操作，因为鼠标操作会存在很大的不可控性。打开“笔画防抖”功能后，用鼠标对模型进行雕刻的时候会出现一个拉绳的效果，有一定的防抖作用，如图 5-15 所示。

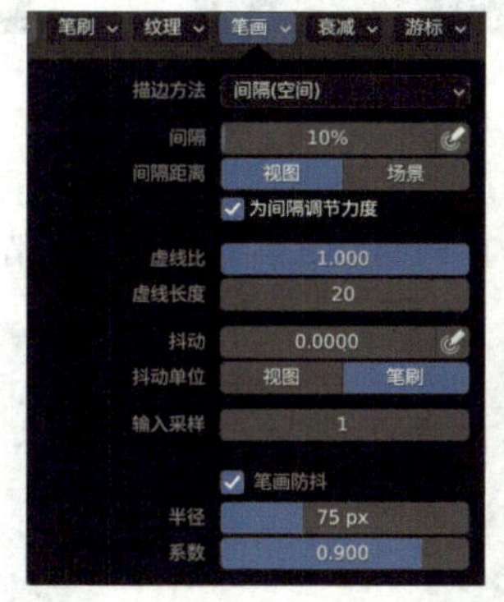

图 5-15

提示：模型雕刻的精细度

在 Blender 中对模型雕刻操作的本质其实是对模型布线的调整，模型布线的精细度决定了雕刻的精细度，模型布线为默认精度的情况下雕刻出来的效果如图 5-16 所示。模型布线为二级细分精度的情况下雕刻出来的效果如图 5-17 所示。

图 5-16

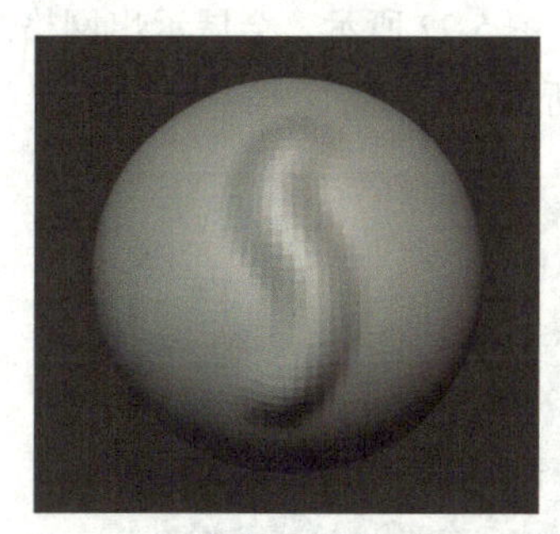

图 5-17

“X”“Y”“Z”用于对称雕刻，图 5-18 所示为单击“X”后，用“自由线”雕刻一条曲线，出现对称曲线的效果。“重构网格”可以使模型的布线重新调整，默认“体素大小”值为 0.1m，如图 5-19 所示。

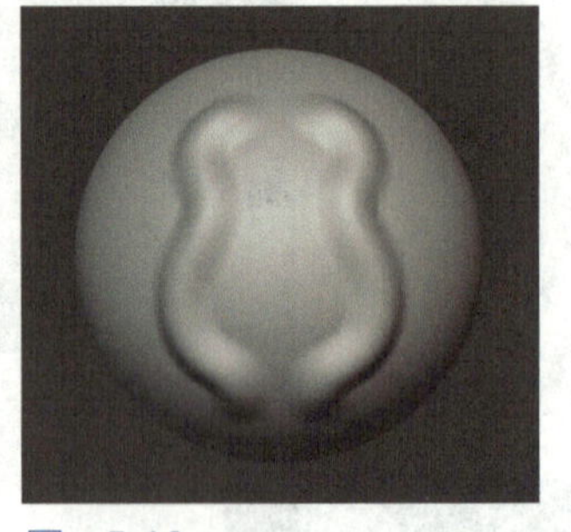

图　5-18

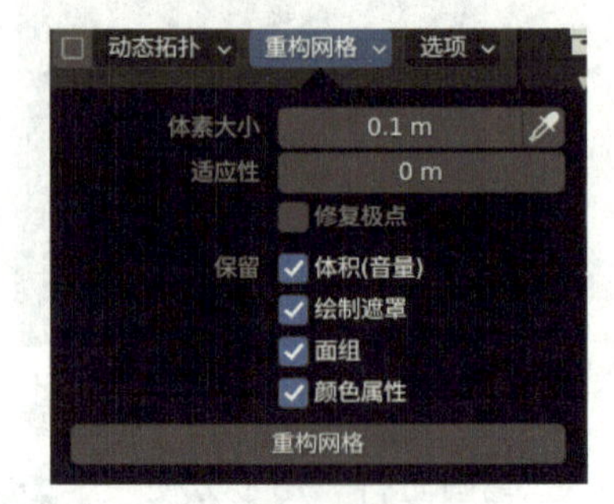

图　5-19

在“体素大小”默认值的情况下单击“重构网格”，图 5-20 所示为重构网格之前的模型布线情况，图 5-21 所示为重构网格之后的模型布线情况。

图　5-20

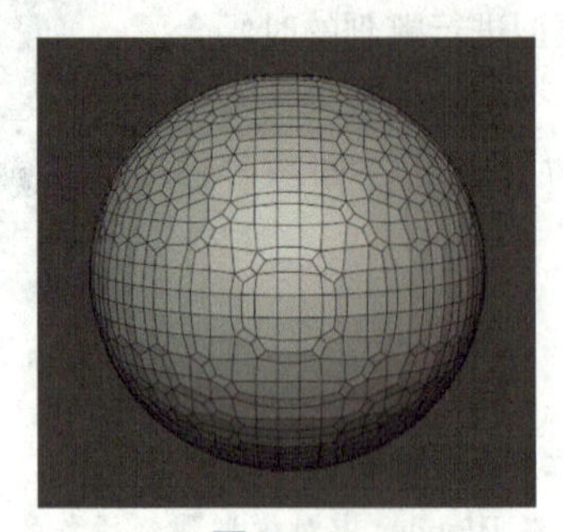

图　5-21

很多时候我们并不知道“体素大小”取多大的值合适，这种情况下可以按快捷键 Shift+R，如图 5-22 所示，会展示出网格。滑动鼠标滚轮，网格大小会出现相应的变化，如图 5-23 所示。

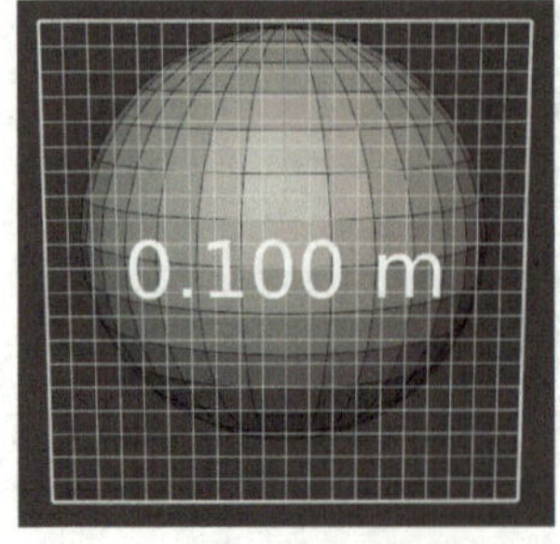

图　5-22

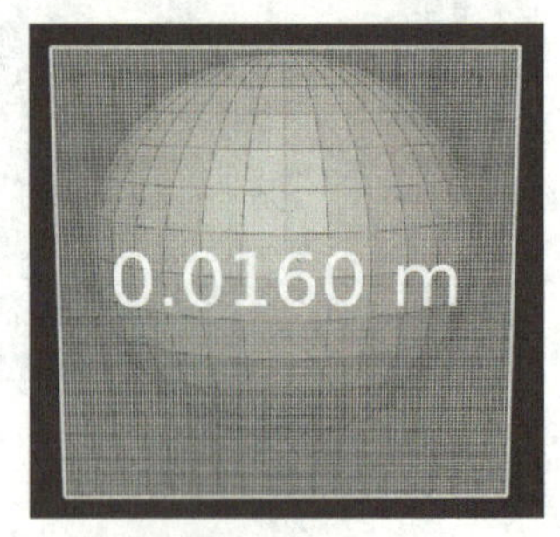

图　5-23

假如我们所需要的“体素大小”的值为0.016m，可以对“体素大小”的值进行修改，如图5-24所示。单击“重构网格”后，效果如图5-25所示。

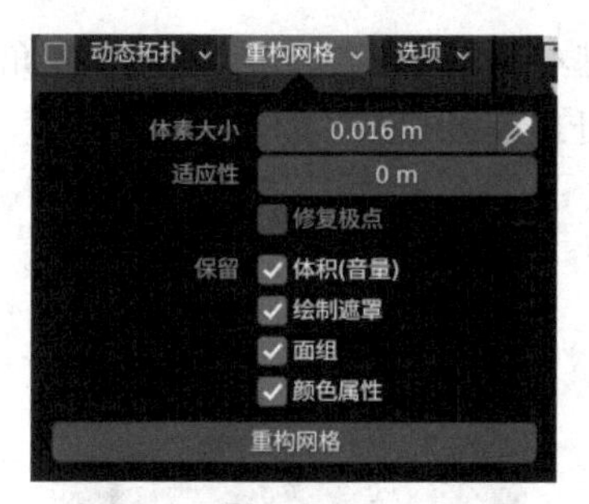

图 5-24

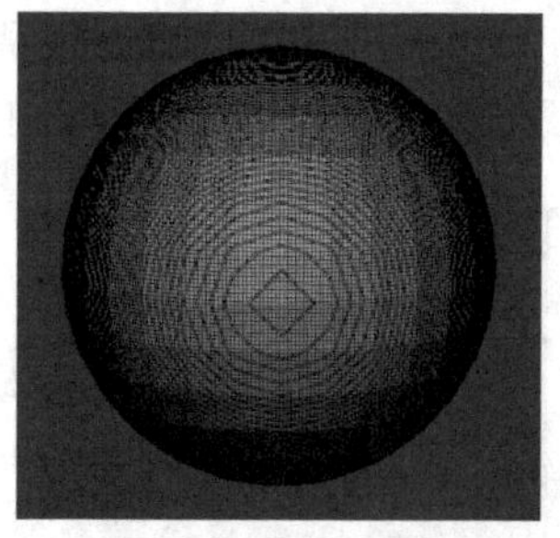

图 5-25

模型默认会显示出棱棱角角的感觉，如图5-26所示。选中任意雕刻工具后，均可以按快捷键Shift切换到“光滑工具”进行光滑处理，如图5-27所示。

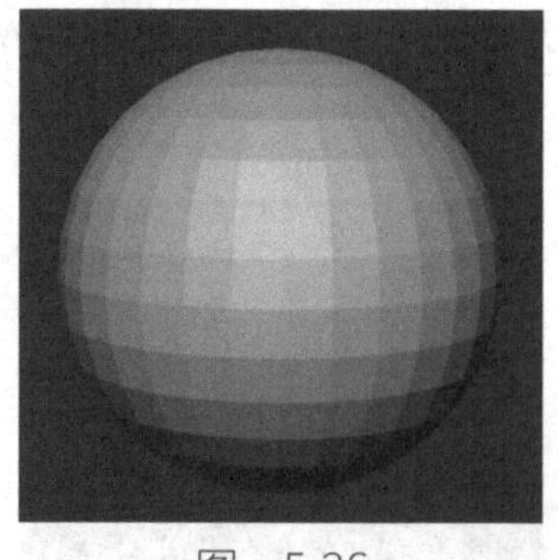

图 5-26

图 5-27

“自由线”雕刻工具相当于在模型布线上进行推拉和挤出，默认情况下是向外的效果，如图5-28所示。按快捷键Ctrl会产生向内凹陷的效果，如图5-29所示。

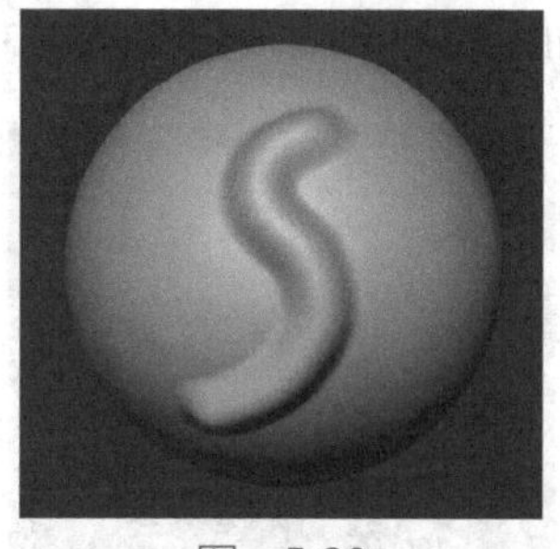

图 5-28

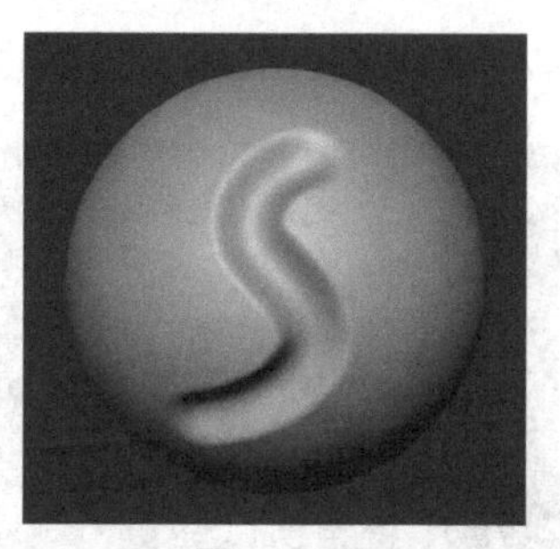

图 5-29

提示： 使用雕刻工具的时候均可以按快捷键 Ctrl 切换为反方向的效果。

“黏条”雕刻工具相当于在模型上进行补充，基本形状是正方形，会有棱棱角角的感觉，如图 5-30 所示。可以按快捷键 Shift 进行光滑处理，如图 5-31 所示。

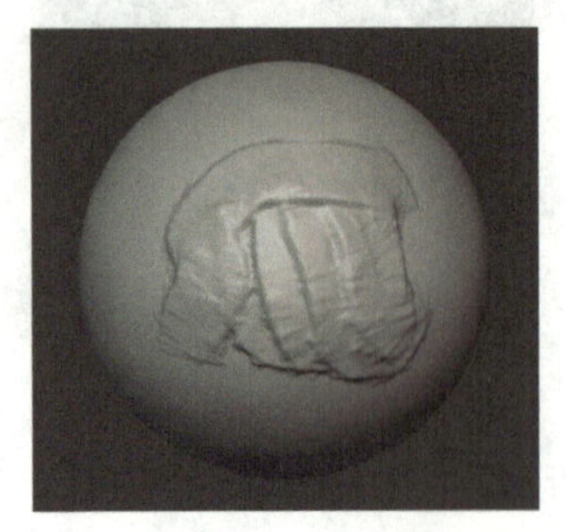

图　5-30

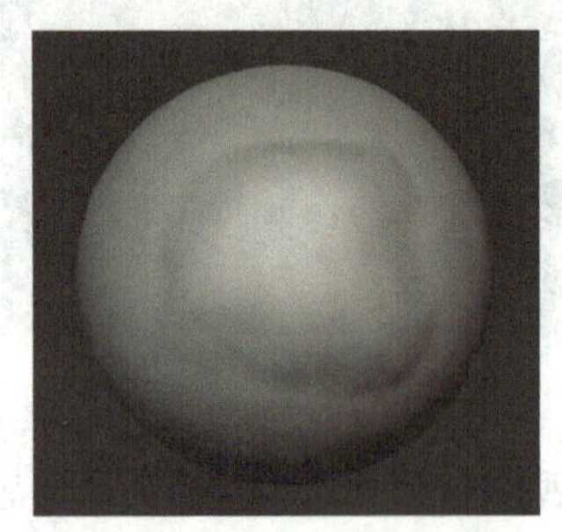

图　5-31

“膨胀”雕刻工具相当于在模型的基础上向外膨胀，如图 5-32 所示。但是在操作的时候偶尔会出现布线交叉的情况，如图 5-33 所示。

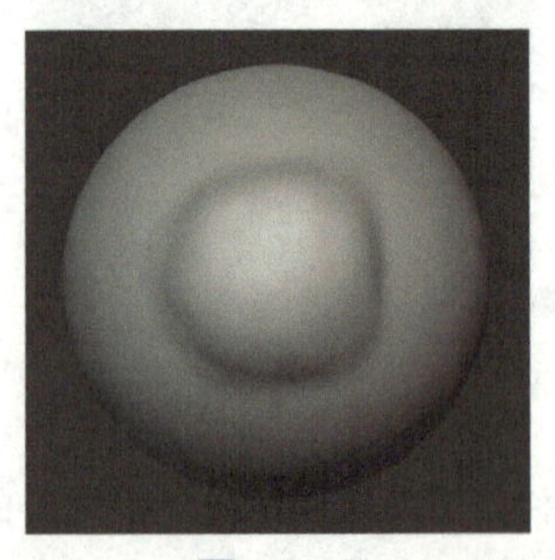

图　5-32

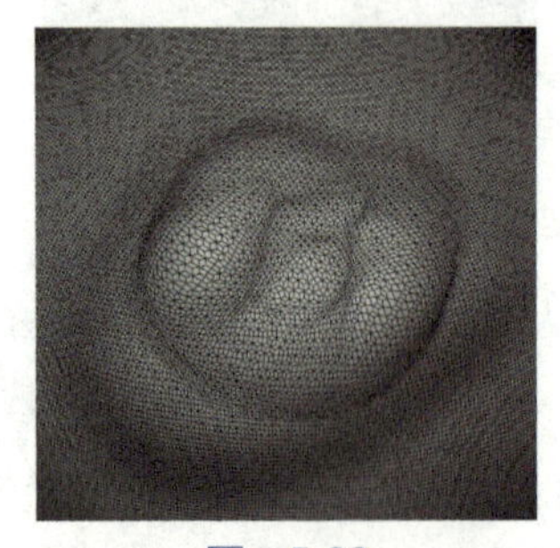

图　5-33

可以单击“重构网格”对模型的布线进行调整，如图 5-34 所示。效果如图 5-35 所示。

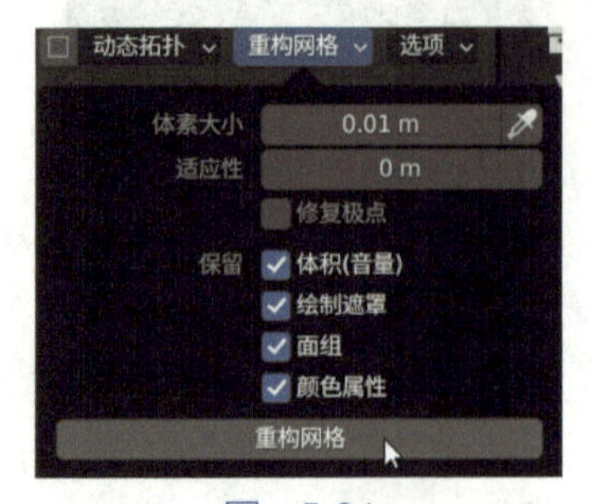

图　5-34

图　5-35

“球体”雕刻工具用于在模型上面雕刻出球体的效果，如图 5-36 所示。按快捷键 Ctrl，可以向内侧雕刻，如图 5-37 所示。

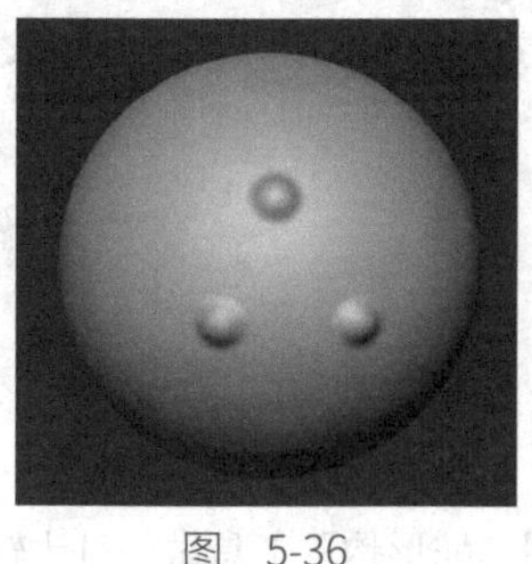
图 5-36

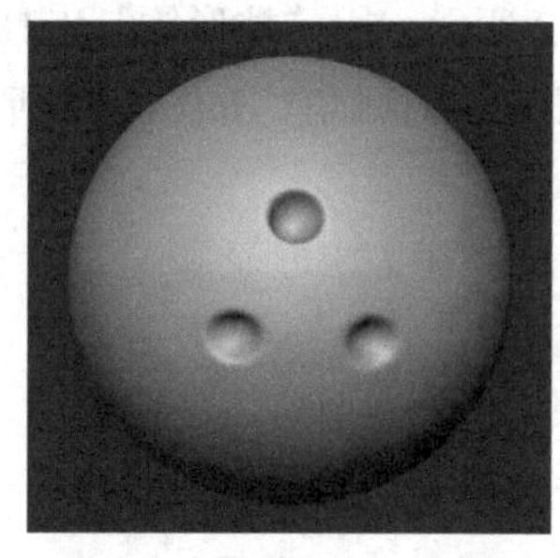
图 5-37

“抓起”雕刻工具用于在模型上面将部分区域向外侧抓起，如图 5-38 所示。按快捷键 Ctrl，可以向内侧雕刻，如图 5-39 所示。

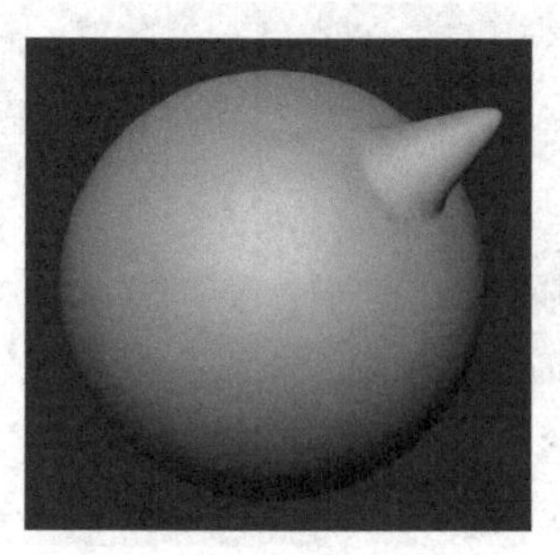
图 5-38

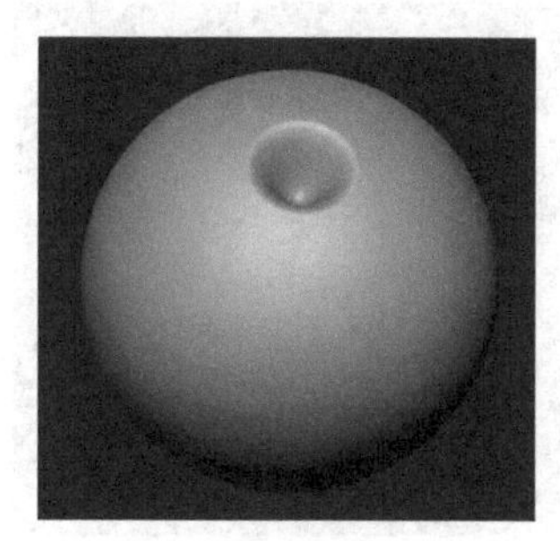
图 5-39

“弹性变形”雕刻工具非常适合对模型的大体形状进行调整，在应用上与“抓起”雕刻工具有点类似，应用“弹性变形”雕刻工具之前模型如图 5-40 所示。应用“弹性变形”雕刻工具之后模型如图 5-41 所示。

图 5-40

图 5-41

“蛇形钩”雕刻工具的笔刷效果类似于模型上面的小尾巴，雕刻触角非常方便，单击“X”，如图 5-42 所示。用“蛇形钩”工具雕刻一个触角即可出现一对触角，如图 5-43 所示。

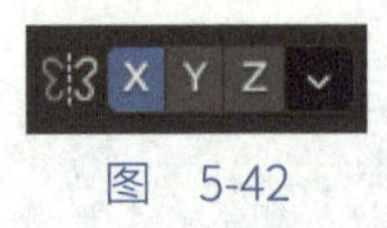

图　5-42

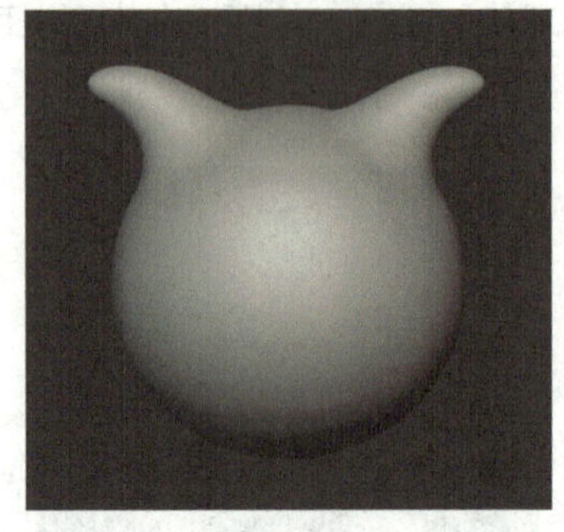
图　5-43

按快捷键 F，将笔刷半径适当调小一点，继续使用“蛇形钩”工具做一对比较小的触角，如图 5-44 所示。按 Tab 键进入编辑模式，可以发现因为触角比较小，布线数量少且不均匀，导致某些部分很锋利，不够光滑，如图 5-45 所示。

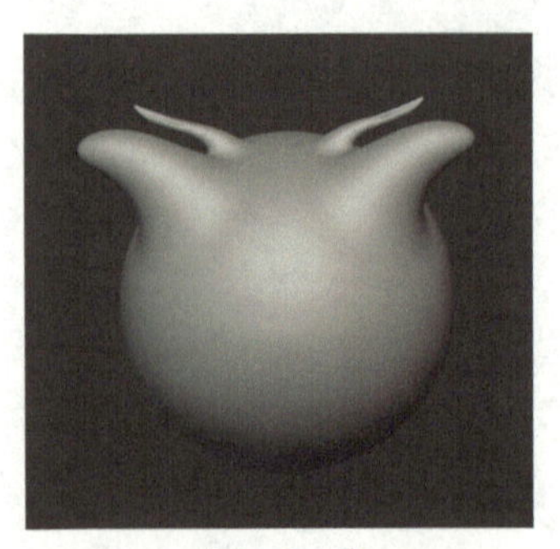
图　5-44

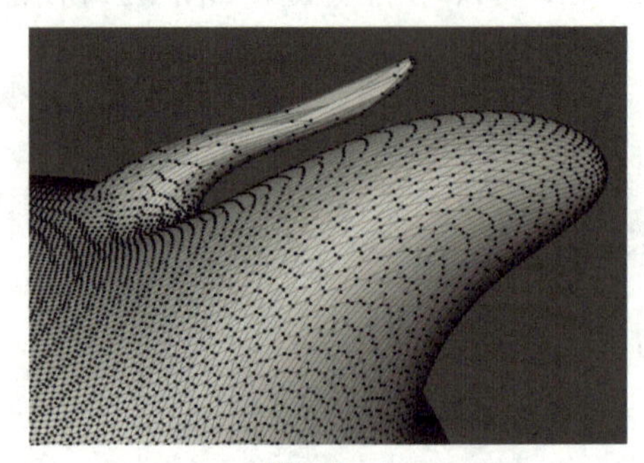
图　5-45

按 Tab 键进入雕刻模式，可以单击“重构网格”对模型的布线进行调整，如图 5-46 所示。按 Tab 键进入编辑模式，布线调整结果如图 5-47 所示。

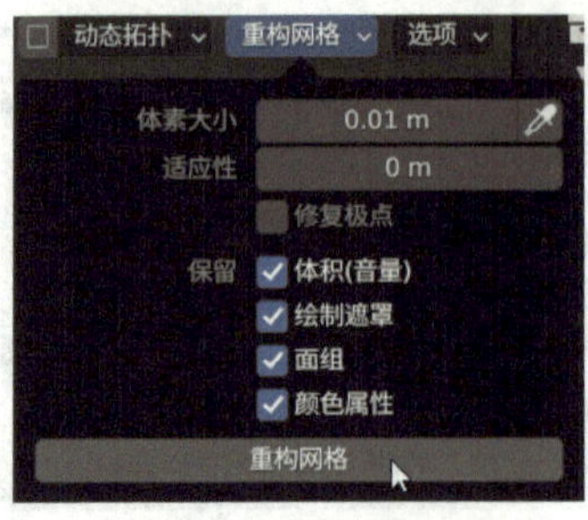

图　5-46

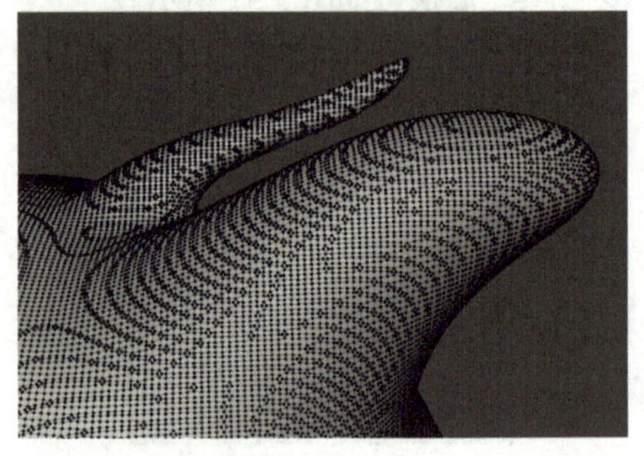
图　5-47

按 Tab 键进入雕刻模式，可以发现小触角并不光滑，如图 5-48 所示。按快捷键 Shift，对小触角进行光滑处理，如图 5-49 所示。

接下来使用 Blender 的雕刻工具对案例进行制作，例如在这里可以使用“自由线”雕刻工具进行简单的处理，如图 5-50 所示。

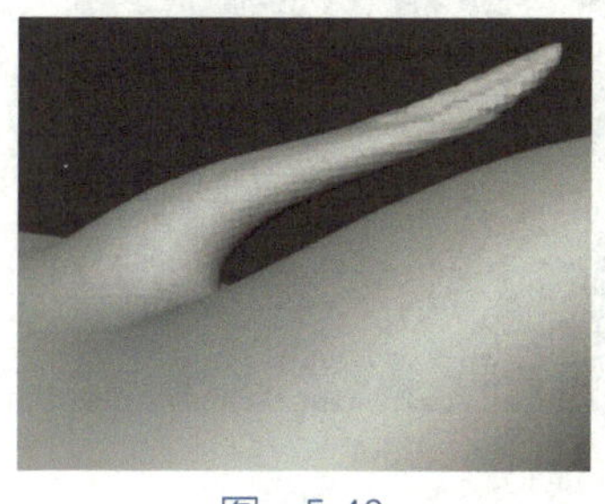
图 5-48

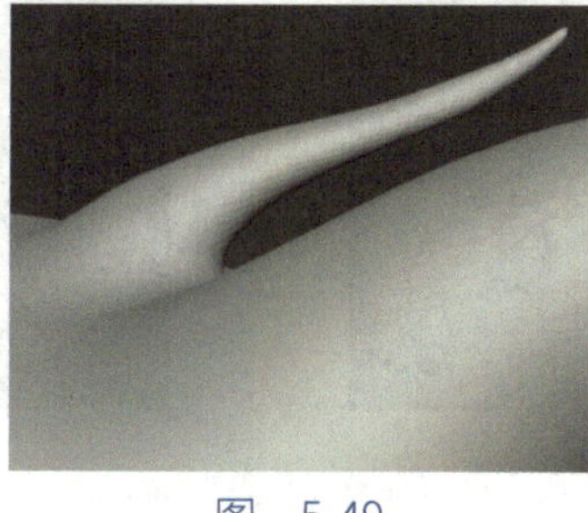
图 5-49

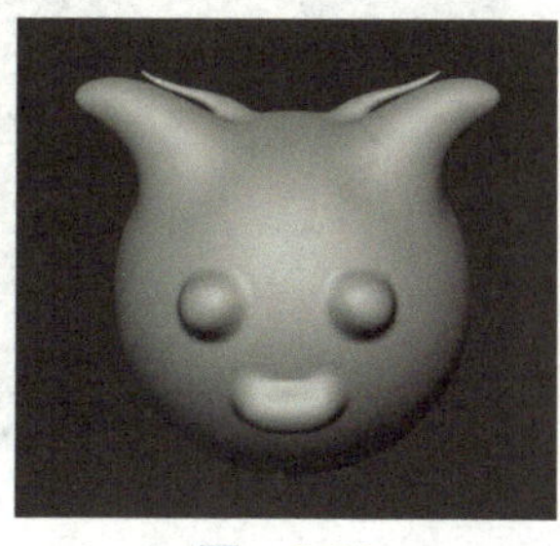
图 5-50

5.2 建模雕刻实践

接下来开始正式的案例制作，如果单纯地按多边形去建模，用硬表面的建模方式去制作枯树桩及蘑菇的细节会非常麻烦，用雕刻去做后期处理会非常简单，本案例中枯树桩、蘑菇、底座都采用了雕刻的建模方式。

创建枯树桩

1 创建枯树桩的大体形状。枯树桩的基本型是柱体，柱体的两侧有残缺的小枝杈。打开 Blender，按快捷键 A 全选，按快捷键 X，选择“删除”，如图 5-51 所示。按快捷键 Shift+A，选择“网格”—“柱体”，创建一个圆柱体，按快捷键 S，将圆柱体等比例放大，如图 5-52 所示。

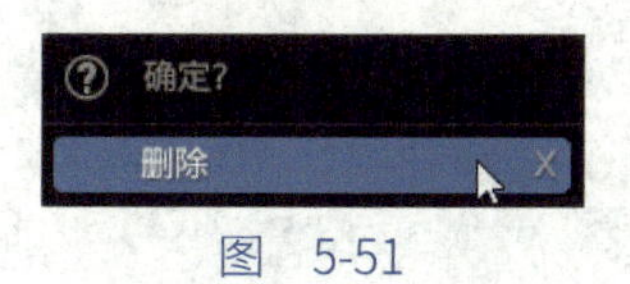

图 5-51

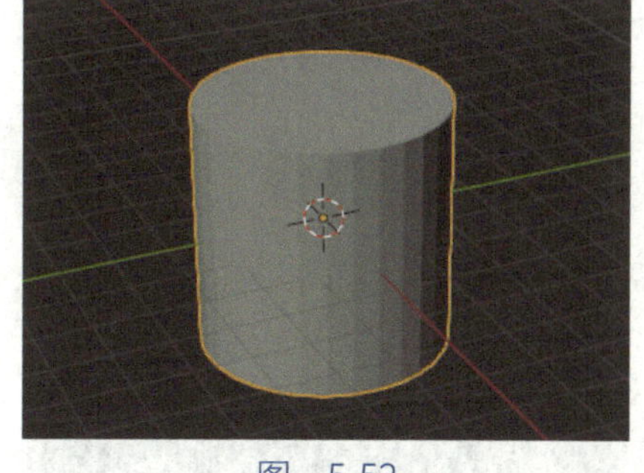
图 5-52

按 Tab 键进入编辑模式，按快捷键 Ctrl+R 添加循环边，滑动鼠标滚轮可以控制循环边的数量，如图 5-53 所示。选中一侧的面，如图 5-54 所示。

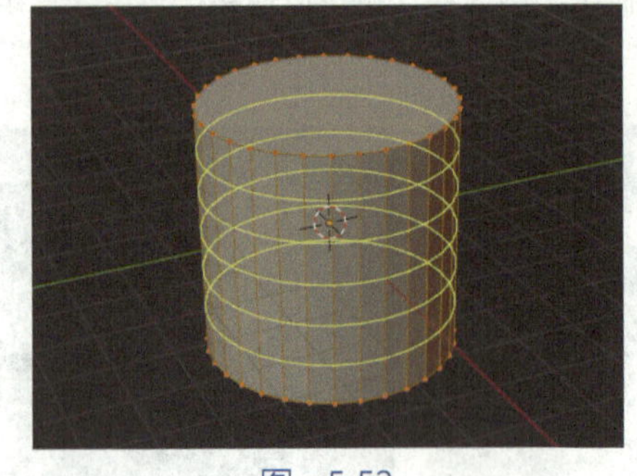
图　5-53

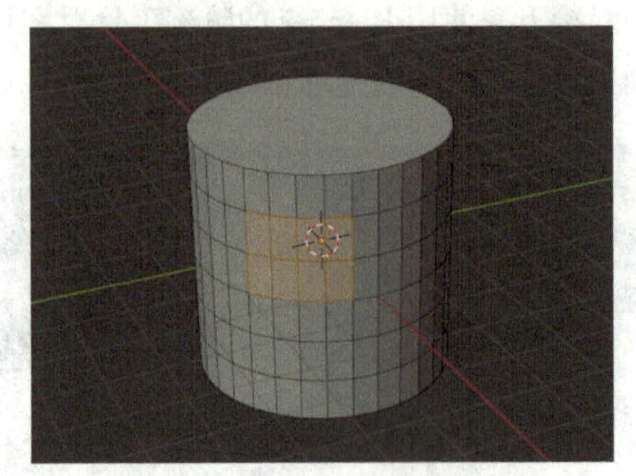
图　5-54

按快捷键 E 挤出，如图 5-55 所示。按快捷键 S 缩小，如图 5-56 所示。

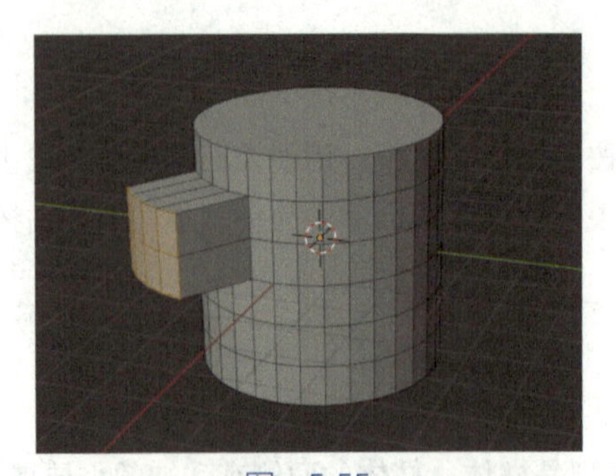
图　5-55

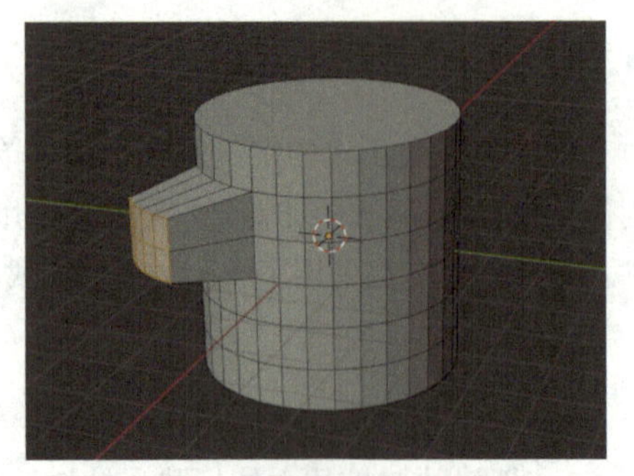
图　5-56

适当调整其位置，如图 5-57 所示。在另一侧选中适当的面，如图 5-58 所示。

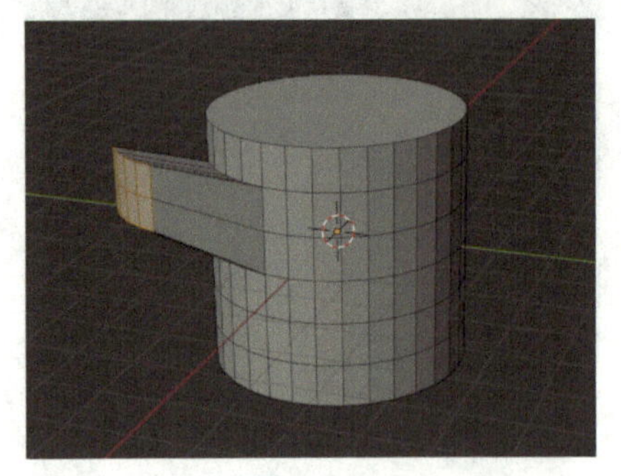
图　5-57

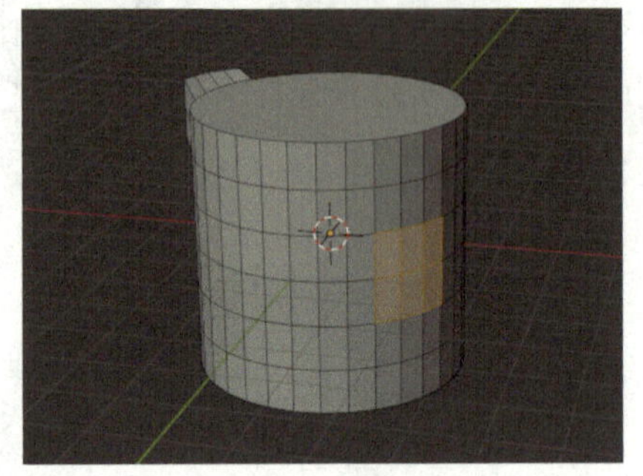
图　5-58

按快捷键 E 挤出，按快捷键 S 缩小，如图 5-59 所示。适当调整其位置，如图 5-60 所示。

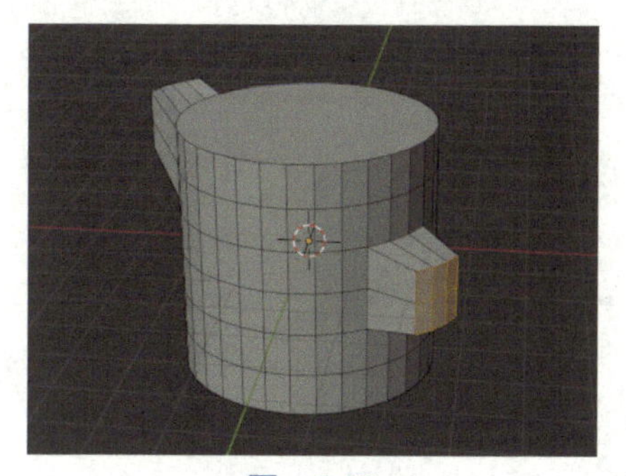
图 5-59

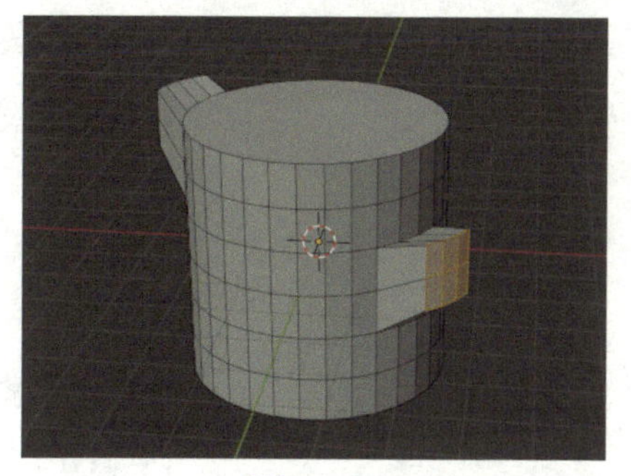
图 5-60

按 Tab 键进入物体模式，在工作区右侧进入“修改器”面板，选择“添加修改器”—“表面细分”，如图 5-61 所示。二级细分如图 5-62 所示。

图 5-61

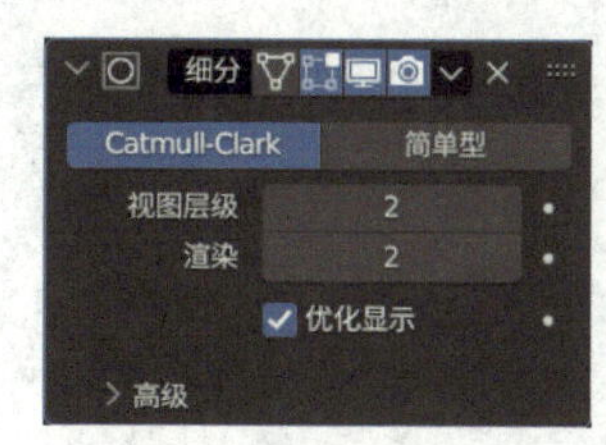

图 5-62

效果如图 5-63 所示。按 Tab 键进入编辑模式，选中圆柱体上下两个面，如图 5-64 所示。

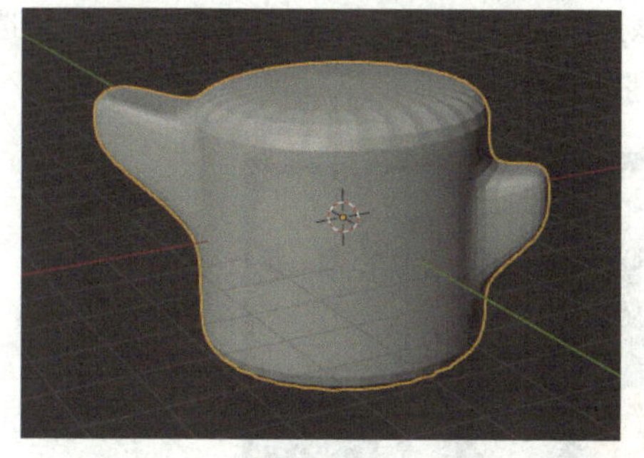
图 5-63

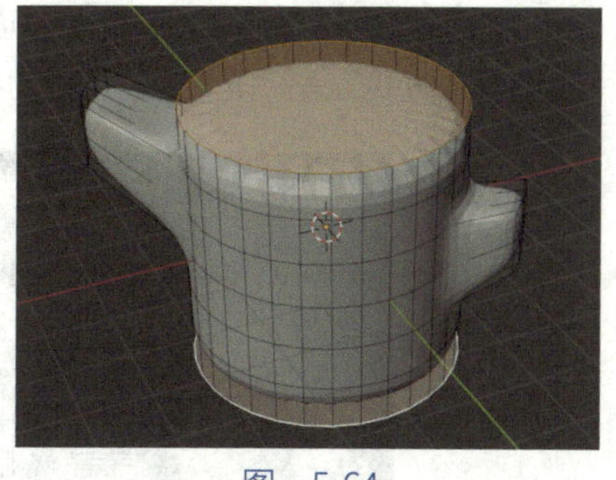
图 5-64

按快捷键 Ctrl+B，拖曳鼠标光标的同时滑动鼠标滚轮可以控制倒角的段数，如图 5-65 所示。选中如图 5-66 所示的面。

图　5-65

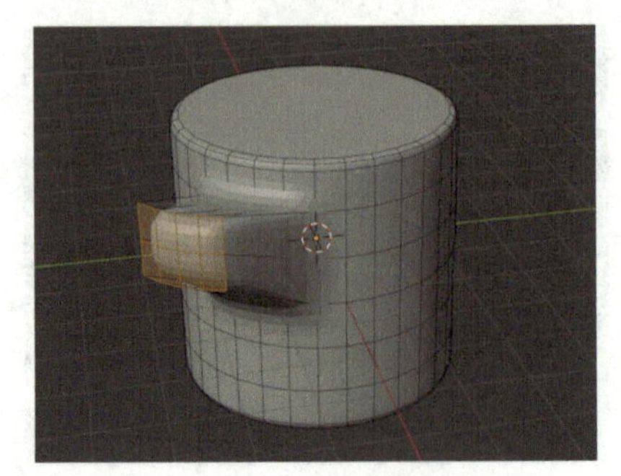

图　5-66

适当调整其位置，将这个枝杈缩短一点，如图 5-67 所示。按 Tab 键进入物体模式，如图 5-68 所示。

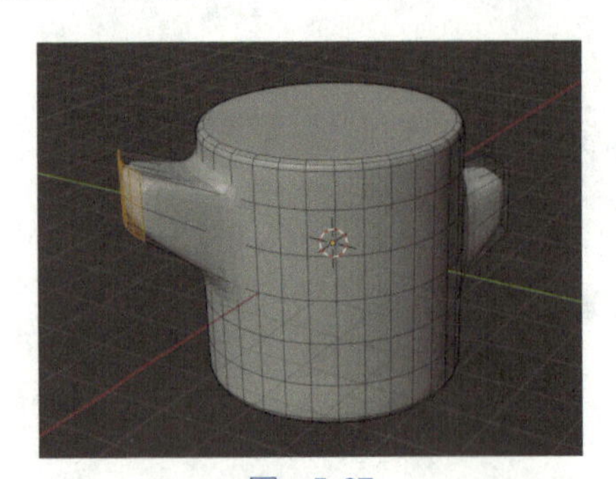

图　5-67

图　5-68

2 雕刻褶皱纹理。单击 Sculpting 进入雕刻模式，首先找一个好看的雕刻皮肤，选择“视图着色方式”—“光照”，常用的两个皮肤如图 5-69 所示。

图　5-69

选中类似酱红色油泥的皮肤，如图 5-70 所示。选中另外一个较为常用的皮肤，如图 5-71 所示。

图　5-70

图　5-71

当前枯树桩模型的布线非常少，如图 5-72 所示。直接雕刻的话模型变化会非常细微，如图 5-73 所示。

图　5-72

图　5-73

在工作区右侧进入“修改器”面板，应用“细分”修改器，如图 5-74 所示。单击 Layout 进入物体模式，按快捷键 Ctrl+A，选择“缩放”，如图 5-75 所示，从而将缩放应用到圆柱体上。

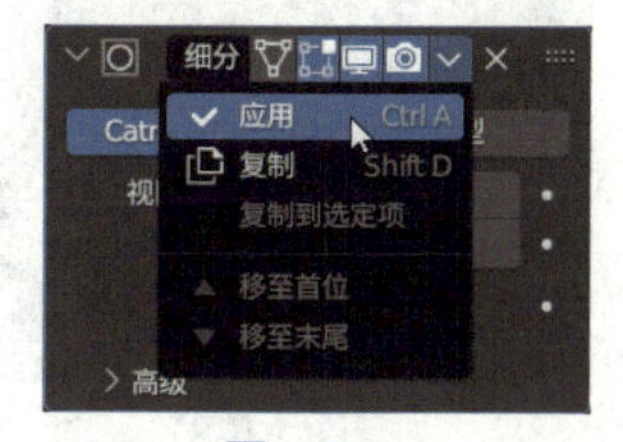

图　5-74

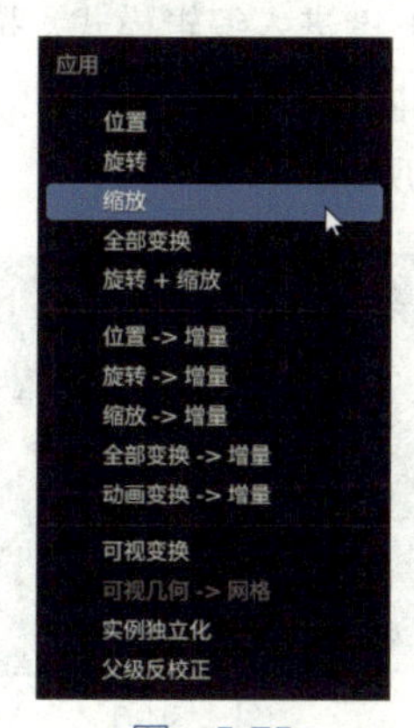

图　5-75

单击 Sculpting 进入雕刻模式，按 Tab 键进入编辑模式，可以发现模型的布线已经进行了精细化处理，但是圆柱体的上下两个面各有一个极点，如图 5-76 所示。按 Tab 键进入编辑模式，按快捷键 Shift+R，找到合适的“体素大小”，如图 5-77 所示。

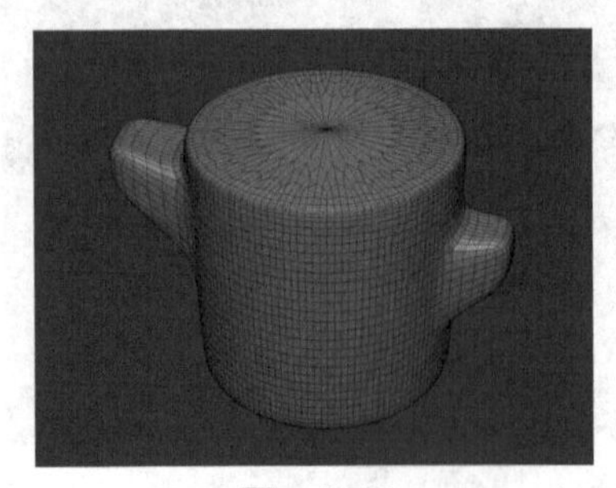

图　5-76

图　5-77

将“体素大小”调整为 0.04m，单击“重构网格”，如图 5-78 所示。按 Tab 键进入编辑模式，可以发现模型的布线已经得到了修复，如图 5-79 所示。

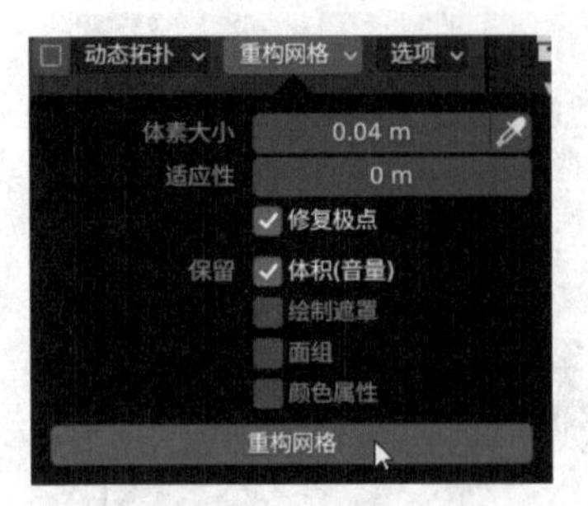

图　5-78

图　5-79

按 Tab 键进入编辑模式，按快捷键 F，适当调整笔刷半径，用“自由线”雕刻工具进行圆柱体上面褶皱纹理的雕刻，如图 5-80 所示。继续用“自由线”雕刻工具丰富效果，如图 5-81 所示。

图　5-80

图　5-81

提示： 枯树桩上面的褶皱纹理的形状和大小不用太苛刻，之所以会选择雕刻枯树桩，是因为枯树桩上面的纹理千变万化，雕刻的随意性很大。

按快捷键 Ctrl，用“自由线”雕刻工具雕刻向内凹陷的纹理，如图 5-82 所示。继续用“自由线”雕刻工具丰富凹陷的纹理，如图 5-83 所示。

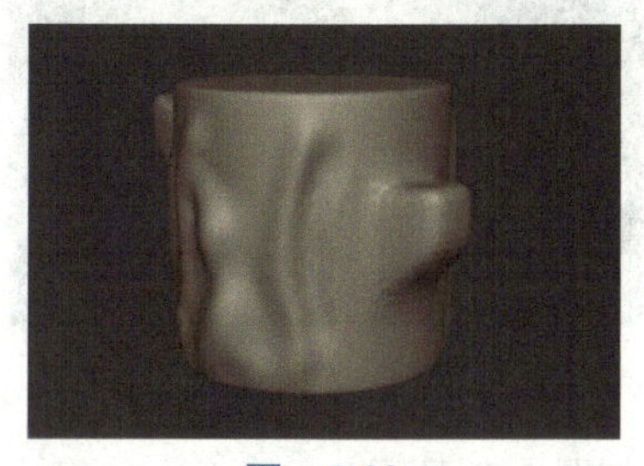

图 5-82

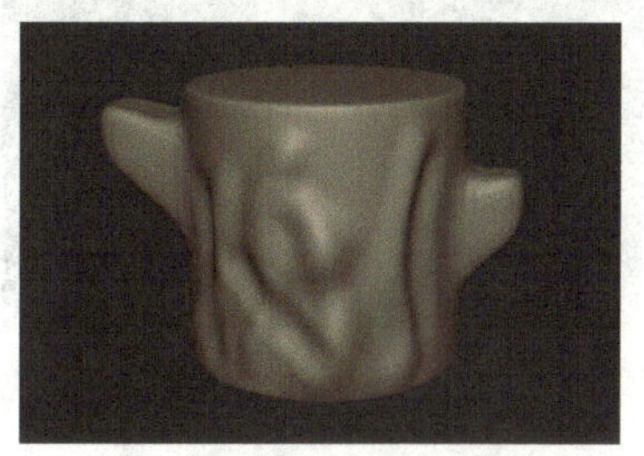

图 5-83

雕刻过程中可能会有不适合雕刻的位置，如图 5-84 所示。按快捷键 Shift，可以对这些位置进行光滑处理，如图 5-85 所示。

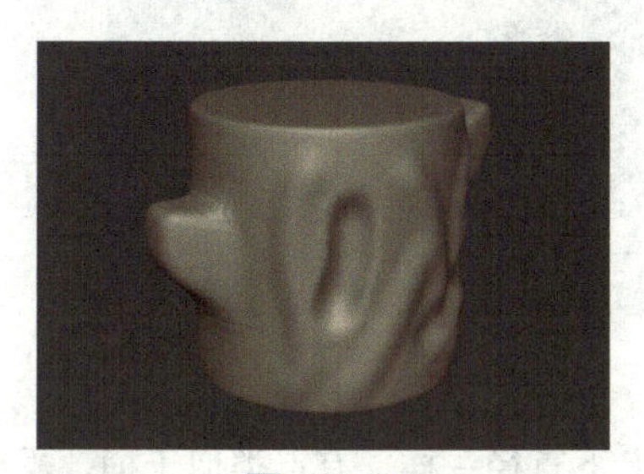

图 5-84

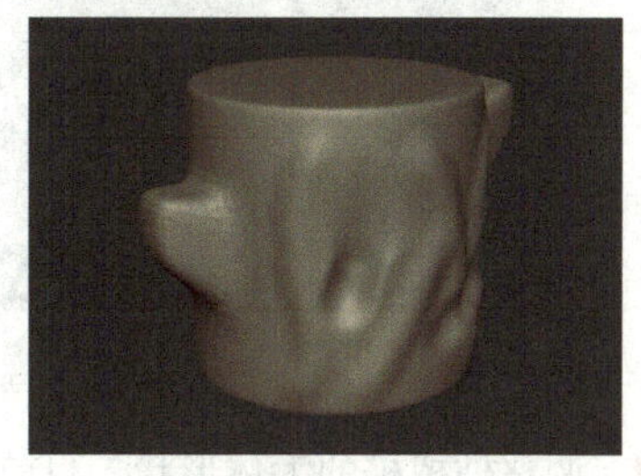

图 5-85

凹陷得比较深的位置，可以使用“黏条”雕刻工具进行补充，如图 5-86 所示。按快捷键 Shift，对黏条进行光滑处理，如图 5-87 所示。

图 5-86

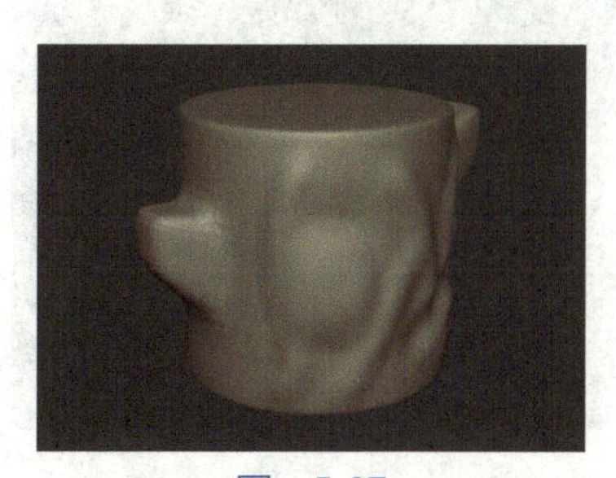

图 5-87

对于“黏条”补充过的位置，可以继续使用“自由线”雕刻工具进行雕刻，如图 5-88 所示。按快捷键 Ctrl，用“自由线”雕刻工具在“黏条”补充过的位置雕刻出凹陷的纹理，如图 5-89 所示。

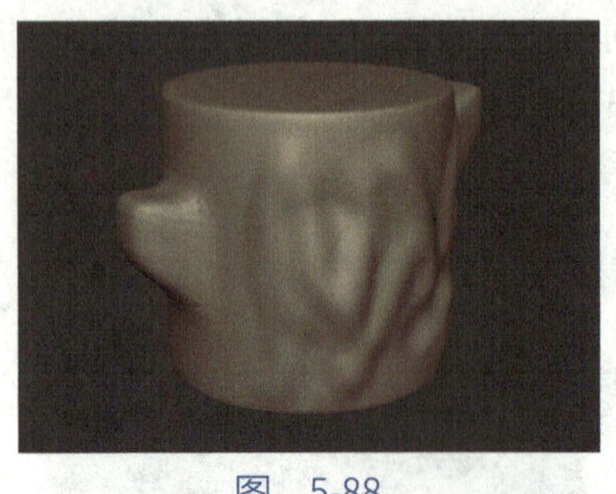

图　5-88

图　5-89

按快捷键 Shift，对两侧的枝杈进行光滑处理，如图 5-90 所示。

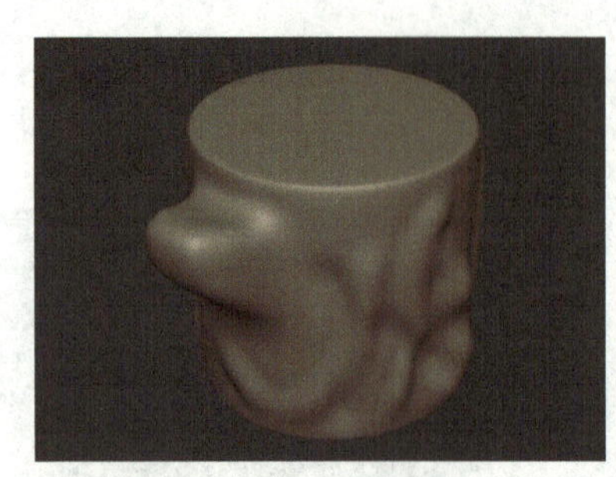

图　5-90

3 调整枯树桩的大体形状。目前枯树桩模型上下直径一样，有点类似于桶，需要调整一下。用“弹性变形”雕刻工具，将枯树桩的下方区域向外调整，如图 5-91 所示。继续用“弹性变形”雕刻工具进行调整，使枯树桩下方区域整体粗一些，如图 5-92 所示。

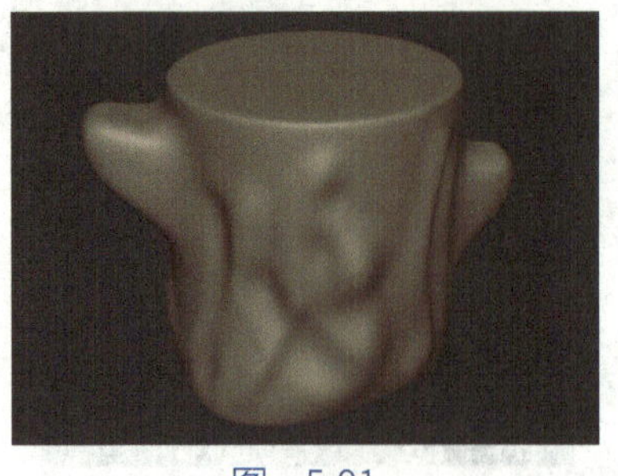

图　5-91

图　5-92

提示： 雕刻的时候要在不同的视角对模型进行观察，毕竟模型是三维的。

枯树桩模型的底部有伸出来的小触角。用“蛇形钩”雕刻工具创建一个小触角，如图 5-93 所示。按快捷键 F，适当调整笔刷半径，继续用“蛇形钩”雕刻工具在树桩模型底部创建小触角，如图 5-94 所示。

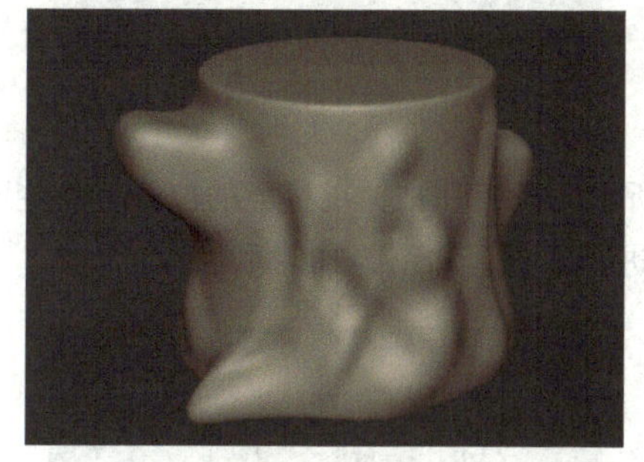
图 5-93

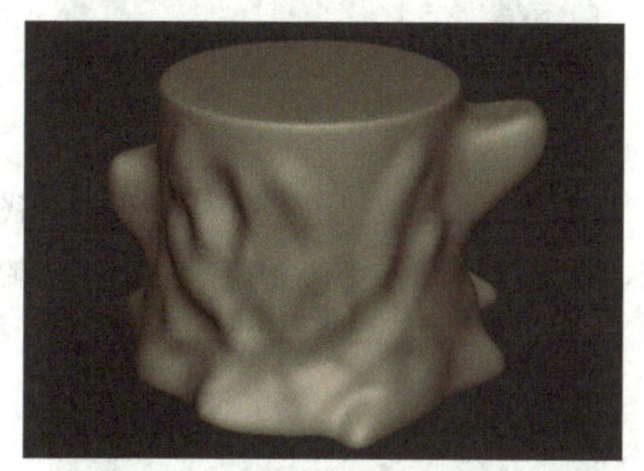
图 5-94

提示： 因为模型的底部有一个底座，所以不建议把枯树桩底部的小触角雕刻得太长。

枝杈有点方形的感觉，需要将枝杈调整得圆滑一点。用“弹性变形”雕刻工具，调整枝杈的棱角部分，使其圆滑一点，如图 5-95 所示。按快捷键 Shift，对枝杈边缘部分进行光滑处理，如图 5-96 所示。

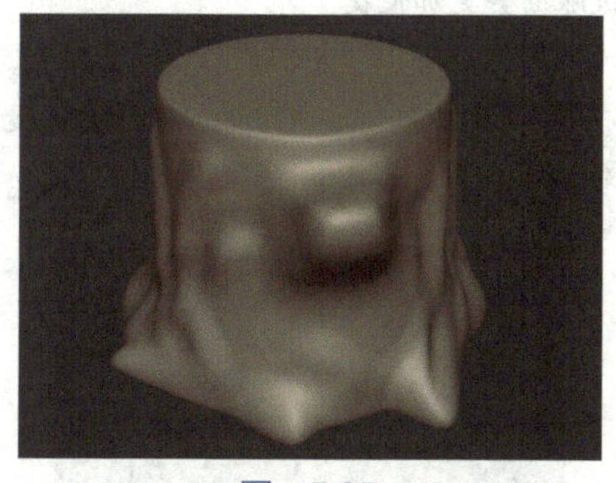
图 5-95

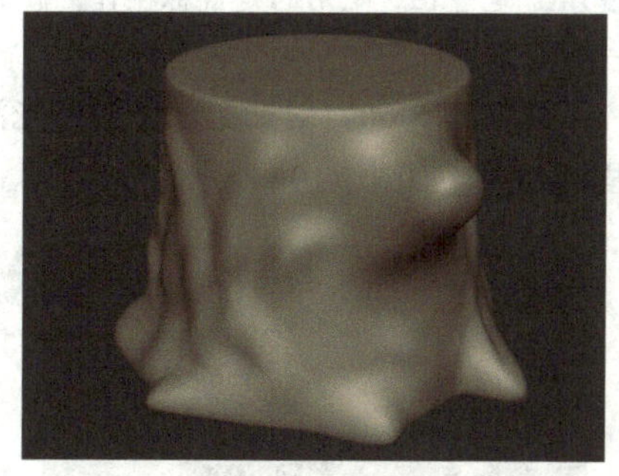
图 5-96

对另一侧的枝杈进行同样的处理，如图 5-97 所示。用“自由线”雕刻工具对枝杈进行棱边纹理的雕刻，如图 5-98 所示。

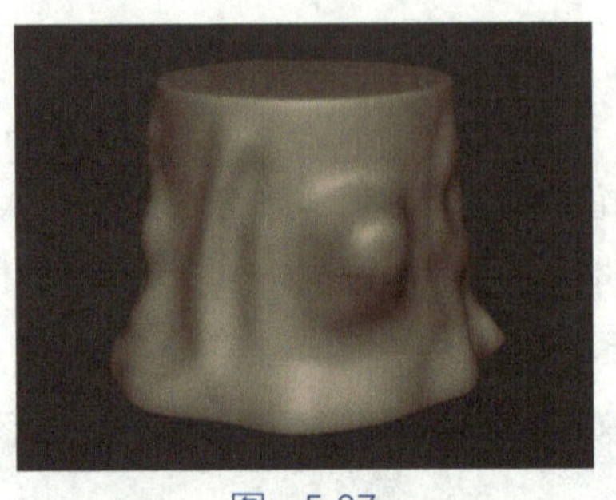

图　5-97

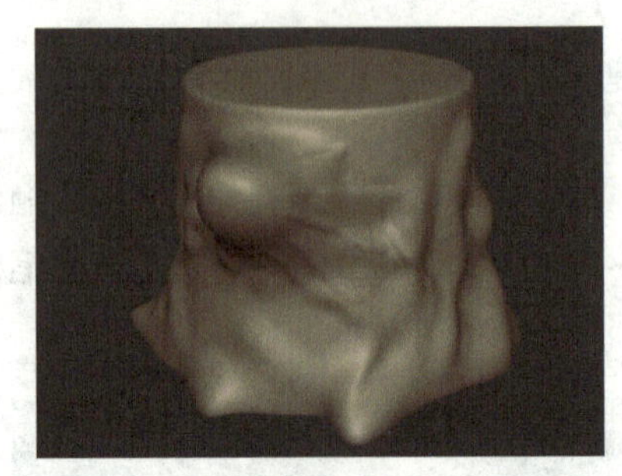

图　5-98

对另一侧的枝杈进行同样处理，如图 5-99 所示。枝杈和枯树桩接触的位置有一些凹陷，可以按快捷键 Ctrl，用“自由线”雕刻工具进行雕刻，如图 5-100 所示。

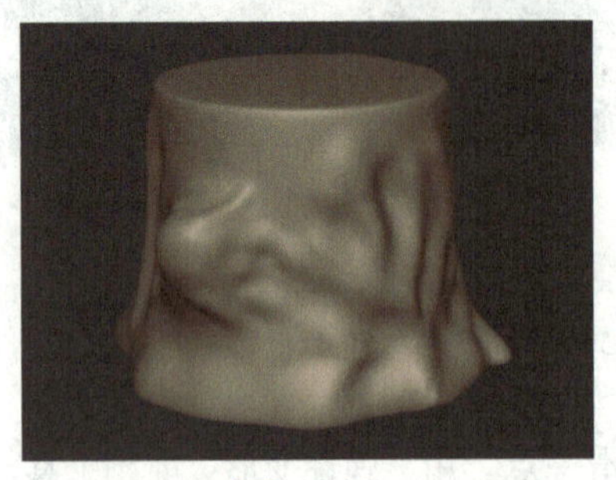

图　5-99

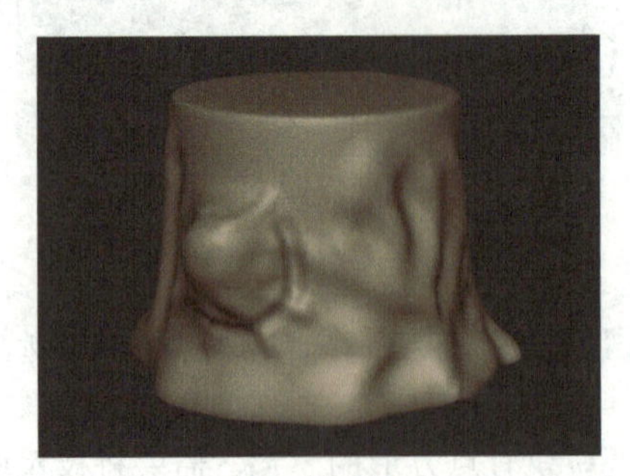

图　5-100

提示：笔者在这里用的是鼠标操作，假如用数位板雕刻会更加便捷。

按快捷键 Shift，对凹陷部位进行光滑处理，如图 5-101 所示。对另一侧的枝杈进行同样的处理，如图 5-102 所示。

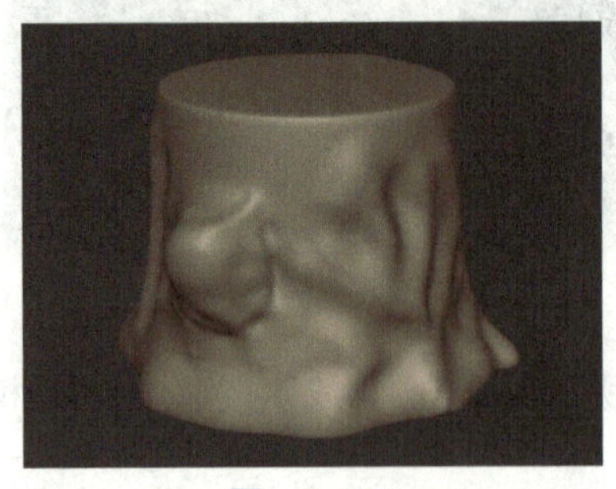

图　5-101

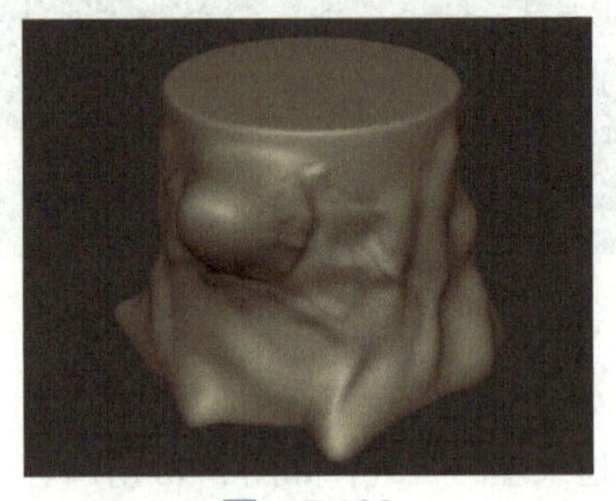

图　5-102

用“自由线”雕刻工具对枯树桩模型底部雕刻一些凸起，如图 5-103 所示。

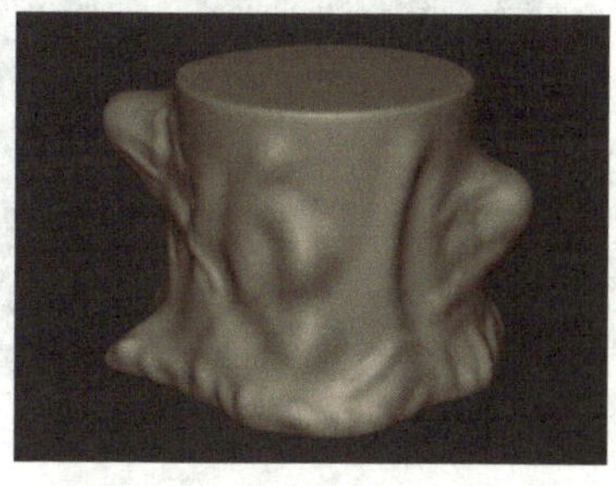
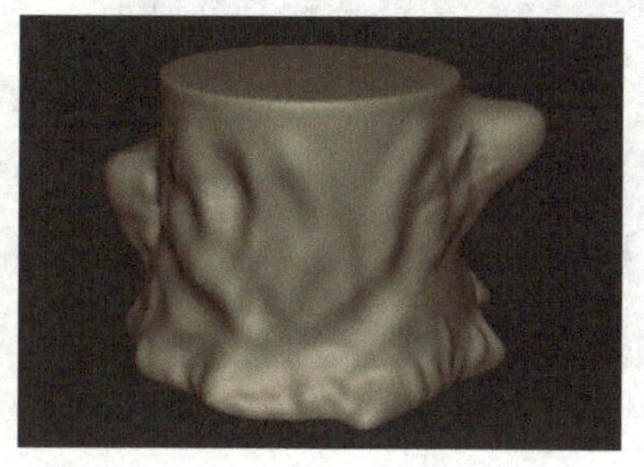

图 5-103

4 创建年轮纹理。用“抓起”雕刻工具对枯树桩模型顶部雕刻隆起效果，如图 5-104 所示。继续使用“抓起”雕刻工具制作隆起效果，如图 5-105 所示。

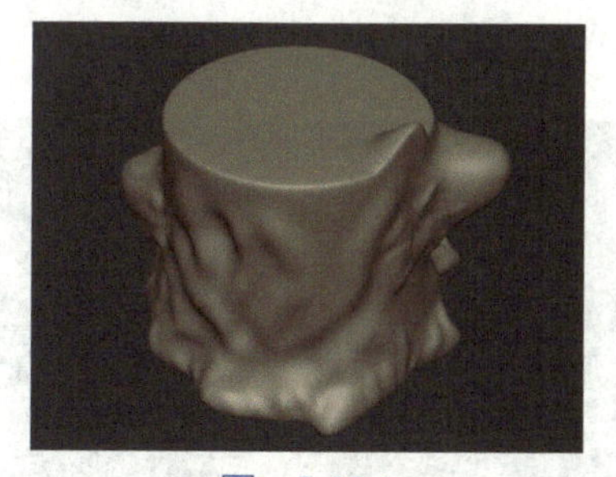

图 5-104

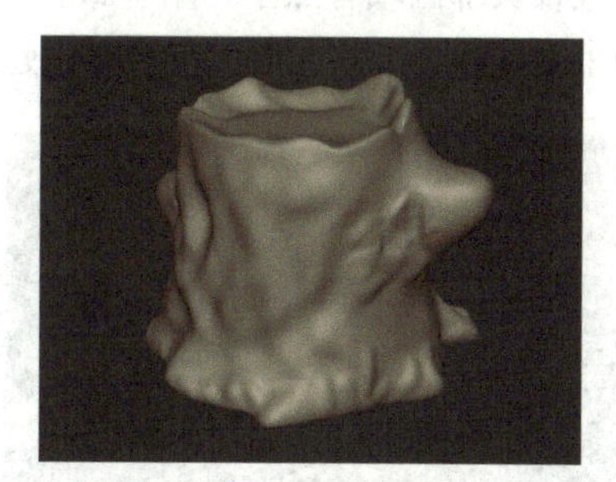

图 5-105

用“自由线”雕刻工具对枯树桩模型顶部隆起部分雕刻凸起效果，如图 5-106 所示。按快捷键 Ctrl，用“自由线”雕刻工具对枯树桩模型顶部隆起部分雕刻凹坑，如图 5-107 所示。

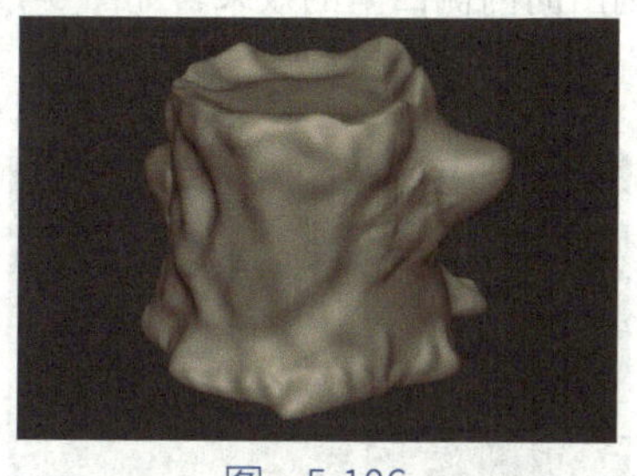

图 5-106

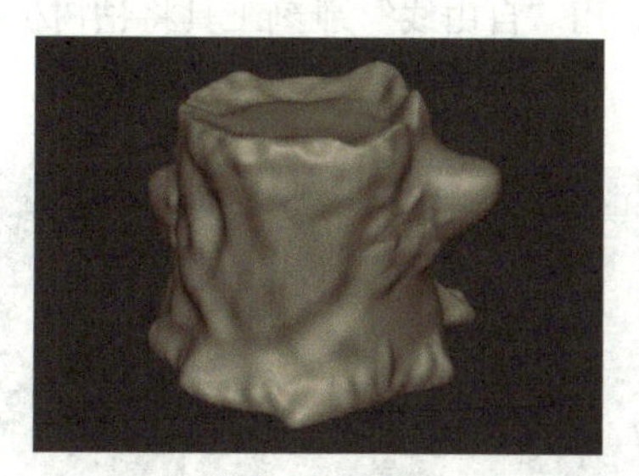

图 5-107

按快捷键 Ctrl，用“球体”雕刻工具对树干部分雕刻凹坑效果，如图 5-108 所示。用“蛇形钩”雕刻工具在枯树桩模型底部多做一些向外凸起的效果，如图 5-109 所示。

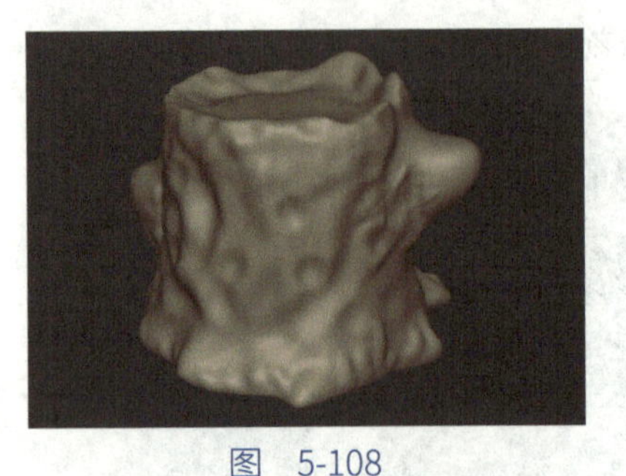
图　5-108

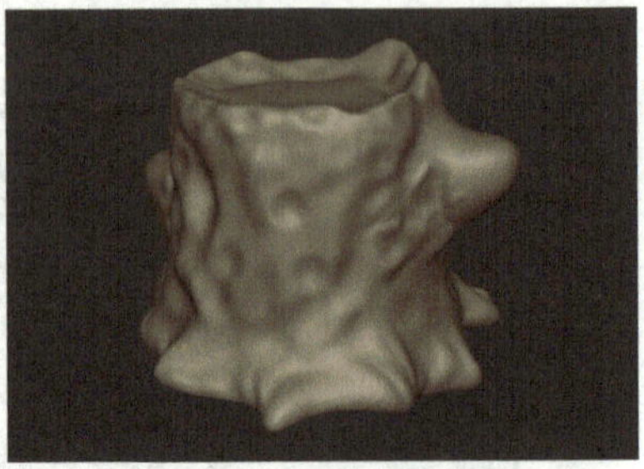

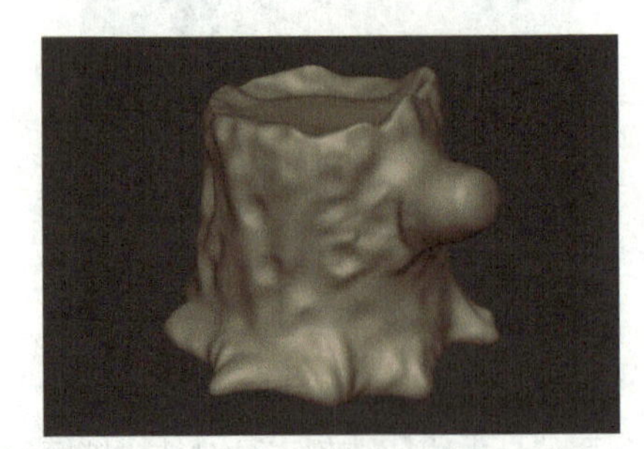
图　5-109

提示： 如果凹坑太深了，可以按快捷键 Shift 进行光滑处理。

枝杈头部区域有点小，用“膨胀”雕刻工具放大一点，如图 5-110 所示。用“平化”雕刻工具将枝杈头部区域进行平整化处理，如图 5-111 所示。

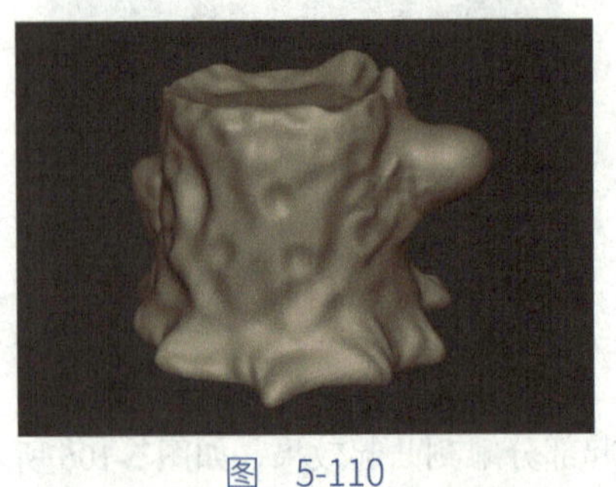
图　5-110

图　5-111

另一侧枝杈同样用“平化”雕刻工具进行平整化处理，如图 5-112 所示。按快捷键 Ctrl，用“自由线”雕刻工具将枯树桩模型顶部雕刻出向内侧凹陷的效果，如图 5-113 所示。

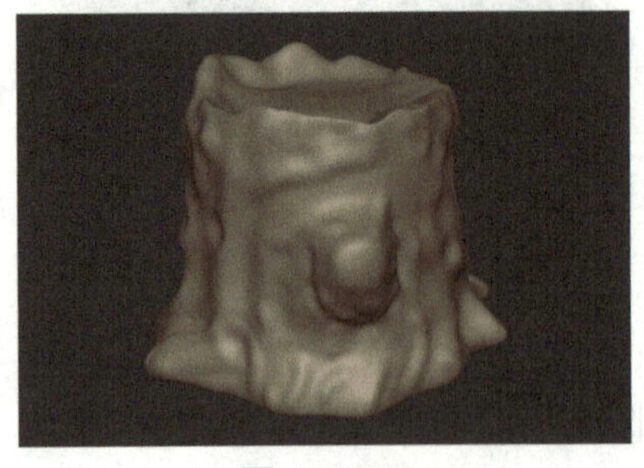
图　5-112

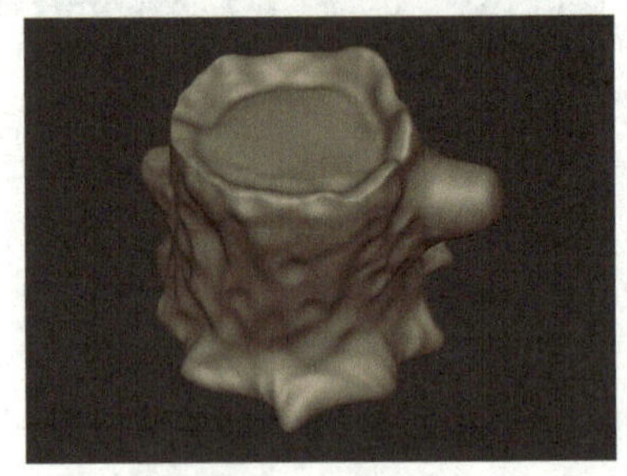
图　5-113

勾选“笔画防抖”，如图 5-114 所示。用“自由线”雕刻工具在枯树桩顶部绘制年轮纹理，如图 5-115 所示。

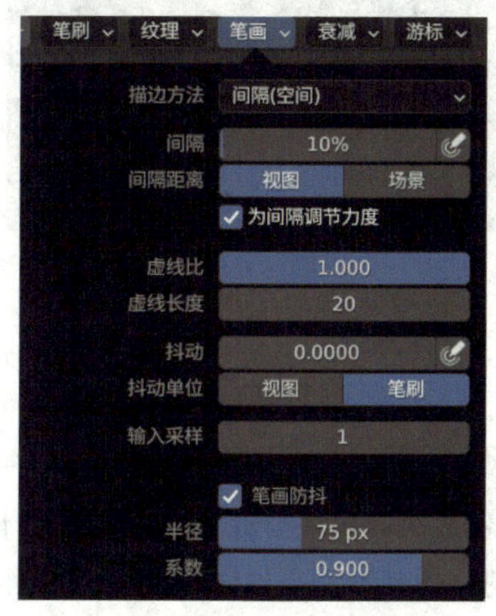

图 5-114

图 5-115

取消勾选“笔画防抖”，如图 5-116 所示。用“自由线”雕刻工具在枝杈顶部雕刻年轮纹理，如图 5-117 所示。

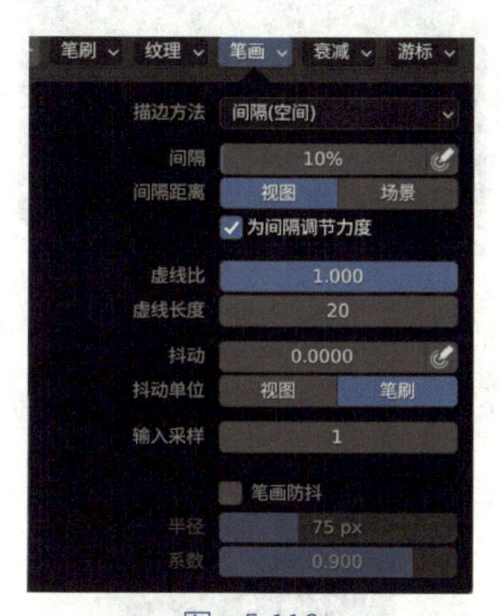

图 5-116

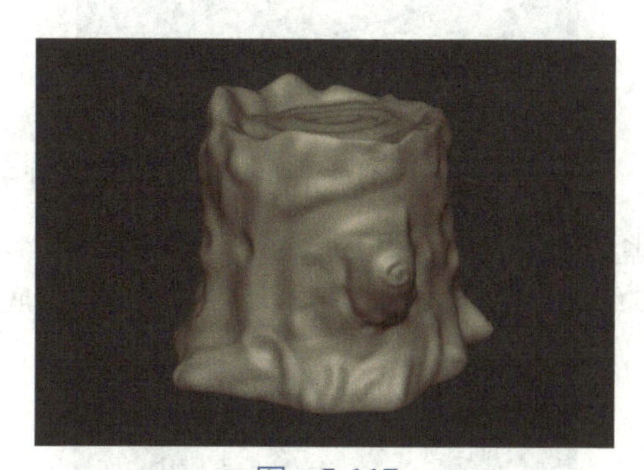

图 5-117

另一侧枝杈顶部同样用“自由线”雕刻工具雕刻年轮纹理，如图 5-118 所示。根据需求对枝杈及其他位置进行细节上的雕刻，如图 5-119 所示。

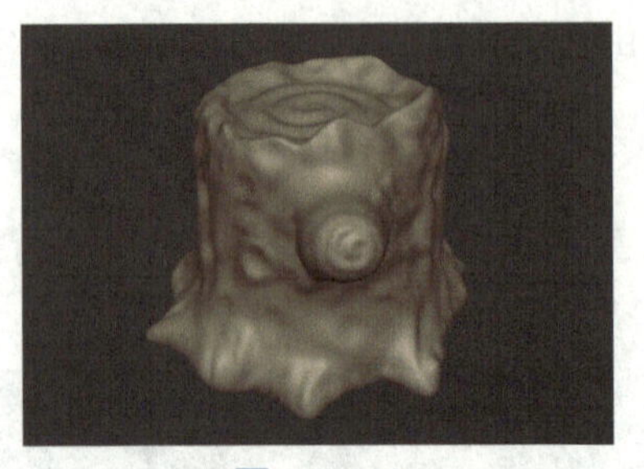
图　5-118

图　5-119

创建底座

单击 Layout 进入物体模式，如图 5-120 所示。按快捷键 Shift+A，选择“网格”—“柱体”，创建一个圆柱体，按快捷键 S，将圆柱体等比例放大，按快捷键 S+Z，对圆柱体在 z 轴向上进行缩放，将其压扁。如图 5-121 所示，枯树桩的基本型是柱体，柱体的两侧有残缺的小枝杈。打开 Blender，按快捷键 A 全选，按快捷键 X，选择“删除”。

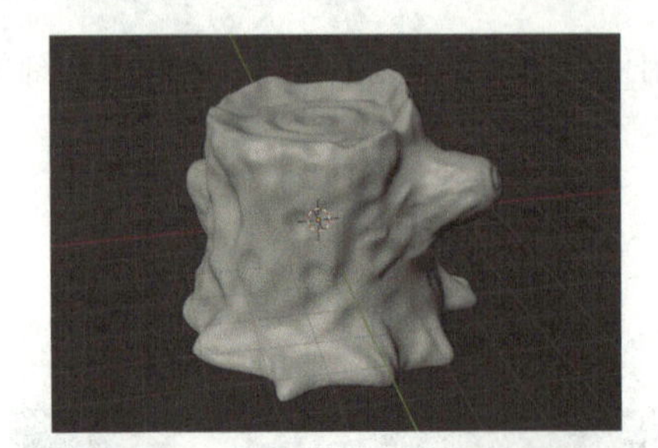
图　5-120

图　5-121

将底座调整到适当的位置，并调整其大小，如图 5-122 所示。选中底座，按快捷键 Ctrl+A，选择“缩放”，如图 5-123 所示，将缩放应用到底座上。

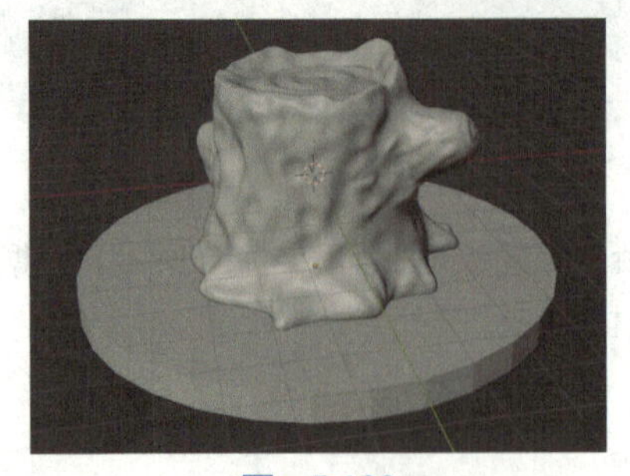
图　5-122

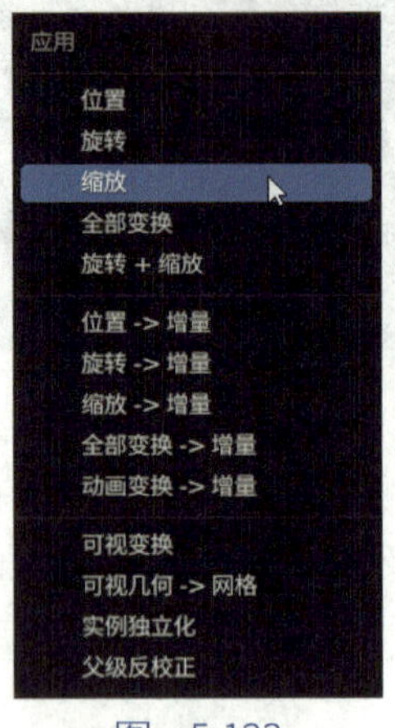

图　5-123

按 Tab 键进入编辑模式，选中底座的上下两个面，如图 5-124 所示。按快捷键 Ctrl+B，拖曳鼠标光标的同时滑动鼠标滚轮可以控制倒角的段数，如图 5-125 所示。

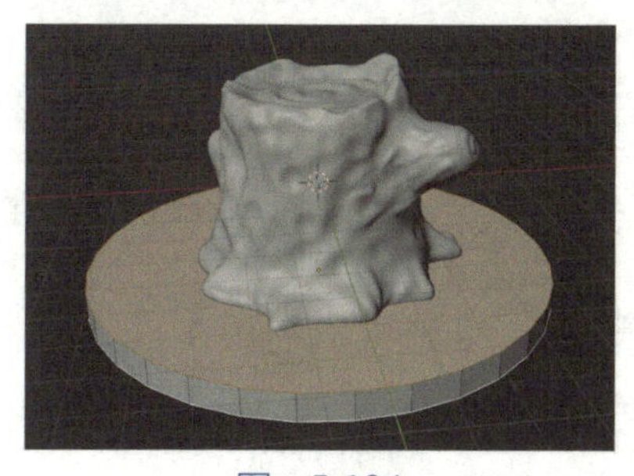
图 5-124

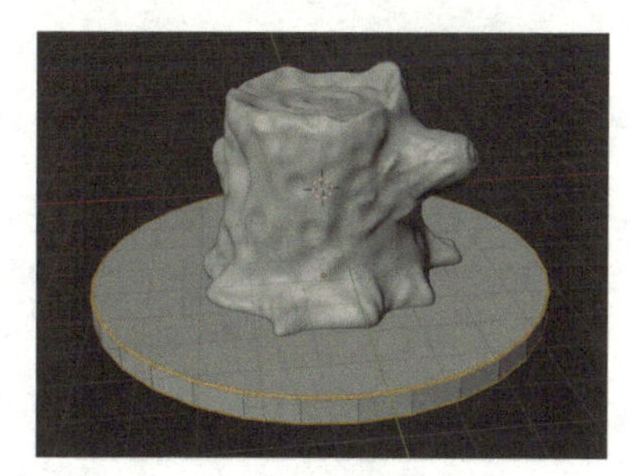
图 5-125

按 Tab 键进入物体模式，按快捷键 Ctrl+2，对底座进行细分，如图 5-126 所示。单击 Sculpting 进入雕刻模式，在工作区右侧进入“修改器”面板，在“添加修改器”中选择“应用”，如图 5-127 所示。

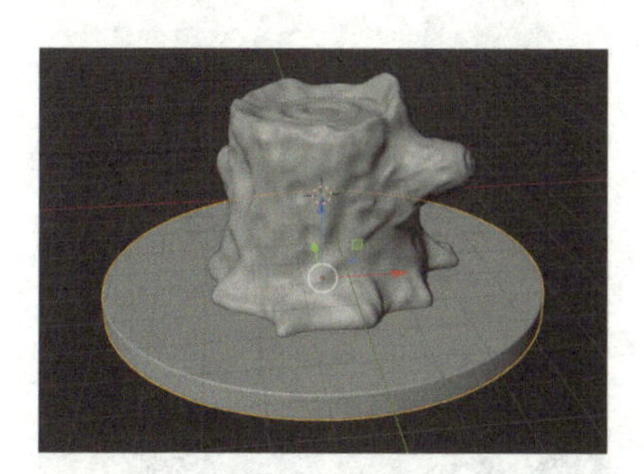
图 5-126

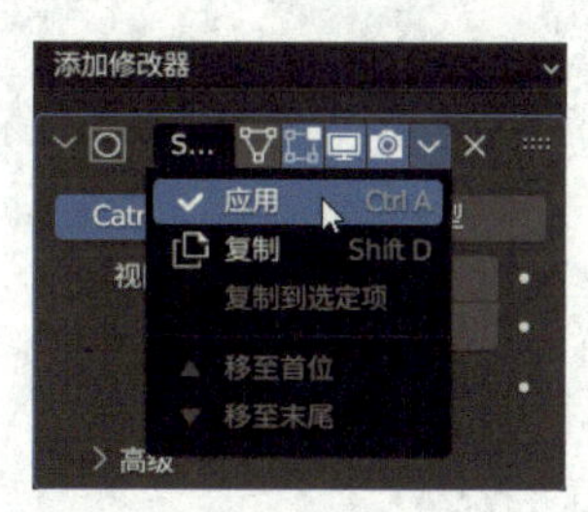

图 5-127

如图 5-128 所示，可以发现底座细分程度不够。可以对底座进行重构网格，按快捷键 Shift+R，找到合适的“体素大小”，如图 5-129 所示。

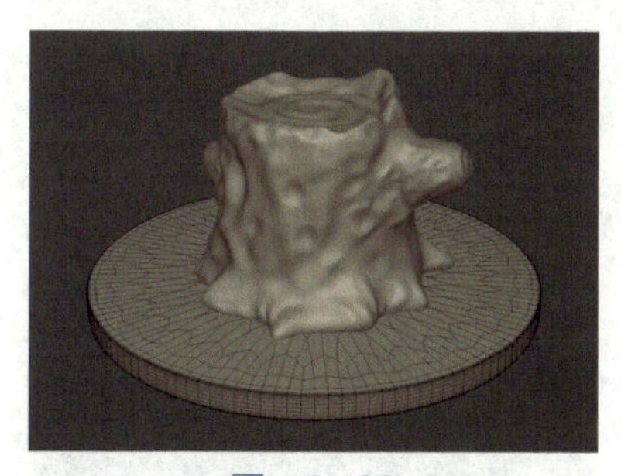
图 5-128

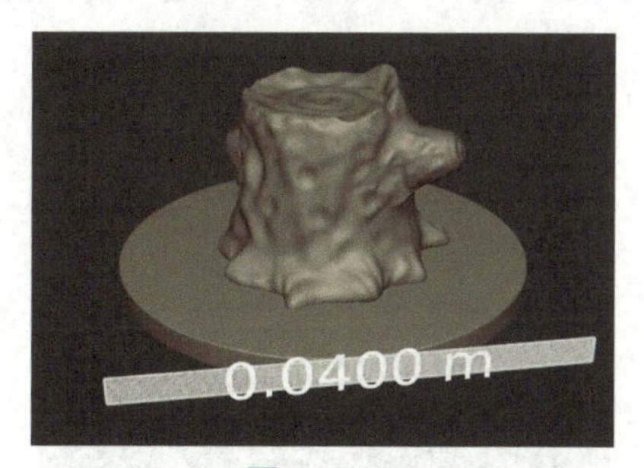

图 5-129

将“体素大小”调整为 0.04m，单击“重构网格”，如图 5-130 所示。此时底座网格的布线已经很精细了，如图 5-131 所示。

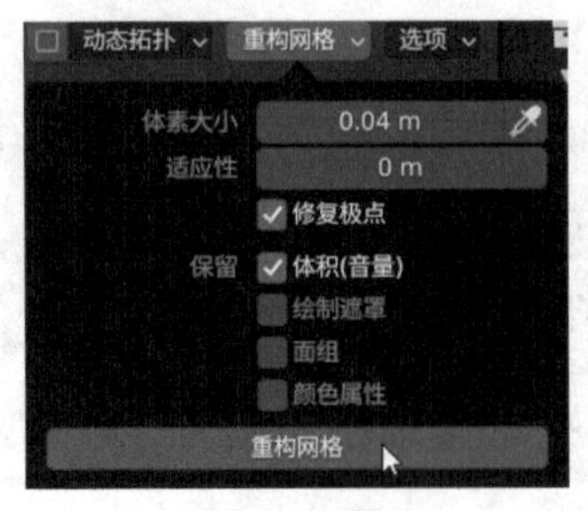

图　5-130

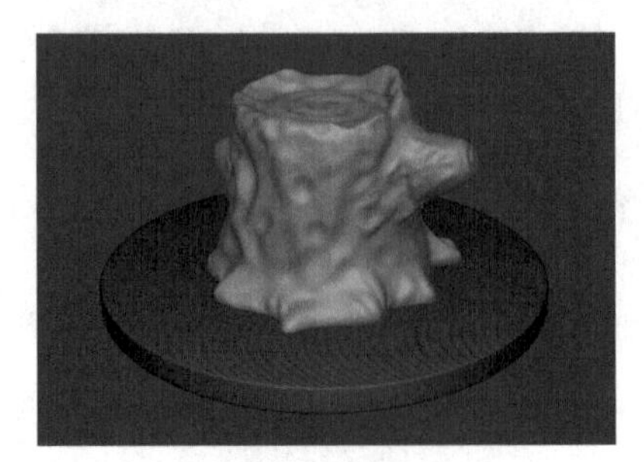
图　5-131

按快捷键 Ctrl，用“自由线”雕刻工具在底座的边缘位置雕刻一些凹坑，制作一些磨损的效果，如图 5-132 所示。底座边缘位置整体太规则了，按快捷键 Shift，在底座的边缘位置做一些光滑处理，使磨损效果更加真实，如图 5-133 所示。

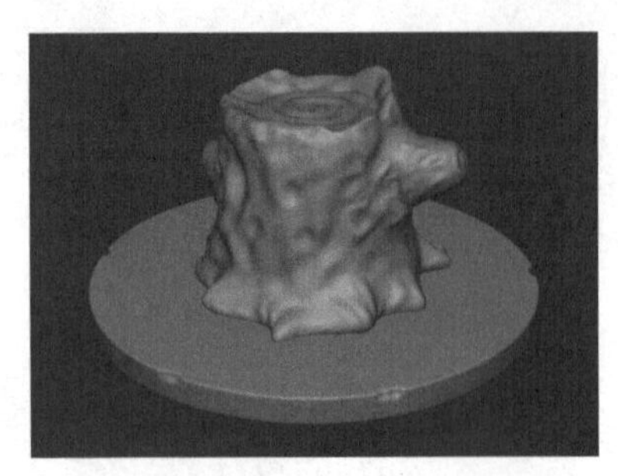
图　5-132

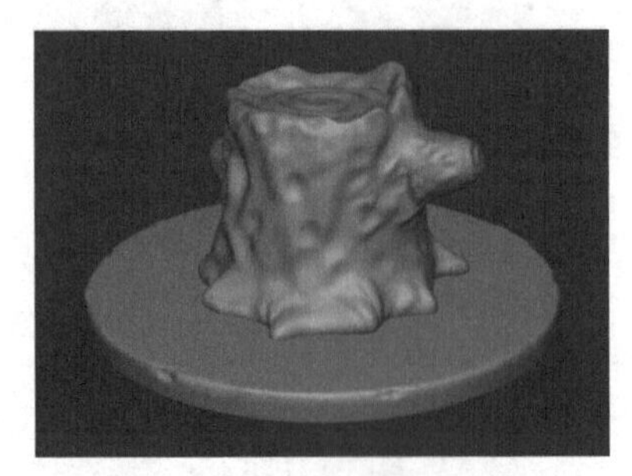
图　5-133

按快捷键 Ctrl，用“自由线”雕刻工具在底座的边缘位置继续雕刻一些凹坑，如图 5-134 所示。单击 Layout 进入物体模式，如图 5-135 所示。

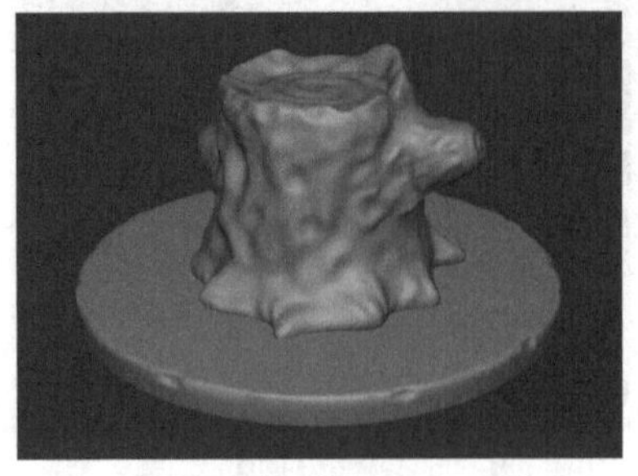
图　5-134

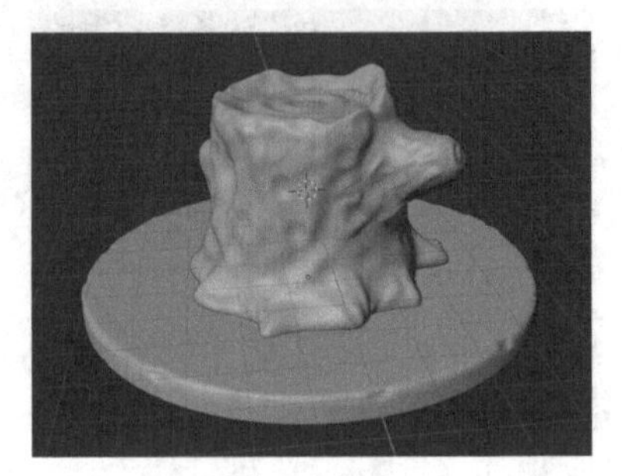
图　5-135

创建蘑菇

1 创建蘑菇头（学名为菌盖）。按快捷键 Shift+A，选择“网格”—“立方体”，将创建的立方体移动到适当的位置，如图 5-136 所示。按 Tab 键进入编辑模式，如图 5-137 所示。

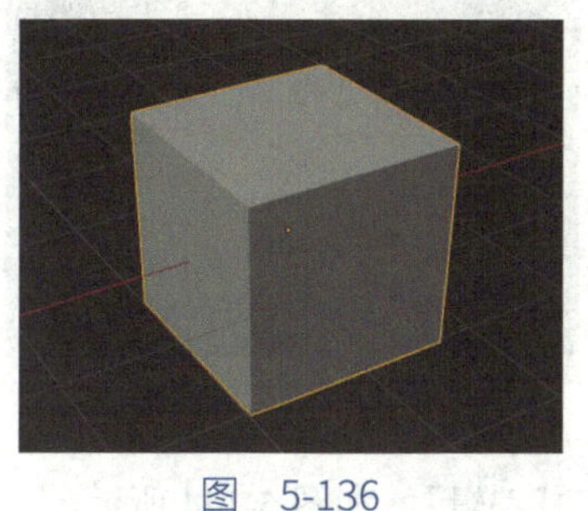

图 5-136

图 5-137

提示： 按快捷键 Shift+A，选择“网格”—“经纬球”，这种方式创建出来的球体存在经线和纬线相交的两个极点，如图 5-138 所示，所以这里没有采用这种方式。

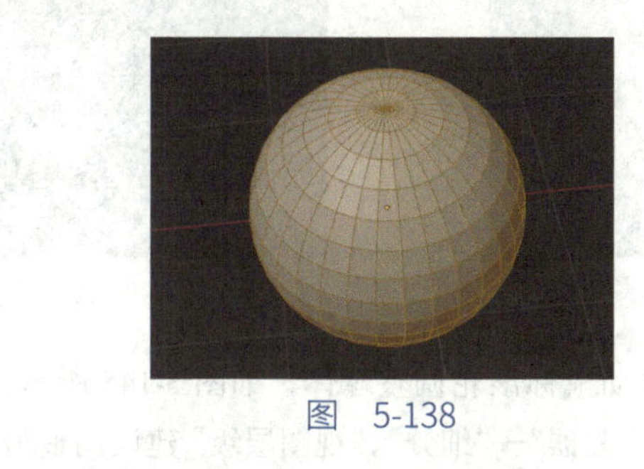

图 5-138

在立方体上单击鼠标右键，选择“细分”选项，如图 5-139 所示。立方体显示如图 5-140 所示。

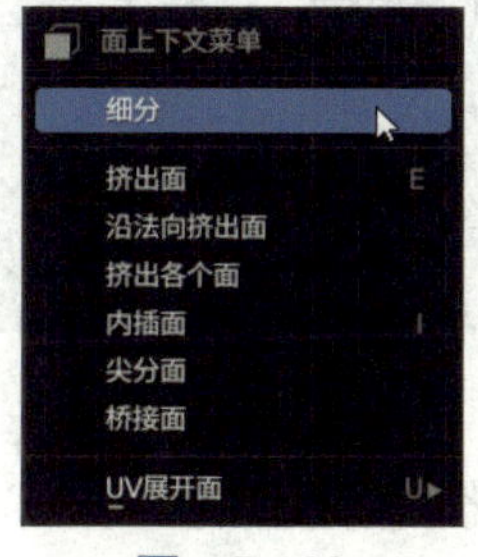

图 5-139

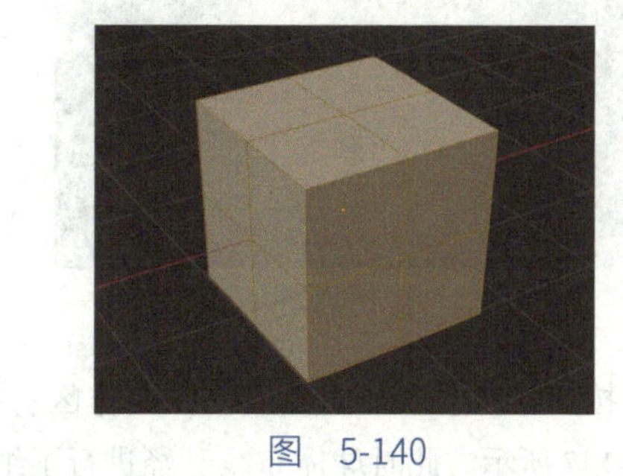

图 5-140

在工作区左下方展开“细分”选项，“切割次数”建议调整为 4，“平滑度”建议调整为 1，如图 5-141 所示。立方体变为了表面全是四边形网格的球体，如图 5-142 所示。

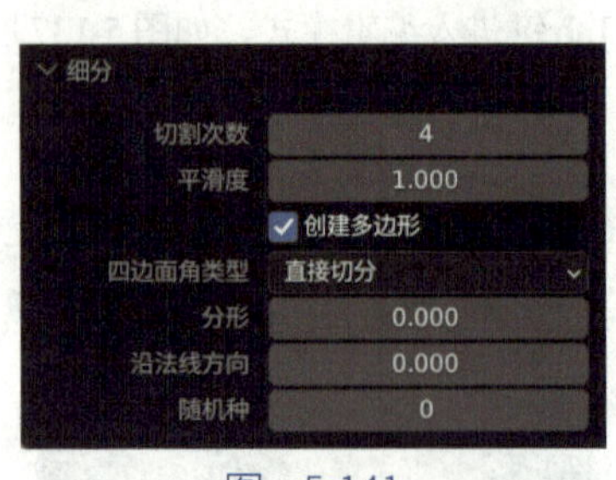

图　5-141

图　5-142

选中球体下边的面，如图 5-143 所示。打开“衰减编辑”，如图 5-144 所示。

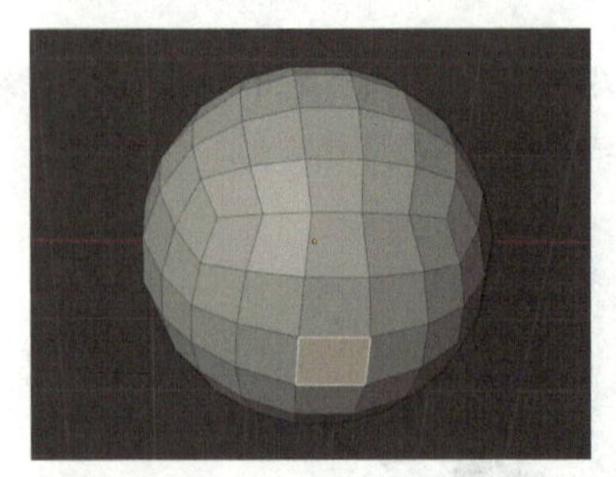

图　5-143

图　5-144

按快捷键 G+Z，适当滚动鼠标滚轮调整球体，如图 5-145 所示。在工作区右侧进入“修改器”面板，选择“添加修改器”—“细分”,“视图层级”建议调整为 3，如图 5-146 所示。

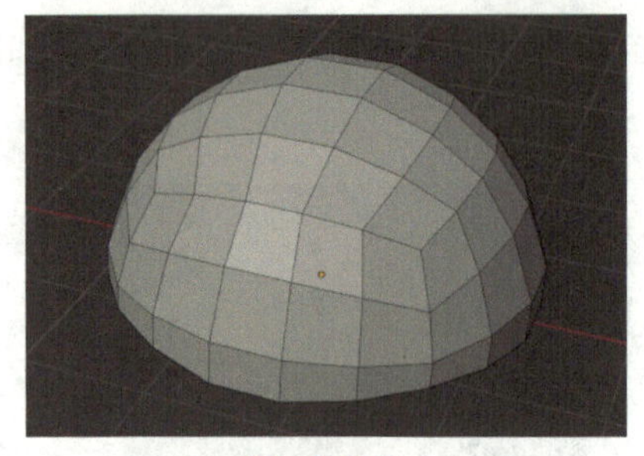

图　5-145

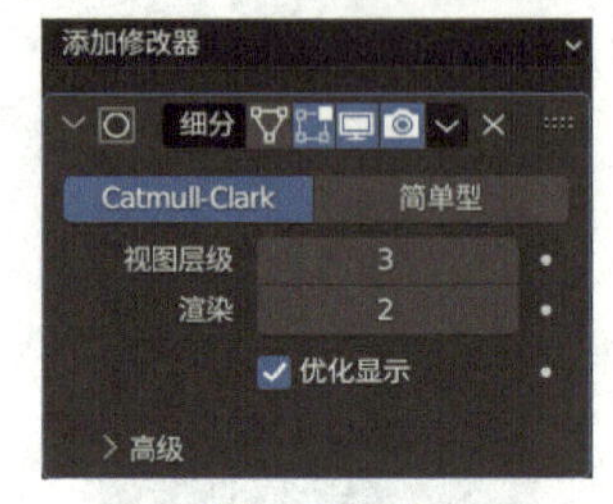

图　5-146

按 Tab 键进入物体模式，在工作区右侧进入“修改器”面板，将“细分”应用，如图 5-147 所示。此时球体布线已经进行了细分，如图 5-148 所示。

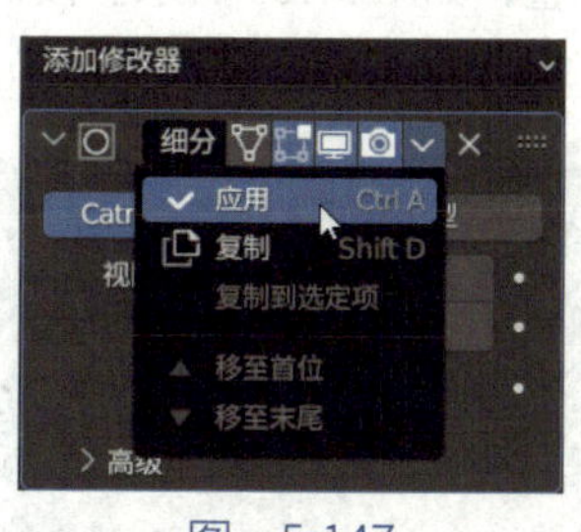

图 5-147

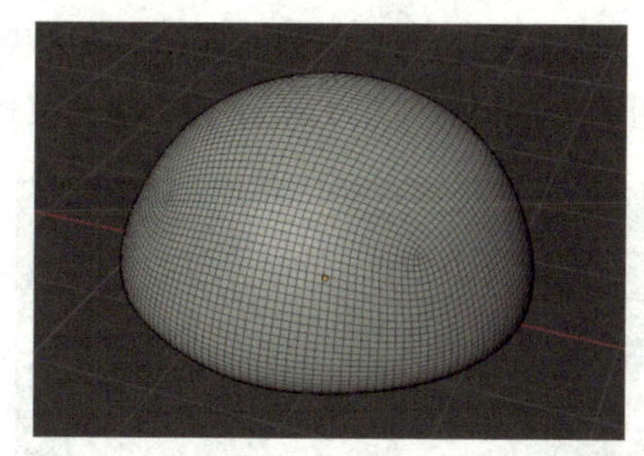
图 5-148

按快捷键 /，进入隔离模式，用“自由线”雕刻工具在球体上面雕刻一些褶皱纹理，如图 5-149 所示。按快捷键 Ctrl，用“自由线”雕刻工具在球体上面雕刻一些凹坑，如图 5-150 所示。

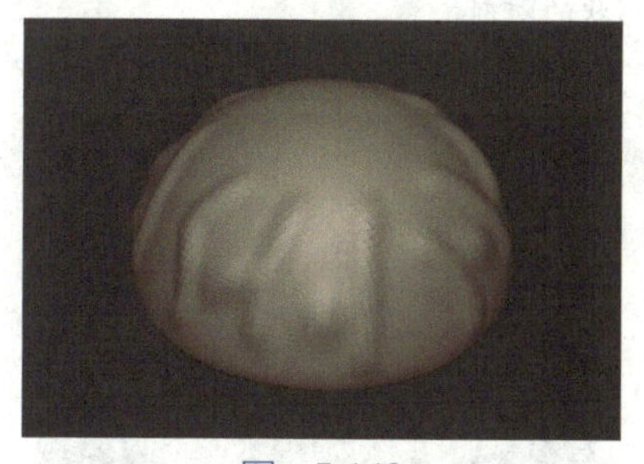
图 5-149

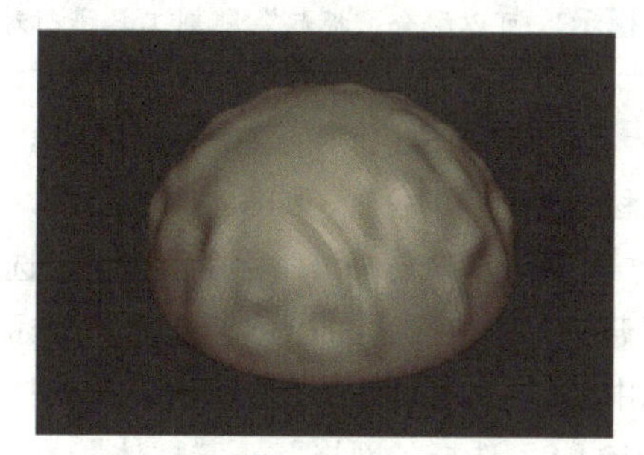
图 5-150

提示： 当前雕刻模式中有 3 个模型，在雕刻模式中进行雕刻模型切换的时候，通常有两种方法可以使用。方法一：进入物体模式，选中需要雕刻的模型，重新进入雕刻模式即可，如图 5-151 所示。方法二：在雕刻模式中，可以将鼠标光标移动到需要雕刻的模型上面，按快捷键 Alt+Q，选中的模型上面会有一个闪光的激活效果，如图 5-152 所示，这时候便可以在选中的模型上面进行雕刻了。

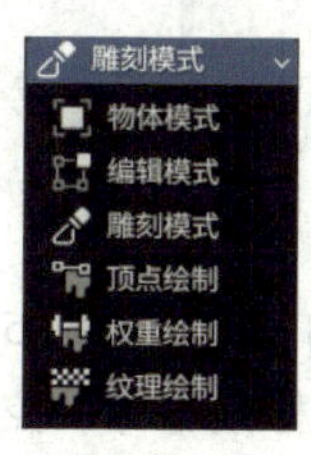

图 5-151

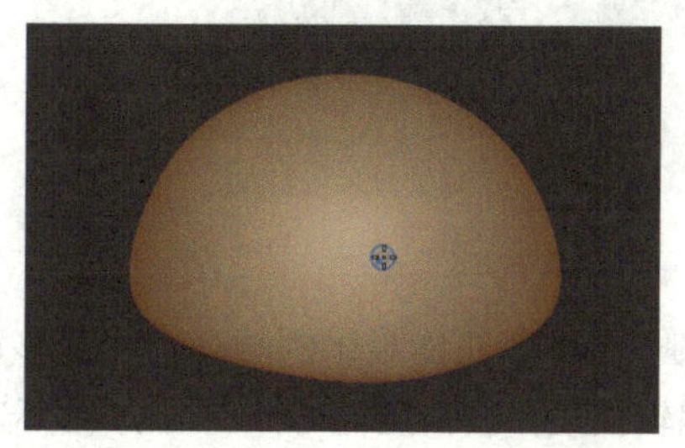
图 5-152

用“弹性变形”雕刻工具对球体形状进行大体的调整，如图 5-153 所示。按快捷键 /，退出隔离模式，单击 Layout 进入物体模式，蘑菇头如图 5-154 所示。

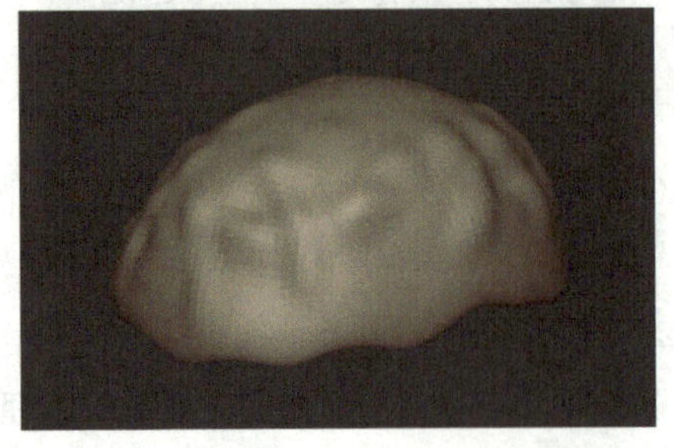
图　5-153

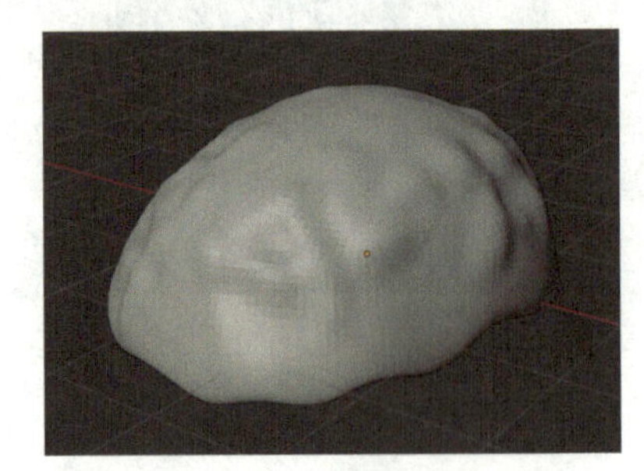
图　5-154

提示： 可以配合“抓起”雕刻工具进行球体大体形状的雕刻。

按快捷键 S，将蘑菇头等比例缩小，将其移动到适当的位置，如图 5-155 所示。

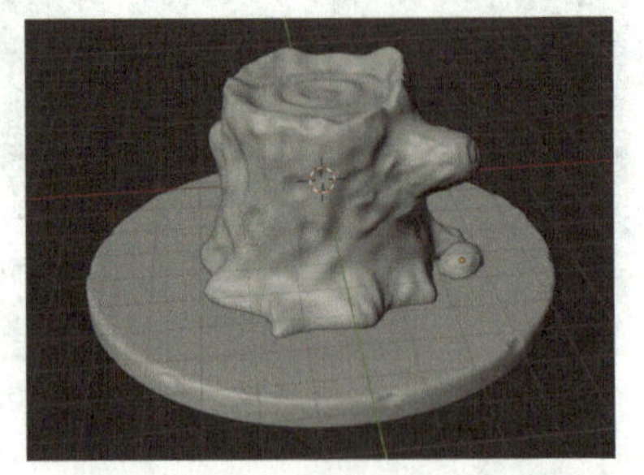
图　5-155

2 创建蘑菇杆（学名为菌柄）。选中蘑菇头，按快捷键 Shift+S，选择“游标 -> 选中项”，效果如图 5-156 所示。按快捷键 Shift+A，选择“网格”—“柱体”，创建一个圆柱体，如图 5-157 所示。

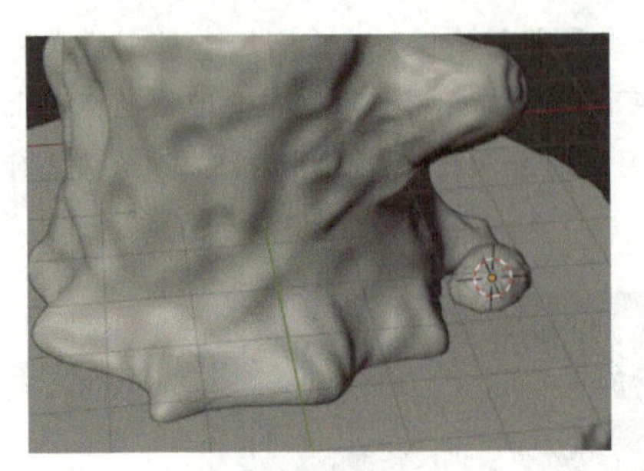
图　5-156

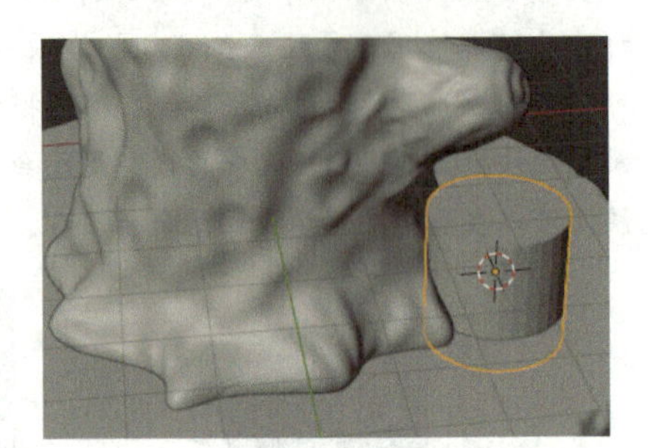
图　5-157

按快捷键 S，将圆柱体等比例缩小，将其移动到适当的位置，如图 5-158 所示。按 Tab 键进入编辑模式，按快捷键 Ctrl+R 添加循环边，滑动鼠标滚轮可以控制循环边的数量，如图 5-159 所示。

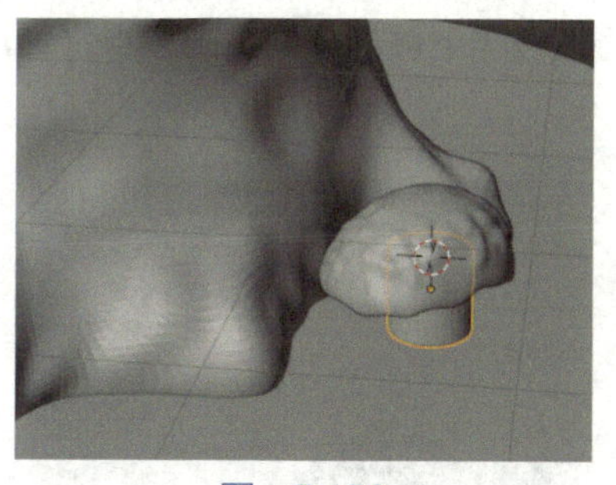

图 5-158

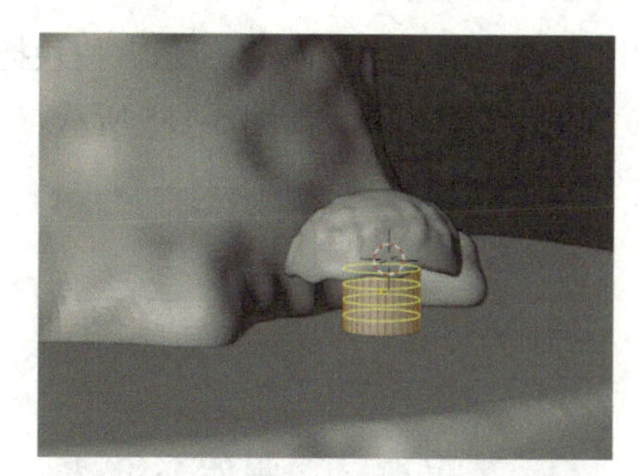

图 5-159

按快捷键 Alt+Z，进入透显模式，选中圆柱体上面的一圈循环边，如图 5-160 所示。“衰减编辑”当前是开启的，如图 5-161 所示。

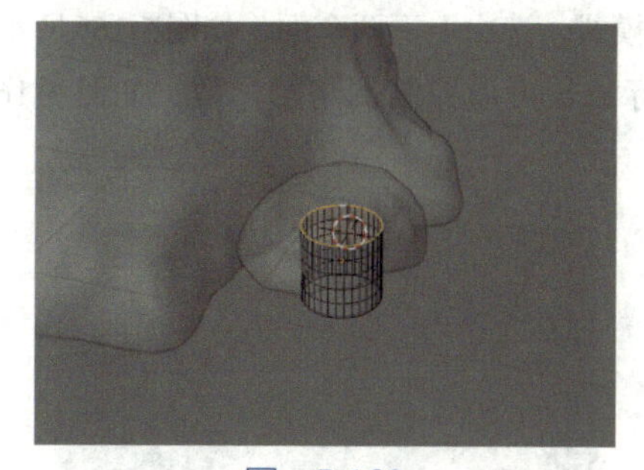

图 5-160

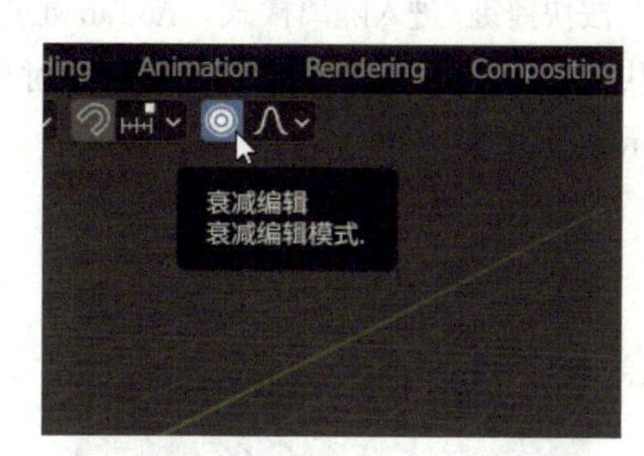

图 5-161

按快捷键 S，将圆柱体上侧部分缩小，形成上细下粗的效果，按快捷键 Alt+Z，退出透显模式，如图 5-162 所示。按快捷键 Alt+Z，进入透显模式，选中圆柱体下面的一圈循环边，如图 5-163 所示。

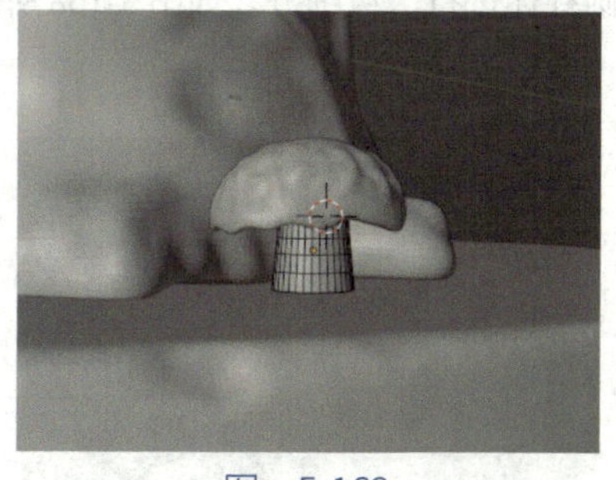

图 5-162

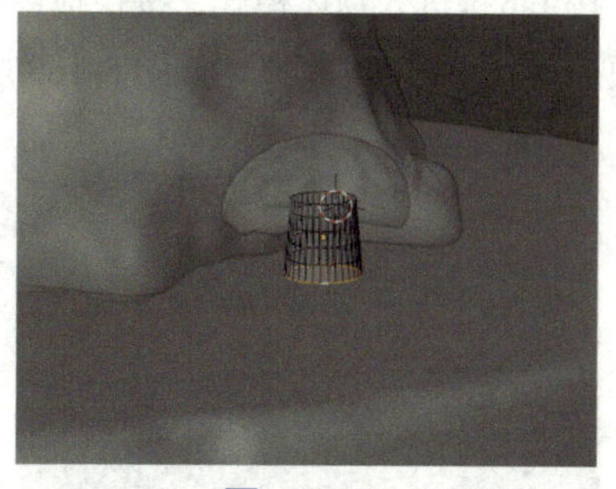

图 5-163

按快捷键 S，将圆柱体下侧部分放大，使上细下粗的效果更加明显，按快捷键 Alt+Z，退出透显模式，如图 5-164 所示。按快捷键 G，将圆柱体下侧部分调整到适当位置，按 Tab 键进入物体模式，如图 5-165 所示。

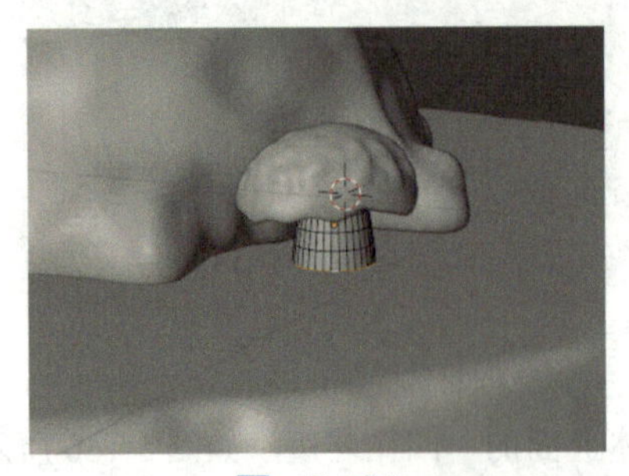
图　5-164

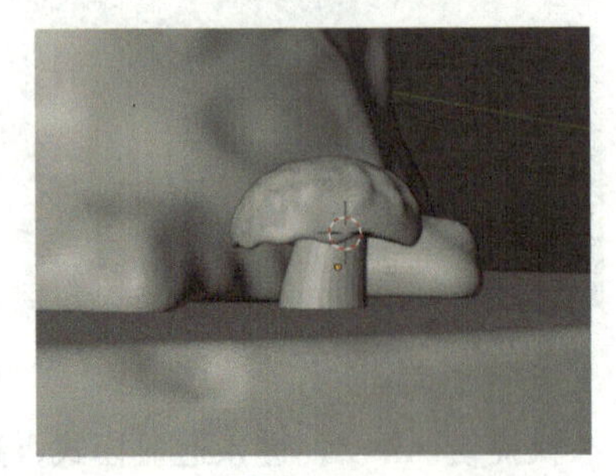
图　5-165

按快捷键 / 进入隔离模式，按 Tab 键进入编辑模式，选中上下两个面，如图 5-166 所示。按快捷键 Ctrl+B，拖曳鼠标光标的同时滑动鼠标滚轮可以控制倒角的段数，如图 5-167 所示。

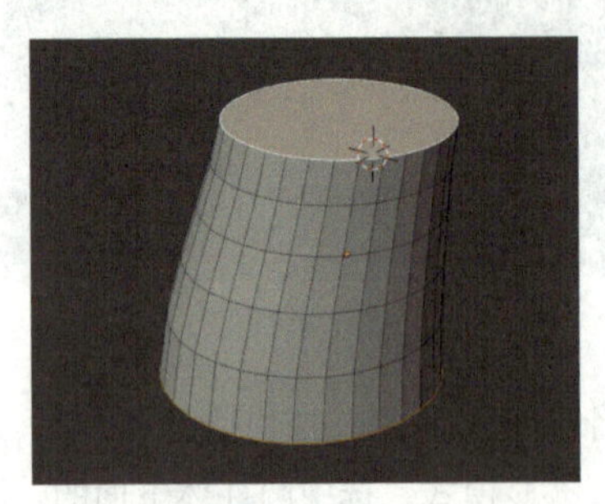
图　5-166

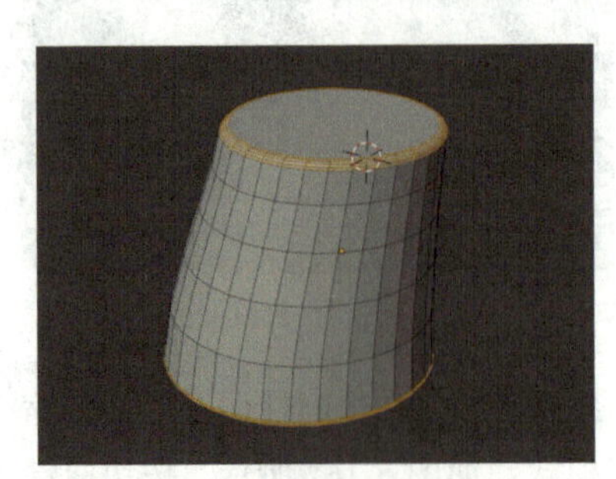
图　5-167

按 Tab 键进入物体模式，按快捷键 Ctrl+2，将圆柱体进行二级细分，如图 5-168 所示。按快捷键 / 退出隔离模式，如图 5-169 所示。

图　5-168

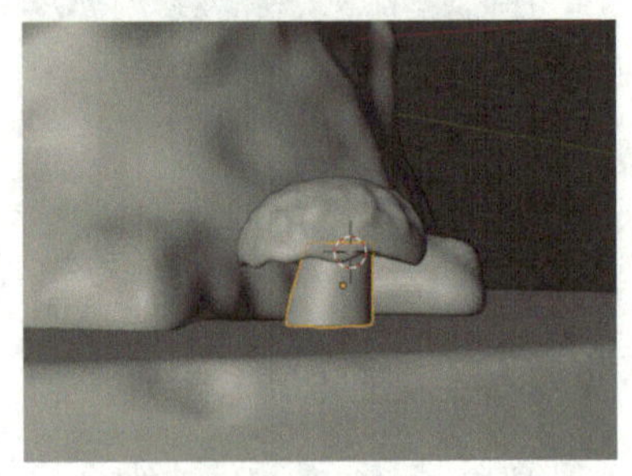
图　5-169

在工作区右侧进入“修改器”面板，将“细分”应用，如图 5-170 所示。按快捷键 Ctrl+A，选择“缩放”，如图 5-171 所示，从而将缩放应用到圆柱体上。

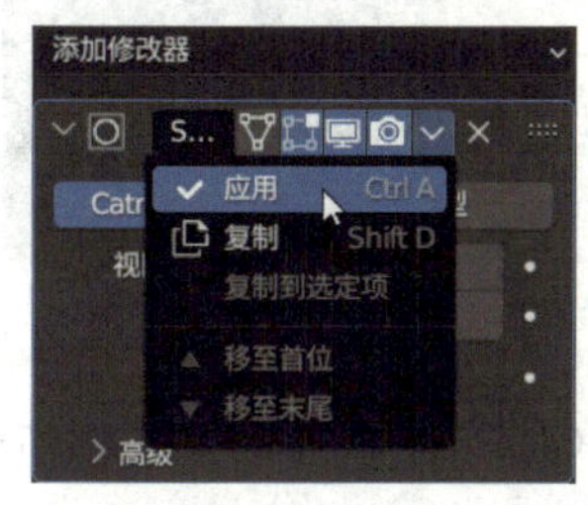

图 5-170

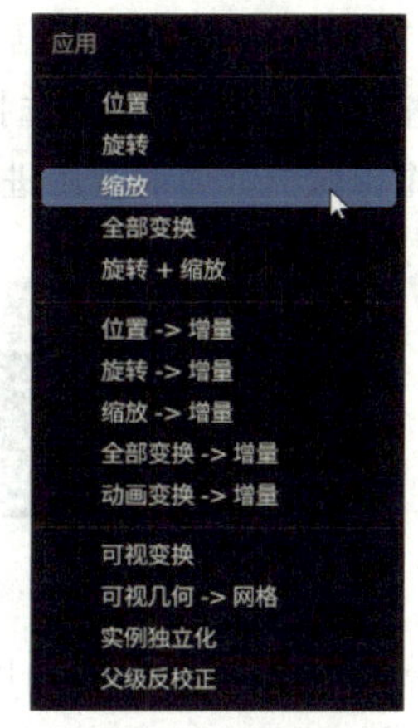

图 5-171

单击 Sculpting 进入雕刻模式，用“自由线”雕刻工具雕刻圆柱体的褶皱纹理，如图 5-172 所示。单击 Layout 进入物体模式，如图 5-173 所示。

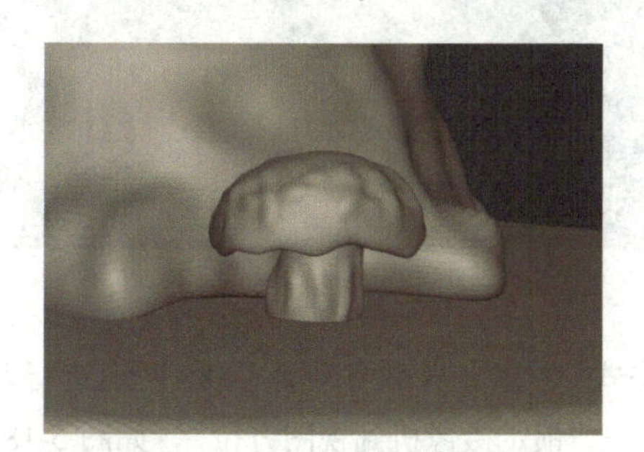

图 5-172

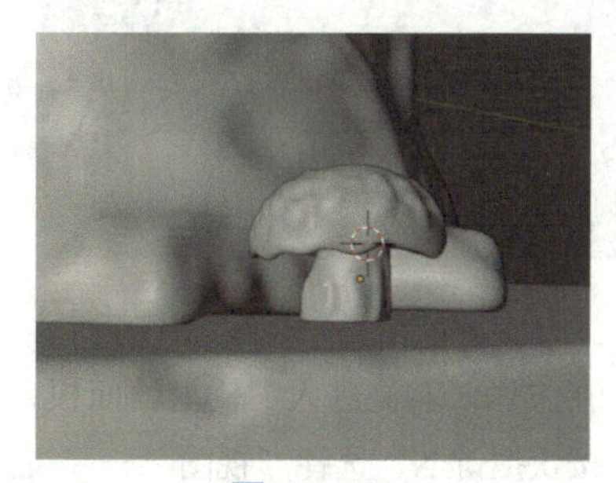

图 5-173

3 创建多个蘑菇。选中蘑菇头和蘑菇杆，如图 5-174 所示。按快捷键 M，选择“新建集合”，如图 5-175 所示。

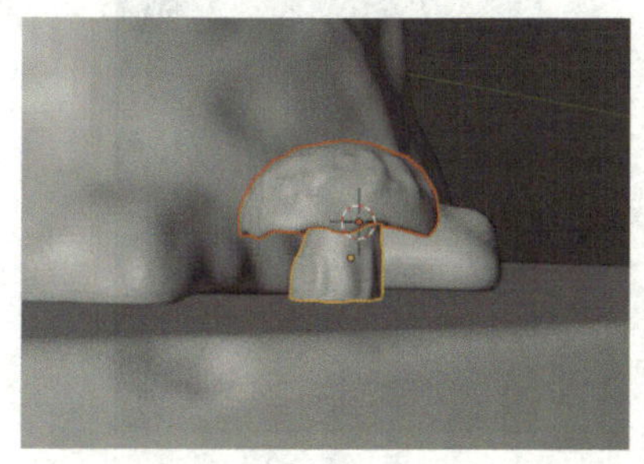

图 5-174

图 5-175

将“名称”定义为“蘑菇”，如图 5-176 所示。按快捷键 Shift+A，选择“摄像机”，创建一个摄像机方便对视图进行观察，如图 5-177 所示。

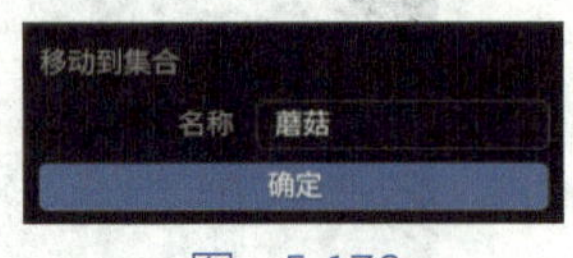

图　5-176

图　5-177

调整好观察角度，如图 5-178 所示。按快捷键 Ctrl+Alt+0，效果如图 5-179 所示。

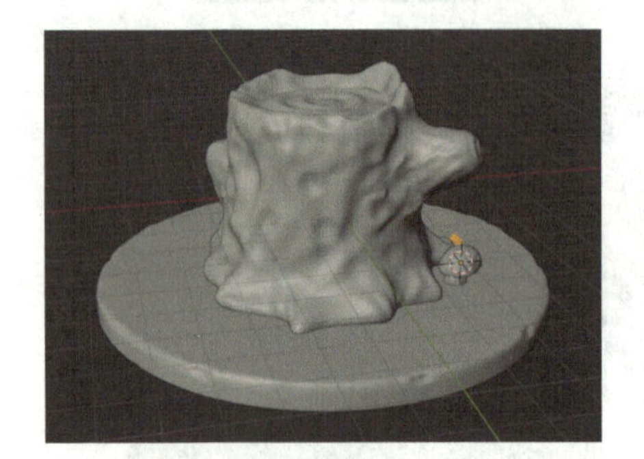

图　5-178

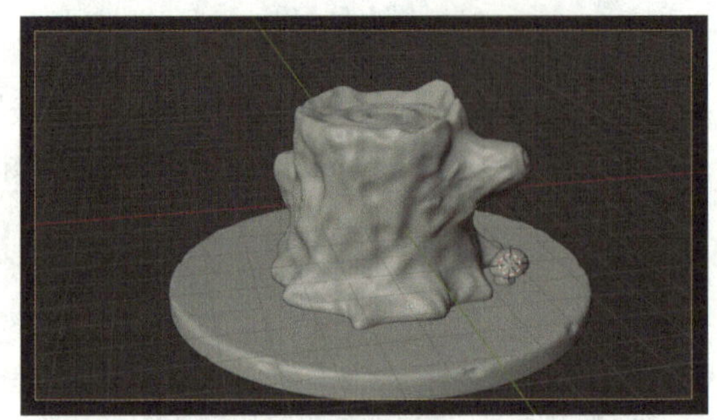

图　5-179

在工作区右侧进入“输出”面板，选择“格式”，将分辨率按照图 5-180 所示进行调整。按快捷键 N，选择“视图”—“视图锁定”—“锁定摄像机到视图方位”，如图 5-181 所示。

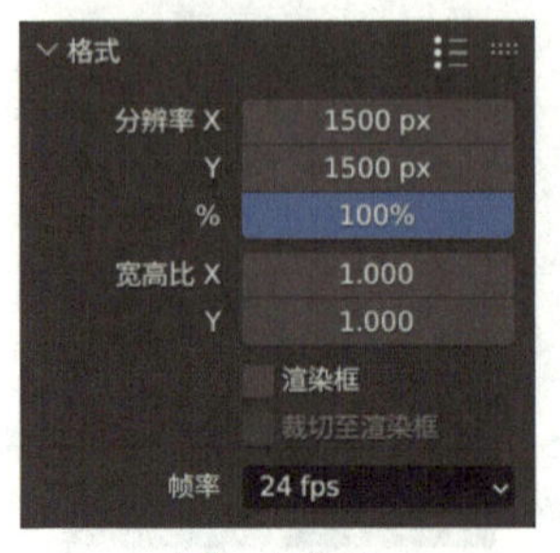

图　5-180

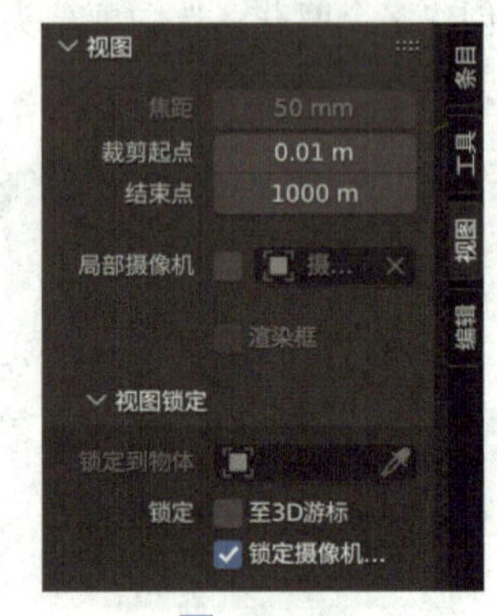

图　5-181

适当调整模型在视口中的观察大小，如图 5-182 所示。取消选择“视图”—“视图锁定”—“锁定摄像机到视图方位”，如图 5-183 所示。

图 5-182

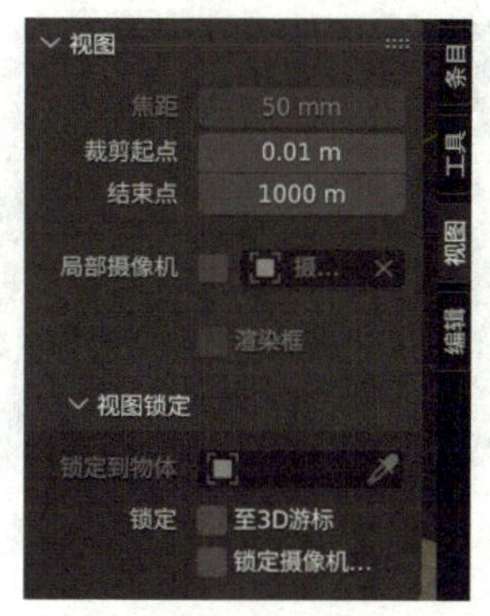

图 5-183

制作双窗口，拖曳鼠标光标至工作区右侧，当光标变为形状时，单击鼠标右键，选择“垂直分割”，如图 5-184 所示。在适当的位置单击一下确定分割的位置，让视图以两个窗口显示，如图 5-185 所示。

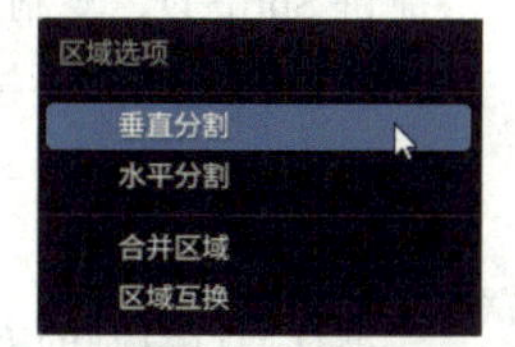

图 5-184

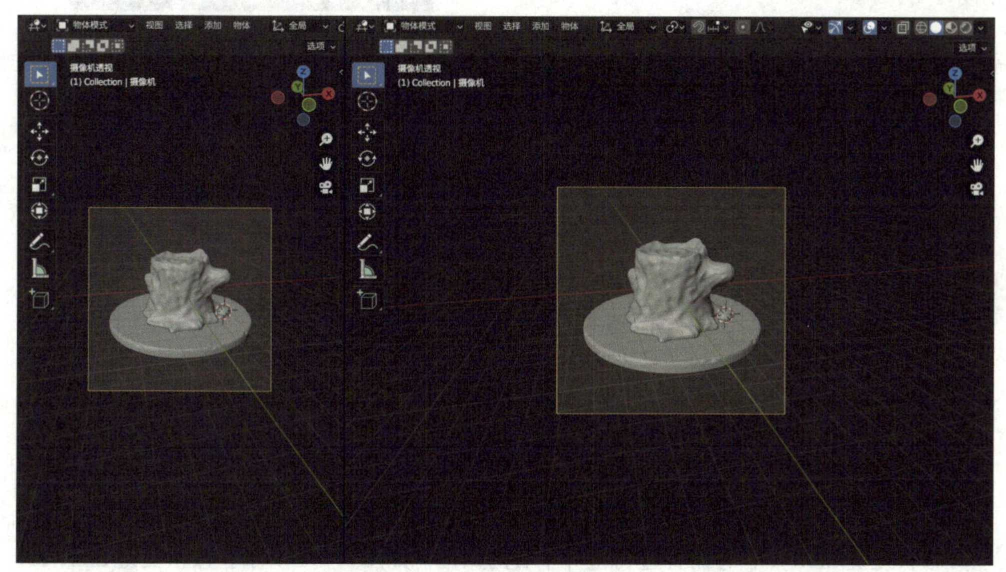

图 5-185

按快捷键 ~，进入顶视图，适当调整蘑菇的位置，如图 5-186 所示。按快捷键 S，将蘑菇适当放大一点，如图 5-187 所示。

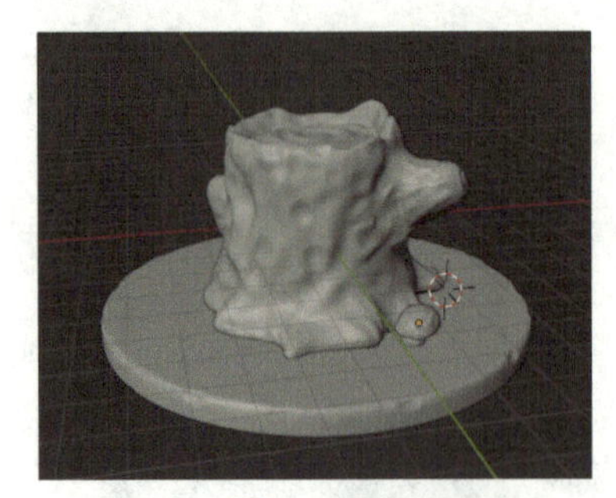
图　5-186

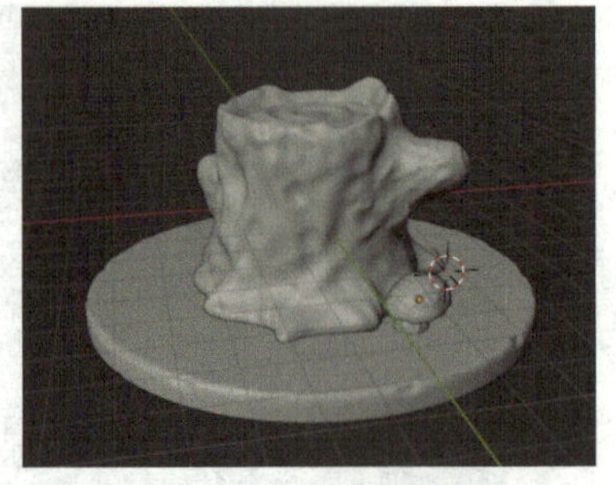
图　5-187

按快捷键 ~，进入顶视图，选中蘑菇，按快捷键 Shift+D，复制一个蘑菇，如图 5-188 所示。按快捷键 S，再按快捷键 R，缩小并旋转复制得到的蘑菇，适当调整其位置，如图 5-189 所示。

继续通过复制的方式创建蘑菇，如图 5-190 所示。

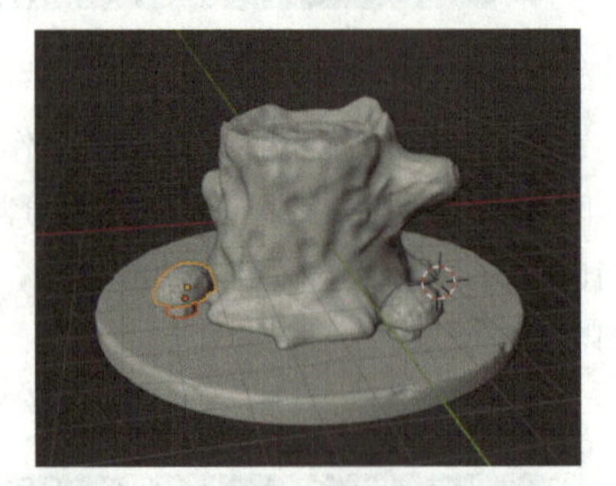
图　5-188

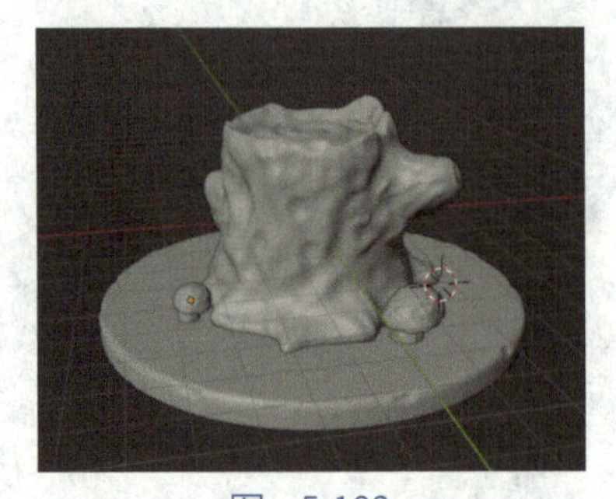
图　5-189

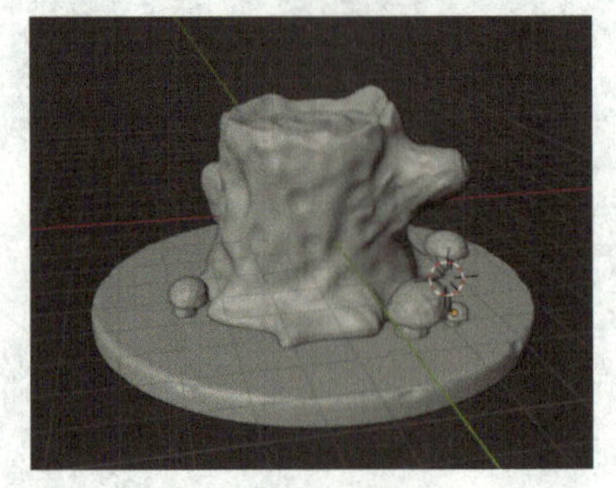
图　5-190

创建杂草

按快捷键 Shift+C，将游标进行世界中心的归位，如图 5-191 所示。按快捷键 Shift+A，选择“网格”—“圆环”，效果如图 5-192 所示。

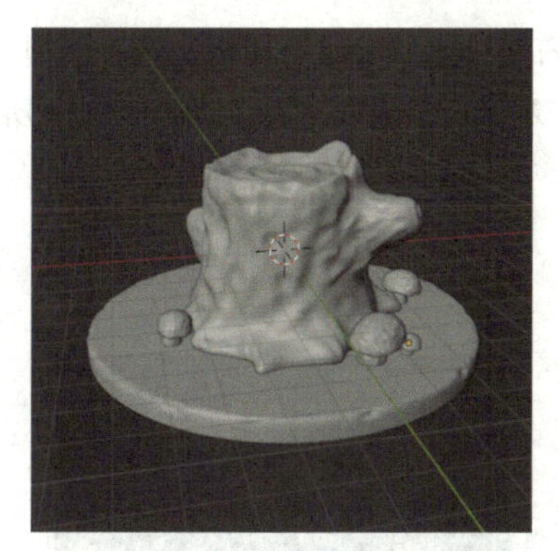
图 5-191

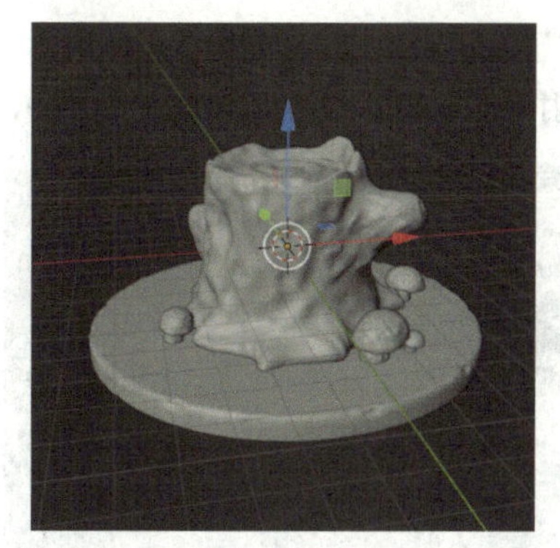
图 5-192

按快捷键 S，将圆环放大，适当调整其位置，如图 5-193 所示。按 Tab 键进入编辑模式，按快捷键 F，对创建的圆环进行填充，如图 5-194 所示。

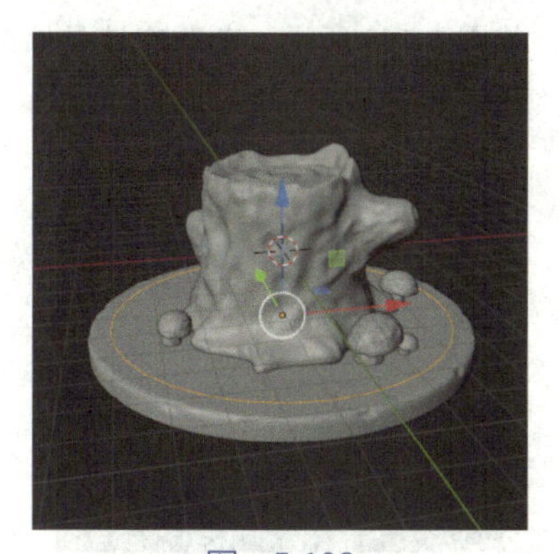
图 5-193

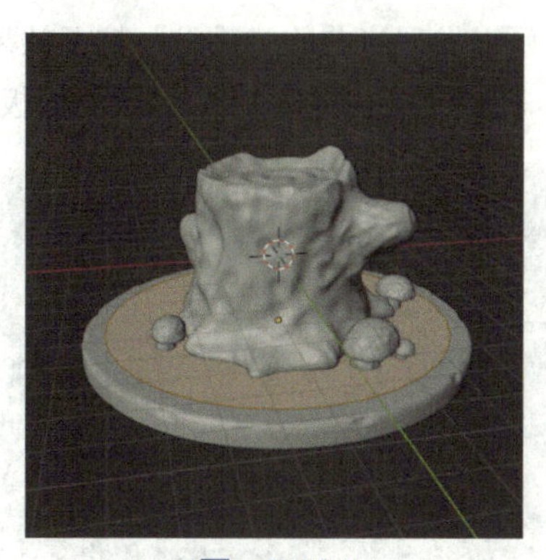
图 5-194

按 Tab 键进入物体模式，在工作区右侧进入“粒子”面板添加粒子，如图 5-195 所示。在新建的粒子系统中选择“毛发”，如图 5-196 所示。

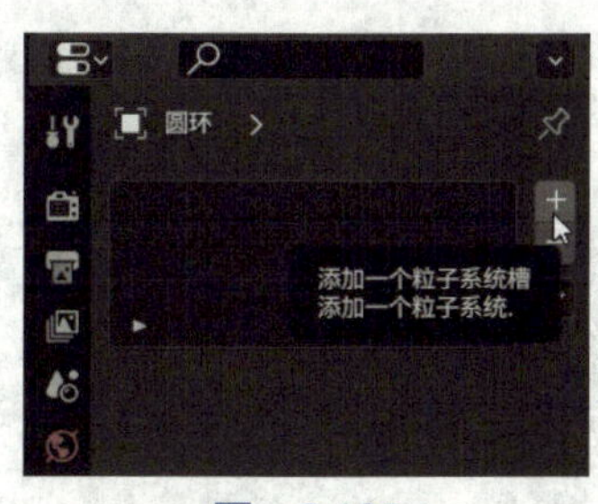

图 5-195

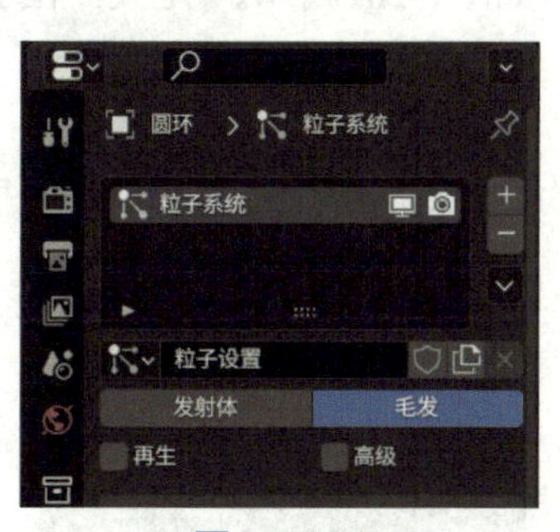

图 5-196

“毛发”粒子效果如图 5-197 所示。在工作区右侧进入“粒子”面板，选择“自发光(发射)”,“Number”建议调整为 20000,“头发长度”建议调整为 0.847m，如图 5-198 所示。

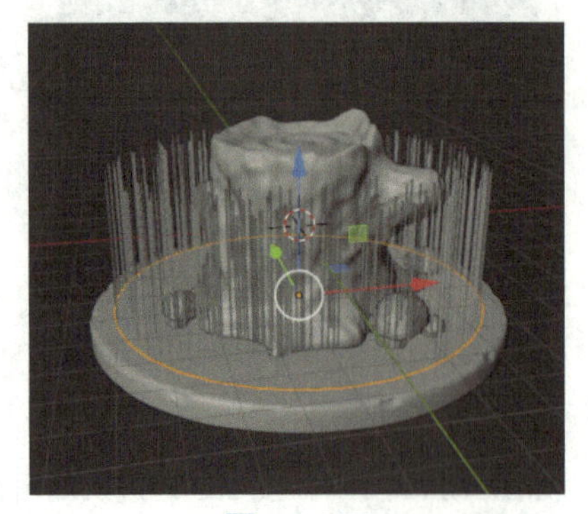

图　5-197

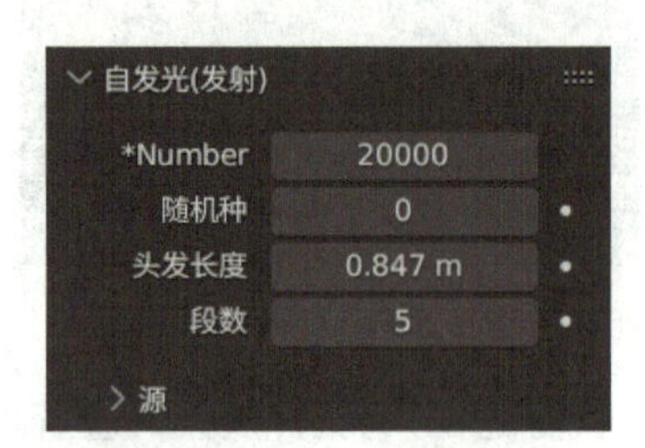

图　5-198

可以发现当前的“毛发”粒子效果太整齐了，如图 5-199 所示。杂草应该是错综复杂的，在工作区右侧进入“粒子”面板，选择“高级”，如图 5-200 所示。

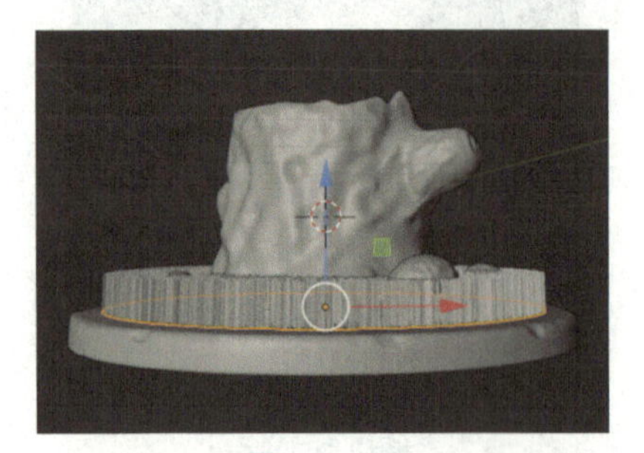

图　5-199

图　5-200

在工作区右侧进入“粒子”面板，选择“物理”—“力场”,“布朗”值建议调整为 0.368，如图 5-201 所示。“毛发”粒子效果如图 5-202 所示。

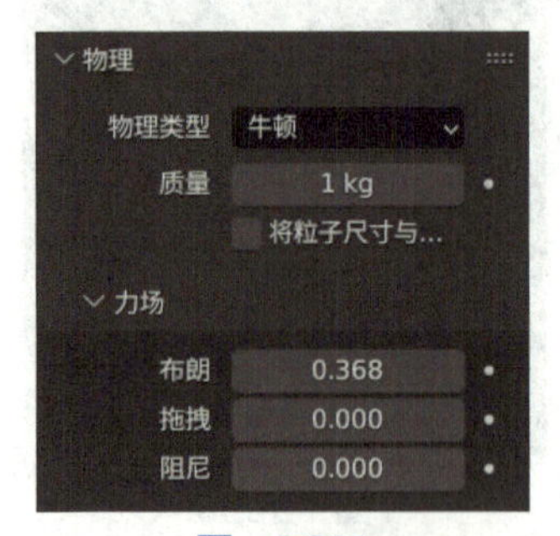

图　5-201

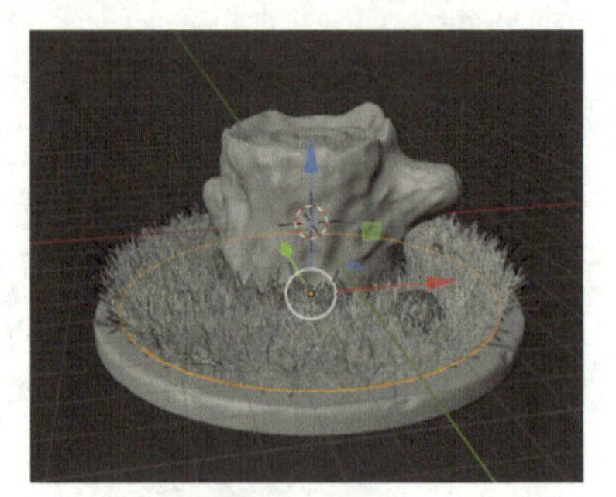

图　5-202

在工作区右侧进入“粒子”面板，选择“自发光（发射)”，“头发长度”建议调整为0.5m，使杂草对其他模型少一些遮挡，如图5-203所示。“毛发”粒子效果如图5-204所示。

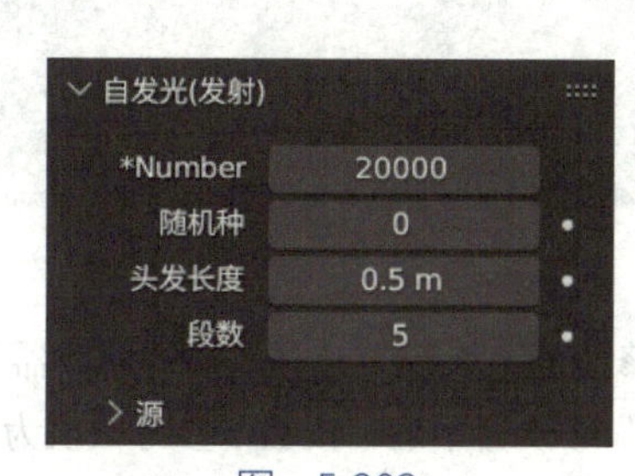

图 5-203

图 5-204

5.3 渲染

模型制作完成后，便可以开始进行渲染了。

准备工作

按快捷键T，将摄像机视图的侧边栏收起。将摄像机视图的“视图叠加层”取消，如图5-205所示。为枯树桩模型创建地面，按快捷键Shift+A，选择“网格”—“平面”，创建一个平面，按快捷键S，将平面等比例放大，适当调整其位置，如图5-206所示。

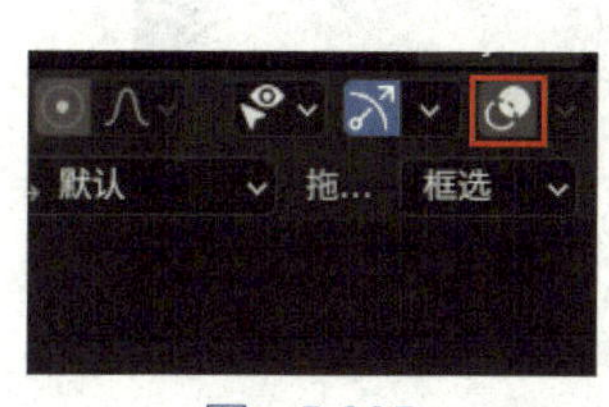

图 5-205

图 5-206

按Tab键进入编辑模式，选中如图5-207所示的两个边。按快捷键E+Z，将所选的两个边沿z轴方向挤出，如图5-208所示。

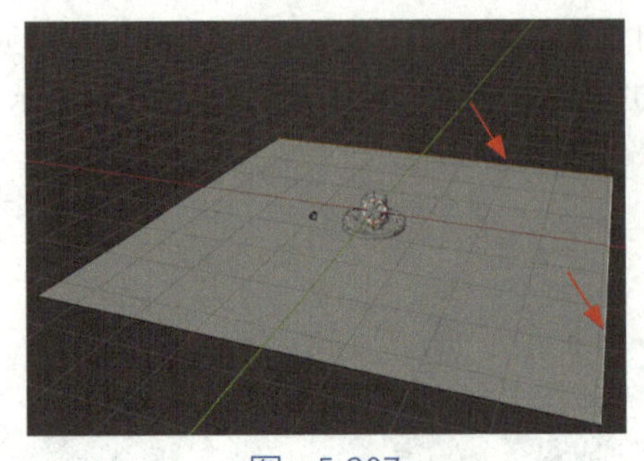
图　5-207

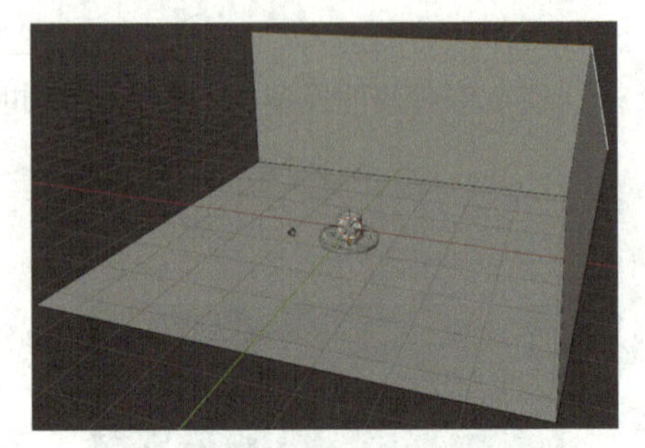
图　5-208

按 Tab 键进入物体模式，在工作区右侧进入“修改器”面板，选择“添加修改器”—“倒角”，给平面添加倒角，如图 5-209 所示。“倒角”修改器中的“段数”参考数值为 19，“(数）量”参考数值为 0.35m，如图 5-210 所示。

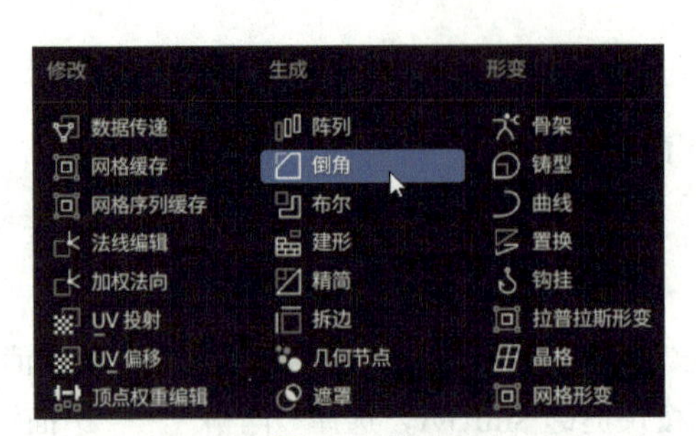

图　5-209

图　5-210

单击鼠标右键，选择“平滑着色”，如图 5-211 所示。

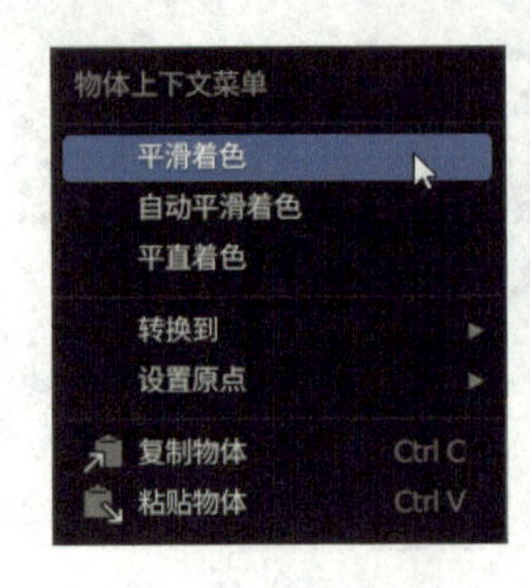

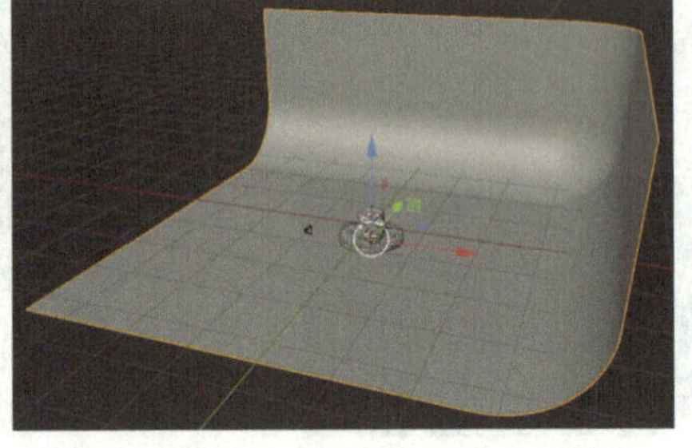
图　5-211

目前模型没有平滑着色，按快捷键 A 全选模型，如图 5-212 所示。单击鼠标右键，选择“平滑着色”。将摄像机视图的视图着色方式设置为“渲染预览”，如图 5-213 所示。

图 5-212

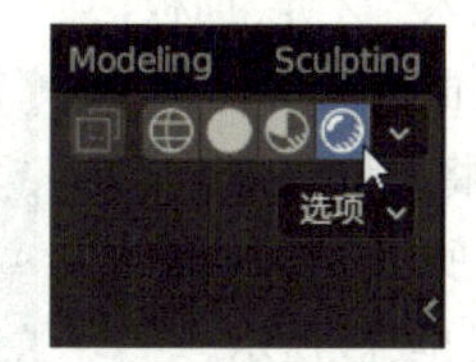

图 5-213

在工作区右侧进入“渲染”面板,“渲染引擎”选择“Cycles”,“设备”选择“GPU 计算”,如图 5-214 所示。摄像机视图效果如图 5-215 所示。

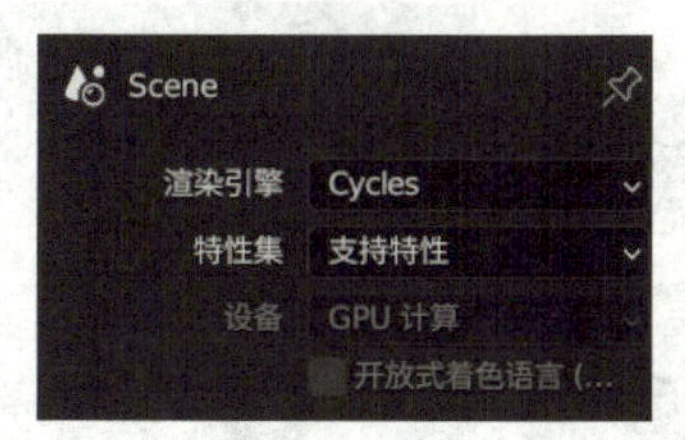

图 5-214

图 5-215

添加点光

按快捷键 Shift+A,选择“灯光”—“点光”,点光源默认创建在了游标的位置,如图 5-216 所示。摄像机视图效果如图 5-217 所示,因为枯树桩目前还不是透明材质,点光源创建在了枯树桩内部,所以点光源效果不明显。

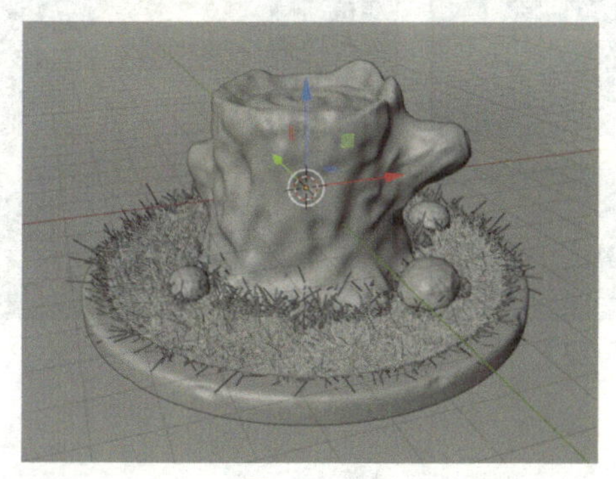

图 5-216

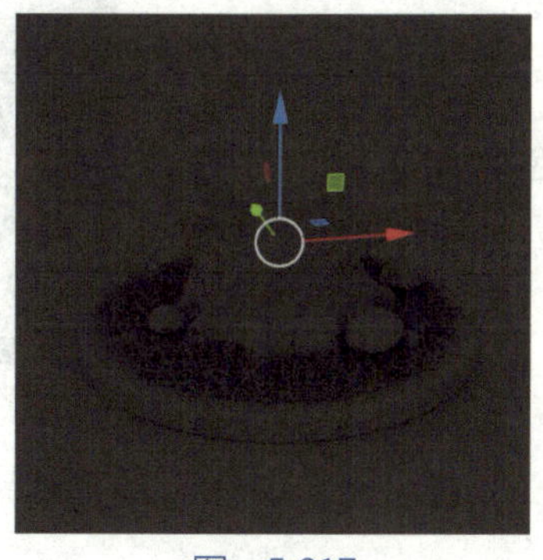

图 5-217

为枯树桩模型添加材质

选中枯树桩模型，在工作区右侧进入“材质”面板，单击“表（曲）面”—“透射”，建议将该值调整为 1，如图 5-218 所示。摄像机视图效果如图 5-219 所示。

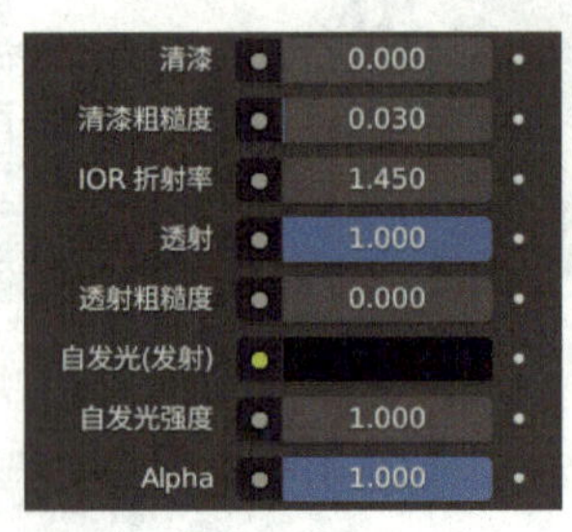

图　5-218

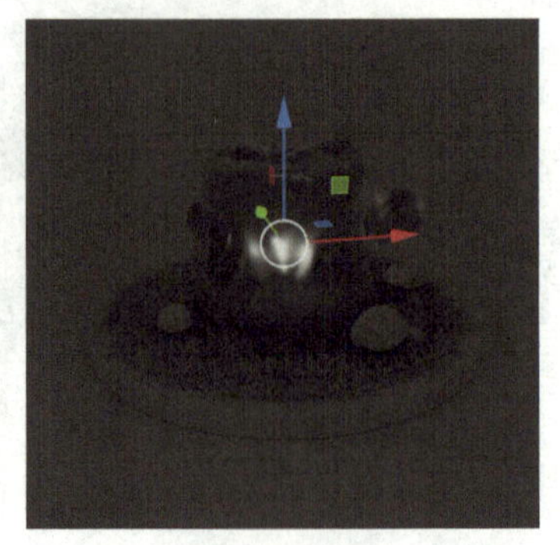

图　5-219

选中点光源，在工作区右侧进入“物体数据”面板，选择“灯光”—“点光”，“能量”建议调整为 500W，如图 5-220 所示。摄像机视图效果如图 5-221 所示。

图　5-220

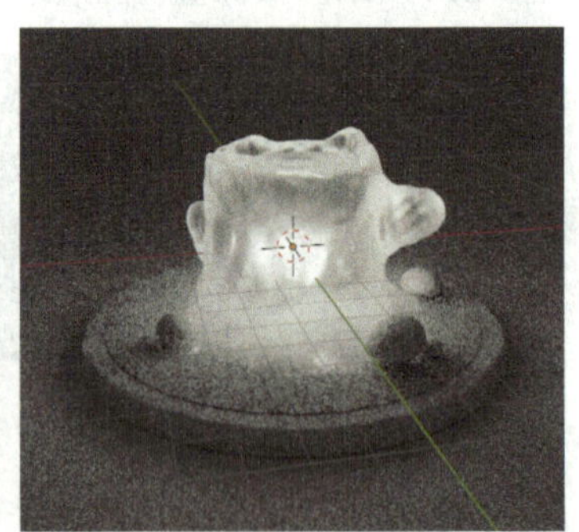

图　5-221

选中枯树桩，在工作区右侧进入“材质”面板，单击“表（曲）面”—“基础色”，建议选取偏黄色的颜色，如图 5-222 所示。摄像机视图效果如图 5-223 所示。

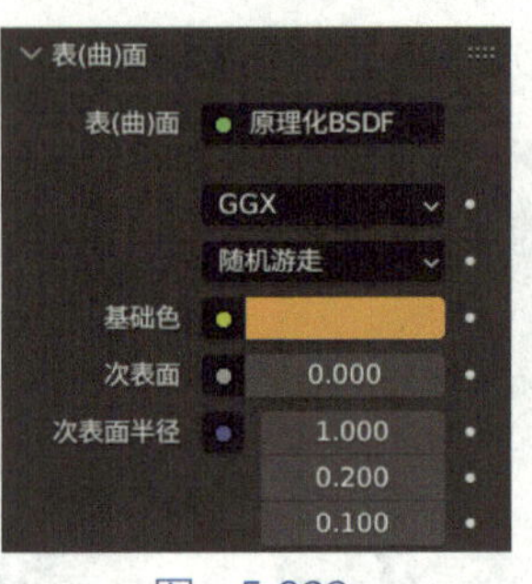

图　5-222

图　5-223

选中点光源，在工作区右侧进入“物体数据”面板，选择“灯光”—“点光”，对“颜色”进行适当调整，如图 5-224 所示。摄像机视图效果如图 5-225 所示。

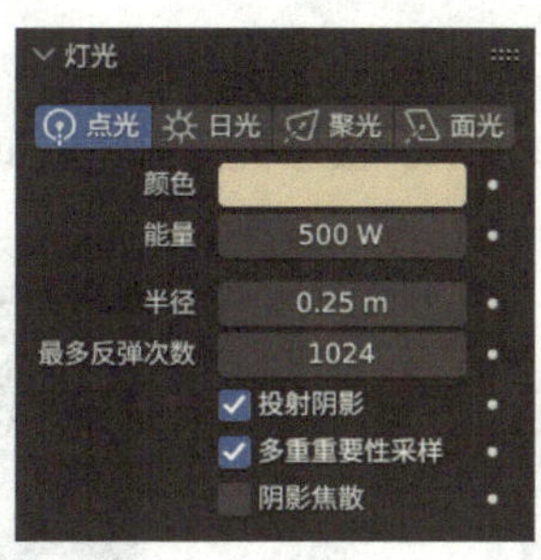

图 5-224

图 5-225

添加点光

按快捷键 Shift+A，选择“灯光”—“点光”，适当移动“点光 001”的位置，如图 5-226 所示。摄像机视图效果如图 5-227 所示。

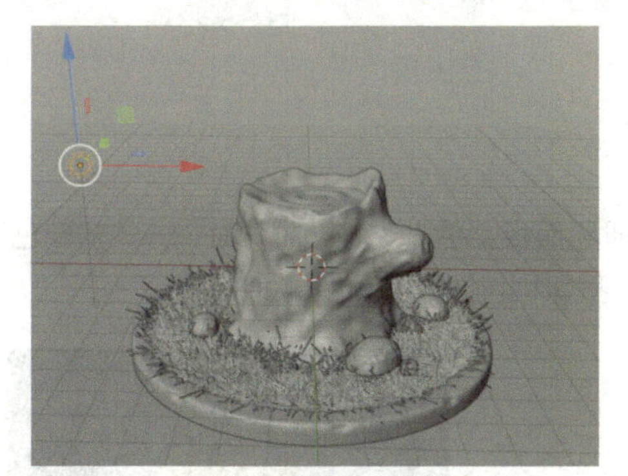
图 5-226

图 5-227

为地面添加材质

选中地面，在工作区右侧进入“材质”面板，单击“表（曲）面”—“基础色”，建议选取偏青色的颜色，如图 5-228 所示。摄像机视图效果如图 5-229 所示。

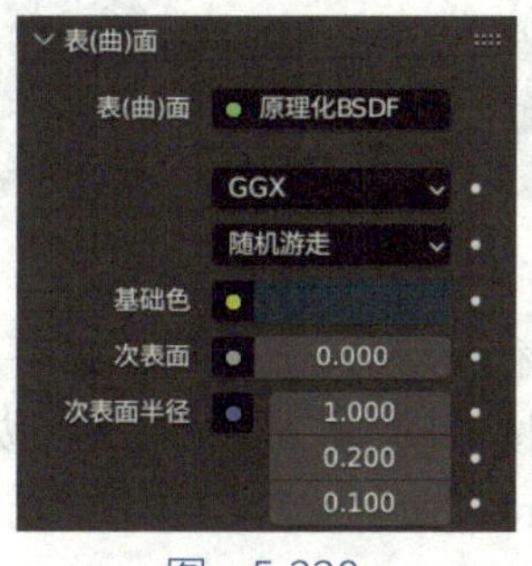

图 5-228

图 5-229

为底座添加材质

选中底座，在工作区右侧进入“材质”面板，单击“表（曲）面”—“基础色”，建议选取偏深色的颜色，如图 5-230 所示。摄像机视图效果如图 5-231 所示。

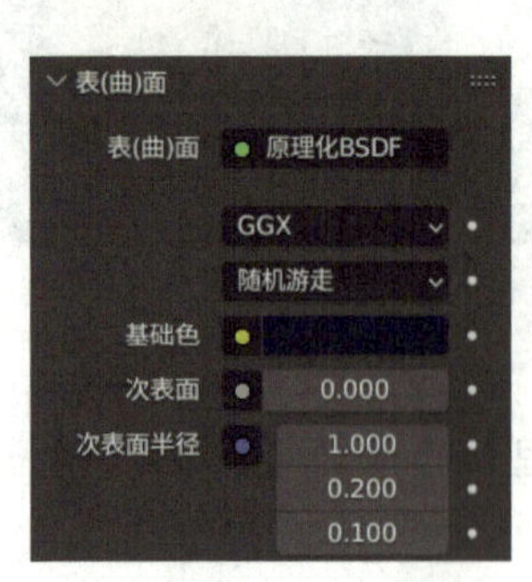

图　5-230

图　5-231

为杂草添加材质

选中杂草，在工作区右侧进入“材质”面板，单击“表（曲）面”—“基础色”，建议选取偏绿色的颜色，如图 5-232 所示。摄像机视图效果如图 5-233 所示。

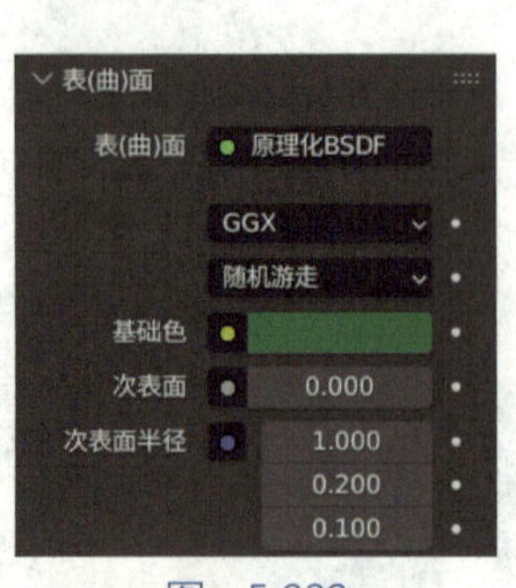

图　5-232

图　5-233

目前杂草是基于整个平面进行发射的，对枯树桩有了一个穿插的效果，需要改动一下杂草发射的区域。选中杂草，按 Tab 键进入编辑模式，按快捷键 I，为杂草的发射区域创建一个内插面，如图 5-234 所示。按快捷键 X，选择“面”选项，如图 5-235 所示。

按 Tab 键进入物体模式，摄像机视图效果如图 5-236 所示。

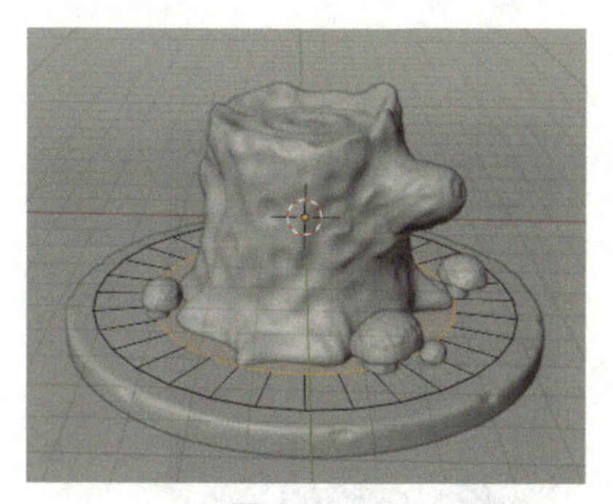
图 5-234

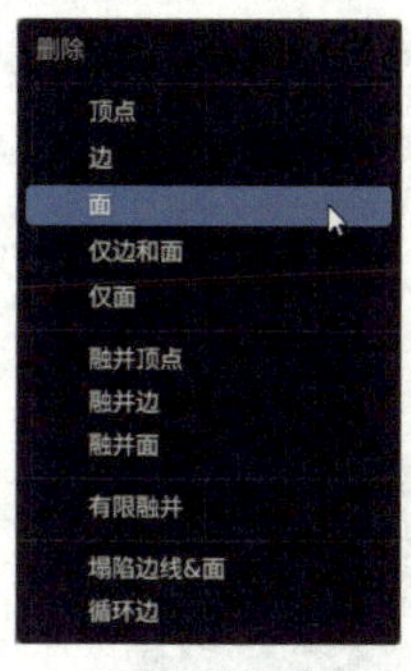

图 5-235

图 5-236

添加点光 002

选择“点光 001”，如图 5-237 所示。按快捷键～，进入顶视图，按快捷键 Shift+D，复制“点光 001”得到“点光 002”，适当调整“点光 002”的位置，如图 5-238 所示。摄像机视图效果如图 5-239 所示。

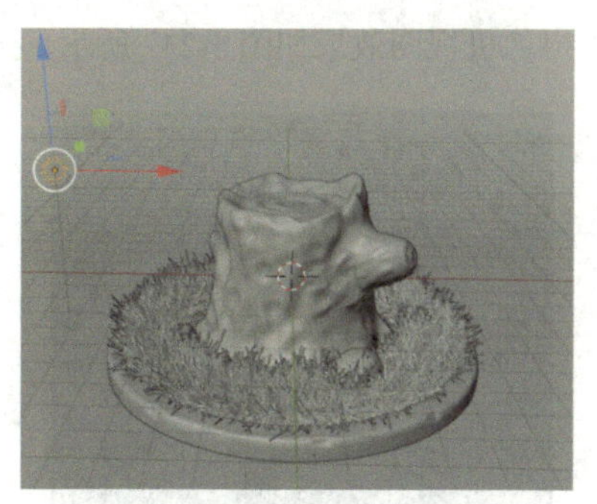
图 5-237

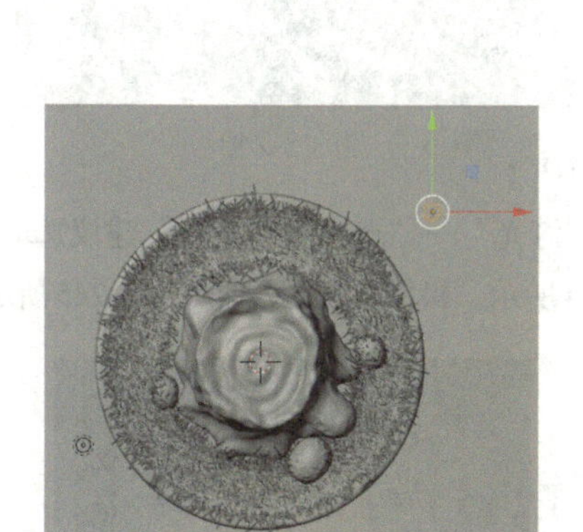
图 5-238

图 5-239

为点光源添加颜色

选择“点光 001”，如图 5-240 所示。在工作区右侧进入“物体数据”面板，选择“灯光”—“点光”，“颜色”建议选取偏红色的颜色，如图 5-241 所示。

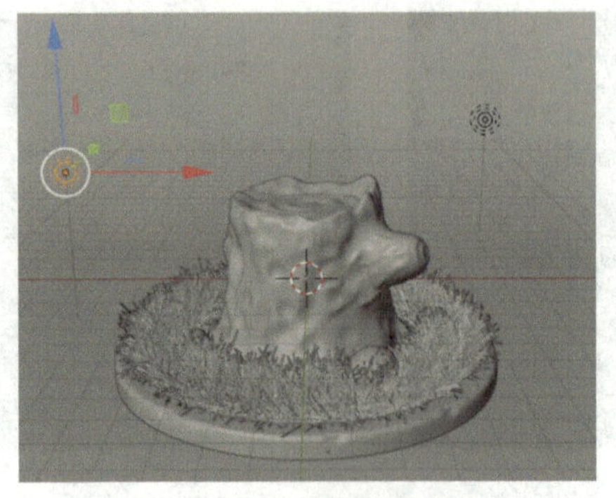

图　5-240

图　5-241

摄像机视图效果如图 5-242 所示。选择“点光 002”，如图 5-243 所示。

图　5-242

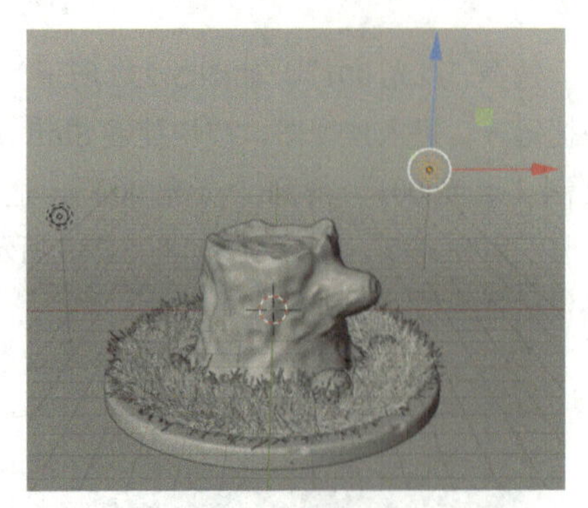

图　5-243

在工作区右侧进入“物体数据”面板，选择“灯光”—“点光”，“颜色”建议选取偏蓝色的颜色，“能量”建议调整为 1500W，如图 5-244 所示。摄像机视图效果如图 5-245 所示。

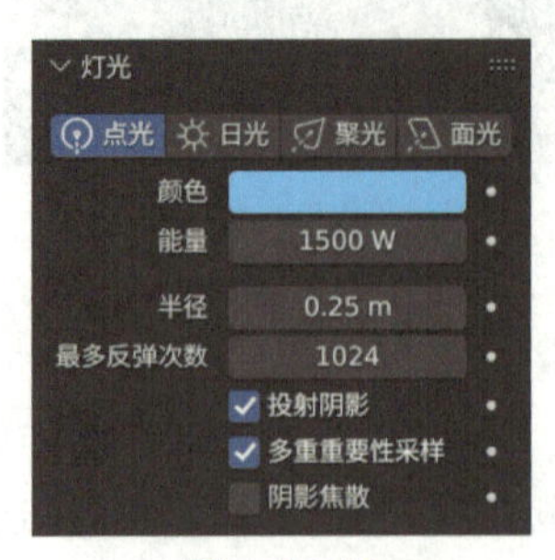

图　5-244

图　5-245

选择“点光001”，在工作区右侧进入“物体数据”面板，选择“灯光”—“点光”，“能量”建议调整为1500W，如图5-246所示。摄像机视图效果如图5-247所示。

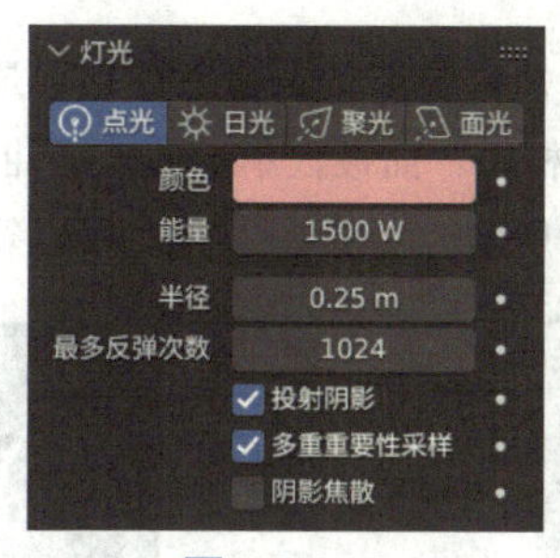

图 5-246

图 5-247

为蘑菇添加材质

选中蘑菇头，在工作区右侧进入“材质”面板，单击“表（曲）面”—“基础色”，建议选取偏黄色的颜色，如图5-248所示。摄像机视图效果如图5-249所示。

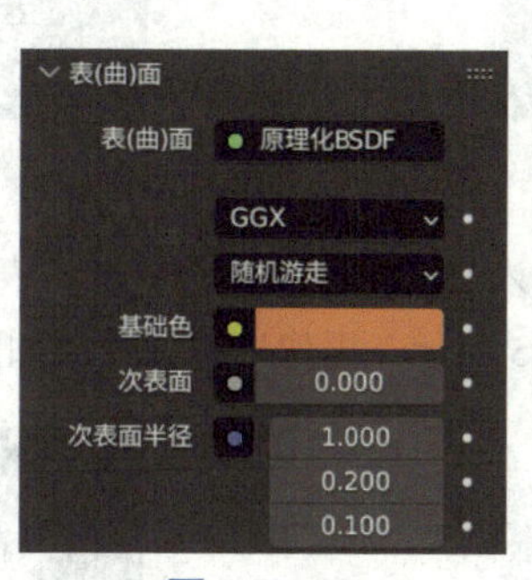

图 5-248

图 5-249

先选中所有没有添加材质的蘑菇头，然后选中已经添加材质的蘑菇头，如图5-250所示。按快捷键Ctrl+L，选择“关联材质”项，如图5-251所示。摄像机视图效果如图5-252所示。

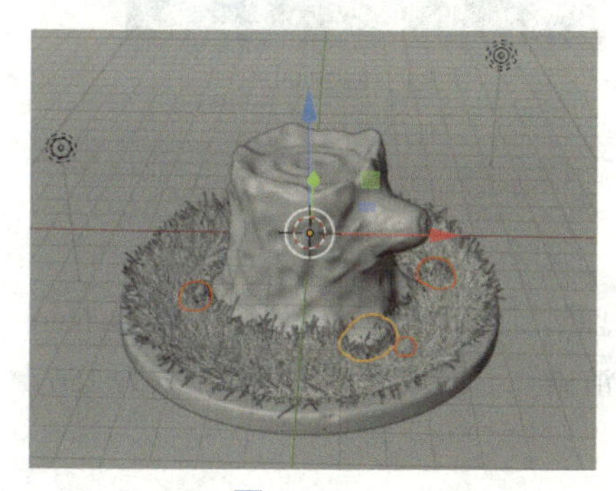
图 5-250

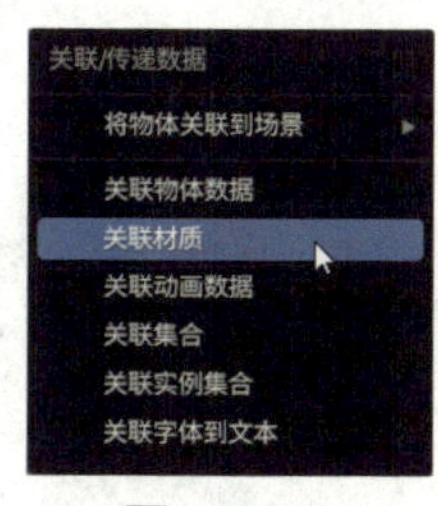

图 5-251

图 5-252

调整细节

在摄像机视图中可以发现，枯树桩模型当前不是很通透，有一些暗色区域，选中枯树桩模型，在工作区右侧进入“材质”面板，单击“表（曲）面”—“IOR 折射率”，建议将该值调整为 2.1，如图 5-253 所示。摄像机视图效果如图 5-254 所示。

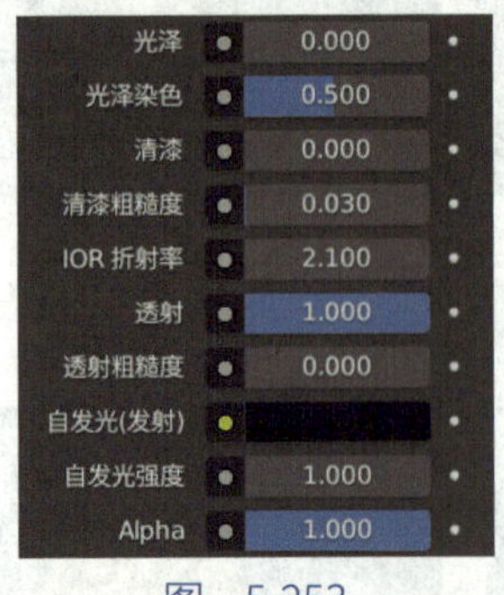

图　5-253

图　5-254

选中杂草，在工作区右侧进入“材质”面板，单击“表（曲）面”—“基础色”，建议颜色调整为翠绿色，如图 5-255 所示。摄像机视图效果如图 5-256 所示。

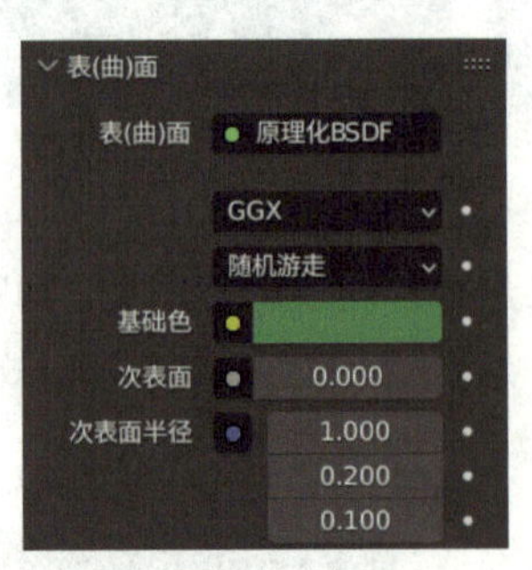

图　5-255

图　5-256

渲染

在工作区右侧进入“渲染”面板，选择“色彩管理”，“胶片效果”建议调整为 Medium High Contrast，如图 5-257 所示。选择“采样”—“渲染”，“最大采样”建议调整为 256，如图 5-258 所示。

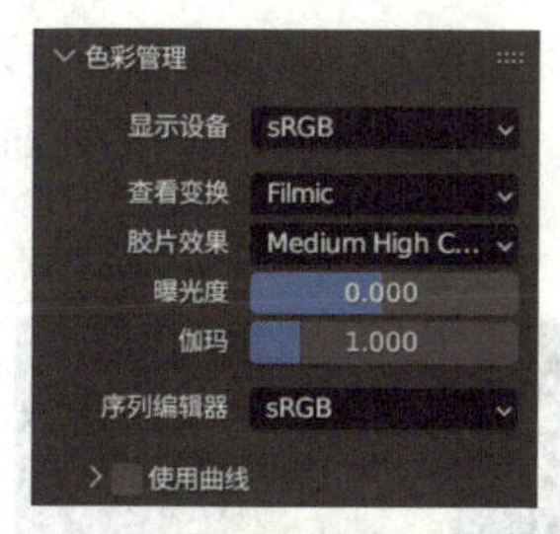

图 5-257

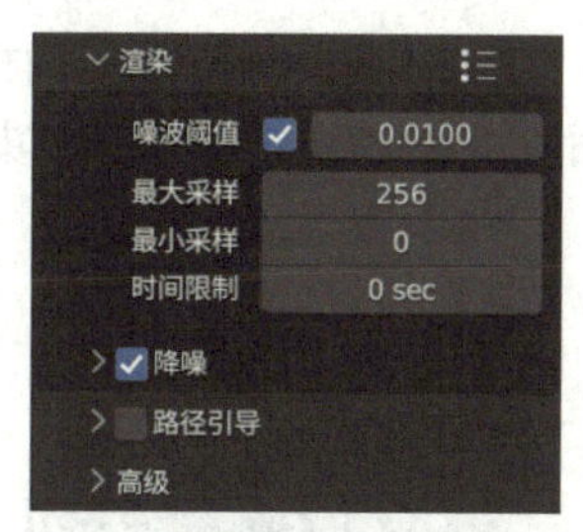

图 5-258

选择“渲染”—“渲染图像”，进行渲染测试，结果如图 5-259 所示。通过渲染测试可以发现，杂草覆盖的区域不够，选中杂草，按 Tab 键进入编辑模式，选中如图 5-260 所示的循环边。

图 5-259

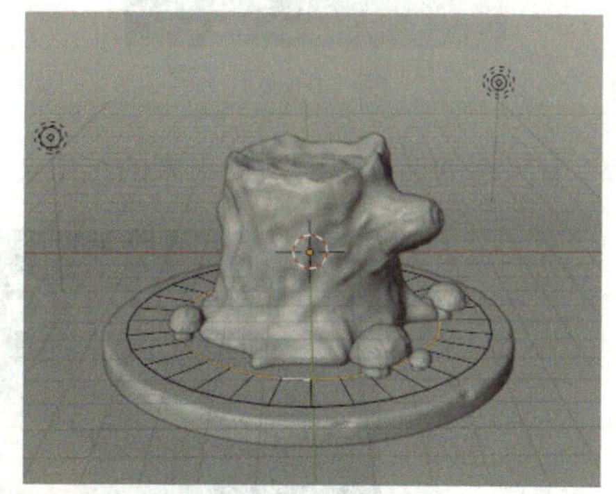

图 5-260

按快捷键 Alt+Z，进入透显模式，按快捷键 S，将循环边向内侧缩小，如图 5-261 所示。摄像机视图效果如图 5-262 所示。

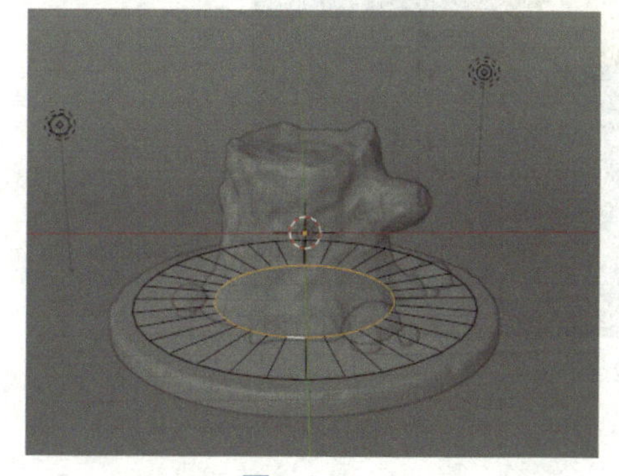

图 5-261

图 5-262

在工作区右侧进入“渲染”面板，选择“采样”—“渲染”，“最大采样”建议调整为 1024，如图 5-263 所示。选择“渲染”—“渲染图像”，进行最终的渲染出图，如图 5-264 所示。

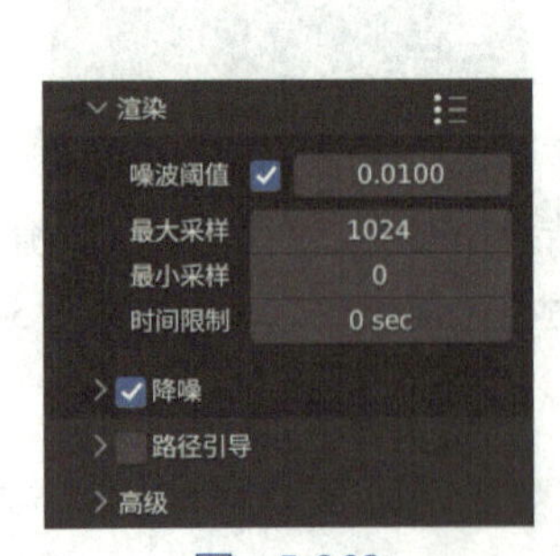

图　5-263

图　5-264

有兴趣的话可以对渲染出来的结果文件进行编辑，如图 5-265 所示。

图　5-265

第 6 章

子弹冲击案例

本章目标

制作子弹冲击动画，如图 6-1 所示。

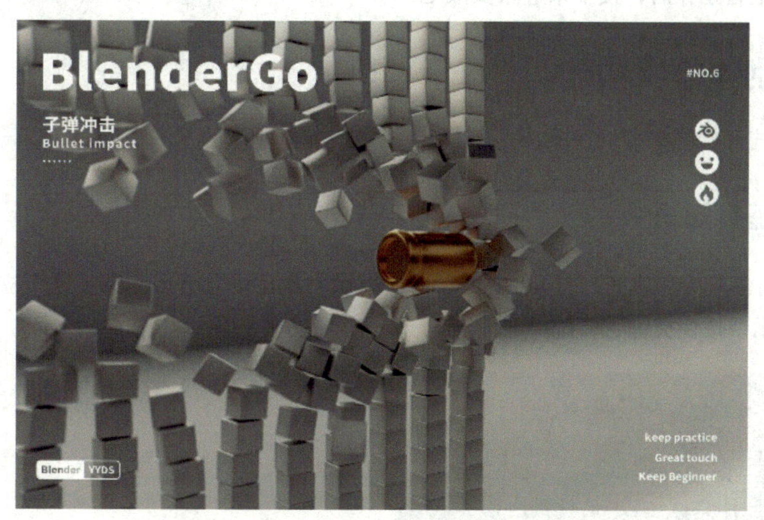

图 6-1

了解构建子弹冲击的工作流程，掌握 Blender 基本几何体、动画、调色、渲染方法。

本章重点

构建子弹冲击的工作流程

（1）分析需要构建的形象，在 Blender 中用简单的基本几何体进行建模。

（2）创建子弹冲击的动画效果。

（3）对渲染画面进行调色。

学习准备

案例拆解

（1）模型。子弹冲击是由子弹、被撞击物和地面组成。

子弹模型是由圆柱体进行形变形成的。被撞击物是由多个方块组成。地面是由平面进行形变得到的。

（2）动画。需要为模型添加刚体，以实现子弹冲击被撞击物，同时子弹和被撞击物可以掉落到地面上的自然现象。

（3）调色。首先需要为模型添加材质，找到一个合适的关键帧进行渲染，对渲染出来的图像进行调色，包含但不限于调整 RGB 曲线、色相饱和度等。

做好准备工作后，接下来进入实战吧！

6.1 刚体模块功能

在正式开始制作案例之前，先来了解一下 Blender 刚体的基本知识。

刚体的基本知识

1 创建猴头和地面。打开 Blender 后会默认创建一个立方体，选中这个立方体，如图 6-2 所示。按快捷键 X，选择“删除”，将这个立方体删除，如图 6-3 所示。

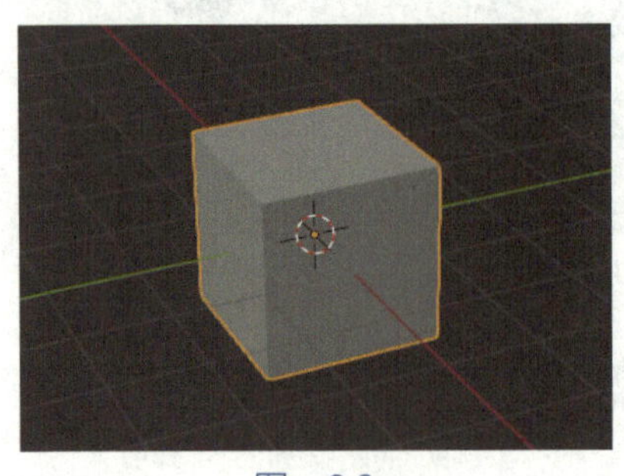

图 6-2

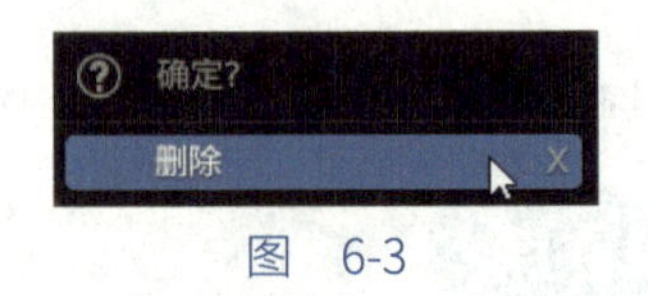

图 6-3

按快捷键 Shift+A，选择“网格”—“猴头”，创建一个 Blender 经典的猴头，按快捷键 Ctrl+2 进行细分，沿 z 轴向上适当调整其位置，如图 6-4 所示。按快捷键 Shift+A，选择“网格”—“平面”，在猴头的下方创建一个平面，按快捷键 S，将平面等比例放大，如图 6-5 所示。

图 6-4

图 6-5

接下来添加刚体。选中猴头模型，在工作区右侧进入“物理”面板，如图 6-6 所示，选择“刚体”，如图 6-7 所示，给猴头添加刚体。保持“刚体”的默认参数，单击“播放动画”，如图 6-8 所示。

图 6-6

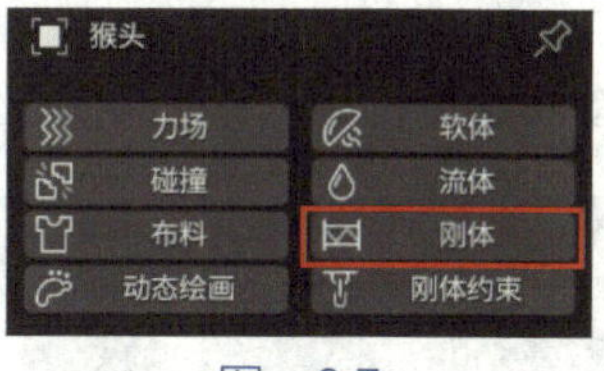

图 6-7

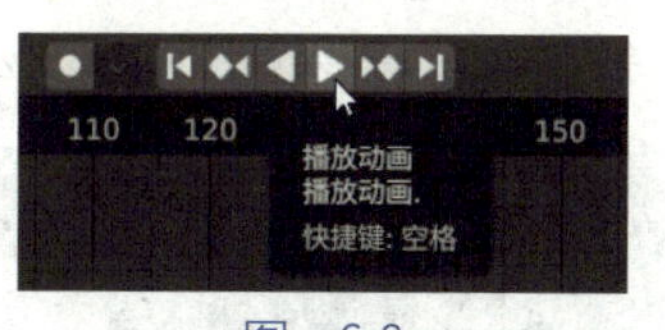

图 6-8

如图 6-9 所示，由于猴头模型没有支撑物，所以会从空中掉下来。

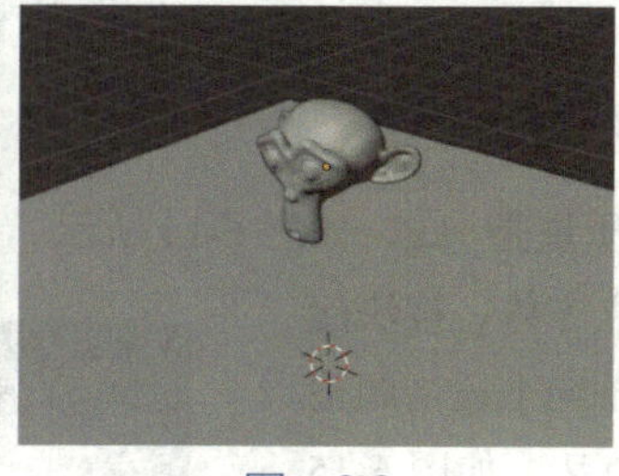

图 6-9

接下来给地面添加一个刚体。选中地面模型，在工作区右侧进入“物理”面板，选择“刚体”，保持“刚体”的默认参数，播放动画，效果如图 6-10 所示，猴头和地面会同时向下坠落。

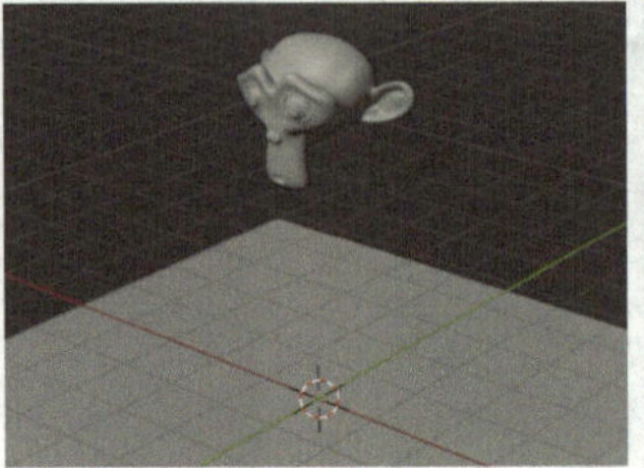
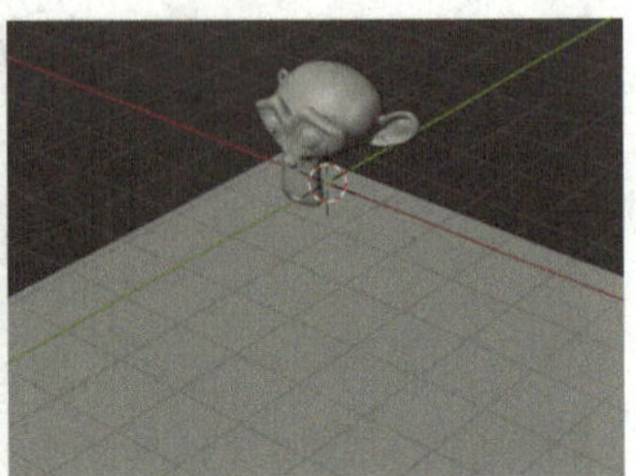

图　6-10

为了方便观察，可以展开“视图叠加层”，将“基面”“轴向”“3D 游标”关闭，如图 6-11 所示。选中地面，在工作区右侧进入“物理”面板，“刚体”类型选取“被动”，如图 6-12 所示。

图　6-11

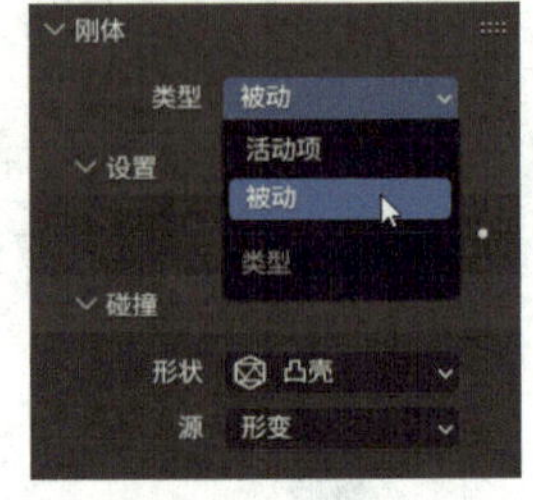

图　6-12

播放动画，效果如图 6-13 所示，活动的猴头和不动的地面会产生碰撞。

图　6-13

2　刚体质量。默认刚体质量是 1kg，如图 6-14 所示。按快捷键 Shift+A，选择“网格”—“立方体”，创建一个立方体，按快捷键 S，适当缩小立方体，沿 *z* 轴向上适当调整其位置，使立方体与地面不交叉，如图 6-15 所示。

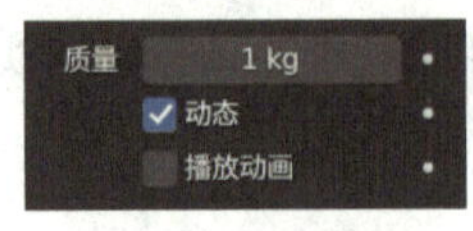

图　6-14

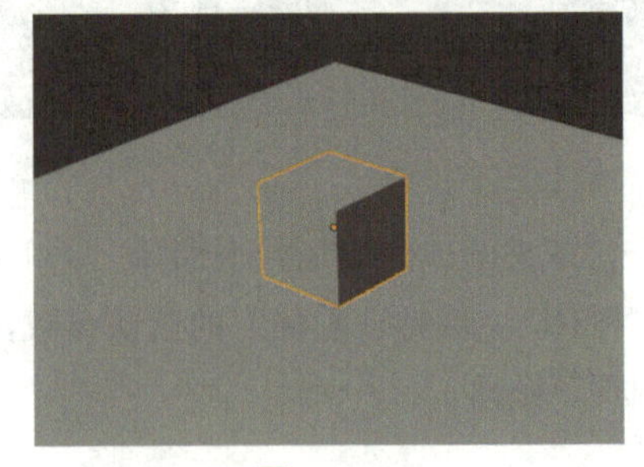

图　6-15

提示： 制作刚体的时候，如果物体有交叉，如图 6-16 所示，播放动画，交叉的立方体和地面会被弹开，如图 6-17 所示。

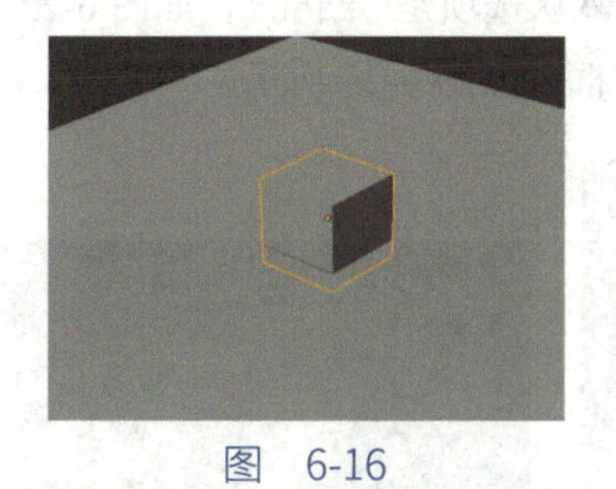
图 6-16

图 6-17

为立方体添加刚体，选中立方体模型，在工作区右侧进入“物理”面板，选择“刚体”，保持“刚体”的默认参数，播放动画，效果如图 6-18 所示，1kg 猴头坠落并砸到 1kg 立方体上面。

图 6-18

选中猴头模型，在工作区右侧进入“物理”面板，选择“刚体”—“设置”，“质量”调整为 100kg，如图 6-19 所示。

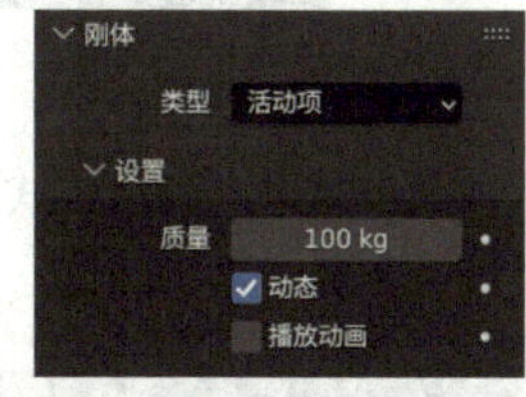

图 6-19

单击播放动画，100kg 的猴头坠落砸到 1kg 的立方体上面，效果如图 6-20 所示。

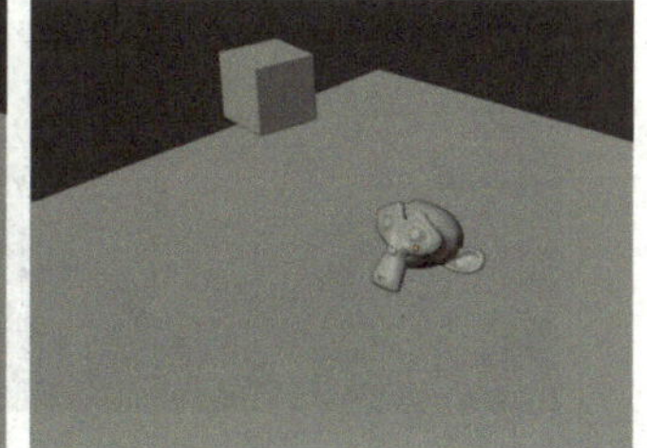
图 6-20

3 刚体形状。选中猴头模型，在工作区右侧进入“物理”面板，选择“刚体”—“设置”，“质量”调整为 1kg，如图 6-21 所示。选中猴头模型，在工作区右侧进入“物理”面板，选择“刚体”—“碰撞”,“形状”有很多选项，默认选项是“凸壳”，如图 6-22 所示。假如选择“方框”，猴头模型的碰撞关系将会变为方框，如图 6-23 所示。

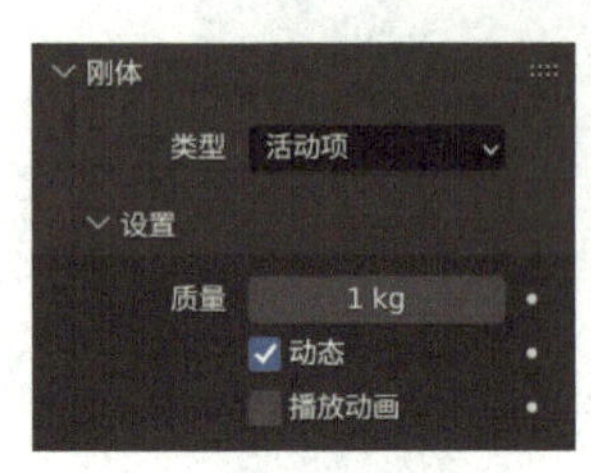

图　6-21

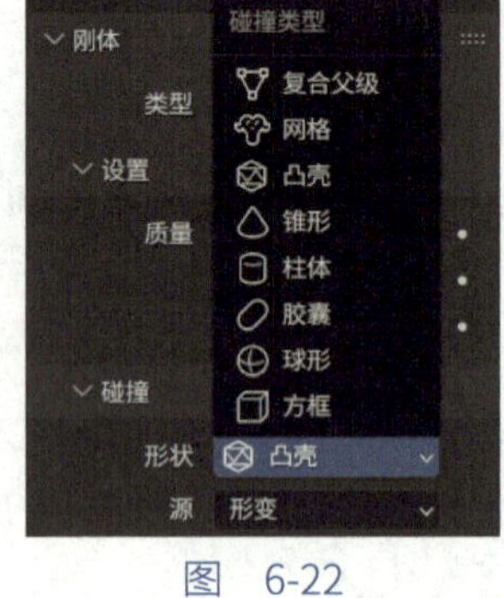

图　6-22

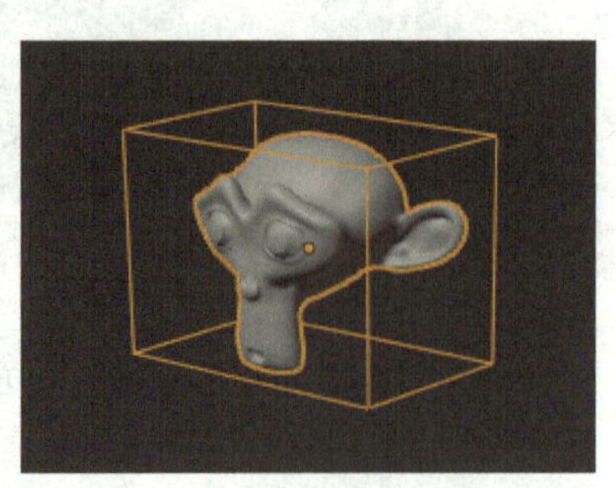

图　6-23

猴头模型保持默认“形状”选项“凸壳”。选中立方体模型，按快捷键 X，选择“删除”，如图 6-24 所示，将立方体删除。选中地面，按快捷键 S，将地面适当缩小一点，如图 6-25 所示。

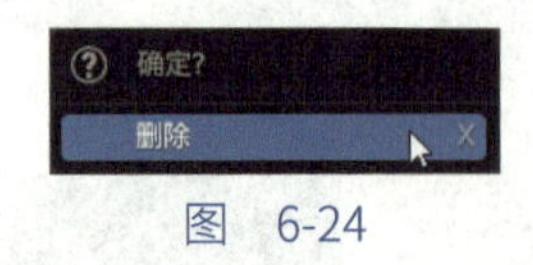

图　6-24

图　6-25

按 Tab 键进入编辑模式，按快捷键 I，创建内插面，如图 6-26 所示。按快捷键 E，向下拉伸，如图 6-27 所示。

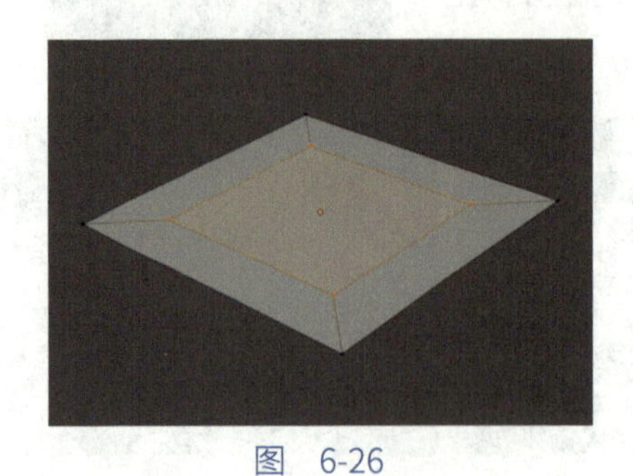

图　6-26

图　6-27

按 Tab 键进入物体模式，播放动画，效果如图 6-28 所示，可以发现，虽然在地面上创建了凹陷的平面，但是猴头并没有坠落到凹陷的平面上，猴头还是以创建凹陷平面之前的地平面作为碰撞关系进行解算。选中带有凹陷的地面，在工作区右侧进入“物理”面板，选择“刚体”—“碰撞”，将“形状”调整为“网格”，如图 6-29 所示。

播放动画，效果如图 6-30 所示，可以发现猴头以凹陷的平面作为碰撞关系进行解算，坠落到凹陷的平面上。

图 6-28

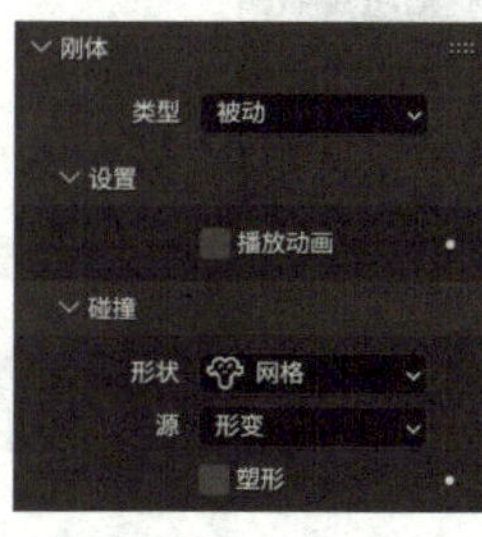

图 6-29

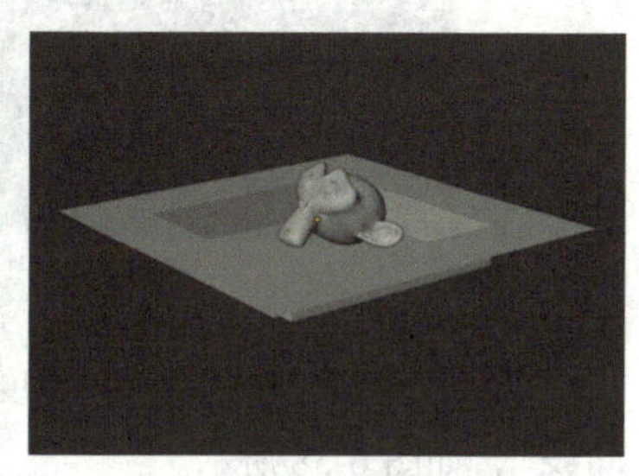
图 6-30

4 播放动画。在工作区右侧进入“物理”面板，选择“刚体”—“设置”，可以看到“播放动画”选项，如图 6-31 所示。“播放动画”选项不被选中的情况下，Blender 播放动画默认会按照刚体没有支撑会坠落的解算关系进行解算，例如猴头会坠落到地面上。选中地面，按快捷键 X，选择“删除”，如图 6-32 所示，将带有凹陷的地面删除。

图 6-31

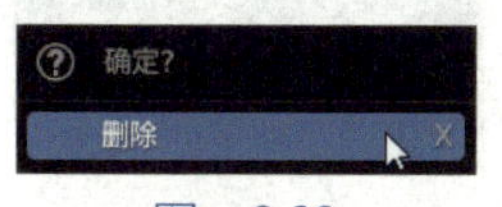

图 6-32

按快捷键 Shift+A，选择“网格”—“平面”，在猴头的下方创建一个平面，按快捷键 S，将平面等比例放大，如图 6-33 所示。选中地面，在工作区右侧进入“物体”面板，选择“变换”—“位置”，在 z 轴创建关键帧，如图 6-34 所示。

图 6-33

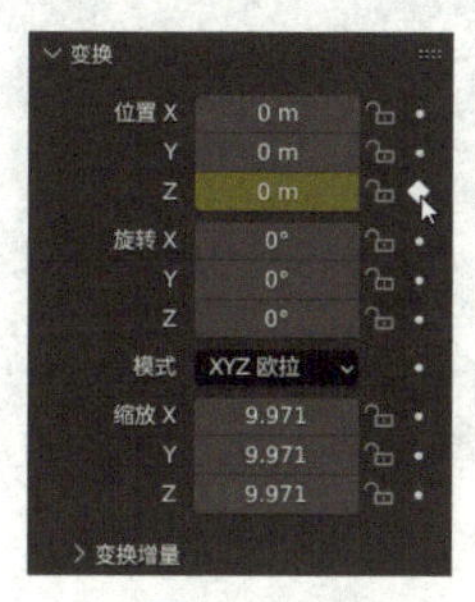

图 6-34

编辑器类型选取“曲线编辑器”，如图 6-35 所示。添加“噪波”修改器，如图 6-36 所示。

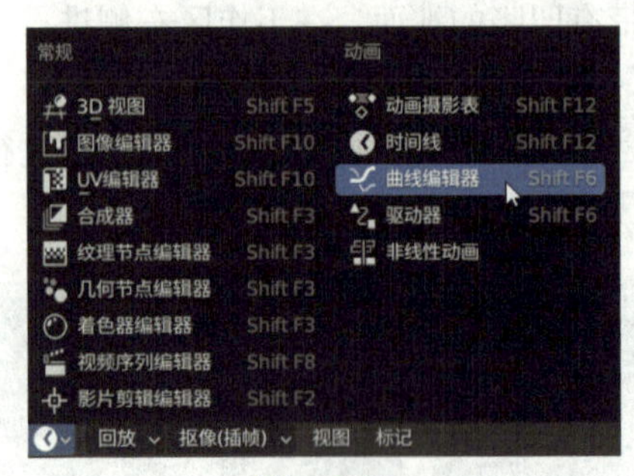

图　6-35

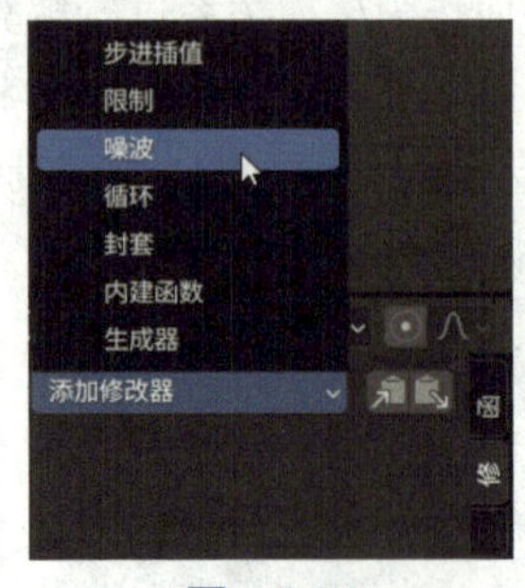

图　6-36

“噪波”修改器的“强度 / 力度”建议调整为 1.5，如图 6-37 所示。编辑器类型选取“时间线”，如图 6-38 所示。

图　6-37

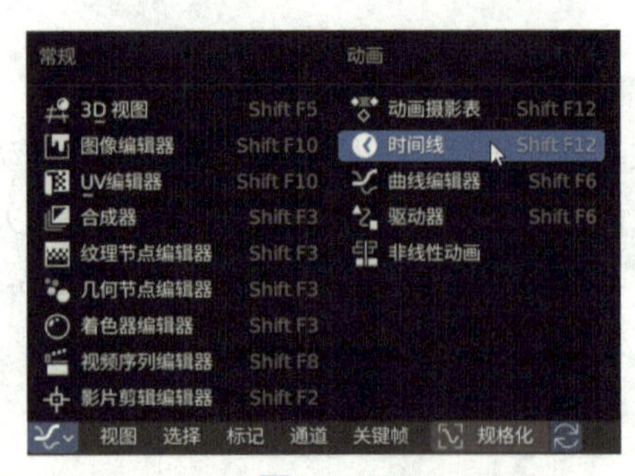

图　6-38

播放动画，地面产生了持续抖动，此时的地面还没有应用刚体，猴头坠落后穿过地面，效果如图 6-39 所示。

图　6-39

选中地面，在工作区右侧进入“物理”面板，选择“刚体”—“设置”，勾选“播放动画”选项，如图 6-40 所示。

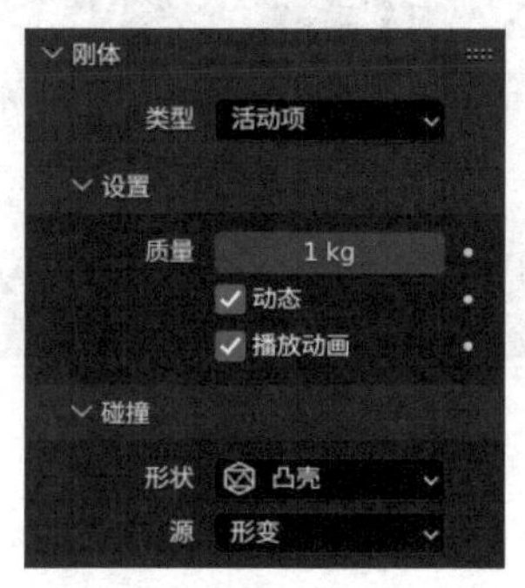

图 6-40

播放动画，抖动的地面对猴头产生了影响，如图 6-41 所示。

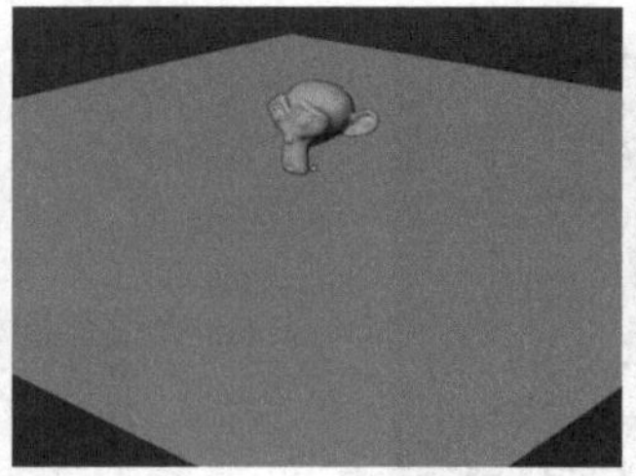

图 6-41

选中猴头模型，按快捷键 Shift+D，通过复制的方式多创建一些猴头模型，如图 6-42 所示。

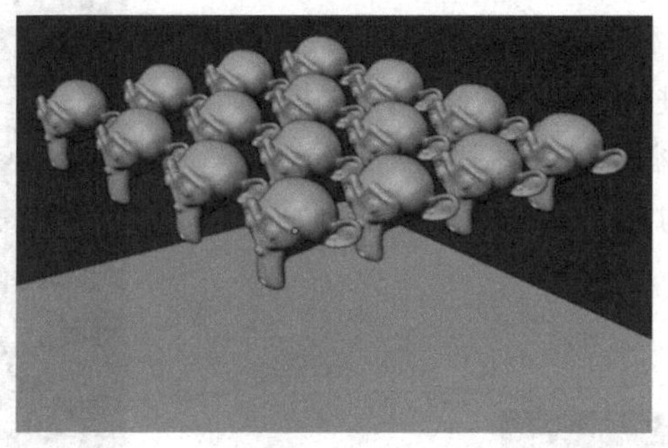

图 6-42

播放动画，多个猴头同时受到抖动的地面的影响，如图 6-43 所示。

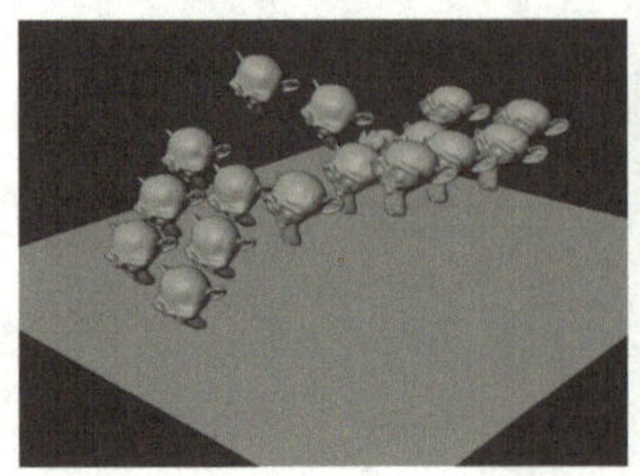

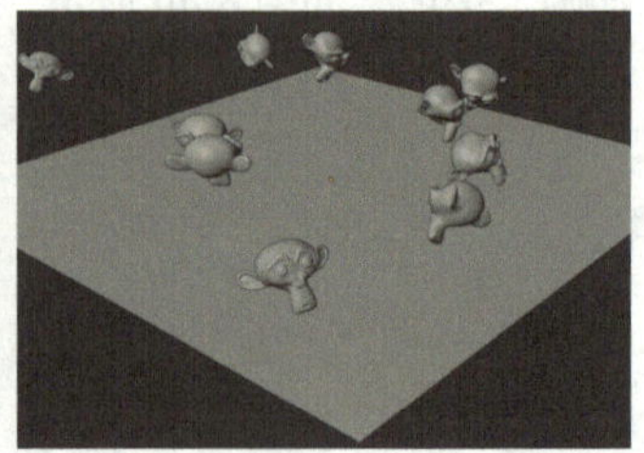

图　6-43

创建模型

1 创建被撞击的第一个基础方块。打开 Blender 后会默认创建一个立方体，选中这个立方体，如图 6-44 所示。按快捷键 N，展开侧边栏，立方体的默认尺寸如图 6-45 所示。

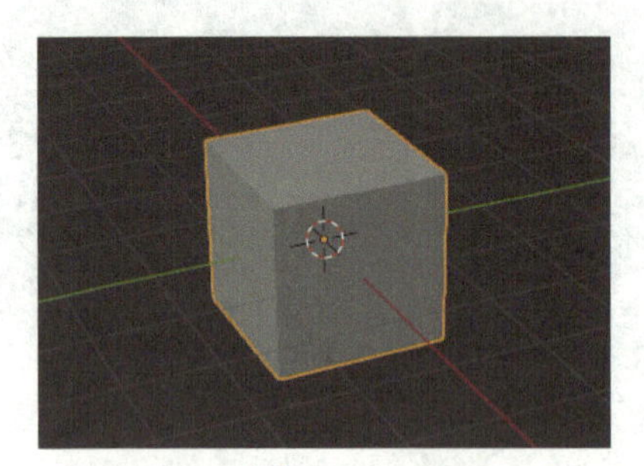

图　6-44

图　6-45

为了方便计算，建议将立方体的尺寸调整按照图 6-46 所示进行调整。立方体尺寸调整之后，相当于对立方体进行了缩小的操作，按快捷键 Ctrl+A，选择“缩放”，如图 6-47 所示，从而将缩放应用到立方体上。按快捷键 N，收起侧边栏。

图　6-46

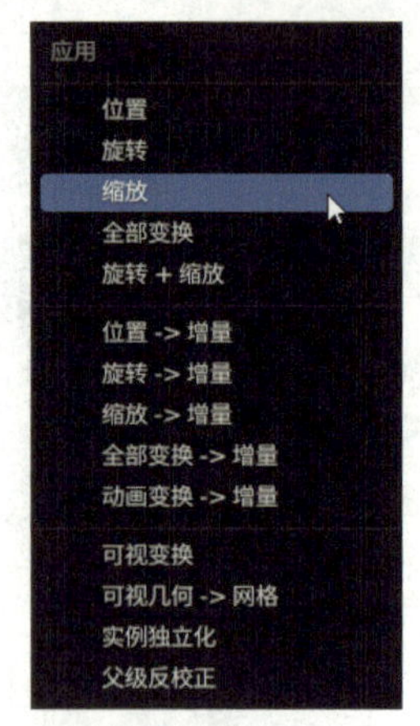

图　6-47

提示： 调整尺寸的时候可以将鼠标光标移至“X”尺寸上面，如图 6-48 所示。按住鼠标左键向下拖曳，可以同时调整“X”“Y”“Z”的尺寸，如图 6-49 所示。

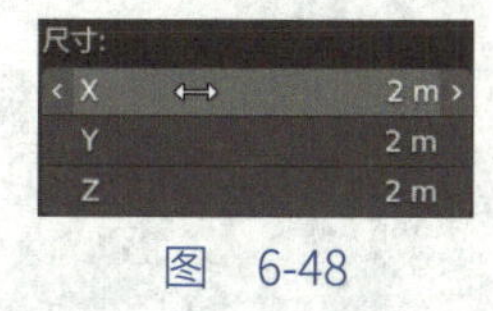

图 6-48

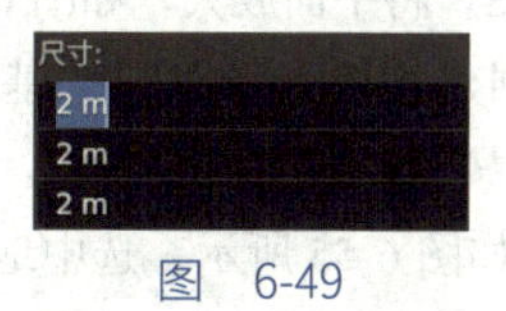

图 6-49

选中立方体，沿 *z* 轴向上移动其位置，使其位于基面之上，为了方便操作，可以将吸附的类型调整为“增量”，如图 6-50 所示。将吸“附功”能开启，如图 6-51 所示。

图 6-50

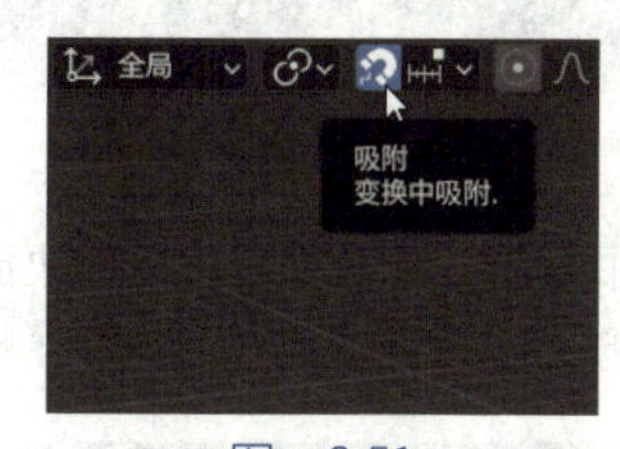

图 6-51

按快捷键～，进入前视图，如图 6-52 所示。将立方体移动至基面之上，如图 6-53 所示。

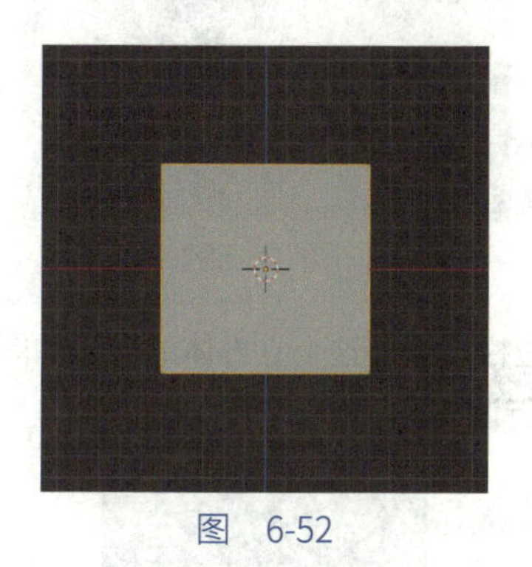
图 6-52

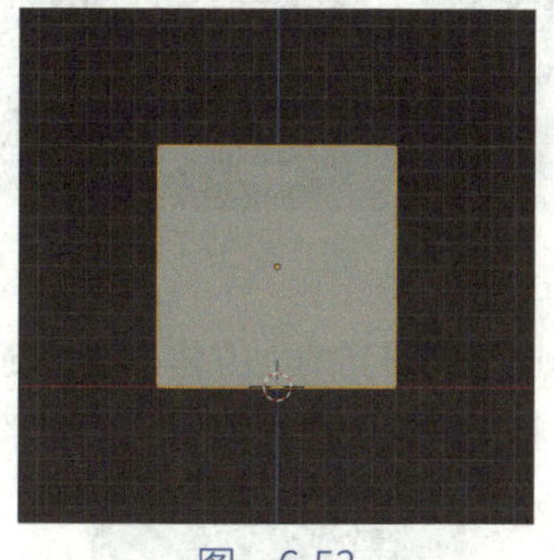
图 6-53

提示： 开启吸附的“增量”功能后，每次都可以精确地移动一个小方格的距离。

2 创建地面。按快捷键 Shift+A，选择“网格”—“平面”，在立方体的下方创建一个平面，按快捷键 S，将平面放大，如图 6-54 所示。

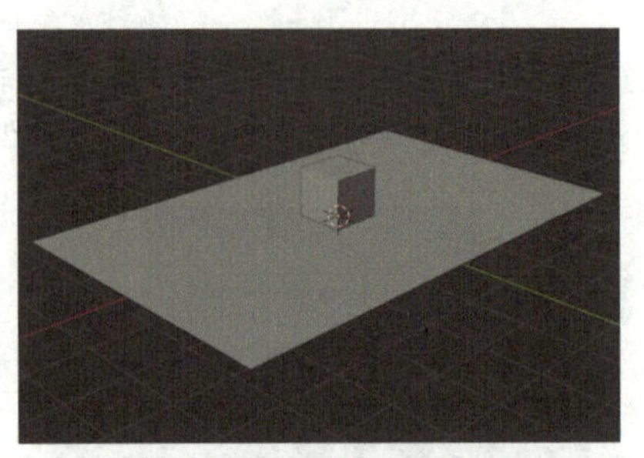

图　6-54

3 创建被撞击的第二个基础方块。选中立方体，按快捷键 Shift+D+X，将立方体沿 x 轴复制，如图 6-55 所示。选中地面，按快捷键 S+X，将地面沿 x 轴放大，如图 6-56 所示。

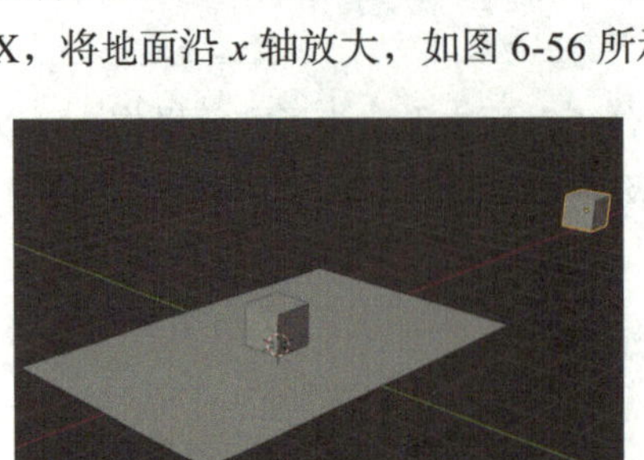

图　6-55

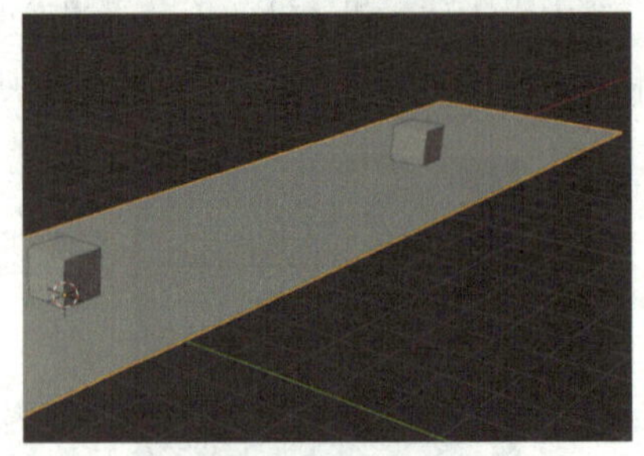

图　6-56

选中复制得到的立方体，按快捷键～，选择“查看所选”，如图 6-57 所示。效果如图 6-58 所示。

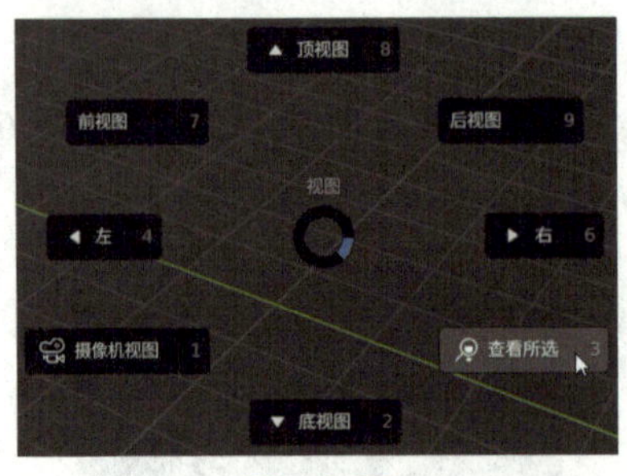

图　6-57

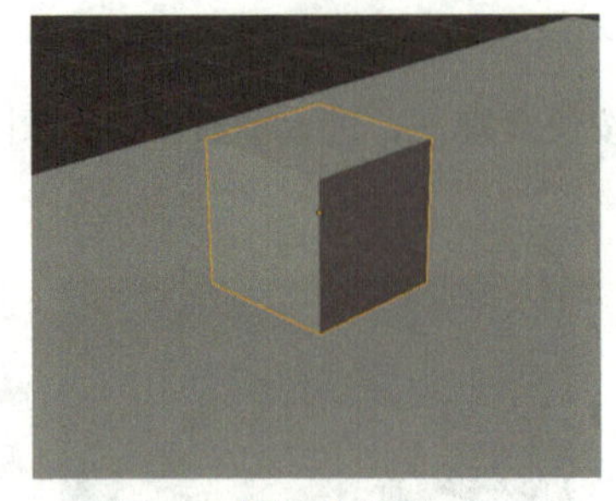

图　6-58

选中复制得到的立方体，按快捷键 N，展开侧边栏，当前这个立方体的尺寸如图 6-59 所示。将当前这个立方体的尺寸按照图 6-60 所示进行调整。

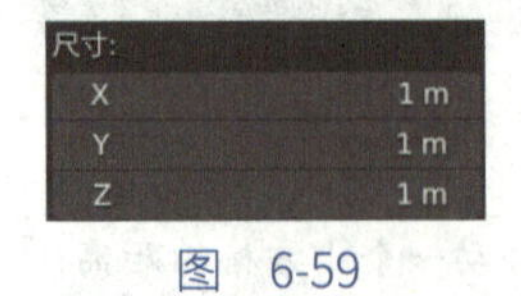

图　6-59

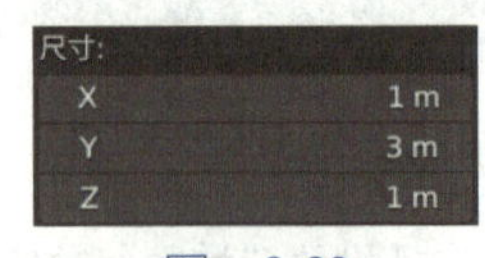

图　6-60

尺寸调整后的立方体如图 6-61 所示。当前吸附“增量”功能是开启的，按快捷键 Shift+D，沿 z 轴向上复制，如图 6-62 所示。

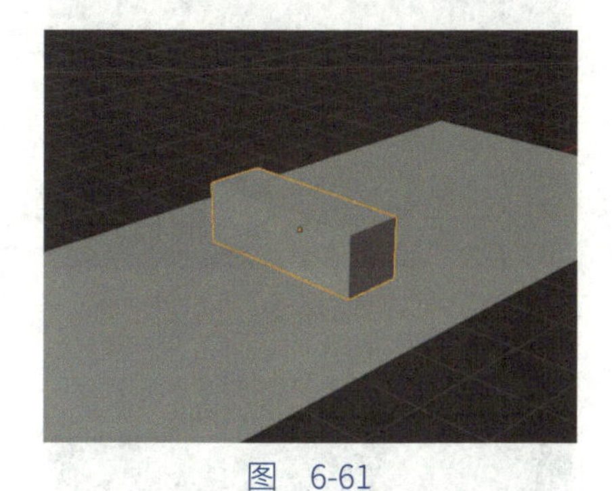

图 6-61

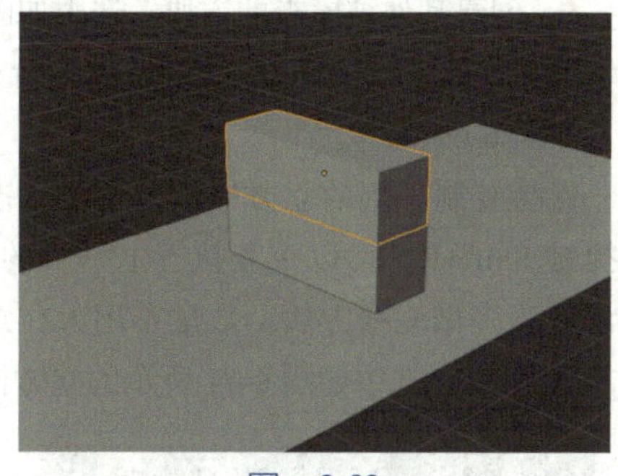

图 6-62

选中复制得到的立方体，按快捷键 R+Z+90，使立方体绕 z 轴旋转 90 度，如图 6-63 所示。适当调整旋转后的立方体的位置，如图 6-64 所示。

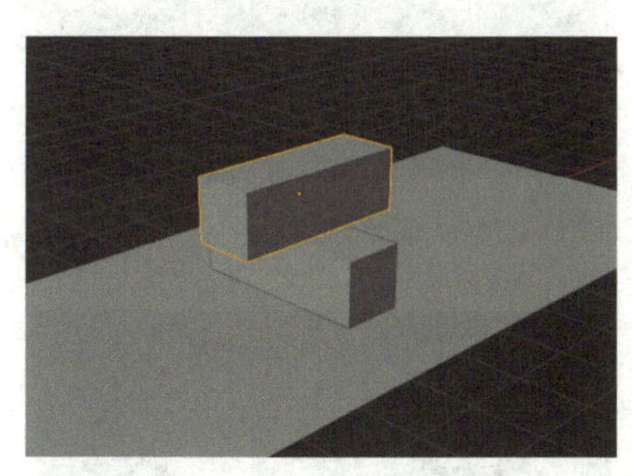

图 6-63

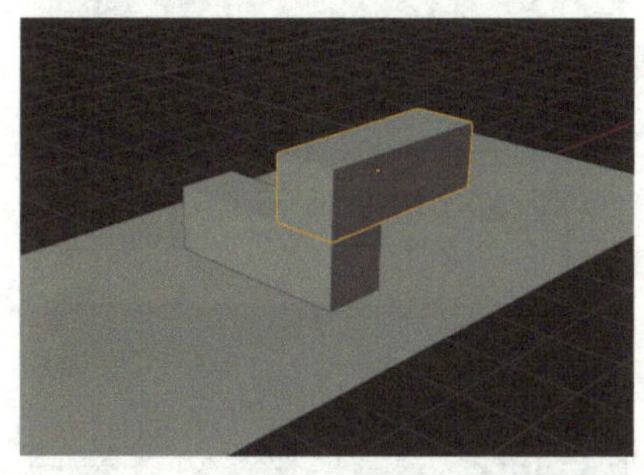

图 6-64

选中复制得到的立方体，按快捷键 Shift+D+Y，沿 y 轴复制，如图 6-65 所示。选中如图 6-66 所示的立方体。

图 6-65

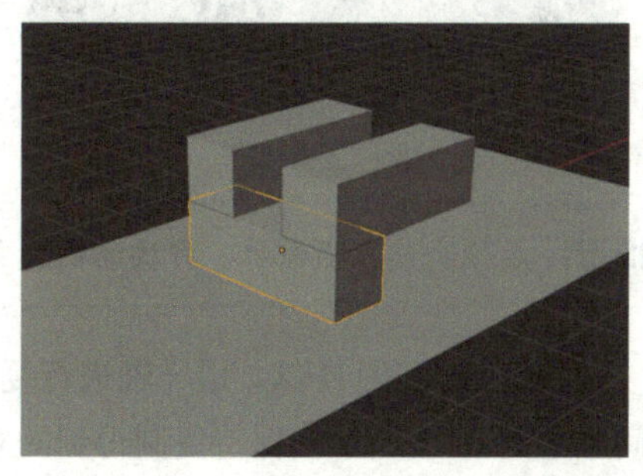

图 6-66

按快捷键 Shift+D+X，沿 x 轴复制，如图 6-67 所示。

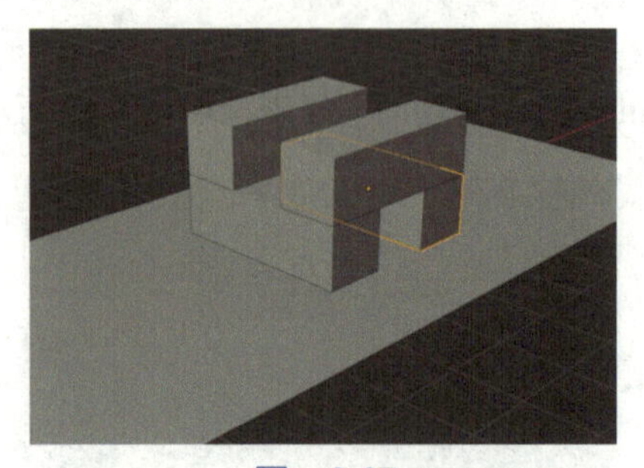

图　6-67

4 创建其他被撞击的方块。选中如图 6-68 所示的立方体。按快捷键 Shift+D+Z，沿 z 轴复制，如图 6-69 所示。

保持复制得到的立方体被选中的状态，按快捷键 Shift+R，可以重复执行上一步的操作，建议适当多做一些方块，数量不用太在意，如图 6-70 所示。选中如图 6-71 所示的立方体。

图　6-68

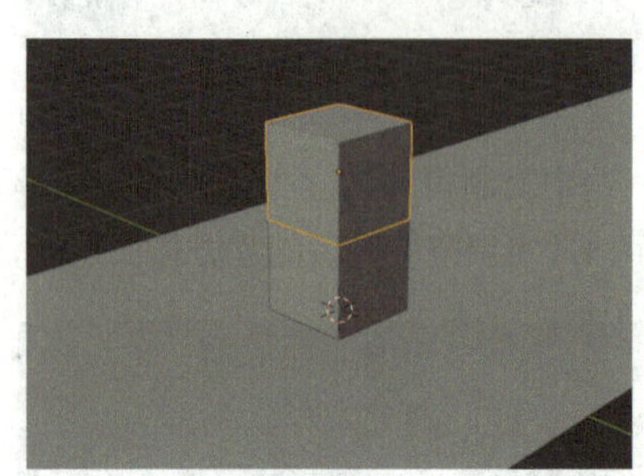

图　6-69

图　6-70

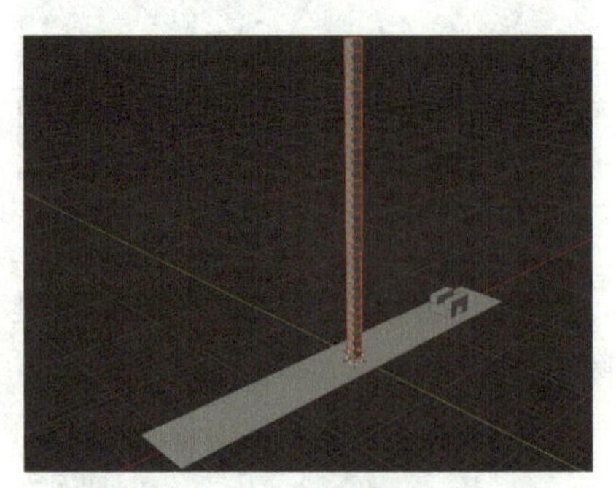

图　6-71

提示： 后期会建立摄像机，方块的高度需要超出摄像机视图范围。

按快捷键 Shift+D+X，沿 x 轴进行复制，此时吸附“增量”功能是开启的，方块之间的间距如图 6-72 所示。保持复制得到的立方体被选中的状态，如图 6-73 所示。

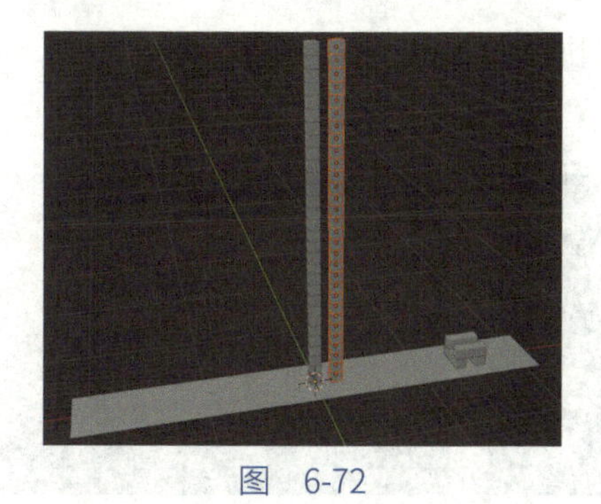

图 6-72

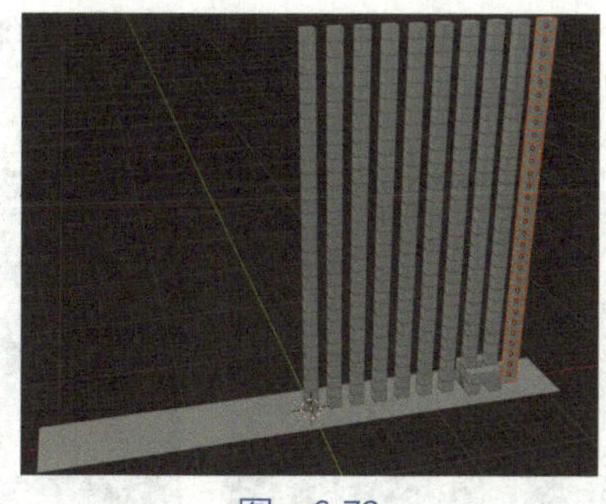

图 6-73

选中如图 6-74 所示的立方体。沿 x 轴向右侧适当移动其位置，如图 6-75 所示。

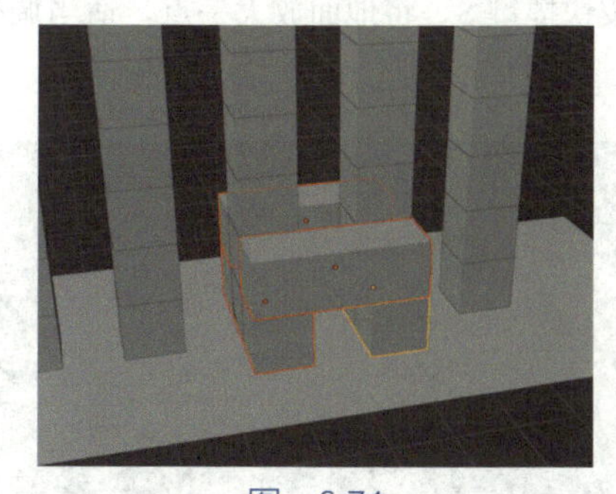

图 6-74

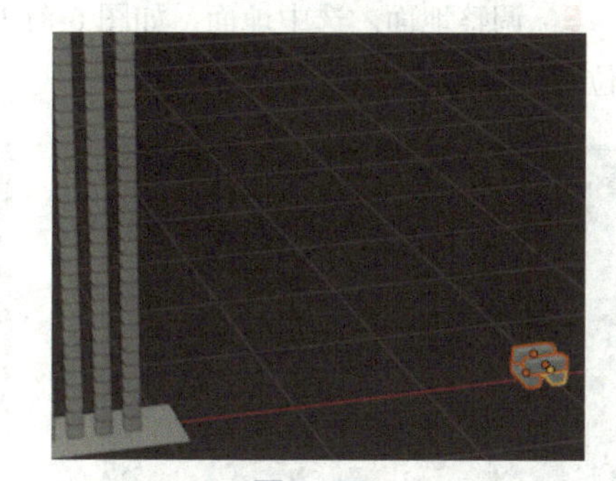

图 6-75

按快捷键 Shift+D+Z，沿 z 轴复制，如图 6-76 所示。保持复制得到的立方体被选中的状态，按快捷键 Shift+R，数量不用太在意，如图 6-77 所示。

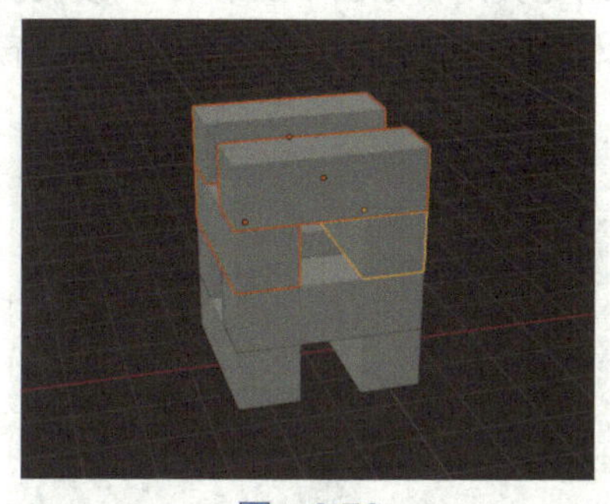

图 6-76

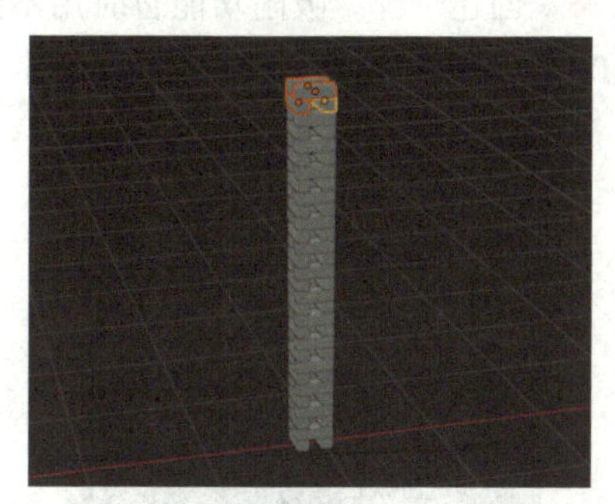

图 6-77

选中如图 6-78 所示的立方体。按快捷键 Shift+D+X，沿 x 轴进行复制，此时吸附“增量”功能是开启的，方块之间的间距如图 6-79 所示。

保持复制得到的立方体被选中的状态，按快捷键 Shift+R，数量不用太在意，如图 6-80 所示。

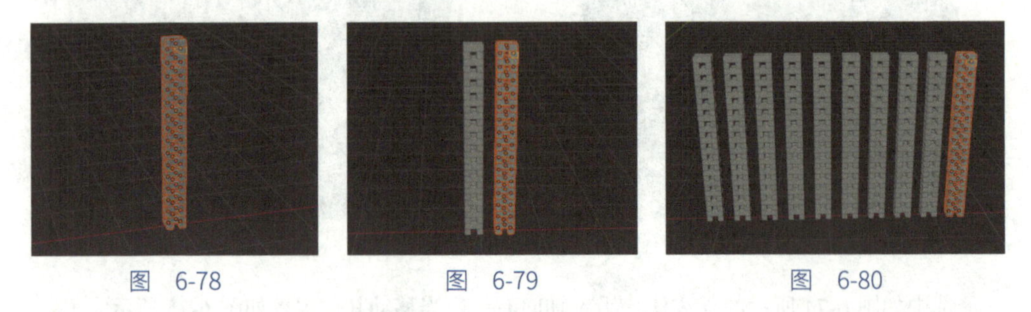

图　6-78　　图　6-79　　图　6-80

5 调整地面。选中地面，如图 6-81 所示。按快捷键 S，将地面放大一点，适当调整其位置，如图 6-82 所示。

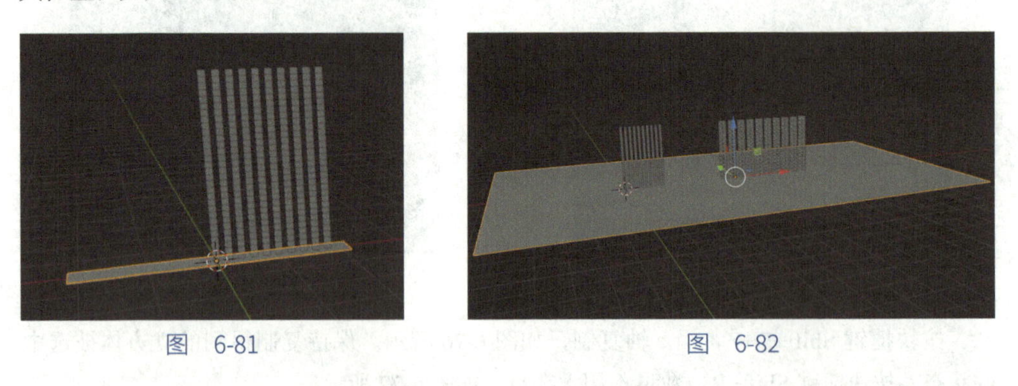

图　6-81　　图　6-82

6 创建子弹。吸附功能暂时用不到了，可以先关闭，如图 6-83 所示。按快捷键 Shift+A，选择“网格”—“柱体”，创建一个圆柱体，适当调整其位置，如图 6-84 所示。

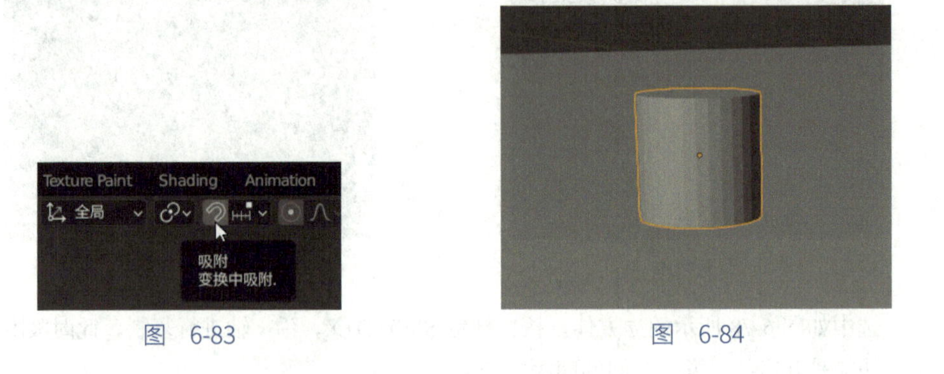

图　6-83　　图　6-84

将圆柱体绕 y 轴旋转 90 度，如图 6-85 所示。按 Tab 键进入编辑模式，选中如图 6-86 所示的面。

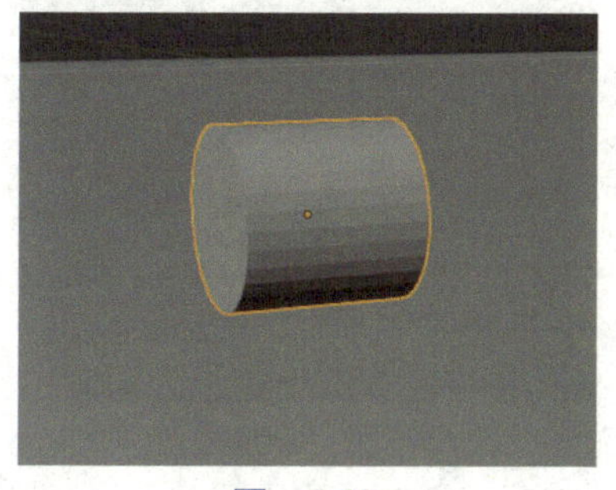

图 6-85

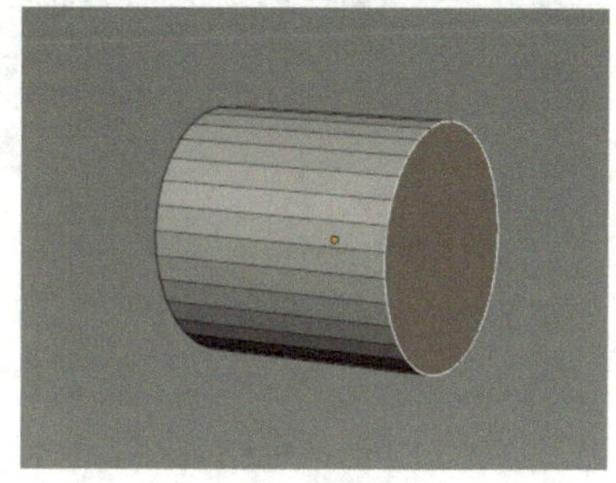

图 6-86

将所选中的面向右侧移动，距离适当即可，如图 6-87 所示。按快捷键 E，挤出选中面，如图 6-88 所示。

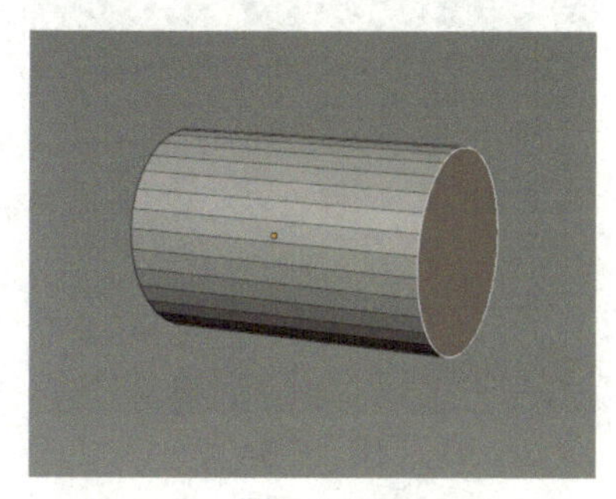

图 6-87

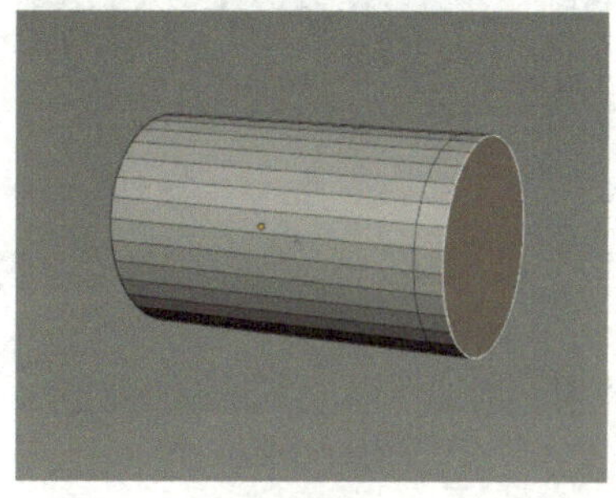

图 6-88

按快捷键 S，缩小选中面，如图 6-89 所示。重复对选中面执行挤出并缩小的操作，如图 6-90 所示。

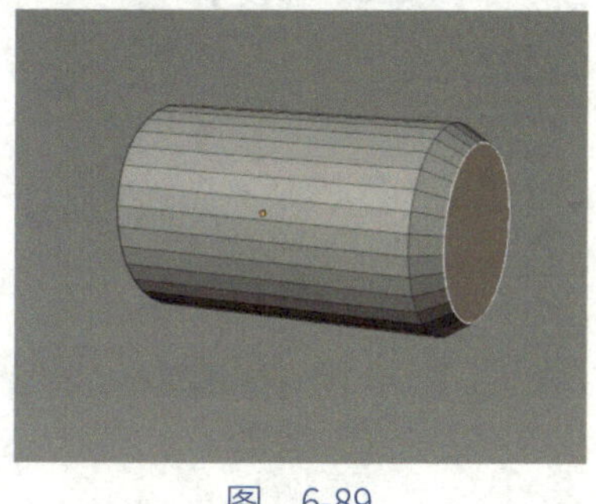

图 6-89

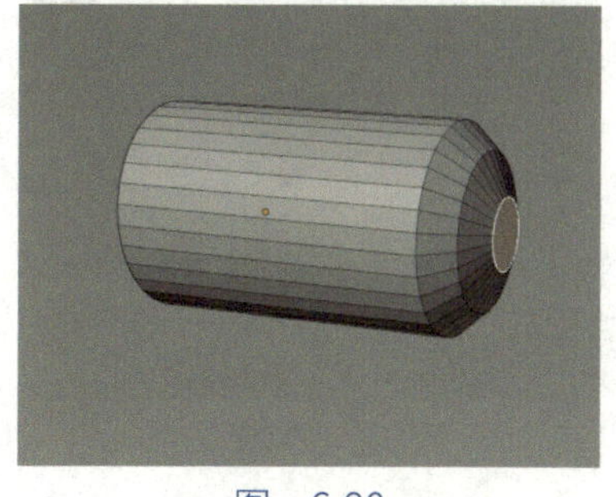

图 6-90

继续重复对选中面执行挤出并缩小的操作，如图 6-91 所示。选中如图 6-92 所示的面。

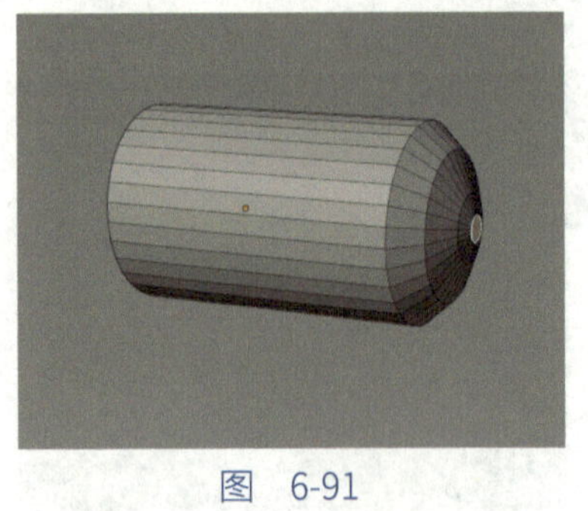
图　6-91

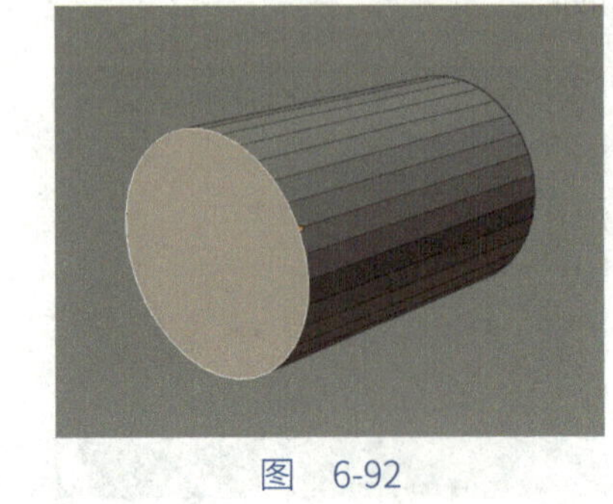
图　6-92

按快捷键 I，创建内插面，如图 6-93 所示。按快捷键 E，将创建的内插面向内侧挤出，如图 6-94 所示。

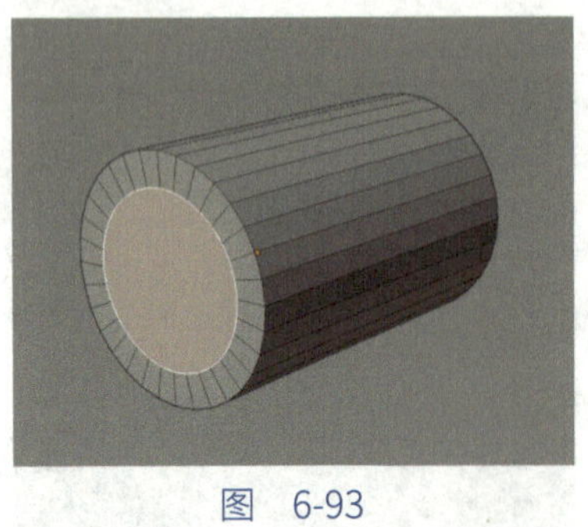
图　6-93

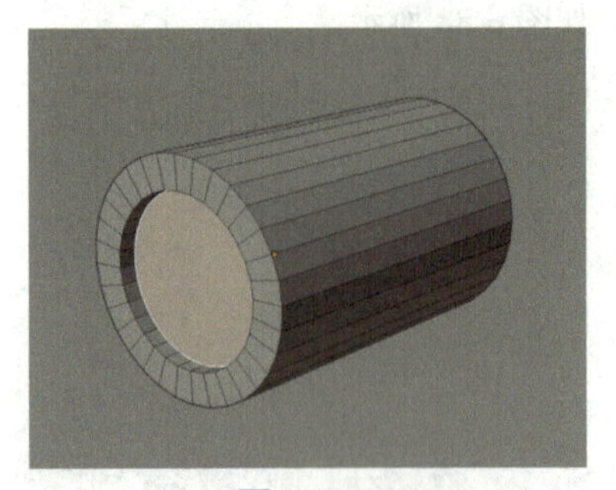
图　6-94

按快捷键 Alt，选中如图 6-95 所示的循环边。按快捷键 Ctrl+B，对选中的循环边进行圆角操作，如图 6-96 所示。

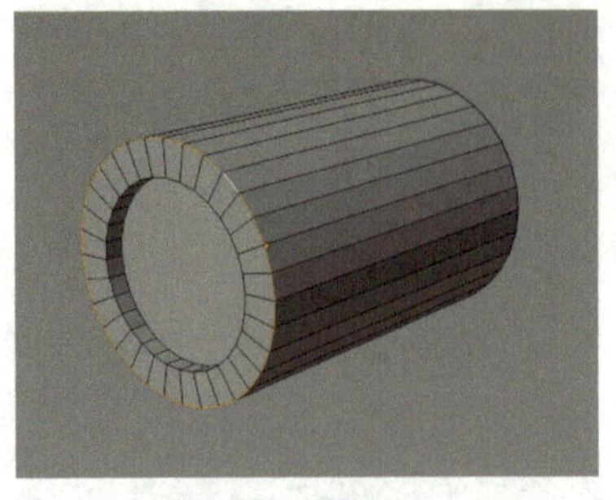
图　6-95

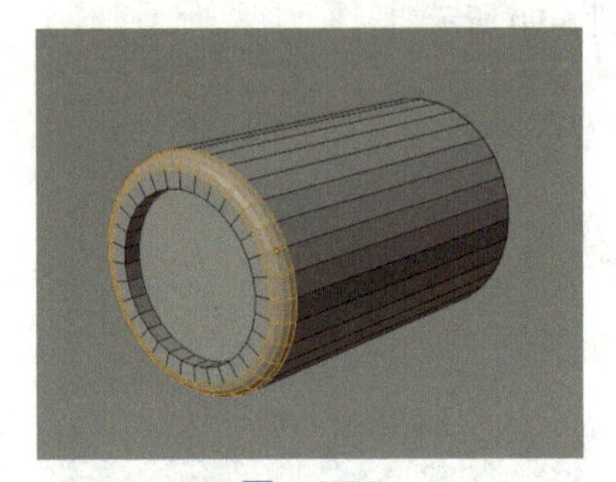
图　6-96

按快捷键 Shift+Alt，选中如图 6-97 所示的两条循环边。按快捷键 Ctrl+B，对选中的两条循环边进行圆角操作，如图 6-98 所示。

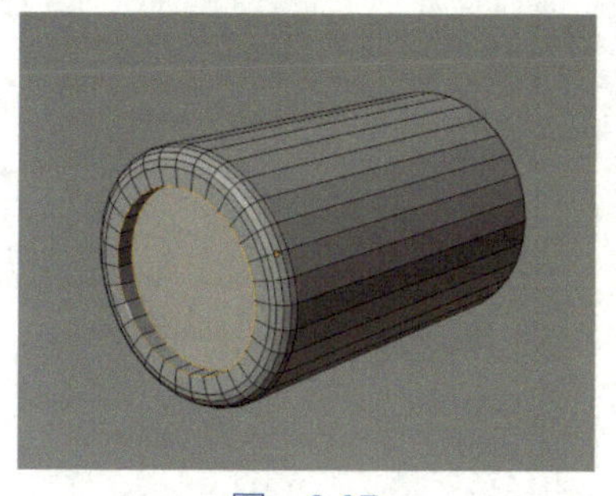
图 6-97

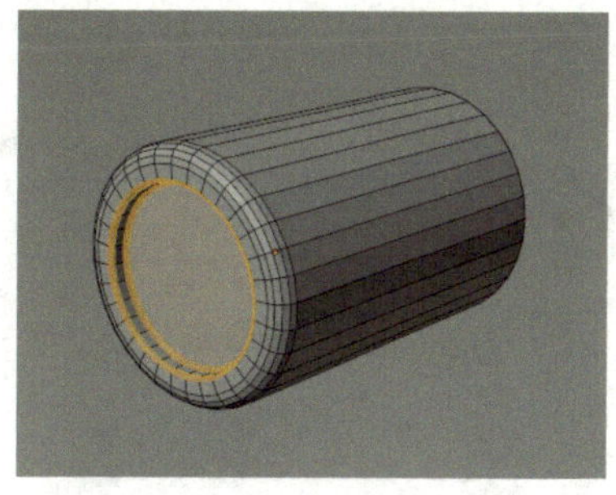
图 6-98

按 Tab 键进入物体模式，按快捷键 Ctrl+2，进行细分，如图 6-99 所示。按 Tab 键进入编辑模式，按快捷键 Alt，选中如图 6-100 所示的循环边。

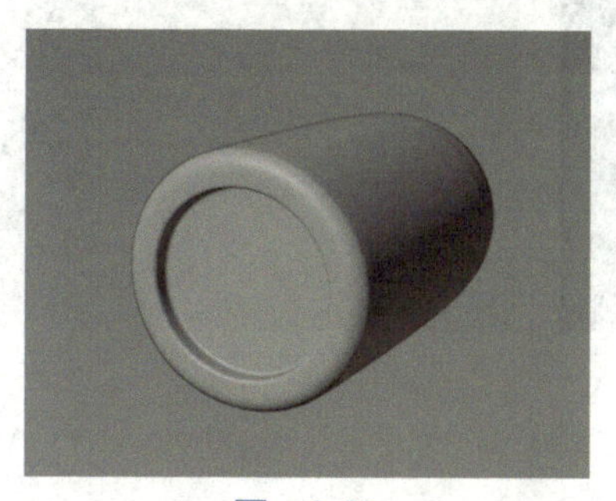
图 6-99

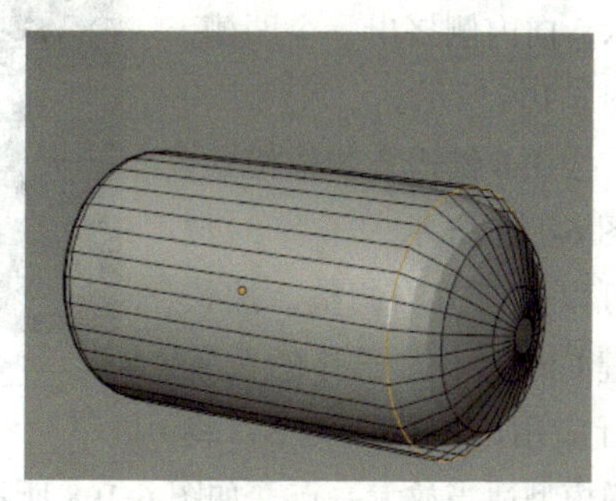
图 6-100

按快捷键 Ctrl+B，对选中的循环边进行圆角操作，如图 6-101 所示。头部有一点尖，选中头部的面，向内侧移动，如图 6-102 所示。

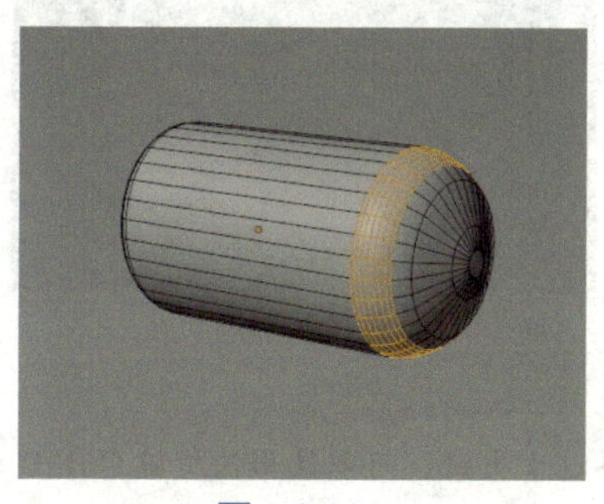
图 6-101

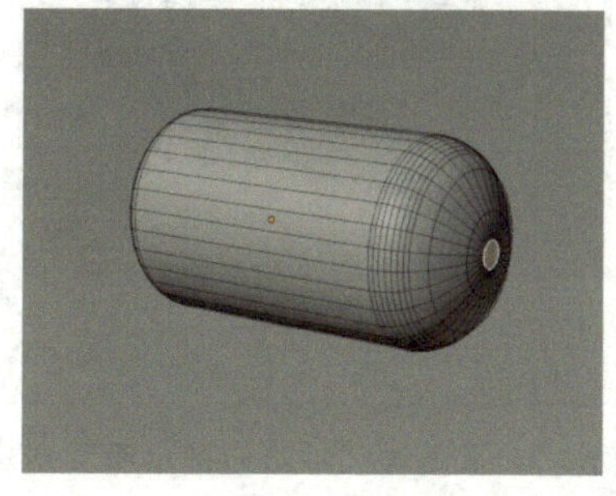
图 6-102

按快捷键 Ctrl+R，添加一条循环边，位置适当即可，如图 6-103 所示。按快捷键 Ctrl+B，对创建的循环边进行圆角操作，如图 6-104 所示。

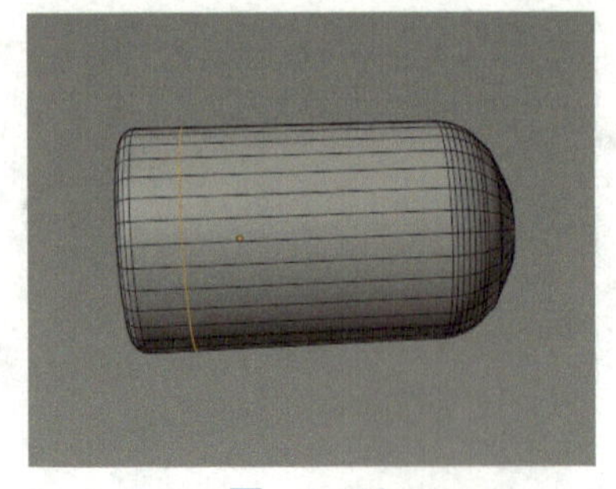

图　6-103

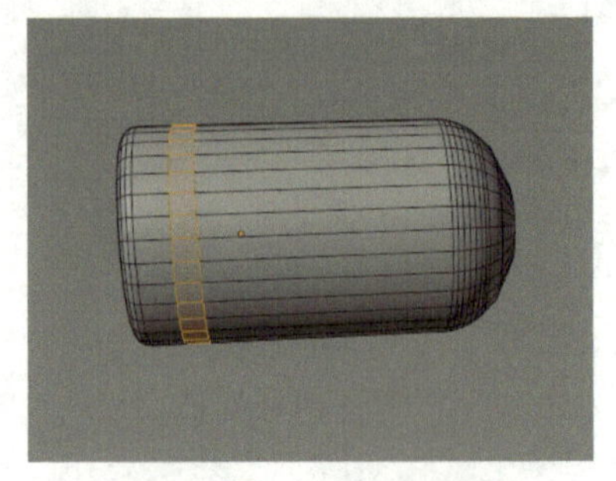

图　6-104

按快捷键 Alt+E，选择“沿法向挤出面”，如图 6-105 所示。向内侧挤出一个凹槽，如图 6-106 所示。

按 Tab 键进入物体模式，如图 6-107 所示。子弹的位置可以进行适当调整，按快捷键 Ctrl+A，对子弹的位置进行应用，按快捷键 S，将子弹模型适当放大一点，如图 6-108 所示。

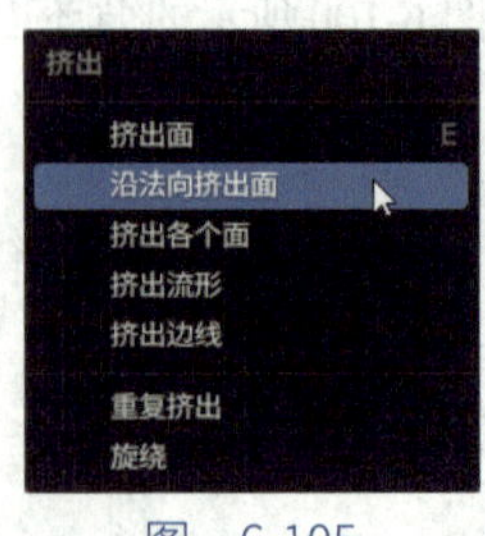

图　6-105

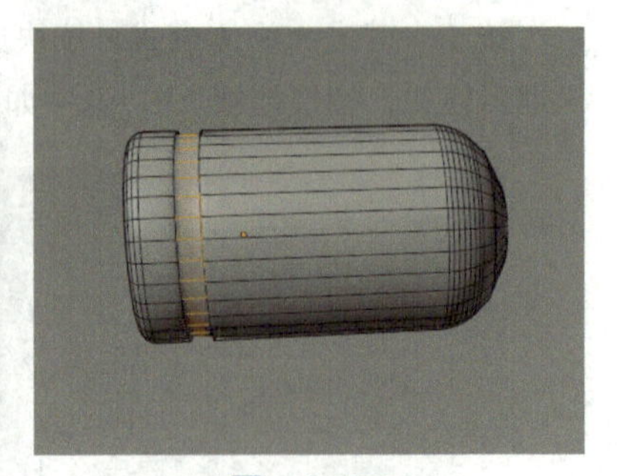

图　6-106

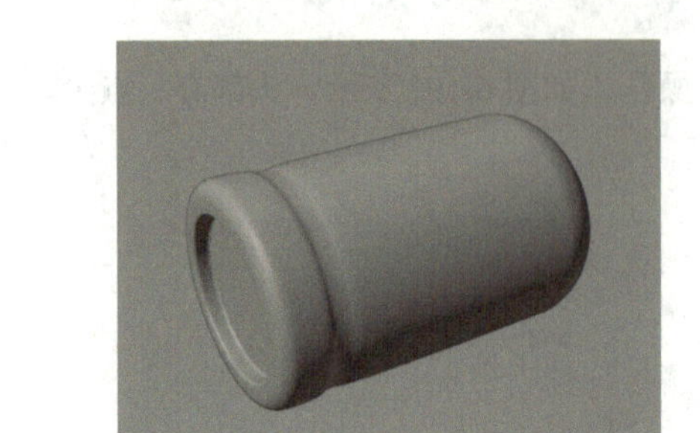

图　6-107

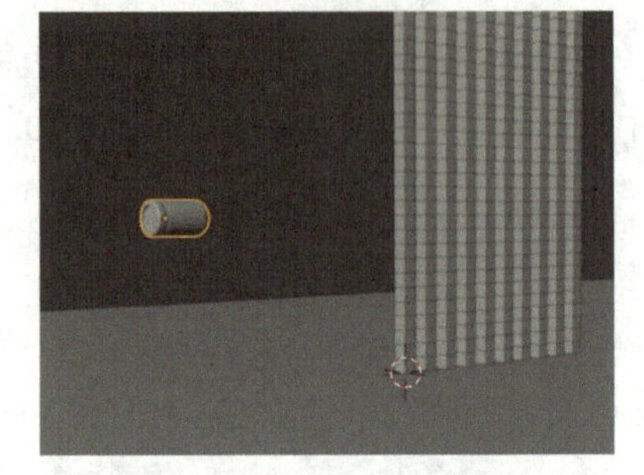

图　6-108

提示： 如果通过“沿法向挤出面”创建的凹槽边界过于尖锐，可以使用快捷键 Ctrl+B 进行圆角操作。

7 完善细节。目前被撞击的方块边缘位置都非常尖锐，所以选中如图 6-109 所示的方块，在工作区右侧进入“修改器”面板，选择“添加修改器”—“倒角”，给该立方体添加倒角。“倒角”修改器中的“段数”参考数值为 4，“(数) 量”参考数值为 0.05，效果如图 6-110 所示。

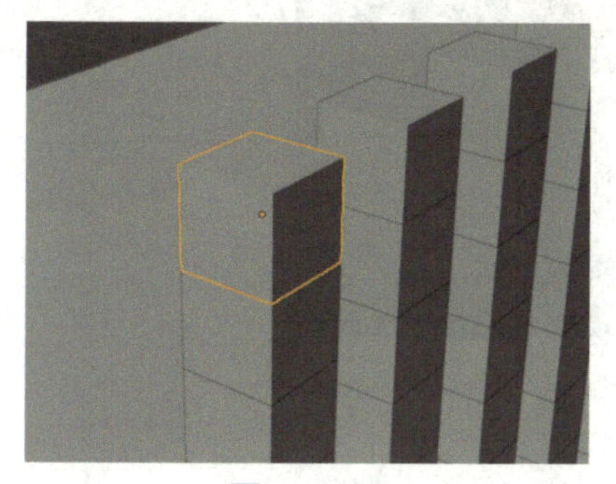

图 6-109

图 6-110

单击鼠标右键，选择“平滑着色”，如图 6-111 所示。先选中倒角之外的被撞击的方块，最后选中倒角的被撞击的方块，如图 6-112 所示。

按快捷键 Ctrl+L，选择“复制修改器”，如图 6-113 所示。效果如图 6-114 所示。

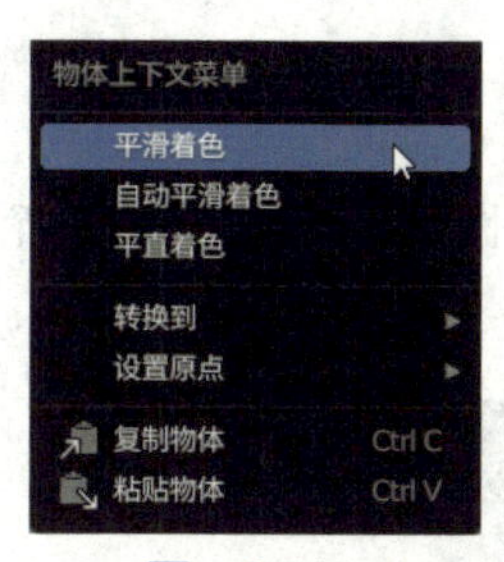

图 6-111

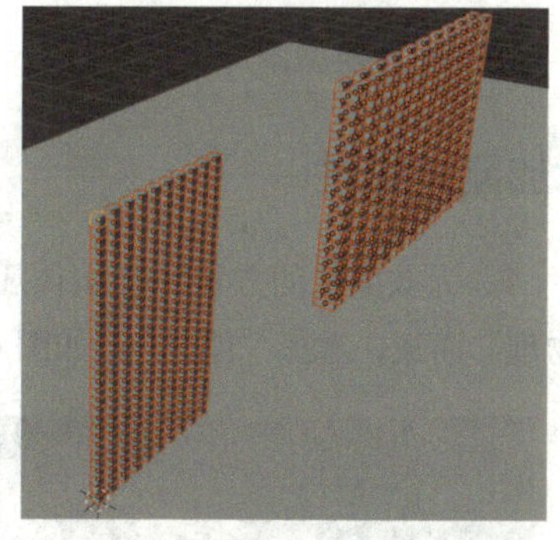

图 6-112

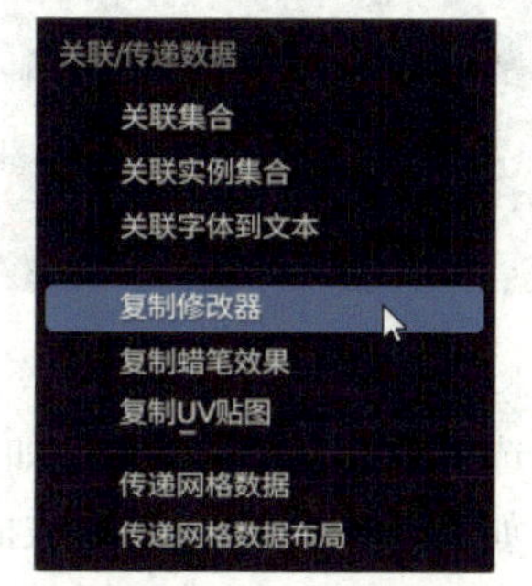

图 6-113

图 6-114

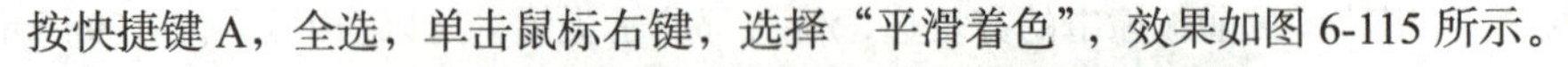

按快捷键A，全选，单击鼠标右键，选择“平滑着色”，效果如图6-115所示。

图　6-115

6.2　物料冲撞功能

接下来为模型添加刚体属性。

添加刚体属性

1　为被撞击的方块添加刚体属性。选中如图6-116所示的方块。在工作区右侧进入“物理”面板，选择“刚体”，如图6-117所示。

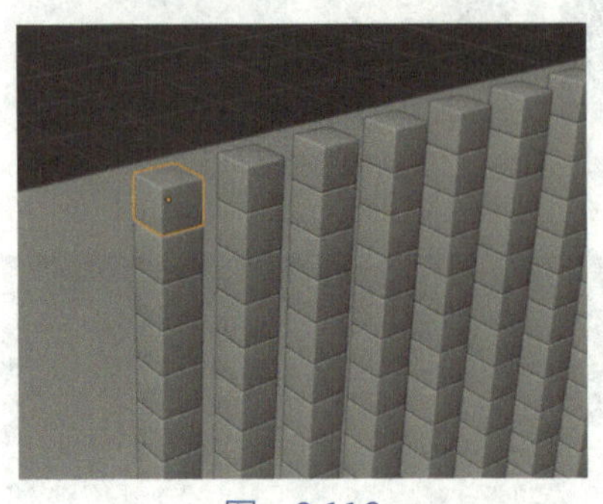

图　6-116

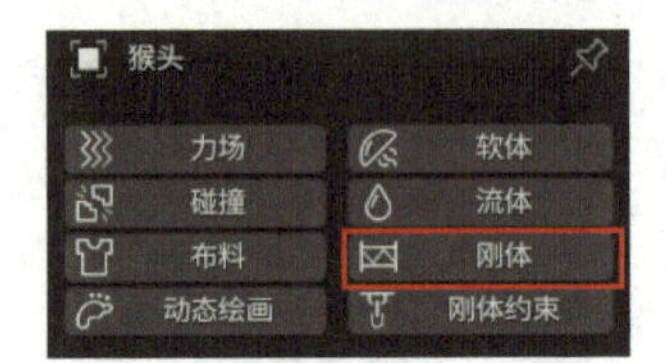

图　6-117

先选中添加刚体之外的全部被撞击的方块，最后选中添加刚体的方块，如图6-118所示。选择“物体”—“刚体”—“从活动项复制”，如图6-119所示，所有被撞击的方块都有了刚体属性。

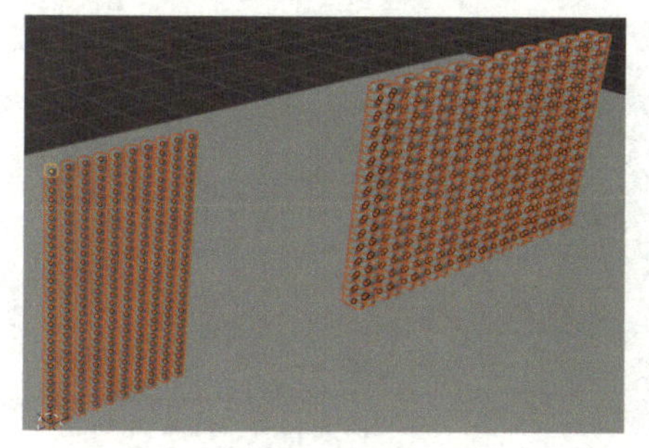

图 6-118

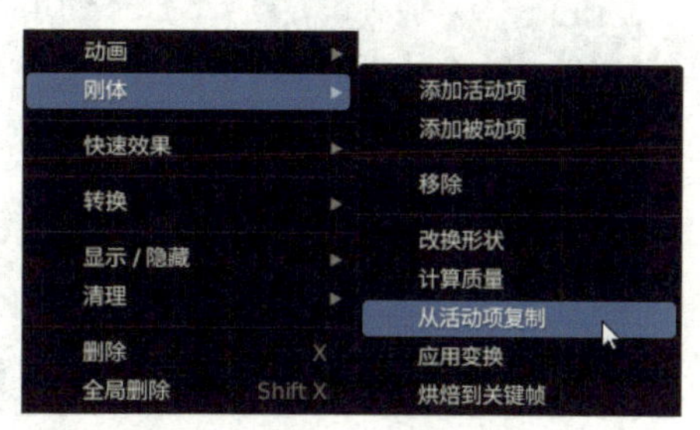

图 6-119

播放动画，可以发现所有被撞击的方块都会穿过地面掉了下去，如图 6-120 所示。

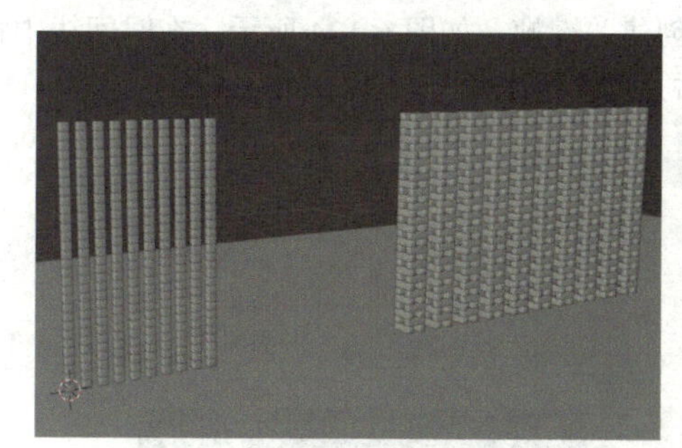

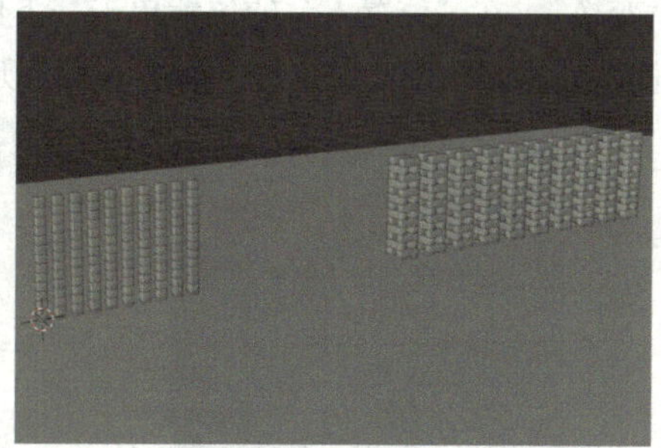

图 6-120

2 为地面添加刚体属性。选中地面，如图 6-121 所示。在工作区右侧进入“物理”面板，选择“刚体”，“类型”设置为“被动”，如图 6-122 所示。

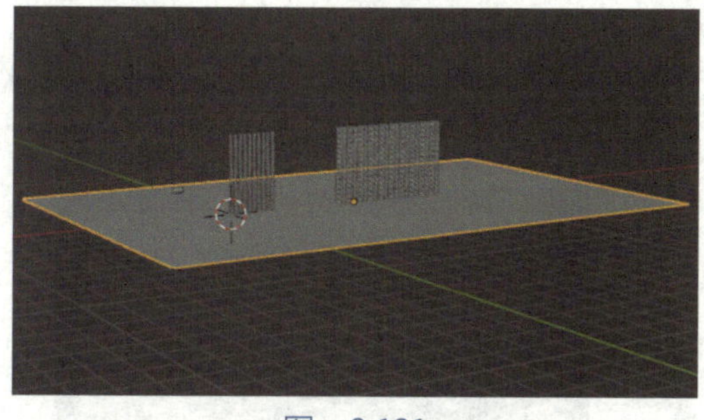

图 6-121

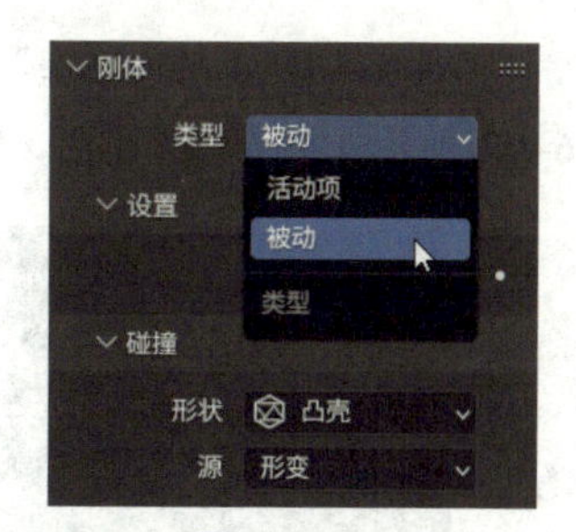

图 6-122

3 为子弹添加刚体属性。选中子弹模型，在工作区右侧进入“物理”面板，选择“刚体”，播放动画，可以发现子弹模型会向下坠落，如图 6-123 所示。

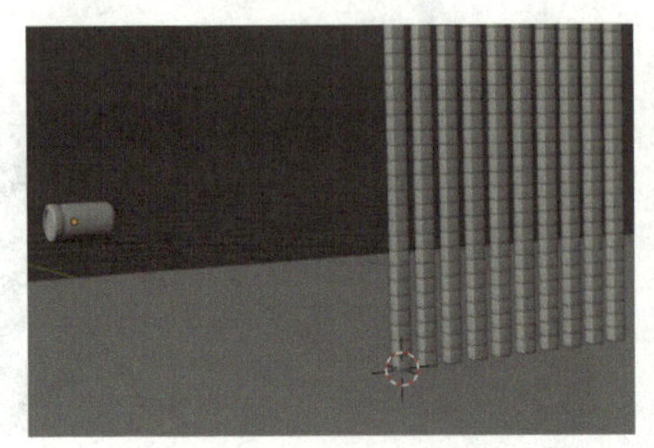
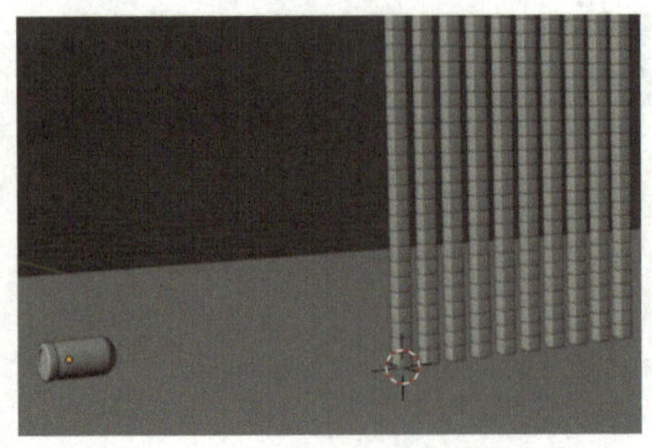

图　6-123

选中子弹模型，在第 1 帧的位置创建关键帧，在工作区右侧进入“物体”面板，选择“变换”，在“位置 X”的位置单击一下创建关键帧，如图 6-124 所示。在时间线中将关键帧移动到第 20 帧的位置，如图 6-125 所示。

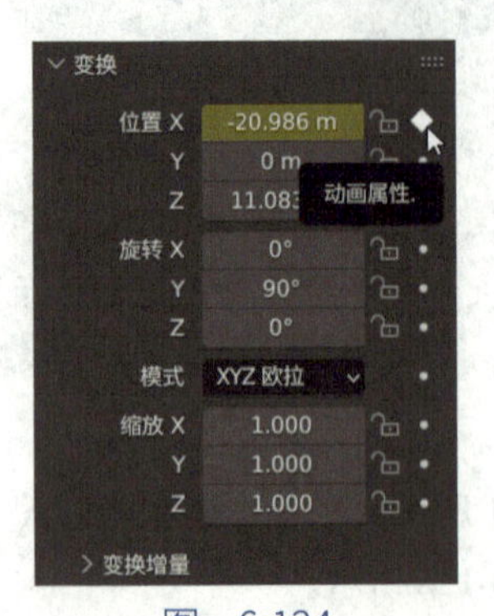

图　6-124

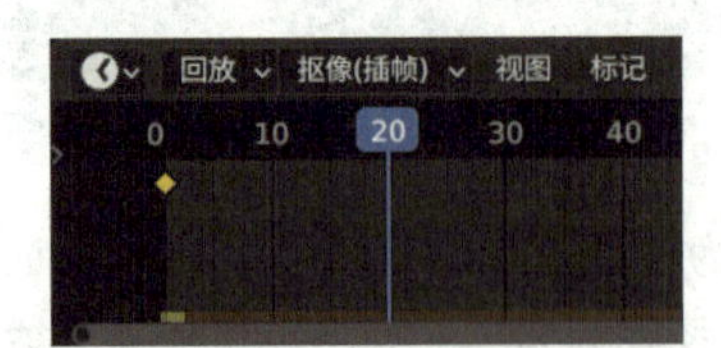

图　6-125

在工作区右侧进入“物理”面板，选择“刚体”—“设置”，勾选“播放动画”，如图 6-126 所示。将子弹模型沿 x 轴移动到适当的位置，如图 6-127 所示。

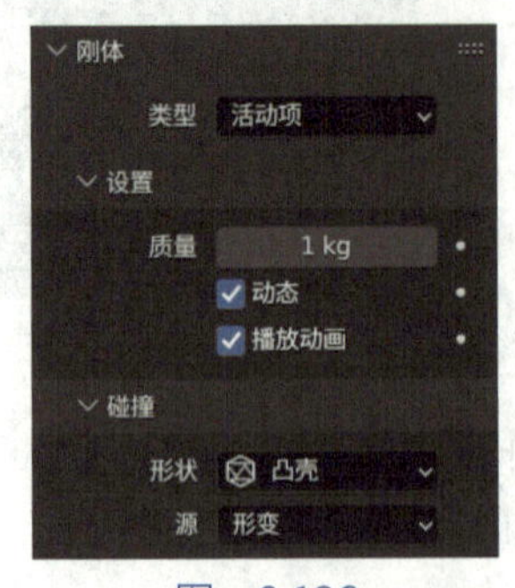

图　6-126

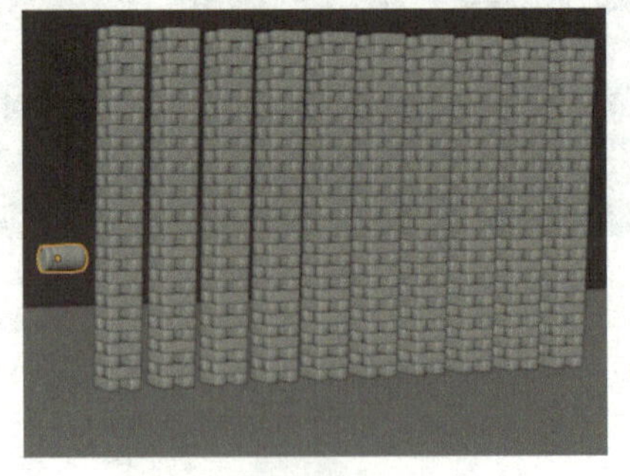

图　6-127

在工作区右侧进入“物体”面板，选择“变换”，在“位置X”的位置单击一下创建关键帧，如图6-128所示。播放动画，效果如图6-129所示。

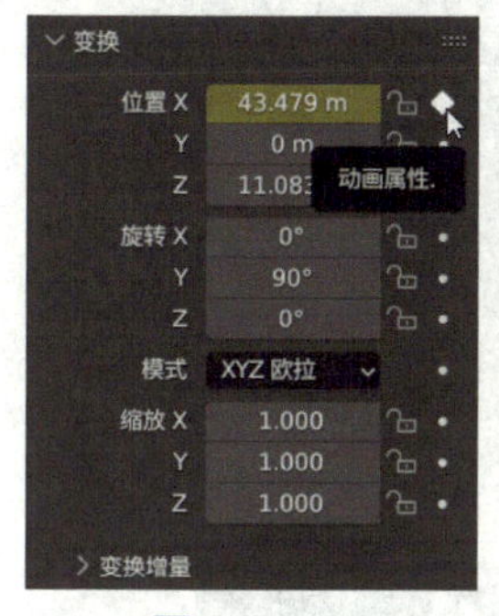

图 6-128

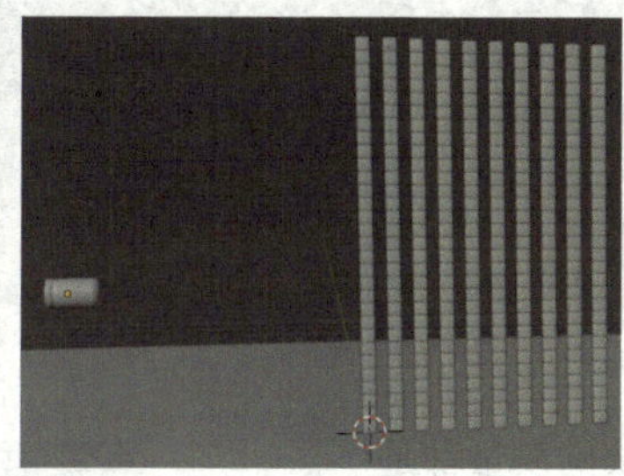
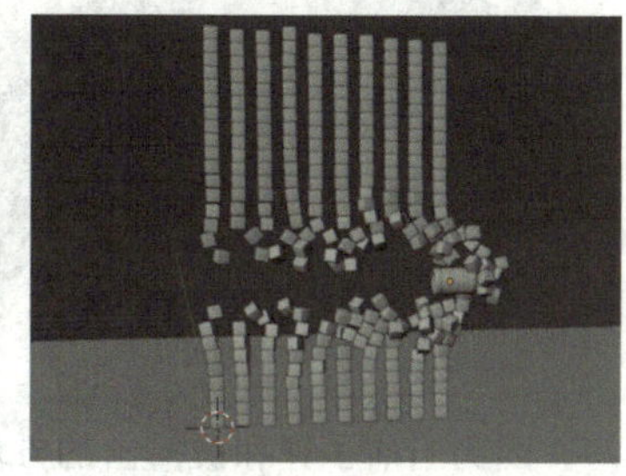

图 6-129

在时间线中将关键帧移动到第21帧的位置，如图6-130所示。在工作区右侧进入“物理”面板，选择“刚体”—“设置”，取消勾选“播放动画”，单击一下创建关键帧，如图6-131所示。

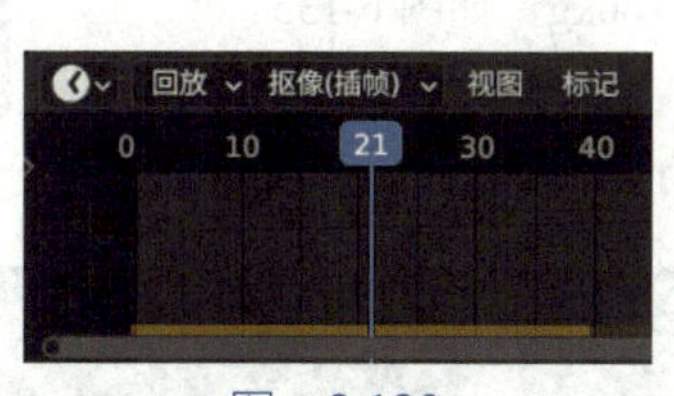

图 6-130

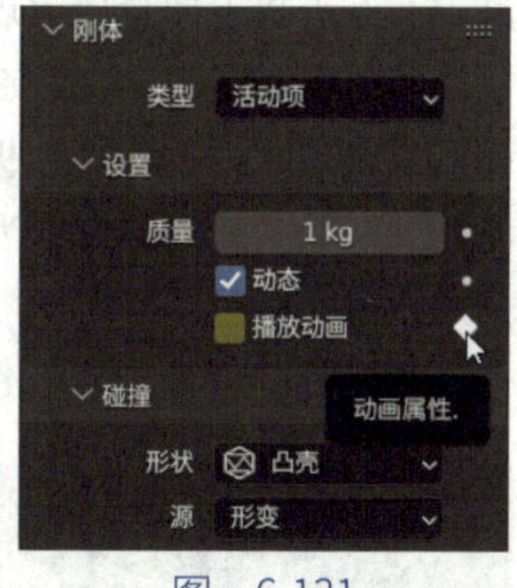

图 6-131

在时间线中将关键帧移动到第20帧的位置，如图6-132所示。在工作区右侧进入“物理”面板，选择“刚体”—“设置”，勾选“播放动画”，单击一下创建关键帧，如图6-133所示。

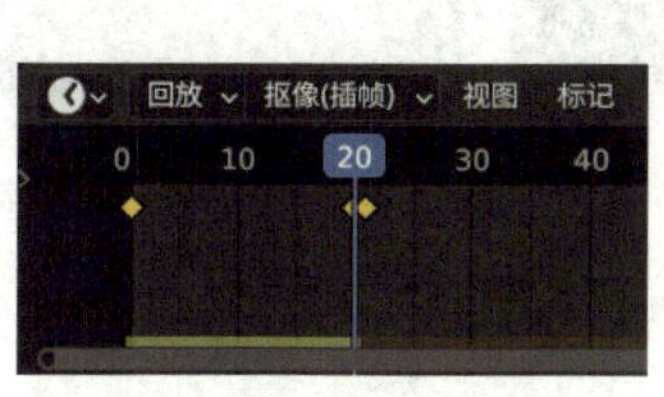

图 6-132

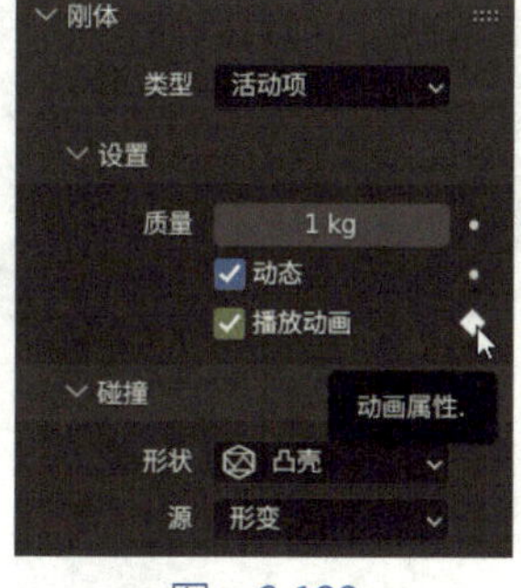

图 6-133

子弹模型第1帧到第20帧受动画系统的影响，第21帧开始不受动画系统的影响而完全受控于刚体世界的影响，但是第20帧的时候子弹已经获得了一个向前冲击的力量，播放动画，效果如图6-134所示。

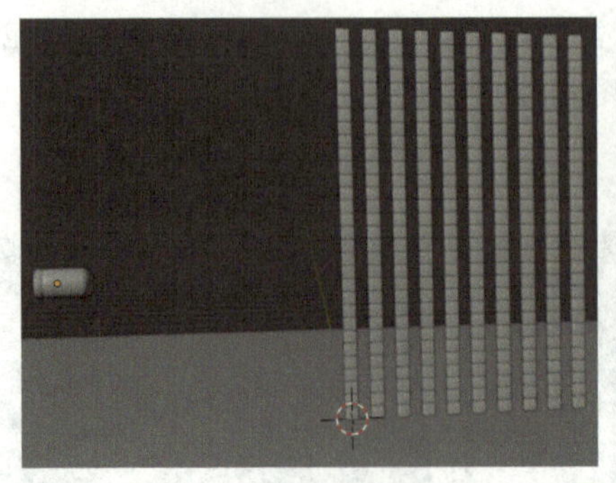
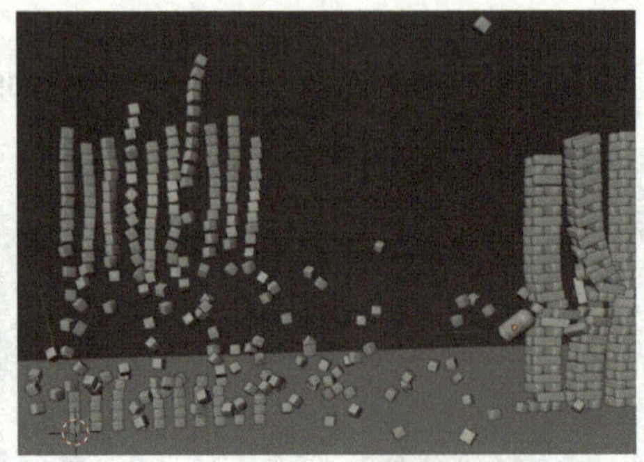

图　6-134

因为当前子弹和被撞击的方块的质量都是1kg，所以子弹向前撞击的力量不是太大，子弹并没有在方块上面直接撞过去，而是撞击了一下之后掉落在了地面上。选中子弹模型，在工作区右侧进入“物理”面板，选择“刚体”—“设置”，将“质量”设置为100kg，如图 6-135 所示。

图　6-135

播放动画，效果如图 6-136 所示。

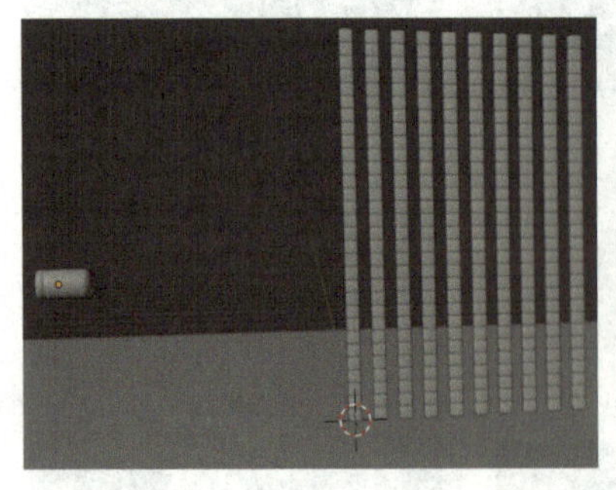
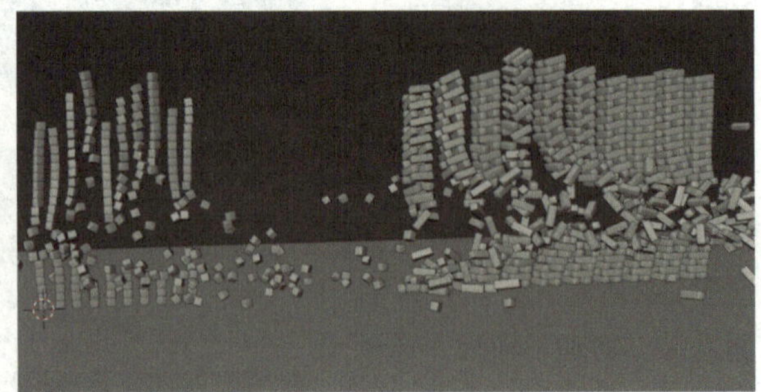

图　6-136

添加摄像机

1 创建摄像机。按快捷键 Shift+A，选择“摄像机”，创建一个摄像机，适当调整其位置，按快捷键 S，适当放大一点，如图 6-137 所示。摄像机需要跟随子弹运动，选中摄像机，在工作区右侧进入“物体约束”面板，选择“添加物体约束”—“复制位置”，如图 6-138 所示。

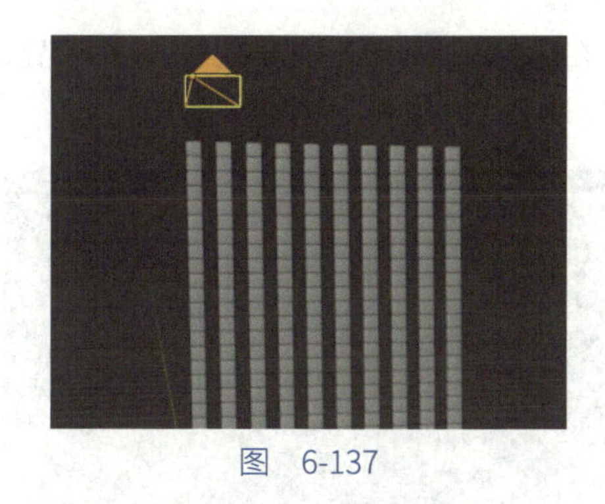

图　6-137

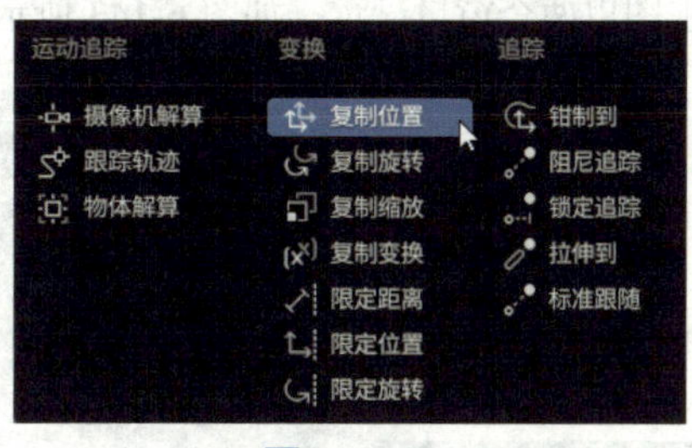

图　6-138

在工作区右侧进入“物体约束”面板，单击“目标”的吸取数据块，如图 6-139 所示。单击选中子弹模型，如图 6-140 所示。

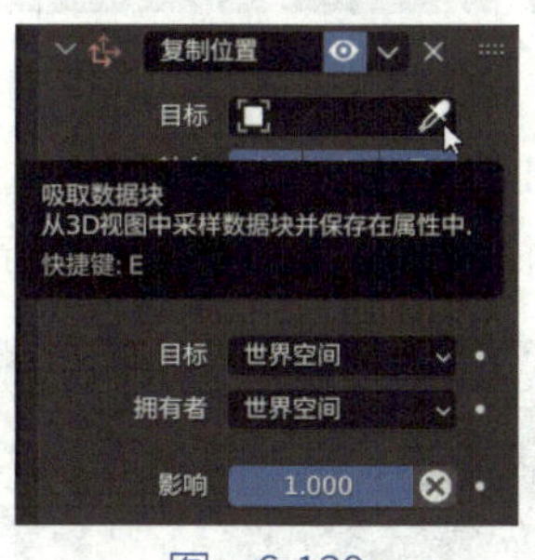

图　6-139

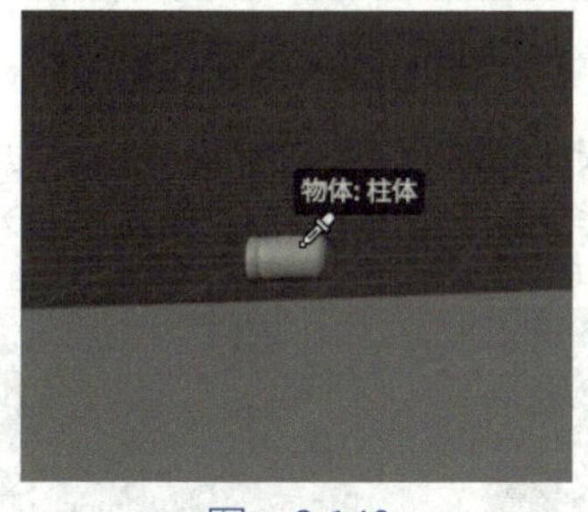

图　6-140

播放动画，可以发现摄像机会跟随子弹运动，如图 6-141 所示。

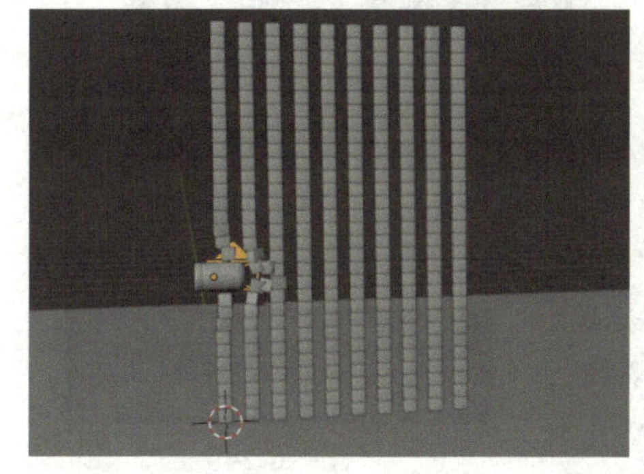

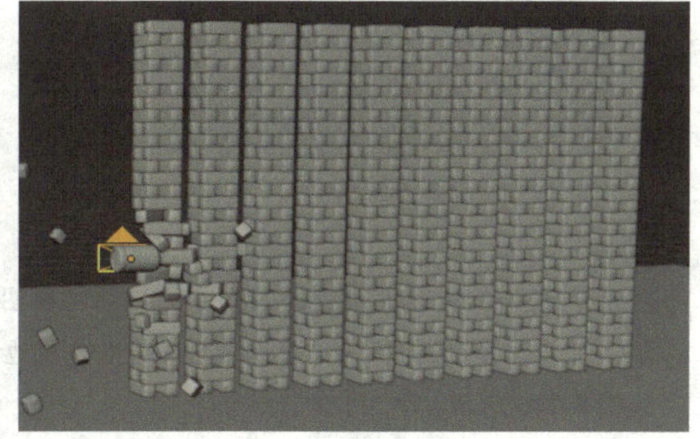

图　6-141

目前摄像机已经完全贴合到子弹模型上面了，这是不正确的，需要修正。为了便于操作，先制作双窗口，拖曳鼠标光标至工作区右侧，当鼠标光标变为形状时，单击鼠标右键，选择“垂直分割”，如图6-142所示。在适当的位置单击一下确定分割的位置，让视图以两个窗口显示，如图6-143所示。

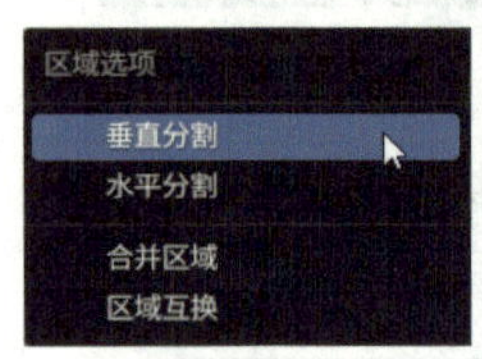

图　6-142

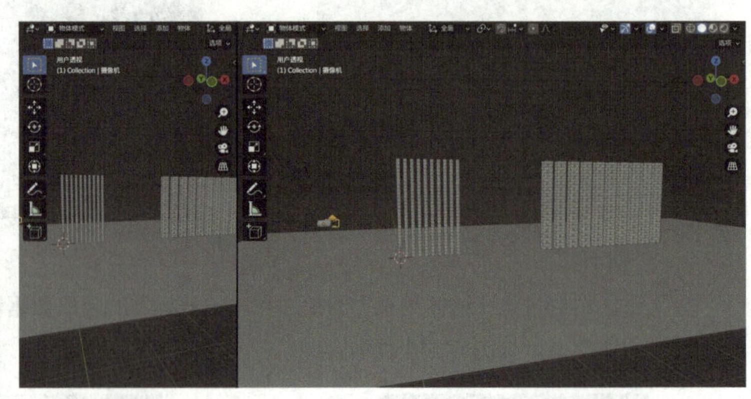

图　6-143

按快捷键~，将左侧窗口显示为摄像机视图，如图6-144所示。按快捷键T，将侧边栏隐藏，按快捷键Home，将摄像机视图的边界放大至窗口边缘，如图6-145所示。

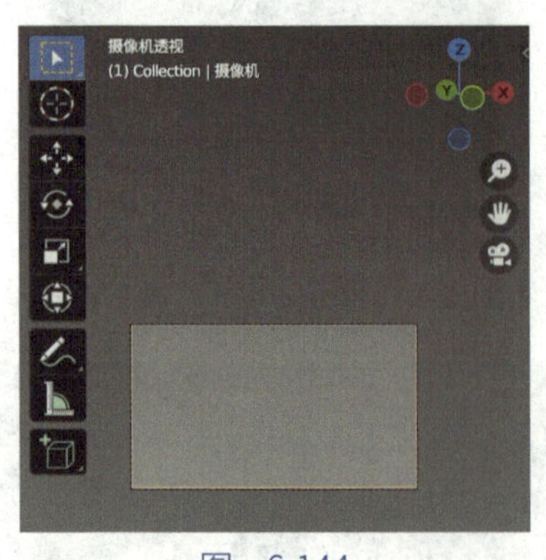

图　6-144

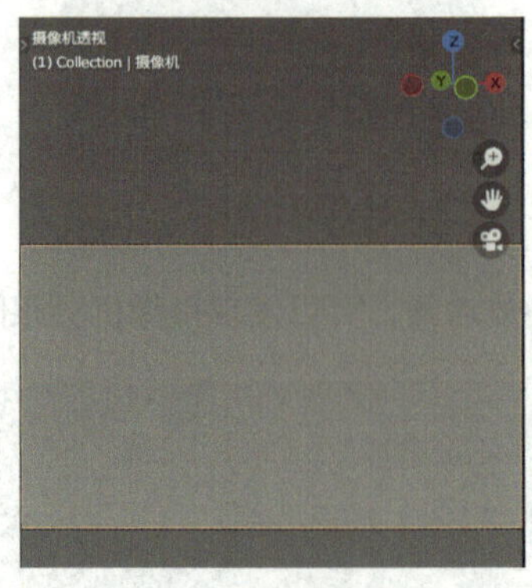

图　6-145

提示：假如无法通过快捷键Home将摄像机视图放大显示，可以选择“视图”—“摄像机”—“摄像机边界框”，如图6-146所示。

图　6-146

2　调整摄像机。选中摄像机，在工作区右侧进入“物体约束”面板，勾选“偏移量”，如图6-147所示。可以发现摄像机的位置发生了变化，如图6-148所示。

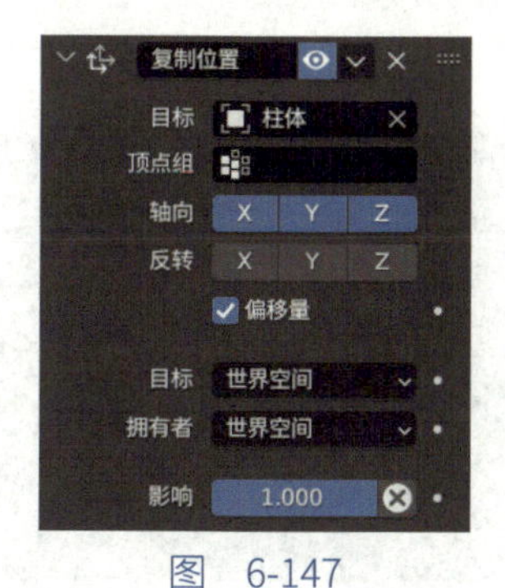

图 6-147

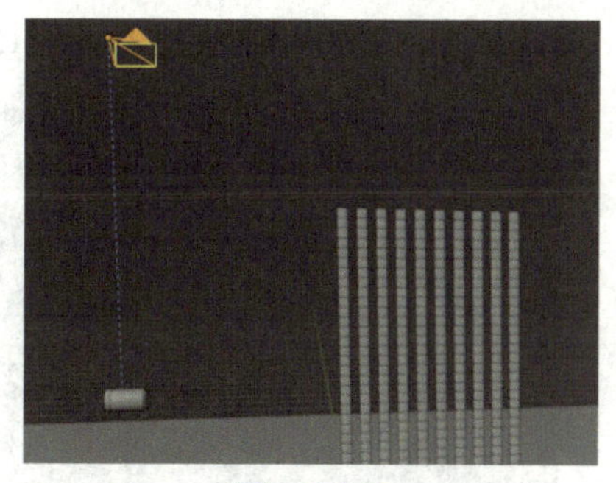

图 6-148

对摄像机的位置进行适当调整，如图 6-149 所示。

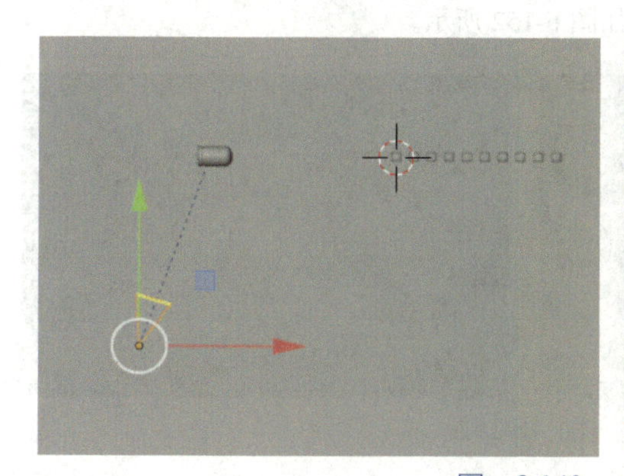

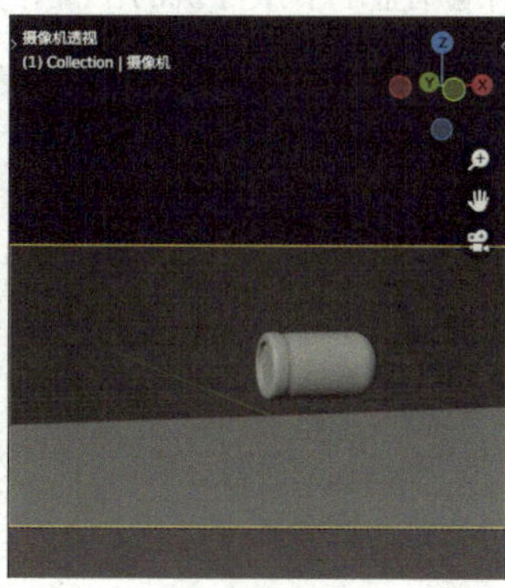

图 6-149

在工作区右侧进入“输出”面板，选择“格式”，将分辨率按照图 6-150 所示进行调整。

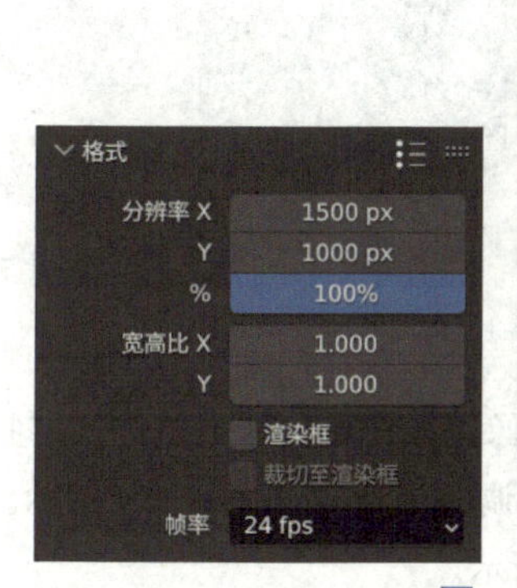

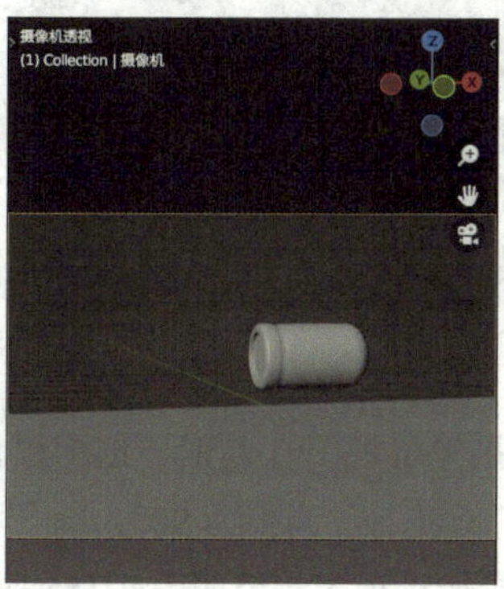

图 6-150

播放动画，观察一下效果，如图 6-151 所示。

图　6-151

适当地调整一下摄像机的位置，如图 6-152 所示。

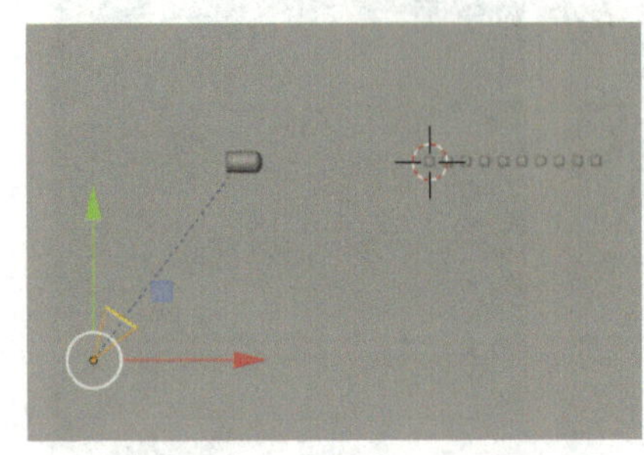

图　6-152

播放动画，观察一下效果，如图 6-153 所示。

图　6-153

感觉当前的摄像机视图有点歪，选中摄像机，在工作区右侧进入“物体”面板，选择“变换”，将“旋转 X”调整为 90°，“Y”调整为 0°，如图 6-154 所示。适当调整一下摄像机的位置，摄像机视图效果如图 6-155 所示。

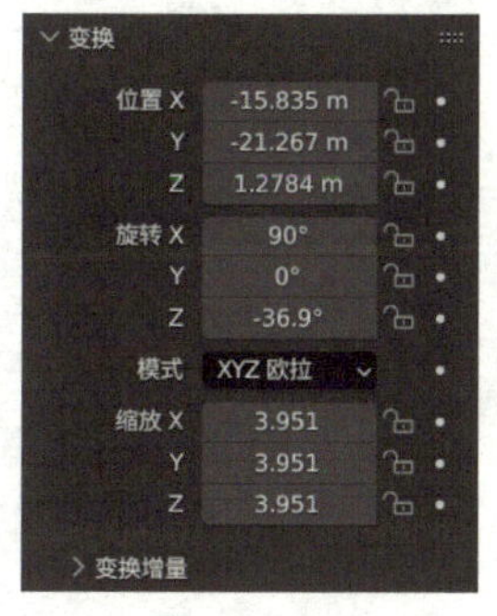

图 6-154

图 6-155

调整地面

选中地面，按 Tab 键进入编辑模式，选中如图 6-156 所示的两条边。按快捷键 E+Z，沿 z 轴向上挤出选中的两条边，如图 6-157 所示。

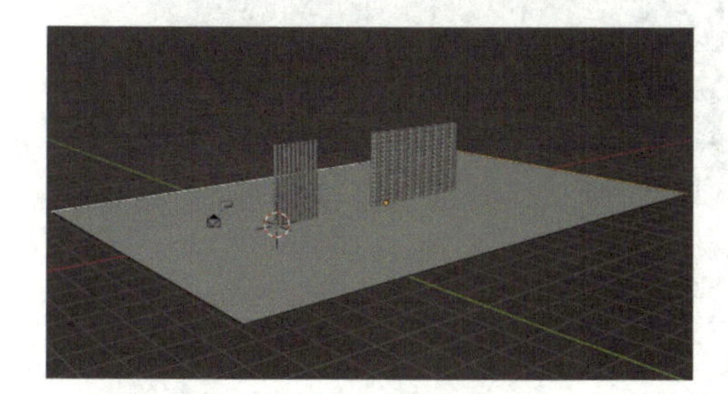

图 6-156

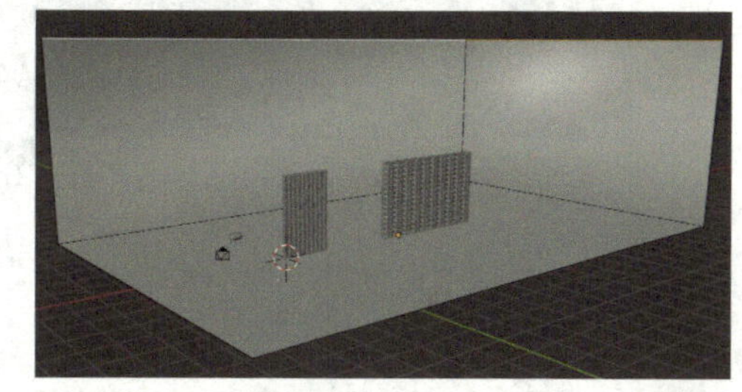

图 6-157

按 Tab 键进入物体模式，选中地面，在工作区右侧进入"物理"面板，选择"刚体"—"碰撞"，将"形状"设置为"网格"，如图 6-158 所示。按快捷键 Ctrl+A，选择"缩放"，如图 6-159 所示，对地面应用缩放。

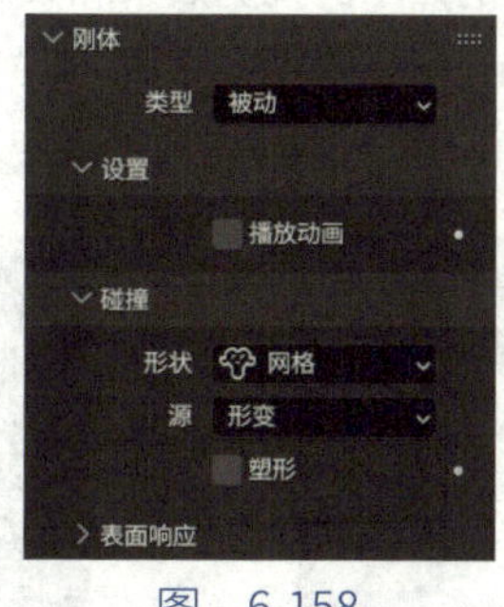

图 6-158

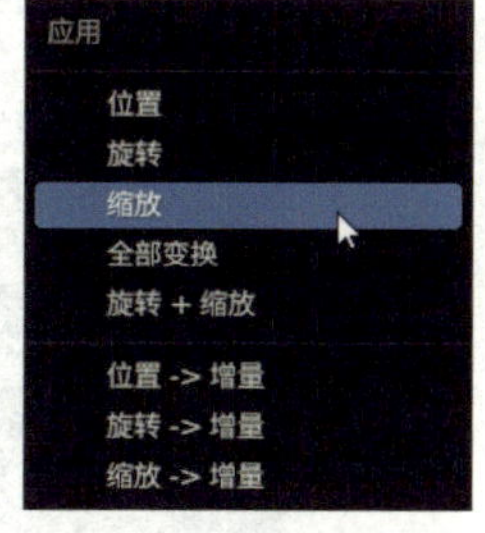

图 6-159

选中地面，在工作区右侧进入"修改器"面板，选择"添加修改器"—"倒角"，给地面添加倒角，"倒角"修改器中的"段数"参考数值为 11，"(数）量"参考数值为 0.63，效果如图 6-160 所示。单击鼠标右键，选择"平滑着色"，如图 6-161 所示。

图　6-160

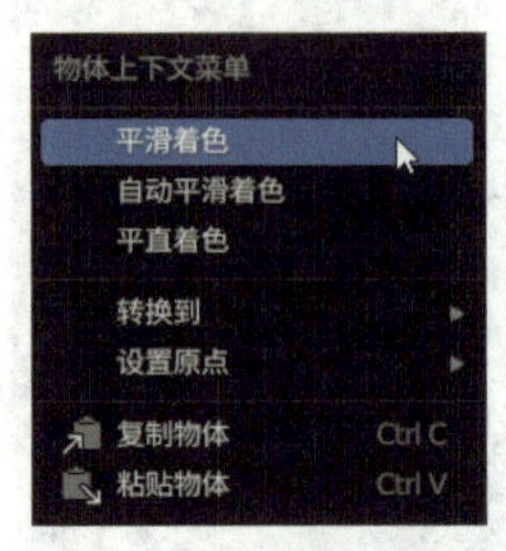

图　6-161

播放动画，摄像机视图如图 6-162 所示。

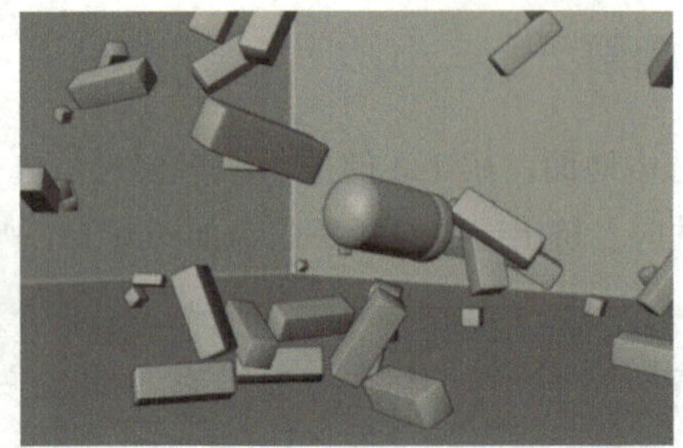
图　6-162

调整摄像机焦距

选中摄像机，在工作区右侧进入“物体数据”面板，选择“镜头”，“焦距”默认 50mm，如图 6-163 所示。50mm 的焦距的视觉效果和人眼感受差不多，本案例具有纵深感，因此可以将焦距调小，使画面纵深感更强，例如将“焦距”调整为 10mm，摄像机视图效果如图 6-164 所示。

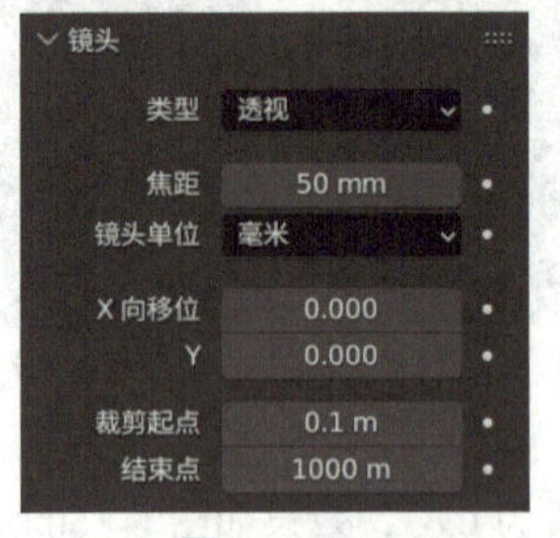

图　6-163

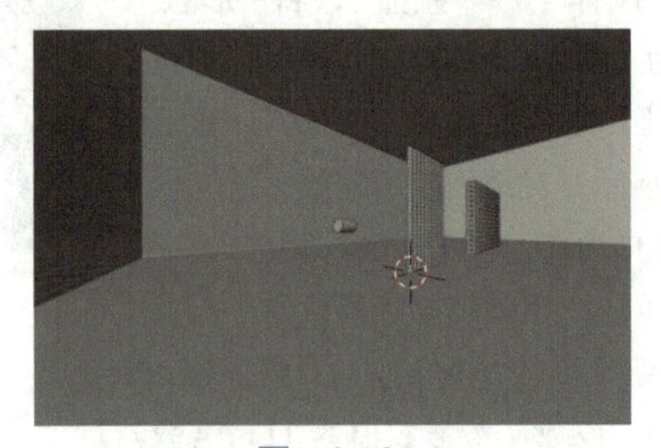
图　6-164

虽然画面的空间感增强了很多，但10mm的焦距太小了，建议将“焦距”调整为35mm，如图6-165所示。摄像机视图效果如图6-166所示。

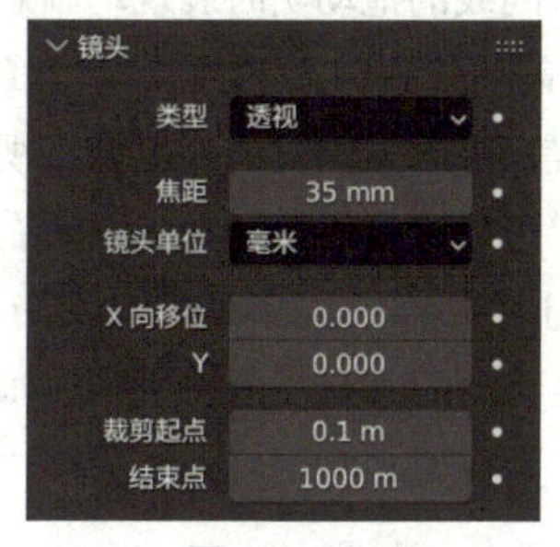

图　6-165

图　6-166

被撞击的方块在摄像机视图中第1帧的位置暴露了，需要进行调整。选中子弹模型，沿 x 轴适当调整子弹的位置，摄像机视图效果如图6-167所示。子弹模型前面已经创建了关键帧，调整位置后需要对关键帧进行记录，在工作区右侧进入“物体”面板，选择“变换”，在“位置X”创建关键帧，如图6-168所示。

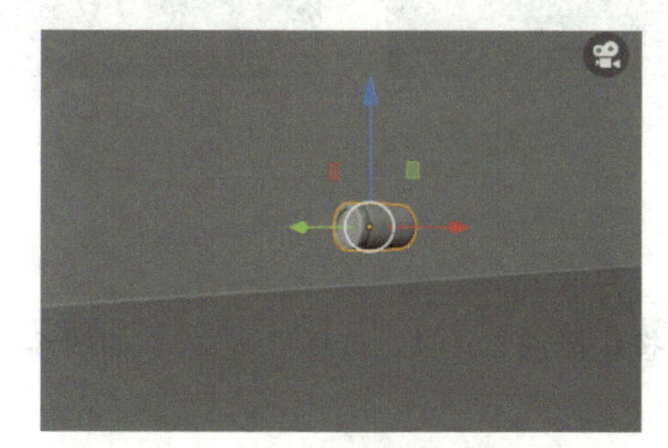

图　6-167

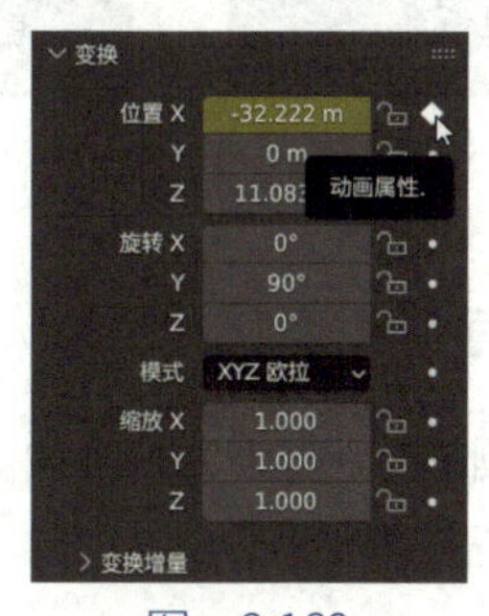

图　6-168

播放动画，摄像机视图效果如图6-169所示。

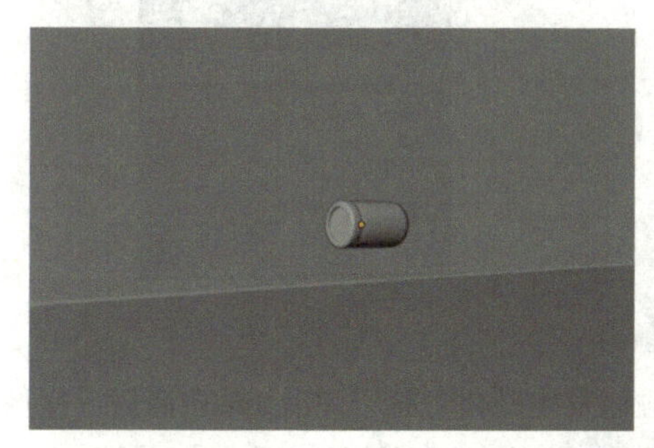

图　6-169

烘焙

有时候手动拖动时间线，摄像机视图并不会跟随时间线的拖动实时展现动画效果，这是因为时间线下面有一条黄色的线，这条黄色的线覆盖的位置，手动拖动时间线摄像机视图会实时展现动画效果，而黄色的线没有覆盖的位置，手动拖动时间线摄像机视图则不会实时展现动画效果。如果想要查看完整的动画数据，可以进行烘焙。在工作区右侧进入“场景”面板，选择“刚体世界环境”—“缓存”，单击“烘焙”，如图 6-170 所示。烘焙完成之后，时间线下面的黄色的线加载完成，可以观察动画的所有帧，如图 6-171 所示。

烘焙之后就不能进行调整了，如果需要进行调整，则需要删除烘焙，如图 6-172 所示。

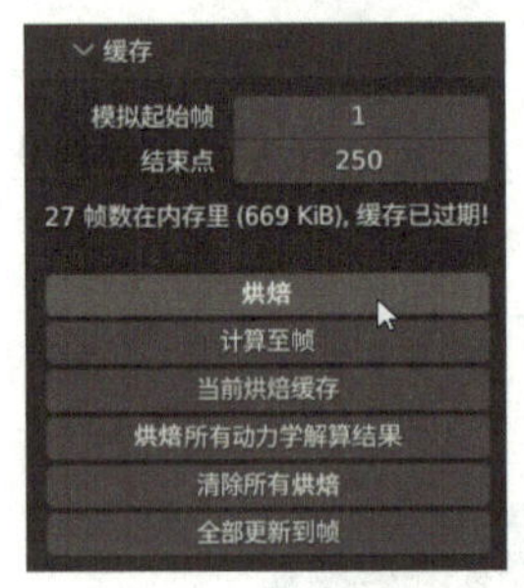

图　6-170

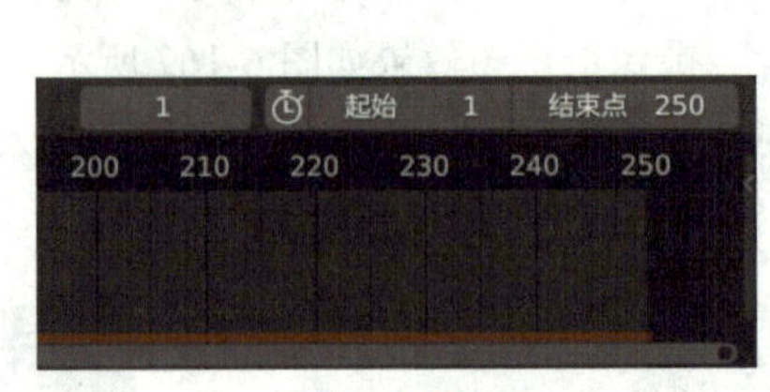

图　6-171

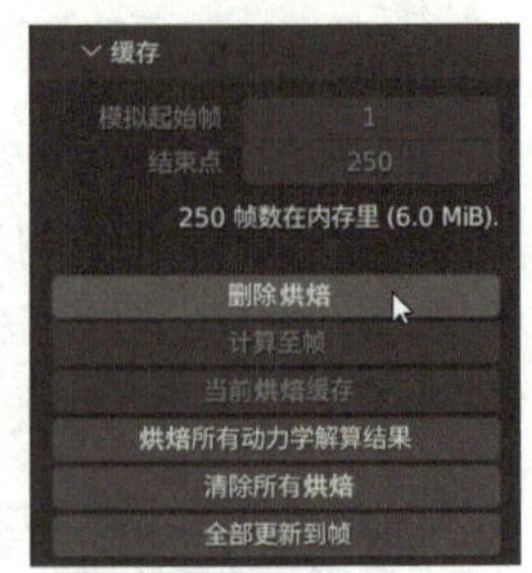

图　6-172

让碰撞有更多变化

选中如图 6-173 所示的被撞击的方块。按快捷键 Ctrl+A，选择“缩放”，如图 6-174 所示，将缩放应用到方块上面。

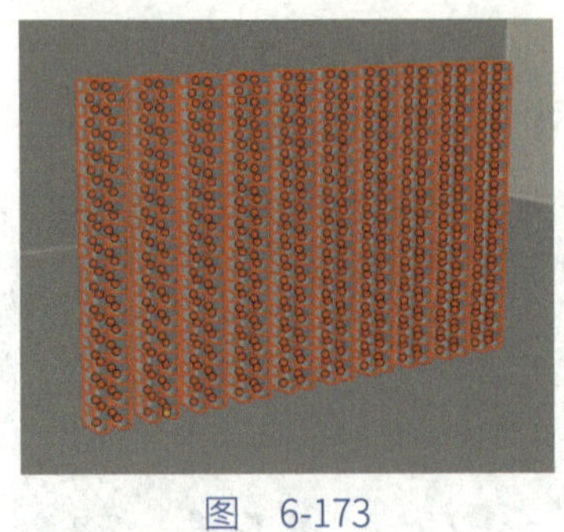

图　6-173

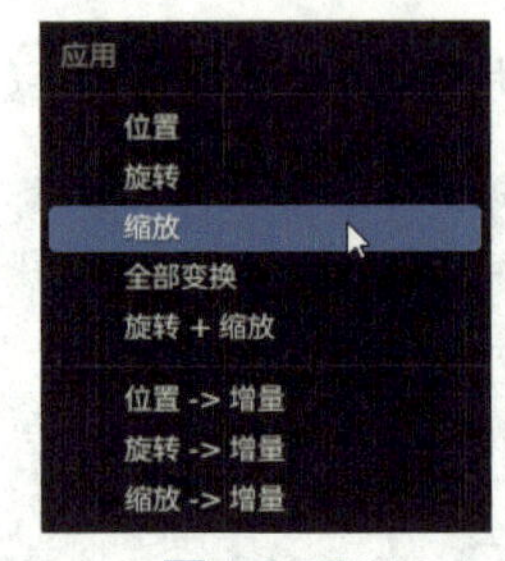

图　6-174

将子弹沿 z 轴调高或者调低，都可以使碰撞发生变化，将子弹沿 z 轴调高后，摄像机视图效果如图 6-175 所示。将子弹沿 z 轴调低后，摄像机视图效果如图 6-176 所示。

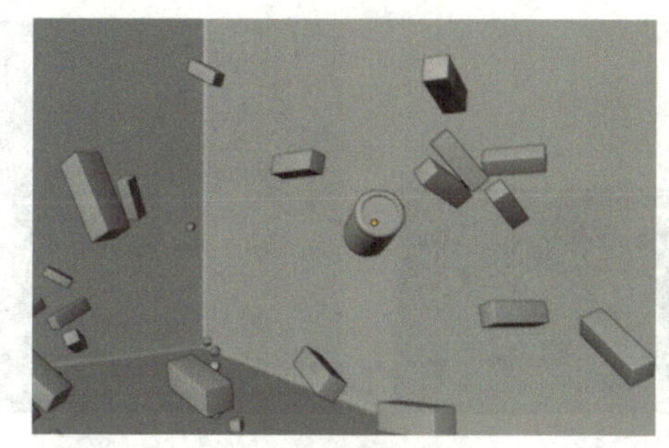

图 6-175

图 6-176

提示： 选中子弹，按快捷键 S，将子弹放大，可以使碰撞发生变化，有兴趣的话可以尝试一下。

创建慢镜头效果

选中子弹模型，在时间线中将关键帧移动到第 20 帧的位置，如图 6-177 所示。在工作区右侧进入“场景”面板，选择“刚体世界环境”—“设置”，“速率”采用默认值 1，在“速率”的位置创建关键帧，如图 6-178 所示。

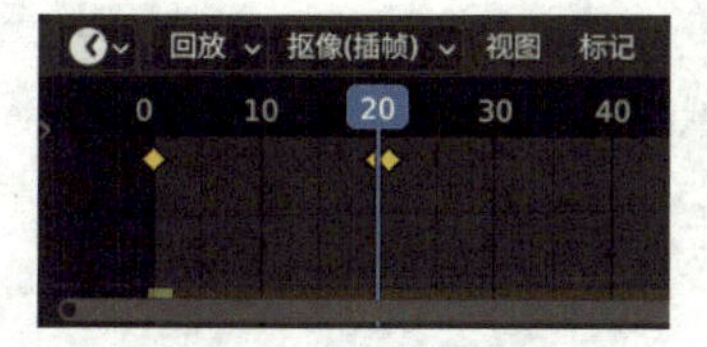

图 6-177

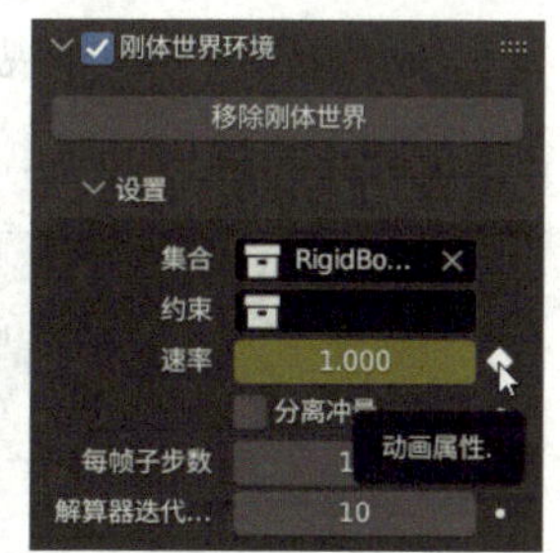

图 6-178

在时间线中将关键帧移动到第24帧的位置，如图6-179所示。在工作区右侧进入“场景”面板，选择“刚体世界环境”—“设置”，“速率”调整为0.1，在“速率”的位置创建关键帧，如图6-180所示。

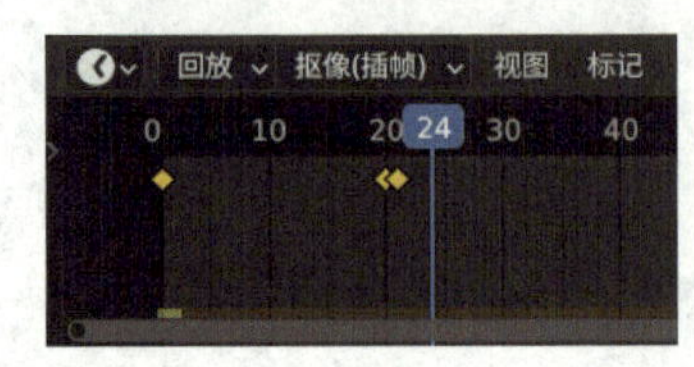

图　6-179

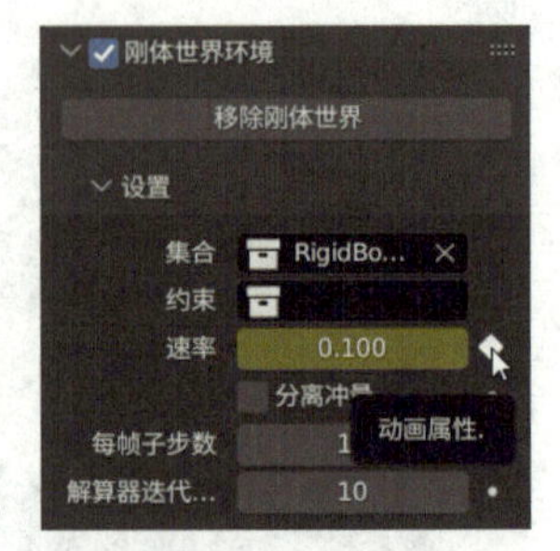

图　6-180

在时间线中将关键帧移动到第40帧的位置，如图6-181所示。在工作区右侧进入“场景”面板，选择“刚体世界环境”—“设置”，“速率”调整为0.1，在“速率”的位置创建关键帧，如图6-182所示。

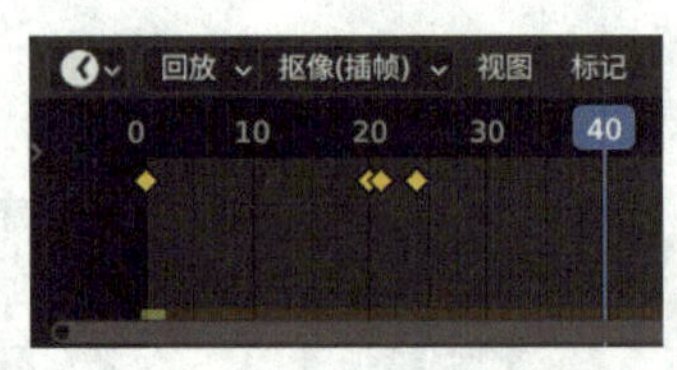

图　6-181

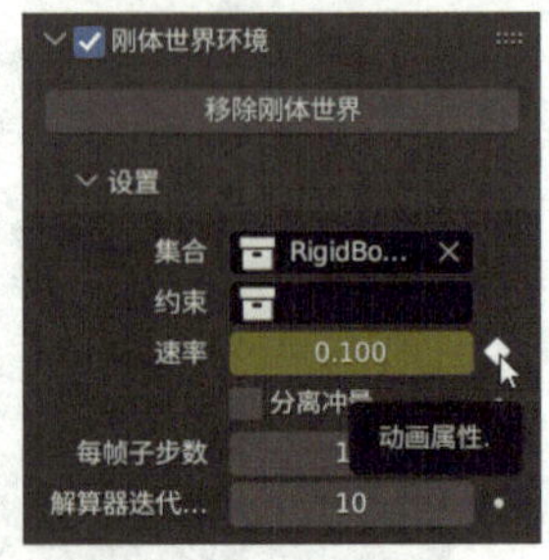

图　6-182

在时间线中将关键帧移动到第42帧的位置，如图6-183所示。在工作区右侧进入“场景”面板，选择“刚体世界环境”—“设置”，“速率”调整为1，在“速率”的位置创建关键帧，如图6-184所示。

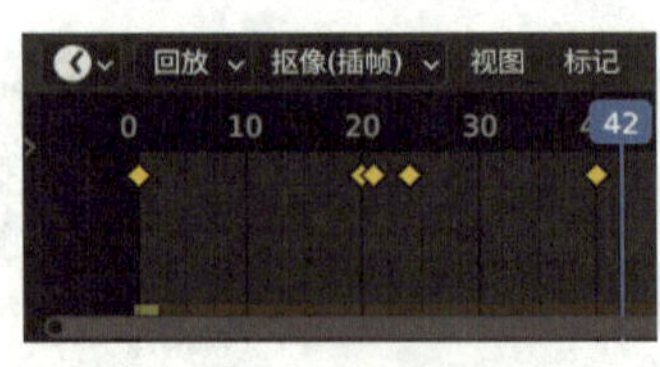

图　6-183

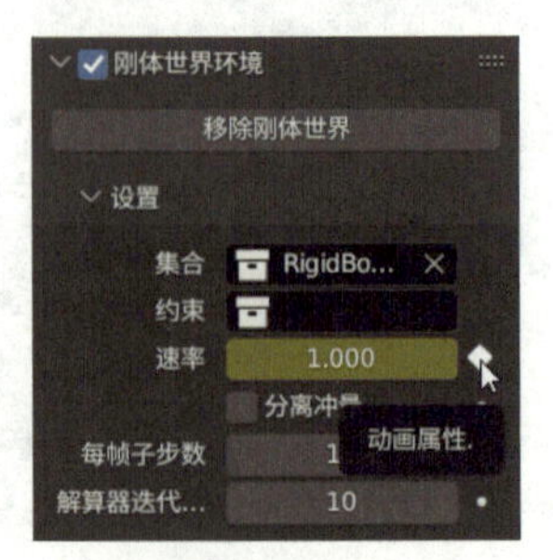

图　6-184

播放动画，摄像机视图效果如图6-185所示。

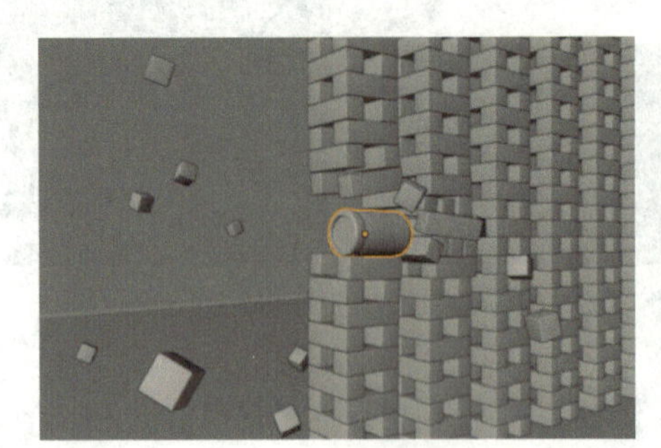
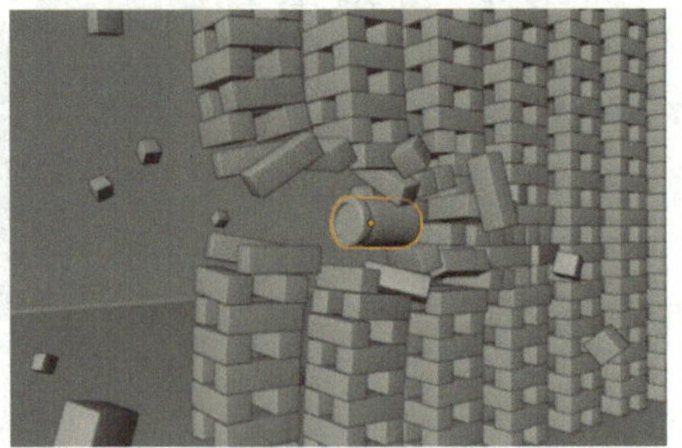

图　6-185

慢镜头的时间有点短，选中如图 6-186 所示的部分关键帧。将选中的关键帧向后移动，如图 6-187 所示。

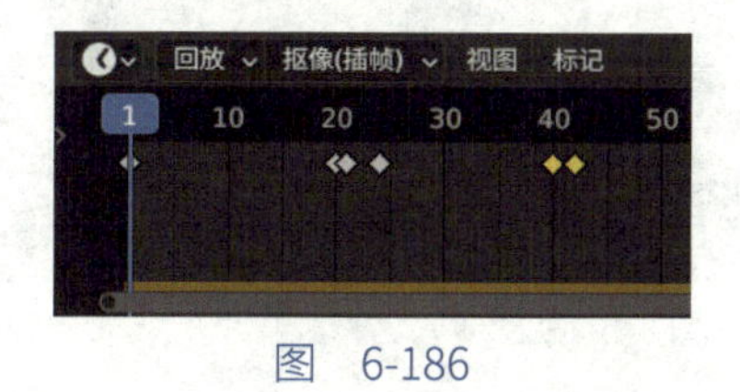

图　6-186

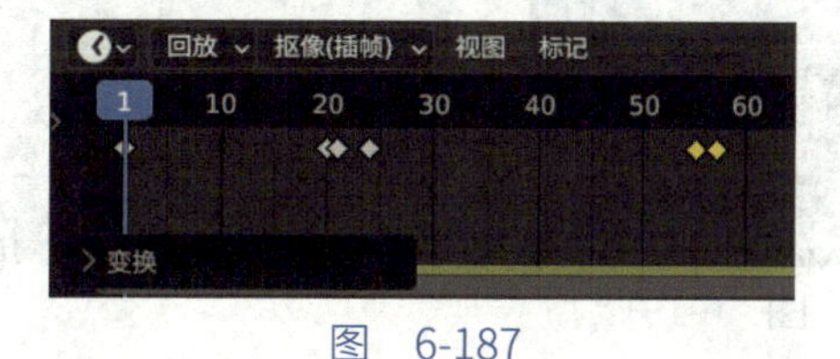

图　6-187

播放动画，摄像机视图效果如图 6-188 所示。

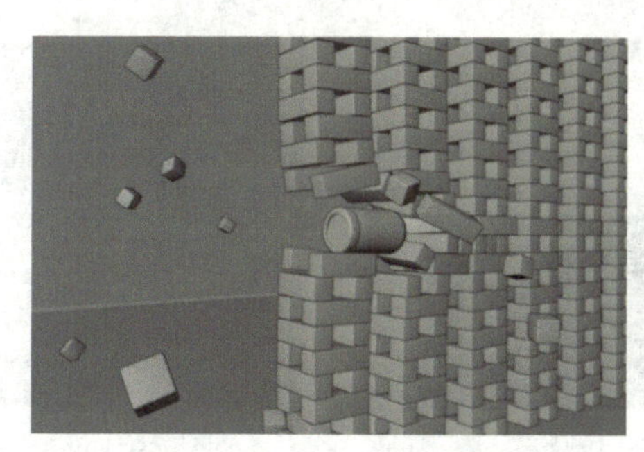

图　6-188

选中墙面，按 Tab 键进入编辑模式，选中如图 6-189 所示的面。将选中的面沿 x 轴向后移动，如图 6-190 所示，使子弹能够多冲击一段距离。

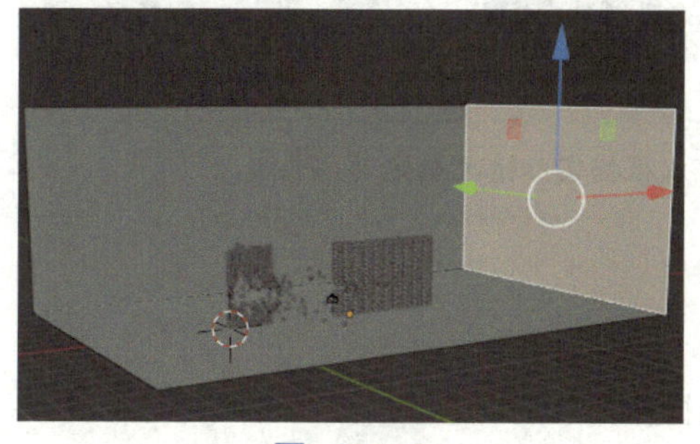

图　6-189

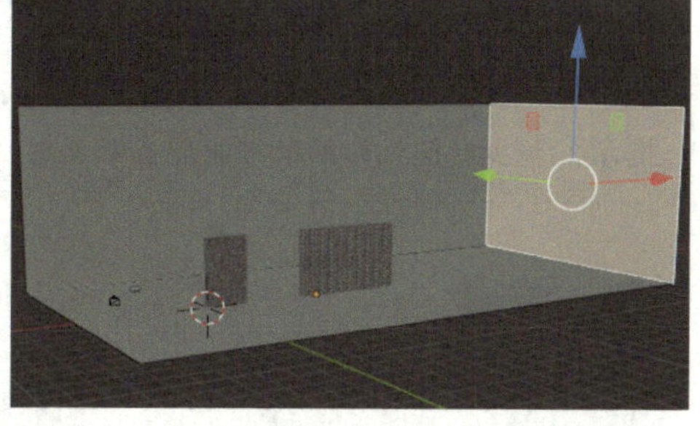

图　6-190

按 Tab 键进入物体模式，选中墙面，按快捷键 Ctrl+A，选择“缩放”，将缩放应用到墙面上，如图 6-191 所示。

播放动画，摄像机视图效果如图 6-192 所示。

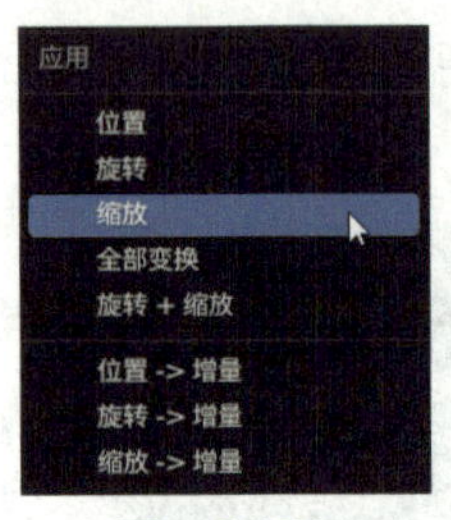

图　6-191

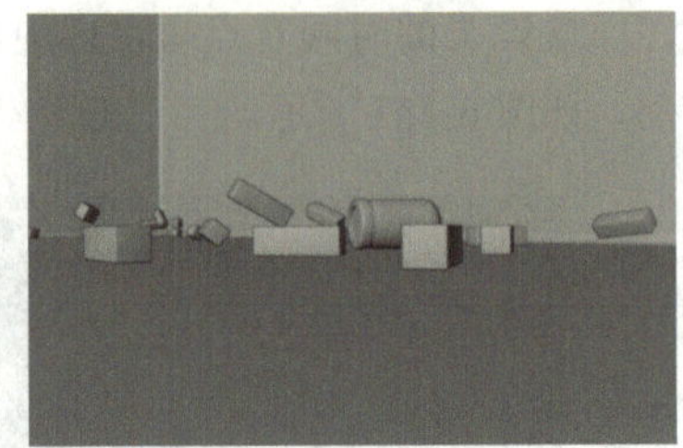

图　6-192

调整动画长度

到第250帧的时候，刚体的解算并没有完成，建议将结束点调整为400帧，如图6-193所示。在工作区右侧进入“场景”面板，选择“刚体世界环境”—“缓存”，将“结束点”调整为400，单击“烘焙”，如图6-194所示。

烘焙完成之后，时间线如图6-195所示。笔者拖曳时间线，大概到第280帧的时候，模型基本不动了，建议将结束点设置为300帧，如图6-196所示。

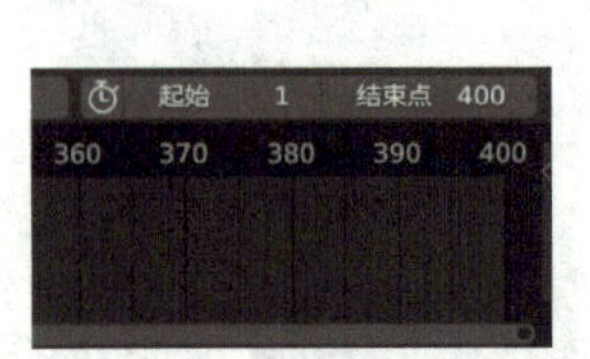

图　6-193

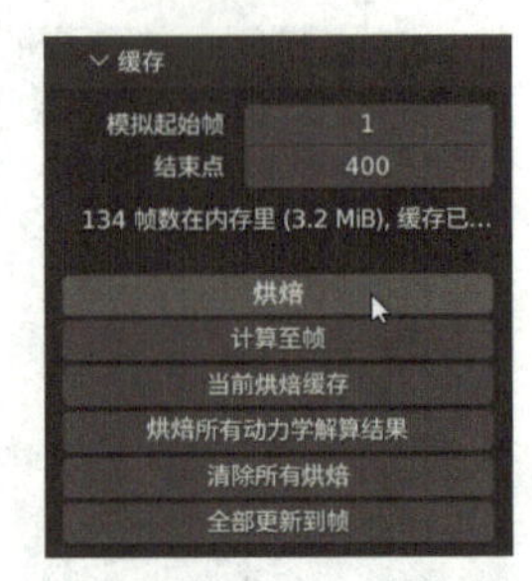

图　6-194

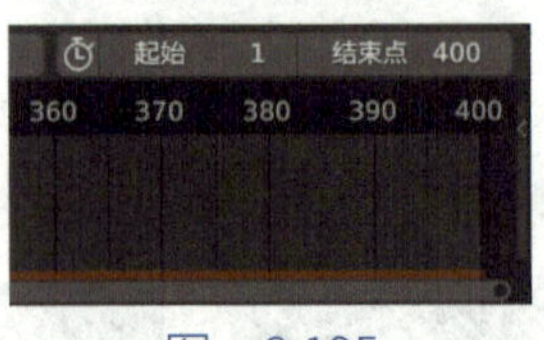

图　6-195

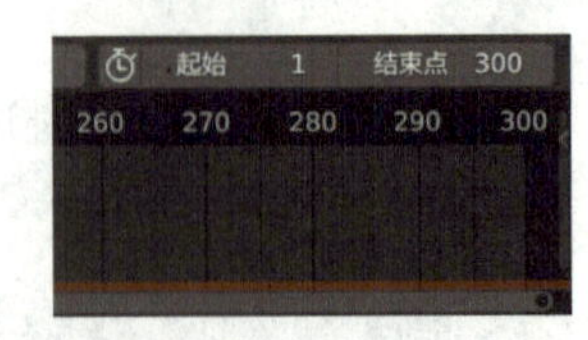

图　6-196

提示： 拖曳时间线的结果可能会有所差别，可以根据实际情况确定动画长度。

6.3　渲染

接下来为模型添加灯光、材质，进行渲染操作。

添加灯光

1　渲染设置。在工作区右侧进入“渲染”面板，“渲染引擎”选择“Cycles”，“设备”选择“GPU计算”，如图6-197所示。摄像机视图效果如图6-198所示。

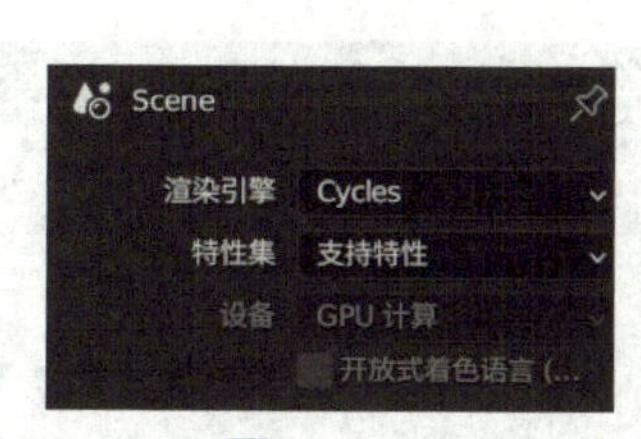

图 6-197

图 6-198

2 创建面光。按快捷键 Shift+A，选择“灯光”—“面光”，适当调整面光源的位置，如图 6-199 所示。按快捷键 S，将面光源放大一点，制作一个长方形的面光源，如图 6-200 所示。

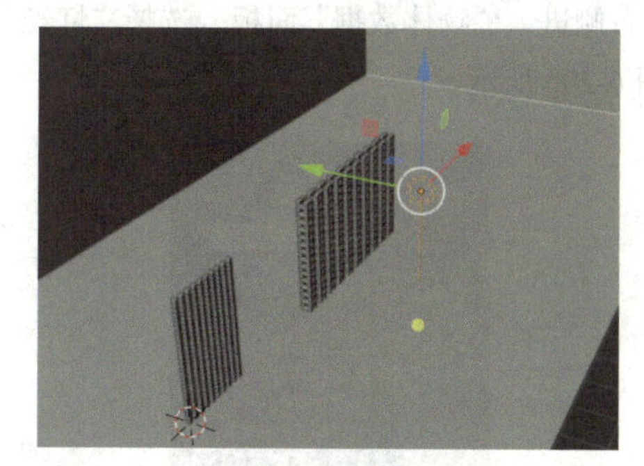

图 6-199

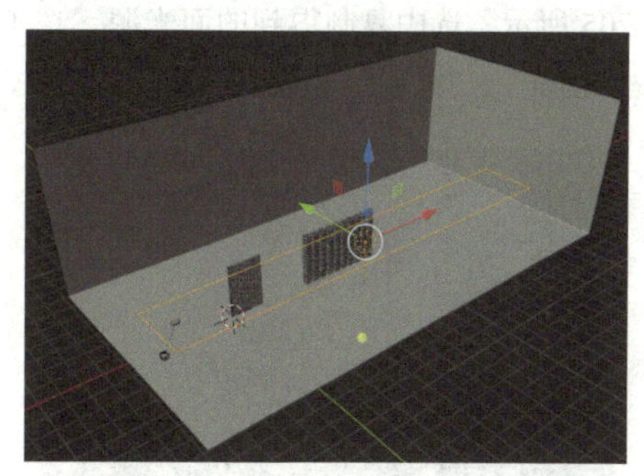

图 6-200

按快捷键 R+X，将面光源绕 x 轴进行旋转，位置可以进行适当调整，如图 6-201 所示。选中面光源，在工作区右侧进入“物体数据”面板，选择“灯光”—“面光”，“能量”建议调整为 10000W，如图 6-202 所示。

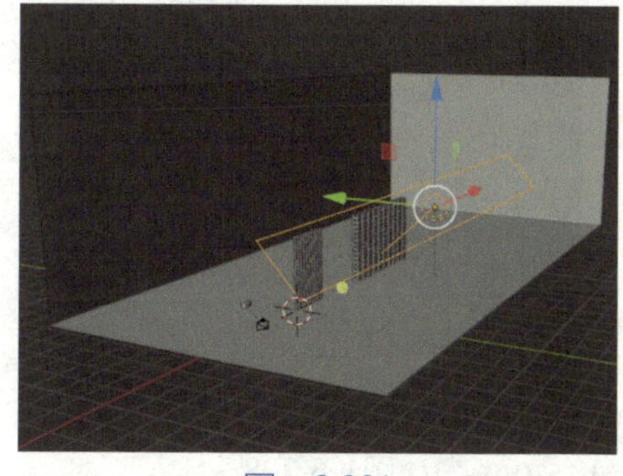

图 6-201

图 6-202

摄像机视图效果如图 6-203 所示。当前这个面光源暂时先这样，可以先创建另外一个面光源，按快捷键 Shift+D+Y，复制面光源并沿 y 轴移动，如图 6-204 所示。

图　6-203

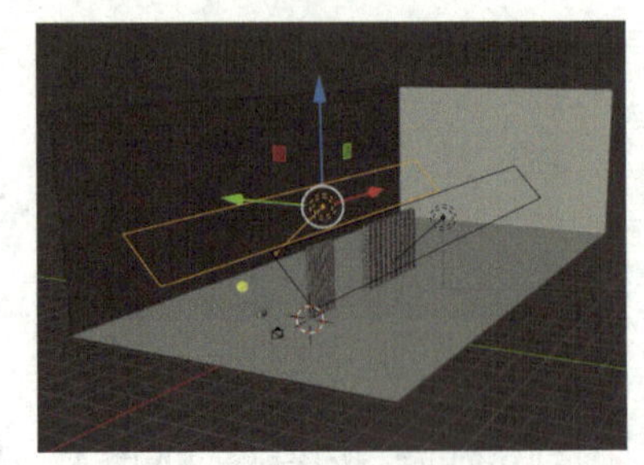
图　6-204

选中复制得到的面光源，将面光源绕 z 轴旋转 180°，位置可以进行适当调整，如图 6-205 所示。选中复制得到的面光源，在工作区右侧进入“物体数据”面板，选择“灯光”—“面光”，“能量”建议调整为 20000W，如图 6-206 所示。

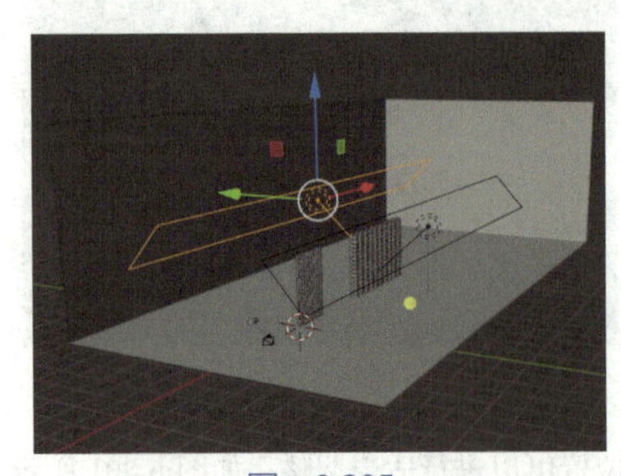
图　6-205

图　6-206

摄像机视图效果如图 6-207 所示。当前的灯光强度有点弱，选中如图 6-208 所示的面光源。

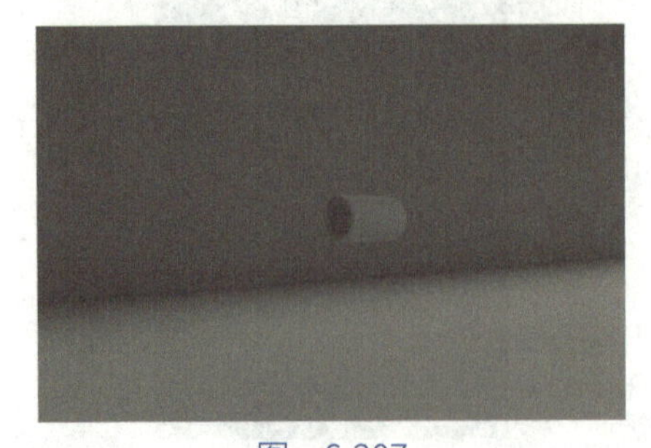
图　6-207

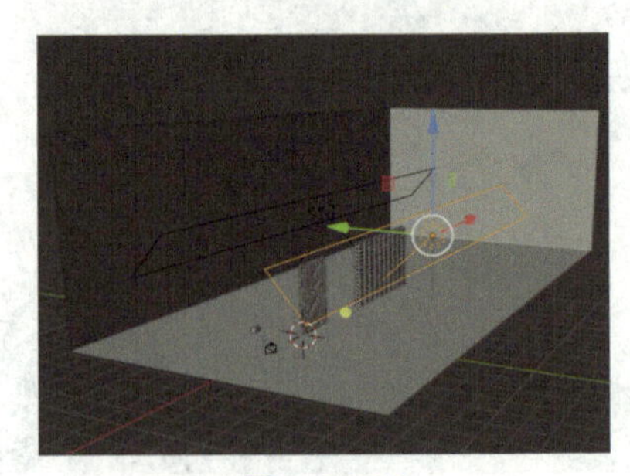
图　6-208

在工作区右侧进入“物体数据”面板，选择“灯光”—“面光”，“能量”建议调整为20000W，如图6-209所示。选中如图6-210所示的面光源。

图 6-209

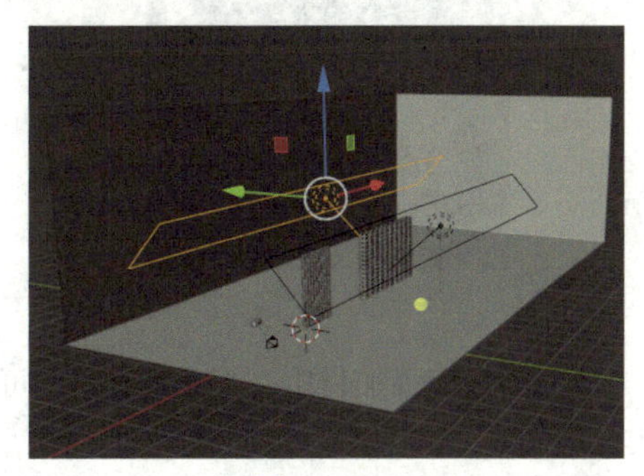

图 6-210

在工作区右侧进入“物体数据”面板，选择“灯光”—“面光”，“能量”建议调整为80000W，如图6-211所示。摄像机视图效果如图6-212所示。

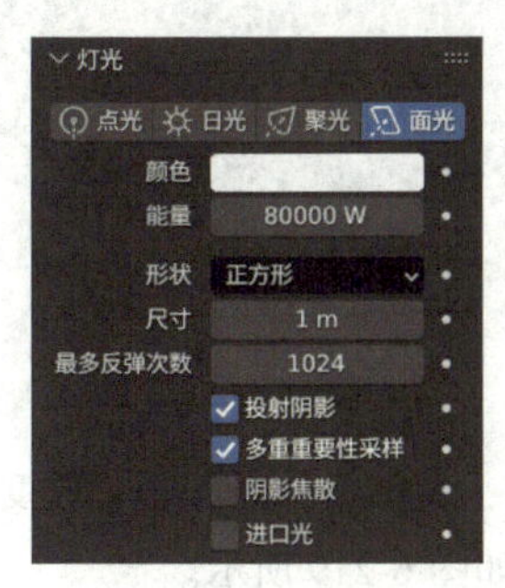

图 6-211

图 6-212

添加材质

1 为子弹添加材质。选中子弹模型，在工作区右侧进入“材质”面板，单击“表（曲）面”—“金属度”，建议将该值调整为1，如图6-213所示。在工作区右侧进入“材质”面板，单击“表（曲）面”—“基础色”，建议选取偏黄色的颜色，如图6-214所示。

摄像机视图效果如图6-215所示。

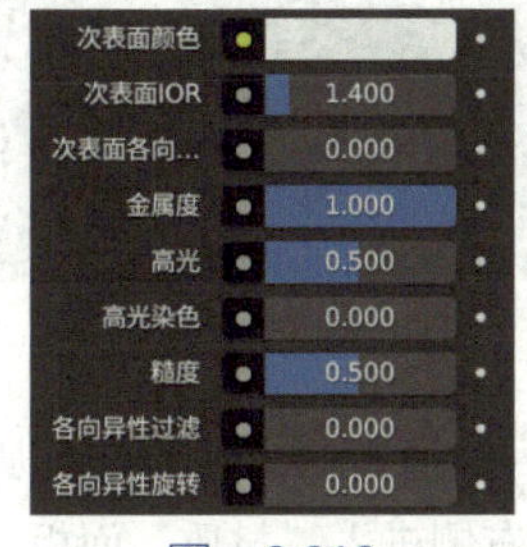

图 6-213

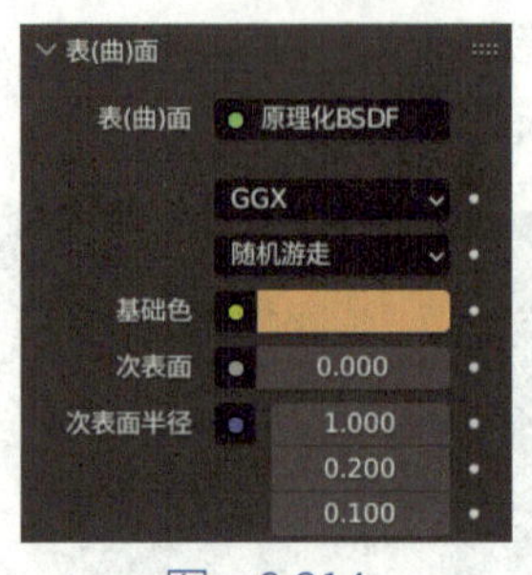

图　6-214

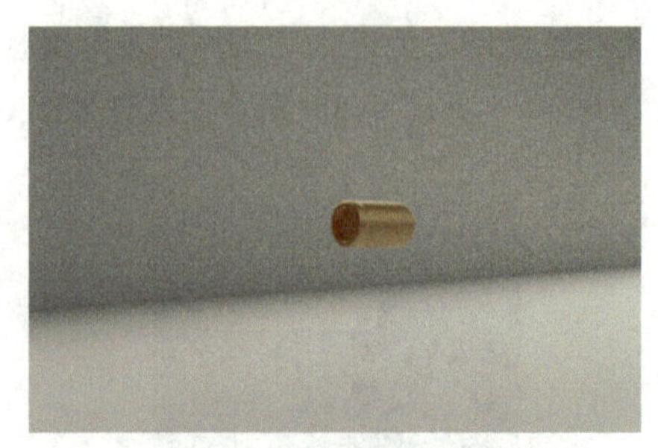

图　6-215

2 为地面添加材质。为方便观察，可以拖曳时间线，找到一个适当的关键帧进行观察，如图 6-216 所示。发现光线有点偏暗，适当移动两个面光源的位置，使面光源覆盖到该区域，如图 6-217 所示。

图　6-216

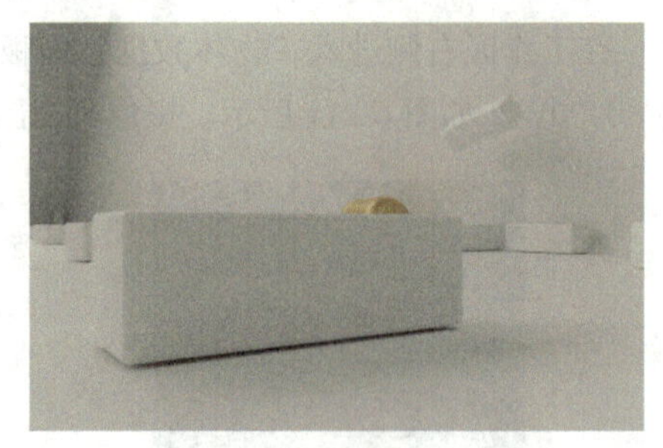

图　6-217

选中地面，在工作区右侧进入“材质”面板，单击“表（曲）面”—“糙度”，建议将该值调整为 0.15，如图 6-218 所示。摄像机视图效果如图 6-219 所示。

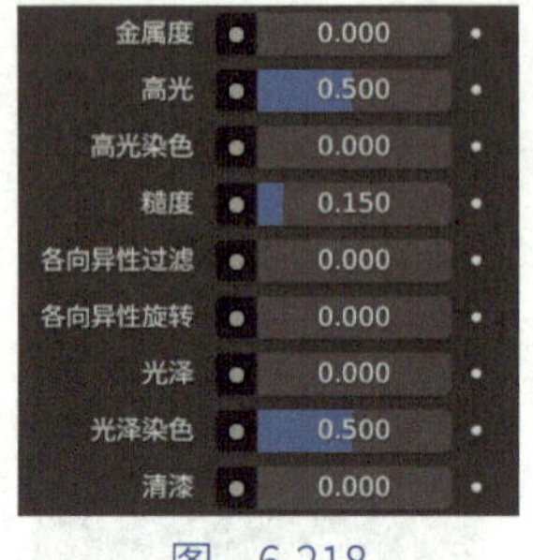

图　6-218

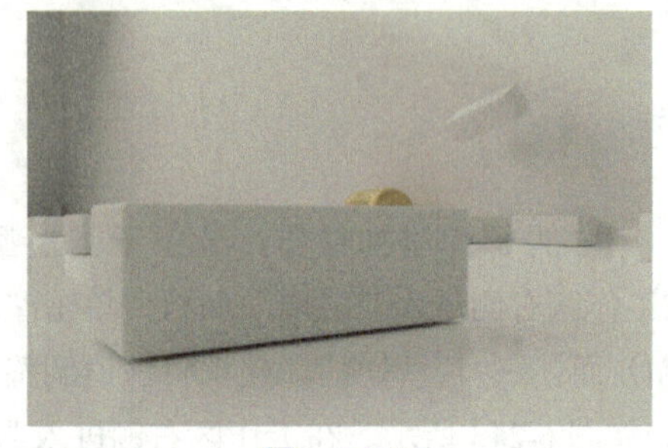

图　6-219

3 为被撞击的方块添加材质。回到第 1 帧，选中其中一个方块，如图 6-220 所示。在工作区右侧进入“材质”面板，单击“表（曲）面”—“基础色”，建议选取偏暖的浅颜色，如图 6-221 所示。

图 6-220

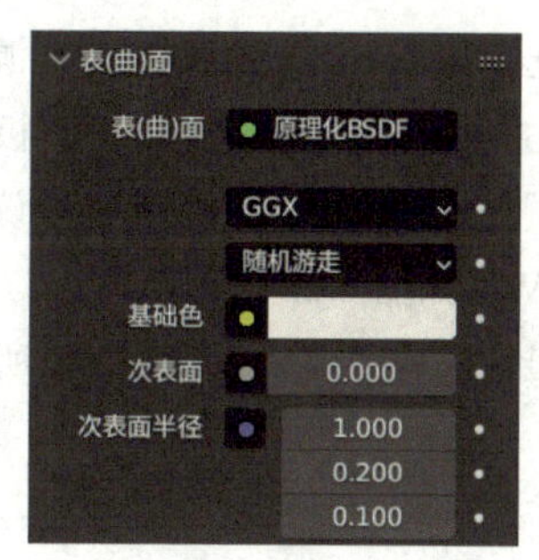

图 6-221

在工作区右侧进入“材质”面板，单击“表（曲）面”—“金属度”，建议将该值调整为1，如图6-222所示。摄像机视图效果如图6-223所示。

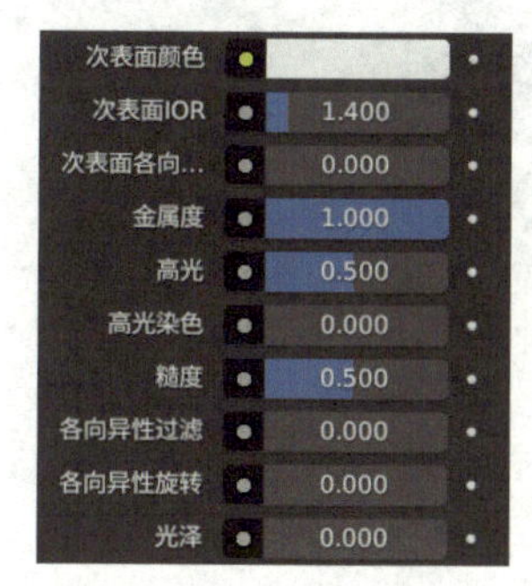

图 6-222

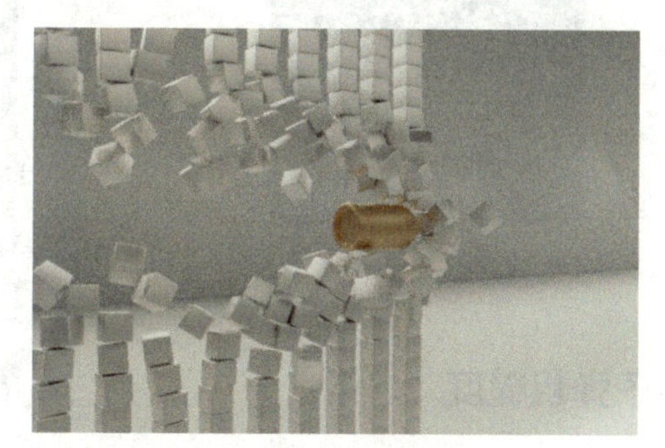

图 6-223

调整灯光强度

选中如图6-224所示的面光源。在工作区右侧进入“物体数据”面板，选择“灯光”—“面光”，“能量”建议调整为10000W，如图6-225所示。

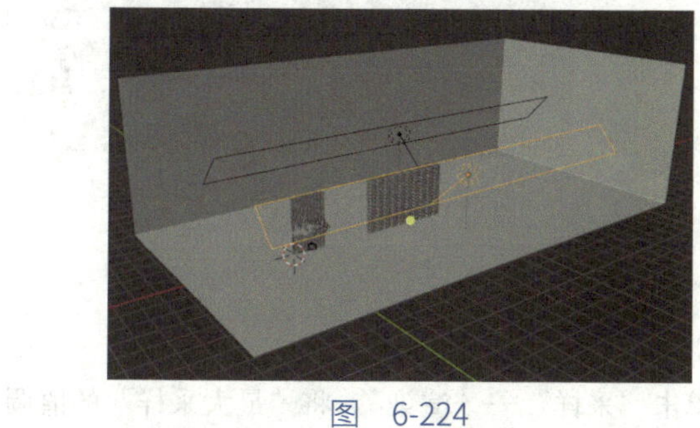

图 6-224

图 6-225

选中如图 6-226 所示的面光源。在工作区右侧进入“物体数据”面板，选择“灯光”—“面光”，“能量”建议调整为 50000W，如图 6-227 所示。

摄像机视图效果如图 6-228 所示。

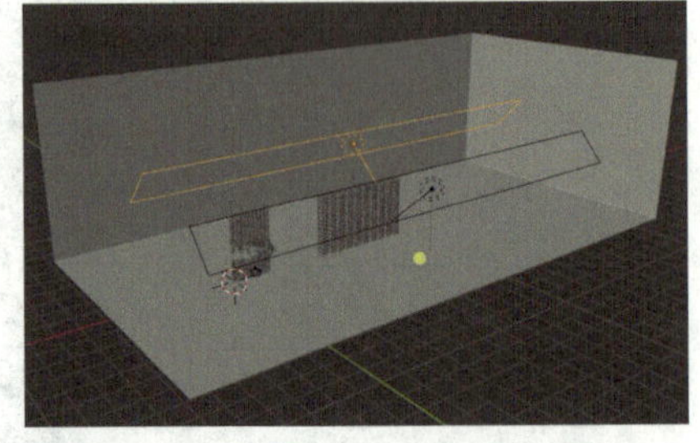
图　6-226

图　6-227

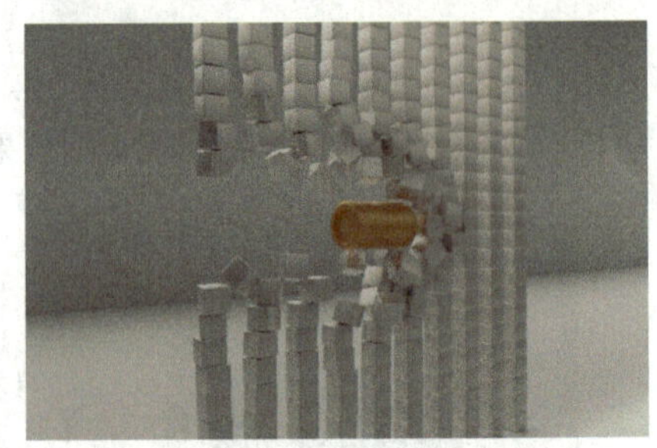
图　6-228

调整子弹粗糙度

选中子弹模型，在工作区右侧进入“材质”面板，单击“表（曲）面”—“糙度”，建议将该值调整为 0.2，如图 6-229 所示。摄像机视图效果如图 6-230 所示。

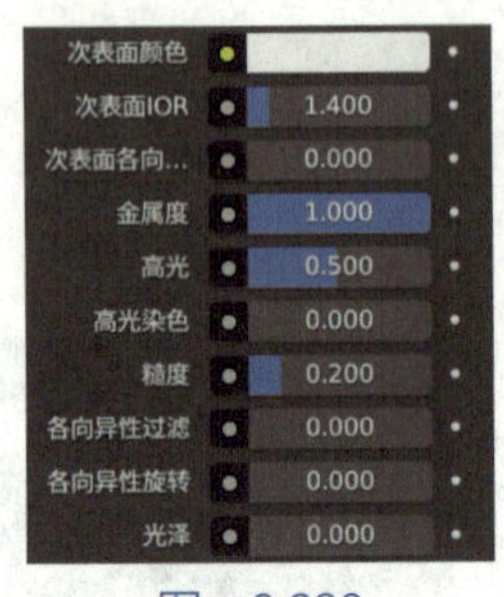

图　6-229

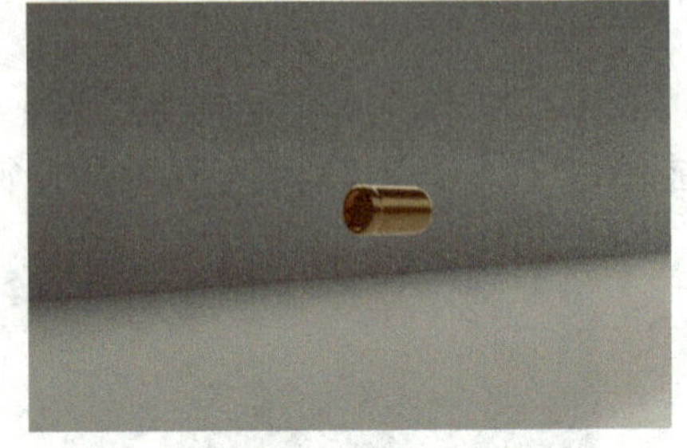
图　6-230

进行渲染

在工作区右侧进入“渲染”面板，单击“采样”—“渲染”，将“最大采样”的值调整为512，如图6-231所示。拖曳时间线，选择一个适当的关键帧，单击“渲染”—“渲染图像”，效果如图6-232所示。

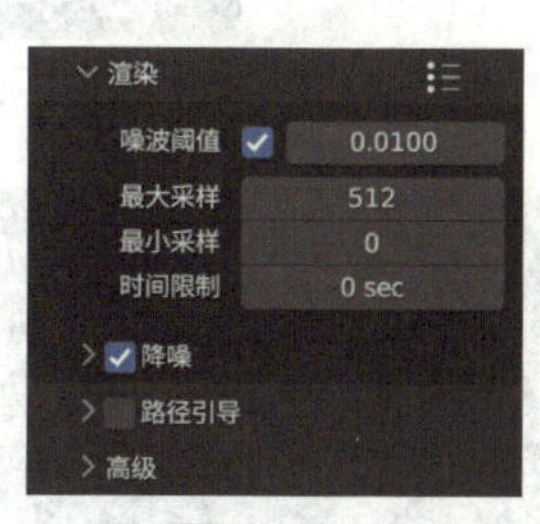

图 6-231

图 6-232

提示： 配置比较低的计算机，可能需要相对更长的渲染时间，这种情况下可以在工作区右侧进入“渲染”面板，单击“采样”—“渲染”，将“噪波阈值”调整为0.2，如图6-233所示，这样可以有效提升渲染速度，并且渲染出来的画质不会有明显的损失。

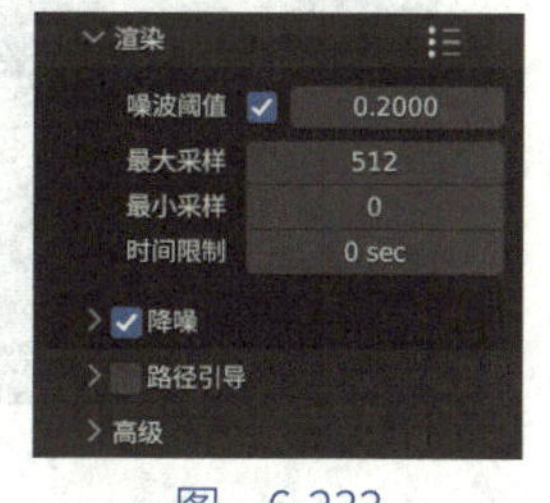

图 6-233

6.4 合成节点画面调节

使用合成节点之前，必须有一张完整的Blender渲染出来的图像。

进入合成节点

单击Compositing进入合成节点，如图6-234所示。勾选“使用Alpha”，如图6-235所示。

图 6-234

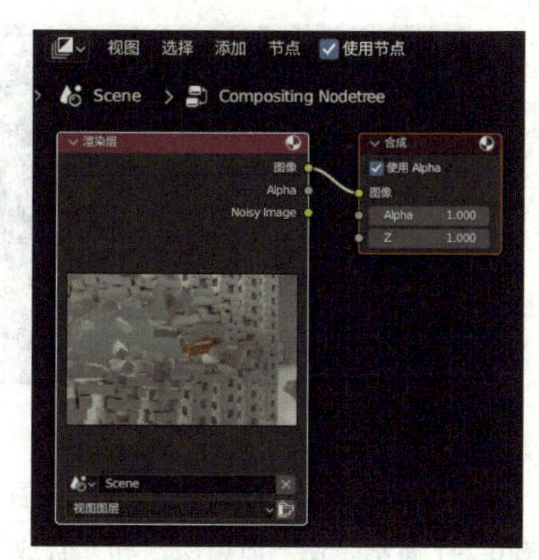

图 6-235

制作双窗口，拖曳鼠标光标至工作区右侧，当光标变为 形状时，单击鼠标右键，从“区域选项”中选择“垂直分割”，如图 6-236 所示。在适当的位置单击一下确定分割的位置，让视图以两个窗口显示，如图 6-237 所示。

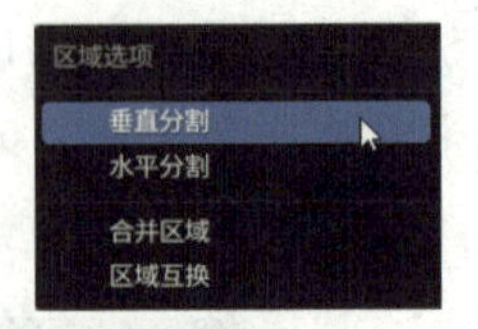

图　6-236

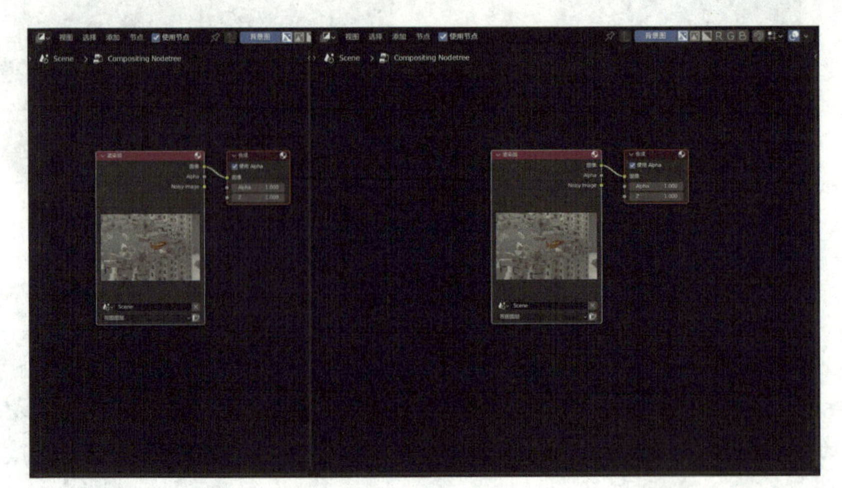

图　6-237

提示： 左侧窗口用于预览，右侧窗口用于调节。

编辑器类型选择“图像编辑器”，如图 6-238 所示。对要关联的图像，选中“Render Result”，如图 6-239 所示。

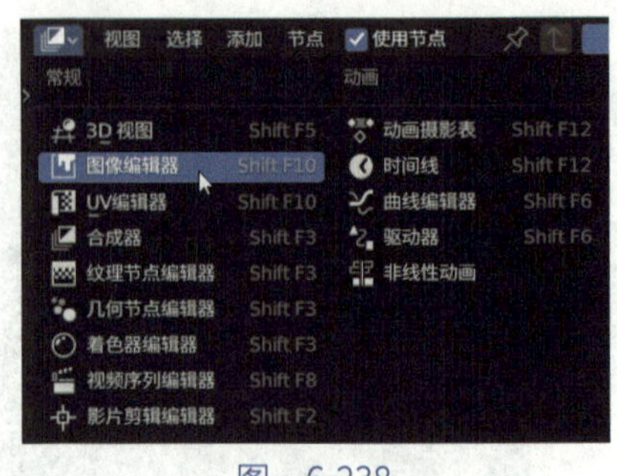

图　6-238

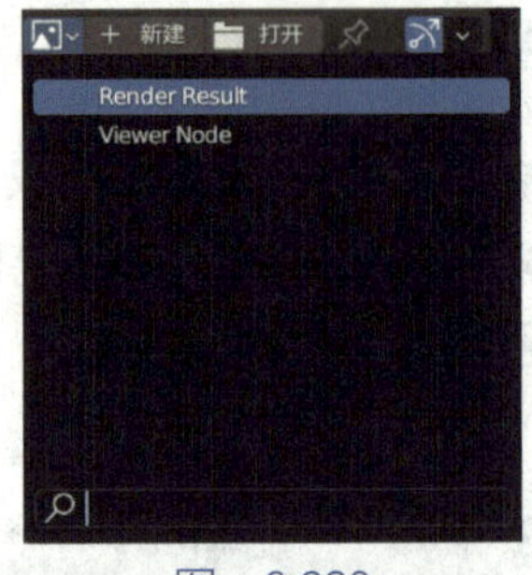

图　6-239

左侧窗口显示如图 6-240 所示。在右侧窗口中可以对“合成”的位置进行适当调整，如图 6-241 所示，在“渲染层”和“合成”之间可以插入很多节点。

图　6-240

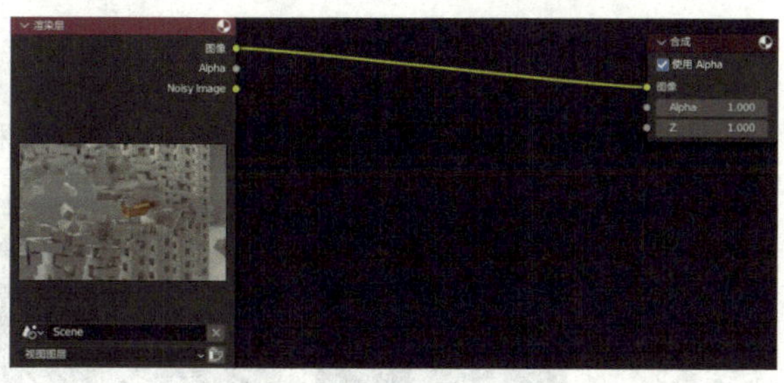

图　6-241

调节“RGB 曲线”

按快捷键 Shift+A，选择“颜色”—“RGB 曲线”，如图 6-242 所示。

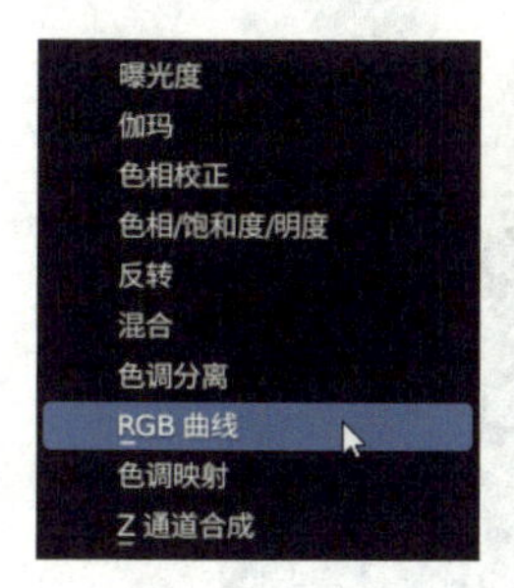

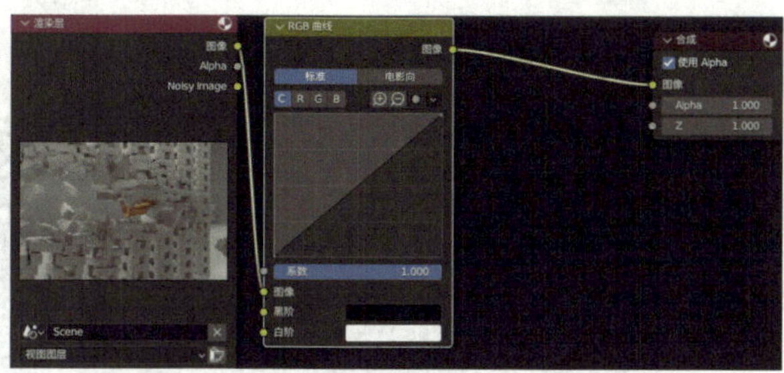

图　6-242

对“RGB 曲线”进行调整，图像的明暗程度会发生相应的轻微变化，如图 6-243 所示。

提示： 按快捷键 M，可以隐藏添加的“RGB 曲线”，如图 6-244 所示。再次按快捷键 M，可以使其显示。

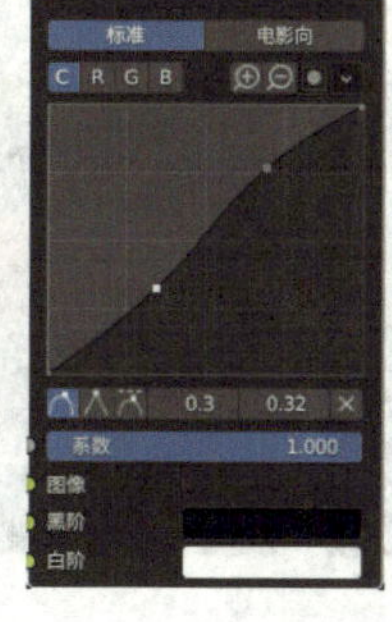

图　6-243

图　6-244

调节“色相 / 饱和度 / 明度”

按快捷键 Shift+A，选择“颜色”—“色相 / 饱和度 / 明度”，如图 6-245 所示。

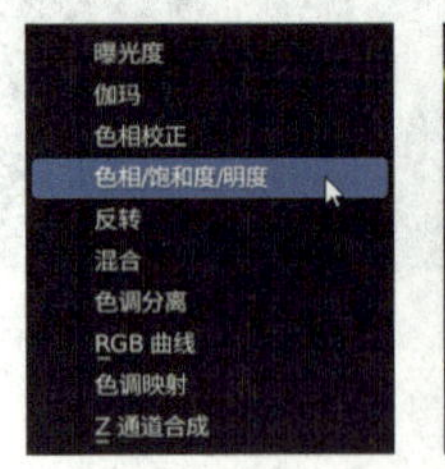

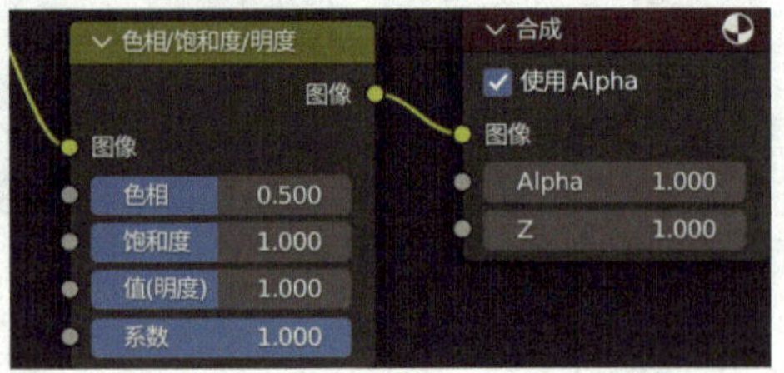

图　6-245

对“色相 / 饱和度 / 明度”进行调整，如图 6-246 所示。

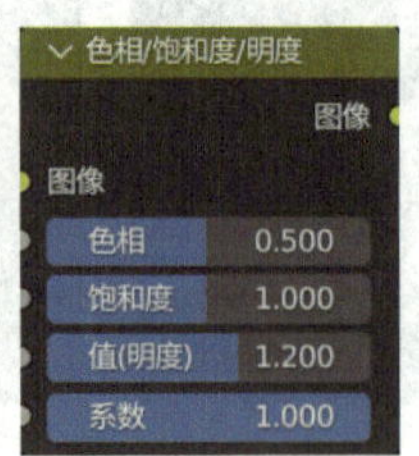

图　6-246

> **提示：**“系数”可以控制“色相”“饱和度”“值（明度）”的整体效果。

调节“色彩平衡”

按快捷键 Shift+A，选择“颜色”—“色彩平衡”，如图 6-247 所示。

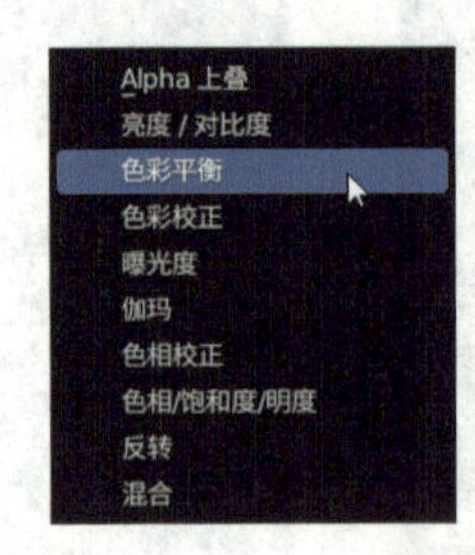

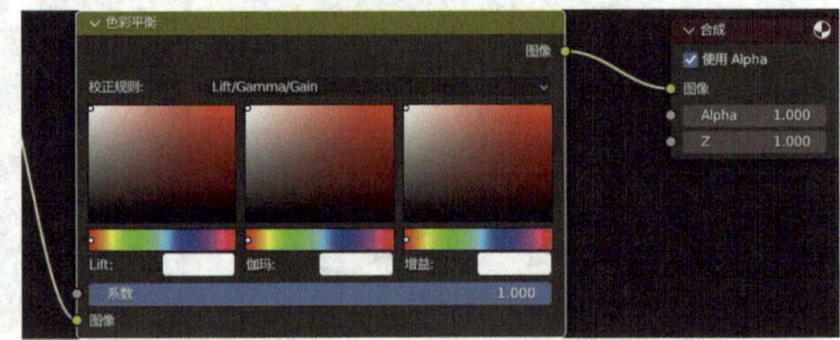

图　6-247

对“色彩平衡”进行调整，在“伽玛”的位置单击一下，建议调整为冷色调，如图 6-248 所示。

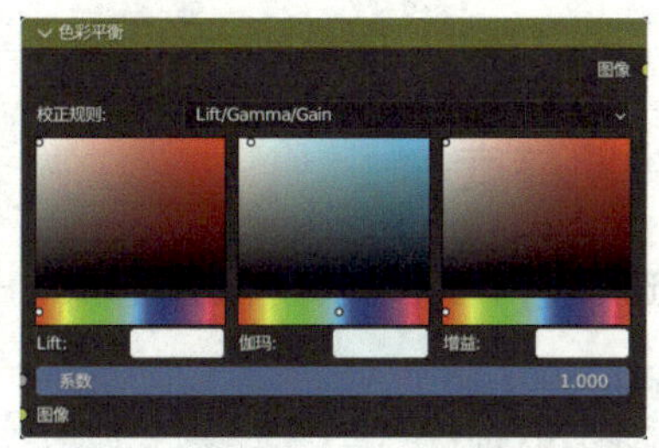

图 6-248

对“色彩平衡”进行调整，在“Lift”的位置单击一下，建议调整得暗一点并且在颜色上有一些变化，如图 6-249 所示。

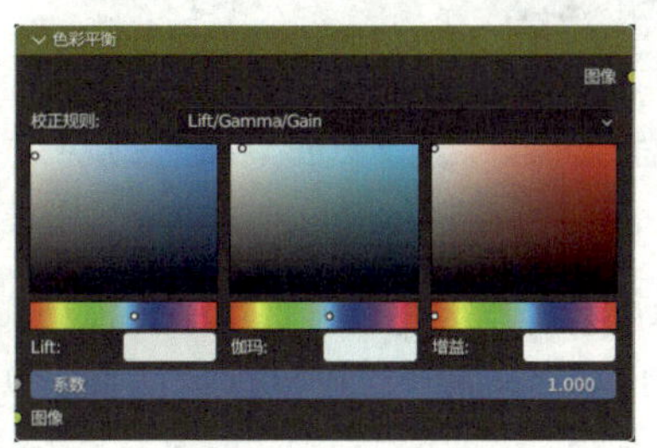

图 6-249

节点调节前后对比

选择“RGB 曲线”“色相 / 饱和度 / 明度”“色彩平衡”三个节点，按快捷键 M 隐藏，效果如图 6-250 所示。再次按快捷键 M 将三个节点重新显示，效果如图 6-251 所示。

图 6-250

图 6-251

> **提示：** 笔者为了演示合成节点的使用，参数调整得有点重，读者可以根据实际情况进行调整即可。

调整子弹粗糙度

分别选中不同的关键帧，单击“渲染”—“渲染图像”进行观察，如图 6-252 所示。

图　6-252

子弹反射有点太强了，选中子弹模型，在工作区右侧进入“材质”面板，单击“表（曲）面”—“糙度”，建议将该值调整为 0.3，如图 6-253 所示。调整后的效果如图 6-254 所示。

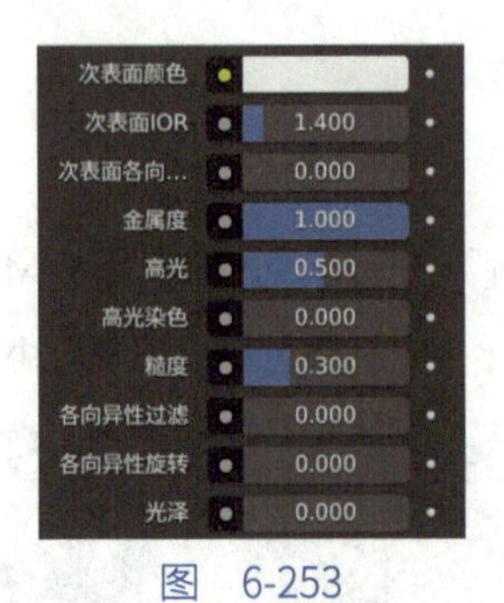

图　6-253

图　6-254

摄像机添加景深效果

选中摄像机，在工作区右侧进入“物体数据”面板，勾选“景深”，在“焦点物体”的位置单击一下，如图 6-255 所示。单击选中子弹模型，如图 6-256 所示。

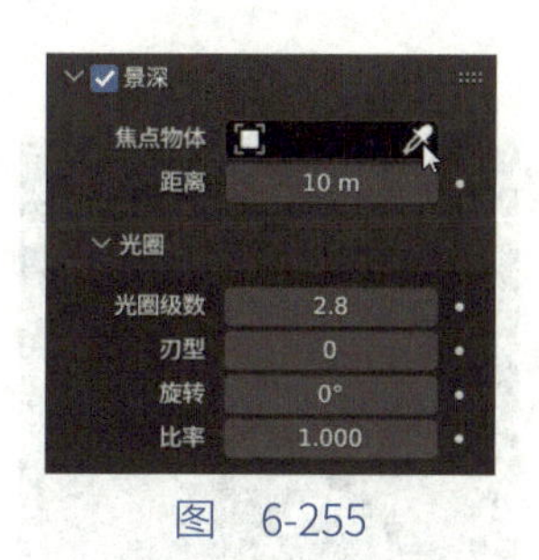

图 6-255

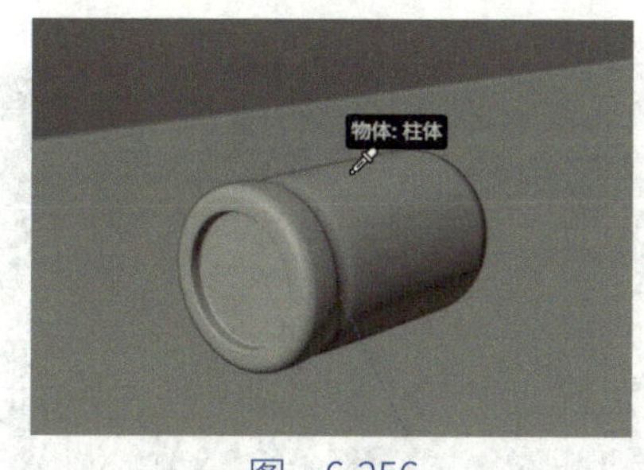

图 6-256

在工作区右侧进入“物体数据”面板，单击“景深”—“光圈”，“光圈级数”调整为0.1，如图6-257所示。调整后的效果如图6-258所示，子弹模型会比较真实，位置比较远的模型会产生虚化。

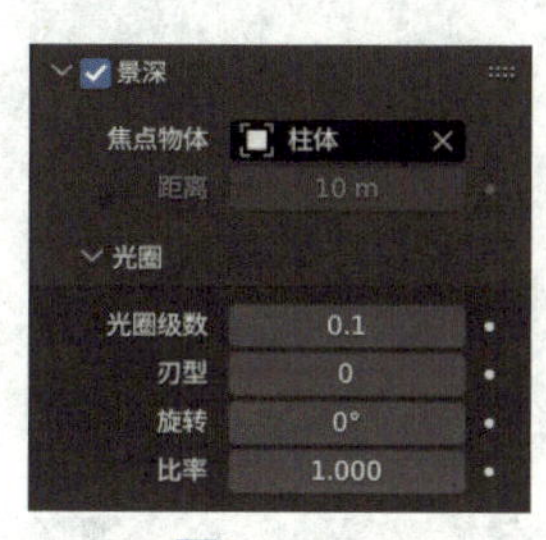

图 6-257

图 6-258

最终渲染输出

在工作区右侧进入“输出”面板，单击“格式”，“帧率”建议调整为30fps，如图6-259所示。单击“输出”，在如图6-260所示的位置处单击一下，以指定保存位置。

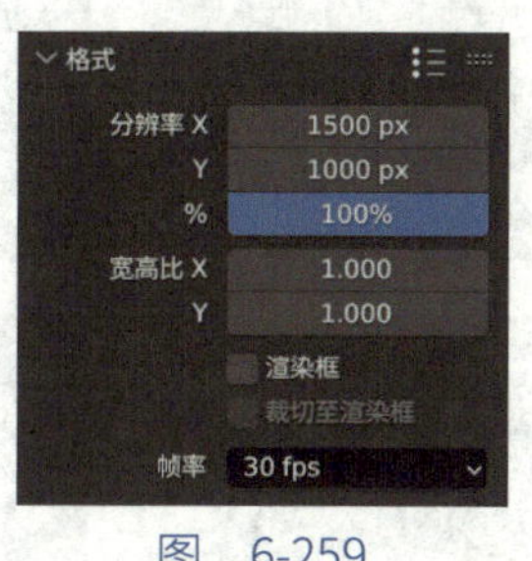

图 6-259

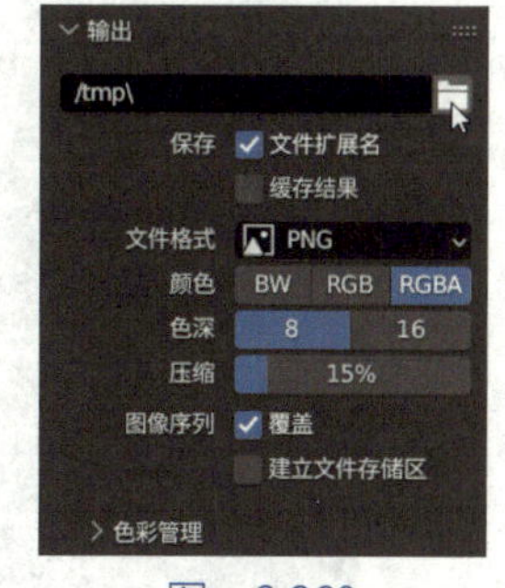

图 6-260

在弹出的“Blender文件视图”对话框中指定具体的保存位置后单击“接受”，如图6-261所示。在工作区右侧进入“渲染”面板，单击“采样”—“渲染”，“最大采样”值可以根据自己的计算机配置进行设置，如果配置比较低，可以设置为256或其他数值，笔者保持前面调整的数值512。“噪波阈值”建议调整为0.2，如图6-262所示。

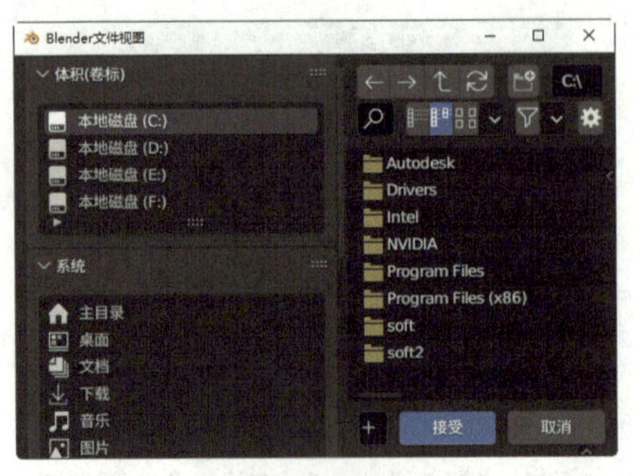

图　6-261

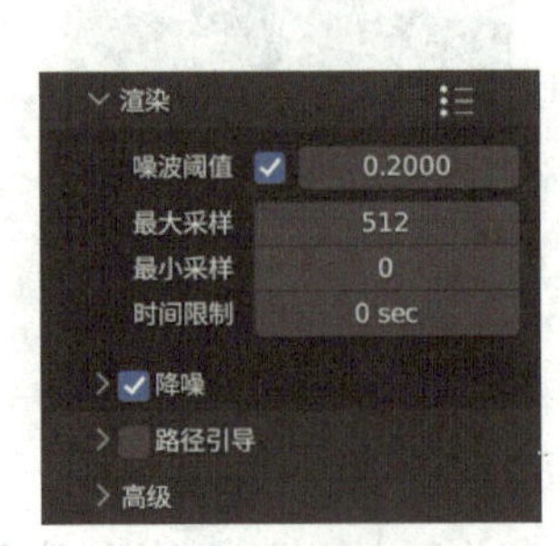

图　6-262

接下来可以正式渲染了，单击“渲染”—“渲染动画”，效果如图 6-263 所示。

图　6-263

有兴趣的话可以对渲染出来的结果文件进行编辑，如图 6-264 所示。

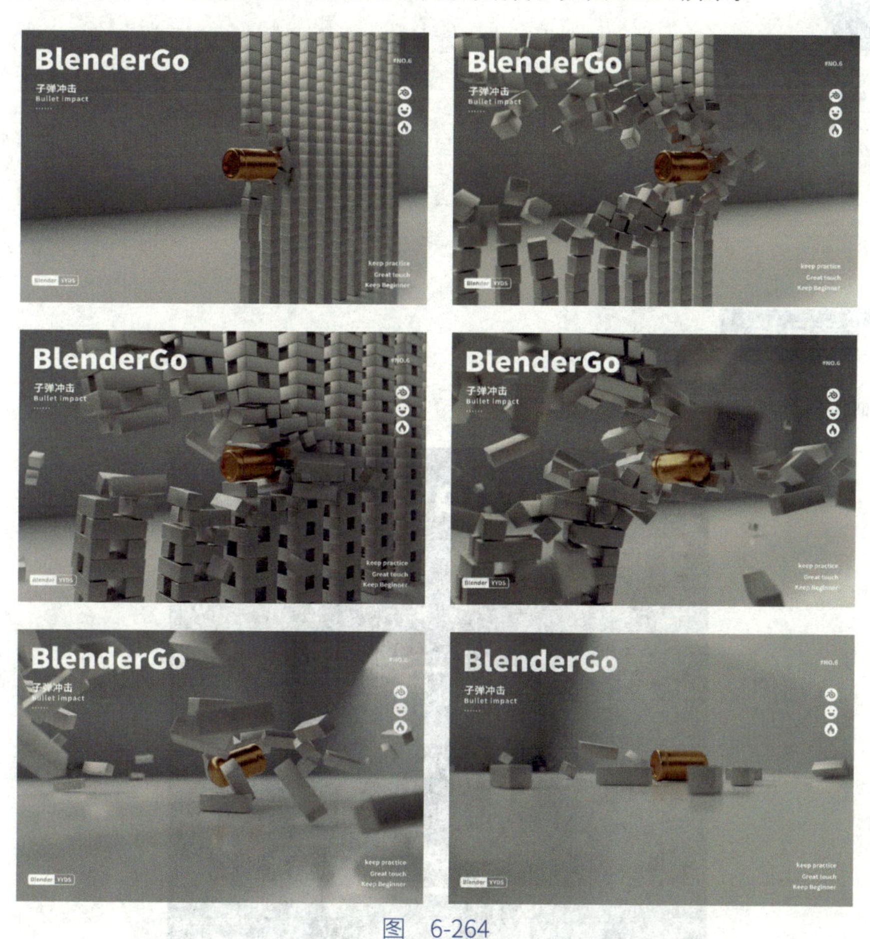

图 6-264

第 7 章

猴头构建案例

本章目标

制作猴头动画，如图 7-1 所示。

图 7-1

了解构建猴头动画的工作流程，掌握 Blender 基本几何体、几何节点、渲染方法。

本章重点

构建猴头动画的工作流程

（1）分析需要构建的形象，制作基本几何体。

（2）在 Blender 中用几何节点的方式将基本几何体进行形变。

学习准备

案例拆解

积木组合是多个不同颜色积木的拼装。

用猴头作为基本型，用几何节点的方式对猴头进行形变，使猴头整体看起来由众多方块组成。使用平面创建地面。

做好准备工作后，接下来进入实战吧！

7.1 几何节点建模思路

本案例是通过几何节点实现的，几何节点是一种程序，类似于代码。

几何节点的添加方法

方法一，选中基本型，如图 7-2 所示的立方体。在工作区右侧进入“修改器”面板，选择“添加修改器”—“几何节点”，如图 7-3 所示。

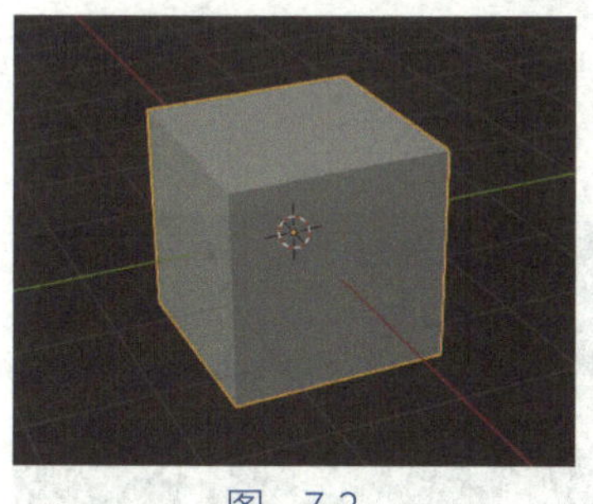

图 7-2

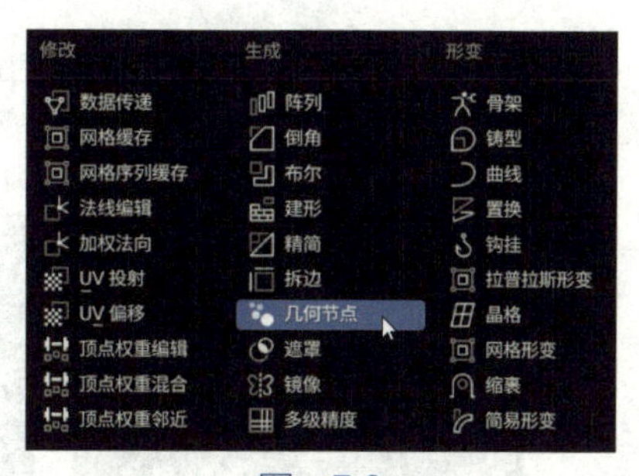

图 7-3

方法二，选择“Geometry Nodes”，如图 7-4 所示。单击“新建”，添加“几何节点”，如图 7-5 所示。

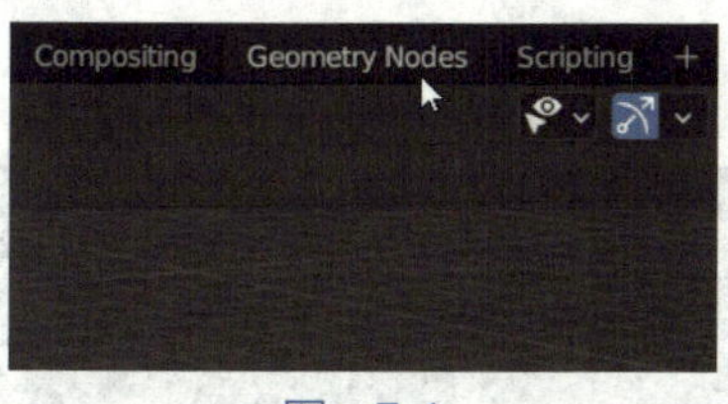

图 7-4

图 7-5

添加几何节点后的界面

添加“几何节点”后的界面如图 7-6 所示。

图 7-6

1 电子表单。立方体在电子表单中有一些呈现，例如立方体有 8 个顶点，12 条边，6 个面，如图 7-7 所示。

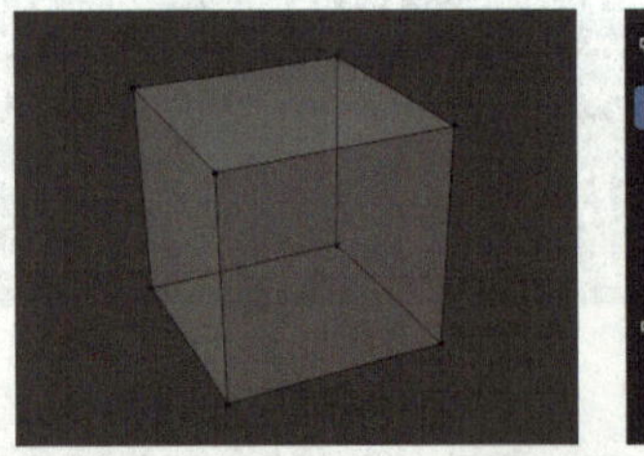

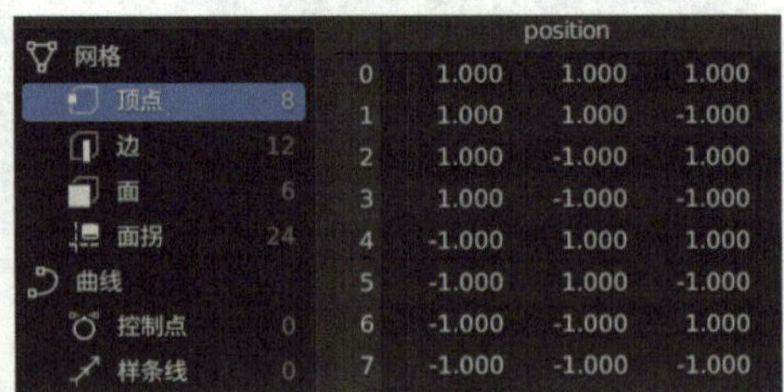

	position		
0	1.000	1.000	1.000
1	1.000	1.000	-1.000
2	1.000	-1.000	1.000
3	1.000	-1.000	-1.000
4	-1.000	1.000	1.000
5	-1.000	1.000	-1.000
6	-1.000	-1.000	1.000
7	-1.000	-1.000	-1.000

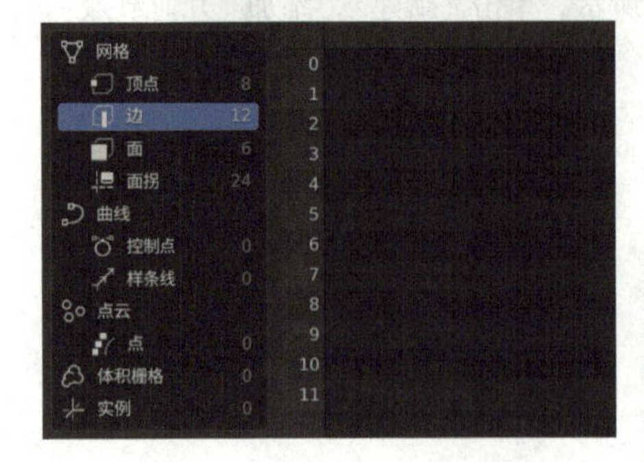

网格：顶点 8，边 12，面 6，面拐 24，曲线

	shade_smooth	normal		
0	□	0.000	0.000	1.000
1	□	0.000	-1.000	0.000
2	□	-1.000	0.000	0.000
3	□	0.000	0.000	-1.000
4	□	1.000	0.000	0.000
5	□	0.000	1.000	0.000

图 7-7

2 几何节点编辑器。几何节点编辑器“组输入”中包含着添加几何节点的基本型。在“组输入”和“组输出”中间的节点连接线中可以添加多个节点。它的本质是把基本型通过节点运算的方式，将节点进行混合连接、组合运算，从而呈现出一个全新的几何体。模型的每个顶点对应着不同的坐标，节点运算基于的方式就是这些顶点的坐标，为了便于理解，可以将顶点的编号显示出来，选择“编辑”—“偏好设置”，如图 7-8 所示。在“Blender 偏好设置”对话框中勾选“界面”中的“开发选项”，如图 7-9 所示。

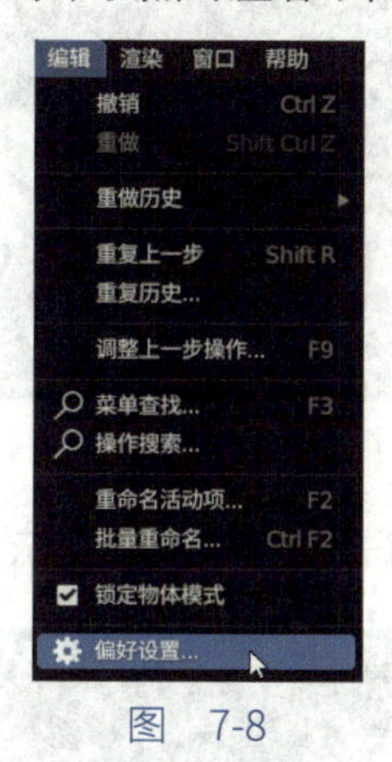

图 7-8

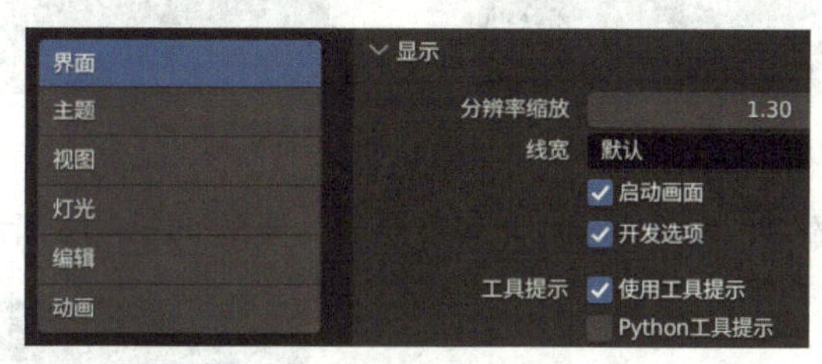

图 7-9

在“Blender 偏好设置”对话框中勾选“实验特性”中的“资产编号”，如图 7-10 所示。在视图叠加层中勾选“开发人员”中的“编号”，如图 7-11 所示。

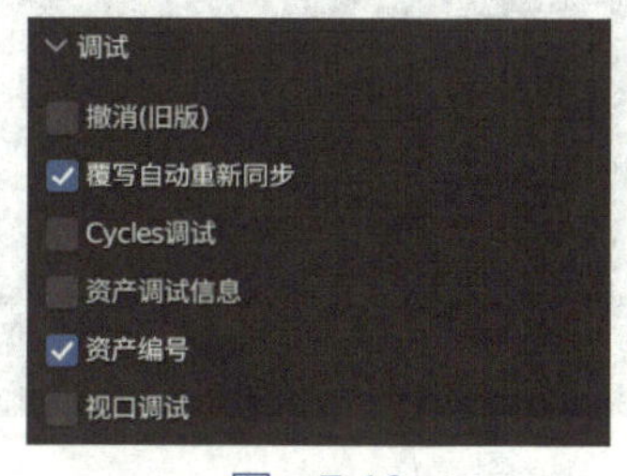

图 7-10

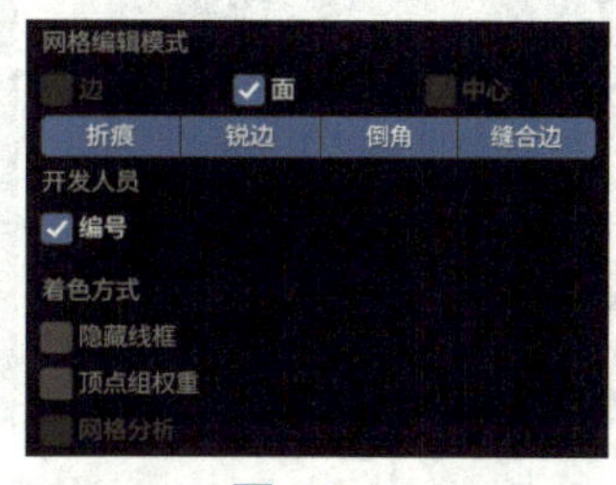

图 7-11

可以看到模型每个顶点的编号，如图 7-12 所示。模型每个编号的顶点对应着电子表单中相应编号的坐标值，例如顶点 3 对应的坐标值为“1，-1，-1”，如图 7-13 所示。

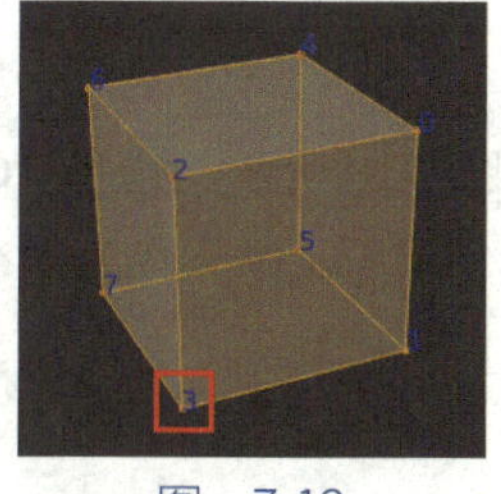

图 7-12

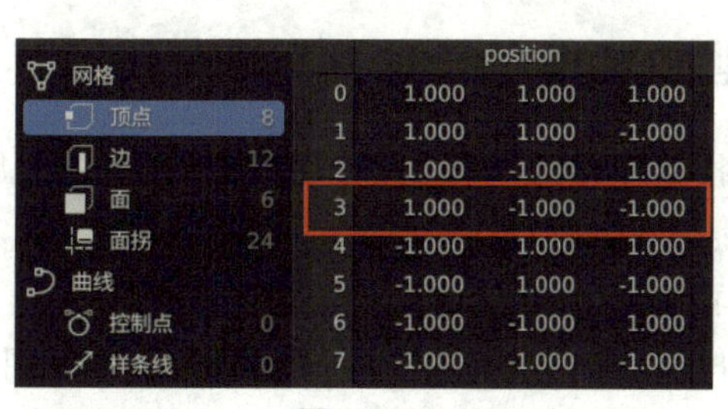

	position		
0	1.000	1.000	1.000
1	1.000	1.000	-1.000
2	1.000	-1.000	1.000
3	1.000	-1.000	-1.000
4	-1.000	1.000	1.000
5	-1.000	1.000	-1.000
6	-1.000	-1.000	1.000
7	-1.000	-1.000	-1.000

图 7-13

通过几何节点的运算后，模型的坐标信息会发生相应的变化，例如添加一个“表面细分”的几何节点，按快捷键 Shift+A，选择“网格”，如图 7-14 所示。将“表面细分”添加到节点中，如图 7-15 所示。

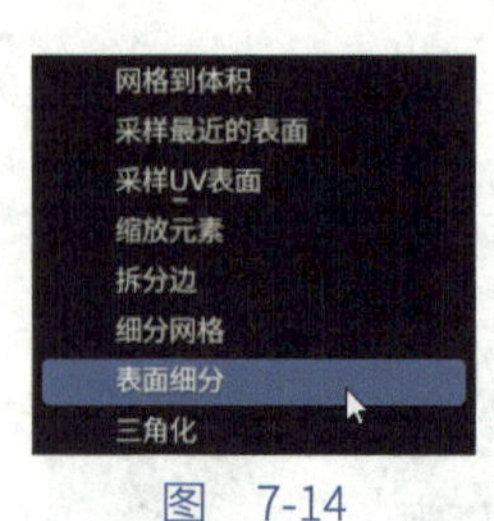

图　7-14

图　7-15

添加“表面细分”几何节点后，模型如图 7-16 所示。电子表单如图 7-17 所示。

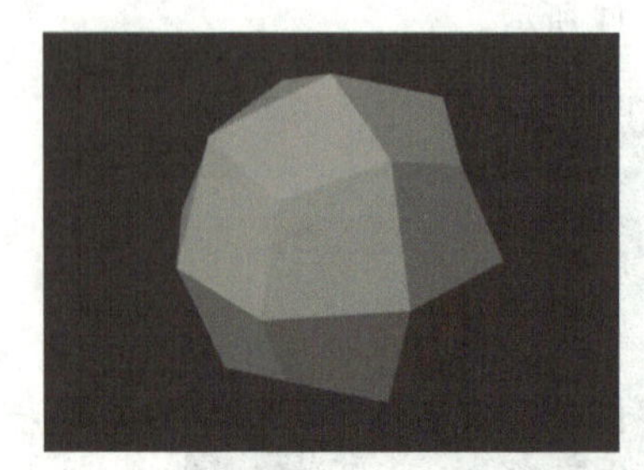

图　7-16

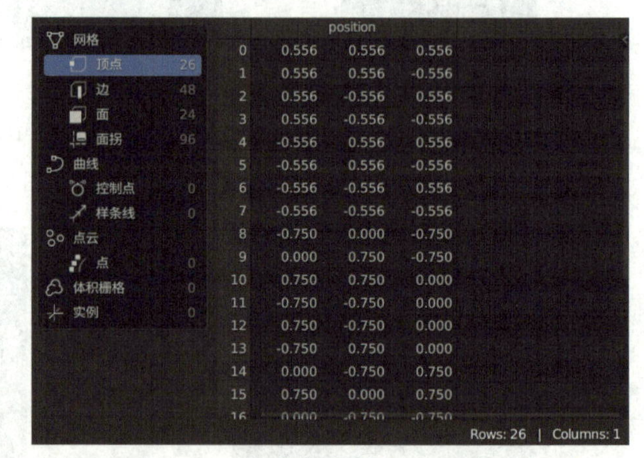

图　7-17

> **提示：** 通常来讲，添加的几何节点越多，模型效果越复杂。

创建基本型

按快捷键 A 进行全选，按快捷键 X 进行删除，如图 7-18 所示。选择“Geometry Nodes”，按快捷键 Shift+A，选择“网格”—“猴头”，创建一个猴头作为基本型，如图 7-19 所示。

电子表单产生了基于猴头的表单信息，如图 7-20 所示。

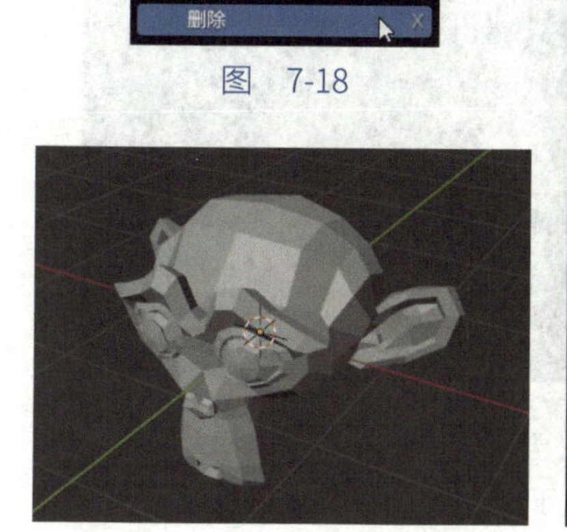

图 7-18

图 7-19

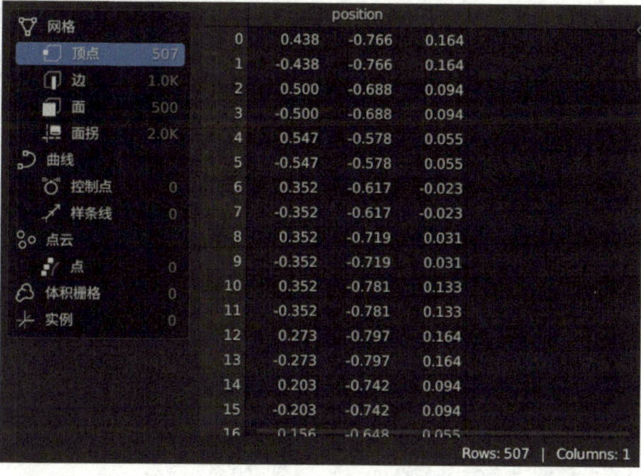

图 7-20

提示： 如果不需要电子表单，可以将其向左拖曳，如图 7-21 所示。

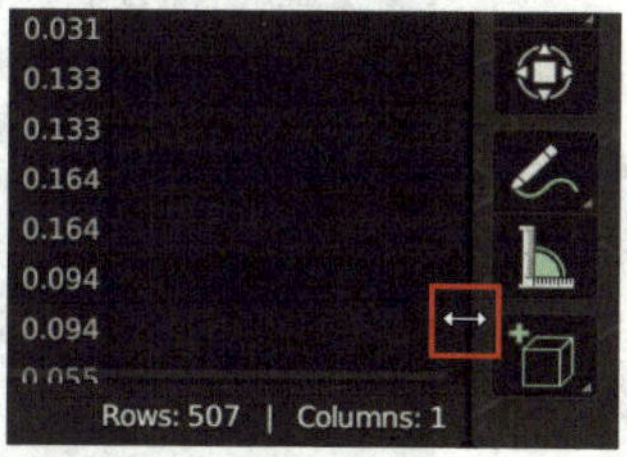

图 7-21

添加几何节点

单击“新建”，如图 7-22 所示。结果如图 7-23 所示。

图 7-22

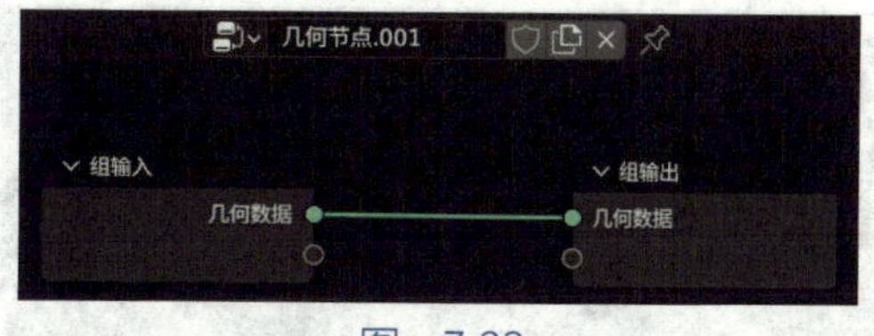

图 7-23

按快捷键 Shift+A，选择“实例”—“实例化于点上”，如图 7-24 所示。将“实例化于点上”几何节点添加到节点连接线上面，如图 7-25 所示。

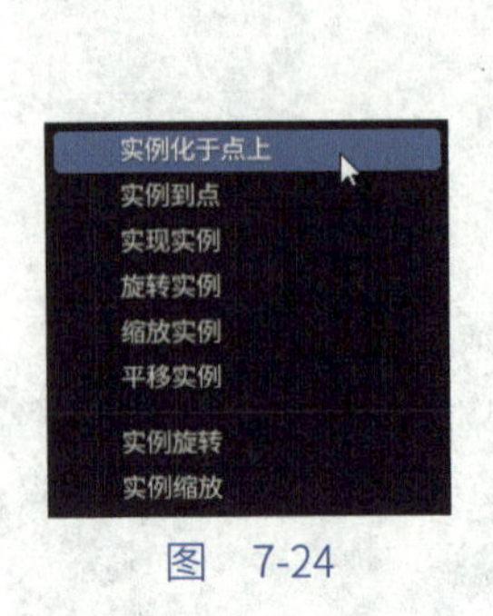

图　7-24

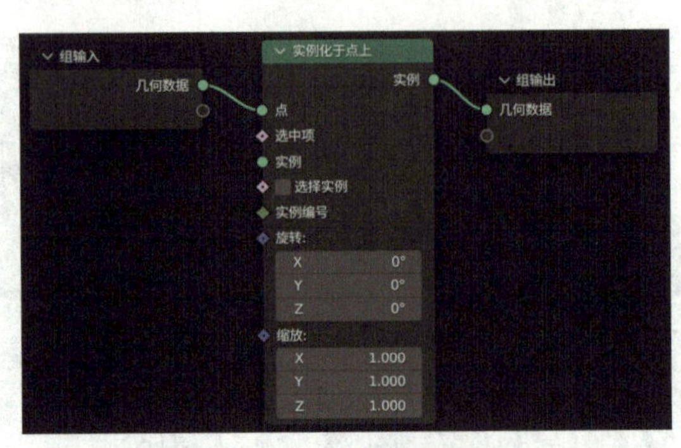

图　7-25

可以发现猴头消失了，如图 7-26 所示。"实例化于点上"几何节点需要基于猴头上面的顶点进行实例化呈现，但是目前并没有实例化的物体，所以猴头会消失。下面创建一个实例化的物体，按快捷键 Shift+A，选择"网格基本体"—"立方体"，将"立方体"几何节点放置到合适的位置，如图 7-27 所示。

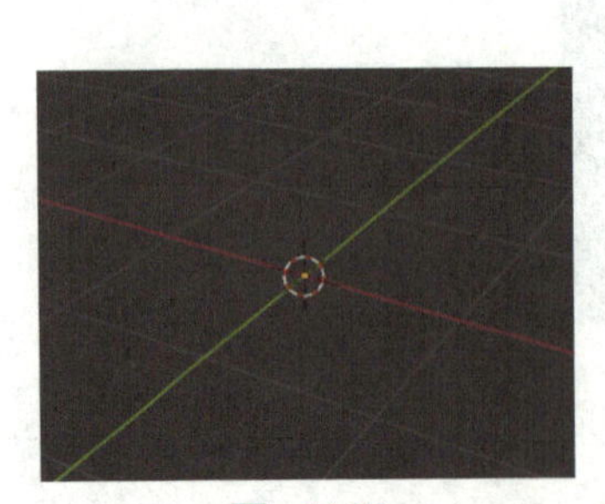

图　7-26

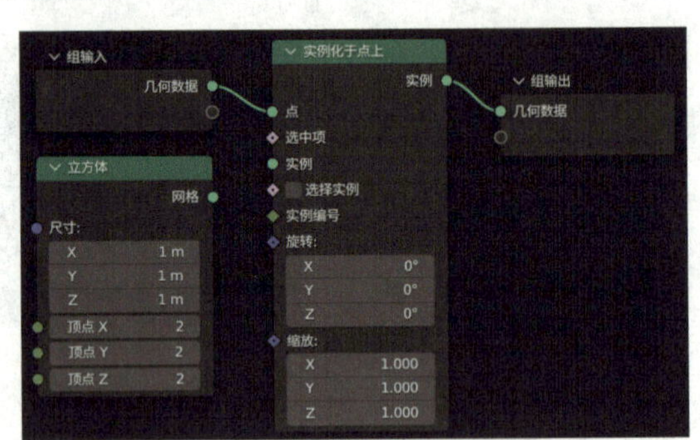

图　7-27

将"立方体"的"网格"连接到"实例化于点上"的"实例"上面，如图 7-28 所示。猴头效果如图 7-29 所示。

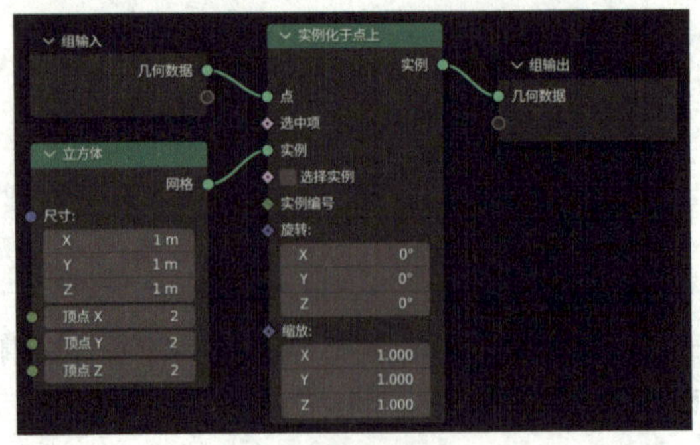

图　7-28

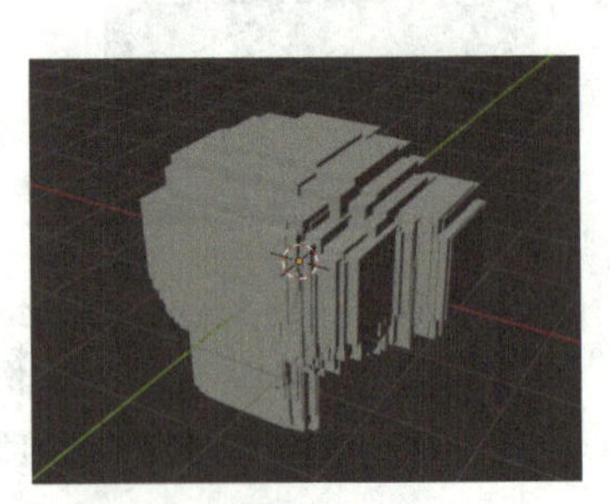

图　7-29

提示： 假如“网格基本体”选择“锥形”，显示结果如图 7-30 所示。假如“网格基本体”选择“棱角球”，显示结果如图 7-31 所示。

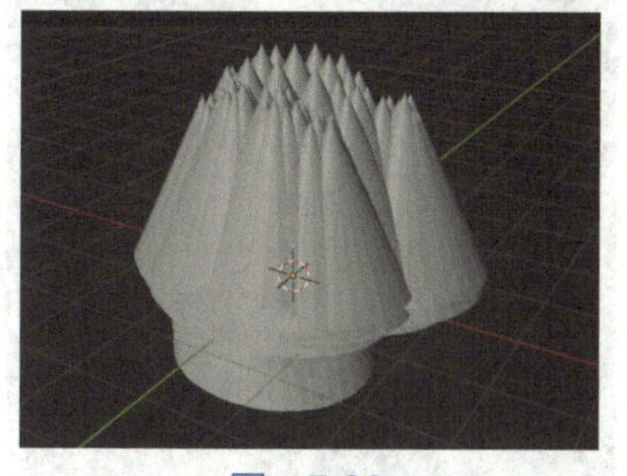
图　7-30

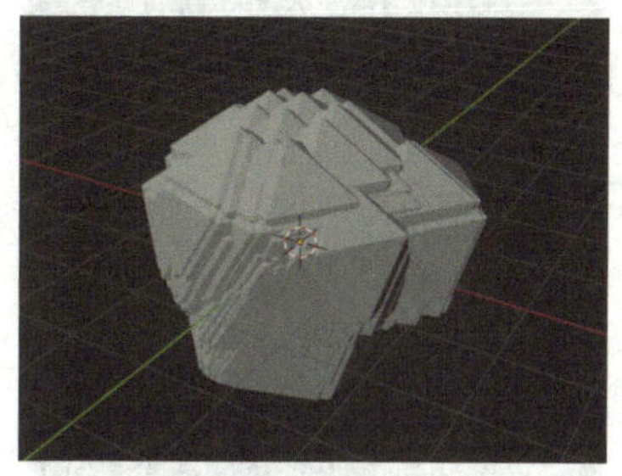
图　7-31

提示： 用几何节点的时候基本上都是同色连接同色，比如将“立方体”的“网格”连接到“实例化于点上”的“旋转”上面，连接线会出现红色不可用的情况，如图 7-32 所示。

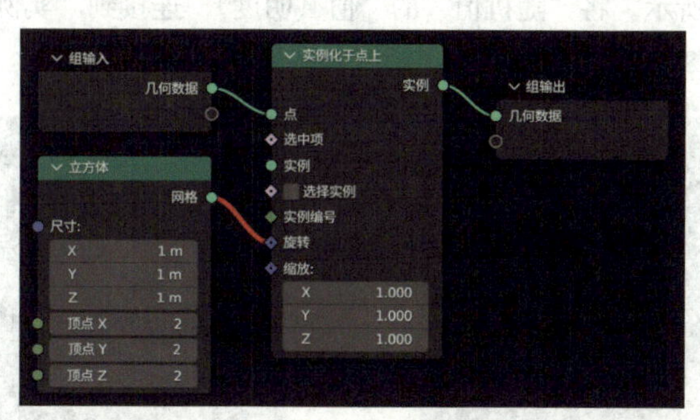

图　7-32

可以对“立方体”的尺寸进行调整，如图 7-33 所示。猴头效果如图 7-34 所示。

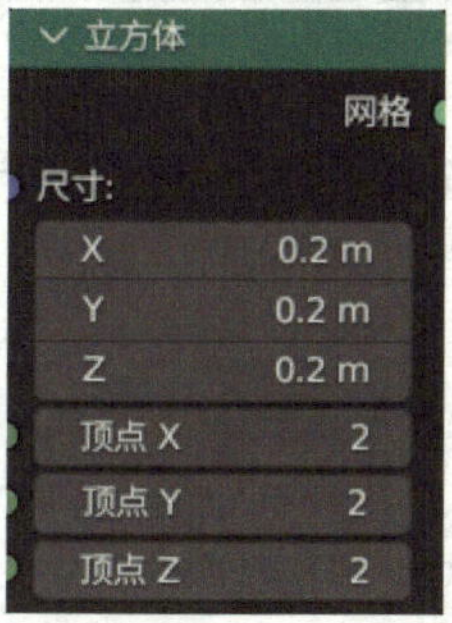

立方体
网格
尺寸:
X 0.2 m
Y 0.2 m
Z 0.2 m
顶点 X 2
顶点 Y 2
顶点 Z 2

图　7-33

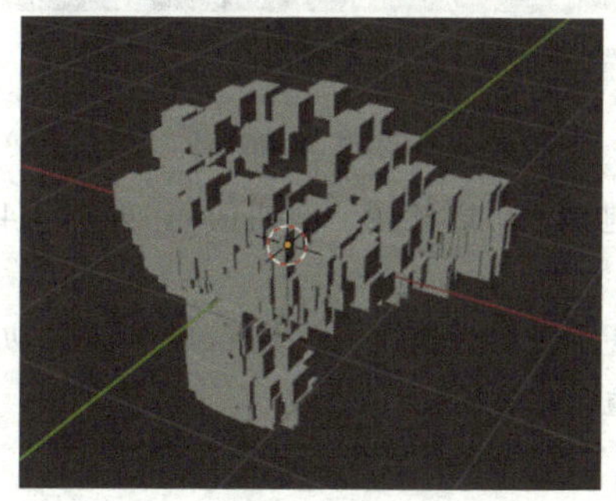
图　7-34

单击展开视图着色方式，勾选“选项”中的“Cavity”，如图 7-35 所示。猴头效果如图 7-36 所示。

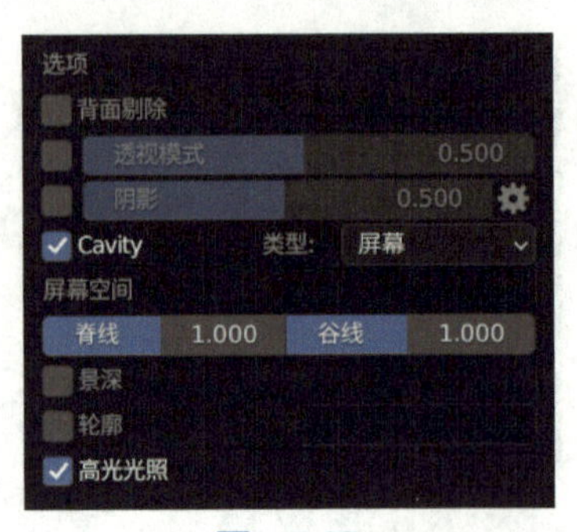

图 7-35

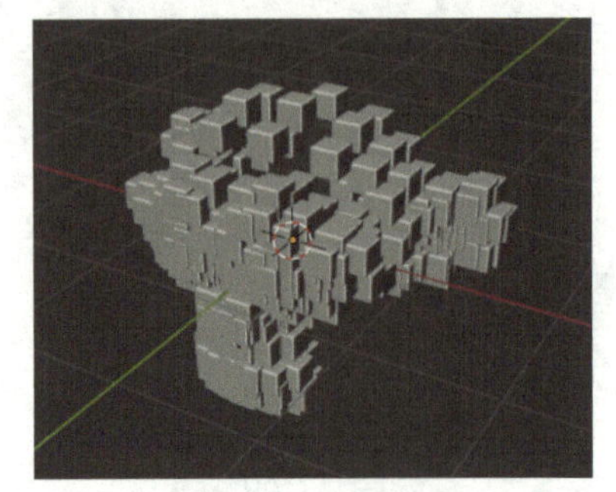

图 7-36

目前基于实例化的立方体看起来比较单调，所以需要让其产生一些不均匀的变化，按快捷键 Shift+A，选择“实用工具”—“随机值”，将“随机值”几何节点放置到合适的位置，如图 7-37 所示。将“随机值”的“值（明度）”连接到“实例化于点上”的“缩放”上面，如图 7-38 所示。

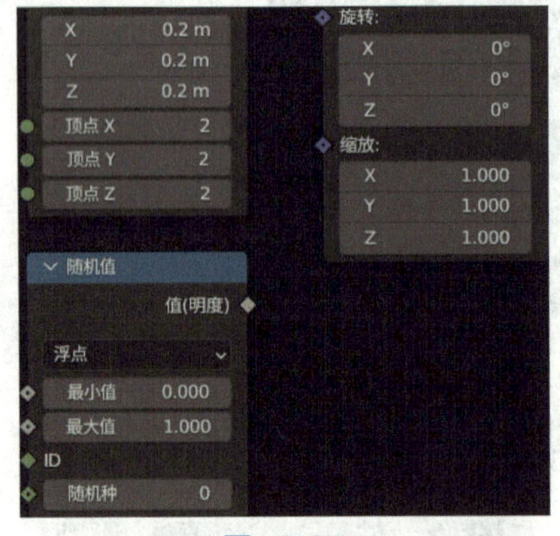

图 7-37

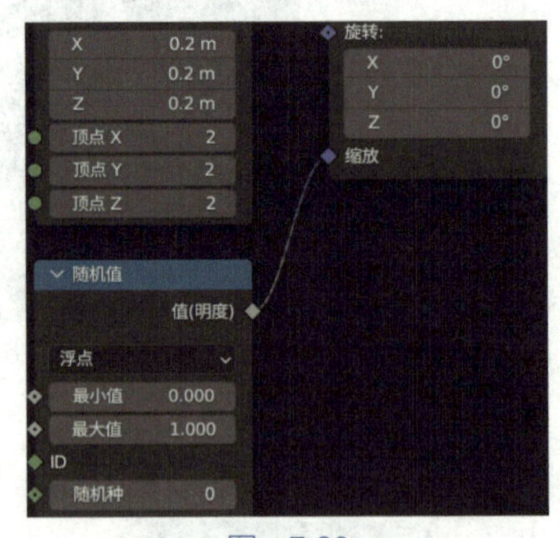

图 7-38

猴头效果如图 7-39 所示，立方体产生了随机变换。选择“随机值”几何节点，按快捷键 M，可以禁用“随机值”，如图 7-40 所示，以便于节点应用的前后对比。

提示： 按快捷键 M，禁用“随机值”几何节点之后，再次按快捷键 M，可以启用“随机值”几何节点。

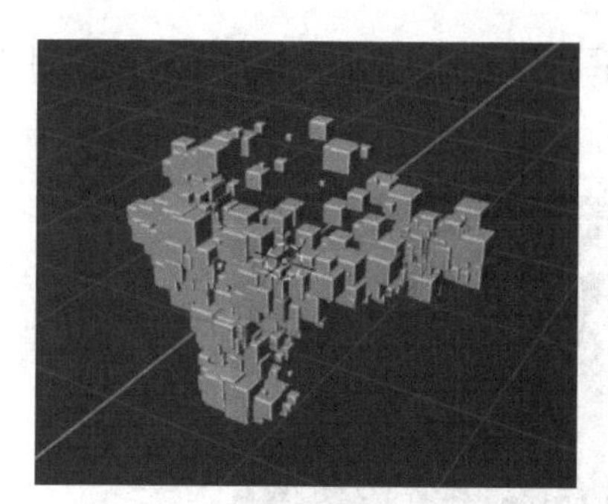
图 7-39

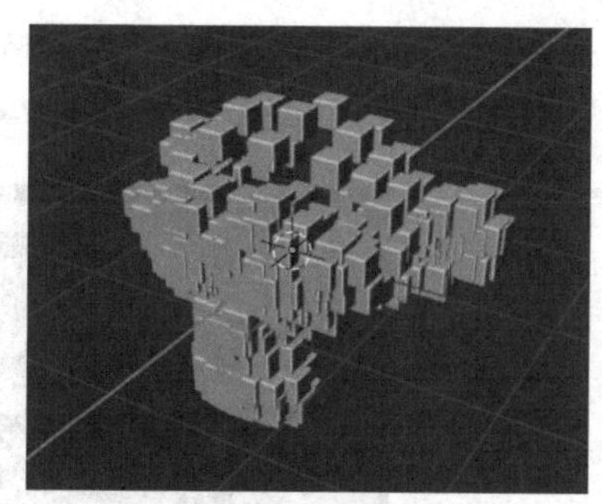
图 7-40

将“随机值”几何节点的“最小值”修改为0.1，如图 7-41 所示。立方体在最小区间上会发生相应的变化，如图 7-42 所示。

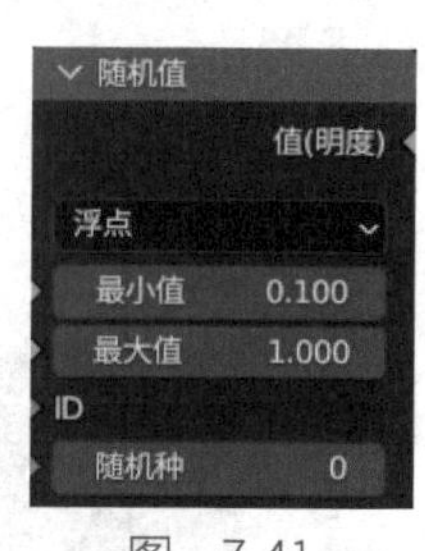

图 7-41

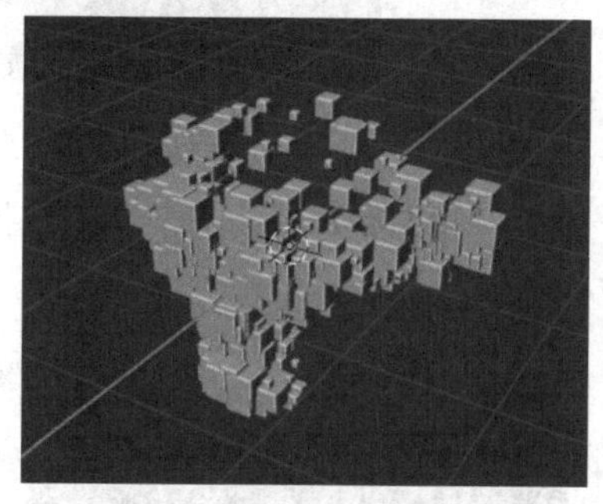
图 7-42

目前立方体的数量不够多，选择“实例化于点上”“立方体”“随机值”三个几何节点，如图 7-43 所示。按快捷键 M，将选中的三个几何节点禁用，可以发现猴头的原始模型的点线面比较少，如图 7-44 所示。

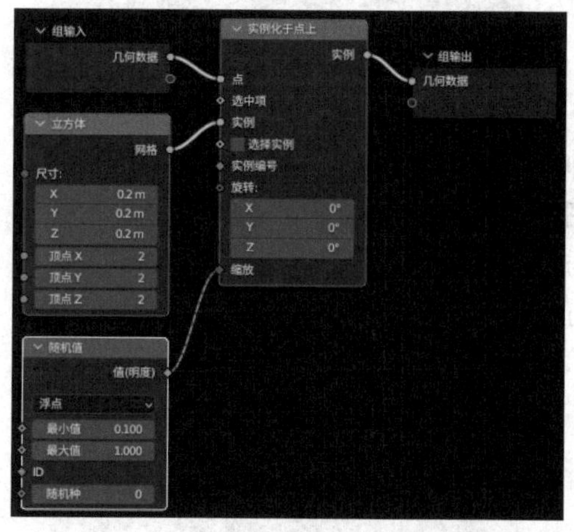

图 7-43

图 7-44

按快捷键 Shift+A，选择“细分网格”—“网格”，将“细分网格”几何节点连接到“组输入”和“实例化于点上”上，如图 7-45 所示。

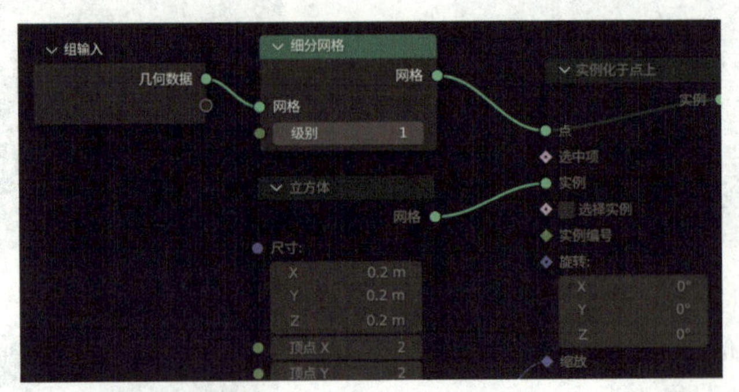

图　7-45

选择“视图叠加层”—“几何数据”，勾选“线框”，如图 7-46 所示。猴头效果如图 7-47 所示。

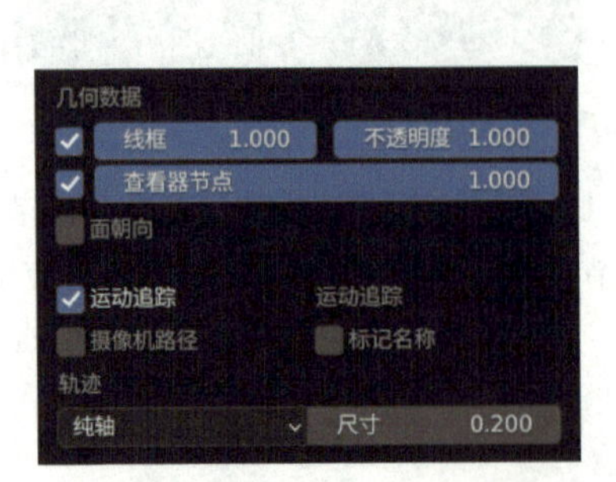

图　7-46

图　7-47

将“细分网格”的“级别”调整为 0，即不添加“细分网格”几何节点的效果，如图 7-48 所示。猴头效果如图 7-49 所示。可以与添加“细分网格”几何节点后的图 7-47 进行对比。

图　7-48

图　7-49

重新将“细分网格”的“级别”调整为1，选择“视图叠加层”—“几何数据”，取消勾选“线框”，如图7-50所示。选择“实例化于点上”“立方体”“随机值”三个几何节点，按快捷键M，将选中的三个几何节点启用，会发现猴头的立方体数量变多了，如图7-51所示。

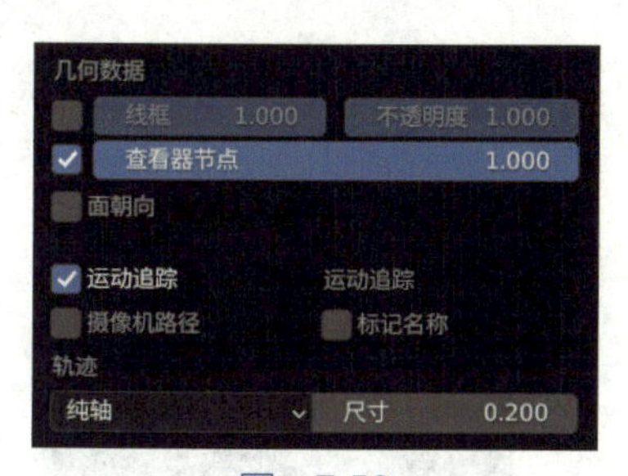

图　7-50

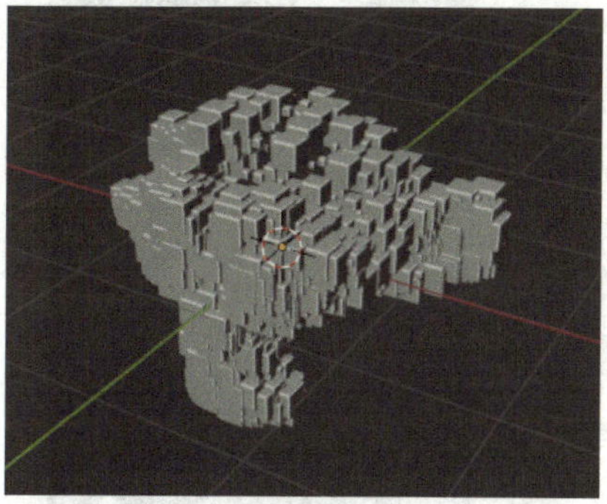

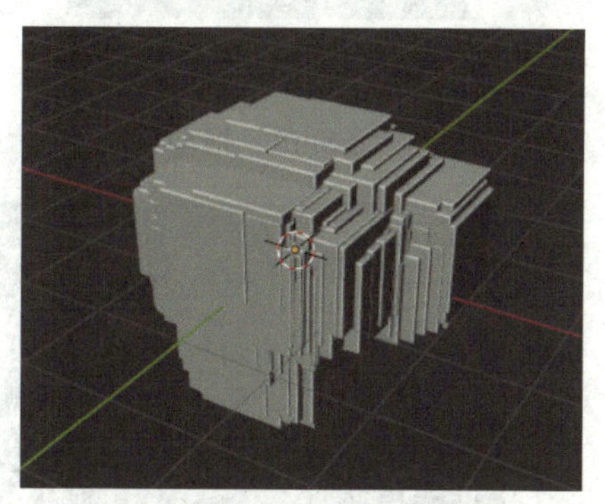

图　7-51

可以对“立方体”的尺寸进行调整，如图7-52所示。猴头效果如图7-53所示。

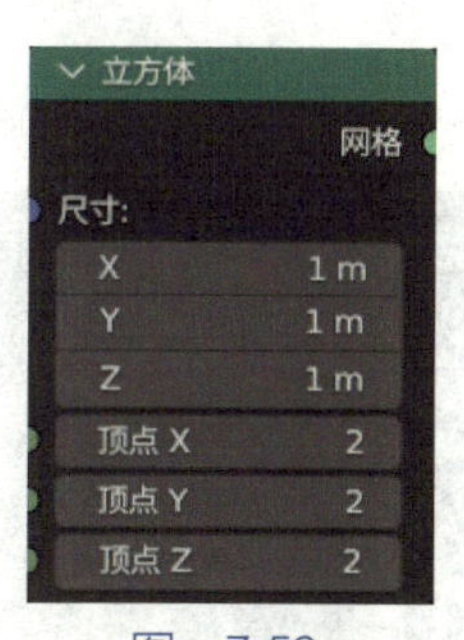

图　7-52

图　7-53

将“立方体”几何节点的“尺寸”与“组输入”的空插槽连接，如图7-54所示。从工作区右侧进入“修改器”面板，如图7-55所示。

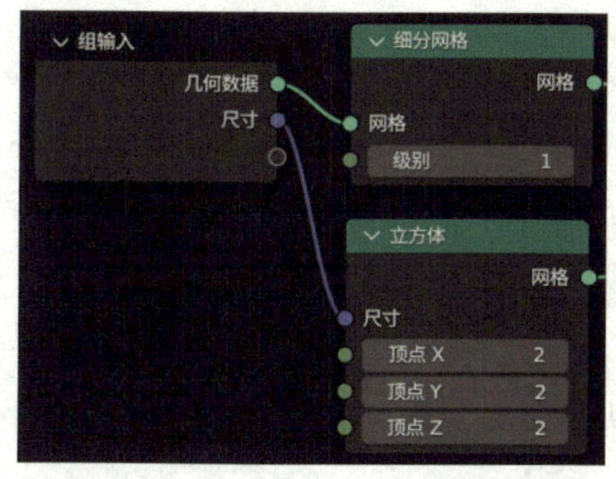

图　7-54

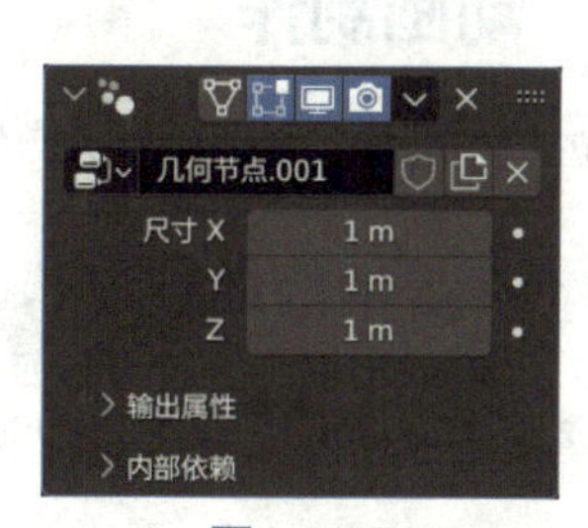

图　7-55

按快捷键 N，展开侧边栏，选择“群组”—“输入”—“尺寸”,“类型”选择“浮点”，如图 7-56 所示。在工作区右侧进入“修改器”面板，如图 7-57 所示。

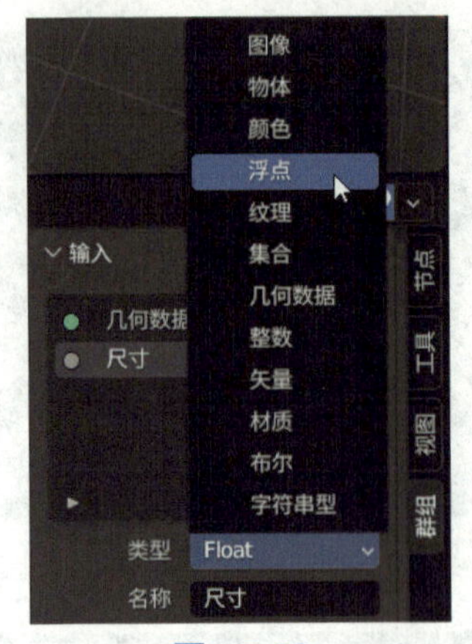

图　7-56

图　7-57

按住快捷键 Shift，拖动“尺寸”，感受一下猴头的变化，如图 7-58 所示。

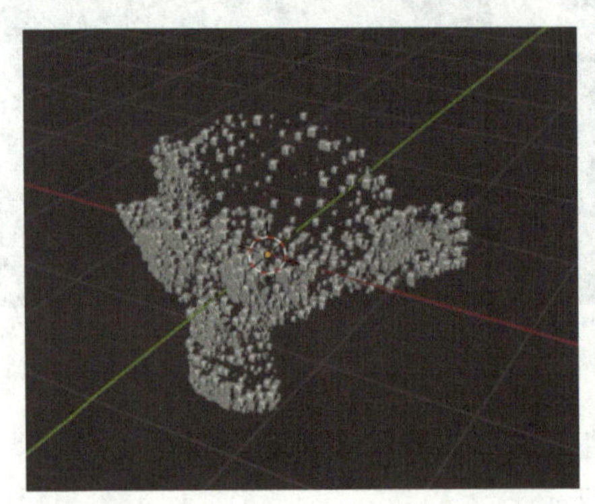
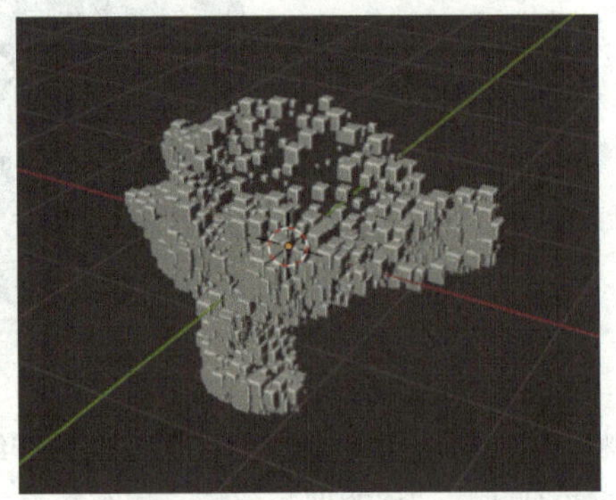

图　7-58

7.2　动画制作

立方体的缩放可以让猴头产生变化的效果。

创建猴头变换的动画

选择“Layout”，如图 7-59 所示。选中猴头模型，如图 7-60 所示。

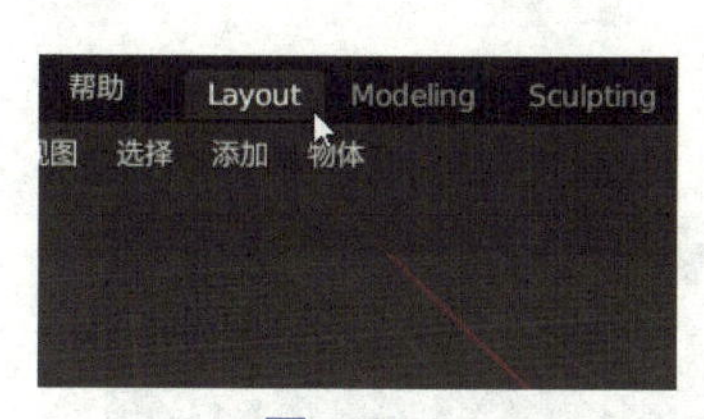

图 7-59

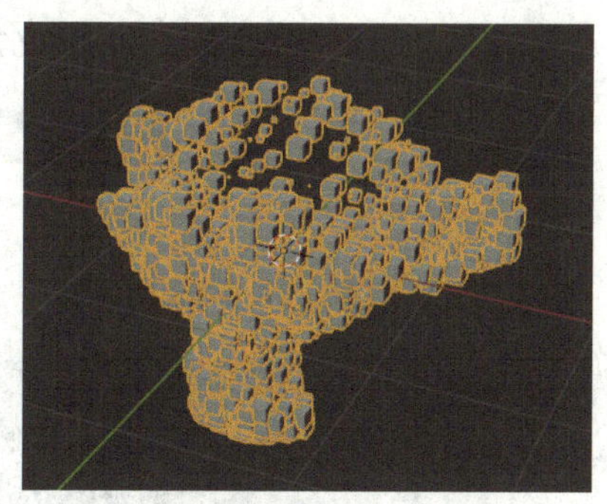
图 7-60

在时间线中将关键帧移动到第 1 帧的位置，如图 7-61 所示。在工作区右侧进入“修改器”面板，将“尺寸”调整为 0，创建关键帧，如图 7-62 所示。

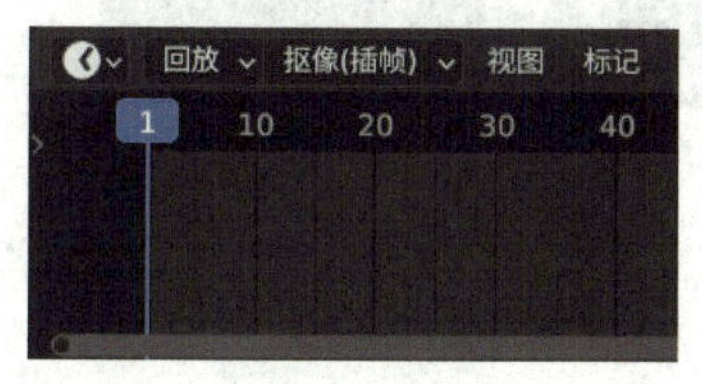

图 7-61

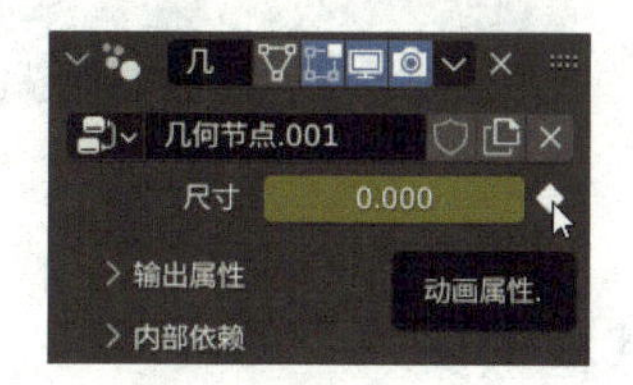

图 7-62

在时间线中将关键帧移动到第 100 帧的位置，如图 7-63 所示。在工作区右侧进入“修改器”面板，将“尺寸”调整为 0.5，创建关键帧，如图 7-64 所示。

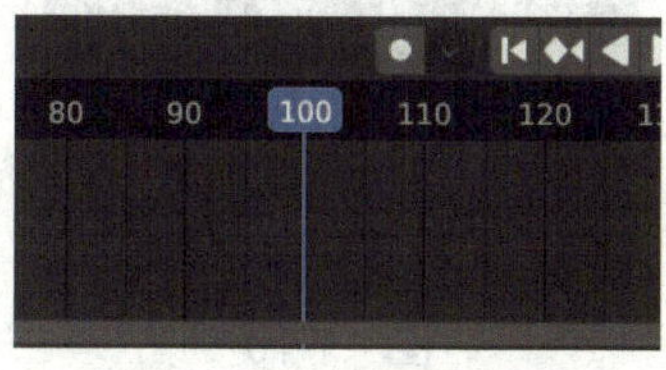

图 7-63

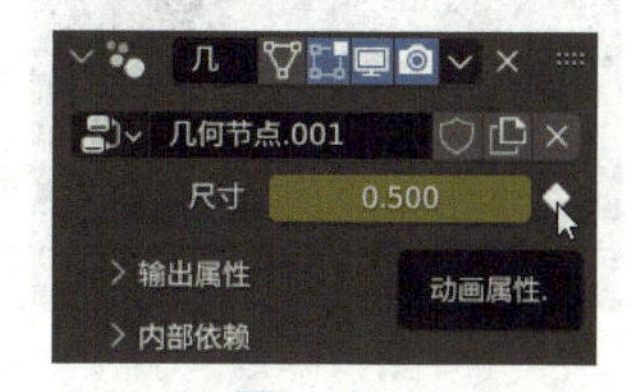

图 7-64

在时间线中将关键帧移动到第 200 帧的位置，如图 7-65 所示。在工作区右侧进入“修改器”面板，将“尺寸”调整为 0，创建关键帧，如图 7-66 所示。

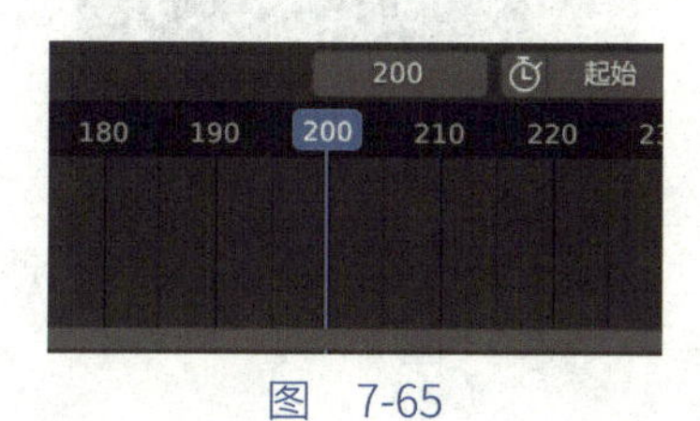

图 7-65

图 7-66

将“结束点”调整为 200，如图 7-67 所示。

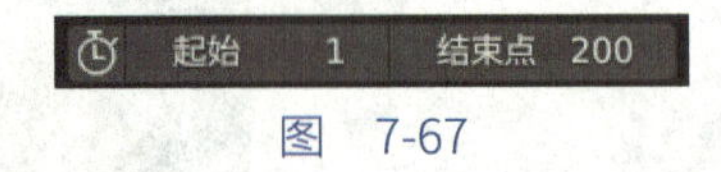

图　7-67

播放动画，效果如图 7-68 所示。

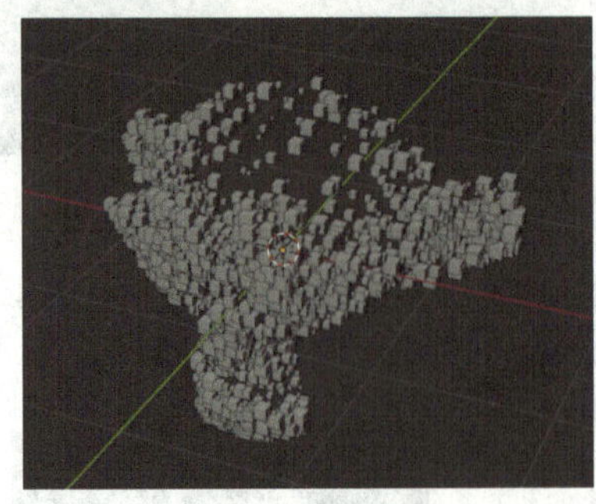

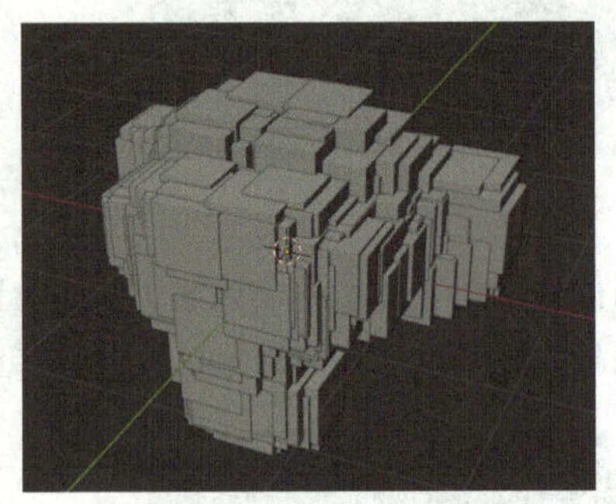

图　7-68

创建线框猴头

将猴头模型命名为“几何猴头”，如图 7-69 所示。选择“几何猴头”，按快捷键 Shift+D，进行复制，如图 7-70 所示。

图　7-69

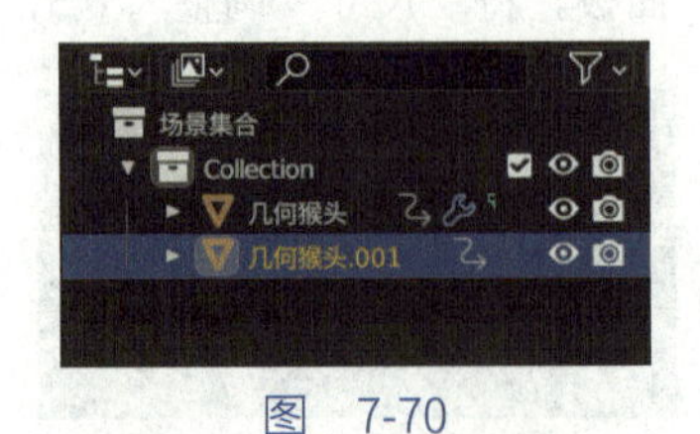

图　7-70

将复制得到的猴头模型命名为“线框猴头”，如图 7-71 所示。将“几何猴头”隐藏，如图 7-72 所示。

图　7-71

图　7-72

将“线框猴头”几何节点删除，如图 7-73 所示。在时间线中选中关键帧，按快捷键 X，选择“删除关键帧”，如图 7-74 所示。

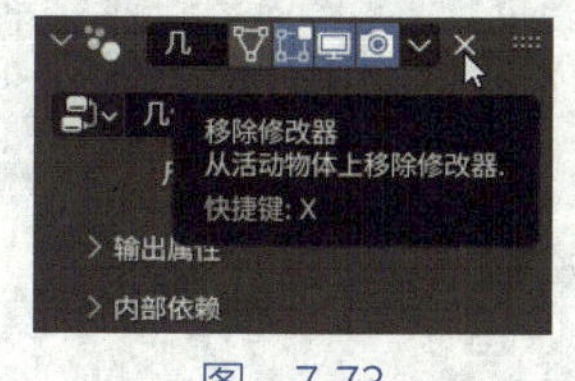

图 7-73

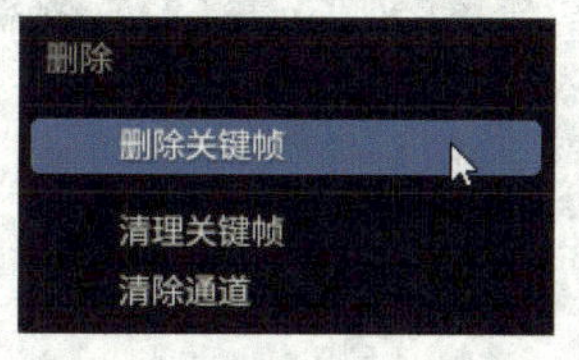

图 7-74

猴头模型效果如图 7-75 所示。在工作区右侧进入“修改器”面板，选择“添加修改器”—“线框”，如图 7-76 所示。

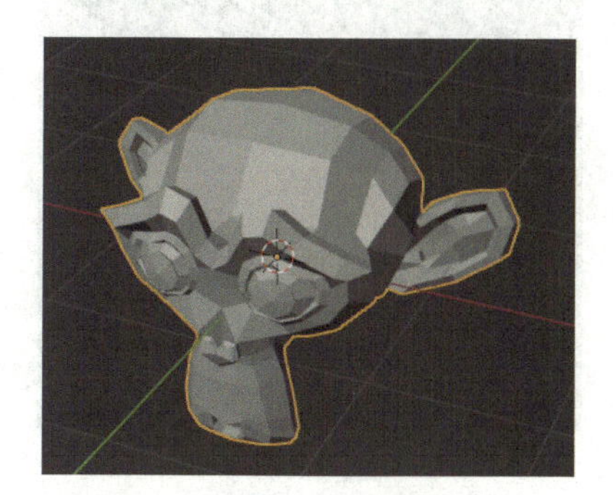
图 7-75

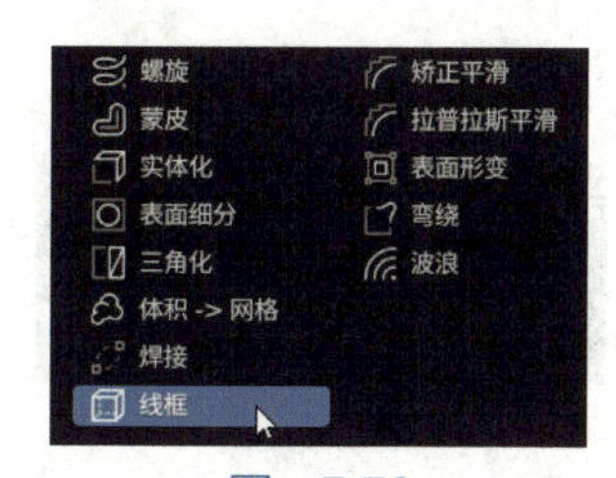

图 7-76

猴头模型效果如图 7-77 所示。在工作区右侧进入“修改器”面板，将“厚（宽）度”调整为 0.002m，如图 7-78 所示。

图 7-77

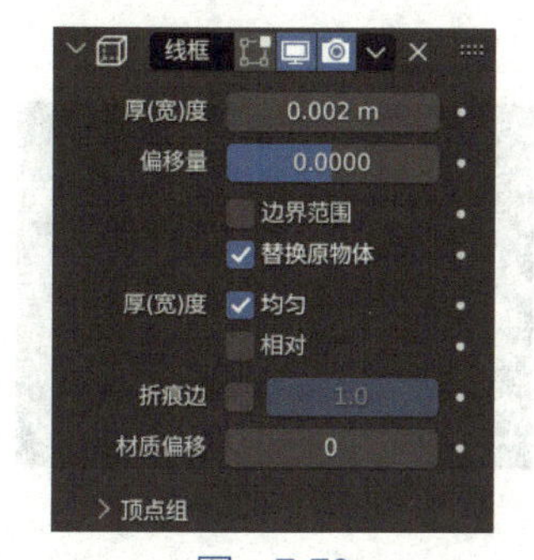

图 7-78

猴头模型效果如图 7-79 所示。在工作区右侧进入“修改器”面板，选择“添加修改器”—“表面细分”，如图 7-80 所示。

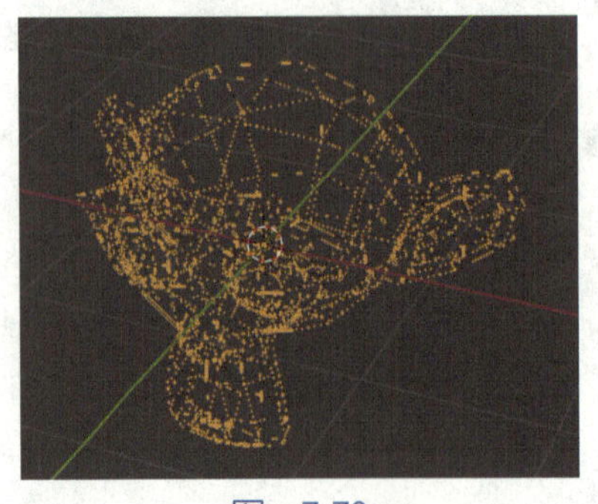

图　7-79

图　7-80

将“表面细分”修改器的位置调整到“线框”修改器的上面，如图 7-81 所示。猴头模型效果如图 7-82 所示。

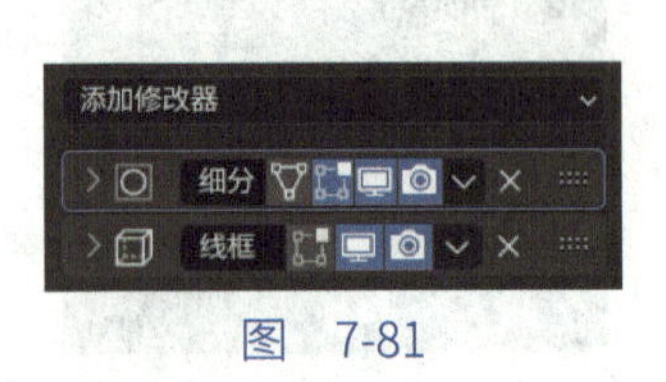

图　7-81

图　7-82

在工作区右侧进入“修改器”面板，选择“添加修改器”—“建形”，如图 7-83 所示。猴头模型效果如图 7-84 所示。

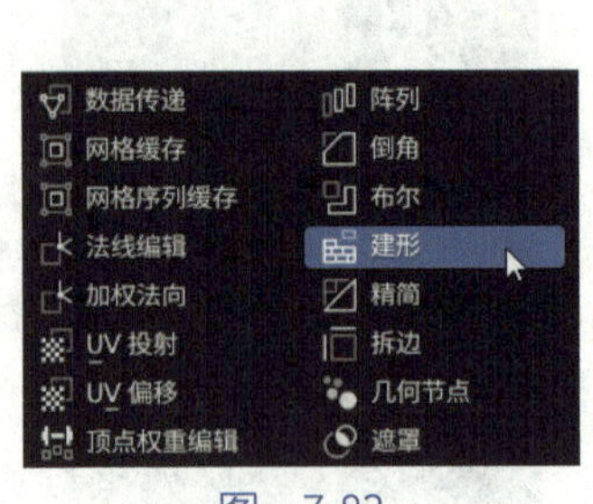

图　7-83

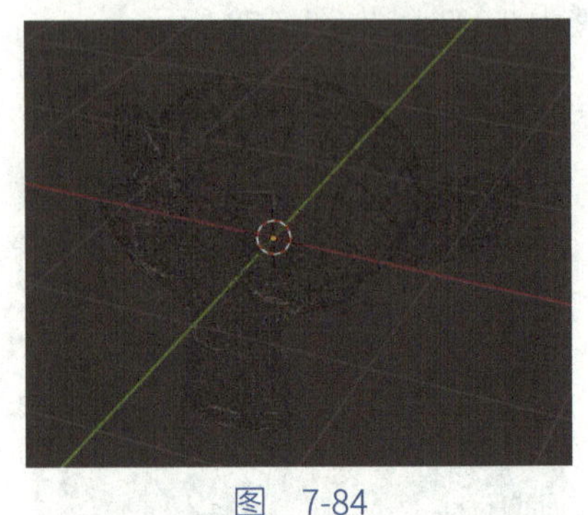

图　7-84

目前线框太细了，影响观察，可以暂时先将线框调整得粗一点，在工作区右侧进入“修改器”面板，选择“线框”，将“厚（宽）度”调整为 0.02m，如图 7-85 所示。猴头模型效果如图 7-86 所示。

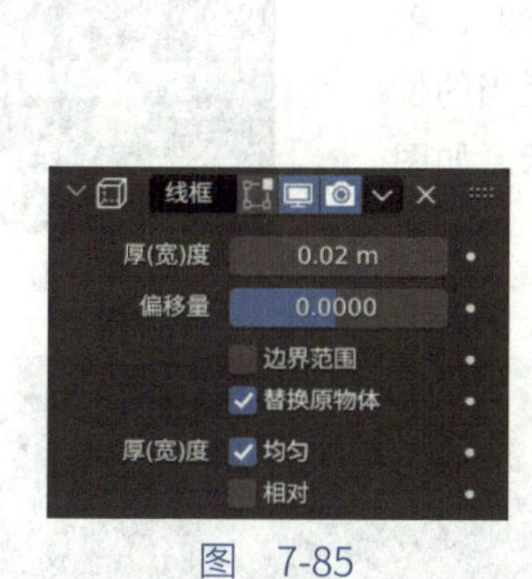

图 7-85

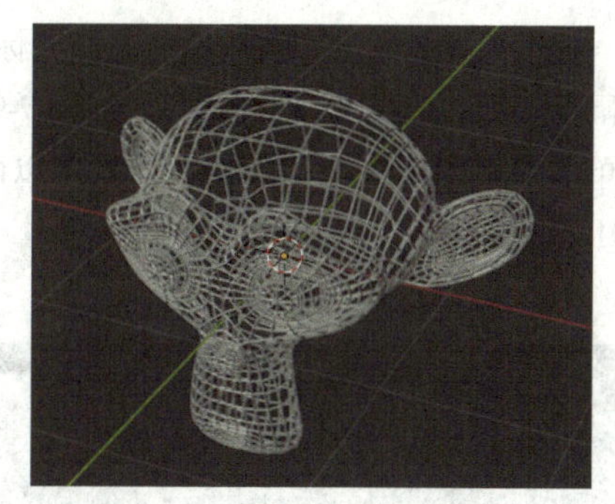

图 7-86

播放动画，效果如图 7-87 所示。

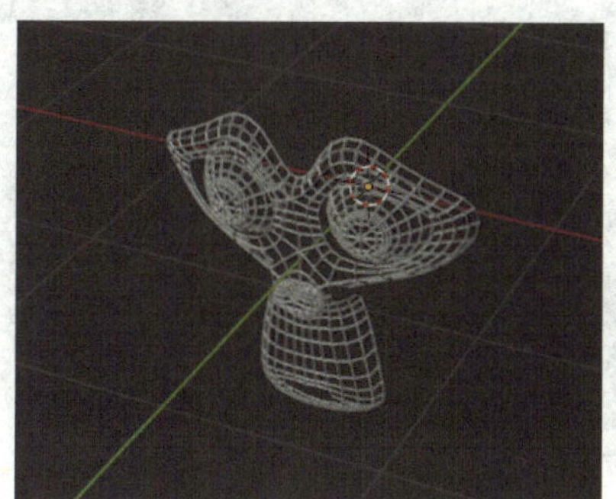

图 7-87

7.3 渲染

接下来创建摄像机、灯光及各类材质。

制作双窗口

将“几何猴头”显示，如图 7-88 所示。猴头模型效果如图 7-89 所示。

图 7-88

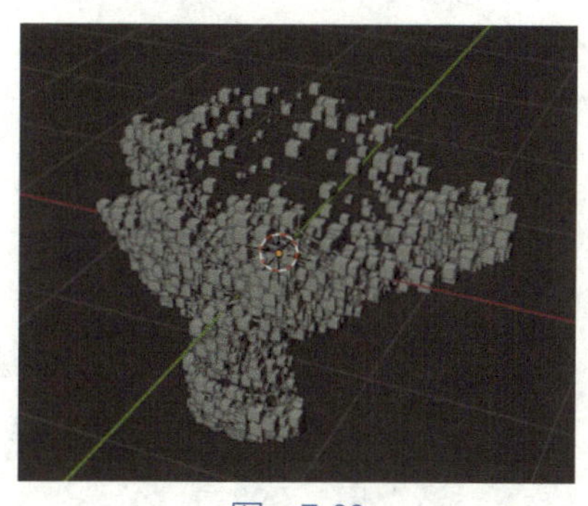

图 7-89

拖曳鼠标光标至工作区右侧，当光标变为形状时，单击鼠标右键并选择“垂直分割”，如图 7-90 所示。在适当的位置单击一下确定分割的位置，让视图以两个窗口显示，如图 7-91 所示。

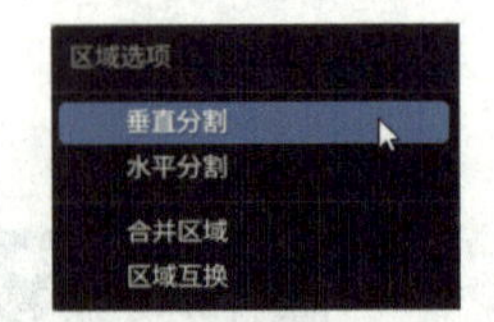

图　7-90

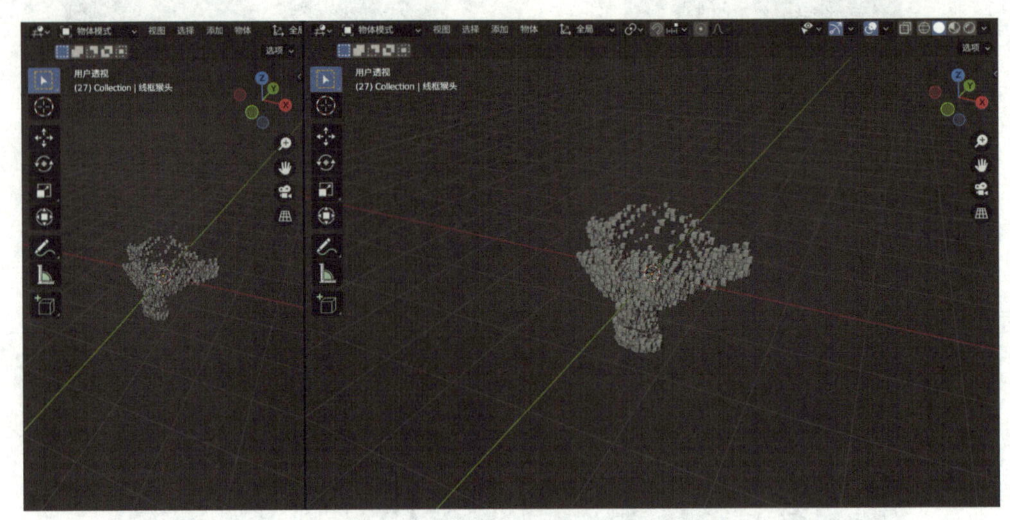

图　7-91

添加摄像机

按快捷键 Shift+A，选择“摄像机”，创建一个摄像机，如图 7-92 所示。在工作区右侧进入“物体”面板，选择“变换”—“旋转”，将“X”“Y”“Z”的值都调整为 0°，如图 7-93 所示。

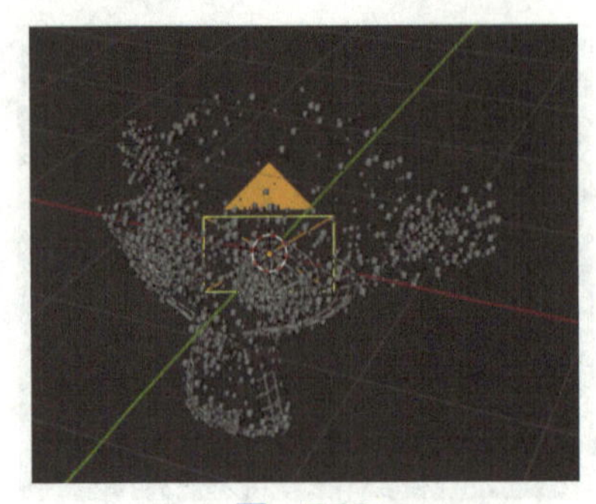

图　7-92

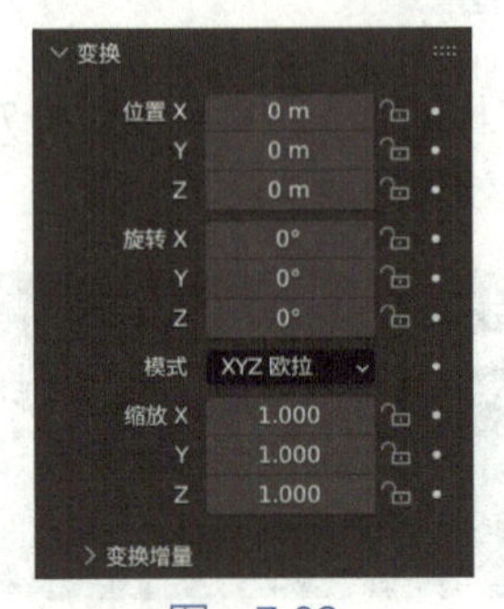

图　7-93

按快捷键 R+X+90，将摄像机绕 x 轴旋转 90 度，如图 7-94 所示。将左侧窗口切换为“摄像机视图”，按快捷键～，选择“摄像机视图”，按快捷键 T，将侧边栏隐藏，摄像机视图效果如图 7-95 所示。

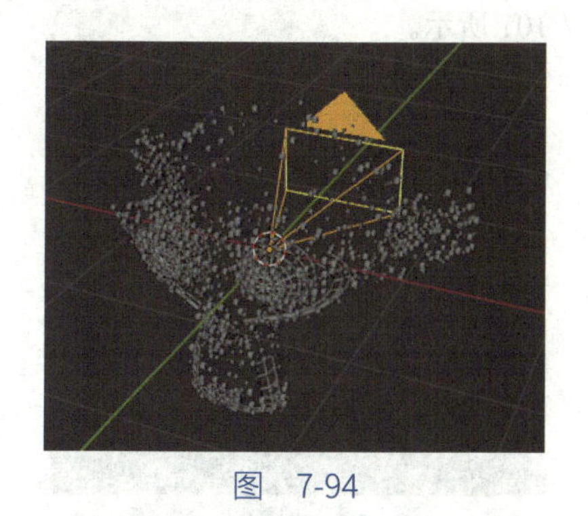

图　7-94

图　7-95

将摄像机的位置进行适当调整，如图 7-96 所示。摄像机视图效果如图 7-97 所示。

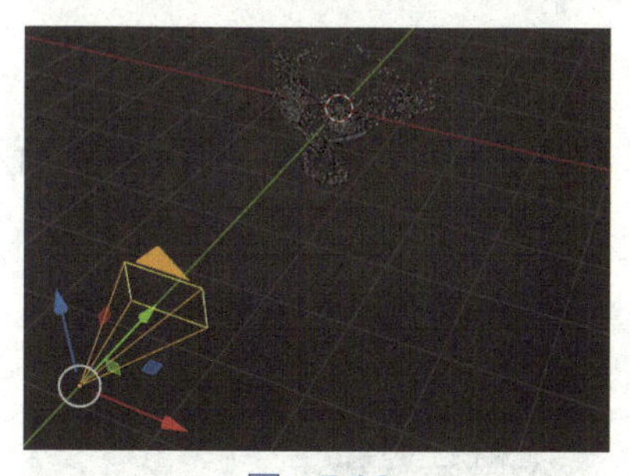

图　7-96

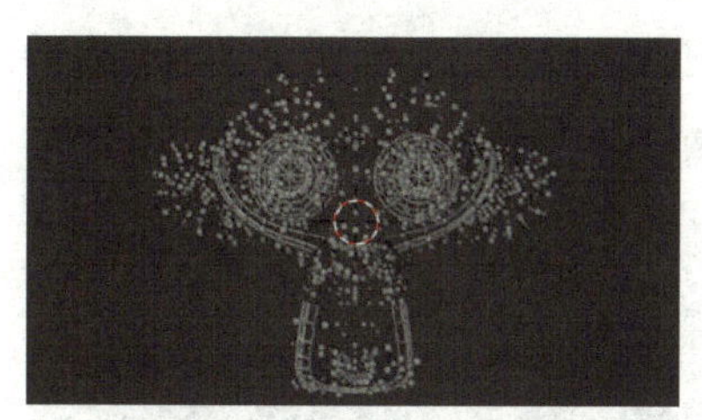

图　7-97

在工作区右侧进入“输出”面板，选择“格式”，将分辨率按照图 7-98 所示进行调整。摄像机的位置可以进行细微的调整，摄像机视图效果如图 7-99 所示。

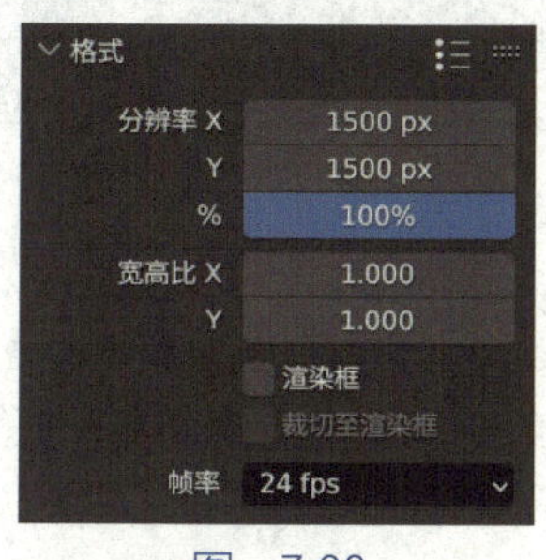

图　7-98

图　7-99

创建地面

按快捷键 Shift+A，选择“网格”—“平面”，创建地面，如图 7-100 所示。按快捷键 S，将地面等比例放大，适当调整地面的位置，如图 7-101 所示。

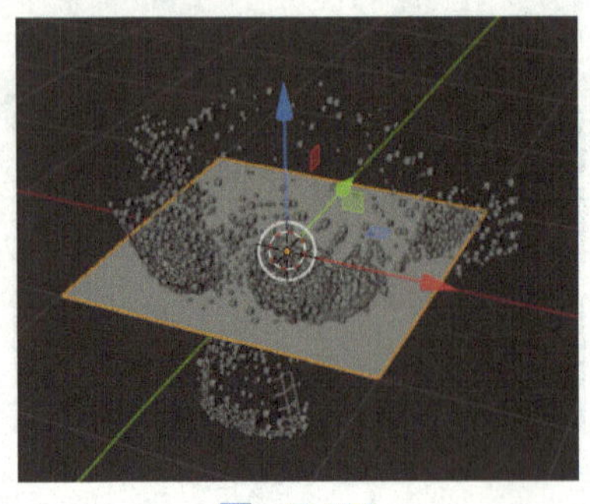

图　7-100

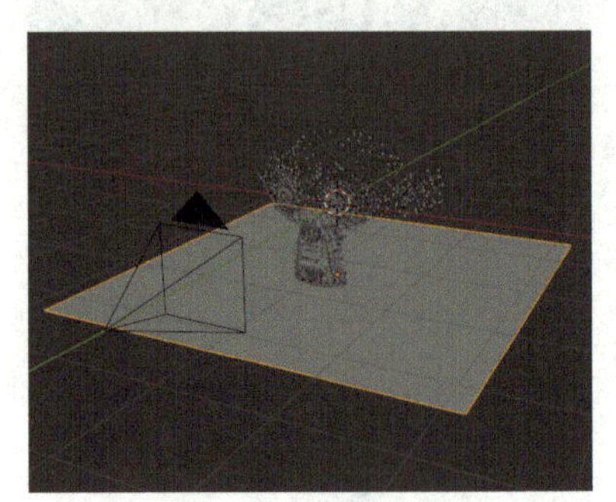

图　7-101

添加灯光

按快捷键 Shift+A，选择“灯光”—“点光”，创建一个点光源，如图 7-102 所示。摄像机视图效果如图 7-103 所示。

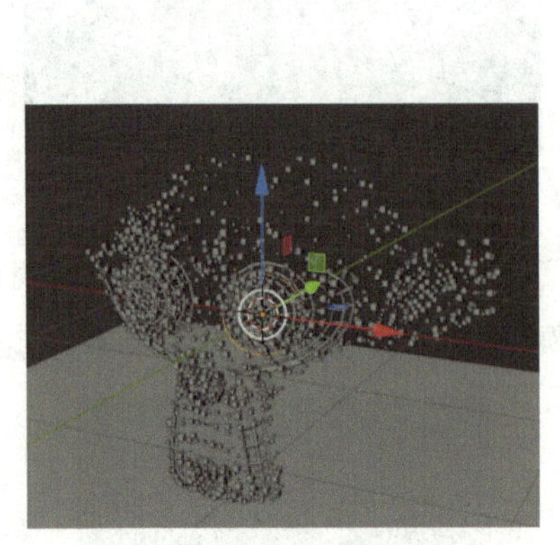

图　7-102

图　7-103

提示： 本案例采用的是“Eevee”渲染引擎，“Eevee”渲染引擎是一个估算的渲染引擎，速度更快一些。而“Cycles”渲染引擎是一个很精确的渲染引擎，速度相对慢一些。

选中点光源，在工作区右侧进入“物体数据”面板，选择“灯光”—“点光”，“能量”建议调整为200W，如图7-104所示。摄像机视图效果如图7-105所示。

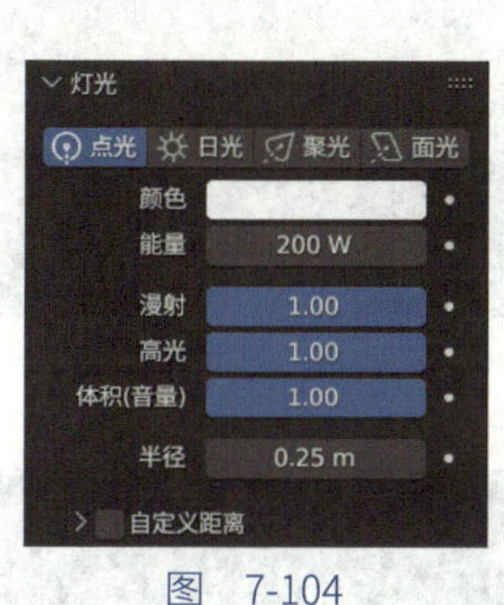

图 7-104

图 7-105

在工作区右侧进入“渲染”面板，勾选“辉光”，如图7-106所示。放大摄像机视图观察局部，如图7-107所示。

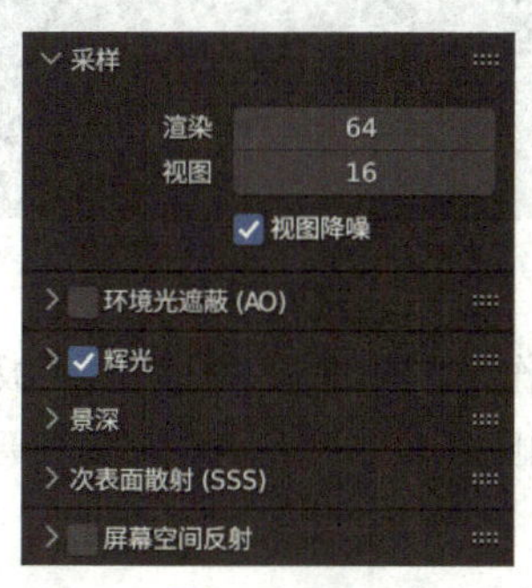

图 7-106

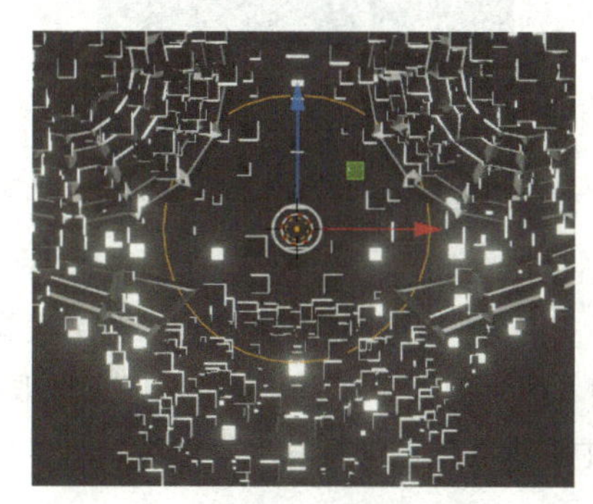

图 7-107

添加材质

1 为地面添加材质。选中地面，在工作区右侧进入“材质”面板，单击“表（曲）面”—“基础色”，建议选取黑色，如图7-108所示。摄像机视图效果如图7-109所示。

在工作区右侧进入“世界”面板，单击“表（曲）面”—“颜色”，建议选取黑色，如图7-110所示。摄像机视图效果如图7-111所示。

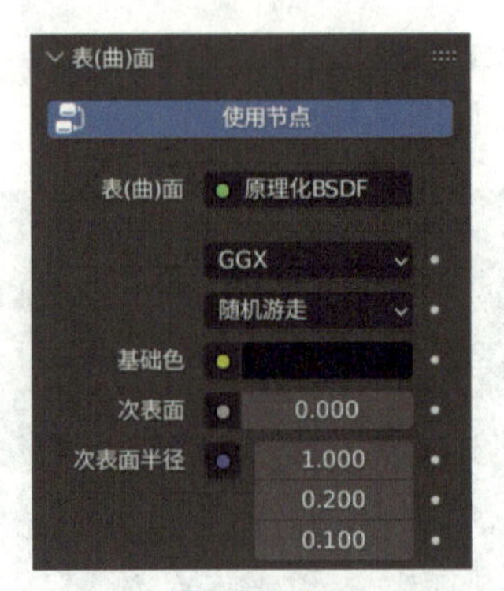

图　7-108

图　7-109

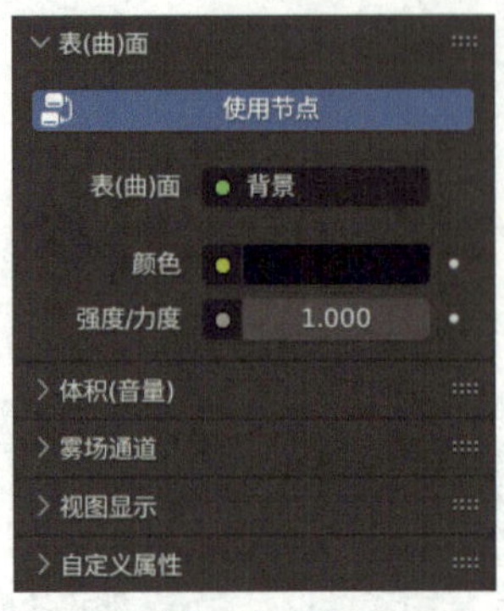

图　7-110

图　7-111

2 为猴头模型添加材质。选中猴头模型，在工作区右侧进入“材质”面板，单击“表（曲）面”—“基础色”，任意选取一个颜色，如图 7-112 所示。可以发现摄像机视图中猴头的颜色没有发生变化，如图 7-113 所示。

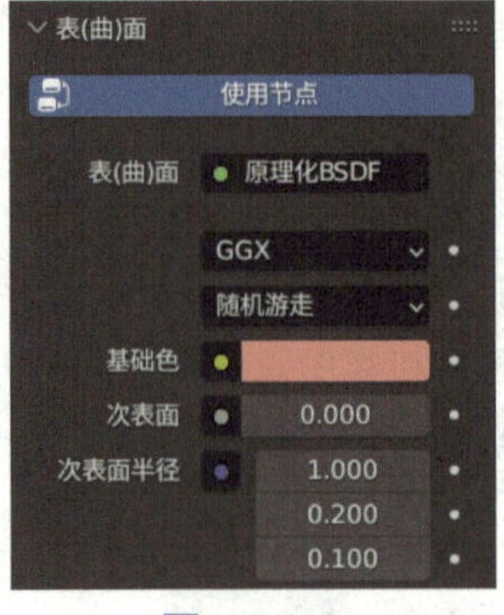

图　7-112

图　7-113

选择“Geometry Nodes”，按快捷键 Shift+A，选择“材质”—“设置材质”，添加到“实例化于点上”与“组输出”的节点连接线上，如图 7-114 所示。

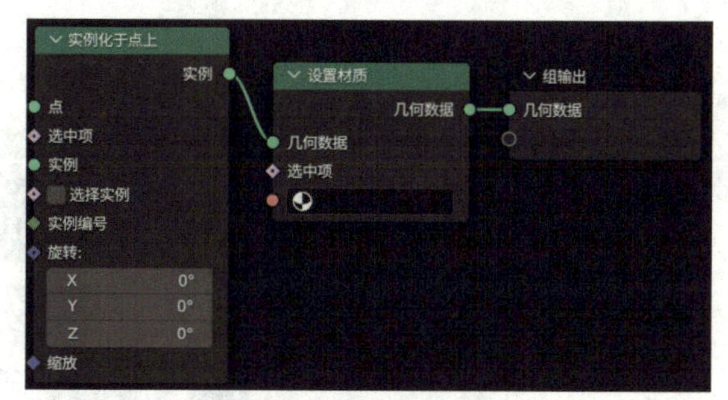

图 7-114

在“设置材质”几何节点中选取刚才添加的红色材质，如图 7-115 所示。选择“Layout”，摄像机视图效果如图 7-116 所示。

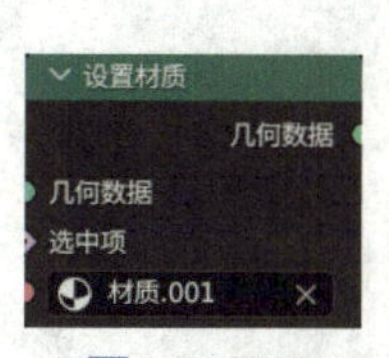

图 7-115

图 7-116

将“编辑器类型”设置为“着色器编辑器”，如图 7-117 所示。按快捷键 N，将侧边栏收起，如图 7-118 所示。

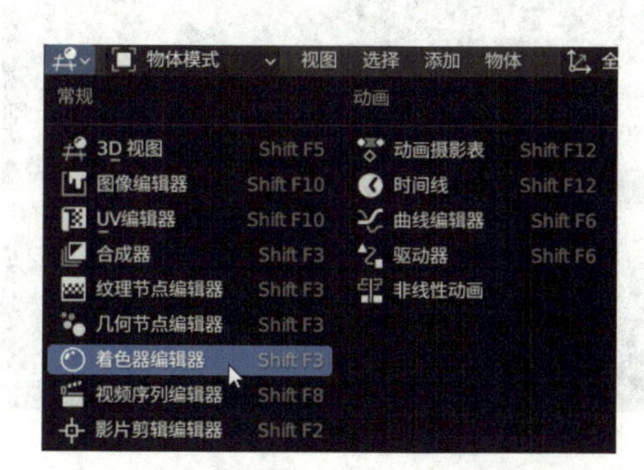

图 7-117

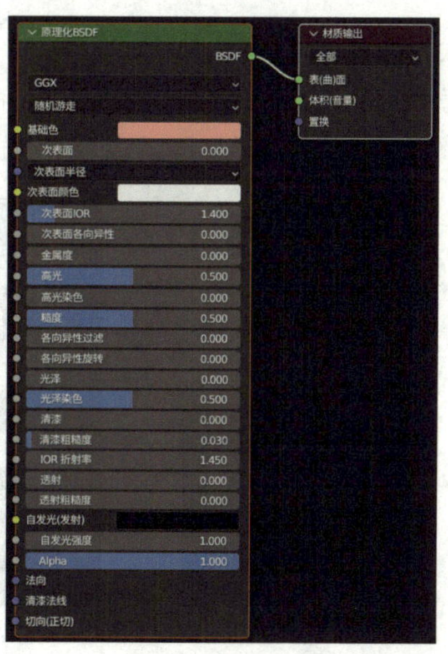

图 7-118

选择“原理化 BSDF”—“基础色”，颜色调整为灰色，如图 7-119 所示。摄像机视图效果如图 7-120 所示。

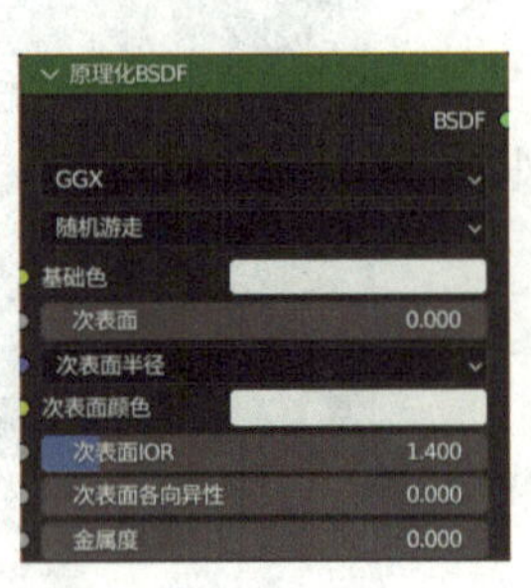

图 7-119

图 7-120

选择“原理化 BSDF”—“自发光（发射）”，颜色建议调整为偏红色，如图 7-121 所示。摄像机视图效果如图 7-122 所示。

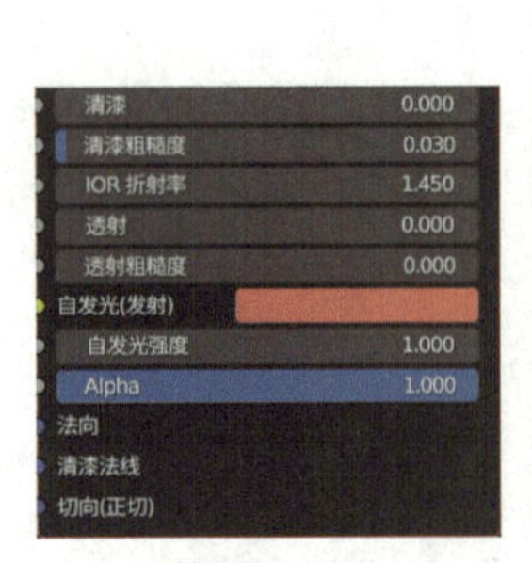

图 7-121

图 7-122

需要将猴头模型以两种颜色显示，按快捷键 Shift+A，选择“转换器”—“颜色渐变”，如图 7-123 所示。将“颜色渐变”节点放置到合适的位置，如图 7-124 所示。

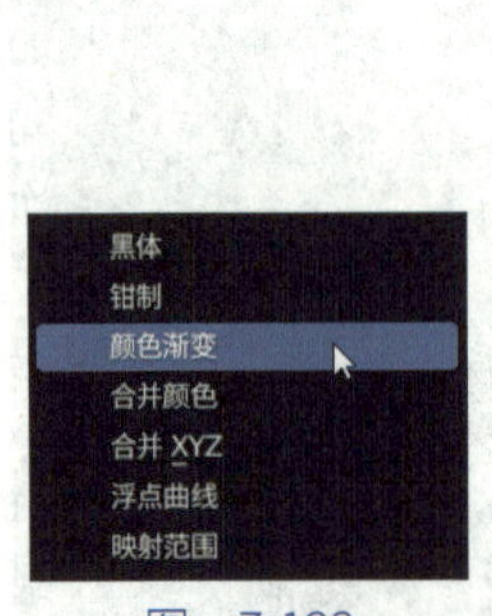

图 7-123

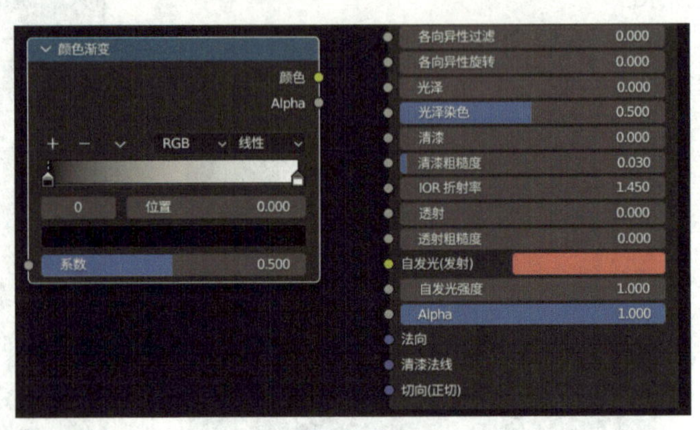

图 7-124

将“颜色渐变”设置为两种颜色，在如图 7-125 所示的位置建议将颜色设置为红色。在如图 7-126 所示的位置建议将颜色设置为绿色。

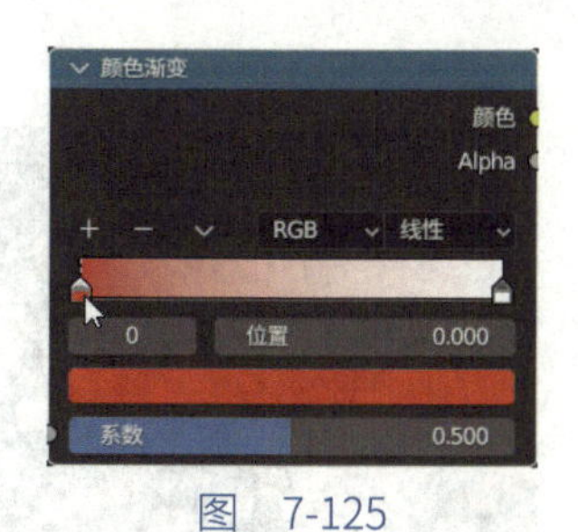

图 7-125

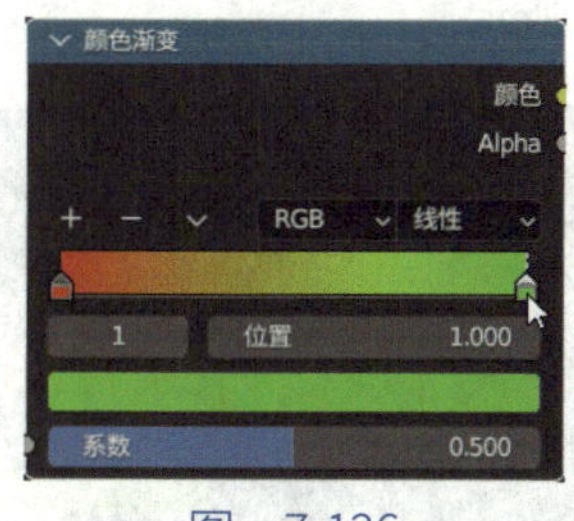

图 7-126

将“颜色渐变”的“颜色”插槽连接到“原理化 BSDF”的“自发光（发射）”插槽上面，如图 7-127 所示。摄像机视图效果如图 7-128 所示。

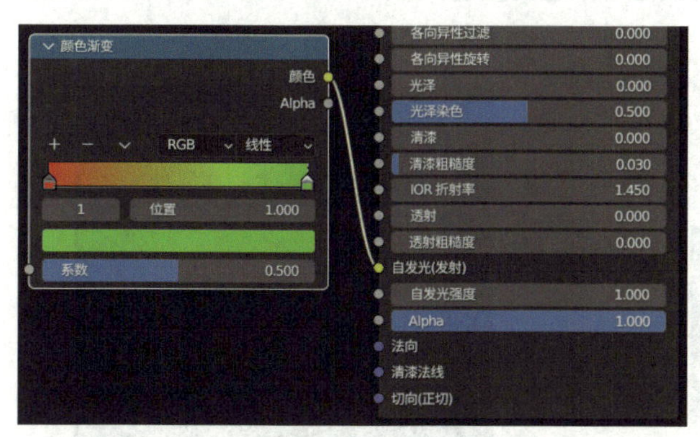

图 7-127

图 7-128

为了让立方体有颜色的划分，按快捷键 Shift+A，选择“输入”—“菲涅尔”，如图 7-129 所示。将“菲涅尔”节点放置到合适的位置，如图 7-130 所示。

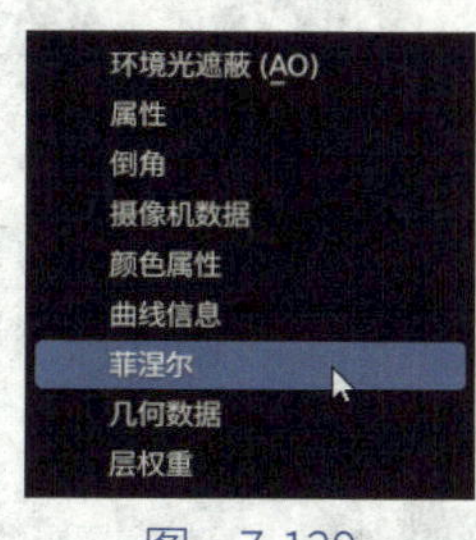

图 7-129

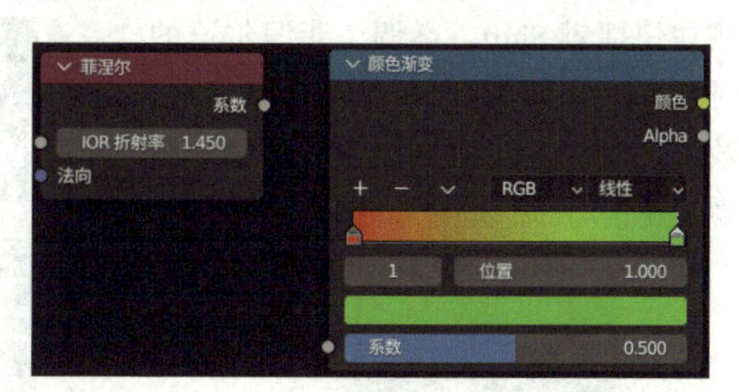

图 7-130

将“菲涅尔”的“系数”插槽连接到“颜色渐变”的“系数”插槽上面，如图 7-131 所示。摄像机视图放大观察局部，可以发现立方体正面显示红色，侧面显示绿色，如图 7-132 所示。

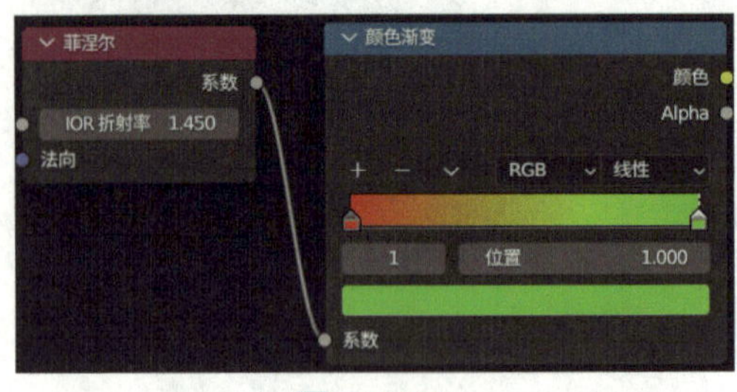

图 7-131

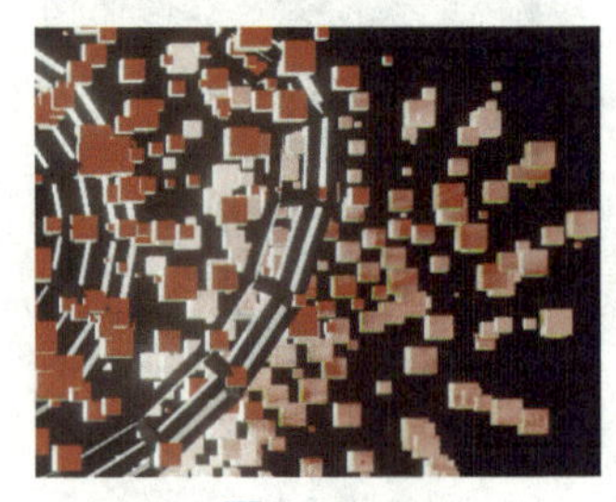
图 7-132

将“颜色渐变”的红色调整为接近背景色的颜色，如图 7-133 所示。摄像机视图效果如图 7-134 所示。

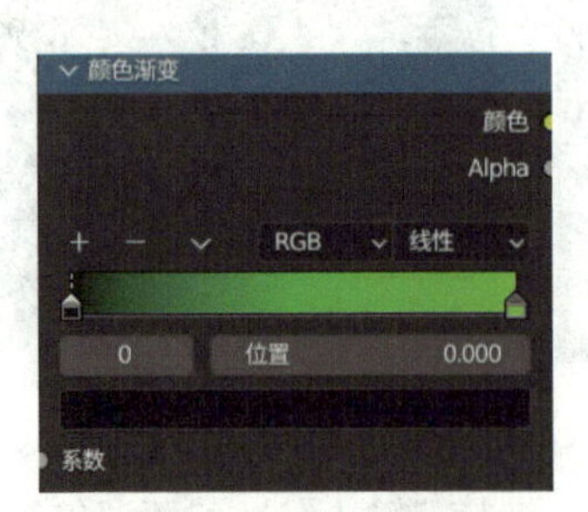

图 7-133

图 7-134

按住快捷键 Shift，微调“菲涅尔”的“IOR 折射率”，可以适当调整得小一点，参考数值为 1.07，如图 7-135 所示。放大摄像机视图观察局部，如图 7-136 所示。

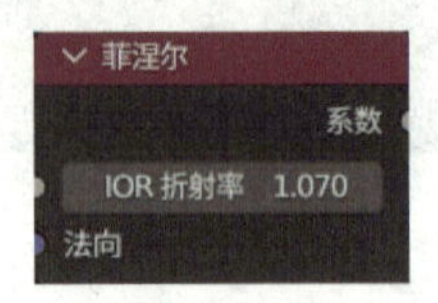

图 7-135

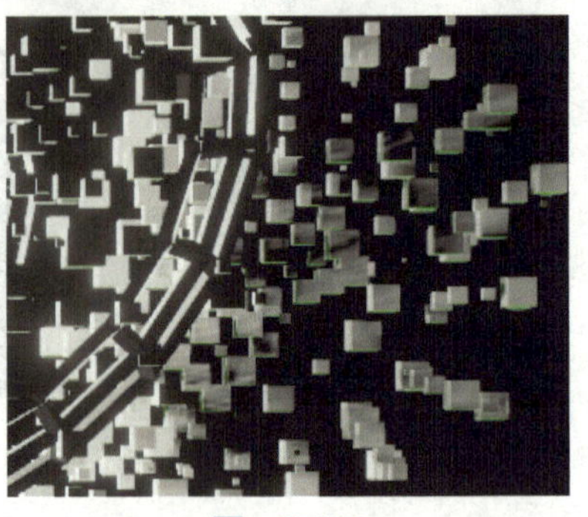
图 7-136

将“颜色渐变”的绿色调整为偏红色的颜色，如图 7-137 所示。摄像机视图效果如图 7-138 所示。

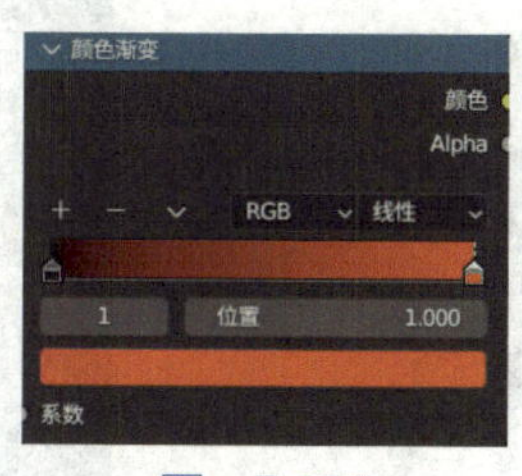

图 7-137

图 7-138

选择“原理化 BSDF”—“自发光强度”，可以适当调整得大一点，参考数值为 10，如图 7-139 所示。摄像机视图效果如图 7-140 所示。

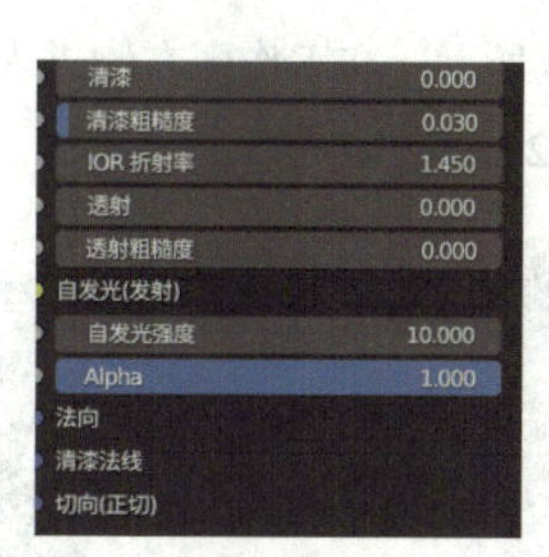

图 7-139

图 7-140

播放动画，效果如图 7-141 所示。

图 7-141

猴头模型局部有些偏白，选择“原理化 BSDF”—“基础色”，颜色建议调整得深一点，如图 7-142 所示。摄像机视图效果如图 7-143 所示。

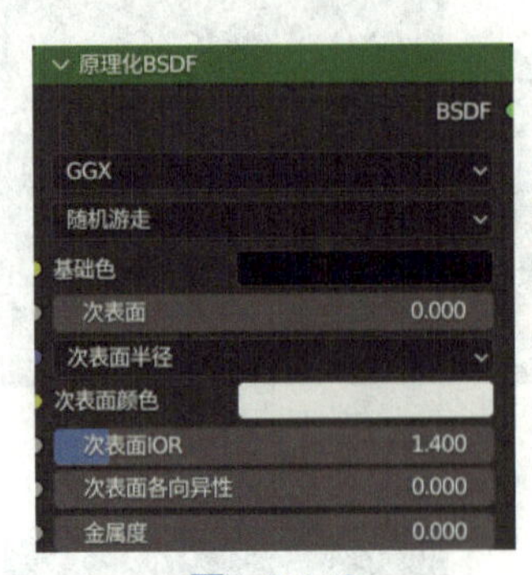

图 7-142

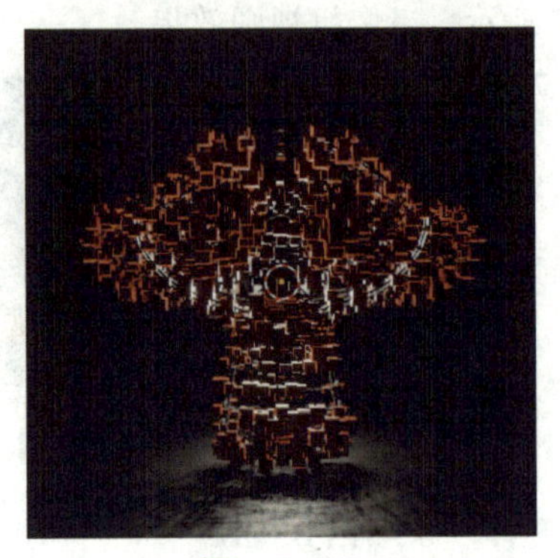

图 7-143

选择“线框猴头”，如图 7-144 所示。在工作区右侧进入“修改器”面板，选择“细分”—“视图层级”，建议将该值调整为 2，如图 7-145 所示。

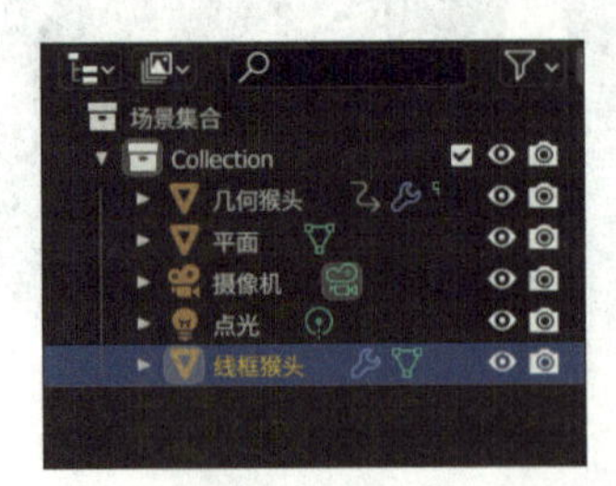

图 7-144

图 7-145

选择“线框猴头”，在工作区右侧进入“材质”面板，单击“原理化 BSDF”—“自发光（发射）”，建议选取偏黄色的颜色，“自发光强度”可以适当调整得大一些，参考数值为 10，如图 7-146 所示。摄像机视图效果如图 7-147 所示。

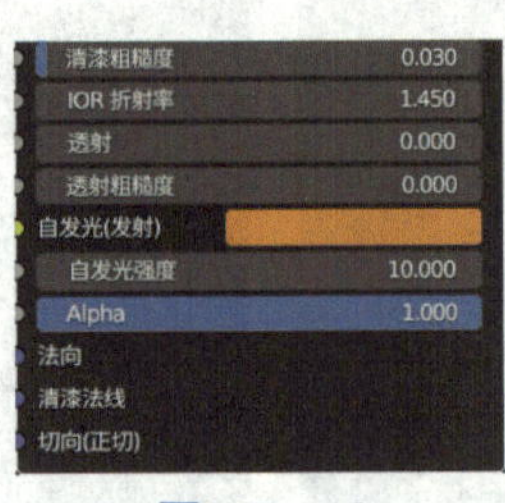

图 7-146

图 7-147

可以发现“线框猴头”的线框太粗了，选择“线框猴头”，在工作区右侧进入“修改器”面板，选择“线框”—“厚（宽）度”，将该值调整得小一些，参考数值为0.002m，如图7-148所示。摄像机视图效果如图7-149所示。

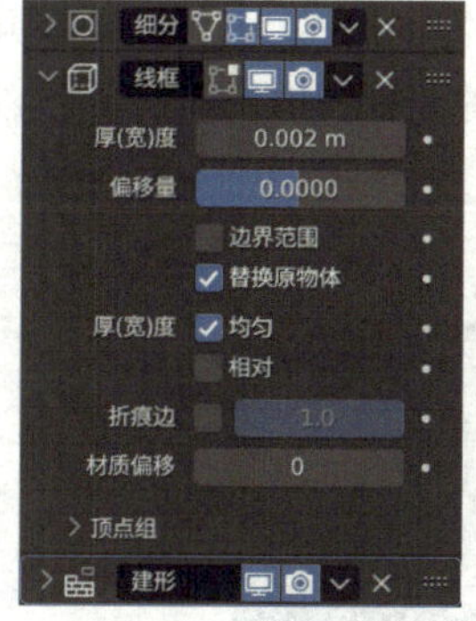

图　7-148

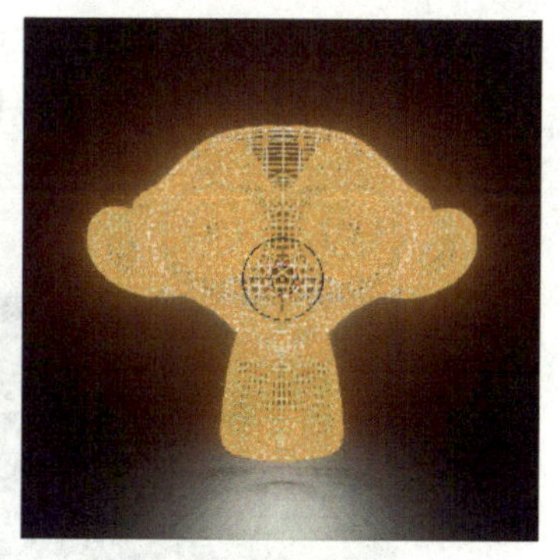

图　7-149

创建天隙光

调用着色器的数据类型选取“世界环境”，设置如图7-150所示。

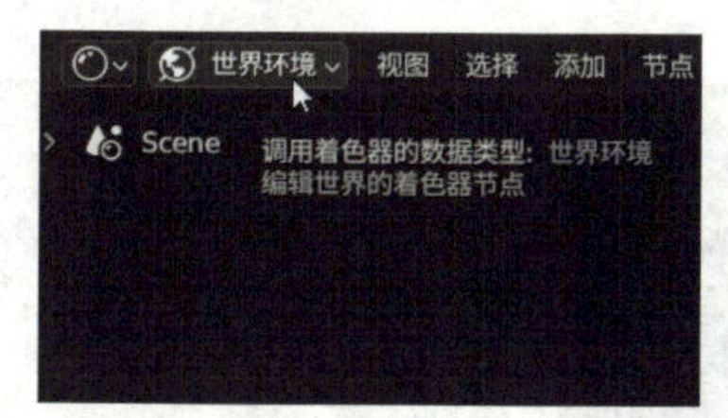

图　7-150

按快捷键Shift+A，选择“着色器”—“原理化体积”，如图7-151所示。将“原理化体积”节点放置到合适的位置，如图7-152所示。

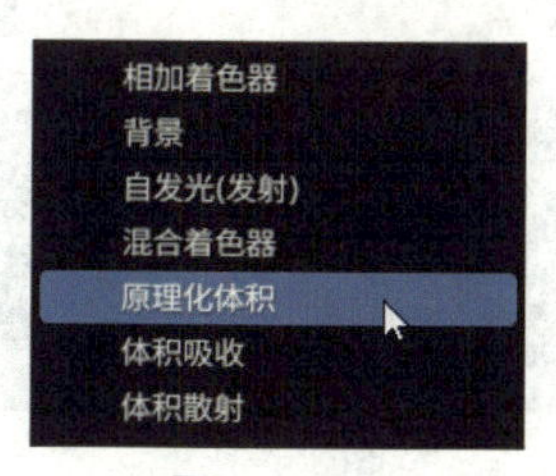

图　7-151

图　7-152

将“原理化体积”节点的“体积（音量）”插槽与“世界输出”节点的“体积（音量）”插槽连接，如图 7-153 所示。摄像机视图效果如图 7-154 所示。

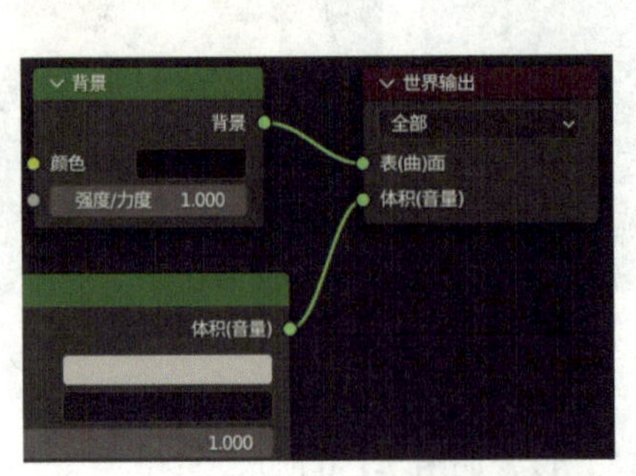

图　7-153

图　7-154

将“原理化体积”节点的“密度”适当调整得小一些，参考数值为 0.1，如图 7-155 所示。摄像机视图效果如图 7-156 所示。

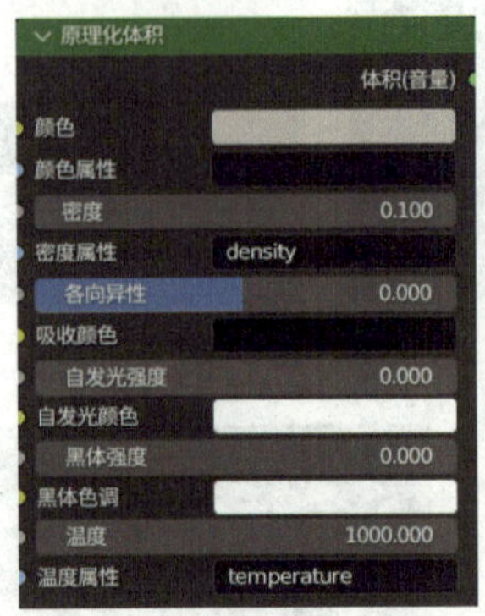

图　7-155

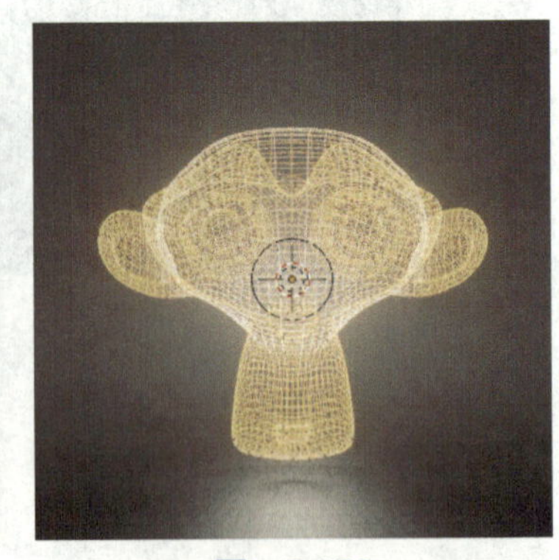

图　7-156

将“原理化体积”节点的“颜色”调整为偏蓝色的颜色，如图 7-157 所示。摄像机视图效果如图 7-158 所示。

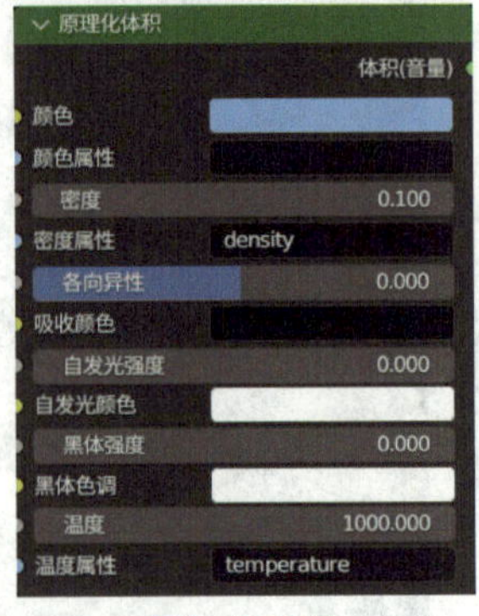

图　7-157

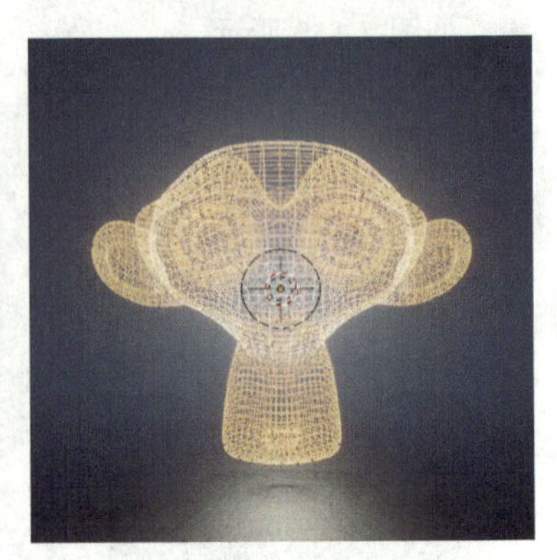

图　7-158

选中点光源，在工作区右侧进入“物体数据”面板，选择“点光”—“能量”，可以将该值调整得大一些，参考数值为800W。“颜色”调整为偏紫色的颜色，如图7-159所示。选取一个方便观察的关键帧，摄像机视图效果如图7-160所示。

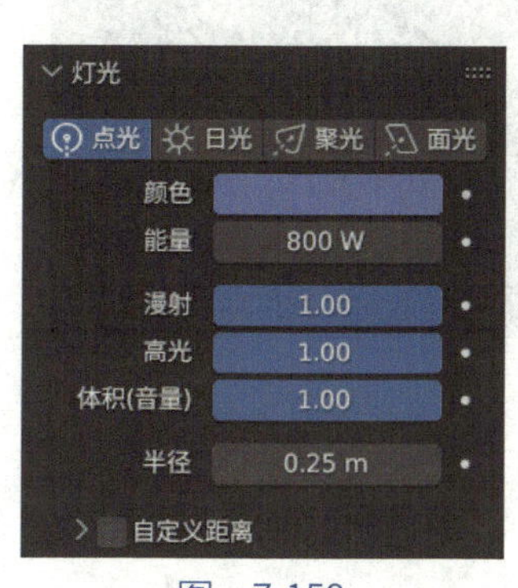

图 7-159

图 7-160

在工作区右侧进入“渲染”面板，选择“色彩管理”—“胶片效果”，建议选取“High Contrast”，如图7-161所示。摄像机视图效果如图7-162所示。

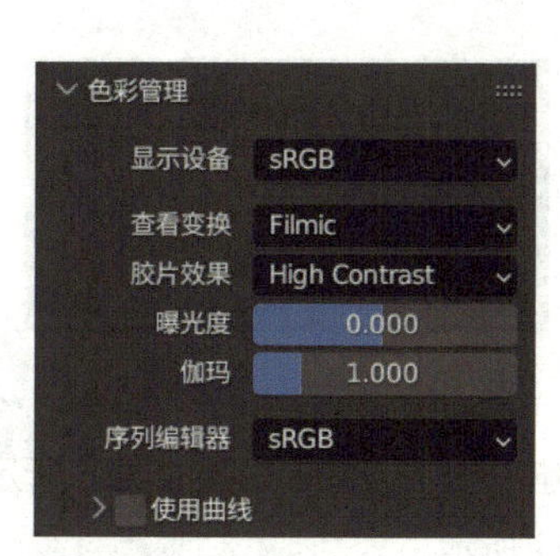

图 7-161

图 7-162

提示： 如果没有“胶片效果”，可以检查一下Blender的安装路径是否含有中文，如果有中文，更改为英文即可。除了使用“胶片效果”之外，也可以使用合成节点进行调整。

播放动画，效果如图7-163所示。

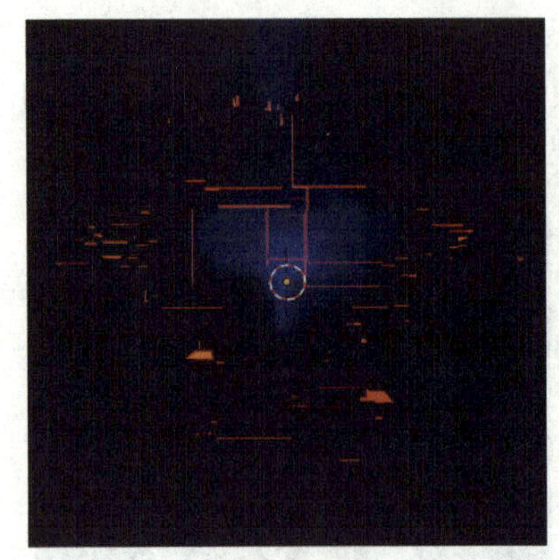
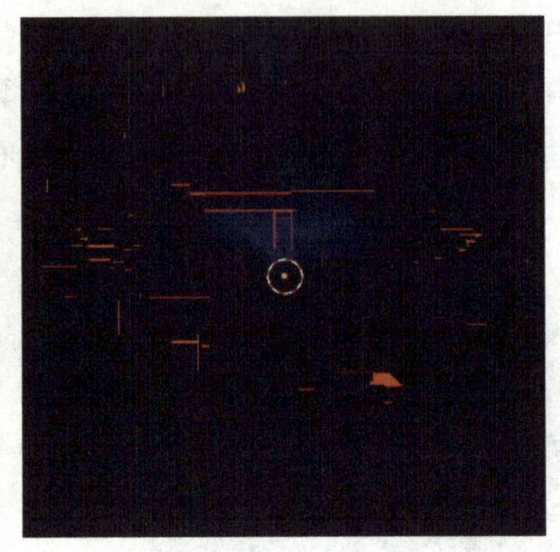

图　7-163

创建摄像机推拉动画

可以发现目前动画效果缺少一些变化，选择“编辑器类型”—“3D 视图”，如图 7-164 所示。选中摄像机，在时间线中将关键帧移动到第 1 帧的位置，如图 7-165 所示。

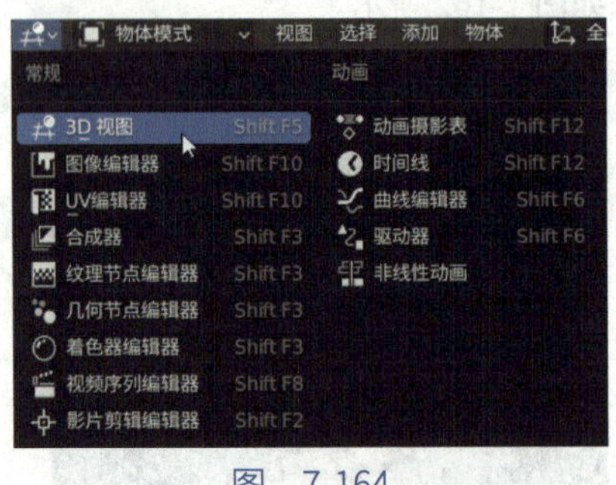

图　7-164

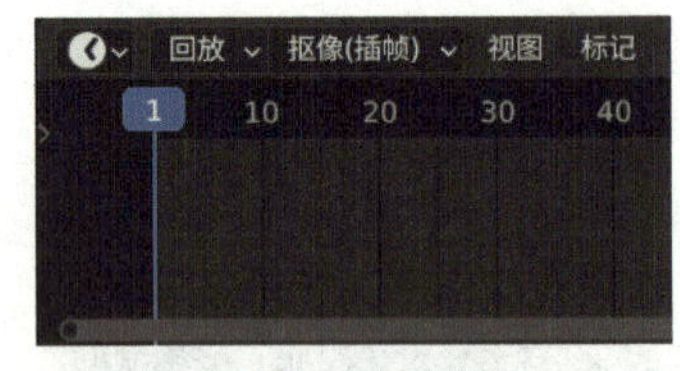

图　7-165

按快捷键 I，选取“位置”，在第 1 帧的位置创建一个关键帧，如图 7-166 所示。在时间线中将关键帧移动到第 100 帧的位置，如图 7-167 所示。

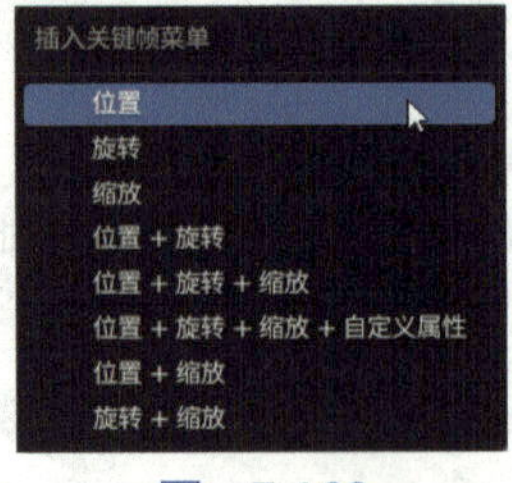

图　7-166

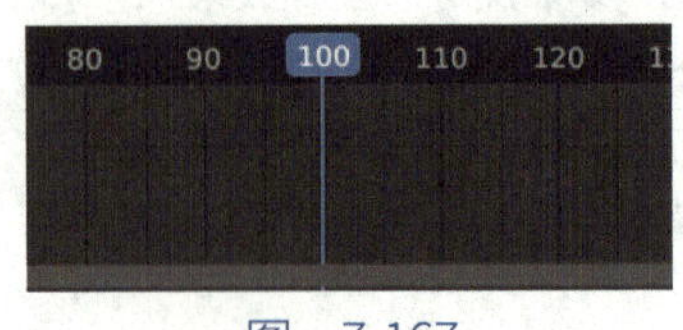

图　7-167

图　7-168

将摄像机的位置向前移动，位置不用太苛刻，如图 7-168 所示。按快捷键 I，选取“位置”，在第 100 帧的位置创建一个关键帧。在时间线中将关键帧移动到第 200 帧的位置，如图 7-169 所示。

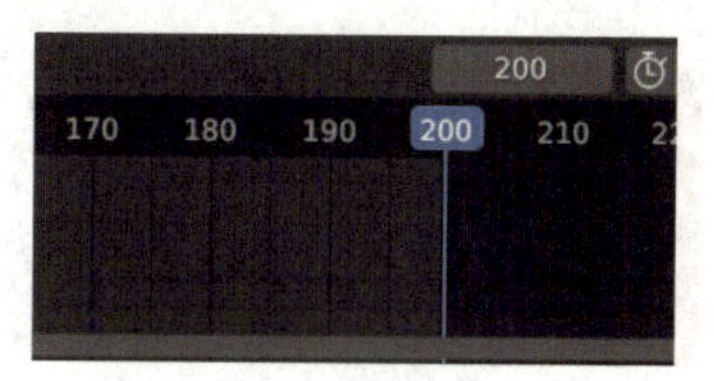

图　7-169

提示： 为了方便观察，选中摄像机，在工作区右侧进入“物体数据”面板，选择“视图显示”—“外边框”，将该值调整得大一些，参考数值为 1，如图 7-170 所示。

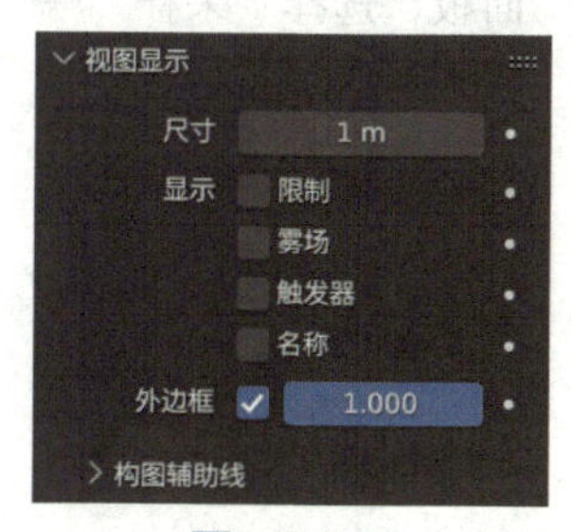

图　7-170

选中第 1 帧位置的关键帧，按快捷键 Ctrl+C，如图 7-171 所示。在第 200 帧的位置，按快捷键 Ctrl+V，创建一个关键帧，如图 7-172 所示。

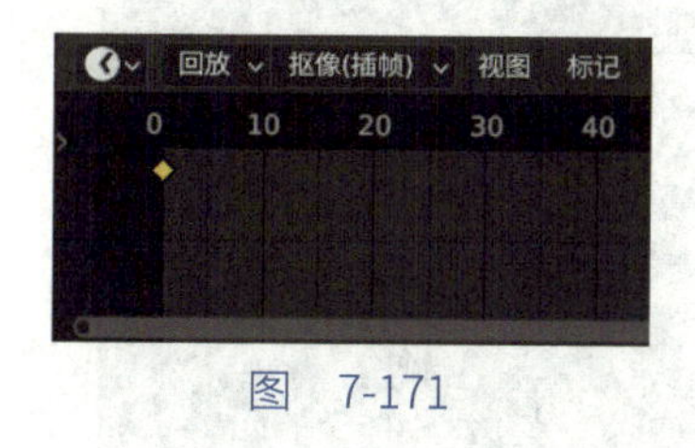

图　7-171

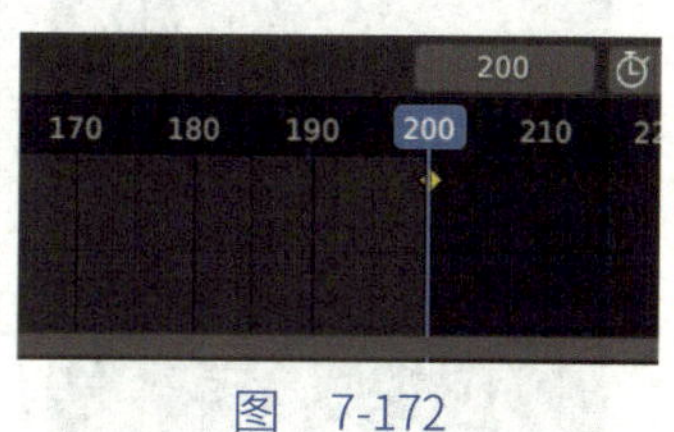

图　7-172

播放动画，已经有了构建猴头的效果，如图 7-173 所示。

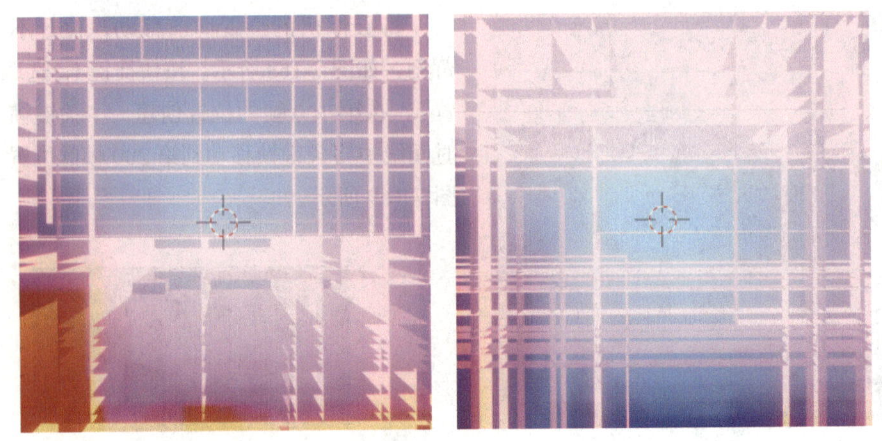

图　7-173

最终渲染

在工作区右侧进入“渲染”面板，选择“采样”—“渲染”，参考数值为 512，如图 7-174 所示。

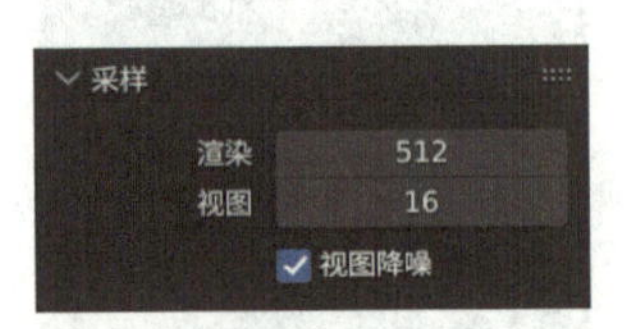

图　7-174

在工作区右侧进入“输出”面板，选择“输出”，可以指定输出路径，如图 7-175 所示。

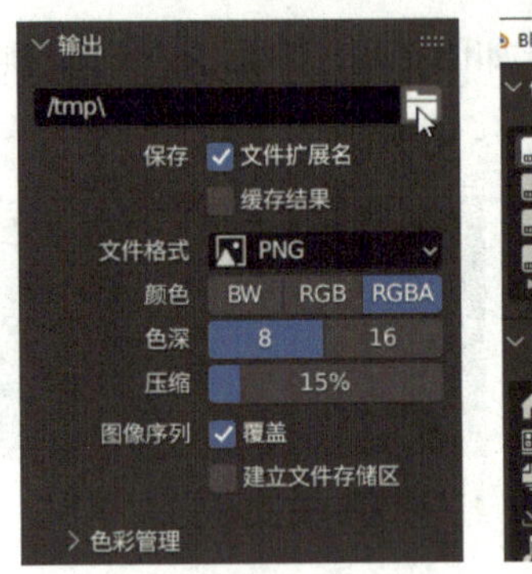

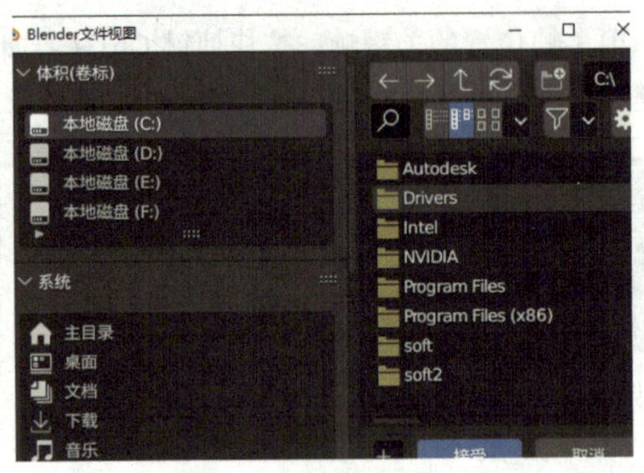

图　7-175

选择“渲染”—“渲染动画”，渲染结果如图 7-176 所示。

图 7-176

提示： 如果对颜色不满意，可以使用合成节点进行调色。

有兴趣的话可以对渲染出来的结果文件进行编辑，如图 7-177 所示。

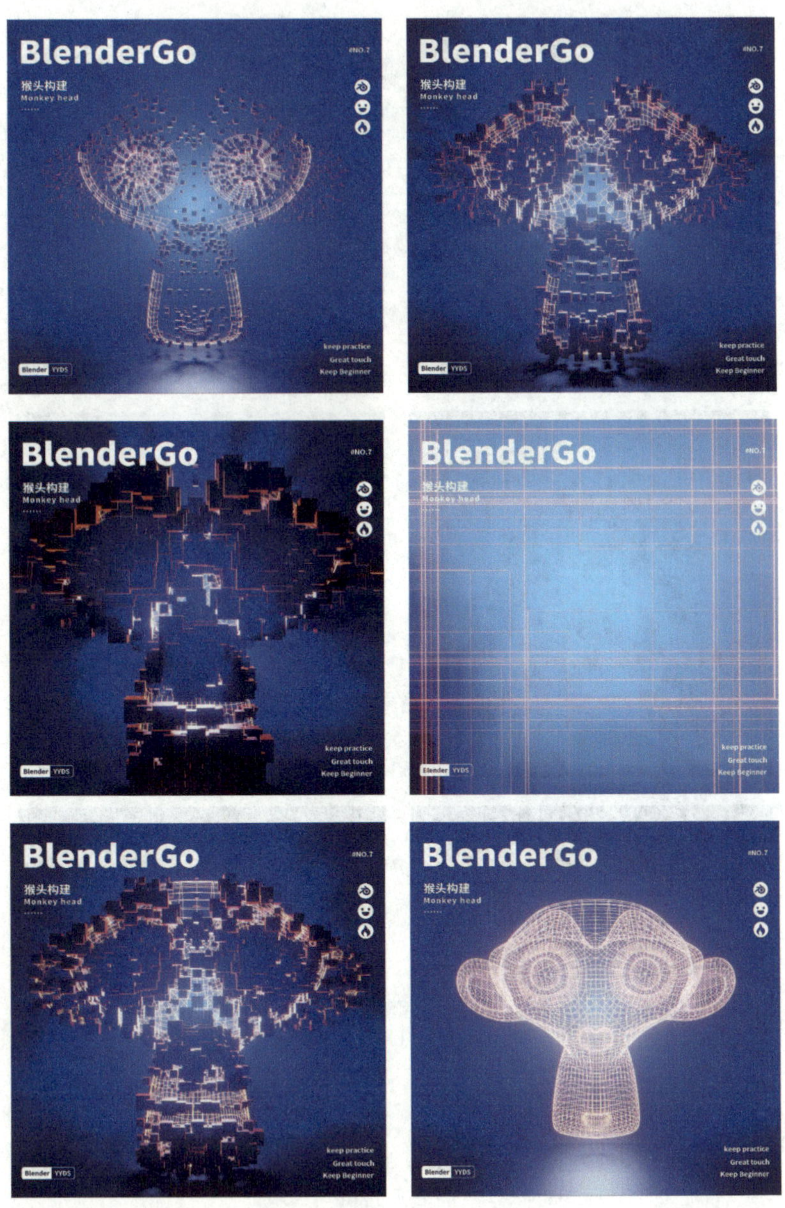

图　7-177